소방자격증 **합격교재**

소방시설관리사

2차 / 설계 및 시공

서울고시각

**Stand by
Strategy
Satisfaction**

새로운 출제경향에 맞춘 수험서의 완벽서

머리말

본 교재는 소방시설관리사시험의 최신 트렌드에 맞추어 기초이론 및 응용력 향상에 중점을 두고 구성되었으며 단순한 문제풀이 위주의 내용이 아닌 변형된 문제가 출제되더라도 쉽게 풀 수 있도록 서술되어 있어 탄탄한 기초실력을 키워줄 것입니다.

본서는 대영소방전문학원의 수업용 교재로서의 전문성과 착실한 기초이론의 정립으로 소방시설관리사 합격의 나침반이 될 것입니다.

[본서의 특징]

1. 본 교재와 더불어 동영상강의와 연계하면 기초실력향상에 도움이 됩니다.
2. 대영소방전문학원 홈페이지에서의 다양한 자료 및 기출문제를 제공합니다.
3. 최근 출제문제에 대한 다각도의 접근으로 쉽게 문제를 풀 수 있는 응용력을 키워 줄 것입니다.
4. 현재 대영소방전문학원의 강의용 교재로서 교재만으로 해결이 어려운 부분은 홈페이지를 통해 쉽게 해결 받을 수 있습니다.
   [www.dyedu.co.kr]

부족하지만 심혈을 기울여 쓴 본 교재가 수험생 여러분의 합격에 일조할 수 있는 수험서가 되기를 간절히 바라며, 다시 한 번 합격의 영광을 위해 불철주야 공부에 매진하고 있는 수험생 여러분께 가슴으로부터 우러나오는 격려와 애정을 표현하면서 수험생 여러분의 합격을 진심으로 기원합니다.

끝으로 본서가 나오기까지 물심양면으로 힘써주신 서울고시각 김용관 회장님, 김용성 사장님, 그리고 편집부 직원여러분께 지면으로나마 감사의 말씀을 전합니다.

편저자 씀

시험 GUIDE

- **자격명** : 소방시설관리사
- **영문명** : Fire Facilities Manager
- **관련부처** : 소방청
- **시행기관** : 한국산업인력공단
- **응시자격**
    1. 아래 각호에 어느 하나에 해당하는 자
        1) 소방기술사·위험물기능장·건축사·건축기계설비기술사·건축사·전기설비기술사 또는 공조냉동기계기술사
        2) 소방설비기사 자격을 취득한 후 2년 이상 소방청장이 정하여 고시하는 소방에 관한 실무경력(이하 "소방실무경력"이라 함)이 있는자
        3) 소방설비산업기사 자격을 취득한 후 3년 이상 소방실무경력이 있는 자
        4) 「국가과학기술 경쟁력 강화를 위한 이공계지원 특별법」 제2조 제1호에 따른 이공계(이하 "이공계"라 한다) 분야를 전공한 사람으로서 다음 각 목의 어느 하나에 해당하는 사람
            - 가. 이공계 분야의 박사학위를 취득한 사람
            - 나. 이공계 분야의 석사학위를 취득한 후 2년 이상 소방실무경력이 있는 사람
            - 다. 이공계 분야의 학사학위를 취득한 후 3년 이상 소방실무경력이 있는 사람
        5) 소방안전공학(소방방재공학, 안전공학을 포함)분야를 전공한 후 다음 각 목의 어느 하나에 해당하는 사람
            - 가. 해당 분야의 석사학위 이상을 취득한 사람
            - 나. 2년 이상 소방실무경력이 있는 사람
        6) 위험물산업기사 또는 위험물기능사 자격을 취득한 후 3년 이상 소방실무경력이 있는 자
        7) 소방공무원으로 5년 이상 근무한 경력이 있는 자
        8) 소방안전 관련 학과의 학사학위를 취득한 후 3년이상 소방실무경력이 있는 사람
        9) 산업안전기사 자격을 취득한 후 3년 이상 소방실무경력이 있는 자
        10) 다음 각목의 어느 하나에 해당하는 사람
            - 가. 특급 소방안전관리대상물의 소방안전관리자로 2년이상 근무한 실무경력이 있는 사람
            - 나. 1급 소방안전관리대상물의 소방안전관리자로 3년이상 근무한 실무경력이 있는 사람
            - 다. 2급 소방안전관리대상물의 소방안전관리자로 5년이상 근무한 실무경력이 있는 사람
            - 라. 3급 소방안전관리대상물의 소방안전관리자로 7년이상 근무한 실무경력이 있는 사람
            - 마. 10년 이상 소방실무경력이 있는 사람
            - ※ 응시자격 경력 산정 서류심사 기준일은 원서접수 마감일임
            - ※ 부정행위자로 처분을 받은 자에 대해서는 그 처분이 있는 날로부터 2년간 응시제한 (화재예방, 소방시설 설치·유지 및 안전관리에 관한 법률 시행령 제35조)

2. 결격사유

> 1. 피성년후견인
> 2. 「화재예방, 소방시설 설치·유지 및 안전관리에 관한 법률」, 「소방기본법」, 「소방시설공사업법」 또는 「위험물안전관리법」에 따른 금고 이상의 형의 선고를 받고 그 집행이 종료(집행이 종료된 것으로 보는 경우를 포함한다)되거나 집행이 면제된 날부터 2년이 지나지 아니한 사람
> 3. 「화재예방, 소방시설 설치·유지 및 안전관리에 관한 법률」, 「소방기본법」, 「소방시설공사업법」 또는 「위험물안전관리법」에 따른 금고 이상의 형의 집행유예의 선고를 받고 그 유예기간 중에 있는 사람
> 4. 자격이 취소된 날부터 2년이 지나지 아니한 사람

• **시험과목 및 방법**

구 분	교시	시험과목	시험시간	문항수	시험방법
제1차 시험	1	1. 소방안전관리론(연소 및 소화·화재예방관리·건축물 소방 안전기준·인원수용 및 피난계획에 관한 부분에 한함) 및 연소속도·구획화재·연소생성물·연기의 생성 및 이동에 관한 부분에 한함. 2. 소방수리학·약제화학 및 소방전기(소방관련 전기공사 재료 및 전기제어에 관한 부분에 한함) 3. 소방관련법령(「소방기본법」, 동법 시행령 및 동법시행규칙, 「소방시설공사업법」, 동법 시행령 및 동법시행규칙, 「화재예방, 및 안전관리에 관한 법률」, 「소방시설 설치 및 관리에 관한 법률」, 동법 시행령 및 동법 시행규칙, 「다중이용업소의 안전관리에 관한 특별법」, 동법 시행령 및 동법 시행규칙) 4. 위험물의 성상 및 시설기준 5. 소방시설의 구조원리(고장진단 및 정비를 포함)	09:30 ~11:35 (125분)	과목 별 25문항 (총 125문항)	객관식 4지택일형
제2차 시험	1	소방시설의 점검실무 행정(점검절차 및 점검기구 사용법)	09:30~11:00 (90분)	과목별 3문항 (총 6문항)	논 술 형
	2	소방시설의 설계 및 시공	12:00~13:30 (90분)		

• **합격기준**

구 분	합 격 결 정 기 준
1차 시험	매 과목 100점을 만점으로 하여 매 과목 40점 이상, 전 과목 평균 60점 이상 득점한 자
2차 시험	시험과목별 5인의 채점위원이 각각 채점하는 독립 5심제이며, 최고점수와 최저점수를 제외한 점수가 채점위원 1명당 100점을 만점으로 하여 매 과목 평균 40점 이상 전 과목 평균 60점 이상 득점한 자

시험 GUIDE

• 면제 대상자
  - 과목 일부 면제자

번호	자격	1차 시험 면제 과목	2차 시험 면제 과목
1	소방기술사 자격을 취득한 후 15년 이상 소방실무경력이 있는 자	소방수리학·약제화학 및 소방전기(소방 관련 전기공사 재료 및 전기제어에 관한 부분에 한함)	
2	소방공무원으로 15년 이상 근무한 경력이 있는 사람으로서 5년 이상 소방청장이 정하여 고시하는 소방 관련 업무 경력이 있는 자	소방관련법령	
3	소방기술사·위험물기능장·건축사·건축기계설비기술사·건축전기설비기술사·공조냉동기계기술사		소방시설의 설계 및 시공
4	소방공무원으로 5년 이상 근무한 경력이 있는 자		소방시설의 점검실무 행정
5	소방공무원으로 5년 이상 근무한 경력이 있는 자로서 소방기술사·위험물기능장·건축사·건축기계설비기술사·건축전기설비기술사·공조냉동기계기술사		한 과목 선택하여 응시 가능

※ 1, 2호(또는 3, 4호) 모두에 해당하는 사람은 본인이 선택한 한 과목만 면제받을 수 있음

  - 전년도 제1차 시험 합격에 의한 면제자
    제1차 시험에 합격한 자에 대하여는 다음 회의 시험에 한하여 제1차 시험을 면제함

Contents

PART 01 설계 및 시공

Chapter 01 소방수리학 ·· 3
1. 차원과 단위 ··· 3
2. 수리학 용어 [물리량의 종류] ··· 5
3. 기체의 법칙 ··· 9
4. 압력의 구분 ··· 11
5. 마찰손실압력의 계산 ··· 13
6. 연속방정식 ··· 16
7. 유량측정 및 계산 ··· 17
8. 베르누이방정식 ··· 21
9. 레이놀즈수 ··· 23

Chapter 02 소방펌프 ·· 24
1. 펌프의 종류 ··· 24
2. 펌프의 성능 ··· 26
3. 펌프의 계산 ··· 26
4. 팬의 계산 ··· 29
5. 펌프의 상사법칙 ··· 29
6. 압축비 ··· 30
7. 비속도 ··· 30
8. 펌프의 연합운전 ··· 30
9. 흡입양정 ··· 31
10. 펌프의 이상현상 ··· 32

Chapter 03 소방전기 ·· 35
1. 축전지 충전용량 계산 ··· 35
2. 전압강하계산 ··· 39
3. 감시전류, 동작전류, 종단저항 등의 계산 ·· 40
4. 전동기용량[kW, HP] ··· 41

Contents

⑤ 전동기의 역률개선[콘덴서 용량] ···································· 42
⑥ 램프 등기구수 및 조명계산 ··· 43

Chapter 04 시공 및 실무 ·· 45
① 배관의 종류 ··· 45
② Sch No ·· 46
③ 밸브의 종류 ··· 46
④ 부품의 종류 ··· 49
⑤ 보온재 및 보온방법 ··· 52
⑥ 도시기호 ··· 53

Chapter 05 설비별 설계 및 시공 ······································· 58
① 소화기구 ··· 58
② 옥내소화전 ·· 66
③ 스프링클러 ·· 75
④ 간이스프링클러 ·· 99
⑤ 화재조기진압용스프링클러 ······································ 104
⑥ 물분무소화설비 ·· 108
⑦ 미분무소화설비 ·· 113
⑧ 포소화설비 ··· 121
⑨ 이산화탄소소화설비 ·· 141
⑩ 할론소화설비 ·· 157
⑪ 할로겐화합물 및 불활성기체소화설비 ······················· 164
⑫ 분말소화설비 ·· 170
⑬ 옥외소화전설비 ·· 176
⑭ 고체에어로졸소화설비 ··· 178
⑮ 비상경보설비 및 단독경보형감지기 ·························· 184
⑯ 비상방송설비 ·· 187
⑰ 자동화재탐지설비 ··· 190
⑱ 자동화재속보설비 ··· 206
⑲ 누전경보기 ··· 208

⑳ 가스누설경보기 ··209
㉑ 피난기구 ··212
㉒ 인명구조기구 ··218
㉓ 유도등 및 유도표지, 피난유도선 ··219
㉔ 비상조명등 및 휴대용비상조명등 ··226
㉕ 상수도소화용수설비 ··228
㉖ 소화수조 및 저수조설비 ···229
㉗ 제연설비 ··231
㉘ 특별피난계단, 부속실, 비상용승강장 제연설비 ······················245
㉙ 연결송수관설비 ··261
㉚ 연결살수설비 ··264
㉛ 비상콘센트설비 ··270
㉜ 무선통신보조설비 ··273
㉝ 비상전원수전설비 ··276
㉞ 도로터널 화재안전기준 ···281
㉟ 고층건축물의 화재안전기준 ···286
㊱ 지하구소방시설 ··291
㊲ 건설현장의 화재안전기준 ···299
㊳ 전기저장시설의 화재안전기준 ··302

Contents

PART 02 설계 및 시공 예상문제 및 답안

- 소방유체 및 설비/펌프 ·········· 307
- 소방전기 ·········· 334
- 소화기구 및 자동소화장치 ·········· 346
- 옥내소화전 ·········· 350
- 스프링클러 ·········· 370
- 간이스프링클러 ·········· 403
- 화재조기진압용스프링클러 ·········· 406
- 물분무소화설비 ·········· 410
- 미분무소화설비 ·········· 413
- 포소화설비 ·········· 414
- 이산화탄소소화설비 ·········· 428
- 할론소화설비 ·········· 451
- 할로겐화합물 및 불활성기체소화설비 ·········· 461
- 분말소화설비 ·········· 472
- 옥외소화전설비 ·········· 479
- 고체에어로졸소화설비 ·········· 484
- 비상경보설비 및 단독경보형감지기 ·········· 486
- 비상방송설비 ·········· 488
- 자동화재탐지설비 ·········· 490
- 자동화재속보설비 ·········· 512
- 누전경보기 ·········· 514
- 가스누설경보기 ·········· 517
- 피난기구 ·········· 519
- 인명구조기구 ·········· 525

- 유도등 및 유도표지, 피난유도선 ···526
- 비상조명등 및 휴대용비상조명등 ···································534
- 상수도소화용수설비 ··536
- 소화수조설비 ···537
- 제연설비 ···539
- 특별피난계단, 부속실, 비상용승강장제연 ··························553
- 연결송수관설비 ··562
- 연결살수설비 ···568
- 비상콘센트설비 ··571
- 무선통신보조설비 ··575
- 비상전원수전설비 ··578
- 도로터널의 소방시설 ··582
- 고층건축물의 소방시설 ···588
- 지하구의 소방시설 ··595
- 건설현장소방시설 ··597
- 전기저장시설 ···603

소방시설관리사

설계 및 시공

CHAPTER 01 소방수리학

1 ▸▸ 차원과 단위

(1) 차원(Dimension, 次元)

차원은 물리량을 형성하는 기본량의 종류를 나타내는 것으로 모든 물리량은 절대단위와 중력단위로 표현할 수 있다.

절대단위에서 물리량은 기본단위와 유도단위로 구분되고 유도단위는 다음 3가지 기본단위 차원의 조합으로 이루어진다.

> 질량(Mass) : [M], 길이(Length) : [L], 시간(Time) : [T]

중력단위의 경우에도 다음의 기본단위로 표현되고, 유도단위의 차원식 또한 기본단위의 조합으로 이루어진다.

> 중량(Force) : [F], 길이(Length) : [L], 시간(Time) : [T]

예 면적=$[L^2]$, 체적=$[L^3]$, 속도=$[L/T]=[LT^{-1}]$, 가속도=$[L/T^2]=[LT^{-2}]$
  힘=$[F]=[MLT^{-2}]$, 질량=$[M]=[FL^{-1}T^2]$ 등

(2) 단위(Unit, 單位)

① 절대단위계(Absolute Unit System, 絶對單位係) : 물리량을 질량, 길이, 시간으로 나타낼 수 있는 단위계

  ㉠ 기본단위 : 길이, 질량, 시간의 단위를 다음과 같이 나타낸다.
    ㉮ C.G.S계 : cm, g, sec
    ㉯ M.K.S계 : m, kg, sec
  ㉡ 유도단위 : 기본단위 두 개 이상의 조합으로 유도된 단위
    ㉮ C.G.S계 : 면적(cm^2), 체적(cm^3), 밀도(g/cm^3), 힘($g \cdot cm/sec^2$) 등
    ㉯ M.K.S계 : 면적(m^2), 체적(m^3), 밀도(kg/m^3), 힘($kg \cdot m/sec^2$) 등

② **중력단위계**(Gravitational Unit System, 重力單位係) : 물리량을 중량, 길이, 시간으로 나타낼 수 있는 단위계
  ㉠ 기본단위 : 길이, 중량, 시간의 단위를 다음과 같이 나타낸다.
    ㉮ C.G.S계 : cm, gf, sec
    ㉯ M.K.S계 : m, kgf, sec
  ㉡ 유도단위 : 기본단위 두 개 이상의 조합으로 이루어진 단위
    ㉮ C.G.S계 : 면적(cm^2), 체적(cm^3), 비중량(gf/cm^3), 힘(gf) 등
    ㉯ M.K.S계 : 면적(m^2), 체적(m^3), 비중량(kgf/m^3), 힘(kgf) 등
③ **국제단위계**(SI 단위계 : System International Unit) : 국제적으로 규정한 단위로 7개의 실용단위와 2개의 보조단위를 이용한 실용적인 단위

물리량	SI 단위의 명칭	기호
질량(Mass)	킬로그램(Kilogram)	kg
길이(Length)	미터(Meter)	m
시간(Time)	초(Second)	s
열역학온도	켈빈(Kelvin)	K
물질의 양(Amount of Substance)	몰(Mole)	mol
전류(Electric Current)	암페어(Ampere)	A
광도(Luminous Intensity)	칸델라(Candela)	cd
평면각(Plane Angle)	라디안(Radian)	rad
입체각(Solid Angle)	스테라디안(Steradian)	sr

【 단위계 접두어 】

크기	명칭	기호	크기	명칭	기호
10^1	deca	da	10^{-1}	deci	d
10^2	hecto	h	10^{-2}	centi	c
10^3	kilo	k	10^{-3}	milli	m
10^6	mega	M	10^{-6}	micro	μ
10^9	giga	G	10^{-9}	nano	n
10^{12}	tera	T	10^{-12}	pico	p
10^{15}	peta	P	10^{-15}	femto	f
10^{18}	exa	E	10^{-18}	atto	a

② 수리학 용어 [물리량의 종류]

(1) 힘(Force)

① 절대단위

$$F = m \cdot g$$

F : 힘(kg·m/sec^2), m : 질량(kg), g : 중력가속도(m/sec^2)

1N(Newton) = 1kg · m/sec^2
1dyne = 1g · cm/sec^2

② 중력단위

$$F = \frac{mg}{g_c}$$

F : 힘(kgf), m : 질량(kg), g : 중력가속도(m/sec^2)
g_c : 중력환산계수(9.8kg·m/kgf·sec^2)

1kgf(kg중) = 9.8N = 9.8×10^{5}dyne

> **! Reference**
>
> 질량은 물질이 가지고 있는 고유의 무게이고 중량은 그 물질에 중력가속도가 작용된 무게이다. 지구에서는 항상 중력가속도가 작용되므로 지구에서의 무게는 질량이 아닌 중량인 것이다. 위 식의 내용을 종합해 보면 1kg인 질량을 가진 물질이 중력가속도 9.8m/s^{2}인 곳에 있으면 그 물질의 중량은 1kgf이다. 일반적으로 질량과 중량을 구분하지 않는 이유 중 하나는 중력가속도가 9.8m/s^{2}이라는 가정을 하기 때문이다.

(2) 일(Work)

① 절대단위
1erg = 1dyne · cm = 1g · cm^2/sec^2
1Joule = 1N · m = 1kg · m^2/sec^2 = 10^{7}erg

② 중력단위
gf · cm, kgf · m

(3) 일률, 동력(Power)

동력은 단위시간당 한 일의 양으로 일률이라고도 한다.

$$동력 = \frac{일량}{시간}$$

① 절대단위

1Watt = 1Joule/sec = 1kg·m²/sec³

② 중력단위

$$중력단위의\ 동력 = \frac{와트}{중력환산계수}$$

$$= \frac{\dfrac{1\text{kg} \times \text{m}^2}{\text{sec}^3}}{\dfrac{9.8\text{kg} \times \text{m}}{\text{kgf} \times \text{sec}^2}} = 0.102 \text{kgf·m/sec}$$

(4) 밀도(Density)

단위체적(1m³, 1L, 1cm³)당의 질량

$$\rho = \frac{m}{V}$$

ρ : 밀도(kg/m³), m : 질량(kg), V : 체적(m³)

① **기체의 밀도** : 기체의 온도 및 압력변화에 따라 부피가 변하므로 밀도는 조건에 따라 달라진다.

㉠ 표준상태(0℃, 1기압)인 경우

$$\rho = \frac{M}{22.4}$$

ρ : 밀도(kg/m³), M : 분자량(kg)

㉡ 표준상태가 아닌 경우

$$\rho = \frac{PM}{RT}$$

ρ : 밀도(kg/m³), P : 압력(N/m²)
M : 분자량(kg/k-mol), T : 절대온도(K)
R : 기체상수(N·m/k-mol·K)

> **Reference**
>
> 이상기체상태방정식 $PV = \dfrac{W}{M}RT$ 에서 $\dfrac{W}{V} = \dfrac{PM}{RT}$ 이다.
>
> 여기서 $\dfrac{W[kg]}{V[m^3]}$ 는 밀도(ρ)이다.
>
> ● 아보가드로의 법칙
>   모든 기체 1mol(1k-mol)이 표준상태(0℃, 1기압)에서 차지하는 체적은 22.4L(22.4m³)이며 이때의 분자수는 6.023×10^{23}개이다.

② 액체의 밀도 : 액체는 온도 및 압력변화에 따른 부피변화가 없으므로 일정한 밀도값을 가진다.

$$\rho = \dfrac{m}{V}$$

ρ : 밀도(kg/m³), m : 질량(kg), V : 체적(m³)

(5) 비중량(Specific Weight)

단위체적(1m³, 1L, 1cm³)당의 중량

$$\gamma = \dfrac{W}{V}$$

γ : 비중량(kgf/m³), W : 중량(kgf), V : 체적(m³)

① 절대단위

$$\gamma = \dfrac{중량}{부피} = \dfrac{W}{V} = \dfrac{mg}{V} = \rho \cdot g \, (N/m^3)$$

② 중력단위

$$\gamma = \dfrac{절대단위의\ 비중량}{g_c} = \dfrac{g}{g_c} \times \rho \, (kgf/m^3)$$

(6) 비중(Specific Gravity)

동일부피에서 기준물질의 무게에 대한 어떤 측정물질의 무게의 비 또는 기준물질의 밀도에 대한 측정물질의 밀도의 비로서 무차원수이다.

① 기체의 비중 $= \dfrac{\text{어떤 기체의 밀도}}{\text{표준상태의 공기의 밀도}} = \dfrac{\rho}{\rho_{Air}}$

② 액체, 고체의 비중 $= \dfrac{\text{어떤 물질의 밀도}}{4℃ \text{ 물의 밀도}} = \dfrac{\rho}{\rho_w}$

(7) 비체적(Specific Volume)

단위질량(1kg, 1g)이 갖는 체적으로 밀도의 역수이다.

$$V_s = \dfrac{V}{m} = \dfrac{1}{\rho}$$

V_s : 비체적(m^3/kg), V : 체적(m^3), m : 질량(kg), ρ : 밀도(kg/m^3)

$$V_s = \dfrac{1}{\rho} = \dfrac{RT}{PM} \ (m^3/kg)$$

V_s : 비체적(m^3/kg), ρ : 밀도(kg/m^3), R : 기체상수(8,313.85N·m/k-mol·K)
T : 절대온도(K), P : 압력(N/m^2), M : 가스의 분자량(kg/k-mol)

(8) 잠열

온도의 변화 없이 상태변화에만 필요한 열량
(물의 기화잠열 : 539kcal/kg, 얼음의 융해잠열 : 80kcal/kg)

$$Q = m \cdot \gamma$$

Q : 잠열량(kcal), m : 질량(kg), γ : 잠열(kcal/kg)

> **Reference**
>
> 물의 기화잠열이란 100℃의 물이 100℃의 수증기로 변화될 때 단위질량 당 열량(kcal/kg)을 뜻한다.
> 융해잠열이란 0℃의 얼음이 0℃의 물로 변화될 때 단위질량 당 열량(kcal/kg)을 뜻한다.

(9) 현열

상태의 변화 없이 온도변화에만 필요한 열량
- 물의 비열 1kcal/kg·℃
- 얼음의 비열 0.5kcal/kg·℃
- 수증기의 비열 0.44kcal/kg·℃

$$Q = m \cdot C \cdot \Delta T$$

Q : 현열량(kcal), m : 질량(kg), C : 비열(kcal/kg ℃), ΔT : 온도차(℃)

(10) 온도(Temperature)

어떤 물질의 뜨겁고 차가운 정도를 나타내는 값

① 온도의 구분
　㉠ 섭씨온도(℃) : 1기압에서 순수한 물의 어는점(빙점)을 0℃, 끓는점(비등점)을 100℃로 하여 그 사이를 100등분한 온도
　㉡ 화씨온도(°F) : 1기압에서 순수한 물의 어는점(빙점)을 32°F, 끓는점(비등점)을 212°F로 하여 그 사이를 180등분한 온도
　㉢ 절대온도
　　㉮ 캘빈(Kelvin)온도 : K = ℃ + 273.15
　　㉯ 랭킨(Rankine)온도 : R = °F + 460

② 섭씨온도와 화씨온도의 온도환산
　㉠ 화씨온도(°F)를 섭씨온도(℃)로 바꿀 때
$$℃ = \frac{5}{9}(°F - 32)$$
　㉡ 섭씨온도(℃)를 화씨온도(°F)로 바꿀 때
$$°F = \frac{9}{5}℃ + 32$$

3. 기체의 법칙

(1) 보일의 법칙

온도가 일정할 때 기체의 체적은 압력에 반비례한다.

$$PV = 일정, \quad P_1V_1 = P_2V_2 \, (T=constant 일 때)$$

P_1 : 처음 절대압력, P_2 : 나중 절대압력, V_1 : 처음 체적, V_2 : 나중 체적

(2) 샤를(Charles)의 법칙

압력이 일정할 때 기체의 체적은 절대온도에 비례한다.

$$\frac{V}{T} = \text{일정}, \quad \frac{V_1}{T_1} = \frac{V_2}{T_2} \,(P = \text{constant} \text{일 때})$$

T_1 : 처음 절대온도, T_2 : 나중 절대온도, V_1 : 처음 체적, V_2 : 나중 체적

(3) 보일 – 샤를(Boyle–Charles)의 법칙

기체의 체적은 절대온도에 비례하고 압력에 반비례한다.

$$\frac{PV}{T} = \text{일정}, \quad \frac{P_1 V_1}{T_1} = \frac{P_2 V_2}{T_2}$$

$P_1(P_2)$: 처음(나중)의 절대압력, $V_1(V_2)$: 처음(나중)의 체적
$T_1(T_2)$: 처음(나중)의 절대온도

(4) 이상기체 상태방정식

$$PV = nRT, \quad n = \frac{W}{M} \text{이므로}, \quad PV = \frac{W}{M}RT$$

P : 압력(N/m^2), V : 체적(m^3), n : 몰수(k-mol)
R : 기체상수($atm \cdot m^3/k-mol \cdot K$), T : 절대온도(K), M : 분자량(kg), W : 질량(kg)

특정이상기체 상태방정식 $PV = GRT$

P : 압력(N/m^2), V : 체적(m^3), G : 기체의 질량(kg)
R : 기체정수($N \cdot m/kg \cdot K$), T : 절대온도(K)

> **Reference**
>
> ○ 기체상수(R)
>
> PV = nRT식에서 $R = \dfrac{PV}{nT}$ 이다.
>
> 위 식에 아보가드로의 법칙을 적용시키면
>
> ① $R = \dfrac{1 \text{atm} \times 22.4 m^3}{1 k-mol \times 273 K} = 0.082 \, atm \cdot m^3/k-mol \cdot K$
>
> ② $R = \dfrac{1.0332 kgf/cm^2 \times 22.4 m^3}{1 k-mol \times 273 K} = 0.08477 \, kgf/cm^2 \cdot m^3/k-mol \cdot K$
>
> ③ $R = \dfrac{760 mmHg \times 22.4 m^3}{1 k-mol \cdot 273 K} = 62.359 \, mmHg \cdot m^3/k-mol \cdot K$
>
> ④ $R = \dfrac{101,325 N/m^2 \times 22.4 m^3}{1 k-mol \times 273 K} = 8,313.85 \, N \cdot m/k-mol \cdot K$

⑤ $R = \dfrac{10,332 \text{kgf/m}^2 \times 22.4\text{m}^3}{1\text{k}-\text{mol} \times 273\text{K}} = 847.8 \text{kgf} \cdot \text{m/k}-\text{mol} \cdot \text{K}$

◎ 특정기체상수(R)

$R = \dfrac{PV}{GT}$ 이다.

CO_2의 경우 $R = \dfrac{101,325\text{N/m}^2 \times 0.5091\text{m}^3}{1\text{kg} \times 273\text{K}} = 188.95\text{N} \cdot \text{m/kg} \cdot \text{K}$

N_2의 경우 $R = \dfrac{101,325\text{N/m}^2 \times 0.8\text{m}^3}{1\text{kg} \times 273\text{K}} = 296.92\text{N} \cdot \text{m/kg} \cdot \text{K}$

※ 특정 기체상수는 압력의 단위가 같더라도 기체의 종류에 따라 다른 값을 갖는다. 이는 기체마다 분자량이 서로 달라 단위질량당의 체적이 다르기 때문이다.

(5) 아보가드로의 법칙

표준상태(0℃, 1atm)에서 모든 기체 1k-mol(mol)이 차지하는 부피는 22.4m^3(L)이며, 그 속에는 6.023×10^{23}개의 분자가 존재한다.

즉, 기체는 온도와 압력이 같다면 같은 체적 속에는 같은 수의 분자수를 갖는다.

4 ▸▸ 압력의 구분

압력이란 단위면적(m^2, cm^2)당 작용하는 힘(전압력)을 말한다.

$$P = \dfrac{F}{A}, \quad P = \gamma \cdot h$$

P : 압력(kgf/cm^2, N/m^2), F : 힘(kgf, N), A : 단면적(m^2, cm^2)
γ : 비중량(kgf/m^3), h : 유체의 깊이 또는 높이(m)

(1) 대기압

지구를 둘러싸고 있는 공기가 누르는 압력을 대기압이라 하며 다음과 같이 구분된다.

① **표준대기압**(Standard Atmospheric Pressure) : 대기압력의 표준이 되는 압력으로 토리첼리의 실험에 의해 얻어진 값이다.

1atm = 1.0332kgf/cm^2 = $10,332\text{kgf/m}^2$ = $10.332\text{mH}_2\text{O}$ = 760mmHg
  = $1.01325 \times 10^5 \text{N/m}^2$(Pa) = 101.325kPa = 1,013mbar = 1.013bar
  = 14.7PSI(lbf/in^2)

② 국소대기압(Local Atmospheric Pressure) : 대기압은 측정장소에 따라 서로 다른데 그 측정장소에서의 기압을 국소대기압이라 한다.
③ 공학기압(Technical Pressure)
$1\text{ata} = 1\text{kgf/cm}^2 = 10,000\text{kgf/m}^2 = 10\text{mH}_2\text{O} = 0.968\text{atm} = 735.6\text{mmHg}$
$= 9.8069 \times 10^4 \text{N/m}^2(\text{Pa}) = 980.69\text{mbar} = 0.98\text{bar} = 14.23\text{PSI}(\text{lbf/in}^2)$

(2) 압력의 구분

① 절대압력(Absolute Pressure) : 절대압력은 "완전 진공을 기준으로 하여 측정한 압력"이다.
② 게이지압력(Gauge Pressure) : 게이지압력은 "국소대기압을 기준으로 한 압력"으로 압력계가 지시하는 압력이다. 즉, 대기압을 0으로 본 압력이다.
③ 진공압력(Vacuum Pressure) : 진공압력은 "대기압보다 작은 정도의 압력"으로 진공계가 지시하는 압력이다. 진공압을 백분율로 나타낸 것을 진공도라 하고 다음 식에 의해 구한다.

$$\text{진공도}(\%) = \frac{\text{진공압}}{\text{대기압}} \times 100 = \frac{\text{대기압} - \text{절대압력}}{\text{대기압}} \times 100$$

위 식에서 알 수 있듯이 진공도 100%는 완전진공을 의미한다.

> **! Reference**
>
> ◆ 게이지별 압력의 구분
> - **압력계** : 대기압보다 큰 압력을 측정하는 압력계
> - **진공계** : 대기압보다 작은 압력을 측정하는 압력계
> - **연성계** : 대기압보다 큰 정압과 대기압보다 작은 부압을 측정하는 압력계
>   정압(+압력) : 대기압 이상의 압력
>   부압(-압력) : 대기압 미만의 압력
>
>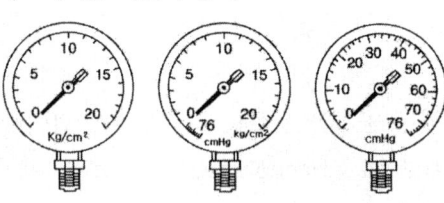
>
> 【 압력계 】 【 연성계 】 【 진공계 】
>
> ◆ 압력의 계산
> - 절대압력 = 대기압력 + 계기압력
> - 절대압력 = 대기압력 - 진공압력

- 계기압력 = 절대압력 - 대기압력
- 진공압력 = 대기압력 - 절대압력

- 대기압력이 1kgf/cm²인 곳에서 압력계 눈금이 2kgf/cm²이면 절대압력은 3kgf/cm²
- 대기압력이 1kgf/cm²인 곳에서 진공계 눈금이 0.2kgf/cm²이면 절대압력은 0.8kgf/cm²

5. 마찰손실압력의 계산

(1) 하젠-윌리암스(Hazen Williams)식

배관에 물이 흐를 때 발생되는 마찰손실압력계산에 이용되는 식

$$\Delta P_m = K \times \frac{Q^{1.85}}{C^{1.85} \times D^{4.87}}$$

ΔP_m : 배관 1m당의 마찰손실압력
Q : 배관을 흐르는 유량(L/min)
C : 조도(거칠음계수)
D : 배관의 직경(mm)

ΔP_m의 단위	K값
MPa	6.055×10^4
kgf/cm²	6.174×10^5
mH₂O	6.174×10^6

【 각 배관별 조도 】

구 분		주철관	흑관	백관	동관, 합성수지배관
스프링클러설비	습식	100	120	120	150
	건식	100	100	120	150
	준비작동식	100	100	120	150
	일제살수식	100	120	120	150

> **예상문제**
>
> 스프링클러설비 배관으로 CPVC배관을 사용하고 있으며, 직관길이 50m, 구경 65mm, 유량 2,000L/min으로 유동하고 있을 때 이 구간에서 발생되는 마찰손실압력은 몇 kgf/cm²인가? (단, 부속물에 의한 등가길이는 8m이다.)
>
> **풀이** 하젠-윌리암스식 적용
>
> $$\Delta P = 6.174 \times 10^5 \times \frac{Q^{1.85}}{C^{1.85} \times D^{4.87}} \times L$$
>
> C=150, D=65mm, Q=2,000L/min
> L=50m+8m=58m
>
> $$\therefore \Delta P = 6.174 \times 10^5 \times \frac{2,000^{1.85}}{150^{1.85} \times 65^{4.87}} \times 58m = 6.4 kgf/cm^2$$
>
> **답** 6.4kgf/cm²

(2) 달시-와이스바하 방정식(Darcy-Weisbach Equation)

길고 곧은 직관에서 유체의 흐름이 정상류일 때 마찰손실수두를 계산하는 데 이용되는 식으로 **층류와 난류 모두에서 적용할 수 있다.**

$$h_L = f \frac{L}{D} \frac{U^2}{2g}$$

h_L : 마찰손실수두(m), f : 마찰계수
D : 배관의 직경(m), L : 직관의 길이(m)
U : 유체의 유속(m/sec)

① 마찰계수(f)

　㉠ 유체의 흐름이 층류일 때(Re No≤2,1000) : 관 마찰계수 f는 레이놀즈 수만의 함수로 $f = \frac{64}{Re\ No}$ 이다.

　㉡ 유체의 흐름이 난류일 때(Re No≥4,000) : 관 마찰계수 f는 상대조도와 무관하고 레이놀즈 수에 의해 무디선도(Moody Diagram)로부터 구한다.
　　다만, $4,000 \leq Re\ No \leq 10^5$일 때는 아래의 Blasius식을 이용한다.
　　$f = 0.3164\ Re^{-\frac{1}{4}}$

② **수력반경(Rh)** : 배관의 단면이 원형관이 아닌 경우 마찰손실 계산 시 **직경 대신 수력반경의 4배를 적용한다.**

$$수력반경 = \frac{유동단면적(m^2)}{접수길이(m)}$$

㉠ 원형관의 수력반경

$$Rh = \frac{\frac{\pi d^2}{4}}{\pi d} = \frac{d}{4}$$

$$\therefore d = 4Rh$$

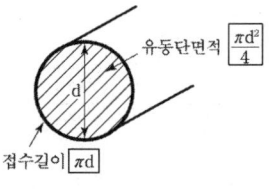

㉡ 단면이 사각형 관의 수력반경

$$Rh = \frac{가로 \times 세로}{(가로 \times 2) + (세로 \times 2)}$$

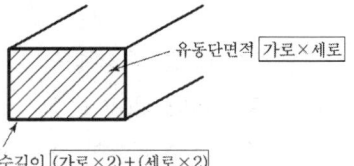

(3) 부차적 손실

부차적 손실이란 직관 이외의 단면의 변화, 곡관의 휘어짐, 엘보, 티 등과 같은 관 부속물에 의해 발생되는 마찰손실을 말하며 속도수두에 비례한다.

$$H = K \frac{U^2}{2g}$$

H : 손실수두(m), K : 손실계수, U : 유속(m/sec), g : 중력가속도(m/sec²)

① 관의 확대에 의한 손실

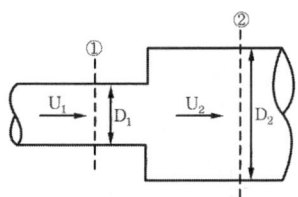

【 관의 급격한 확대 】

$$H = \frac{(U_1 - U_2)^2}{2g} = \left(1 - \frac{A_1}{A_2}\right)^2 \frac{U_1^2}{2g} = K \frac{U_1^2}{2g}$$

② 관의 축소에 의한 손실

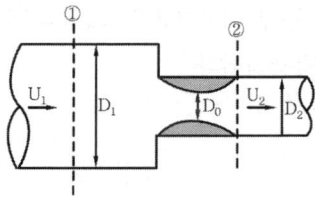

【 관의 급격한 축소 】

$$H = \frac{(U_0 - U_2)^2}{2g}, \quad A_0 U_0 = A_2 U_2 \text{이므로 } U_0 = \frac{A_2}{A_0} U_2 \text{이다.}$$

$$h_L = \left(\frac{A_2}{A_0} - 1\right)^2 \cdot \frac{U_2^2}{2g} \text{에서 } \frac{A_0}{A_2} = C_c \text{라 하면}$$

$$h_L = \left(\frac{1}{C_c} - 1\right)^2 \frac{U_2^2}{2g} = K \frac{U_2^2}{2g}$$

여기서 C_c를 축소계수, K는 손실계수라 한다.

③ 관 부속물에 의한 손실

㉠ 손실계수 K값이 주어진 경우

$$H = K \frac{U^2}{2g}$$

㉡ 부속물의 상당길이(등가길이)가 주어진 경우 : 상당길이를 직관의 길이로 하여 달시방정식 또는 하젠-윌리암스식에 적용하여 구한다.

> **! Reference**
>
> ● 상당길이
> 관부속물에 유체가 흐를 때 발생되는 마찰손실과 같은 크기의 마찰손실을 가지는 동일구경의 직관의 길이
>
> ● 상당길이의 계산
> $$h_L = f \frac{L}{D} \frac{U^2}{2g} = K \frac{U^2}{2g}$$
> $$\therefore K = f \frac{L}{D} \text{이므로 } L_e = \frac{KD}{f}$$
>
> L_e : 상당길이, K : 손실계수, D : 관의 내경, f : 관의 마찰계수

6 ▸▸ 연속방정식

연속방정식은 유체의 흐름에 질량보존의 법칙을 적용시킨 방정식으로 유체의 유동에서 가장 기본이 되는 지배방정식이다.

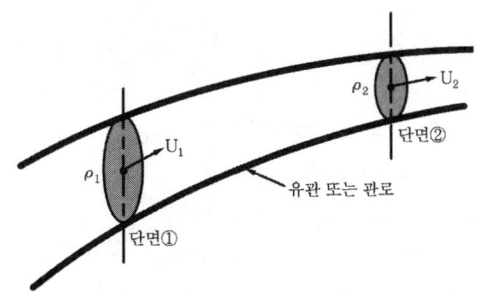

그림에서 단면 ①을 흐르는 질량유량과 단면 ②를 통과하는 질량유량은 항상 같다.
질량유량(Mass Flowrate)은 $AU\rho$이므로

$$A_1 U_1 \rho_1 = A_2 U_2 \rho_2$$

> **Reference**
> 질량유량(m)= $AU\rho$이므로 $A_1 U_1 \rho_1 = A_2 U_2 \rho_2$
> 중량유량(W)= $AU\gamma$이므로 $A_1 U_1 \gamma_1 = A_2 U_2 \gamma_2$

비압축성 유체의 경우 밀도(비중량)의 변화가 없으므로 $\rho_1 = \rho_2$가 되어 체적유량 또한 항상 같다.

$$체적유량(Q) = AU 이므로 A_1 U_1 = A_2 U_2$$

A : 단면적(m^2), U : 유속(m/sec), ρ : 밀도(kg/m^2), γ : 비중량(kgf/m^3)

7. 유량측정 및 계산

(1) 유속을 이용한 유량측정

유동하는 유체의 전압과 정압의 차이를 이용하여 유속을 측정

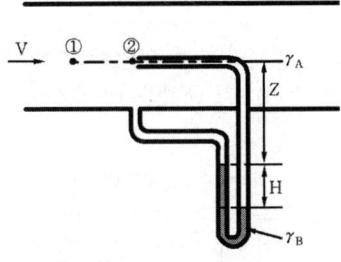

【 Pitot tube-유량측정 】

$$Q = AU = \left(\frac{\pi D^2}{4}\right) C \sqrt{2gH\left(\frac{\gamma_B - \gamma_A}{\gamma_A}\right)}$$

Q : 유량(m³/sec), A : 배관의 단면적(m²)
U : 유체의 유속(m/sec)
D : 배관의 내경(m), C : 미소손실계수
g : 중력가속도(m/sec²), H : 마노미터의 높이차(m)
γ_A : A물질의 비중량, γ_B : B물질의 비중량

(2) 방사압력을 이용한 유량측정

① 노즐에서의 유량측정

$$Q = 0.6597CD^2\sqrt{P}$$

Q : 유량(L/min), C : 계수, D : 노즐의 구경(mm), P : 방사압력(kgf/cm²)

! Reference

옥내(외) 소화전, 소방차 호스노즐의 경우 보통 C의 값을 0.99로 본다. 따라서 노즐에서의 유량 공식에서 $Q = 0.6597 \times 0.99 \times D^2\sqrt{P} = 0.653D^2\sqrt{P}$ 를 이용한다.

② 분사헤드에서의 유량측정

$$Q = K\sqrt{P_1} = K\sqrt{10P_2}$$

Q : 유량(L/min), K : 방출계수, P_1 : 방사압력(kgf/cm²), P_2 : 방사압력(MPa)

! Reference

1kgf/cm² = 0.098MPa이므로 kgf/cm²와 MPa 사이에는 약 10배의 차이가 있다.
그리하여 보통의 경우 1MPa = 10kgf/cm², 0.1MPa = 1kgf/cm²로 본다.

예상문제

구경이 25mm인 노즐에서 방사되는 물의 압력이 절대압력으로 0.36MPa일 때 방사량은 몇 L/min인가? (단, 노즐계수는 0.97, 대기압 = 0.101MPa이다.)

풀이 $Q = 0.6597 \cdot D^2 \cdot C\sqrt{10P}$
D : 노즐의 구경(mm), C : 계수, P : 방사압력(MPa)
방사압력은 게이지압력이므로 (0.36 - 0.101)MPa = 0.259MPa
∴ $Q = 0.6597 \times 25^2 \times 0.97 \times \sqrt{10 \times 0.259} = 643.65 \text{L/min}$

답 643.65L/min

(3) 유량계를 이용한 유량측정

① 오리피스(Orifice) 유량계 : 유체의 흐름에 수직으로 방해판을 설치하고 이때 발생되는 압력차이를 이용하는 차압식 유량계이다. 비교적 간단한 장치로 제작이나 설치가 쉽고 가격도 저렴하지만 압력손실이 크고 내구성이 부족한 단점이 있다.

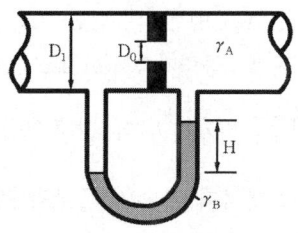

【 오리피스미터 】

$$Q = A_0 U_0, \quad U_0 = \left(\frac{C_0}{\sqrt{1-m^2}}\right)\sqrt{2gH\left(\frac{\gamma_B - \gamma_A}{\gamma_A}\right)} \text{ 이므로}$$

$$\therefore Q = \left(\frac{\pi D_0^2}{4}\right)\left(\frac{C_0}{\sqrt{1-m^2}}\right)\sqrt{2gH\left(\frac{\gamma_B - \gamma_A}{\gamma_A}\right)}$$

Q : 유량(m^3/sec), A : 오리피스의 단면적(m^2), U_0 : 오리피스의 유속(m/sec)
C_0 : 오리피스의 계수, g : 중력가속도(m/sec^2), H : 마노미터의 높이차(m)
γ_A : A물질의 비중량, γ_B : B물질의 비중량

m = 개구비, $m = \left(\frac{A_0}{A_1}\right) = \left(\frac{D_0}{D_1}\right)^2$

② 벤투리(Venturi) 유량계 : 오리피스와 같은 차압식 유량계로 구조가 복잡하고 가격은 비싸지만 압력손실이 적고 유량측정도 비교적 정확하다. 확대부의 손실을 최소화하기 위한 설치각은 5~7°이다.

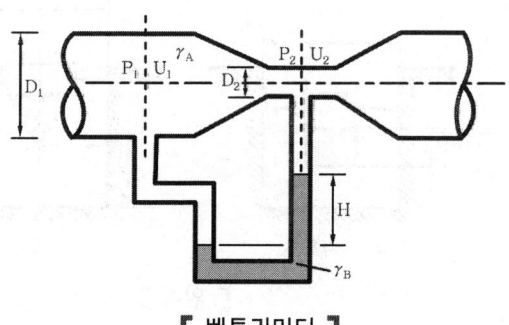

【 벤투리미터 】

$$Q = A_2 U_2, \quad U_2 = \left(\frac{C_V}{\sqrt{1-m^2}}\right)\sqrt{2gH\left(\frac{\gamma_B - \gamma_A}{\gamma_A}\right)} \text{이므로}$$

$$Q = \left(\frac{\pi D_2^2}{4}\right)\left(\frac{C_V}{\sqrt{1-m^2}}\right)\sqrt{2gH\left(\frac{\gamma_B - \gamma_A}{\gamma_A}\right)}$$

Q : 유량(m^3/sec), A_2 : 벤투리의 단면적(m^2), U_2 : 벤투리의 유속(m/sec)
C_V : 벤투리 계수, g : 중력가속도(m/sec^2), H : 마노미터의 높이차(m)
γ_A : A물질의 비중량(kgf/m^3), γ_B : B물질의 비중량(kgf/m^3), m=개구비=$\frac{A_2}{A_1}$

③ 로터미터(Rotameter) : 테이퍼 관속의 플로트(Float : 부자)에 의해 유체의 흐름을 직접 볼 수 있는 직접식 유량계이다.

【 로터미터 】

④ 위어(Weir) : 개수로의 유량측정에 이용되는 유량측정장치로 판을 사용하여 액체의 흐름을 막아서 넘쳐흐르는 부분의 눈금을 읽어 유량을 측정하는 장치로 사각위어와 직각위어가 있다.

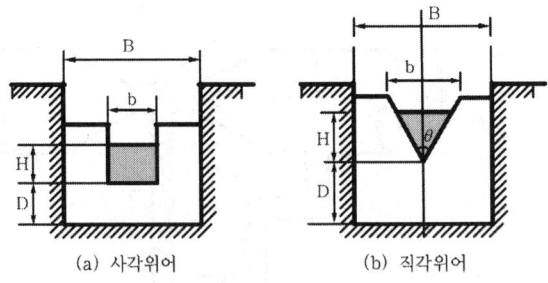

【 위어 】

> **유량계의 분류**
> ① 직접법 : 유량을 직접 눈금으로 읽을 수 있는 유량계(로터미터, 위어)
> ② 간접법 : 유량을 계산에 의해 측정하는 유량계(오리피스미터, 벤투리미터, 노즐에 의한 방법)

8. 베르누이방정식

베르누이 방정식은 에너지보존의 법칙을 유체의 유동에 적용시킨 것으로 관내에 임의의 두 점에서 에너지의 총합은 항상 일정하다는 법칙이다.

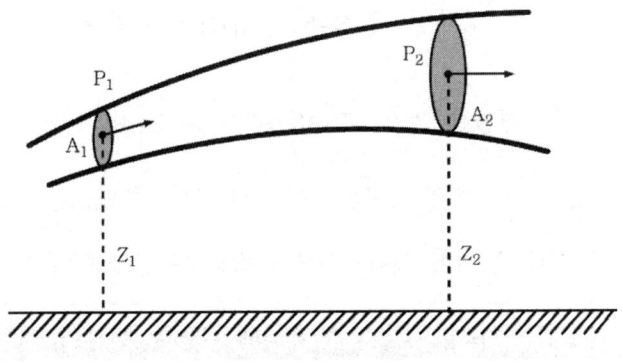

【 기계적 에너지 수지식 】

임의의 한 점에서의 전수두(H)=압력수두+속도수두+위치수두이며,

압력수두 : $\dfrac{P}{\gamma}$, 속도수두 : $\dfrac{U^2}{2g}$, 위치수두 : Z 이므로

$$H = \dfrac{P}{\gamma} + \dfrac{U^2}{2g} + Z$$

∴ 베르누이 방정식은

$$\dfrac{P_1}{\gamma} + \dfrac{U_1^2}{2g} + Z_1 = \dfrac{P_2}{\gamma} + \dfrac{U_2^2}{2g} + Z_2$$

P : 압력(kgf/m², N/m²), γ : 비중량(kgf/m³, N/m³), U : 유속(m/sec)
g : 중력가속도(m/sec²), H : 전수두

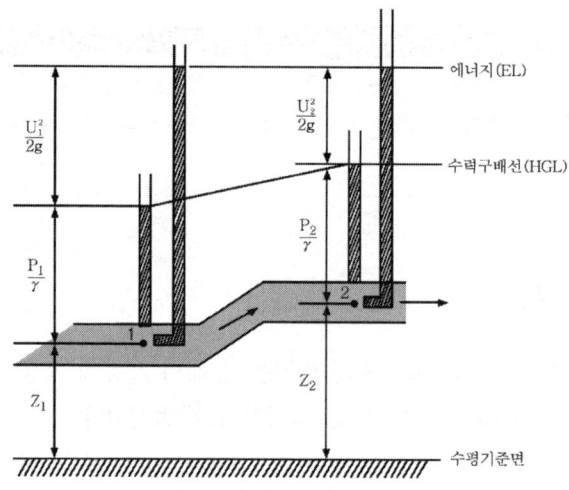

【 유관에서 유체의 에너지 】

$\dfrac{P}{\gamma}+\dfrac{U^2}{2g}+Z$ 을 연결한 선을 전수두선(Total Head Line) 또는 에너지선(Energy Lline)이라 하고 $\dfrac{P}{\gamma}+Z$ 을 연결한 선을 수력구배선(Hydraulic Grade Line)이라 한다. 따라서 수력구배선은 항상 에너지선보다 속도수두만큼 아래에 위치한다.

> **베르누이 방정식의 가정 조건**
> - 정상상태의 흐름이다(정상유동이다).
> - 비점성 유체이다(마찰력이 없다).
> - 유체입자는 유선을 따라 움직인다(적용되는 임의의 두 점은 같은 유선상에 있다).
> - 비압축성 유체의 흐름이다.

! Reference

◎ **실제유체에 대한 베르누이 방정식의 적용**

베르누이 방정식의 가정조건과는 달리 실제유체는 점성을 가지고 있어 유동 시 마찰손실이 발생되고 배관설비에서 에너지의 공급은 주로 펌프를 사용하고 있다. 따라서 실제유체의 유동에 관한 에너지 방정식은 베르누이 방정식에 마찰손실수두와 펌프가 공급한 단위중량당 에너지(수두, 양정)를 반영하여야 한다.

$$\dfrac{P_1}{\gamma}+\dfrac{U_1^2}{2g}+Z_1+E_P=\dfrac{P_2}{\gamma}+\dfrac{U_2^2}{2g}+Z_2+h_L$$

E_P : 전양정(m), h_L : 손실수두(m)

⑨ 레이놀즈수

유체의 흐름상태가 층류 흐름인지 난류 흐름인지를 구분할 수 있는 정량적인 무차원수이다.

$$Re\ No = \frac{D \cdot U \cdot \rho}{\mu} = \frac{DU}{v}$$

D : 배관의 직경(m, cm), U : 유체의 유속(m/sec, cm/sec)
ρ : 유체의 밀도(kg/m^3, g/cm^3) μ : 절대점도(kg/m · sec, g/cm · sec)
v : 동점도(m^2/sec, cm^2/sec)

① 층류 : Re No ≦ 2,100
② 난류 : Re No ≧ 4,000
③ 하임계 Re No : 2,100
④ 상임계 Re No : 4,000
⑤ 임계영역 : 2,100 < Re No < 4,000

(1) 전이길이(Transition Length)

유체의 흐름이 불안정한 흐름에서 안정된 흐름이 될 때까지의 거리로 유체 계측기기를 설치할 때에는 전이길이 밖에 설치하여야 한다.
① 층류 흐름일 때 : Lt = 0.05 × Re No × D
② 난류 흐름일 때 : Lt = 40D~50D

(2) 평균유속

① 층류 흐름일 때 : U = 0.5Umax
② 난류 흐름일 때 : U = 0.8Umax

CHAPTER 02 소방펌프

1 ▸▸ 펌프의 종류

(1) 원심펌프(Centrifugal Pump)

소화펌프 중 가장 널리 사용되고 있는 펌프로서 회전차(Impeller)의 원심력을 이용하여 액체를 수송하는 펌프이다.

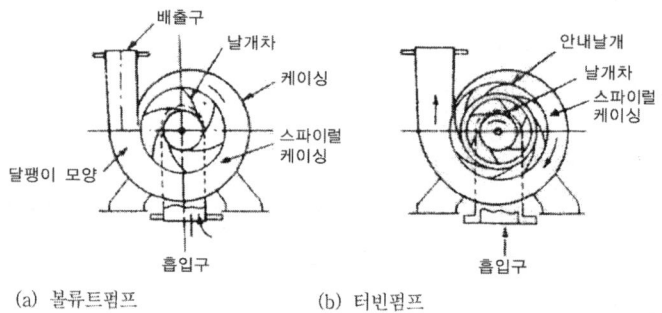

(a) 볼류트펌프   (b) 터빈펌프

① 안내 깃(Guide Vane)의 유무에 따른 분류
  ㉠ 볼류트 펌프(Volute Pump) : 케이싱 내부에 안내깃(Guide Vane)이 없는 펌프로 低양정용으로 사용
  ㉡ 터빈 펌프(Turbine Pump) : 케이싱 내부에 안내깃(Guide Vane)이 있는 펌프로 高양정용으로 사용

> **Reference**
> ● 안내깃(Guide Vane)
>   회전차 출구의 흐름을 감속하여 속도에너지를 압력에너지로 변환시켜주는 역할을 한다.

② 흡입구에 의한 분류
  ㉠ 단흡입펌프(Single Suction Pump) : 회전차의 한쪽에서만 흡입되는 펌프
  ㉡ 양흡입펌프(Double Suction Pump) : 회전차의 양쪽에서 흡입되는 펌프

③ 축의 방향에 의한 분류
　㉠ 횡축펌프(Horizontal Pump) : 펌프의 축이 수평인 펌프로 일반적으로 사용되는 펌프의 형식이다.
　㉡ 입축펌프(Vertical Pump) : 펌프의 축이 수직인 펌프로 주로 심정용으로 많이 사용된다. 설치장소가 작고 양정이 높아 공동현상이 발생될 우려가 있는 곳에 설치하면 효과적이다.

구분	횡축펌프	입축펌프
장점	① 보수 및 점검이 쉽다. ② 주요부분이 수면상에 있어 부식의 우려가 적다. ③ 가격이 대체로 저렴하다.	① 설치면적이 작다. ② 임펠러가 수중에 있어 캐비테이션의 발생 우려가 없다. ③ 프라이밍이 불필요하다.
단점	① 설치면적이 크다. ② 흡입양정이 큰 경우 캐비테이션의 발생 우려가 있다. ③ 기동 시에 프라이밍이 필요하다. ④ 대구경 펌프에는 부적합하다.	① 보수, 점검이 어렵다. ② 주요부분이 수중에 있으므로 부식되기 쉽다. ③ 가격이 일반적으로 비싸다.

④ 단수에 의한 분류
　㉠ 단단펌프(Single Stage Pump) : 펌프 1대에 Impeller 1개를 단 것
　㉡ 다단펌프(Multi Stage Pump) : 여러 개의 Impeller를 직렬로 배치한 것으로 주로 고양정용으로 사용된다.

> **원심펌프의 특징**
> - 구조가 간단하고 운전성능이 우수하다.
> - 가격이 저렴하다.
> - 케이싱 내에 물을 채워야 하는 단점이 있다.
> - 효율이 높고 맥동이 적게 발생한다.
> - 설계상 펌프의 양정 및 토출량은 넓은 범위로 제작가능하다.

(2) 왕복펌프

피스톤의 왕복운동에 의해 액체를 수송하는 펌프로 점성이 큰 액체나 고양정에 이용되는 펌프이다.

(3) 회전펌프

케이싱 내의 회전자를 회전시켜 액체를 연속으로 수송하는 펌프로 점성이 큰 액체의 압송에 적합하다.

❷ 펌프의 성능

① 소방펌프는 소화설비별 토출압력과 토출량을 충족하면서 다음 기준에 적합하여야 한다.
    ㉠ 체절양정은 정격토출양정의 140%를 초과하지 아니할 것
    ㉡ 정격토출량의 150%로 운전 시 정격토출압력의 65% 이상일 것
② 펌프의 성능곡선

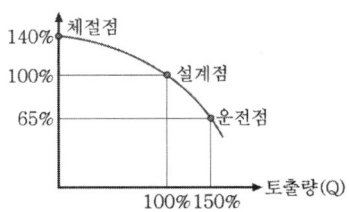

【 펌프의 성능시험곡선 】

❸ 펌프의 계산

(1) 양정

소방펌프의 정격토출양정은 다음에서 얻어진 전양정 이상이어야 한다.

$$H = h_1 + h_2 + h_3 + h_4$$

H : 전양정(m), h_1 : 배관 및 관부속물의 마찰손실양정(m)
h_2 : 호스의 마찰손실양정(m), h_3 : 실양정(m), h_4 : 방사압력 환산양정(m)

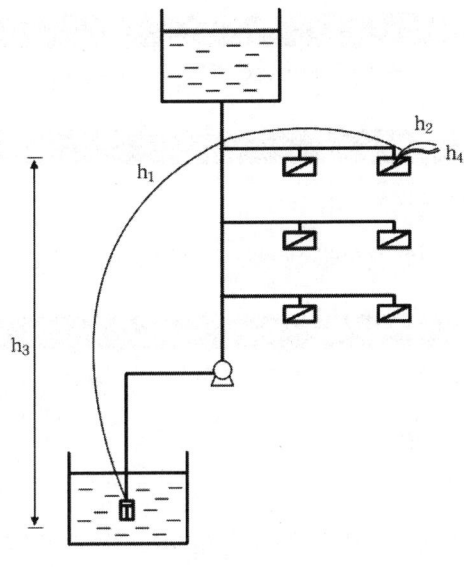

【 펌프의 전양정 】

(2) 토출량

소방펌프의 정격토출량은 다음에서 얻어진 토출량 이상일 것

$$Q = N \times 방수구의\ 최소\ 토출량(L/min)$$

Q : 펌프의 분당토출량(L/min), N : 수원 산정에 필요한 방수구의 수

(3) 동력

① 전달동력(모터동력, 엔진동력) : 펌프의 구동에 이용되는 소요동력(전달계수(K)와 효율(η)을 모두 고려한 동력)

$$L = \frac{H \times \gamma \times Q}{\eta} \times K$$

L : 동력(kgf·m/sec), H : 전양정(m), γ : 비중량(kgf/m^3), Q : 유량(m^3/sec)
η : 효율, K : 전달계수(전동기일 때 1.1, 전동기 이외일 때 1.15~1.2)

㉠ $kW = \dfrac{H \times \gamma \times Q}{102 \times \eta} \times K$

㉡ $HP = \dfrac{H \times \gamma \times Q}{76 \times \eta} \times K$

㉢ $PS = \dfrac{H \times \gamma \times Q}{75 \times \eta} \times K$

동력의 단위관계
1kW=102kgf·m/sec, 1HP=76kgf·m/sec, 1PS=75kgf·m/sec

다른 방법의 동력계산
$P(kW) = 0.163 \dfrac{H \times Q}{E} \times K$ Q : 정격 토출량(m³/min), H : 전양정(m), E : 펌프효율, K : 동력전달계수

펌프효율의 계산
• 펌프효율(η_p) = 체적효율(η_v) × 수력효율(η_h) × 기계효율(η_m)   • 펌프효율(η_p) = $\dfrac{수동력}{축동력}$

② 축동력(펌프동력) : 펌프의 운전에 필요한 실제동력(효율(η)만을 고려한 동력)

$$L = \frac{H \times \gamma \times Q}{\eta}$$

㉠ $kW = \dfrac{H \times \gamma \times Q}{102 \times \eta}$

㉡ $HP = \dfrac{H \times \gamma \times Q}{76 \times \eta}$

㉢ $PS = \dfrac{H \times \gamma \times Q}{75 \times \eta}$

③ 수동력 : 펌프에 의해 액체에 공급되는 동력

$$L = H \times \gamma \times Q$$

㉠ $kW = \dfrac{H \times \gamma \times Q}{102}$

㉡ $HP = \dfrac{H \times \gamma \times Q}{76}$

㉢ $PS = \dfrac{H \times \gamma \times Q}{75}$

④ 팬의 계산

① 전달동력(모터동력, 엔진동력)

$$L = \frac{P \times Q}{\eta} \times K$$

P : 풍압(kgf/m²), Q : 풍량(m³/sec), η : 효율
K : 전달계수(전동기일 때 1.1, 전동기 이외일 때 1.15~1.2)

㉠ $kW = \dfrac{P \times Q}{102 \times \eta} \times K$ ㉡ $HP = \dfrac{P \times Q}{76 \times \eta} \times K$ ㉢ $PS = \dfrac{P \times Q}{75 \times \eta} \times K$

② 축동력(송풍기동력)

㉠ $kW = \dfrac{P \times Q}{102 \times \eta}$ ㉡ $HP = \dfrac{P \times Q}{76 \times \eta}$ ㉢ $PS = \dfrac{P \times Q}{75 \times \eta}$

③ 공기동력

㉠ $kW = \dfrac{P \times Q}{102}$ ㉡ $HP = \dfrac{P \times Q}{76}$ ㉢ $PS = \dfrac{P \times Q}{75}$

⑤ 펌프의 상사법칙

임펠러의 회전수와 임펠로의 직경이 서로 다를 때

① 유량은 펌프 회전수에 정비례하고 임펠러 직경의 3승에 비례한다.

$$Q_2 = \frac{N_2}{N_1} \times \left(\frac{D_2}{D_1}\right)^3 \times Q_1$$

② 양정은 펌프 회전수의 제곱에 비례하고 임펠러 직경의 2승에 비례한다.

$$H_2 = \left(\frac{N_2}{N_1}\right)^2 \times \left(\frac{D_2}{D_1}\right)^2 \times H_1$$

③ 축동력은 펌프 회전수의 3승에 비례하고 임펠러 직경의 5승에 비례한다.

$$L_2 = \left(\frac{N_2}{N_1}\right)^3 \times \left(\frac{D_2}{D_1}\right)^5 \times L_1$$

Q : 유량, D : 임펠러 직경, N : 회전수, H : 양정, L : 축동력

6 ▶▶ 압축비

$$K = \sqrt[n]{\frac{P_2}{P_1}}$$

K : 압축비, n : 펌프의 단수, P_1 : 펌프의 흡입절대압력, P_2 : 펌프의 토출절대압력

7 ▶▶ 비속도

토출량 1m³/min, 양정 1m가 발생되도록 설계할 경우 임펠러의 분당 회전수를 의미한다.

$$N_s = \frac{N\sqrt{Q}}{\left(\dfrac{H}{n}\right)^{\frac{3}{4}}}$$

N_s : 비속도(rpm), N : 임펠러의 회전속도(rpm), Q : 토출량(m³/min)
H : 펌프의 전양정(m), n : 단수

8 ▶▶ 펌프의 연합운전

토출량 Q, 양정 H인 펌프 2대를 직렬 또는 병렬로 연결했을 때
① 직렬연결 : 유량은 불변이지만 양정은 2배가 된다.($Q_2 = Q_1$, $H_2 = 2H_1$)
② 병렬연결 : 양정은 불변이지만 유량은 2배가 된다.($H_2 = H_1$, $Q_2 = 2Q_1$)

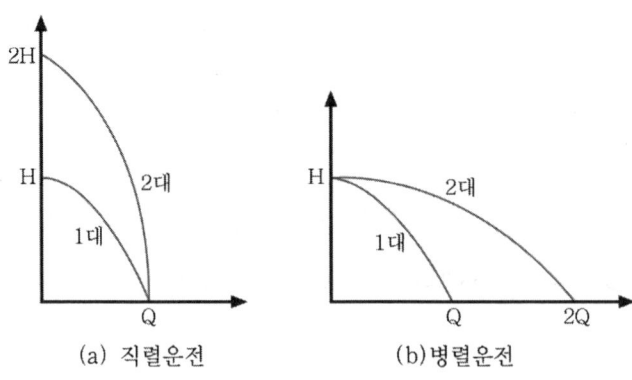

(a) 직렬운전   (b) 병렬운전

9. 흡입양정

(1) 유효흡입양정(NPSHav ; Available Net Positive Suction Head)

펌프가 설치되어 사용될 때 펌프 그 자체와는 무관하게 흡입측 배관 시스템에 따라 결정되는 양정이다.

유효흡입양정은 펌프 중심으로 유입되는 액체의 절대압력을 나타낸다.

① 수조가 펌프보다 낮은 경우

$$\text{NPSH}_{av} = \frac{P}{\gamma} - \frac{P_V}{\gamma} - \frac{P_h}{\gamma} - h$$

② 수조가 펌프보다 높은 경우

$$\text{NPSH}_{av} = \frac{P}{\gamma} - \frac{P_V}{\gamma} - \frac{P_h}{\gamma} + h$$

NPSH_{av} : 유효흡입양정(m), P : 수면에 접하는 절대압력(kgf/m^2)
P_V : 포화증기압(kgf/m^2), P_h : 흡입측 배관의 마찰손실압력(kgf/m^2)
γ : 비중량(kgf/m^3), h : 흡입 실양정(m)

! Reference

◎ 온도별 물의 증기압

온도(℃)	수두(mH$_2$O)	압력(kgf/cm^2)
6.6	0.1	0.01
12.7	0.15	0.015
17.1	0.2	0.02
20.7	0.25	0.025
23.7	0.3	0.03
28.6	0.4	0.04
32.5	0.5	0.05
99.1	10.0	1.0

(2) 필요흡입양정(NPSHre ; Required Net Positive Suction Head)

펌프가 캐비테이션현상을 일으키지 않고 정상 작동되기 위해서 필요로 하는 흡입양정이다.
펌프의 종류, 형식 및 양정에 따라 다른 값을 가지며 다음과 같은 식을 통해 계산 가능하다.

【 비속도에 의한 계산 】

$$N_s = \frac{N\sqrt{Q}}{\left(\dfrac{H}{n}\right)^{\frac{3}{4}}} \quad \therefore H = \left(\frac{N\sqrt{Q}}{N_s}\right)^{\frac{4}{3}} \times n \quad H_{re} = H \times \delta$$

N_s : 비속도(rpm), N : 임펠러의 회전속도(rpm), Q : 토출량(m^3/min)
H : 펌프의 전양정(m), n : 단수, H_{re} : 필요흡입양정(m)

δ : 토마의 캐비테이션계수(편흡입의 경우 : $\delta = 7.88 \times 10^{-5} \times N_s^{\frac{4}{3}}$,

양흡입의 경우 : $\delta = 5.0 \times 10^{-5} \times N_s^{\frac{4}{3}}$)

Cavitation이 발생되지 않을 조건
- $NPSH_{av}$ > $NPSH_{re}$

설계의 조건
- $NPSH_{av} \geqq NPSH_{re} \times 1.3$
- $NPSH_{av}$: 유효흡입양정, $NPSH_{re}$: 필요흡입양정

10. 펌프의 이상현상

(1) 공동(Cavitation)현상

펌프 흡입측 배관에서 발생될 수 있는 현상으로 흡입되는 물의 압력이 그 온도에서의 포화증기압보다 작게 되면 물이 급격하게 증발되어 기포가 생성되는 현상이다. 기포가 흐름을 따라 이동하면서 진동, 소음을 수반하고 심한 경우 양수불능까지도 초래하게 된다.

① 발생원인
  ㉠ 펌프가 수원보다 높고 흡입수두가 클 때
  ㉡ 펌프의 임펠러 회전속도가 클 때
  ㉢ 펌프의 흡입관경이 작을 때
  ㉣ 흡입측 배관의 유속이 빠를 때
  ㉤ 흡입측 배관의 마찰손실이 클 때
  ㉥ 물의 온도가 높을 때

② 발생현상
　㉠ 소음과 진동이 생긴다.
　㉡ 침식이 생긴다.
　㉢ 토출량 및 양정이 감소되고 전체적인 펌프의 효율이 감소된다.
③ 방지법
　㉠ 펌프의 설치위치를 가급적 낮춘다.
　㉡ 회전차를 수중에 완전히 잠기게 한다.
　㉢ 흡입 관경을 크게 한다.
　㉣ 펌프의 회전수를 낮춘다.
　㉤ 2대 이상의 펌프를 사용한다.
　㉥ 양(兩)흡입 펌프를 사용한다.

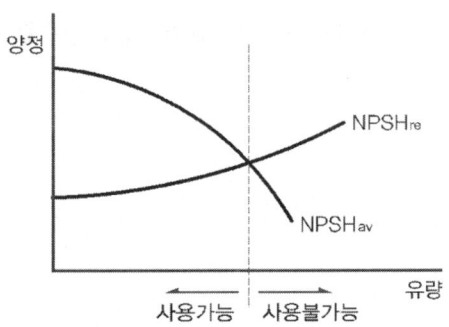

【 H-Q 곡선과 Cavitation 】

(2) 수격(Water Hammering)작용

펌프나 밸브를 갑작스럽게 조작하면 관속을 흐르는 액체의 속도가 급격히 변하면서 운동에너지가 압력에너지로 바뀌게 된다. 이때 고압이 발생되어 배관이나 관 부속물에 무리한 힘을 가하게 되는데 이러한 현상을 **수격작용**이라 한다.

① 발생원인
　㉠ 펌프의 급격한 기동 또는 급격한 정지 시
　㉡ 밸브의 급격한 폐쇄 또는 급격한 개방 시
② 방지법
　㉠ 배관의 관경을 가능한 크게 하여 유속을 낮춘다.
　㉡ 펌프에 플라이휠(Fly Wheel)을 설치하여 펌프의 급격한 속도변화를 방지한다.
　㉢ 조압수조(Surge Tank)를 관선에 설치한다.

㉣ 토출 측에 수격방지기(Water Hammering Cushion)를 설치한다.
㉤ 밸브는 송출구 가까이 설치하고 적당히 제어한다.

(3) 맥동(Surging)현상

펌프의 운전 중 송출유량이 주기적으로 변하면서 압력계의 눈금이 흔들리고 토출배관에 진동과 소음을 수반하는 현상이다. 맥동현상이 계속되면 배관의 장치나 기계의 파손을 일으킨다.

① 발생원인
  ㉠ 펌프의 양정곡선이 산형곡선이고 곡선의 상승부에서 운전할 때
  ㉡ 배관 중에 물탱크나 공기탱크가 있을 때

② 방지법
  ㉠ 배관 중에 수조 또는 기체상태인 부분이 없도록 한다.
  ㉡ 펌프의 양수량을 증가시키거나 임펠러의 회전수를 변경한다.

CHAPTER 03 소방전기

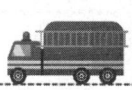

1. 축전지 충전용량 계산

(1) 축전지의 종류 및 특성

구분	연 축전지	알칼리 축전지
공칭용량	10[Ah]	5[Ah]
공칭전압	2.0[V]	1.2[V]
기전력	2.05~2.08[V]	1.32[V]
셀수(100V)	50~55[개]	80~86[개]
충전시간	길다.	짧다.
기계적 강도	약하다.	강하다.
전기적 강도	약하다.	강하다.
기대 수명	5~15년	12~30년
종류	클래드식(CS형), 페이스트식(HS형)	소결식(AH, AHH형), 포케트식(AL, AM, AMH형)

(2) 축전지 충전방식의 종류

① **보통충전** : 필요할 때마다 표준 시간율로 소정의 충전을 하는 방식
② **급속충전** : 비교적 단시간에 보통충전 전류의 2~3배의 전류로 충전하는 방식
③ **부동충전** : 전지의 자기 방전을 보충함과 동시에 상용 부하에 대한 전력공급은 충전기가 부담하도록 하고, 충전기가 부담하기 어려운 일시적인 대전류 부하는 축전지로 하여금 부담하게 하는 방식

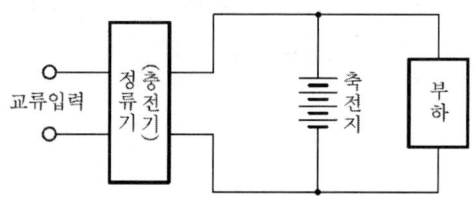

④ 균등충전 : 부동충전방식에 의하여 사용할 때 각 전해조에 일어나는 전위차를 보정하기 위하여 1~3개월마다 1회 정전압으로 10~12시간 충전하는 방식
⑤ 세류충전(트리클 충전) : 자기 방전량만 항상 충전하는 부동충전방식의 일종이다.
⑥ 회복충전 : 축전지를 과방전 또는 방치상태에서 기능회복을 위하여 실시하는 충전방식

> **Reference**
> ① 부동충전 시 2차 전류[A] = $\dfrac{\text{축전지 정격용량[Ah]}}{\text{정격 방전율[h]}} + \dfrac{\text{상시부하 용량[VA]}}{\text{표준 전압[V]}}$
> ※ 정격방전율 : 연 축전지(10[h]율), 알칼리 축전지(5[h]율)
> ② 부동충전 시 2차 출력[VA] = 표준전압 × 2차 충전전류

예상문제

알칼리 축전지의 정격용량은 60[Ah], 상시부하 3[kW], 표준전압 100[V]인 부동충전방식인 충전기의 2차 출력은 몇 [kVA]인가?

풀이 ① 축전지 2차 충전전류

2차 충전전류 = $\dfrac{\text{정격용량}}{\text{방전시간율}} + \dfrac{\text{상시부하}}{\text{표준전압}} = \dfrac{60}{5} + \dfrac{3 \times 10^3}{100} = 42\text{[A]}$

② 충전기 2차 출력
충전기 2차 출력 = 표준전압 × 2차 충전전류 = 100 × 42 = 4,200[VA] = 4.2[kVA]   **답** 4.2[kVA]

(3) 충전용량의 계산

① 단순 부하

$$C = \dfrac{1}{L}KI\text{[Ah]}$$

여기서, C : 25[℃]일 때 정격 방전율의 환산 용량[Ah]
 L : 보수율(0.8)(사용 중 경년 용량저하율)
 I : 방전전류[A]
 K : 용량환산시간 계수(방전시간 T, 전지의 최저온도 및 허용최저전압에 의하여 결정되는 계수)[h]

② 변동 부하
　㉠ 시간 경과에 따라 방전전류가 증가하는 경우

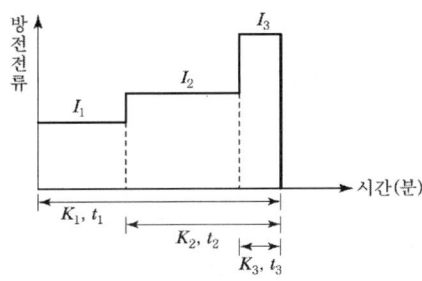

$$C = \frac{1}{L}[K_1 I_1 + K_2(I_2 - I_1) + K_3(I_3 - I_2)][Ah]$$

　　C : 출전지용량[Ah], L : 경량 용량저하율(보수율)
　　K : 용량환산시간 계수[h], I : 방전전류[A]

　㉡ 구간별로 K값이 주어진 경우

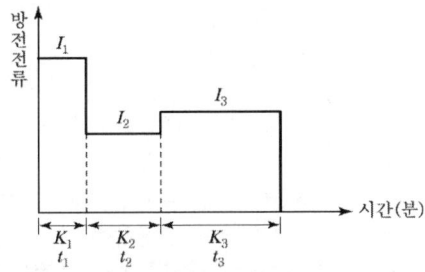

$$C = \frac{1}{L}[K_1 I_1 + K_2 I_2 + K_3 I_3][Ah]$$

보수율
경년변화로 용량 감소를 보정한 여유율(통상 0.8)로, 경년용량저하율이라고도 함

용량환산시간 계수
단순 경과시간 t가 아니라 경과시간, 축전지의 종류와 효율, 주위 최저온도, 축전지의 허용전압 [V/Cell] 등을 고려하여 환산한 시간 계수[h]

축전지의 허용전압

축전지 허용 최저전압 = $\dfrac{V_a + V_c}{n}$ [V/Cell]

여기서, V_a : 부하의 허용 최저전압[V]
V_c : 축전지와 부하 간 배선의 전압강하[V]
n : 직렬로 연결된 축전지 셀 수[Cell]

예상문제

비상용 전원설비를 축전지설비로 하고자 한다. 사용부하의 방전전류-시간 특성곡선이 그림과 같을 때 다음 각 물음에 답하시오.(단, 용량환산시간 K값은 $K_1 = 0.85$(30분), $K_2 = 0.53$(10분), $K_3 = 0.70$(20분)이다.)

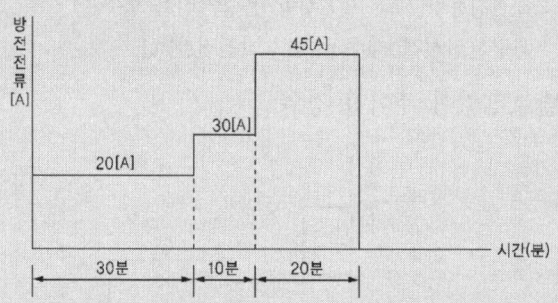

가) 보수율의 의미를 설명하고 이 값은 보통 얼마로 하는지를 밝히시오.
나) 축전지와 부하를 충전기에 병렬로 접속하여 사용하는 충전방식으로 축전지의 자기 방전에 대한 충전과 상용부하(직류부하)에 대한 전원공급은 충전기가 부담하고 일시적인 대전류 부하는 축전지가 공급하는 충전방식은?
다) 축전지의 용량은 몇 [Ah] 이상의 것을 택하여야 하는가?

풀이 가) ① 의미 : 경년변화에 따른 축전지의 용량저하율
② 값 : 0.8
나) 부동충전방식
다) $C = \dfrac{1}{L}[K_1 I_1 + K_2 I_2 + K_3 I_3] = \dfrac{1}{0.8}[0.85 \times 20 + 0.53 \times 30 + 0.70 \times 45] = 80.5$[Ah]

② ▶▶ 전압강하계산

전압강하 계산식

① e = KIR [V]

여기서, I : 정격전류[A], R : 전선 1선의 저항[Ω]

K ┬ 단상 3선식, 3상4선식 : 1
  ├ 단상 2선식, 직류2선식 : 2
  └ 3상 3선식 : $\sqrt{3}$

② 각 선간 전압강하

전압강하	회로의 전기방식
$e = \dfrac{35.6LI}{1,000A}$ [V]	단상 2선식, 직류 2선식
$e = \dfrac{30.8LI}{1,000A}$ [V]	3상 3선식
$e' = \dfrac{17.8LI}{1,000A}$ [V]	단상 3선식, 직류 3선식, 3상 4선식

여기서, e : 선간 전압강하[V], e' : 각 선과 중성선 간의 전압강하[V]
  L : 선로의 길이[m], I : 정격전류[A]
  A : 전선의 굵기[단면적 mm^2]

예상문제

수신기가 설치되어 있는 경비실에서 450m 거리에 공장동 1개동이 위치할 때, 다음 조건을 보고 물음에 답하시오.

[조건]
- 건물의 규모 : 지상5층, 지하2층으로서 각 층별 바닥면적이 1,000m^2이다.
- 회로 구성 : 각 층별 2회로씩 구성
- 사용전선 : HFIX(90) 2.5mm^2
- 부하전류 : 경종 50mA/개, 표시등 30mA/개
- 기타 부하전류는 무시한다.

가) 표시등 및 경종의 부하전류는 몇 A인가?
나) 전압강하를 구하시오.

풀이 가) 표시등의 부하전류 : 전층의 표시등은 상시 점등상태에 있으므로
  I=0.03A/개×2개/층×7개층=0.42[A]
  경종의 부하전류 : 일제경보

$$I = 0.05 \text{A/개} \times 2\text{개/층} \times 7\text{개층} = 0.7[\text{A}]$$

나) 전압강하

$$e = \frac{35.6 LI}{1,000A} = \frac{35.6 \times 450 \times (0.42 + 0.7)}{1,000 \times 2.5} ≒ 7.18[V]$$

3 ▸▸ 감시전류, 동작전류, 종단저항 등의 계산

(1) 정상일 때 감지기에 흐르는 전류(상시 감시전류)

$$감시전류 = \frac{회로전압(24V)}{릴레이저항 + 선로저항 + 종단저항} \text{A}$$

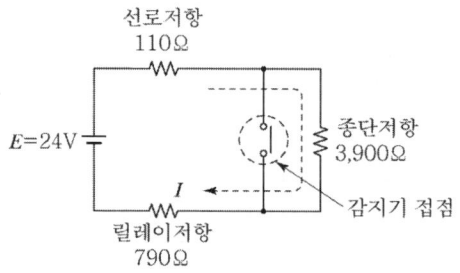

※ 수신기 표준전압 = 회로전압 = DC 24V

(2) 감지기 작동시 흐르는 전류(동작전류)

$$동작전류 = \frac{회로전압(24V)}{릴레이저항 + 선로저항} \text{A}$$

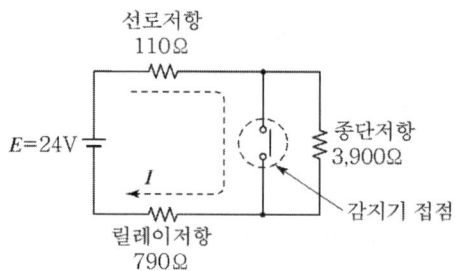

예상문제

P형 1급 수신기와 감지기가 연결된 선로에서 선로저항이 110[Ω]이고, 릴레이 저항이 790[Ω], 회로의 전압이 DC 24[V]이고 감시전류가 5[mA]인 경우 종단저항[Ω]값과 감지기가 작동할 때 흐르는 전류는 몇 [mA]인가?

풀이 ① 종단저항값

$$감시전류 = \frac{회로전압}{릴레이저항 + 선로저항 + 종단저항} \text{ 에서}$$

$$5 \times 10^{-3} = \frac{24}{790 + 110 + 종단저항} [A]$$

$$\rightarrow 790 + 110 + 종단저항 = \frac{24}{5 \times 10^{-3}} = 4,800[\Omega] \quad \therefore 종단저항 = 3,900[\Omega]$$

② 감지기 작동 시 흐르는 전류

$$동작전류 = \frac{회로전압}{릴레이저항 + 배선저항} = \frac{24}{110 + 790} = 0.02667[A] = 26.67[mA]$$

4 ▶▶ 전동기용량[kW, HP]

① $kW = \dfrac{H \times \gamma \times Q}{102 \times \eta} \times K$

② $HP = \dfrac{H \times \gamma \times Q}{76 \times \eta} \times K$

③ $PS = \dfrac{H \times \gamma \times Q}{75 \times \eta} \times K$

동력의 단위관계

- 1kW = 102kgf·m/sec, 1HP = 76kgf·m/sec, 1PS = 75kgf·m/sec

다른 방법의 동력계산

- $P(kW) = 0.163 \dfrac{H \times Q}{E} \times K$

  Q : 정격 토출량(m³/min), H : 전양정(m), E : 효율, K : 전달계수

펌프효율의 계산

- 펌프효율(η_p) = 체적효율(η_v) × 수력효율(η_h) × 기계효율(η_m)
- 펌프효율(η_p) = $\dfrac{수동력}{축동력}$

예상문제

매분 15[m³]의 물을 높이 18[m]인 물탱크에 양수하려고 한다. 주어진 조건을 이용하여 다음 각 물음에 답하시오.

[조건]
- 펌프와 전동기의 합성효율은 60[%]이다.
- 전동기의 전부하 역률은 80[%]이다.
- 펌프의 축동력은 15[%]의 여유를 둔다고 한다.
- 답안은 소수 둘째자리까지 표시할 것

가) 필요한 전동기의 용량은 몇 [kW]인가?
나) 부하용량은 몇 [kVA]인가?
다) 전력공급은 단상변압기 2대를 사용하여 V결선으로 공급한다면 변압기 1대의 용량은 몇 [kVA]인가?

풀이 가) 전동기 용량

$$P = \frac{9.8QHK}{\eta} = \frac{9.8 \times \frac{15}{60} \times 18 \times 1.15}{0.6} = 84.525 ≒ 84.53[kW]$$

답 84.53[kW]

나) 부하용량

$$P_a = \frac{P}{\cos\theta} = \frac{84.53}{0.8} ≒ 105.66[kVA]$$

답 105.66[kVA]

다) 변압기 1대의 용량

$$P = \frac{P_v}{\sqrt{3}} = \frac{P_a}{\sqrt{3}} = \frac{105.66}{\sqrt{3}} = 61.00[kVA]$$

답 61.00[kVA]

5 ▶▶ 전동기의 역률개선[콘덴서 용량]

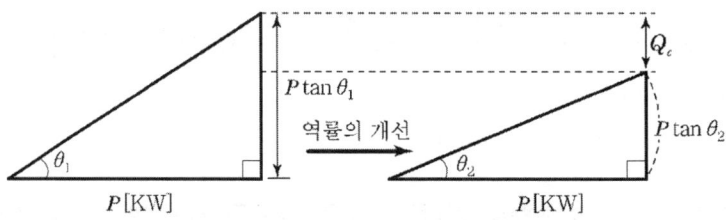

$$Q_C = P(\tan\theta_1 - \tan\theta_2) = P\left(\frac{\sin\theta_1}{\cos\theta_1} - \frac{\sin\theta_2}{\cos\theta_2}\right)$$

$$= P\left(\frac{\sqrt{1-\cos^2\theta_1}}{\cos\theta_1} - \frac{\sqrt{1-\cos^2\theta_2}}{\cos\theta_2}\right)[kVA]$$

여기서, Q_c : 콘덴서의 용량[kVA], P : 유효전력[kW]
$\cos\theta_1$: 개선 전 역률, $\cos\theta_2$: 개선 후 역률

예상문제

역률 0.6, 출력 20[kW]인 전동기 부하에 병렬로 전력용 콘덴서를 설치하여 역률을 0.9로 개선하려고 한다. 전력용 콘덴서의 용량은 몇 [kVA]가 필요한가?

풀이
$$Q_c = P(\tan\theta_1 - \tan\theta_2) = P\left(\frac{\sin\theta_1}{\cos\theta_1} - \frac{\sin\theta_2}{\cos\theta_2}\right) = P\left(\frac{\sqrt{1-\cos^2\theta_1}}{\cos\theta_1} - \frac{\sqrt{1-\cos^2\theta_2}}{\cos\theta_2}\right)[\text{kVA}]$$

P : 유효전력[KW], $\sin\theta_1$: 개선 전 무효율, $\sin\theta_2$: 개선 후 무효율
$\cos\theta_1$: 개선 전 역률(0.6), $\cos\theta_2$: 개선 후 역률(0.9)

$$\therefore Q_c = P\left(\frac{\sin\theta_1}{\cos\theta_1} - \frac{\sin\theta_2}{\cos\theta_2}\right) = P\left(\frac{\sqrt{1-\cos^2\theta_1}}{\cos\theta_1} - \frac{\sqrt{1-\cos^2\theta_2}}{\cos\theta_2}\right)$$
$$= 20 \times \left(\frac{\sqrt{1-0.6^2}}{0.6} - \frac{\sqrt{1-0.9^2}}{0.9}\right) = 16.986[\text{kVA}]$$

답 16.986[kVA]

6. 램프 등기구수 및 조명계산

(1) 일반식

$$FUN = EAD = \frac{EA}{M}$$

F : 램프 한 개에 대한 광속[lm], U : 조명률[%], N : 램프수
E : 평균 조도[lx](작업면에서의 조도), A : 작업면의 면적[m²]
D : 감광보상률$\left(=\frac{1}{M}\right)$[%], M : 유지율(보수율)

(2) 등기구 수

$$N = \frac{EAD}{FU}(\text{개})$$

◯ 감광보상률(D)
조도의 경년감소를 감안한 여유율(D>1)

◯ 조명률
$$조명률 = \frac{피조면\ 광속}{광원의\ 전광속} \times 100[\%]$$

◯ 등기구가 2등용인 때
등의 수 = 등기구 수 × 2(등)(개)

CHAPTER 04

시공 및 실무

1 ▸▸ 배관의 종류

① **배관용 탄소강관**(SPP, Carbon Steel Pipes for Ordinary Piping)(KS D 3507) : 1.2MPa 미만의 압력에서 사용할 수 있는 배관으로 백관과 흑관으로 구분된다. 탄소강관에 1차 방청도장만 한 것을 흑관, 흑관에 아연(Zn)도금을 한 배관을 백관이라 한다.

② **압력 배관용 탄소강관**(SPPS, Carbon Steel Pipes for Pressure Service)(KS D 3562) : 1.2MPa 이상, 10MPa 미만의 범위에서 사용할 수 있는 배관으로 관 두께를 Schedule 번호로 나타내며 번호가 클수록 두꺼운 관이다.

③ **고압 배관용 탄소강관**(SPPH, Carbon Steel Pipes for High Pressure Service) : 10MPa 이상의 고압의 배관에 사용할 수 있는 배관이다.

④ **수도용 아연도금 강관**(SPPW, Galvanized Steel Pipes Water Services, KS D 3537) : 배관용 탄소강관에 아연도금을 한 것으로서 관경 350A 이내에 사용할 수 있는 급수용 배관이다.

⑤ **저온 배관용 탄소강관**(SPLT, Steel Pipe for Low Temperature Service, KS D 3569) : 0℃ 이하의 저온 유체의 이송에 사용되는 배관이다.

⑥ **고온 배관용 탄소강관**(SPHT, Carbon Steel Pipes for High Temperature Service, KS D 3570) : 사용온도 350℃ 이상의 고온에 사용되는 배관이다.

⑦ **염소화염화비닐수지 배관**(CPVC, Chlorinated Poly Vinyl Chloride) : PVC(Poly Vinyl Chloride)를 염소화시킨 것으로 PVC의 단점인 내열성, 내후성, 내연성을 향상시킨 것이다. 합성수지배관 중 소방검정공사의 성능시험기술기준에 적합한 배관을 사용할 수 있다.

> **Reference**
>
> ◎ **합성수지배관**
> CPVC(Chlorinated Poly Vinyl Chloride)는 염소화 염화비닐수지로 열에 약한 폴리염화비닐(PVC)수지의 단점을 보완한 합성수지배관으로 조도(거칠음계수)인 C factor가 150이다.

㉠ 배관용 탄소강관

```
┌──────┐
│      │ Ⓚ ─ SPP ─ B ─ 80A ─ 1985 ─ 6
└──────┘
  상표   KS   관종류  제조방법  호칭방법  제조년  길이
```

㉡ 압력배관용 탄소강관

```
┌──────┐
│      │ Ⓚ ─ SPPS ─ S-H ─ 1985 ─ 100A × Sch40 × 6
└──────┘
  상표   KS   관종류  제조방법  제조년  호칭방법 스케줄 길이
```

2 ▸▸ Sch No

배관의 두께를 표시하는 무차원 수로 번호가 클수록 두꺼운 관이다.

$$\text{스케줄 번호(Sch No)} = \frac{P}{S} \times 10$$

P : 사용압력(kgf/cm^2), S : 허용응력(kgf/mm^2)

$$\text{허용응력} = \frac{\text{인장강도}}{\text{안전율}}$$

스케줄 번호는 무차원수이며 10, 20, 30, 40, 80 등이 있고 번호가 클수록 두꺼운 관이다.

3 ▸▸ 밸브의 종류

① 게이트밸브(Gate Valve) : 유체의 흐름방향에 직각으로 움직이는 게이트에 의해 완전열림 또는 완전 닫힘의 용도로 사용되는 밸브로 유량조절 목적으로는 사용되지 않는다. 완전히 개방되었을 때에는 배관의 지름과 같으므로 압력손실이 적다.

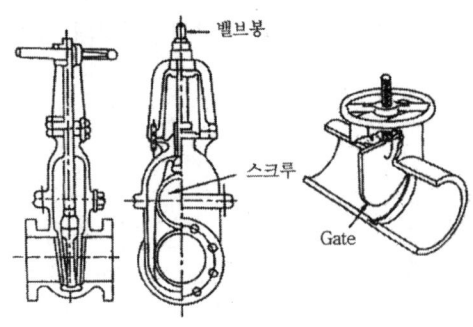

② 글로브밸브(Globe Valve) : 섬세한 유량조절이 가능한 유량조절밸브로 입구와 출구의 중심선이 일직선상에 있고 유체의 흐름이 S자 모양이다. 밸브의 개폐가 신속하지만 마찰손실이 큰 단점을 가지고 있다.

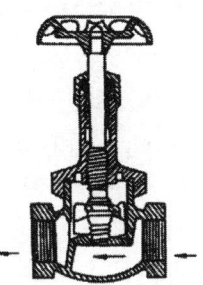

③ 앵글밸브(Angle Valve) : 유체의 흐름을 직각으로 변환시킬 때 사용되는 밸브로 옥내소화전 방수구와 스프링클러설비 유수검지장치의 테스트배수밸브에 사용되는 밸브이다.

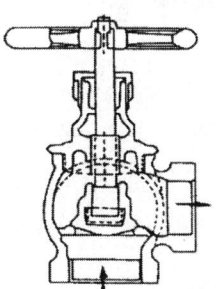

④ 버터플라이 밸브(Butterfly Valve) : 원통형의 몸체 속에 밸브봉을 축으로 하여 평판이 회전함으로써 개폐되는 밸브로 주로 저압용 배관에 사용되고 있다. 가격은 저렴하지만 누설의 우려가 있고 완전 개방 시에도 유로상에 평판이 존재하므로 마찰저항이 커서 소화펌프의 흡입측 배관에는 사용할 수 없는 밸브이다.

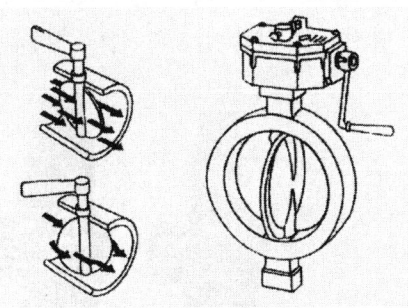

⑤ **안전밸브(Safety Valve)** : 배관 및 고압용기에 설치하여 압력이 이상 상승되면 자동으로 개방되어 유체를 대기 중으로 방출하여 압력으로부터 안전한 상태로 유지해주는 밸브이다. 종류로는 스프링식, 중추식, 가용전식, 파열판식 등이 있으며 그 중 스프링식 안전밸브가 가장 널리 사용되고 있다.

⑥ **체크밸브(Check Valve)** : 역류방지를 목적으로 사용되는 밸브로서 유체의 흐름방향이 한쪽 방향으로만 흐르도록 하는 밸브이다.

　㉠ 스윙 체크밸브(Swing Check Valve) : 핀을 축으로 회전운동을 할 수 있는 밸브로서 물의 흐름에 따라 자중에 의해 개폐되는 밸브이다. 마찰손실은 리프트형보다 작지만 클래퍼와 시트 사이에 이물질이 있을 때 신뢰성이 낮아지며, 수평배관보다 수직배관에 적합하다.

 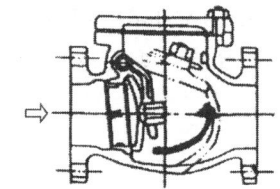

　㉡ 리프트 체크밸브(Lift Check Valve) : 일명 스모렌스키체크밸브라고도 하며, 유체의 압력에 의해 밸브가 수직운동을 하여 개폐되는 형식으로 수평, 수직배관에 모두 사용가능하다. 수격작용에 강하여 소방설비용 배관에 많이 사용되며 By Pass 밸브를 개방하면 2차측의 물을 1차측으로 역류시킬 수 있다.

 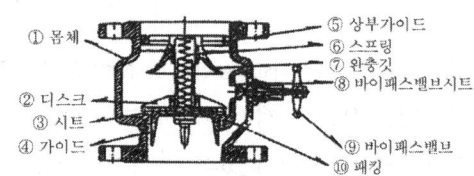

⑦ **릴리프밸브(Relief Valve)** : 설비가 비정상적으로 유지되어 설비의 정상작동에 문제가 생기는 것을 방지하기 위한 일종의 설비 정상 유지밸브이다.

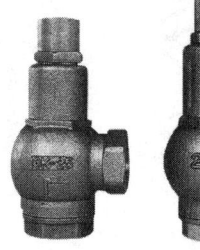 

4 ▸▸ 부품의 종류

(1) 강관이음의 종류

강관이음은 이음방법에 따라 나사식, 용접식, 플랜지식 이음이 있다.

① 나사식 이음 : 50A 이하의 물, 증기, 기름, 공기 등의 저압용 일반배관에 사용되는 이음방법으로 마모, 충격, 진동, 부식 및 균열 등이 생길 우려가 없는 곳에 사용되는 방법이다.

② 용접식 이음 : 50A 이상의 배관에 사용되는 이음방법으로 접속부의 모양에 따라 맞대기 용접, 삽입형 용접, 플랜지 용접 등으로 구분된다.

③ 플랜지 이음 : 65A 이상의 볼트, 너트로 플랜지를 접속시키는 이음으로 각종 기기의 접속 및 관을 자주 해체 또는 교환할 필요가 있는 곳에 적합하다.
플랜지 사이에는 개스킷(Gasket)을 넣어 유체가 새는 것을 방지한다.
플랜지 이음의 종류로는 나사이음, 삽입용접, 소켓용접, 랩조인트, 맞대기용접, 블라인드형 등이 있다.

(2) 배관접속기구의 종류

① 관의 방향을 바꿀 때 : 엘보(Elbow), 벤드(Bend)
② 2개의 관을 연결할 때 : 유니온(Union), 플랜지(Flange), 니플(Nipple), 소켓(Socket)
③ 관의 지름을 바꿀 때 : 리듀서(Reducer), 부싱(Bushing)
④ 관의 끝을 막을 때 : 플러그(Plug), 캡(Cap)
⑤ 지름이 큰 관을 연결할 때 : 플랜지(Flange), 볼트(Bolt), 너트(Nut)
⑥ 관의 수리, 교체가 필요할 때 : 유니온(Union), 플랜지(Flange)
⑦ 관을 도중에 분기할 때 : 티(Tee), 와이(Y), 크로스(Cross)

(3) 신축이음의 종류

직선거리가 긴 배관이 온도, 유속의 변화에 의해 팽창 또는 수축되면 관 접합부 및 기타 기기가 파손이 생길 우려가 있으므로 관 접합부 등에 설치하여 설비의 파손을 방지할 수 있도록 하는 이음을 말한다.

① 슬리브형(Sleeve Type) : 슬리브와 본체 사이에 석면으로 만든 패킹을 넣어 온수나 증기의 누설을 방지하며 $8kgf/cm^2$ 이하의 공기, 가스, 기름배관에 사용된다.

> **Reference**
>
> ◎ 패킹의 종류
> - 매커니컬실(Mechanical Seal) : 패킹 설치 시 펌프케이싱과 샤프트 중앙 부분에 물이 새지 않도록 섬세한 다듬질이 필요하며 일반적으로 산업용, 공업용 펌프에 사용되는 패킹
> - 오일실(Oil Seal)
> - 플랜지 패킹(Flange Packing)
> - 글랜드 패킹(Gland Packing)
> - 나사용 패킹(Thread Packing)
> - 오링(O-ring)
>
>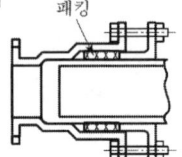
> 【 슬리브형 이음 】

② **스위블형(Swivel Type)** : 2개 이상의 엘보를 연결하여 한 쪽이 팽창하면 비틀림을 일으켜 팽창을 흡수한다. 신축량이 큰 경우 배관의 나사 이음부가 헐거워져 누설의 우려가 있다.

> **Reference**
>
> 아파트 등 고층 건축물의 도시가스배관이 스위블형이다.
>
>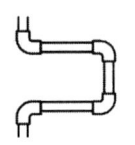

③ **벨로우즈형(Bellows Type)** : 청동 또는 스테인리스강을 주름잡아 만든 이음으로 부식의 우려가 없으며 나사이음과 플랜지이음이 있다. 설치공간을 넓게 차지하지 않으며 자체응력 및 누설이 없지만 고압배관에는 부적합하다.

> **Reference**
>
> 신축성 있는 형태의 이음
>
>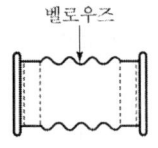
> 벨로우즈

④ **루프형(Loop Type)** : 강관 또는 동관 등을 루프모양으로 구부리고 그 구부림을 이용하여 배관의 신축을 흡수한다. 고온, 고압의 옥외배관에 많이 사용되고 설치공간을 많이 차지하지만 진동에 대한 완충효과가 크다. 굽힘 반지름은 관지름의 6배 이상으로 한다.

> **Reference**
> 가스계설비의 동관 이음에 주로 이용된다.

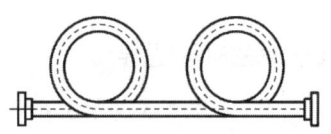

배관 이외의 교량, 도로, 철도에서의 신축이음의 종류
상온스프링형, 맹조인트, 절삭조인트, 쇼마조인트, 앵글보강조인트, 보강강재조인트, 컷오프조인트, 거플링조인트, 모노셀조인트, 러버탑조인트, 가이탑조인트, 트랜스플랙스조인트, 에이스조인트, 샌드위치조인트, 레일식신축이음장치

(4) 스트레이너(Strainer)

배관을 흐르는 유체에 섞여 있는 모래 등 이물질 등을 여과하기 위한 여과기로 모양에 따라 Y형, U형, V형 등으로 구분된다.

① Y형 스트레이너 : 45° 경사진 Y형의 본체에 원통형 금속망을 넣은 것으로 유체의 저항을 줄이기 위해서 유체가 망의 안쪽에서 바깥쪽으로 흐르게 되어 있으며 밑부분에 플러그를 달아 쌓여있는 불순물을 제거하게 되어 있다.

② U형 스트레이너 : 주철제의 본체 안에 원통형 여과망을 수직으로 넣어 유체가 망의 안쪽에서 바깥쪽으로 흐른다. 구조상 Y형 스트레이너에 비해 저항은 크지만 보수나 점검 등이 매우 편리하다.

③ V형 스트레이너 : 주철제의 본체 안에 금속여과망을 V형으로 끼운 것으로 유체가 직선으로 흐르게 되어 저항이 적어지며 여과망의 교환, 점검, 보수 등이 편리하다.

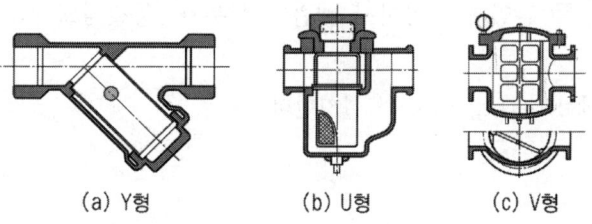

(a) Y형   (b) U형   (c) V형

5 ▶▶ 보온재 및 보온방법

(1) 보온재의 종류

① 암면 보온재(KS F 4701)
② 유리면 보온재(KS L 9102)
③ 발포 폴리스틸렌 보온재(KS M 3808)
④ 발포 폴리에틸렌 보온재(KS M 3862)
⑤ 규산칼슘 보온재(KS L 9101)
⑥ 발수성 펄라이트 보온재(KS L 4714)
⑦ 경질 우레탄폼 보온재(KS M 3809)

> **Reference**
>
> ◎ 보온재의 구비조건
> - 단열능력이 우수할 것
> - 시공이 용이할 것
> - 가격이 저렴할 것
> - 단열효과가 뛰어날 것
> - 가벼울 것

(2) 배관의 동파방지 방법

① 단열재로 보온조치한다.
② 배관에 전열전선을 설치한다.
③ 부동액을 혼입한다(배관부식에 영향이 없을 것).
④ 배관내 상시 물을 유동시킨다.
⑤ 지하배관을 동결심도 이상으로 매설한다. : 옥외배관의 경우 동절기에는 각 지방의 동결심도를 감안하여 공사시 배관의 상부가 [동결심도 +30cm] 깊이로 매설되도록 한다.
⑥ 수조내에 Heating Pipe를 설치한다.

6. 도시기호

[소방시설 도시기호(소방청고시 별지 제4호 서식)]

분류	명칭		도시기호	분류	명칭	도시기호
배관	일반배관		———	헤드류	스프링클러헤드 폐쇄형 상향식(평면도)	●—
	옥내·외소화전		—H—		스프링클러헤드 폐쇄형 하향식(평면도)	●—
	스프링클러		—SP—		스프링클러헤드 개방형 상향식(평면도)	○—
	물분무		—WS—		스프링클러헤드 개방형 하향식(평면도)	○—
	포소화		—F—		스프링클러헤드 폐쇄형 상향식(계통도)	⊥
	배수관		—D—		스프링클러헤드 폐쇄형 하향식(입면도)	⊤
	전선관	입상	⌀		스프링클러헤드 폐쇄형 상·하향식(입면도)	
		입하	⌀		스프링클러헤드 상향식(입면도)	↑
		통과	⌀		스프링클러헤드 하향식(입면도)	↓
관이음쇠	플랜지		—∥—		분말·탄산가스·할로겐헤드	
	유니온		—∥∥—		연결살수헤드	
	플러그		←—		물분무헤드(평면도)	—⊗—
	90° 엘보		┼		물분무헤드(입면도)	▽
	45° 엘보		╳		드렌처헤드(평면도)	—⊘—
	티		┼		드렌처헤드(입면도)	▽
	크로스		┼┼		포헤드(평면도)	⊕
	맹플랜지		—┤		포헤드(입면도)	▮
	캡		⊐		감지헤드(평면도)	—Ⓐ—

분류	명칭	도시기호	분류	명칭	도시기호
헤드류	감지헤드(입면도)		밸브류	릴리프밸브(이산화탄소용)	
	청정소화약제 방출헤드(평면도)			릴리프밸브(일반)	
	청정소화약제 방출헤드(입면도)			동체크밸브	
밸브류	체크밸브			앵글밸브	
	가스체크밸브			FOOT밸브	
	게이트밸브(상시개방)			볼밸브	
	게이트밸브(상시폐쇄)			배수밸브	
	선택밸브			자동배수밸브	
	조작밸브(일반)			여과망	
	조작밸브(전자식)			자동밸브	
	조작밸브(가스식)			감압밸브	
	경보밸브(습식)			공기조절밸브	
	경보밸브(건식)	계기류	압력계	
	프리액션밸브			연성계	
	경보델류지밸브			유량계	
	프래액션밸브 수동조작함	SVP	소화전	옥내소화전함	
	플렉시블조이트			옥내소화전 방수용 기구병설	
	솔레노이드밸브			옥외소화전	
	모터밸브			포말소화전	

분류	명칭	도시기호	분류	명칭	도시기호
소화전	송수구		경보설비기기류	차동식 스포트형 감지기	
	방수구			보상식 스포트형 감지기	
스트레이너	Y형			정온식 스포트형 감지기	
	U형			연기감지기	S
저장탱크류	고가수조 (물올림장치)			감지선	
	압력챔버			공기관	
				열전대	
	포말원액탱크			열반도체	∞
				차동식 분포형 감지기의 검출기	
레듀셔	편심레듀셔			발신기세트 단독형	PBL
	원심레듀셔			발신기세트 옥내소화전내장형	PBL
혼합장치류	프레져프로포셔너			경계구역 번호	△
	라인프로포셔너			비상용 누름버튼	F
	프레져사이드 프로포셔너			비상전화기	ET
	기타			비상벨	B
펌프류	일반펌프			사이렌	
	펌프모터(수평)	M		모터사이렌	M
	펌프모터(수직)	M		전자사이렌	S
저장용기류	분말약제	P.D		조작장치	E P
	저장용기			증폭기	AMP

Chapter 04. 시공 및 실무

분류	명칭	도시기호	분류	명칭	도시기호
경보설비기기류	기동누름버튼	Ⓔ	경보설비기류	보조전원	TR
	이온화식 감지기 (스포트형)	S_I		종단저항	Ω
	광전식 연기감지기 (아날로그)	S_A		수동식제어	□
	광전식 연기감지기 (스포트형)	S_P	제연설비	천장용 배풍기	
	감지기간선, HIV1.2mm×4(22C)	—F—///		벽부착용 배풍기	
	감지기간선, HIV1.2mm×8(22C)	—F—///—///	전선관	일반배풍기	
	유도등간선, HIV1.2mm×3(22C)	—EX—		관로배풍기	
	경보부저	BZ	전선관	화재댐퍼	
	제어반	⋈		연기댐퍼	
	표시반	△		화재/연기댐퍼	
	회로시험기	⊙	스위치류	압력스위치	PS
	화재경보벨	Ⓑ		탬퍼스위치	TS
	시각경보기(스트로보)	▭	방연·방화문	연기감지기(전용)	S
	수신기	⋈		열감지기(전용)	⌒
	부수신기	⊞		자동폐쇄장치	ER
	중계기	⊓		연동제어기	
	표시등	◐		배연창 기동모터	M
	피난구유도등	⊗		배연창 수동조작함	8
	통로유도등	→	피뢰침	피뢰부(평면도)	⊙
	표지판	△		피뢰부(입면도)	

분류	명칭	도시기호	분류	명칭	도시기호
피뢰침	피뢰도선 및 지붕위 도체	───	기타	비상콘센트	⊙⊙
제연설비	접지	⏚		비상분전반	▣
	접지저항 측정용단자	⊗		가스계소화설비의 수동조작함	RM
소화기류	ABC 소화기	소		전동기 구동	M
	자동확산 소화기	자		엔진 구동	E
	자동식 소화기	◀소▶		배관행거	⟨⋯╲⋯⟩
	이산화탄소 소화기	C		기압계	
	할로겐화합물 소화기	△		배기구	─↑─
기타	안테나	△		바닥은폐배선	-------
	스피커	▽		노출배선	━━━
	연기 방연벽	▨		소화가스 패키지	PAC
	화재 방화벽	───			
	화재 및 연기방벽	▨			

Chapter 04. 시공 및 실무 • 57

CHAPTER 05 설비별 설계 및 시공

1 ▶▶ 소화기구

(1) 설치대상

① 소화기
  ㉠ 연면적 33m² 이상인 것[다만, 노유자시설의 경우 투척용 소화용구 등을 화재안전 기준에 따라 산정된 소화기 수량의 2분의 1 이상으로 설치할 수 있다]
  ㉡ 지정문화재 및 가스시설, 발전시설 중 전기저장시설
  ㉢ 터널
  ㉣ 지하구

② 자동소화장치
  ㉠ 주거용 주방자동소화장치 : 아파트 등 및 오피스텔의 모든 층
  ㉡ 상업용 주방자동소화장치 : 대규모점포일반음식점, 집단급식소
  ㉢ 캐비닛형자동소화장치, 가스자동소화장치, 분말자동소화장치 또는 고체에어로졸 자동소화장치 : 화재안전기준에서 정하는 장소

(2) 용어정의

① 소형소화기 : 능력단위가 1단위 이상이고 대형소화기의 능력단위 미만인 소화기
② 대형소화기 : 화재 시 사람이 운반할 수 있도록 운반대와 바퀴가 설치되어 있고 능력단위가 A급 10단위 이상, B급 20단위 이상인 소화기
③ 자동확산소화기 : 화재를 감지하여 자동으로 소화약제를 방출 확산시켜 국소적으로 소화하는 소화기
④ 자동소화장치 : 소화약제를 자동으로 방사하는 고정된 소화장치로서 형식승인이나 성능인증을 받은 유효설치 범위(설계방호체적, 최대설치높이, 방호면적 등을 말한다) 이내에 설치하여 소화하는 다음 각 목의 것
  ㉠ "주거용 주방자동소화장치"란 주거용 주방에 설치된 열발생 조리기구의 사용으로 인한 화재 발생 시 열원(전기 또는 가스)을 자동으로 차단하며 소화약제를 방출하는 소화장치

ⓒ "상업용 주방자동소화장치"란 상업용 주방에 설치된 열발생 조리기구의 사용으로 인한 화재 발생 시 열원(전기 또는 가스)을 자동으로 차단하며 소화약제를 방출하는 소화장치

ⓒ "캐비닛형 자동소화장치"란 열, 연기 또는 불꽃 등을 감지하여 소화약제를 방사하여 소화하는 캐비닛형태의 소화장치

ⓔ "가스자동소화장치"란 열, 연기 또는 불꽃 등을 감지하여 가스계 소화약제를 방사하여 소화하는 소화장치

ⓜ "분말자동소화장치"란 열, 연기 또는 불꽃 등을 감지하여 분말의 소화약제를 방사하여 소화하는 소화장치

ⓑ "고체에어로졸자동소화장치"란 열, 연기 또는 불꽃 등을 감지하여 에어로졸의 소화약제를 방사하여 소화하는 소화장치

(3) 소화기의 종류

① 소화기구
  ㉠ 소화기
  ㉡ 간이소화용구 : 에어로졸식 소화용구, 투척용 소화용구 및 소화약제 외의 것을 이용한 간이소화용구, 소공간용소화용구
  ㉢ 자동확산소화기

② 자동소화장치
  ㉠ 주거용 주방자동소화장치
  ㉡ 상업용 주방자동소화장치
  ㉢ 캐비닛형 자동소화장치
  ㉣ 가스자동소화장치
  ㉤ 분말자동소화장치
  ㉥ 고체에어로졸자동소화장치

(4) 설치기준

① 소화기구는 다음 각 호의 기준에 따라 설치하여야 한다.
   ㉠ 특정소방대상물의 설치장소에 따라 다음 표에 적합한 종류의 것으로 할 것

【 소화기구의 소화약제별 적응성 】

소화약제 구분 적응대상	가스			분말		액체				기타		
	이산화탄소소화약제	할로겐화물소화약제	청정소화약제	인산염류소화약제	중탄산염류소화약제	산알칼리소화약제	강화액소화약제	포소화약제	물·침윤소화약제	고체에어로졸화합물	마른모래	팽창질석·팽창진주암	그 밖의 것
일반화재(A급 화재)	-	○	○	○	-	○	○	○	○	○	○	○	-
유류화재(B급 화재)	○	○	○	○	○	○	○	○	○	○	○	○	-
전기화재(C급 화재)	○	○	○	○	○	*	*	*	*	○	-	-	-
주방화재(K급 화재)	-	-	-	-	*	-	*	*	*	-	-	-	*

㉡ 특정소방대상물에 따라 소화기구의 능력단위는 다음 표의 기준에 따를 것

【 특정소방대상물별 소화기구의 능력단위기준 】

특정소방대상물	소화기구의 능력단위
1. 위락시설	해당 용도의 바닥면적 30m² 마다 능력단위 1단위 이상
2. 공연장·집회장·관람장·문화재·장례식장 및 의료시설	해당 용도의 바닥면적 50m² 마다 능력단위 1단위 이상
3. 근린생활시설·판매시설·운수시설·숙박시설·노유자시설·전시장·공동주택·업무시설·방송통신시설·공장·창고시설·항공기 및 자동차 관련 시설 및 관광휴게시설	해당 용도의 바닥면적 100m² 마다 능력단위 1단위 이상
4. 그 밖의 것	해당 용도의 바닥면적 200m² 마다 능력단위 1단위 이상

(주) 소화기구의 능력단위를 산출함에 있어서 건축물의 주요구조부가 내화구조이고, 벽 및 반자의 실내에 면하는 부분이 불연재료·준불연재료 또는 난연재료로 된 특정소방대상물에 있어서는 위 표의 기준면적의 2배를 해당 특정소방대상물의 기준면적으로 한다.

ⓒ 위 ⓛ에 따른 능력단위 외에 다음 표에 따라 부속용도별로 사용되는 부분에 대하여는 소화기구를 추가하여 설치할 것

【 부속용도별 추가하는 소화기구의 종류 】

용도별		소화기구의 능력단위
1. 다음 각목의 시설. 다만, 스프링클러설비·간이스프링클러설비·물분무등소화설비 또는 상업용주방자동소화장치가 설치된 경우에는 자동확산소화기를 설치하지 아니 할 수 있다. 가. 보일러실(아파트의 경우 방화구획된 것을 제외한다)·건조실·세탁소·대량화기취급소 나. 음식점(지하가의 음식점을 포함한다)·다중이용업소·호텔·기숙사·노유자 시설·의료시설·업무시설·공장·장례식장·교육연구시설·교정 및 군사시설의 주방 다만, 의료시설·업무시설 및 공장의 주방은 공동취사를 위한 것에 한한다. 다. 관리자의 출입이 곤란한 변전실·송전실·변압기실 및 배전반실(불연재료로된 상자안에 장치된 것을 제외한다)		1. 해당 용도의 바닥면적 $25m^2$마다 능력단위 1단위 이상의 소화기로 할 것. 이 경우 나목의 주방에 설치하는 소화기중 1개 이상은 주방화재용 소화기(K급)로 설치해야 한다. 2. 자동확산소화기는 해당 용도의 바닥면적을 기준으로 $10m^2$ 이하는 1개, $10m^2$ 초과는 2개 이상을 설치하되, 보일러, 조리기구, 변전설비등 방호대상에 유효하게 분사 될 수 있는 위치에 배치될 수 있는 수량으로 설치할 것.
2. 발전실·변전실·송전실·변압기실·배전반실·통신기기실·전산기기실·기타 이와 유사한 시설이 있는 장소. 다만, 제1호 다목의 장소를 제외한다.		해당 용도의 바닥면적 $50m^2$마다 적응성이 있는 소화기 1개 이상 또는 유효설치방호체적 이내의 가스·분말·고체에어로졸 자동소화장치, 캐비넷형자동소화장치(다만, 통신기기실·전자기기실을 제외한 장소에 있어서는 교류 600V 또는 직류750V 이상의 것에 한한다)
3. 위험물안전관리법시행령 별표1에 따른 지정수량의 1/5 이상 지정수량 미만의 위험물을 저장 또는 취급하는 장소		능력단위 2단위 이상 또는 유효설치방호체적 이내의 가스·분말·고체에어로졸 자동소화장치, 캐비넷형자동소화장치
4. 소방기본법시행령 별표2에 따른 특수가연물을 저장 또는 취급하는 장소	소방기본법시행령 별표2에서 정하는 수량 이상	소방기본법시행령 별표2에서 정하는 수량의 50배 이상마다 능력단위 1단위 이상
	소방기본법시행령 별표2에서 정하는 수량의 500배 이상	대형소화기 1개 이상
5. 고압가스안전관리법·액화석유가스의 안전관리 및 사업법 및 도시가스사업법에서 규정하는 가연성가스를 연료로 사용하는 장소	액화석유가스 기타 가연성가스를 연료로 사용하는 연소기기가 있는 장소	각 연소기로부터 보행거리 10m 이내에 능력단위 3단위 이상의 소화기 1개 이상. 다만, 상업용 주방자동소화장치가 설치된 장소는 제외한다.
	액화석유가스 기타 가연성가스를 연료로 사용하기 위하여 저장하는 저장실(저장량 300kg 미만은 제외한다)	능력단위 5단위 이상의 소화기 2개 이상 및 대형소화기 1개 이상

ⓔ 소화기는 다음의 기준에 따라 설치할 것
  ⓐ 특정소방대상물의 각 부분으로부터 1개의 소화기까지의 보행거리가 소형소화기의 경우에는 20m 이내, 대형소화기의 경우에는 30m 이내가 되도록 배치할 것. 다만, 가연성물질이 없는 작업장의 경우에는 작업장의 실정에 맞게 보행거리를 완화하여 배치할 수 있다.
  ⓑ 특정소방대상물의 각층마다 설치하되, 특정소방대상물의 각층이 2 이상의 거실로 구획된 경우에는 각 층마다 설치하는 것 외에 바닥면적이 $33m^2$ 이상으로 구획된 각 거실(아파트의 경우에는 각 세대를 말한다)에도 배치할 것
ⓜ 능력단위가 2단위 이상이 되도록 소화기를 설치하여야 할 특정소방대상물 또는 그 부분에 있어서는 간이소화용구의 능력단위가 전체 능력단위의 2분의 1을 초과하지 아니하게 할 것 다만, 노유자시설의 경우에는 그렇지 않다.
ⓗ 소화기구(자동소화장치를 제외한다)는 거주자 등이 손쉽게 사용할 수 있는 장소에 바닥으로부터 높이 1.5m 이하의 곳에 비치하고, 소화기에 있어서는 "소화기", 투척용소화용구에 있어서는 "투척용소화용구", 마른모래에 있어서는 "소화용모래", 팽창질석 및 팽창진주암에 있어서는 "소화질석"이라고 표시한 표지를 보기 쉬운 곳에 부착할 것, 다만 소화기 및 투척용소화용구의 표지는 「축광표지의 성능인증 및 제품검사의 기술기준」에 적합한 축광식표지로 설치하고, 주차장의 경우 표지를 바닥으로부터 1.5m 이상의 높이에 설치할 것
② 이산화탄소 또는 할로겐화합물을 방사하는 소화기구(자동확산소화기를 제외한다)는 지하층이나 무창층 또는 밀폐된 거실로서 그 바닥면적이 $20m^2$ 미만의 장소에는 설치할 수 없다. 다만, 배기를 위한 유효한 개구부가 있는 장소인 경우에는 그러하지 아니하다.

③ **자동확산소화기의 설치기준**
  ㉠ 방호대상물에 소화약제가 유효하게 방사될 수 있도록 설치할 것
  ㉡ 작동에 지장이 없도록 견고하게 고정할 것

④ **주거용주방자동소화장치의 설치기준**
  ㉠ 소화약제 방출구는 환기구(주방에서 발생하는 열기류 등을 밖으로 배출하는 장치를 말한다. 이하 같다)의 청소부분과 분리되어 있어야 하며, 형식승인 받은 유효설치 높이 및 방호면적에 따라 설치할 것
  ㉡ 감지부는 형식승인 받은 유효한 높이 및 위치에 설치할 것
  ㉢ 차단장치(가스 또는 전기)는 상시 확인 및 점검이 가능하도록 설치할 것
  ㉣ 가스용 주방자동소화장치를 사용하는 경우 탐지부는 수신부와 분리하여 설치하되, 공기보다 가벼운 가스를 사용하는 경우에는 천장 면으로부터 30cm 이하의 위치에 설치하고, 공기보다 무거운 가스를 사용하는 장소에는 바닥 면으로부터 30cm 이하의 위치에 설치할 것

ⓜ 수신부는 주위의 열기류 또는 습기 등과 주위온도에 영향을 받지 아니하고 사용자가 상시 볼 수 있는 장소에 설치할 것
⑤ **상업용 주방자동소화장치의 설치기준**
  ㉠ 소화장치는 조리기구의 종류별로 성능인증 받은 설계 매뉴얼에 적합하게 설치할 것
  ㉡ 감지부는 성능인증 받은 유효높이 및 위치에 설치할 것
  ㉢ 차단장치(전기 또는 가스)는 상시 확인 및 점검이 가능하도록 설치할 것
  ㉣ 후드에 방출되는 분사헤드는 후드의 가장 긴 변의 길이까지 방출될 수 있도록 약제 방출 방향 및 거리를 고려하여 설치할 것
  ㉤ 덕트에 방출되는 분사헤드는 성능인증 받은 길이 이내로 설치할 것
⑥ **가스, 분말, 고체에어로졸 자동소화장치 설치기준**
  가스, 분말, 고체에어로졸 자동소화장치는 다음 각 기준에 따라 설치하여야 한다.
  ㉠ 소화약제 방출구는 형식승인 받은 유효설치범위 내에 설치할 것
  ㉡ 자동소화장치는 방호구역내에 형식승인 된 1개의 제품을 설치할 것. 이 경우 연동방식으로서 하나의 형식을 받은 경우에는 1개의 제품으로 본다.
  ㉢ 감지부는 형식승인된 유효설치범위 내에 설치하여야 하며 설치장소의 평상시 최고주위온도에 따라 다음 표에 따른 표시온도의 것으로 설치할 것. 다만, 열감지선의 감지부는 형식승인 받은 최고주위 온도범위 내에 설치하여야 한다.

설치장소의 최고주위온도	표시온도
39℃ 미만	79℃ 미만
39℃ 이상 64℃ 미만	79℃ 이상 121℃ 미만
64℃ 이상 106℃ 미만	121℃ 이상 162℃ 미만
106℃ 이상	162℃ 이상

  ㉣ ㉢에도 불구하고 화재감지기를 감지부를 사용하는 경우에는 캐비넷형자동소화장치 설치기준 ㉡~㉤에 따를 것
⑦ **캐비넷형자동소화장치 설치기준**
  캐비넷형자동소화장치는 다음의 기준에 따라 설치하여야 한다.
  ㉠ 분사헤드의 설치 높이는 방호구역의 바닥으로부터 형식승인 받은 범위 내에서 유효하게 소화약제를 방출시킬 수 있는 높이에 설치할 것
  ㉡ 화재감지기는 방호구역내의 천장 또는 옥내에 면하는 부분에 설치하되「자동화재탐지설비 및 시각경보장치의 화재안전기술기준(NFTC 203)」2.4(감지기)에 적합하도록 설치할 것
  ㉢ 방호구역내의 화재감지기의 감지에 따라 작동되도록 할 것
  ㉣ 화재감지기의 회로는 교차회로방식으로 설치할 것. 다만, 화재감지기를「자동화재탐지설비 및 시각경보장치의 화재안전기술기준(NFTC 203)」제7조제1항 단서

의 감지기로 설치하는 경우에는 그렇지 않다.
ⓜ 교차회로내의 각 화재감지기회로별로 설치된 화재감지기 1개가 담당하는 바닥면적은 「자동화재탐지설비 및 시각경보장치의 화재안전기준(NFTC 203)」에 따른 바닥면적으로 할 것
ⓑ 개구부 및 통기구(환기장치를 포함한다. 이하 같다)를 설치한 것에 있어서는 약제가 방사되기 전에 해당 개구부 및 통기구를 자동으로 폐쇄할 수 있도록 할 것. 다만, 가스압에 의하여 폐쇄되는 것은 소화약제방출과 동시에 폐쇄할 수 있다.
ⓢ 작동에 지장이 없도록 견고하게 고정시킬 것
ⓞ 구획된 장소의 방호체적 이상을 방호할 수 있는 소화성능이 있을 것

(5) 형식승인기준

① **자동차용소화기** : 자동차에 설치하는 소화기(이하 "자동차용소화기"라 한다)는 강화액소화기(안개모양으로 방사되는 것에 한한다), 할로겐화합물소화기, 이산화탄소소화기, 포소화기 또는 분말소화기이어야 한다.

② **표시** : 소화기의 본체용기에는 다음 사항을 보기 쉬운 부위에 잘 지워지지 아니하도록 표시하여야 한다. 다만, ㉤은 포장 또는 취급설명서에 표시할 수 있다.
   ㉠ 종별 및 형식
   ㉡ 형식승인번호
   ㉢ 제조년월 및 제조번호
   ㉣ 제조업체명 또는 상호, 수입업체명(수입품에 한함)
   ㉤ 사용온도범위
   ㉥ 소화능력단위
   ㉦ 충전된 소화약제의 주성분 및 중(용)량
   ㉧ 소화기가압용가스용기의 가스종류 및 가스량(가압식소화기에 한함)
   ㉨ 총중량
   ㉩ 취급상의 주의사항
      ⓐ 유류화재 또는 전기화재에 사용하여서는 아니 되는 소화기는 그 내용
      ⓑ 기타 주의사항
   ㉪ 적응화재별 표시사항은 일반화재용 소화기의 경우 "A(보통화재용)", 유류화재용 소화기의 경우에는 "B(유류화재용)", 전기화재용 소화기의 경우 "C(전기화재용)"으로 표시하여야 한다.
   ㉫ 사용방법
   ㉬ 품질보증에 관한 사항(보증기간, 보증내용, A/S방법, 자체검사필 등)

(6) 소화기구의 감소규정

① 소형소화기를 설치하여야 할 특정소방대상물 또는 그 부분에 옥내소화전설비·스프링클러설비·물분무등소화설비·옥외소화전설비 또는 대형소화기를 설치한 경우에는 해당 설비의 유효범위의 부분에 대하여는 제4조제1항제2호 및 제3호에 따른 소화기의 3분의 2(대형소화기를 둔 경우에는 2분의 1)를 감소할 수 있다. 다만, 층수가 11층 이상인 부분, 근린생활시설, 위락시설, 문화 및 집회시설, 운동시설, 판매시설, 운수시설, 숙박시설, 노유자시설, 의료시설, 아파트, 업무시설(무인변전소를 제외한다), 방송통신시설, 교육연구시설, 항공기 및 자동차관련시설, 관광 휴게시설은 그러하지 아니하다.

② 대형소화기를 설치하여야 할 특정소방대상물 또는 그 부분에 옥내소화전설비·스프링클러설비·물분무등소화설비 또는 옥외소화전설비를 설치한 경우에는 해당 설비의 유효범위안의 부분에 대하여는 대형소화기를 설치하지 아니할 수 있다.

(7) 계산문제

> 1개층의 바닥면적이 1650m²인 근린생활시설이 있다. 다음 조건을 참고하여 다음 물음에 답하시오.
>
> [조건]
> - 건축물의 주요구조부는 내화구조이다.
> - 벽 및 반자의 실내에 면하는 부분은 난연재료로 되어 있다.
> - 33m² 이상의 거실은 5개이며, 기타 부분은 제외한다.
> - 소화기는 능력단위 3단위인 소화기를 사용한다.
> - 당해 층에는 옥내소화전 및 스프링클러설비가 설치되어 있다.
>
> 1) 능력단위(소요단위)는 몇 단위인가?
> 2) 소화기의 최소 필요갯수는 몇 개인가?
> 3) 간이소화용구로 대체할 수 있는 능력단위의 최대수는?
>
> **풀이** 1) 근린생활시설의 경우 100m²마다 1능력단위이지만 주요구조부가 내화구조이고 실내에 면하는 부분이 난연재료이므로 200m²마다 1능력단위이다.
>
> $$\therefore 능력단위 = \frac{1,650\text{m}^2}{200\text{m}^2/단위} = 8.25 단위$$
>
> 2) 소화기의 설치개수=능력단위 충족개수+33m² 이상의 거실의 수
>
> $$능력단위 충족개수 = \frac{8.25단위}{3단위/개} = 2.75 \quad \therefore 3개$$
>
> $\therefore$ 소화기의 설치개수=3+5=8개
>
> 3) 간이소화용구로 대체할 수 있는 능력단위는 산출된 능력단위의 $\frac{1}{2}$ 이하이므로
>
> 8.25단위/2=4.125

다음과 같은 부속용도의 실에 화재안전기준에 따라 소화기구를 설치하려고 한다. 다음 물음에 답하시오.

[조건]
- 보일러실의 바닥면적은 30m²이다.
- 발전기실의 바닥면적은 80m²이다.
- 소화기의 능력단위는 3단위이다.

1) 보일러실의 능력단위 및 소화기의 최소갯수는 몇 개인가?
2) 보일러실에 설치하여야 하는 자동확산소화기의 최소 설치갯수는 몇 개인가?
3) 보일러실에 자동확산소화기를 설치하지 않을 수 있는 경우를 쓰시오.
4) 발전기실에 부속용도로서 추가하여야 하는 소화기의 최소 설치갯수는 몇 개인가?

풀이 1) 보일러실, 탕비실 등 출입이 곤란한 전기시설 등의 경우 바닥면적 25m²마다 능력단위 1단위 이상

능력단위 : $\frac{30m^2}{25m^2} = 1.2$단위, 설치개수 : $\frac{1.2단위}{3단위/개} = 0.4$

따라서 1개

2) 자동확산 소화기 10m² 이하시 1개, 10m² 초과시 2개를 설치
보일러실 바닥면적은 10m²을 초과하므로 2개 설치

3) 스프링클러, 간이스프링클러, 물분무등소화설비, 상업용주방자동소화장치가 설치된 경우

4) 부속용도로 추가설치하는 개수 : $\frac{80m^2}{50m^2/개} = 1.6$개

따라서 2개 설치

2. 옥내소화전

(1) 설치대상

① 다음의 어느 하나에 해당하는 경우에는 모든 층
  ㉠ 연면적 3천㎡ 이상인 것(지하가 중 터널은 제외한다)
  ㉡ 지하층·무창층(축사는 제외한다)으로서 바닥면적이 600㎡ 이상인 층이 있는 것
  ㉢ 층수가 4층 이상인 것 중 바닥면적이 600㎡ 이상인 층이 있는 것

② 1)에 해당하지 않는 근린생활시설, 판매시설, 운수시설, 의료시설, 노유자 시설, 업무시설, 숙박시설, 위락시설, 공장, 창고시설, 항공기 및 자동차 관련 시설, 교정 및 군사시설 중 국방·군사시설, 방송통신시설, 발전시설, 장례시설 또는 복합건축물로서 다음의 어느 하나에 해당하는 경우에는 모든 층
  ㉠ 연면적 1천5백㎡ 이상인 것
  ㉡ 지하층·무창층으로서 바닥면적이 300㎡ 이상인 층이 있는 것

ⓒ 층수가 4층 이상인 것 중 바닥면적이 300㎡ 이상인 층이 있는 것
③ 건축물의 옥상에 설치된 차고·주차장으로서 사용되는 면적이 200㎡ 이상인 경우 해당 부분
④ 지하가 중 터널로서 다음에 해당하는 터널
　㉠ 길이가 1천m 이상인 터널
　㉡ 예상교통량, 경사도 등 터널의 특성을 고려하여 행정안전부령으로 정하는 터널
⑤ ① 및 ②에 해당하지 않는 공장 또는 창고시설로서 「화재의 예방 및 안전관리에 관한 법률 시행령」 별표 2에서 정하는 수량의 750배 이상의 특수가연물을 저장·취급하는 것

(2) 설치기준

① 수원의 양

> 30층 미만의 경우 : 수원의 양(m³)= $N \times 2.6\text{m}^3$ 이상= $N \times 130 l/\text{min} \times 20\text{min}$ 이상
> 30층 이상 49층 이하의 경우 : 수원의 양(m³)= $N \times 5.2\text{m}^3$ 이상
> 　　　　　　　　　　　　　　　　　　　　= $N \times 130 l/\text{min} \times 40\text{min}$ 이상
> 50층 이상의 경우 : 수원의 양(m³)= $N \times 7.8\text{m}^3$ 이상= $N \times 130 l/\text{min} \times 60\text{min}$ 이상
> N : 옥내소화전의 설치개수가 가장 많은 층의 설치수(30층 미만의 경우 최대 2개)
> 　　(30층 이상의 경우 최대 5개)

② **옥상수원의 양** : 옥내소화전설비의 수원은 제1항에 따라 산출된 유효수량 외에 유효수량의 3분의 1 이상을 옥상(옥내소화전설비가 설치된 건축물의 주된 옥상을 말한다. 이하 같다)에 설치하여야 한다.
③ 옥상수원을 설치하지 않아도 되는 경우 7가지를 쓰시오.
④ 소화설비용 전용수조로 하지 않고 겸용할수 있는 경우를 쓰시오.
⑤ 수조의 설치기준을 기술하시오.
⑥ 배관의 동결을 방지하기 위한 방법을 설명하시오.
⑦ 옥내소화전 설비에서 방사압력을 0.7MPa 이하로 제한하는 이유와 감압방식의 종류를 설명하시오.
⑧ 고가수조방식의 경우 설치기준을 설명하시오.
⑨ 압력수조방식의 경우 설치기준을 설명하시오.
⑩ 가압수조를 이용하는 방식의 경우 설치기준을 설명하시오.
⑪ 옥내소화전설비에 사용되는 배관의 종류를 설명하시오.
⑫ 소방용합성수지 배관을 사용할수 있는 경우를 설명하시오.
⑬ 펌프의 흡입측 배관 설치기준을 쓰시오.
⑭ 토출측배관의 구경을 산정하는 공식 및 규약으로 정한 배관의 구경을 설명하시오.
⑮ 함의 재질 및 그 성능시험에 대해 설명하시오.
⑯ 방수구의 설치제외장소를 설명하시오.

⑰ 상용전원회로의 수전방법을 설명하시오.
⑱ 비상전원의 설치대상을 기술하시오.
⑲ 비상전원의 설치를 제외할 수 있는 경우를 설명하시오.
⑳ 비상전원의 설치기준을 설명하시오.
㉑ 감시제어반과 동력제어반으로 구분하여 설치하지 않아도 되는 경우에 대해 설명하시오.
㉒ 옥내소화전설비의 감시제어반의 기능에 대해 설명하시오.
㉓ 감시제어반의 전용실에 대한 기준을 설명하시오.
㉔ 동력제어반의 설치기준을 설명하시오.
㉕ 내화배선 및 내열배선의 종류를 나열하시오.
㉖ 내화배선의 공사방법에 대해 설명하시오.
㉗ 내열배선의 공사방법에 대해 설명하시오.
㉘ 내화배선공사 및 내열배선의 공사방법을 따르지 않을수 있는 경우에 대해 설명하시오.

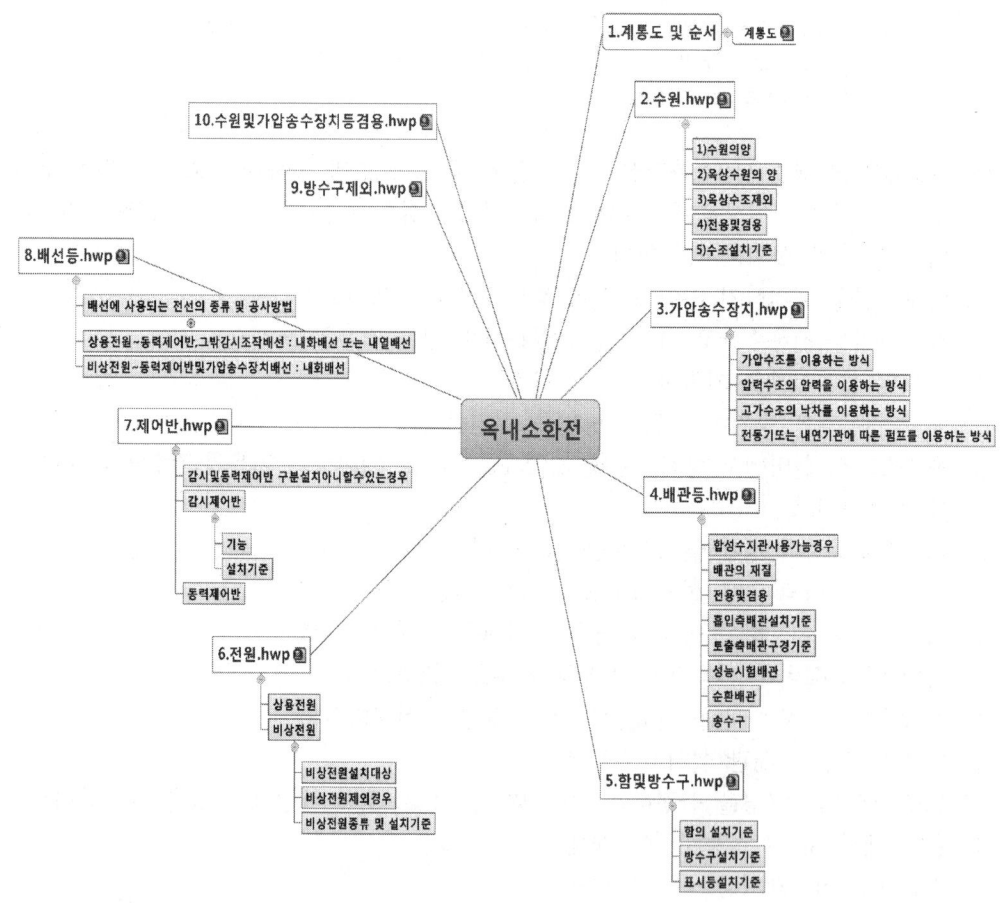

(3) 계통도

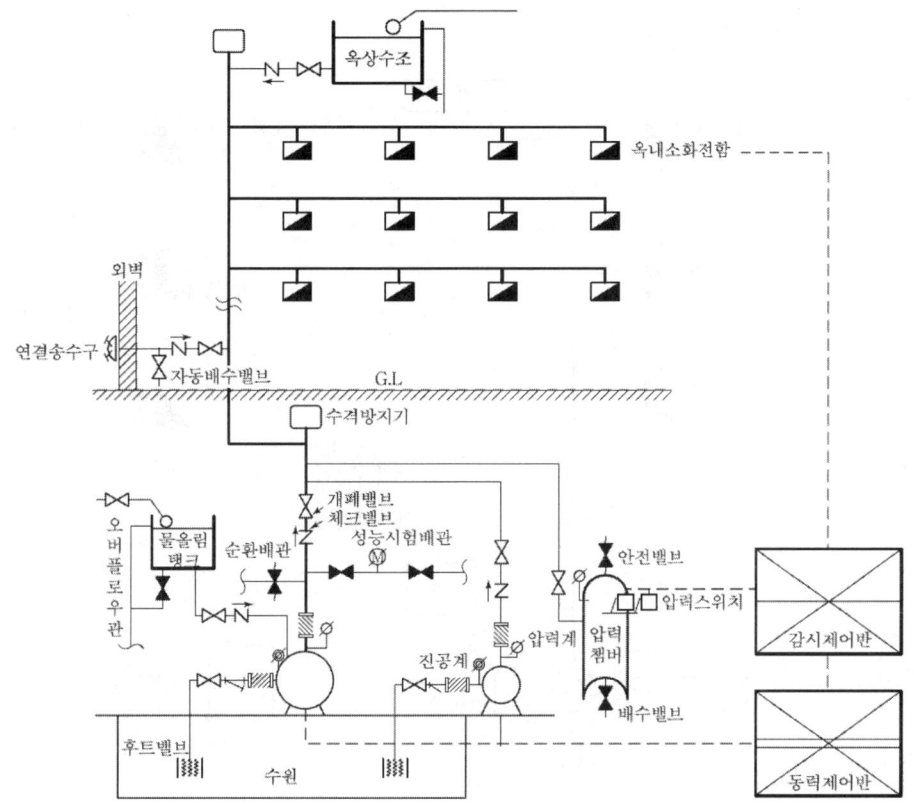

【 옥내소화전설비의 계통도 】

① 소화전 기동방식
  ㉠ 기동용 수압 개폐방식(자동식)   기본간선수 : 2선
    펌프와 방수구 간의 배관에 가압수를 채워 놓고 방수구 개방으로 배관 내의 압력이 감소할 때 이를 압력챔버의 압력스위치(P.S)가 감지하여 소방펌프를 기동시키는 방식
  ㉡ ON-OFF식(수동식)   기본간선수 : 5선
    기동 시에는 ON 스위치를, 정지 시에는 OFF 스위치를 눌러 기동하는 방식(겨울철 동파 우려가 있는 학교, 공장, 창고, 군사시설 등에 적용)

② 계통도
ㄱ) 계통도 1

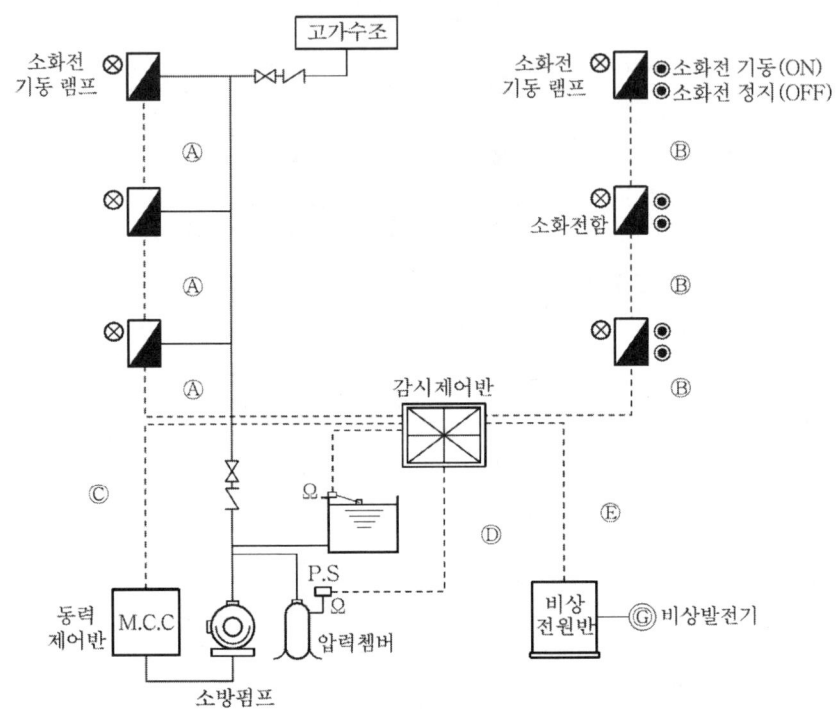

기호	구분	배선수	배선굵기	배선의 용도
Ⓐ	소화전함 ↔ 제어반	2	2.5[mm²](16C)	기동확인표시등2
Ⓑ	소화전함 ↔ 제어반	5	2.5[mm²](22C)	기동, 정지, 공통, 기동확인표시등2
Ⓒ	MCC ↔ 제어반	5	2.5[mm²](22C)	기동, 정지, 공통, 운전표시등, 전원표시등
Ⓓ	압력탱크 ↔ 제어반	2	2.5[mm²](16C)	압력스위치1, 공통1
Ⓔ	비상전원 ↔ 제어반	6	2.5[mm²](22C)	비상전원감시표시등2, 상용전원감시표시등2, 비상발전기 원격기동2

※ 1) Ⓑ의 또 다른 표현
① ON, OFF, 공통, 기동확인표시등2
② 기동2, 공통, 기동표시등, 전원감시등
2) 16C의 의미 : 구경이 1.6[mm]인 전선관(Conduit)

ⓛ 계통도 2

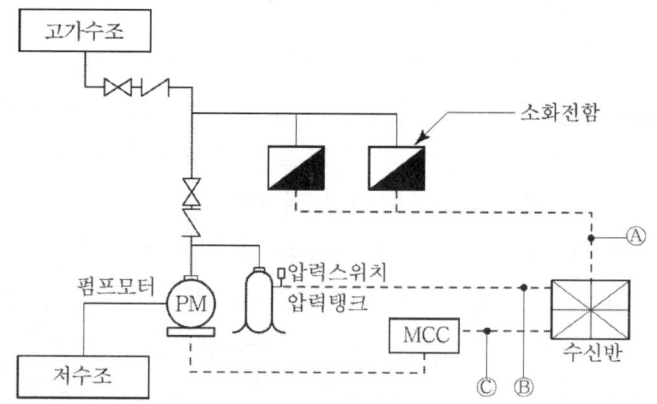

기호	구분		배선수	배선굵기	배선의 용도
Ⓐ	소화전함 ↔ 제어반	ON, OFF식	5	2.5[mm²](22C)	기동, 정지, 공통, 기동확인표시등2
		수압개폐식	2	2.5[mm²](16C)	기동확인표시등2
Ⓑ	소화전함 ↔ 제어반		2	2.5[mm²](16C)	압력스위치2
Ⓒ	MCC ↔ 제어반		5	2.5[mm²](22C)	기동, 정지, 공통, 운전표시등, 정지표시

※ Ⓒ의 또 다른 표현 : ON, OFF, 공통, 기동표시, 전원감시

(4) 실무관련

① **방수압력측정** : 옥내소화전설비가 설치된 최상층의 모든 소화전(2개 이상이면 2개)을 모두 개방하여 각각의 노즐선단에서의 방수압력이 규정방수압력 이상을 유지하는지의 여부를 시험하는 것으로 노즐선단에서부터 노즐구경의 1/2(D/2)을 떨어뜨린 지점에 피토게이지 입구를 수류의 중심선에 일치토록 하여 방수압력을 측정한다.

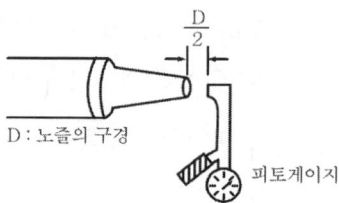

【 노즐에서의 방수압력 측정 】

② **방수량측정** : 측정된 방수압력을 이용하여 노즐에서의 방수량을 계산한다.

㉠ $Q = 0.6597CD^2\sqrt{P}$ 또는 $Q = K\sqrt{P}$

　　Q : 유량(L/min), D : 노즐의 내경(mm), C : 노즐계수(0.99)

P : 방사압력(kgf/cm^2), K : 방출계수

ⓒ $Q = 0.6597D^2C\sqrt{10P}$ 또는 $Q = K\sqrt{10P}$

Q : 유량(L/min), D : 내경(mm), P : 방사압력(MPa), K : 방출계수

③ **감압방식의 종류** : 옥내소화전, 옥외소화전, 호스릴옥내소화전설비의 방수압력은 0.7MPa를 초과하지 않아야 한다. 노즐선단에서의 방수압력이 0.7MPa를 초과할 우려가 있을 때에는 다음 방법에 의해 감압한다.

㉠ 감압밸브 또는 오리피스(ORIFICE)에 의한 방법 : 수압에 의해 자동적으로 관경이 변화되는 감압밸브와 오리피스를 호스접결구 인입측에 설치하여 압력을 감압시킨다.

㉡ 중계펌프에 의한 방법 : 건물의 고층부분에 중계펌프를 직렬로 연결하여 설치한다.

㉢ 배관계통에 의한 방법 : 고층용 펌프와 저층용 펌프를 별도로 구분하여 설치한다.

㉣ 고가수조에 의한 방법 : 고층용 수조와 저층용 수조를 별도로 설치한다.

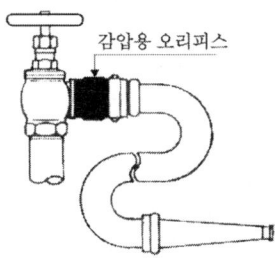

【 감압밸브 또는 오리피스에 의한 방법 】

방사압력을 0.7MPa 이하로 하는 이유
- 호스 파열의 우려
- 반동력에 의한 조작상의 어려움

④ **노즐 반동력 측정(분사되는 힘)**

$F(kgf) = 102 kgf \cdot s^2/m^4 \times Q(m^3/s) \times U(m/s) \times \sin\theta$

$F(kgf) = 102 kgf \cdot s^2/m^4 \times A(m^2) \times U^2(m^2/s^2) \times \sin\theta$

$F(kgf) = 102 kgf \cdot s^2/m^4 \times \dfrac{\pi}{4} D^2(m^2) \times (\sqrt{2gh})^2 (m^2/s^2) \times \sin\theta$

$F(kgf) = 102 kgf \cdot s^2/m^4 \times \dfrac{\pi}{4} D^2(m^2) \times 2gh\,(m^2/s^2) \times \sin\theta$

$F(kgf) = 1570.168 \times D^2(m^2) \times h(m)$

$F(kgf) = 1570.168 \times D^2(m^2) \times 10P(kgf/cm^2)$

$F(kgf) = 1.57 \times D^2(cm^2) \times P(kgf/cm^2)$

⑤ 전양정 및 정격토출량 산출식
　㉠ 전양정 산출식
　　　$H = h_1 + h_2 + h_3 + 17m$ (옥내소화전 및 호스릴옥내소화전설비)
　　　　H : 전양정(m), h_1 : 배관 및 관부속물의 마찰손실수두(m)
　　　　h_2 : 호스의 마찰손실수두(m), h_3 : 낙차(m)

　㉡ 정격토출량 산출식
　　　$Q = N \times 130 L/min$
　　　　Q : 펌프의 토출량(L/min)
　　　　N : 가장 많은 층의 설치개수(2개 이상인 경우 2개)

⑥ 성능시험배관 구경계산식

$$Q = AU = 0.653 D^2 \sqrt{10P}$$

　Q : 유량(L/min), D : 노즐의 내경(mm), P : 방사압력(MPa)

성능시험은 펌프의 정격토출량의 150%에서 정격토출압력의 65%가 됨을 시험하여야 하므로

$$1.5Q = 0.653 D^2 \sqrt{0.65 \times 10P} \quad \therefore D = \sqrt{\frac{1.5Q}{0.653\sqrt{0.65 \times 10P}}}$$

⑦ 옥내소화전 배관의 구경계산식
　㉠ 수리계산방법 : 배관에서의 유량측정 계산식

$$Q = AU = \frac{\pi \times D^2}{4} \times U \quad \therefore D = \sqrt{\frac{4Q}{\pi U}}$$

　　　Q : 유량(m³/sec), A : 배관의 단면적(m²), U : 유속(m/sec)
　　　D : 노즐의 구경(m)

옥내소화전설비 배관의 구경은 유속이 4m/sec 이하가 될 수 있는 구경이어야 하므로 유속에 4m/sec를 적용하여 얻어진 관경이 최소관경이 된다.

　㉡ 규약배관방법

설비의 종류	주배관 중 수직배관	가지배관
옥내소화전	최소 50mm	최소 40mm
호스릴 옥내소화전	최소 32mm	최소 25mm
연결송수관겸용	최소 100mm	최소 65mm

(5) 계산문제

다음과 같이 옥내소화전설비가 설치되어 있을 때 다음 조건을 이용 하여 물음에 답하시오.

[조건]
- 소화전은 층당 3개씩 설치되어 있다.
- 흡입측에 설치된 연성계는 0.4kgf/cm²를 지시하고 있다.
- 흡입측 마찰손실압력은 무시한다.
- 펌프에서 최고층 소화전까지의 실고는 25m이다.
- 최고층의 모든 소화전 방수구 개방시 말단 소화전에서의 방사압력은 0.21MPa이다.
- 배관 및 관 부속의 마찰손실은 실양정의 35%로 한다.
- 호스의 마찰손실수두는 다음 표를 이용할 것

[호스의 마찰손실수두 100m당)]

	호스의 호칭경					
	40mm		50mm		65mm	
	마호스	고무내장호스	마호스	고무내장호스	마호스	고무내장호스
130	26m	12m	7m	3m	–	–
350	–	–	–	–	10m	4m

- 호스는 길이 15m, 구경 40mm의 마호스 2개를 사용한다.
- 호스의 마찰손실은 유량의 2승에 비례한다.
- 방수노즐의 구경은 13mm이다.

1) 최고층 말단 노즐에서의 방사량(L/min)은 얼마인가?
2) 펌프의 전양정은 몇 m인가?
3) 위 설비의 체절압력은 최대 몇 kgf/cm²인가?
4) 가압송수장치가 4단 펌프라면 이 펌프의 압축비는 얼마인가?

[풀이] 1) $Q = 0.653D^2\sqrt{10P}$ 이며

　　　　Q : 방사량(L/min), D : 노즐구경(mm), P : 방사압력(MPa)

　　∴ $Q = 0.653 \times (13)^2 \times \sqrt{10 \times 0.21} = 159.92$ L/min

2) $H = h_1 + h_2 + h_3 + h_4$

　　h_1 : 실양정 $= 0.4\text{kgf/cm}^2 \times \dfrac{10.332\text{m}}{1.0332\text{kgf/cm}^2} + 25\text{m} = 29\text{m}$

　　h_2 : 마찰손실수두 $= 29\text{m} \times 0.35 = 10.15\text{m}$

　　h_3 : 호스마찰손실수두 $= 30\text{m} \times \dfrac{26\text{m}}{100\text{m}} \times \dfrac{159.92^2}{130^2} = 11.803 ≒ 11.8\text{m}$

　　h_4 : 방수압환산수두 $= 0.21\text{MPa} = 21\text{m}$

　　∴ $H = 29 + 10.15 + 11.8 + 21 = 71.95\text{m}$

3) $7.195\text{kgf/cm}^2 \times 1.4 = 10.073\text{kgf/cm}^2$

4) $K = \sqrt{\dfrac{P_2}{P_1}} = \sqrt{\dfrac{(1.0332 + 7.195 - 0.4)}{(1.0332 - 0.4)}} = 1.875 ≒ 1.88$

3 ▸▸ 스프링클러

(1) 설치대상
스프링클러설비를 설치해야 하는 특정소방대상물(위험물 저장 및 처리 시설 중 가스시설 및 지하구는 제외한다)은 다음의 어느 하나에 해당하는 것으로 한다.

① 층수가 6층 이상인 특정소방대상물의 경우에는 모든 층. 다만, 다음의 어느 하나에 해당하는 경우는 제외한다.
　㉠ 주택 관련 법령에 따라 기존의 아파트등을 리모델링하는 경우로서 건축물의 연면적 및 층의 높이가 변경되지 않는 경우. 이 경우 해당 아파트등의 사용검사 당시의 소방시설의 설치에 관한 대통령령 또는 화재안전기준을 적용한다.
　㉡ 스프링클러설비가 없는 기존의 특정소방대상물을 용도변경하는 경우. 다만, 2)부터 6)까지 및 9)부터 12)까지의 규정에 해당하는 특정소방대상물로 용도변경하는 경우에는 해당 규정에 따라 스프링클러설비를 설치한다.

② 기숙사(교육연구시설·수련시설 내에 있는 학생 수용을 위한 것을 말한다) 또는 복합건축물로서 연면적 5천m^2 이상인 경우에는 모든 층

③ 문화 및 집회시설(동·식물원은 제외한다), 종교시설(주요구조부가 목조인 것은 제외한다), 운동시설(물놀이형 시설 및 바닥이 불연재료이고 관람석이 없는 운동시설은 제외한다)로서 다음의 어느 하나에 해당하는 경우에는 모든 층
　㉠ 수용인원이 100명 이상인 것
　㉡ 영화상영관의 용도로 쓰는 층의 바닥면적이 지하층 또는 무창층인 경우에는 500m^2 이상, 그 밖의 층의 경우에는 1천m^2 이상인 것
　㉢ 무대부가 지하층·무창층 또는 4층 이상의 층에 있는 경우에는 무대부의 면적이 300m^2 이상인 것
　㉣ 무대부가 다) 외의 층에 있는 경우에는 무대부의 면적이 500m^2 이상인 것

④ 판매시설, 운수시설 및 창고시설(물류터미널로 한정한다)로서 바닥면적의 합계가 5천m^2 이상이거나 수용인원이 500명 이상인 경우에는 모든 층

⑤ 다음의 어느 하나에 해당하는 용도로 사용되는 시설의 바닥면적의 합계가 600m^2 이상인 것은 모든 층
　㉠ 근린생활시설 중 조산원 및 산후조리원
　㉡ 의료시설 중 정신의료기관
　㉢ 의료시설 중 종합병원, 병원, 치과병원, 한방병원 및 요양병원
　㉣ 노유자 시설
　㉤ 숙박이 가능한 수련시설
　㉥ 숙박시설

⑥ 창고시설(물류터미널은 제외한다)로서 바닥면적 합계가 5천m^2 이상인 경우에는 모든 층

⑦ 특정소방대상물의 지하층·무창층(축사는 제외한다) 또는 층수가 4층 이상인 층으로서 바닥면적이 1천m^2 이상인 층이 있는 경우에는 해당 층
⑧ 랙식 창고(rack warehouse): 랙(물건을 수납할 수 있는 선반이나 이와 비슷한 것을 말한다. 이하 같다)을 갖춘 것으로서 천장 또는 반자(반자가 없는 경우에는 지붕의 옥내에 면하는 부분을 말한다)의 높이가 10m를 초과하고, 랙이 설치된 층의 바닥면적의 합계가 1천5백m^2 이상인 경우에는 모든 층
⑨ 공장 또는 창고시설로서 다음의 어느 하나에 해당하는 시설
 ㉠ 「화재의 예방 및 안전관리에 관한 법률 시행령」 별표 2에서 정하는 수량의 1천 배 이상의 특수가연물을 저장·취급하는 시설
 ㉡ 「원자력안전법 시행령」 제2조제1호에 따른 중·저준위방사성폐기물(이하 "중·저준위방사성폐기물"이라 한다)의 저장시설 중 소화수를 수집·처리하는 설비가 있는 저장시설
⑩ 지붕 또는 외벽이 불연재료가 아니거나 내화구조가 아닌 공장 또는 창고시설로서 다음의 어느 하나에 해당하는 것
 ㉠ 창고시설(물류터미널로 한정한다) 중 4)에 해당하지 않는 것으로서 바닥면적의 합계가 2천5백m^2 이상이거나 수용인원이 250명 이상인 경우에는 모든 층
 ㉡ 창고시설(물류터미널은 제외한다) 중 6)에 해당하지 않는 것으로서 바닥면적의 합계가 2천5백m^2 이상인 경우에는 모든 층
 ㉢ 공장 또는 창고시설 중 7)에 해당하지 않는 것으로서 지하층·무창층 또는 층수가 4층 이상인 것 중 바닥면적이 500m^2 이상인 경우에는 모든 층
 ㉣ 랙식 창고 중 8)에 해당하지 않는 것으로서 바닥면적의 합계가 750m^2 이상인 경우에는 모든 층
 ㉤ 공장 또는 창고시설 중 9)가)에 해당하지 않는 것으로서 「화재의 예방 및 안전관리에 관한 법률 시행령」 별표 2에서 정하는 수량의 500배 이상의 특수가연물을 저장·취급하는 시설
⑪ 교정 및 군사시설 중 다음의 어느 하나에 해당하는 경우에는 해당 장소
 ㉠ 보호감호소, 교도소, 구치소 및 그 지소, 보호관찰소, 갱생보호시설, 치료감호시설, 소년원 및 소년분류심사원의 수용거실
 ㉡ 「출입국관리법」 제52조제2항에 따른 보호시설(외국인보호소의 경우에는 보호대상자의 생활공간으로 한정한다. 이하 같다)로 사용하는 부분. 다만, 보호시설이 임차건물에 있는 경우는 제외한다.
 ㉢ 「경찰관 직무집행법」 제9조에 따른 유치장
⑫ 지하가(터널은 제외한다)로서 연면적 1천m^2 이상인 것
⑬ 발전시설 중 전기저장시설
⑭ ①부터 ⑬까지의 특정소방대상물에 부속된 보일러실 또는 연결통로 등

(2) 스프링클러설비의 종류

설비의 종류	사용 헤드	유수검지장치 등	배관상태(1차측/2차측)	감지기와 연동성
습식	폐쇄형	습식유수검지장치	가압수/가압수	없음
건식	폐쇄형	건식유수검지장치	가압수/압축공기	없음
준비작동식	폐쇄형	준비작동식유수검지장치	가압수/저압공기	있음
부압식	폐쇄형	준비작동식유수검지장치	가압수/부압수	있음
일제살수식	개방형	일제개방밸브	가압수/대기압	있음

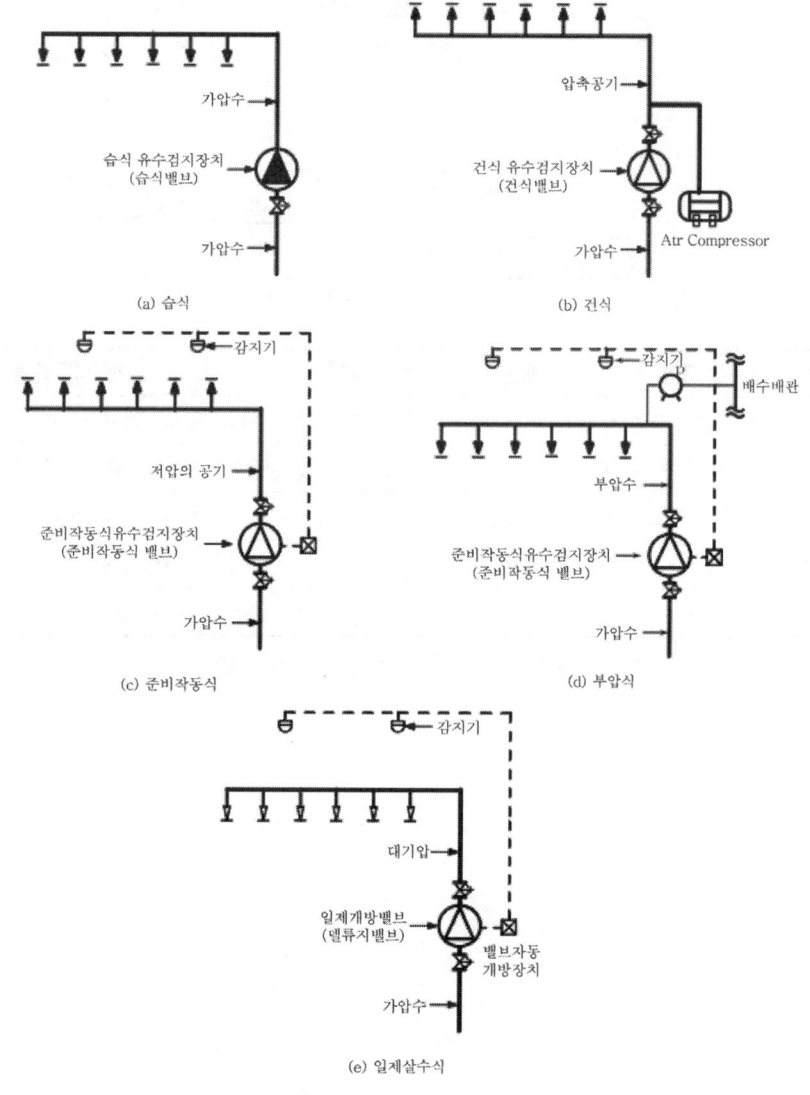

【 스프링클러설비의 계통도 】

(3) 계통도 및 간선수

① 습식스프링클러 (우선경보방식)

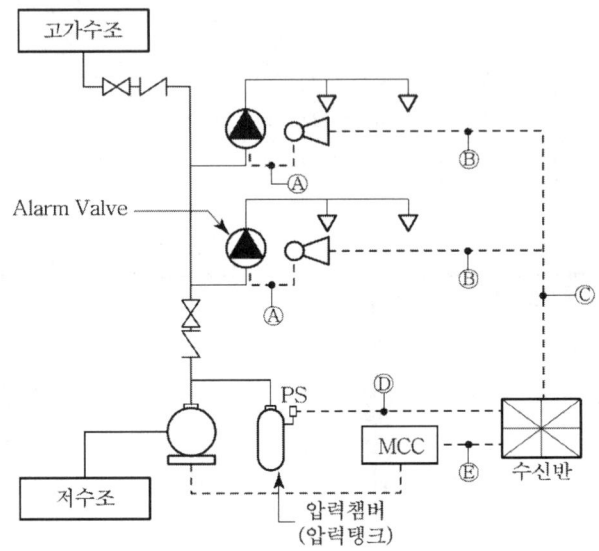

기호	구분	배선수	배선굵기	배선의 종류
Ⓐ	알람밸브 ↔ 수신반	3	2.5[mm²] 이상	압력스위치, 탬퍼스위치, 공통
Ⓑ	사이렌 ↔ 수신반	4	2.5[mm²] 이상	압력스위치, 탬퍼스위치, 사이렌, 공통
Ⓒ	2개 구역일 경우	7	2.5[mm²] 이상	압력스위치2, 탬퍼스위치2, 사이렌2, 공통
Ⓓ	압력탱크 ↔ 수신반	2	2.5[mm²] 이상	압력스위치1, 공통1
Ⓔ	MCC ↔ 수신반	5	2.5[mm²] 이상	공통, ON, OFF, 운전표시, 정지표시

※ Ⓐ의 또다른 표현 : PS(압력스위치), TS(탬퍼스위치)

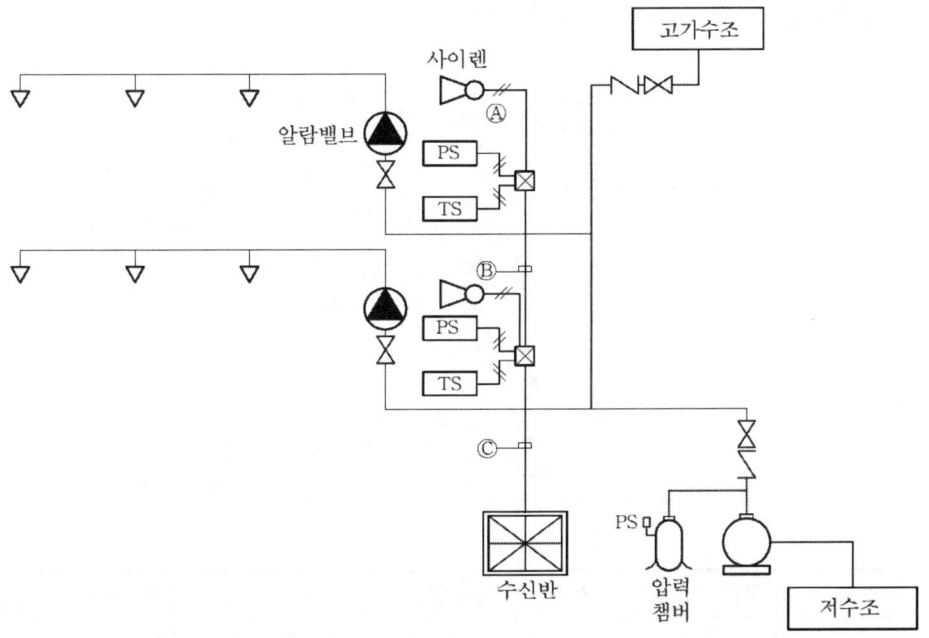

기호	구분	배선수	배선굵기	배선의 종류
Ⓐ	사이렌 ↔ 4각 BOX	2	2.5[mm^2](16C)	사이렌 1, 공통 1
Ⓑ	4각 BOX ↔ 4각 BOX	4	2.5[mm^2](16C)	사이렌, 유수검지스위치, 탬퍼스위치, 공통
Ⓒ	4각 BOX ↔ 수신반	7	2.5[mm^2](16C)	사이렌2, 유수검지스위치2, 탬퍼스위치2, 공통

② 준비작동식스프링클러(우선경보방식)

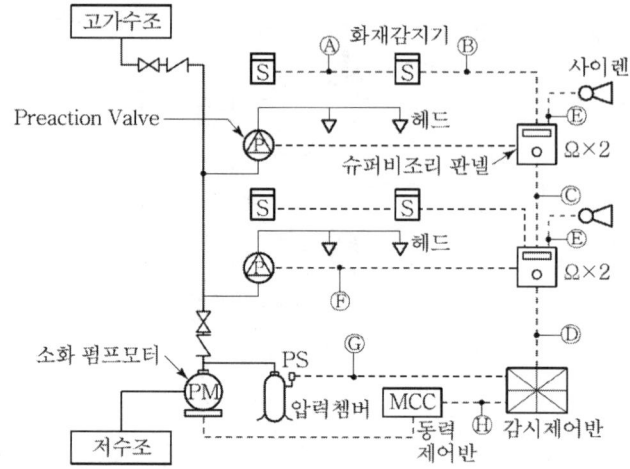

기호	구분	배선수	배선굵기	배선의 종류
Ⓐ	감지기 ↔ 감지기	4	1.5[mm²]	지구회로, 공통 각2
Ⓑ	감지기 ↔ SVP	8	1.5[mm²]	지구회로, 공통 각4
Ⓒ	SVP ↔ SVP	9	2.5[mm²]	전원⊕·⊖, 전화, 감지기A·B, 밸브기동, 밸브개방확인, 밸브주의, 사이렌
Ⓓ	2 ZONE일 경우	15	2.5[mm²]	전원⊕·⊖, 전화, (감지기A·B, 밸브기동, 밸브개방확인, 밸브주의, 사이렌)×2
Ⓔ	사이렌 ↔ SVP	2	2.5[mm²]	사이렌1, 공통1
Ⓕ	PREACTION ↔ SVP	4	2.5[mm²]	밸브기동1, 밸브개방확인1, 밸브주의1, 공통1
Ⓖ	PS ↔ 감시제어반	2	2.5[mm²]	압력스위치(PS)1, 공통1
Ⓗ	MCC ↔ 감시제어반	5	2.5[mm²]	기동, 정지, 공통, 전원표시, 화재표시(기동표시)

③ 준비작동식스프링클러 동작순서

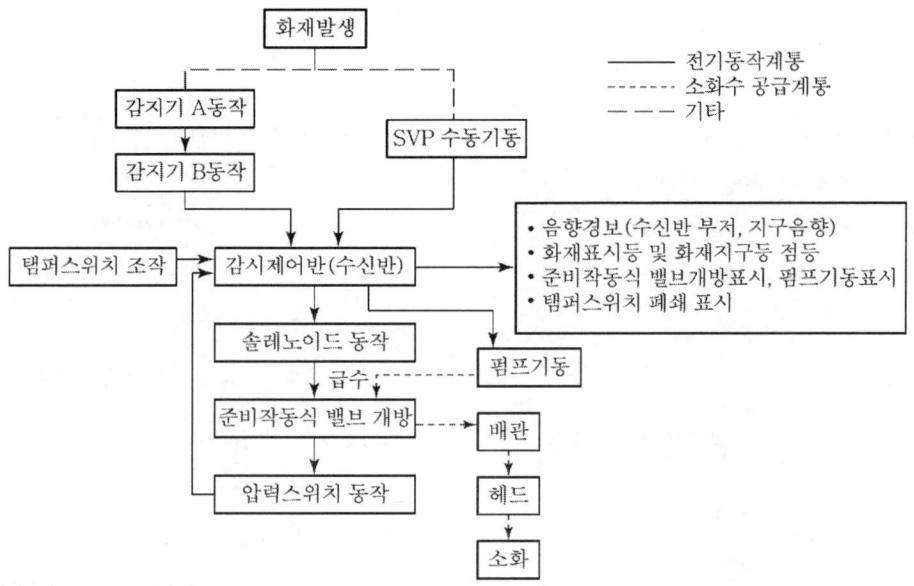

④ 교차회로 배선 단선도

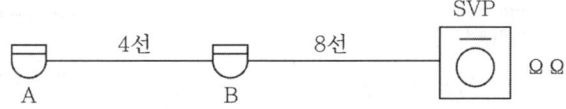

⑤ 교차회로 배선 평면도

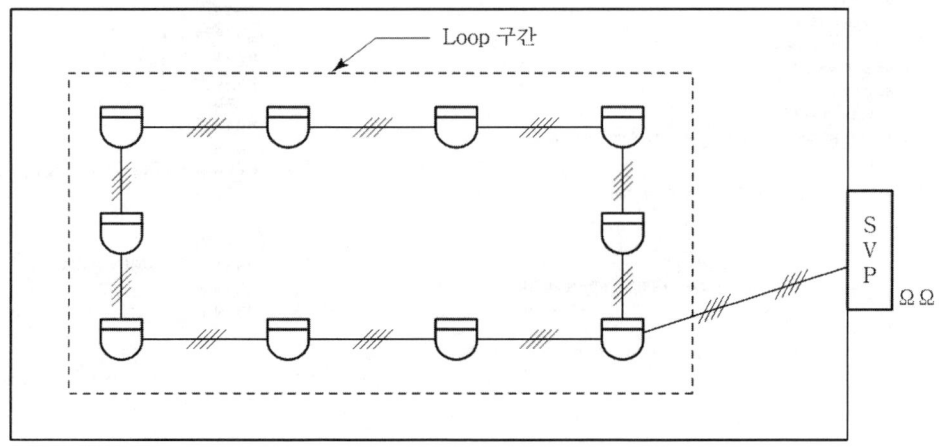

(4) 설치기준

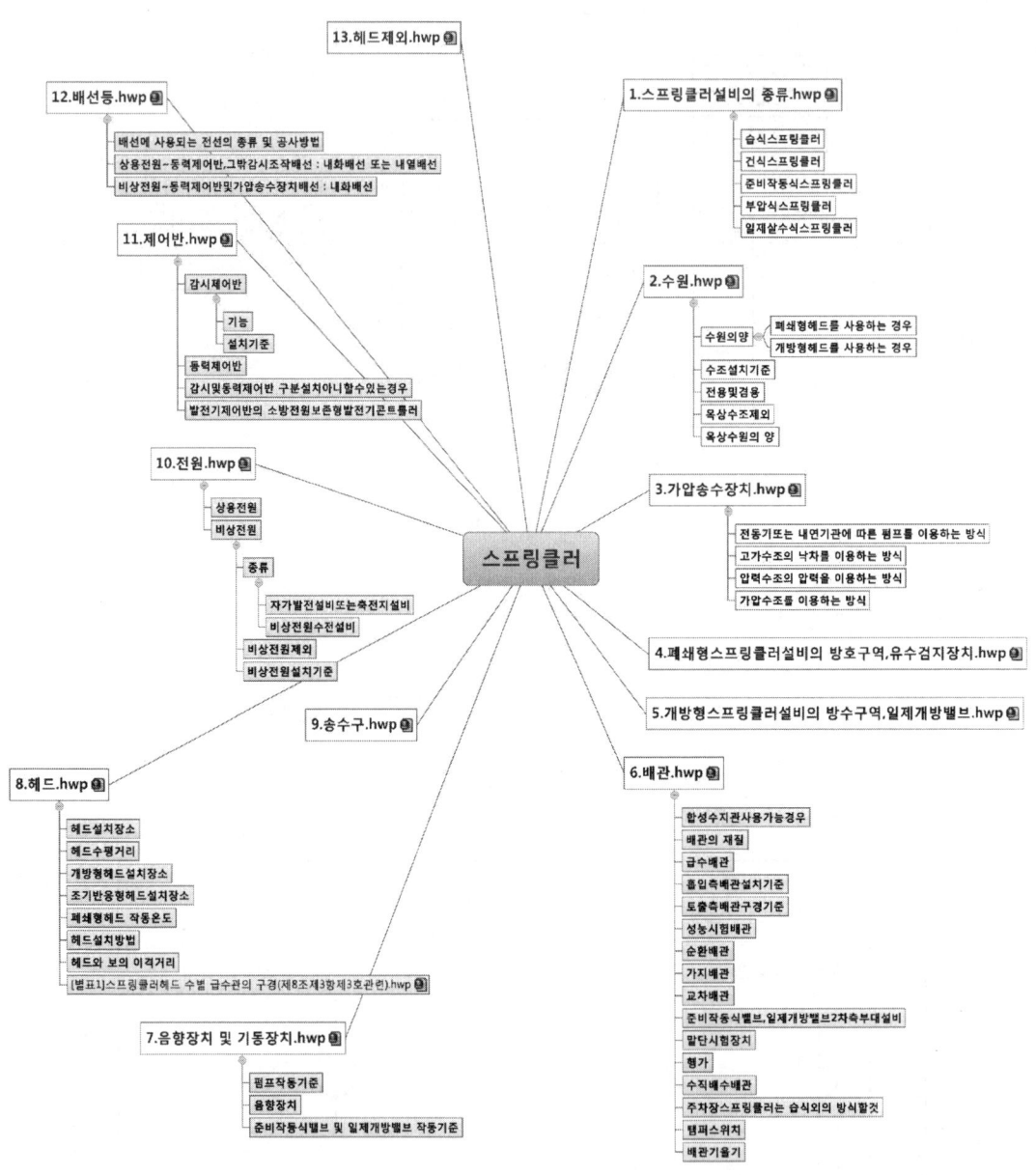

① 폐쇄형 스프링클러헤드를 사용하는 경우 수원의 양

> 30층 미만의 경우 : 수원의 양(m^3) = $N \times 1.6m^3$ 이상 = $N \times 80l/min \times 20min$ 이상
> 30층 이상 49층 이하의 경우 :
> 수원의 양(m^3) = $N \times 3.2m^3$ 이상 = $N \times 80l/min \times 40min$ 이상
> 50층 이상의 경우 : 수원의 양(m^3) = $N \times 4.8m^3$ 이상 = $N \times 80l/min \times 60min$ 이상
> N : 스프링클러헤드의 설치개수가 가장 많은 층의 설치수(최대 기준개수 이하)

[기준개수]

스프링클러설비 설치장소			기준개수
지하층을 제외한 층수가 10층 이하인 소방대상물	공장	특수가연물을 저장·취급하는 것	30
		그 밖의 것	20
	근린생활시설·판매시설·운수시설 또는 복합건축물	판매시설 또는 복합건축물(판매시설이 설치되는 복합건축물을 말한다)	30
		그 밖의 것	20
	그 밖의 것	헤드의 부착높이가 8m 이상인 것	20
		헤드의 부착높이가 8m 미만인 것	10
지하층을 제외한 층수가 11층 이상인 소방대상물(아파트를 제외한다)·지하가 또는 지하역사			30

비고 : 하나의 소방대상물이 2 이상의 "스프링클러헤드의 기준개수"란에 해당하는 때에는 기준개수가 많은 난을 기준으로 한다. 다만, 각 기준개수에 해당하는 수원을 별도로 설치하는 경우에는 그러하지 아니하다.

② 개방형 헤드를 사용하는 경우
　　㉠ 최대 방수구역의 헤드 수가 30개 이하일 때

> 수원(m^3) = $N \times 1.6m^3$ 이상

　　　N : 최대 방수구역의 헤드 수
　　㉡ 최대 방수구역의 헤드 수가 30개를 초과할 때

> 수원(m^3) = $Q \times 20min$ 이상

　　　Q : 가압송수장치의 분당송수량(m^3/min)

③ **옥상수원의 양** : 1/3 이상 [개방형의 경우 제외]
④ 폐쇄형 스프링클러설비의 방호구역 및 유수검지장치의 설치기준(7가지)을 설명하시오.

⑤ 개방형 스프링클러설비의 방수구역 및 일제개방밸브의 설치기준(4가지)을 설명하시오.
⑥ 가지배관과 스프링클러헤드 사이의 배관을 신축배관으로 하는 경우의 설치기준을 설명하시오.
⑦ 스프링클러설비의 배관방식의 종류3가지를 설명하시오.
⑧ 교차배관의 구경을 답하고 교차배관 끝에 설치하는 청소구의 설치기준을 설명하시오.
⑨ 배관에 설치되는 행거의 설치기준을 설명하시오.
⑩ 배관의 배수를 위한 기울기 기준
⑪ 스프링클러헤드의 설치장소를 기술하시오.
⑫ 개방형 스프링클러헤드의 설치장소 와 조기반응형스프링클러헤드의 설치장소를 기술하시오.
⑬ 반응시간지수의 정의 및 공식을 쓰고 반응시간지수에 따른 헤드의 분류를 설명하시오.
⑭ 폐쇄형헤드의 경우 평상시 최고주위온도와 그에 따른 표시온도 기준을 쓰시오.
⑮ 스프링클러헤드의 시공시 유의사항 및 설치방법에 대해 기술하시오.
⑯ 습식스프링클러설비 외의 설비에는 상향식 스프링클러헤드를 설치하여야 한다. 그러나 상향식헤드를 설치하지 않아도 되는 경우에 대해 기술하시오.
⑰ 측벽형헤드의 설치기준을 설명하시오.
⑱ 보와 가장 가까운 스프링클러헤드의 설치기준을 기술하시오.
⑲ 발화층 및 직상층 우선경보 대상을 기술하고 30층 이상인 경우 경보를 울리는 층에 대해 설명하시오.
⑳ 습식 또는 건식 유수검지장치를 사용하는 설비에 있어서 펌프의 작동기준에 대해 설명하시오.
㉑ 준비작동식 유수검지장치 또는 일제개방밸브를 사용하는 설비에 있어서 펌프의 작동기준에 대해 설명하시오.
㉒ 스프링클러설비의 송수구 설치기준에 대해 설명하시오.
㉓ 스프링클러설비 감시제어반에서 도통시험 및 작동시험을 할 수 있어야 하는 회로의 종류를 설명하시오.
㉔ 스프링클러헤드의 설치제외장소를 기술하시오.

(5) 실무관련

① 습식유수검지장치

알람체크밸브(자동경보장치)

습식 스프링클러설비에 설치되는 유수검지장치로 배관 내 유체의 흐름상태를 감지하여 제어반에 신호를 보내어 가압송수장치의 작동 및 화재경보를 발령하게 하며 기능은 경보기능과 역류방지기능이 있다.

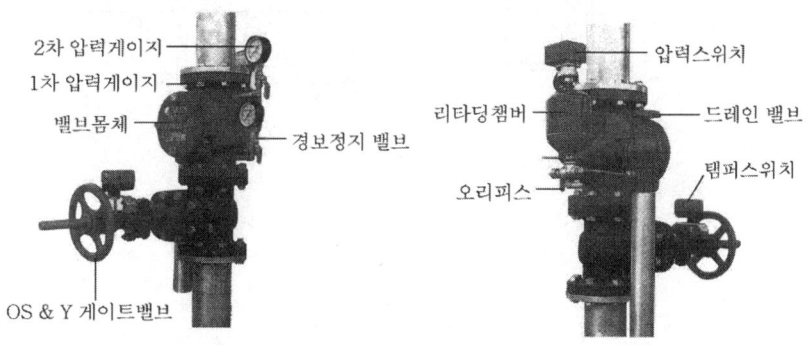

[알람밸브]

② 리타딩챔버

리타딩챔버의 역할
㉠ 스프링클러설비의 오동작 방지
㉡ 안전밸브의 역할
㉢ 배관 및 압력스위치의 손상 보호

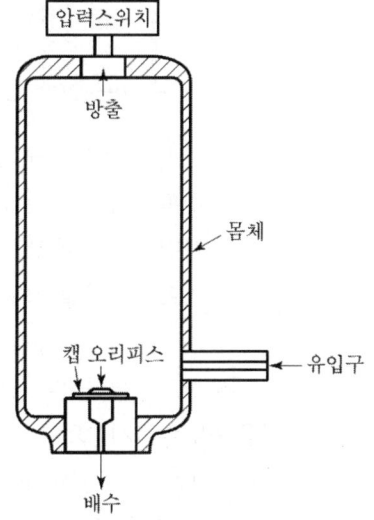

③ 탬퍼스위치

㉠ 설치목적 : 자동식 소화설비의 개폐밸브 폐쇄여부를 감시제어반에서 용이하게 확인할 수 있도록 하기 위해
㉡ 설치위치 : 급수배관상에 설치하여 급수를 차단할 수 있는 개폐밸브에 설치
㉢ 설치기준
  ㉮ 개폐밸브가 잠길 경우 탬퍼스위치의 동작으로 감시제어반 또는 수신기에 표시되어야 하며 경보음을 발할 것

㉯ 탬퍼스위치는 감시제어반 또는 수신기에서 동작의 유무확인과 동작시험, 도통시험을 할 수 있을 것
㉰ 급수개폐밸브의 작동표시 스위치에 사용되는 전기배선은 내화배선 또는 내열배선으로 할 것
㉱ 탬퍼스위치 설치위치

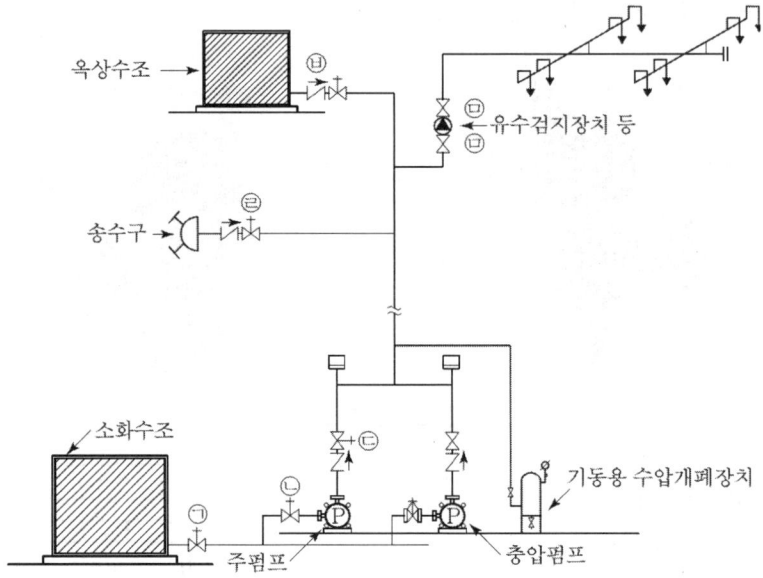

㉮ 지하 수조로부터 펌프 흡입측 배관에 설치된 개폐밸브(㉠)
㉯ 주펌프의 흡입측 개폐밸브(㉡)
㉰ 주펌프의 토출측 개폐밸브(㉢)
㉱ 스프링클러설비의 송수구에 설치하는 개폐표시형밸브/준비작동식 유수검지장치 및 일제개방밸브의 1차측 및 2차측 개폐밸브(㉣, ㉤)
㉲ 스프링클러설비 입상관과 접속된 고가수조의 개폐밸브(㉥)

④ 패들형유수검지장치

배관 내에 얇은 판(Paddle)을 설치하여 평상시 유체의 흐름이 없을 때에는 닫혀있다가 유체의 흐름으로 패들이 들어 올리지면서 접점이 붙어서 신호를 보내게 되는 유수검지기로 분기구역이 많은 곳의 유수 확인에 이용된다.

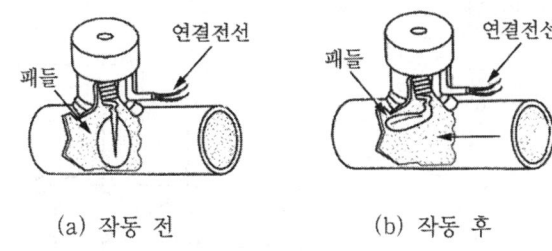

[패들형 유수검지기]

⑤ 말단시험장치

말단시험장치의 설치기준

ㄱ) 설치대상 : 습식·건식유수검지장치를 사용하는 스프링클러설비와 부압식 스프링클러설비

ㄴ) 설치위치 : 습식스프링클러설비 및 부압식스프링클러설비에 있어서는 유수검지장치 2차측 배관에 연결하여 설치하고 건식스프링클러설비인 경우 유수검지장치에서 가장 먼거리에 위치한 가지배관의 끝으로부터 연결하여 설치할 것. 유수검지장치 2차측 설비의 내용적이 2840L를 초과하는 건식스프링클러설비의 경우 시험장치 개폐밸브를 완전개방후 1분 이내에 물이 방사되어야 한다.

ㄷ) 배관의 구경 : 25mm 이상

ㄹ) 장치의 구성 : 개폐밸브를 설치하고 그 끝에는 반사판 및 프레임을 제거한 개방형 헤드 또는 스프링클러헤드와 동등한 방수성능을 가진 오리피스설치

ㅁ) 배수방법 : 물받이통 및 배수관을 설치하여 시험 중 방사된 물이 바닥에 흘러내리지 않도록 할 것

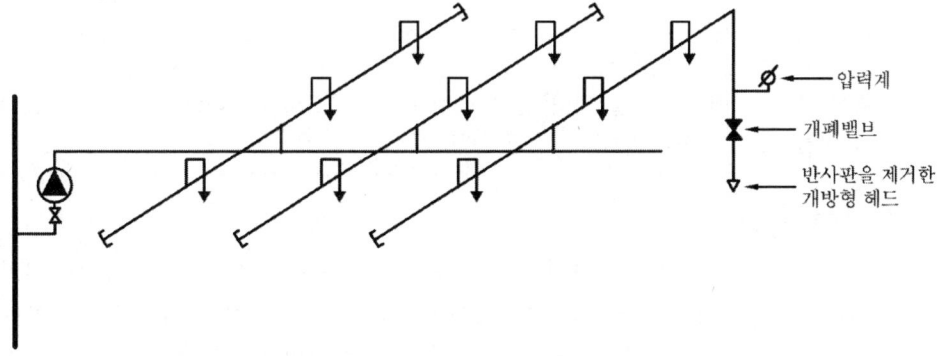

[말단시험장치]

⑥ 건식유수검지장치

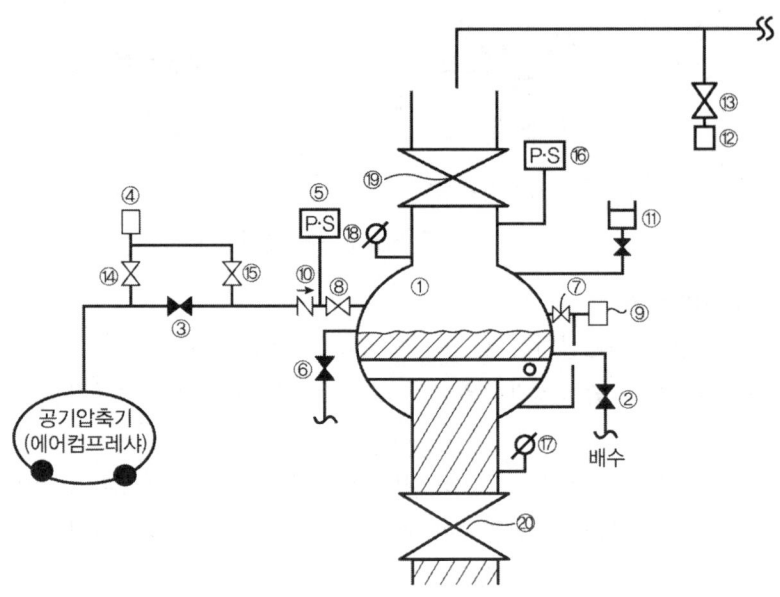

> ! Reference

건식밸브 2차 측에 물을 채우는 이유
① 2차측 압력을 저압으로 유지 가능
② 클래퍼 개방 시 밸브 파손 방지
③ 클래퍼의 공기 누설 방지

클래퍼개방에 대한 설명
클래퍼의 개방과 폐쇄는 클래퍼에 작용되는 힘의 관계에 의한 것으로 클래퍼를 개방하려는 힘이 클래퍼를 누르고 있는 힘보다 크면 개방되는 것이다. 물론 그 힘은 압력에 의한 전압력(Resultant Force)이므로 압력이 클수록 그 힘은 커지는 것이지만 그와 함께 면적에도 비례한다. 건식 밸브의 경우 2차측 클래퍼의 면적이 1차 측보다 크므로 클래퍼를 폐쇄시키기 위한 압력은 그 비율만큼 2차 측의 압력이 작아도 된다.

⑦ 긴급개방장치

건식 스프링클러설비는 습식에 비해 동결의 우려는 없지만 화재발생 시 건식 밸브 2차 측에 압축공기에 의해 신속한 개방이 어렵다. 이러한 소화시간의 지연을 최소화하기 위하여 2차 측의 압축공기를 신속히 배출하여야 하는데 이를 위하여 엑셀레이터와 익져스터를 설치한다.

㉠ 엑셀레이터(Accelerater)

건식밸브 2차 측의 공기압력이 설정 압력보다 작아졌을 때 2차측 압축공기의 일부를 건식 밸브의 클래퍼 1차측 중간 Chamber로 보내어 건식밸브를 신속히 개방되도록 하는 배출 가속장치이다.

㉡ 익져스터(Exhauster)

건식 밸브 2차 측의 공기압력이 설정압력보다 작아졌을 때 2차 측의 압축공기를 대기 중으로 배출시키는 배출 가속장치이다.

⑧ 준비작동식유수검지장치

습식 설비와 건식 설비의 단점을 보완한 설비로 겨울철 동결의 우려가 있는 곳에 사용되고 있는 방식이다. 폐쇄형 헤드를 사용하며 1차 측은 가압수, 2차 측은 저압 또는 무압으로 유지하고 준비작동밸브(Preaction Valve)를 사용한다.

화재발생으로 담당구역 화재감지기의 작동이나 슈퍼비조리판넬(Supervisory Panel)의 밸브 개방스위치를 누르면 준비작동식 밸브가 개방되면서 가압수를 2차 측으로 송수시켜 놓았다가 폐쇄형 헤드의 감열부가 열에 의해 개방되면 헤드로부터 물이 살수된다.

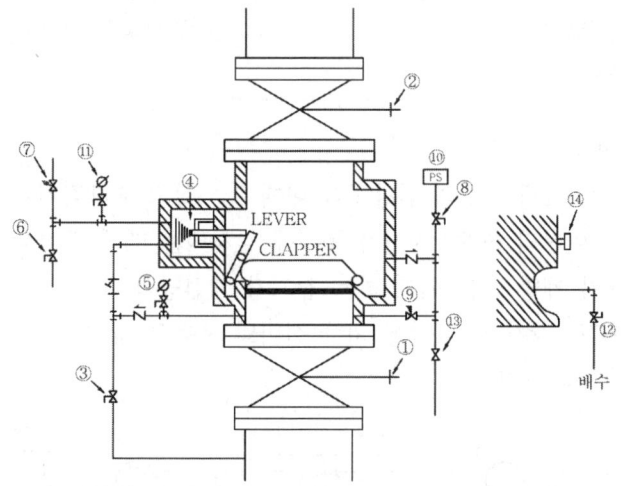

① 1차측 제어밸브　② 2차측 제어밸브　③ 중간챔버 급수용밸브　④ 중간챔버　⑤ 1차측 압력계
⑥ 수동기동밸브　⑦ 전자기동밸브　⑧ 경보정지밸브　⑨ 경보시험밸브　⑩ 압력스위치(경보장치)
⑪ 중간챔버압력계　⑫ 배수밸브　⑬ 자동배수밸브　⑭ 복구레버

! Reference

평소 밸브 유지상태(경계시 밸브 유지상태)
- 1차측 제어밸브, 2차측 제어밸브, 경보정지밸브, 게이지밸브 : 개방상태
- 중간챔버 급수용밸브, 수동기동밸브, 자동기동밸브, 경보시험밸브, 배수밸브 : 폐쇄상태

⑨ 슈퍼비죠리판넬(수동조작함)

슈퍼비죠리판넬은 준비작동식밸브의 조정장치로서 이것이 작동하지 않으면 준비작동 밸브의 작동은 기대할 수 없다. 여기에는 자체 고장을 알리는 경보기능, 전원이상 경보장치와 화재감지기의 동작에 의해 준비작동 밸브를 작동시키는 기능, 방화댐퍼의 폐쇄 등 관련설비의 작동기능도 갖추고 있다.

【 슈퍼비죠리판넬 】

> **! Reference**
>
> **슈퍼비죠리판넬 회로의 구성**
> ① 슈퍼비죠리판넬 스위치 회로   ② 각 감지기 회로의 이상 식별 경보회로
> ③ 전원이상 경보회로   ④ 문 및 댐퍼의 폐쇄회로
> ⑤ 고장신호회로

⑩ 교차회로방식

㉠ 배선방식 : 1개 밸브의 담당구역 내에 2 이상의 화재감지기 회로를 설치하고, 인접한 2 이상의 화재감지기가 동시에 감지되는 때에 준비작동식밸브 또는 일제개방밸브가 개방·작동되게 하는 감지기 배선방식

㉡ 배선목적 : 감지기오동작에 의한 설비의 오동작 방지

㉢ 교차배선의 설계

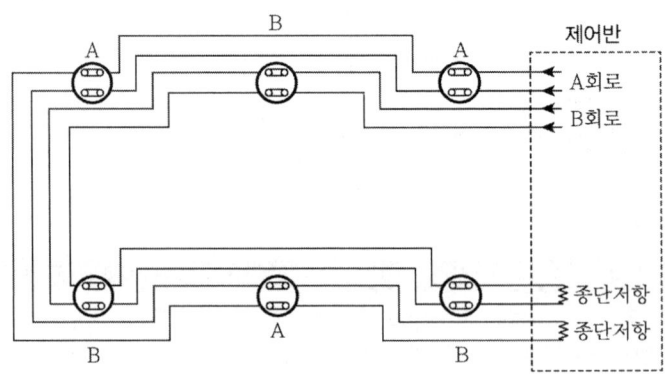

⑪ 일제개방밸브

개방형 헤드가 사용되며 일제개방밸브 1차 측에는 가압수로 충만시키고 2차 측에는 대기압상태로 유지된다. 화재가 발생하여 감지기가 작동하거나 감시제어반의 수동조작스위치를 누름으로써 담당구역의 일제개방밸브가 개방되어 방수구역 전역에 물을 방사하게 된다. 개방형 헤드를 사용하므로 천장의 높이가 높거나 화재가 급격히 확산될 우려가 있는 장소에 설치한다.

⑫ 일제개방밸브의 종류

㉠ 감압개방방식

평소 실린더실이 가압상태로 유지되다가 자동 또는 수동조작에 의해 실린더실의 압력이 감압되면서 피스톤이 들어 올려져 개방되는 방식

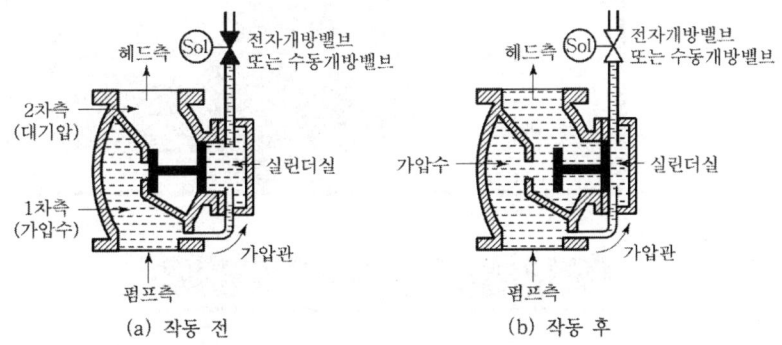

【 감압개방 방식 일제개방밸브 】

㉡ 가압개방방식

평소 실린더실이 감압상태로 유지되다가 자동 또는 수동조작에 의해 실린더실의 압력이 가압되면서 피스톤이 밀려 내려져 개방되는 방식

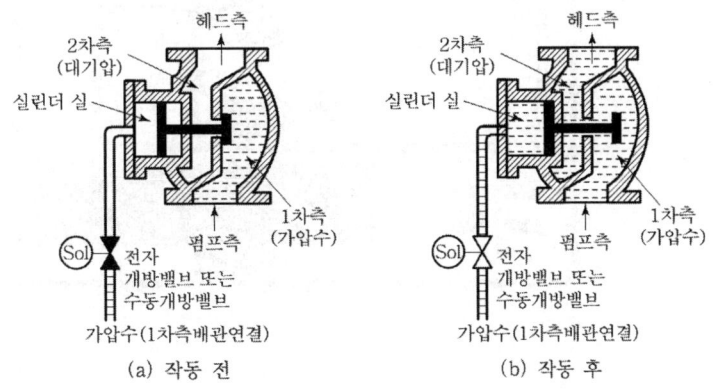

【 가압개방 방식 일제개방밸브 】

⑬ 부압식스프링클러설비

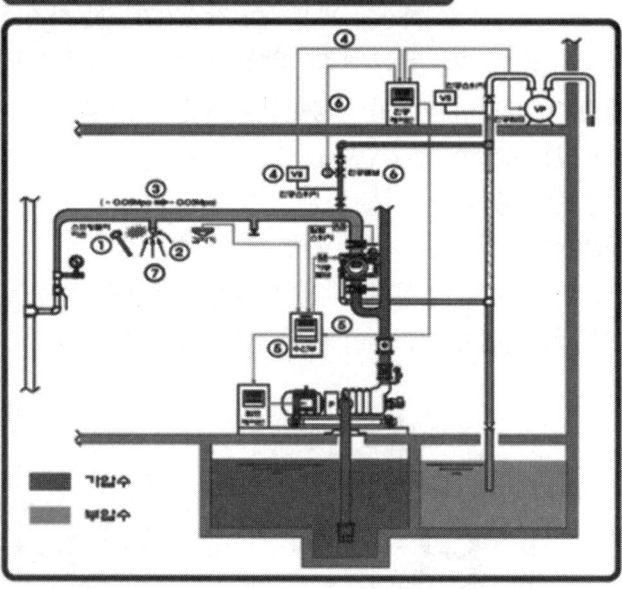

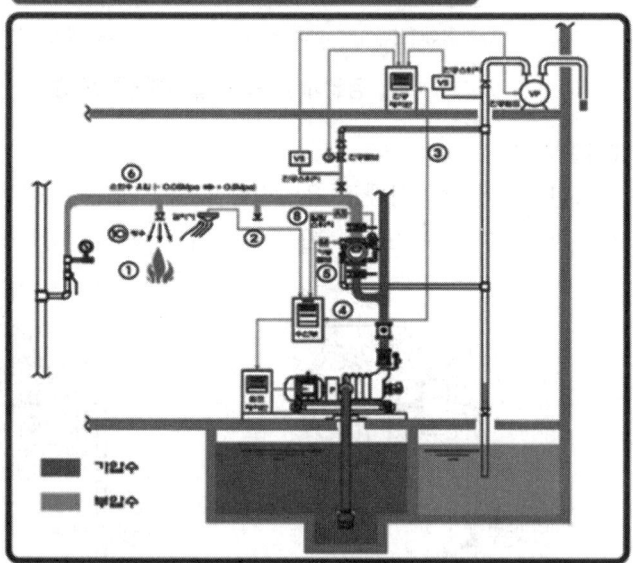

⑭ 전양정 및 정격토출량 산정
　㉠ 펌프의 전양정 산출식

$$H = h_1 + h_2 + 10\text{m}$$

　　H : 전양정(m)
　　h_1 : 배관 및 관부속물의 마찰손실수두(m)
　　h_2 : 낙차(m)

　㉡ 정격토출량 산출식
　　㉮ 폐쇄형 헤드 사용 시

$$Q = N \times 80 l/\min$$

　　　Q : 펌프의 토출량($l/\min$)
　　　N : 수원 산정시 적용하는 헤드 수

　　㉯ 개방형 헤드 사용 시
　　　• 방수구역의 헤드 수가 30개 이하

$$Q = N \times 80 l/\min$$

　　　　Q : 펌프의 토출량($l/\min$)
　　　　N : 최대방수구역이 헤드 수

　　　• 방수구역이 헤드 수가 30개 초과

$$Q = N \times K\sqrt{10P}$$

　　　　Q : 펌프의 토출량($l/\min$)
　　　　N : 최대방수구역의 헤드 수
　　　　K : 방출계수
　　　　P : 평균방사압력(MPa)

⑮ 가압송수장치의 분당송수량 계산

$$Q = N \times K\sqrt{10P} \text{ 이상}$$

　　Q : 분당송수량($l/\min$)
　　K : 방출계수
　　P : 방사압력(MPa)
　　N : 헤드의 개수

방출계수 K

호칭구경	15	20
K의 허용범위	$80\left(1 \pm \dfrac{5}{100}\right)$	$114\left(1 \pm \dfrac{5}{100}\right)$

⑯ 스프링클러설비의 배관방식

  ㉠ 트리방식(Tree System)

    주배관 → 수평주행배관 → 교차배관 → 가지배관 → 헤드의 단일방향으로 유수되며, 화재안전기준에 따라 일반적으로 사용하는 스프링클러 배관방식

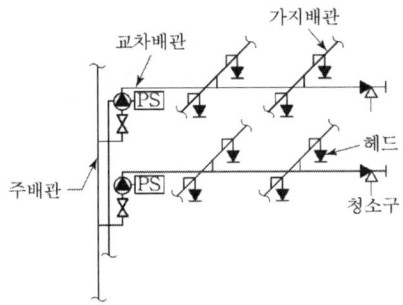

【 트리배관방식 】

  ㉡ 루프방식(Loop System)

    ㉮ 2개 이상의 수평주행배관 사이에 가지배관이 접속되어 SP 작동 시 2방향 이상으로 급수가 공급되나 가지배관 상호간은 연결되지 않는 방식

    ㉯ 교차배관(Cross Main)이 서로 연결되어 스프링클러 작동 시 2방향 이상으로 급수가 공급되나 가지배관은 연결되지 않는다.

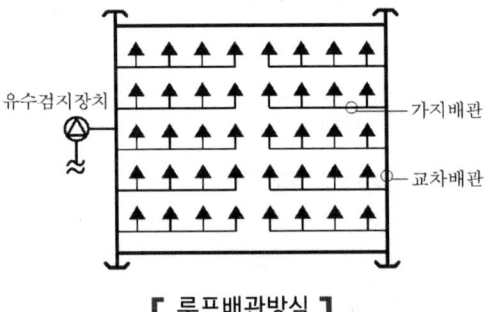

【 루프배관방식 】

  ㉢ 격자방식(Grid System)

    ㉮ 2개 이상의 수평주행배관 사이에 가지배관이 접속되어 SP 작동 시 2방향 이상으로 급수가 공급되는 방식

㉮ 압력손실이 적고 방사압력이 균일하다.
㉯ 충격파의 분산이 가능하고 증설·이설이 쉽다.

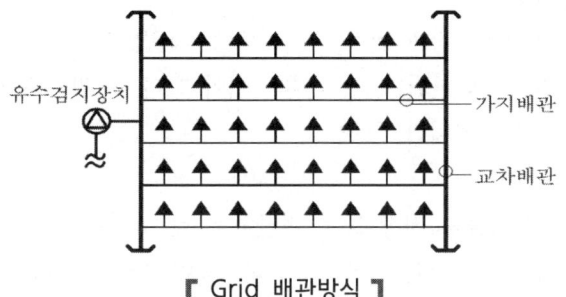

【 Grid 배관방식 】

⑰ 배관의 구경 선정
  ㉠ 수리계산에 의한 방법
    가지배관은 유속 6m/sec, 그 밖의 배관은 유속 10m/sec를 초과하지 아니하는 구경으로 할 것
  ㉡ 규약에 의한 방법

(단위 : mm)

구분 \ 급수관의 구경	25	32	40	50	65	80	90	100	125	150
가	2	3	5	10	30	60	80	100	160	161 이상
나	2	4	7	15	30	60	65	100	160	161 이상
다	1	2	5	8	15	27	40	55	90	91 이상

㉮ 폐쇄형 스프링클러헤드를 사용하는 설비의 경우로서 1개 층에 하나의 급수배관(또는 밸브 등)이 담당하는 구역의 최대면적은 3,000m²를 초과하지 아니할 것
㉯ 폐쇄형 스프링클러헤드를 설치하는 경우에는 "가"란의 헤드 수에 따를 것. 다만, 100개 이상의 헤드를 담당하는 급수배관(또는 밸브)의 구경을 100mm로 할 경우에는 수리계산을 통하여 규정한 배관의 유속에 적합하도록 할 것
㉰ 폐쇄형 스프링클러헤드를 설치하고 반자 아래의 헤드와 반자 속의 헤드를 동일급수관의 가지관상에 병설하는 경우에는 "나"란의 헤드 수에 따를 것
㉱ 무대부·특수가연물을 저장 또는 취급하는 장소에 폐쇄형 스프링클러헤드를 설치하는 경우의 배관구경은 "다"란에 따를 것
㉲ 개방형 스프링클러헤드를 설치하는 경우 하나의 방수구역이 담당하는 헤드의

개수가 30개 이하일 때는 "다"란의 헤드 수에 의하고, 30개의 초과할 때는 수리계산방법에 따를 것

⑱ 헤드의 설치장소
  ㉠ 천장·반자·천장과 반자 사이·덕트·선반 기타 이와 유사한 부분(폭이 1.2m를 초과하는 것에 한한다.)에 설치하여야 한다. 다만, 폭이 9m 이하인 실내에 있어서는 측벽에 설치할 수 있다.
  ㉡ 랙크식 창고
    ㉮ 특수가연물을 저장 또는 취급하는 것 : 랙크높이 4m 이하마다 설치할 것
    ㉯ 그 밖의 것을 취급하는 것 : 랙크높이 6m 이하마다 설치할 것

> **Reference**
> 랙크식 창고의 천장높이가 13.7m 이하로서 화재조기진압용 스프링클러설비의 화재안전기준의 규정에 따라 설치하는 경우에는 천장에만 스프링클러헤드를 설치할 수 있다.

⑲ 헤드의 수평거리

소방대상물	수평거리(m)
무대부, 특수가연물 저장 또는 취급하는 장소	1.7m 이하
일반건축물	2.1m 이하
내화건축물	2.3m 이하
랙크식 창고	2.5m 이하
공동주택(아파트) 세대 내의 거실	3.2m 이하

※ 특수가연물을 저장 또는 취급하는 랙크식 창고의 경우에는 1.7m 이하

⑳ 헤드의 배치
  ㉠ 정방형 배치
    헤드 간의 거리 중 가로의 거리와 세로의 거리가 동일한 헤드의 배치방식

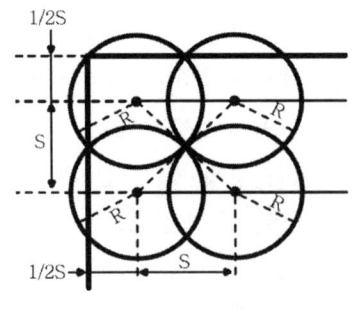

【 정방형 배치 】

$$S = 2r\cos 45°$$

　　S : 헤드 간의 거리(m)
　　r : 수평거리(m)

ⓒ 장방형 배치
　헤드 간의 거리 중 가로의 거리 또는 세로의 거리가 서로 다른 배치방식
　㉮ 가로열의 헤드 간의 거리 $= 2r\cos\theta$
　㉯ 세로열의 헤드 간의 거리 $= 2r\sin\theta\,(\theta = 30 \sim 60°)$
　그러므로 배치각이 일정치 않을 때에는

$$Pt = 2r$$

　　Pt : 대각선의 길이(m)
　　r : 수평거리(m)

　※ 장방형의 경우
　　1. 긴변의 길이 $= 2R \cdot \sin(큰각)$
　　2. 짧은변의 길이 $= 2R \cdot \sin(작은각)$

㉑ 개방형헤드 및 조기반응형헤드 설치대상
　㉠ 무대부 또는 연소할 우려가 있는 개구부에 있어서는 개방형스프링클러헤드를 설치하여야 한다.
　ⓒ 다음 어느 하나에 해당하는 장소에는 조기반응형 스프링클러헤드를 설치하여야 한다.
　　㉮ 공동주택・노유자시설의 거실
　　㉯ 오피스텔・숙박시설의 침실
　　㉰ 병원의 입원실

> **! Reference**
>
> ◉ 조기반응형 헤드
> RTI가 50 이하인 속동형 헤드로 습식설비에 한하여 설치할 수 있다.
>
> ◉ 반응시간지수(RTI)
> RTI(Response Time Index)란 헤드의 열에 대한 민감도 즉, 열감도를 의미하며 폐쇄형 헤드감열부의 용융・이탈・파괴에 필요한 열을 주위로부터 얼마나 빠른 시간에 흡수할 수 있는지를 나타내는 헤드 작동시간에 따른 지수이다.
>
> $$\mathrm{RTI} = \tau\sqrt{u}$$
>
> $\mathrm{RTI} : \sqrt{m \cdot \sec}$, τ : 감열체의 시간상수(sec), u : 기류의 속도(m/sec)

> **반응시간지수(RTI)에 따른 분류**
> ① 표준반응형(Standard Response) 헤드
>   RTI가 80 초과 350 이하인 헤드로 가장 일반적인 헤드
> ② 특수반응형(Special Response) 헤드
>   RTI가 50 초과 80 이하인 헤드
> ③ 조기반응형(Fast Response) 헤드
>   RTI가 50 이하인 헤드로 속동형 헤드 또는 조기반응형 헤드라 한다.

(6) 계산문제

① 수원량 산정
② 토출량 산정
③ 전양정 산정
  ㉠ 실양정
  ㉡ 마찰손실양정[구경별 구분, 유량별구분, 총길이측정]
    ㉮ 하젠윌리암스식 이용
    ㉯ 달시와이스바하식 이용
    ㉰ 환산수두 표 이용

> **헤드종류별 마찰손실계산 방식의 차이점**
> ① 폐쇄형헤드의 경우
>   ㉠ 말단헤드 1개 개방시 – 모든 배관유량은 동일
>   ㉡ 조건 없을 경우 – 헤드 1개당 80LPM 적용
> ② 개방형헤드의 경우 : 말단헤드부터 하나씩 모든헤드 방수량 계산

  ㉢ 방사압력환산양정
④ 동력계산
⑤ 헤드수 계산
⑥ 유수검지장치수 계산
⑦ 방출계수 K계산
⑧ RDD와 ADD계산
  ㉠ RDD의 정의 : 화재를 진화하는데 필요한 최소한의 물의 방수량을 가연물 상단의 표면적으로 나눈 값

$$\text{RDD} = \frac{Q_R}{A}[l/\min \cdot m^2]$$

Q_R : 필요방수량(l/min)
A : 가연물상단 표면적(m^2)

ⓒ ADD의 정의 : 화재시 화염의 상승기류를 뚫고 실제화염에 침투하여 가연물에 방수되는 물의 방수량을 가연물상단의 표면적으로 나눈값

$$\text{ADD} = \frac{Q_A}{A}[l/\min \cdot m^2]$$

Q_A : 실제 침투방수량($l/\min$)
A : 가연물상단 표면적(m^2)

ⓒ RDD와 ADD의 관계그래프

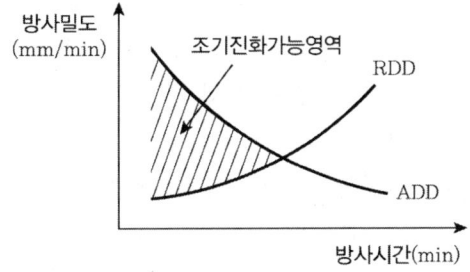

❹ 간이스프링클러

(1) 설치대상

① 공동주택 중 연립주택 및 다세대주택(연립주택 및 다세대주택에 설치하는 간이스프링클러설비는 화재안전기준에 따른 주택전용 간이스프링클러설비를 설치한다).
② 근린생활시설 중 다음의 어느 하나에 해당하는 것
    ㉠ 근린생활시설로 사용하는 부분의 바닥면적 합계가 1천㎡ 이상인 것은 모든 층
    ㉡ 의원, 치과의원 및 한의원으로서 입원실이 있는 시설
    ㉢ 조산원 및 산후조리원으로서 연면적 600㎡ 미만인 시설
③ 교육연구시설 내에 합숙소로서 연면적 100㎡ 이상인 경우에는 모든 층
④ 의료시설 중 다음의 어느 하나에 해당하는 시설
    ㉠ 종합병원, 병원, 치과병원, 한방병원 및 요양병원(정신병원과 의료재활시설은 제외한다)으로 사용되는 바닥면적의 합계가 600㎡ 미만인 시설

ⓒ 정신의료기관 또는 의료재활시설로 사용되는 바닥면적의 합계가 300m² 이상 600m² 미만인 시설
ⓒ 정신의료기관 또는 의료재활시설로 사용되는 바닥면적의 합계가 300m² 미만이고, 창살(철재·플라스틱 또는 목재 등으로 사람의 탈출 등을 막기 위하여 설치한 것을 말하며, 화재 시 자동으로 열리는 구조로 되어 있는 창살은 제외한다)이 설치된 시설
⑤ 노유자시설로서 다음의 어느 하나에 해당하는 시설
  ㉠ 제7조제1항제7호 각 목에 따른 시설(같은 호 가목 2) 및 나목부터 바목까지의 시설 중 단독주택 또는 공동주택에 설치되는 시설은 제외하며, 이하 "노유자 생활시설"이라 한다)
  ㉡ ㉠에 해당하지 않는 노유자시설로 해당 시설로 사용하는 바닥면적의 합계가 300m² 이상 600m² 미만인 시설
  ㉢ ㉠에 해당하지 않는 노유자시설로 해당 시설로 사용하는 바닥면적의 합계가 300m² 미만이고, 창살(철재·플라스틱 또는 목재 등으로 사람의 탈출 등을 막기 위하여 설치한 것을 말하며, 화재 시 자동으로 열리는 구조로 되어 있는 창살은 제외한다)이 설치된 시설
⑥ 건물을 임차하여 「출입국관리법」 제52조제2항에 따른 보호시설로 사용하는 부분
⑦ 숙박시설로 사용되는 바닥면적의 합계가 300m² 이상 600m² 미만인 시설
⑧ 복합건축물(별표 2 제30호나목의 복합건축물만 해당한다)로서 연면적 1천m² 이상인 것은 모든 층
⑨ 다중이용업소 안전관리법 시행령 별표
  ㉠ 지하층에 설치된 영업장
  ㉡ 법 제9조제1항제1호에 따른 숙박을 제공하는 형태의 다중이용업소의 영업장 중 다음에 해당하는 영업장. 다만, 지상 1층에 있거나 지상과 직접 맞닿아 있는 층(영업장의 주된 출입구가 건축물 외부의 지면과 직접 연결된 경우를 포함한다)에 설치된 영업장은 제외한다.
    (1) 제2조제7호에 따른 산후조리업의 영업장
    (2) 제2조제7호의2에 따른 고시원업(이하 이 표에서 "고시원업"이라 한다)의 영업장
  ㉢ 법 제9조제1항제2호에 따른 밀폐구조의 영업장
  ㉣ 제2조제7호의3에 따른 권총사격장의 영업장

(2) 설치기준

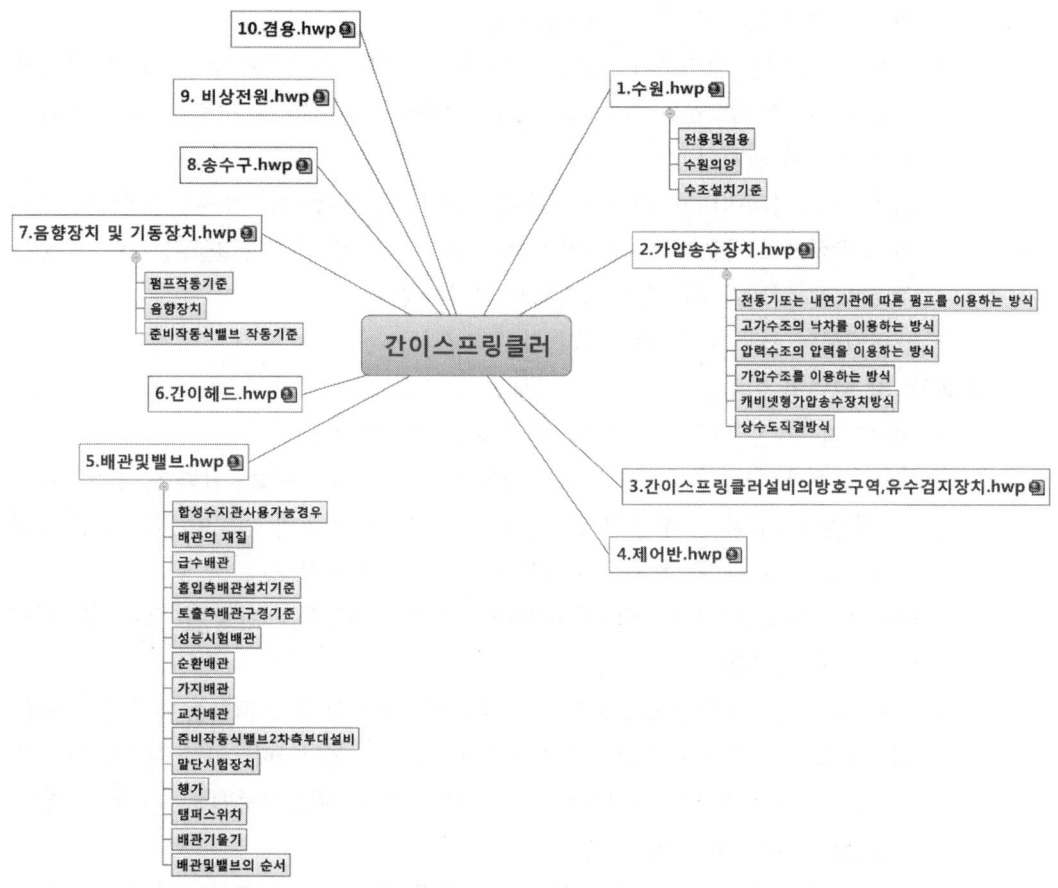

① 간이스프링클러설비의 방호구역 및 유수검지장치 설치기준
   ㉠ 하나의 방호구역의 바닥면적은 1,000m²를 초과하지 아니할 것
   ㉡ 하나의 방호구역에는 1개 이상의 유수검지장치를 설치하되, 화재발생시 접근이 쉽고 점검하기 편리한 장소에 설치할 것
   ㉢ 하나의 방호구역은 2개층에 미치지 아니하도록 할 것. 다만, 1개층에 설치되는 간이헤드의 수가 10개 이하인 경우에는 3개층 이내로 할 수 있다.
   ㉣ 유수검지장치는 실내에 설치하거나 보호용 철망 등으로 구획하여 바닥으로부터 0.8m 이상 1.5m 이하의 위치에 설치하되, 그 실 등에는 가로 0.5m 이상 세로 1m 이상의 출입문을 설치하고 그 출입문 상단에 "유수검지장치실"이라고 표시한 표지를 설치할 것. 다만, 유수검지장치를 기계실(공조용기계실을 포함한다)안에 설치하는 경우에는 별도의 실 또는 보호용 철망을 설치하지 아니하고 기계실 출

입문 상단에 "유수검지장치실"이라고 표시한 표지를 설치할 수 있다.
    ⑰ 간이헤드에 공급되는 물은 유수검지장치를 지나도록 할 것. 다만, 송수구를 통하여 공급되는 물은 그러하지 아니하다.
    ⑱ 자연낙차에 따른 압력수가 흐르는 배관 상에 설치된 유수검지장치는 화재 시 물의 흐름을 검지할 수 있는 최소한의 압력이 얻어질 수 있도록 수조의 하단으로부터 낙차를 두어 설치할 것
    ⑲ 간이스프링클러설비가 설치되는 특정소방대상물에 부설된 주차장부분에는 습식 외의 방식으로 하여야 한다. 다만, 동결의 우려가 없거나 동결을 방지할 수 있는 구조 또는 장치가 된 곳은 그러하지 아니하다.
    ※ 캐비넷형의 경우 ⓒ 기준 만족할것.
② 배관 및 밸브의 설치순서
    ㉠ 상수도직결형은 다음 각 목의 기준에 따라 설치할 것
        ㉮ 수도용계량기, 급수차단장치, 개폐표시형밸브, 체크밸브, 압력계, 유수검지장치(압력스위치 등 유수검지장치와 동등 이상의 기능과 성능이 있는 것을 포함한다. 이하 같다), 2개의 시험밸브의 순으로 설치할 것
        ㉯ 간이스프링클러설비 이외의 배관에는 화재시 배관을 차단할 수 있는 급수차단장치를 설치할 것
    ㉡ 펌프 등의 가압송수장치를 이용하여 배관 및 밸브 등을 설치하는 경우에는 수원, 연성계 또는 진공계(수원이 펌프보다 높은 경우를 제외한다. 이하 같다), 펌프 또는 압력수조, 압력계, 체크밸브, 성능시험배관, 개폐표시형밸브, 유수검지장치, 시험밸브의 순으로 설치할 것.
    ㉢ 가압수조를 가압송수장치로 이용하여 배관 및 밸브등을 설치하는 경우에는 수원, 가압수조, 압력계, 체크밸브, 성능시험배관, 개폐표시형밸브, 유수검지장치, 2개의 시험밸브의 순으로 설치할 것
    ㉣ 캐비넷형의 가압송수장치에 배관 및 밸브 등을 설치하는 경우에는 수원, 연성계 또는 진공계(수원이 펌프보다 높은 경우를 제외한다. 이하 같다), 펌프 또는 압력수조, 압력계, 체크밸브, 개폐표시형밸브, 2개의 시험밸브의 순으로 설치할 것. 다만, 소화용수의 공급은 상수도와 직결된 바이패스관 또는 펌프에서 공급받아야 한다.
③ 간이헤드의 설치기준
    ㉠ 폐쇄형간이헤드를 사용할 것
    ㉡ 간이헤드의 작동온도는 실내의 최대 주위천장온도가 0℃ 이상 38℃ 이하인 경우 공칭작동온도가 57℃에서 77℃의 것을 사용하고, 39℃ 이상 66℃ 이하인 경우에

는 공칭작동온도가 79℃에서 109℃의 것을 사용할 것
ⓒ 간이헤드를 설치하는 천장·반자·천장과 반자사이·덕트·선반 등의 각 부분으로부터 간이헤드까지의 수평거리는 2.3m(「스프링클러헤드의 형식승인 및 제품검사의 기술기준」유효반경의 것으로 한다.) 이하가 되도록 하여야 한다. 다만, 성능이 별도로 인정된 간이헤드를 수리계산에 따라 설치하는 경우에는 그러하지 아니하다.
ⓔ 상향식간이헤드 또는 하향식간이헤드의 경우에는 간이헤드의 디플렉터에서 천장 또는 반자까지의 거리는 25mm에서 102mm 이내가 되도록 설치하여야 하며, 측벽형간이헤드의 경우에는 102mm에서 152mm사이에 설치할 것 다만, 플러쉬 스프링클러헤드의 경우에는 천장 또는 반자까지의 거리를 102mm 이하가 되도록 설치할 수 있다.
ⓜ 간이헤드는 천장 또는 반자의 경사·보·조명장치 등에 따라 살수장애의 영향을 받지 아니하도록 설치할 것
ⓗ ⓔ의 규정에도 불구하고 소방대상물의 보와 가장 가까운 간이헤드는 다음 표의 기준에 따라 설치할 것. 다만, 천장면에서 보의 하단까지의 길이가 55cm를 초과하고 보의 하단 측면 끝부분으로부터 간이헤드까지의 거리가 간이헤드 상호간 거리의 2분의 1 이하가 되는 경우에는 간이헤드와 그 부착면과의 거리를 55cm 이하로 할 수 있다.

간이헤드의 반사판 중심과 보의 수평거리	간이헤드의 반사판 높이와 보의 하단높이의 수직거리
0.75m 미만	보의 하단보다 낮을 것
0.75m 이상 1m 미만	0.1m 미만일 것
1m 이상 1.5m 미만	0.15m 미만일 것
1.5m 이상	0.3m 미만일 것

ⓢ 상향식간이헤드 아래에 설치되는 하향식간이헤드에는 상향식 헤드의 방출수를 차단할 수 있는 유효한 차폐판을 설치할 것
ⓞ 간이스프링클러설비를 설치하여야 할 소방대상물에 있어서는 간이헤드 설치 제외에 관한 사항은 「스프링클러설비의 화재안전기술기준(NFTC 103)」 2.1.2.1을 준용한다.
ⓩ 특정소방대상물에 부설된 주차장부분에는 표준반응형스프링클러헤드를 설치하여야 하며 설치기준은 「스프링클러설비의 화재안전기술기준(NFTC 103)」 헤드설치기준을 준용한다.

(3) 계산문제

① 수원의 양

㉠ 상수도직결형의 경우 : 수돗물

㉡ 수조를 사용하는 경우 : 최소 1개 이상의 자동급수장치를 갖출 것.

> 위 1) 설치대상중 ②의㉡㉢, ①, ③ ~ ⑥, ⑨의 경우
> 수원의 양$(m^3) = 2 \times 0.5m^3$이상 $= 2 \times 50l/min \times 10min$이상
> 위 1) 설치대상중 ②의㉠, ⑦, ⑧의 경우
> 수원의 양$(m^3) = 5 \times 1m^3$이상 $= 5 \times 50l/min \times 20min$이상
> ※ 부설주차장 설치 시 표준형헤드 설치 가능($80l/min$ 적용)

② 토출량선정 : 수원량 선정부분에서 시간제외.

5 ▸▸ 화재조기진압용스프링클러

(1) 설치장소의 구조

① 해당층의 높이가 13.7m 이하일 것. 다만, 2층 이상일 경우에는 해당층의 바닥을 내화구조로 하고 다른 부분과 방화구획 할 것
② 천장의 기울기가 1,000분의 168을 초과하지 않아야 하고, 이를 초과하는 경우에는 반자를 지면과 수평으로 설치할 것
③ 천장은 평평하여야 하며 철재나 목재트러스 구조인 경우, 철재나 목재의 돌출부분이 102mm를 초과하지 아니할 것
④ 보로 사용되는 목재·콘크리트 및 철재사이의 간격이 0.9m 이상 2.3m 이하일 것. 다만, 보의 간격이 2.3m 이상인 경우에는 화재조기진압용 스프링클러헤드의 동작을 원활히 하기 위하여 보로 구획된 부분의 천장 및 반자의 넓이가 $28m^2$를 초과하지 아니할 것
⑤ 창고내의 선반의 형태는 하부로 물이 침투되는 구조로 할 것

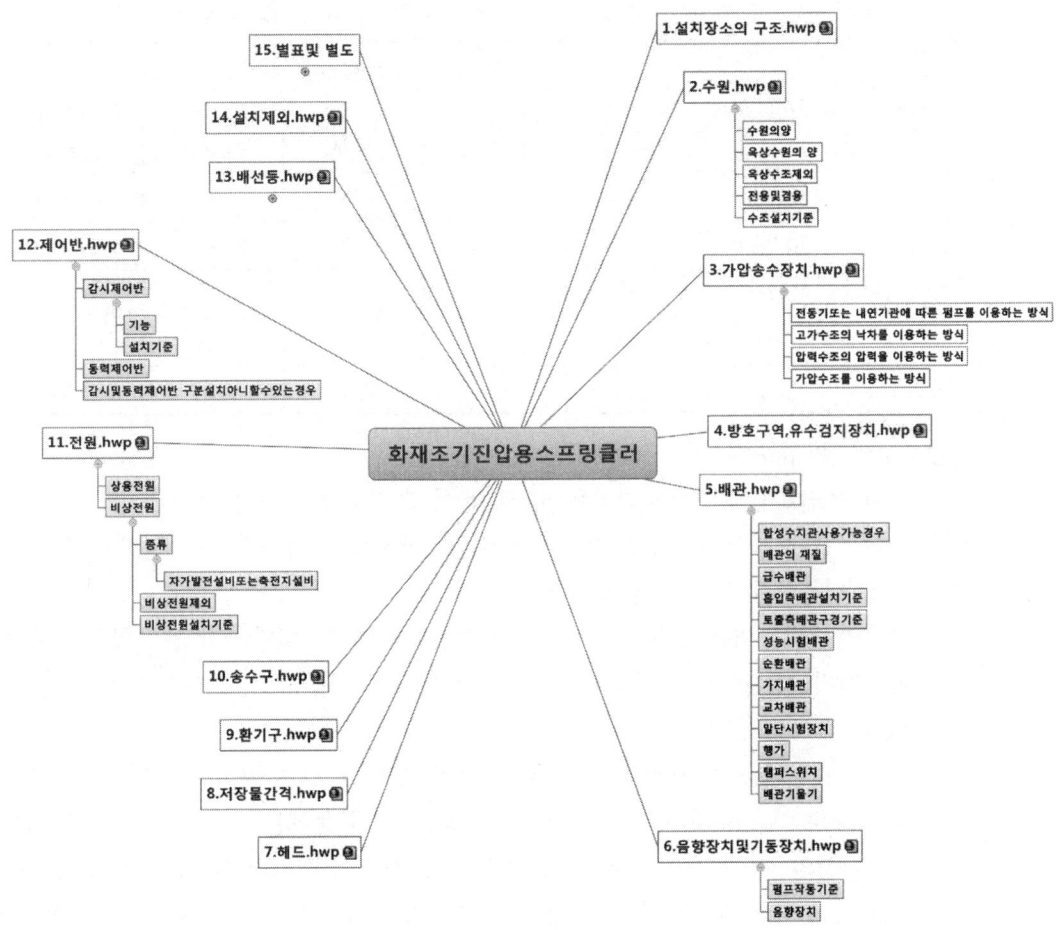

(2) 설치기준

① 수원의 양

화재조기진압용 스프링클러설비의 수원은 수리학적으로 가장 먼가지배관 3개에 각각 4개의 스프링클러헤드가 동시에 개방되었을 때 헤드선단의 압력이 별표3에 의한 값 이상으로 60분간 방사할 수 있는 양으로 계산식은 다음과 같다.

$$\text{수원의 양}\quad Q(l) = 12 \times K\sqrt{10P} \times 60$$

K : 방출계수($l/\min \cdot MPa^{\frac{1}{2}}$)
P : 헤드선단방수압(MPa)
12 : 12개
60 : 60min

【 수원의 양 선정시 헤드의 최소방사압력(MPa) [수원량 및 양정 관련] 】

최대층고	최대저장높이	화재조기진압용스프링클러헤드				
		K=360 하향식	K=320 하향식	K=240 하향식	K=240 상향식	K=200 하향식
13.7m	12.2m	0.28	0.28	–	–	–
13.7m	10.7m	0.28	0.28	–	–	–
12.2m	10.7m	0.17	0.28	0.36	0.36	0.52
10.7m	9.1m	0.14	0.24	0.36	0.36	0.52
9.1m	7.6m	0.10	0.17	0.24	0.24	0.34

② 방호구역 및 유수검지장치 설치기준
  ㉠ 하나의 방호구역의 바닥면적은 3,000m²를 초과하지 아니할 것
  ㉡ 하나의 방호구역에는 1개 이상의 유수검지장치를 설치하되, 화재발생시 접근이 쉽고 점검하기 편리한 장소에 설치할 것.
  ㉢ 하나의 방호구역은 2개층에 미치지 아니하도록 할 것. 다만, 1개층에 설치되는 화재조기진압용 스프링클러헤드의 수가 10개 이하인 경우에는 3개층 이내로 할 수 있다.
  ㉣ 유수검지장치를 실내에 설치하거나 보호용 철망 등으로 구획하여 바닥으로부터 0.8m 이상 1.5m 이하의 위치에 설치하되, 그 실 등에는 가로 0.5m 이상 세로 1m 이상의 출입문을 설치하고 그 출입문 상단에 "유수검지장치실"이라고 표시한 표지를 설치할 것. 다만, 유수검지장치를 기계실(공조용기계실을 포함한다)안에 설치하는 경우에는 별도의 실 또는 보호용 철망을 설치하지 아니하고 기계실 출입문 상단에 "유수검지장치실"이라고 표시한 표지를 설치할 수 있다.
  ㉤ 화재조기진압용 스프링클러헤드에 공급되는 물은 유수검지장치를 지나도록 할 것. 다만, 송수구를 통하여 공급되는 물은 그러하지 아니하다.
  ㉥ 자연낙차에 따른 압력수가 흐르는 배관 상에 설치된 유수검지장치는 화재시 물의 흐름을 검지할 수 있는 최소한의 압력이 얻어질 수 있도록 수조의 하단으로부터 낙차를 두어 설치할 것

③ 화재조기진압용헤드 설치기준
  ㉠ 헤드 하나의 방호면적은 6.0m² 이상 9.3m² 이하로 할 것
  ㉡ 가지배관의 헤드 사이의 거리는 천장의 높이가 9.1m 미만인 경우에는 2.4m 이상 3.7m 이하로, 9.1m 이상 13.7m 이하인 경우에는 3.1m 이하로 할 것
  ㉢ 헤드의 반사판은 천장 또는 반자와 평행하게 설치하고 저장물의 최상부와

914mm 이상 확보되도록 할 것
ⓔ 하향식 헤드의 반사판의 위치는 천장이나 반자 아래 125mm 이상 355mm 이하일 것
ⓜ 상향식 헤드의 감지부 중앙은 천장 또는 반자와 101mm 이상 152mm 이하이어야 하며, 반사판의 위치는 스프링클러배관의 윗부분에서 최소 178mm 상부에 설치되도록 할 것
ⓑ 헤드와 벽과의 거리는 헤드 상호간 거리의 2분의 1을 초과하지 않아야 하며 최소 102mm 이상일 것
ⓢ 헤드의 작동온도는 74℃ 이하일 것. 다만, 헤드 주위의 온도가 38℃ 이상의 경우에는 그 온도에서의 화재시험 등에서 헤드작동에 관하여 공인기관의 시험을 거친 것을 사용할 것
ⓞ 헤드의 살수분포에 장애를 주는 장애물이 있는 경우에는 다음 각 목의 어느 하나에 적합할 것
　㉮ 천장 또는 천장근처에 있는 장애물과 반사판의 위치는 별도 1 또는 별도 2와 같이 하며, 천장 또는 천장근처에 보·덕트·기둥·난방기구·조명기구·전선관 및 배관 등의 기타 장애물이 있는 경우에는 장애물과 헤드 사이의 수평거리에 따른 장애물의 하단과 그 보다 윗부분에 설치되는 헤드 반사판 사이의 수직거리는 별표 1 또는 별도 3에 따를 것.
　㉯ 헤드 아래에 덕트·전선관·난방용배관 등이 설치되어 헤드의 살수를 방해하는 경우에 는 별표 1 또는 별도 3에 따를 것. 다만, 2개 이상의 헤드의 살수를 방해하는 경우에는 별표 2를 참고로 한다.
　㉰ 상부에 설치된 헤드의 방출수에 따라 감열부에 영향을 받을 우려가 있는 헤드에는 방출수를 차단할 수 있는 유효한 차폐판을 설치할 것

④ 저장물사이의 간격
저장물품사이의 간격은 모든 방향에서 152mm 이상의 간격을 유지하여야 한다.

⑤ 환기구
　㉠ 공기의 유동으로 인하여 헤드의 작동온도에 영향을 주지 않는 구조일 것
　㉡ 화재감지기와 연동하여 동작하는 자동식 환기장치를 설치하지 아니할 것. 다만, 자동식 환기장치를 설치할 경우에는 최소작동온도가 180℃ 이상일 것

⑥ 설치제외
　㉠ 제4류 위험물
　㉡ 타이어, 두루마리 종이 및 섬유류, 섬유제품 등 연소 시 화염의 속도가 빠르고 방사된 물이 하부까지에 도달하지 못하는 것

(3) 계산문제

천장높이 13.4m인 랙크식 창고에 11.3m의 높이로 특수가연물을 저장 하고 있고 이곳에 화재조기진압용 스프링클러설비를 설치하였을 때 다음 물음에 답하시오.

【 화재조기진압용 스프링클러헤드의 최소방사압력(MPa) 】

최대층고	최대저장높이	화재조기진압용 스프링클러헤드				
		K=360 하향식	K=320 하향식	K=240 하향식	K=240 상향식	K=200 하향식
13.7m	12.2m	0.28	0.28	–	–	–
13.7m	10.7m	0.28	0.28	–	–	–
12.2m	10.7m	0.17	0.28	0.36	0.36	0.52
10.7m	9.1m	0.14	0.24	0.36	0.36	0.52
9.1m	7.6m	0.10	0.17	0.24	0.24	0.34

① 헤드 1개당의 방사량(l/min)은?
  (단, 헤드는 방출계수(k) 320인 헤드를 사용한다.)
② 유효수량은 최소 몇 (m³)인가?

풀이 ① $Q(l/\text{min}) = K\sqrt{10P} = 320 \times \sqrt{10 \times 0.28} = 535.46 l/\text{min}$
② $Q(l) = 12 \times K\sqrt{10P} \times 60 = 12 \times 320\sqrt{10 \times 0.28} \times 60 = 385,532.94 l$
따라서 약 385.53m³

답 385.53m³

6 ▶▶ 물분무소화설비

(1) 설치대상[물분무등소화설비]

① 항공기 및 자동차 관련 시설 중 항공기격납고
② 차고, 주차용 건축물 또는 철골조립식 주차시설. 이 경우 연면적 800m² 이상인 것만 해당한다.
③ 건축물 내부에 설치된 차고 또는 주차장으로서 차고 또는 주차의 용도로 사용되는 부분의 바닥면적이 200m² 이상인 경우 해당부분(50세대 미만 연립주택 및 다세대주택은 제외)
④ 기계장치에 의한 주차시설을 이용하여 20대 이상의 차량을 주차할 수 있는 것

⑤ 특정소방대상물에 설치된 전기실·발전실·변전실(가연성 절연유를 사용하지 않는 변압기·전류차단기 등의 전기기기와 가연성 피복을 사용하지 않은 전선 및 케이블만을 설치한 전기실·발전실 및 변전실은 제외한다)·축전지실·통신기기실 또는 전산실, 그 밖에 이와 비슷한 것으로서 바닥면적이 300m^2 이상인 것[하나의 방화구획 내에 둘 이상의 실(室)이 설치되어 있는 경우에는 이를 하나의 실로 보아 바닥면적을 산정한다]. 다만, 내화구조로 된 공정제어실 내에 설치된 주조정실로서 양압시설이 설치되고 전기기기에 220볼트 이하인 저전압이 사용되며 종업원이 24시간 상주하는 곳은 제외한다.
⑥ 소화수를 수집·처리하는 설비가 설치되어 있지 않은 중·저준위방사성폐기물의 저장시설. 다만, 이 경우에는 이산화탄소소화설비, 할론소화설비 또는 할로겐화합물 및 불활성기체소화설비를 설치하여야 한다.
⑦ 지하가 중 예상 교통량, 경사도 등 터널의 특성을 고려하여 행정안전부령으로 정하는 터널. 다만, 이 경우에는 물분무소화설비를 설치하여야 한다.
⑧ 「문화재보호법」 제2조제3항제1호 및 제2호에 따른 지정문화재 중 소방청장이 문화재청장과 협의하여 정하는 것

(2) 구성 및 종류
① 구성
㉠ 수원 ㉡ 가압송수장치 ㉢ 배관등 ㉣ 송수구 ㉤ 기동장치 ㉥ 제어밸브등
㉦ 물분무헤드 ㉧ 배수설비 ㉨ 전원 ㉩ 제어반 ㉪ 배선 등 ㉫ 물분무헤드제외
② 물분무소화설비의 종류
개방형 물분무헤드를 이용하는 일제살수식 (일제개방밸브 : 제어밸브 사용)

(3) 설치기준

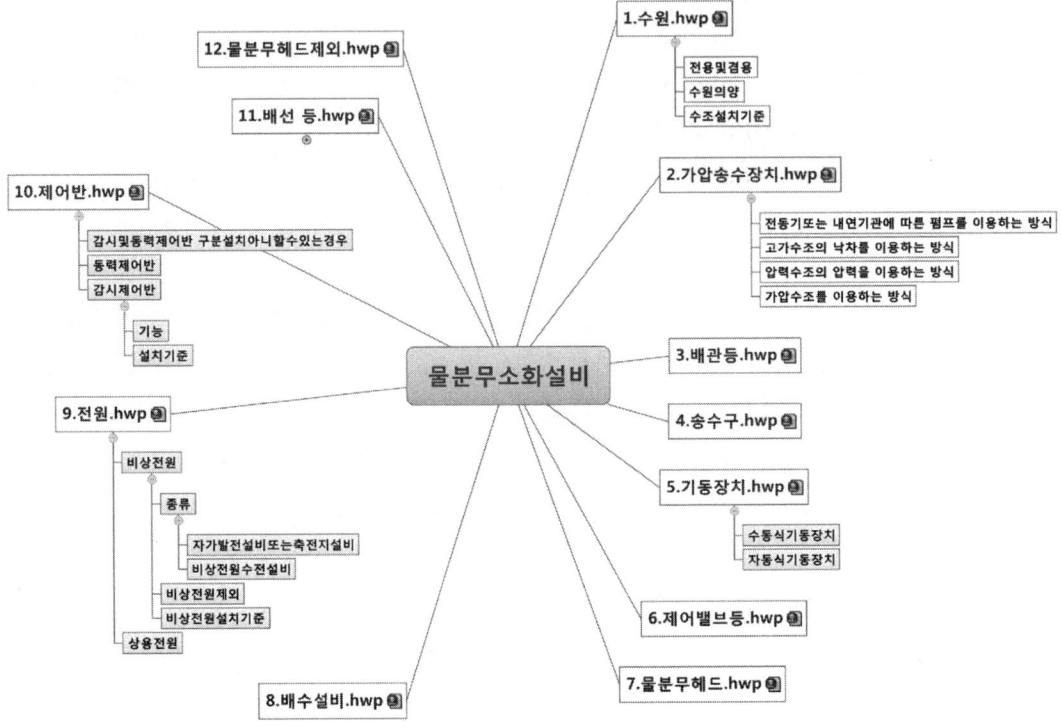

① 수원의 양
  ㉠ 특수가연물 저장 또는 취급하는 소방대상물

$$Q = A(\mathrm{m}^2) \times 10 l/\mathrm{m}^2 \cdot \min \times 20\min$$

  Q : 수원(l)
  A : 바닥면적(최대방수역 바닥면적, 최소 $50\mathrm{m}^2$ 이상)

  ㉡ 차고 또는 주차장

$$Q = A(\mathrm{m}^2) \times 20 l/\mathrm{m}^2 \cdot \min \times 20\min$$

  Q : 수원(l)
  A : 바닥면적(최대방수구역 바닥면적, 최소 $50\mathrm{m}^2$ 이상)

  ㉢ 절연유 봉입변압기

$$Q = A(\mathrm{m}^2) \times 10 l/\mathrm{m}^2 \cdot \min \times 20\min$$

  Q : 수원(l)
  A : 바닥부분을 제외한 표면적을 합한 면적(m^2)

ⓔ 케이블 트레이, 덕트

$$Q = A(\text{m}^2) \times 12 l/\text{m}^2 \cdot \min \times 20\min$$

　　Q : 수원(l)
　　A : 투영된 바닥면적(m^2)

※ 투영(投影)된 바닥면적 : 위에서 빛을 비출 때 바닥 그림자의 면적

ⓜ 컨베이어 벨트 등

$$Q = A(\text{m}^2) \times 10 l/\text{m}^2 \cdot \min \times 20\min$$

　　Q : 수원(l)
　　A : 벨트부분의 바닥면적(m^2)

ⓑ 위험물 저장탱크

$$Q = L(\text{m}) \times 37 l/\text{m} \cdot \min \times 20\min$$

　　Q : 수원(l)
　　L : 탱크의 원주둘레길이(m)

② **기동장치 설치기준**
　㉠ 수동식 기동장치의 설치기준
　　㉮ 직접조작 또는 원격조작에 의하여 각각의 가압송수장치 및 수동식 개방밸브 또는 가압송수장치 및 자동개방밸브를 개방할 수 있도록 설치할 것
　　㉯ 기동장치의 가까운 곳의 보기 쉬운 곳에 '기동장치'라고 표시한 표지를 할 것
　㉡ 자동식 기동장치의 설치기준
　　자동화재탐지설비 감지기의 작동 및 폐쇄형 스프링클러헤드의 개방과 연동하여 경보를 발하고 가압송수장치 및 자동개방밸브를 기동할 수 있는 것으로 할 것. 다만, 자동화재탐지설비의 수신기가 설치되어 있는 장소에 상시 사람이 근무하고 있고 화재 시 물분무소화설비를 즉시 작동시킬 수 있는 경우에는 그렇지 않다.

③ **제어밸브 설치기준**
　㉠ 제어밸브의 설치기준
　　㉮ 제어밸브는 바닥으로부터 0.8m 이상 1.5m 이하의 위치에 설치할 것
　　㉯ 제어밸브의 가까운 곳의 보기 쉬운 곳에 '제어밸브'라고 표시한 표지를 할 것
　㉡ 자동개방밸브 및 수동개방밸브의 설치기준
　　㉮ 자동개방밸브의 기동조작부 및 수동식 개방밸브는 화재 시 용이하게 접근할 수 있는 곳에 설치하고 바닥으로부터 0.8m 이상 1.5m 이하의 위치에 설치할 것

㉯ 자동개방밸브 및 수동식 개방밸브의 2차측 배관부분에는 당해 방수구역 외에 밸브의 작동을 시험할 수 있는 장치를 설치할 것

④ 물분무헤드 설치기준
   ㉠ 물분무헤드는 표준방사량으로 당해 방호대상물의 화재를 유효하게 소화하는 데 필요한 수를 적정한 위치에 설치하여야 한다.
   ㉡ 고압의 전기기기와 물분무헤드 사이의 유지거리

전압(kV)	거리(cm)	전압(kV)	거리(cm)
66 이하	70 이상	154 초과 181 이하	180 이상
66 초과 77 이하	80 이상	181 초과 220 이하	210 이상
77 초과 110 이하	110 이상	220 초과 275 이하	260 이상
110 초과 154 이하	150 이상		

⑤ 차고 또는 주차장에 설치하는 배수설비 설치기준
   ㉠ 차량이 주차하는 장소의 적당한 곳에 높이 10cm 이상의 경계턱으로 배수구를 설치할 것
   ㉡ 배수구에는 새어나온 기름을 모아 소화할 수 있도록 길이 40m 이하마다 집수관·소화핏트 등 기름분리장치를 설치할 것
   ㉢ 차량이 주차하는 바닥은 배수구를 향하여 100분의 2 이상의 기울기를 유지할 것
   ㉣ 배수설비는 가압송수장치의 최대송수능력의 수량을 유효하게 배수할 수 있는 크기 및 기울기로 할 것

⑥ 설치제외 대상
   ㉠ 물과 심하게 반응하는 물질 또는 물과 반응하여 위험한 물질을 생성하는 물질을 저장 또는 취급하는 장소
   ㉡ 고온의 물질 및 증류범위가 넓어 끓어 넘칠 위험이 있는 물질을 저장 또는 취급하는 장소
   ㉢ 운전 시에 표면의 온도가 260℃ 이상으로 되는 등 직접 분무를 하는 경우 그 부분에 손상을 입힐 우려가 있는 기계장치 등이 있는 장소

(4) 계산문제

물분무소화설비에 대한 다음 각 물음에 답하시오
[조건] 아래 그림과 같이 바닥면이 자갈로 되어있는 절연유 봉입변압기에 물분무소화설비를 설치하고자 한다.

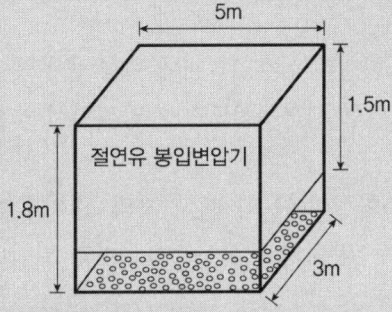

① 소화펌프의 최소토출량(L/min)을 구하시오(단, 계산과정을 쓰시오)

풀이 $A = (5m \times 3m) + (1.5m \times 3m \times 2) + (5m \times 1.5m \times 2) = 39m^2$
∴ $Q(l/\min) = 39m^2 \times 10l/m^2 \cdot \min = 390l/\min$

답 $390 l/\min$

② 필요한 최소수원의 양(m^3)을 구하시오

풀이 $Q(m^3) = 39m^2 \times 10l/m^2 \cdot \min \times 20\min = 7,800l = 7.8m^3$

답 $7.8 m^3$

7 ▸▸ 미분무소화설비

(1) 용어정의

① "미분무소화설비"란 가압된 물이 헤드 통과 후 미세한 입자로 분무됨으로써 소화성능을 가지는 설비를 말하며, 소화력을 증가시키기 위해 강화액 등을 첨가할 수 있다.
② "미분무"란 물만을 사용하여 소화하는 방식으로 최소설계압력에서 헤드로부터 방출되는 물입자 중 99 %의 누적체적분포가 400㎛ 이하로 분무되고 A, B, C급화재에 적응성을 갖는 것을 말한다.
③ "미분무헤드"란 하나 이상의 오리피스를 가지고 미분무소화설비에 사용되는 헤드를 말한다.
④ "개방형 미분무헤드"란 감열체 없이 방수구가 항상 열려져 있는 헤드를 말한다.

⑤ "폐쇄형 미분무헤드"란 정상상태에서 방수구를 막고 있는 감열체가 일정온도에서 자동적으로 파괴·용융 또는 이탈됨으로써 방수구가 개방되는 헤드를 말한다.
⑥ "저압 미분무 소화설비"란 최고사용압력이 1.2MPa 이하인 미분무소화설비를 말한다.
⑦ "중압 미분무 소화설비"란 사용압력이 1.2MPa을 초과하고 3.5MPa 이하인 미분무소화설비를 말한다.
⑧ "고압 미분무 소화설비"란 최저사용압력이 3.5MPa을 초과하는 미분무소화설비를 말한다.
⑨ "폐쇄형 미분무소화설비"란 배관 내에 항상 물 또는 공기 등이 가압되어 있다가 화재로 인한 열로 폐쇄형 미분무헤드가 개방되면서 소화수를 방출하는 방식의 미분무소화설비를 말한다.
⑩ "개방형 미분무소화설비"란 화재감지기의 신호를 받아 가압송수장치를 동작시켜 미분무수를 방출하는 방식의 미분무소화설비를 말한다.

(2) 구성 및 종류

① 구성
  ㉠ 수원
  ㉡ 가압송수장치   ㉢ 폐쇄형미분무소화설비의 방호구역
  ㉣ 개방형미분무소화설비의 방수구역   ㉤ 배관등
  ㉥ 음향장치 및 기동장치   ㉦ 헤드
  ㉧ 전원   ㉨ 제어반
  ㉩ 배선 등   ㉪ 설계도서작성기준

② 종류
  ㉠ 습식설비   ㉡ 건식설비
  ㉢ 준비작동식설비   ㉣ 일제살수식설비

③ 방출방식에 따른 분류
  ㉠ 전역방출방식   ㉡ 국소방출방식
  ㉢ 호스릴방출방식

④ 사용압력별 분류
  ㉠ 저압설비(최고사용압력이 1.2MPa 이하인 설비)
  ㉡ 중압설비(사용압력이 1.2MPa을 초과하고 3.5MPa 이하인 설비)
  ㉢ 고압설비(최저사용압력이 3.5MPa을 초과하는 설비)

⑤ 헤드종류별 분류
  ㉠ 자동식헤드[평상시 폐쇄상태를 유지하다가 열감지소자의 동작으로 개방]

ⓒ 비자동식헤드[평상시 개방상태를 유지하다가 별도 감지설비에 따라 작동하여 전체구역 헤드에서 살수]

ⓒ 복합식헤드[자동식헤드와 비자동식헤드의 기능이 복합된 헤드, 평상시 자동식헤드처럼 열감지소자를 가지고 있는 폐쇄형의 헤드이나 동시에 제어반으로부터 신호에 따라 개방이 가능한 구조의 헤드]

(3) 설치기준

① 수원
　㉠ 미분무수 소화설비에 사용되는 용수는 「먹는물관리법」 제5조에 적합하고, 저수조 등에 충수할 경우 필터 또는 스트레이너를 통하여야 하며, 사용되는 물에는 입자·용해고체 또는 염분이 없어야 한다.
　㉡ 배관의 연결부(용접부 제외) 또는 주배관의 유입측에는 필터 또는 스트레이너를 설치하여야 하고, 사용되는 스트레이너에는 청소구가 있어야 하며, 검사·유지관리 및 보수 시에 배치위치를 변경하지 아니하여야 한다. 다만, 노즐이 막힐 우려가 없는 경우에는 설치하지 아니할 수 있다.
　㉢ 사용되는 필터 또는 스트레이너의 메쉬는 헤드 오리피스 지름의 80% 이하가 되어야 한다.
　㉣ 수원의 양은 다음의 식을 이용하여 계산한 양 이상으로 하여야 한다.

$$Q = N \times D \times T \times S + V$$

- Q : 수원의 양(m^3)
- N : 방호구역(방수구역)내 헤드의 개수
- D : 설계유량(m^3/min)
- T : 설계방수시간(min)
- S : 안전율(1.2 이상)
- V : 배관의 총체적(m^3)

　㉤ 첨가제의 양은 설계방수시간 내에 충분히 사용될 수 있는 양 이상으로 산정한다. 이 경우 첨가제가 소화약제인 경우 「소화약제의 검정기술기준」 또는 「포소화약제의 검정기술기준」에 적합한 것으로 사용하여야 한다.

② 수조
　㉠ 수조의 재료는 냉간 압연 스테인리스 강판 및 강대(KS D 3698)의 STS 304 또는 이와 동등 이상의 강도·내식성·내열성이 있는 것으로 하여야 한다.
　㉡ 수조를 용접할 경우 용접찌꺼기 등이 남아 있지 아니하여야 하며, 부식의 우려가 없는 용접방식으로 하여야 한다.
　㉢ 미분무 소화설비용 수조는 다음 각 호의 기준에 따라 설치하여야 한다.
　　㉮ 전용으로 하며 점검에 편리한 곳에 설치할 것
　　㉯ 동결방지조치를 하거나 동결의 우려가 없는 장소에 설치할 것
　　㉰ 수조의 외측에 수위계를 설치할 것. 다만, 구조상 불가피한 경우에는 수조의 맨홀 등을 통하여 수조 내 물의 양을 쉽게 확인할 수 있도록 하여야 한다.
　　㉱ 수조의 상단이 바닥보다 높은 때에는 수조의 외측에 고정식 사다리를 설치할 것
　　㉲ 수조가 실내에 설치된 때에는 그 실내에 조명 설비를 설치할 것
　　㉳ 수조의 밑 부분에는 청소용 배수밸브 또는 배수관을 설치할 것

㉯ 수조 외측의 보기 쉬운 곳에 "미분무설비용 수조"라고 표시한 표지를 할 것
㉰ 미분무펌프의 흡수배관 또는 수직배관과 수조의 접속부분에는 "미분무설비용 배관"이라고 표시한 표지를 할 것. 다만, 수조와 가까운 장소에 미분무펌프가 설치되고 미분무펌프에 표지를 설치한 때에는 그러하지 아니하다.

③ 전동기 또는 내연기관에 따른 펌프를 이용하는 가압송수장치는 다음 각 호의 기준에 따라 설치하여야 한다.
 ㉠ 쉽게 접근할 수 있고 점검하기에 충분한 공간이 있는 장소로서 화재 및 침수등의 재해로 인한 피해를 받을 우려가 없는 곳에 설치할 것
 ㉡ 동결방지조치를 하거나 동결의 우려가 없는 장소에 설치할 것
 ㉢ 펌프는 전용으로 할 것
 ㉣ 펌프의 토출 측에는 압력계를 체크밸브 이전에 펌프토출 측 가까운 곳에 설치할 것
 ㉤ 가압송수장치에는 정격부하 운전시 펌프의 성능을 시험하기 위한 배관을 설치할 것
 ㉥ 가압송수장치의 송수량은 최저설계압력에서 설계유량(L/min) 이상의 방수성능을 가진 기준개수의 모든 헤드로부터의 방수량을 충족시킬 수 있는 양 이상의 것으로 할 것
 ㉦ 내연기관을 사용하는 경우에는 제어반에 따라 내연기관의 자동기동 및 수동기동이 가능하고, 상시 충전되어 있는 축전지설비를 갖출 것
 ㉧ 가압송수장치에는 "미분무펌프"라고 표시한 표지를 할 것. 다만, 호스릴방식의 경우 "호스릴방식 미분무펌프"라고 표시한 표지를 할 것
 ㉨ 가압송수장치가 기동되는 경우에는 자동으로 정지되지 아니하도록 할 것

④ 압력수조를 이용하는 가압송수장치는 다음 각 호의 기준에 따라 설치하여야 한다.
 ㉠ 압력수조는 배관용 스테인리스 강관(KS D 3676) 또는 이와 동등 이상의 강도·내식성, 내열성을 갖는 재료를 사용할 것
 ㉡ 용접한 압력수조를 사용할 경우 용접찌꺼기 등이 남아 있지 아니하여야 하며, 부식의 우려가 없는 용접방식으로 하여야 한다.
 ㉢ 쉽게 접근할 수 있고 점검하기에 충분한 공간이 있는 장소로서 화재 및 침수등의 재해로 인한 피해를 받을 우려가 없는 곳에 설치할 것
 ㉣ 동결방지조치를 하거나 동결의 우려가 없는 장소에 설치할 것
 ㉤ 압력수조는 전용으로 할 것
 ㉥ 압력수조에는 수위계·급수관·배수관·급기관·맨홀·압력계·안전장치 및 압력저하방지를 위한 자동식 공기압축기를 설치할 것
 ㉦ 압력수조의 토출 측에는 사용압력의 1.5배 범위를 초과하는 압력계를 설치하여야 한다.

ⓘ 작동장치의 구조 및 기능은 다음 각 목의 기준에 적합하여야 한다.
㉮ 화재감지기의 신호에 의하여 자동적으로 밸브를 개방하고 소화수를 배관으로 송출할 것
㉯ 수동으로 작동할 수 있게 하는 장치를 설치할 경우에는 부주의로 인한 작동을 방지하기 위한 보호 장치를 강구할 것
⑤ 가압수조를 이용하는 가압송수장치는 다음 각 호의 기준에 따라 설치하여야 한다.
㉠ 가압수조의 압력은 설계 방수량 및 방수압이 설계방수시간 이상 유지되도록 할 것
㉡ 가압수조 및 가압원은 「건축법 시행령」 제46조에 따른 방화구획 된 장소에 설치할 것
㉢ 가압수조를 이용한 가압송수장치는 소방청장이 정하여 고시한 「가압수조식 가압송수장치의 성능인증 및 제품검사의 기술기준」에 적합한 것으로 설치할 것
㉣ 가압수조는 전용으로 설치할 것
⑥ **폐쇄형 미분무소화설비의 방호구역**
폐쇄형 미분무헤드를 사용하는 설비의 방호구역(미분무소화설비의 소화범위에 포함된 영역을 말한다. 이하 같다)은 다음의 기준에 적합하여야 한다.
㉠ 하나의 방호구역의 바닥면적은 펌프용량, 배관의 구경 등을 수리학적으로 계산한 결과 헤드의 방수압 및 방수량이 방호구역 범위 내에서 소화목적을 달성할 수 있도록 산정하여야 한다.
㉡ 하나의 방호구역은 2개 층에 미치지 아니하도록 할 것
⑦ **개방형 미분무소화설비의 방수구역**
개방형 미분무 소화설비의 방수구역은 다음의 기준에 적합하여야 한다.
㉠ 하나의 방수구역은 2개 층에 미치지 아니 할 것
㉡ 하나의 방수구역을 담당하는 헤드의 개수는 최대 설계개수 이하로 할 것. 다만, 2개 이상의 방수구역으로 나눌 경우에는 하나의 방수구역을 담당하는 헤드의 개수는 최대설계개수의 1/2 이상으로 할 것
㉢ 터널, 지하가 등에 설치할 경우 동시에 방수되어야 하는 방수구역은 화재가 발생된 방수구역 및 접한 방수구역으로 할 것
⑧ **배관의 재질**
㉠ 설비에 사용되는 구성요소는 STS 304 이상의 재료를 사용하여야 한다.
㉡ 배관은 배관용 스테인리스 강관(KS D 3576)이나 이와 동등 이상의 강도·내식성 및 내열성을 가진 것으로 하여야 하고, 용접할 경우 용접찌꺼기 등이 남아 있지 아니하여야 하며, 부식의 우려가 없는 용접방식으로 하여야 한다.

⑨ 헤드
　㉠ 미분무헤드는 소방대상물의 천장·반자·천장과 반자사이·덕트·선반 기타 이와 유사한 부분에 설계자의 의도에 적합하도록 설치하여야 한다.
　㉡ 하나의 헤드까지의 수평거리 산정은 설계자가 제시하여야 한다.
　㉢ 미분무 설비에 사용되는 헤드는 조기반응형 헤드를 설치하여야 한다.
　㉣ 폐쇄형 미분무헤드는 그 설치장소의 평상시 최고주위온도에 따라 다음 식에 따른 표시온도의 것으로 설치하여야 한다.

$$Ta = 0.9\,Tm - 27.3\,℃$$

　　Ta : 최고주위온도
　　Tm : 헤드의 표시온도

　㉤ 미분무 헤드는 배관, 행거 등으로부터 살수가 방해되지 아니하도록 설치하여야 한다.
　㉥ 미분무 헤드는 설계도면과 동일하게 설치하여야 한다.
　㉦ 미분무 헤드는 '한국소방산업기술원' 또는 법 제46조제1항의 규정에 따라 성능시험기관으로 지정받은 기관에서 검증받아야 한다.

⑩ 설계도서 작성기준
　㉠ 미분무소화설비의 성능을 확인하기 위하여 하나의 발화원을 가정한 설계도서는 다음 각 호 및 별표 1을 고려하여 작성되어야 하며, 설계도서는 일반설계도서와 특별설계도서로 구분한다.
　　㉮ 점화원의 형태
　　㉯ 초기 점화되는 연료 유형
　　㉰ 화재 위치
　　㉱ 문과 창문의 초기상태(열림, 닫힘) 및 시간에 따른 변화상태
　　㉲ 공기조화설비, 자연형(문, 창문) 및, 기계형 여부
　　㉳ 시공 유형과 내장재 유형
　㉡ 일반설계도서는 유사한 특정소방대상물의 화재사례 등을 이용하여 작성하고, 특별설계도서는 일반설계도서에서 발화 장소 등을 변경하여 위험도를 높게 만들어 작성하여야 한다.
　㉢ ㉠ 및 ㉡에도 불구하고 검증된 기준에서 정하고 있는 것을 사용할 경우에는 적합한 도서로 인정할 수 있다.

[별표 1] 설계도서 작성 기준(제4조 관련)
1. 공통사항
   설계도서는 건축물에서 발생 가능한 상황을 선정하되, 건축물의 특성에 따라 제2호의 설계도서 유형 중 가목의 일반설계도서와 나목부터 사목까지의 특별설계도서 중 1개 이상을 작성한다.
2. 설계도서 유형
   가. 일반설계도서
      1) 건물용도, 사용자 중심의 일반적인 화재를 가상한다.
      2) 설계도서에는 다음 사항이 필수적으로 명확히 설명되어야 한다.
         가) 건물사용자 특성
         나) 사용자의 수와 장소
         다) 실 크기
         라) 가구와 실내 내용물
         마) 연소 가능한 물질들과 그 특성 및 발화원
         바) 환기조건
         사) 최초 발화물과 발화물의 위치
      3) 설계자가 필요한 경우 기타 설계도서에 필요한 사항을 추가할 수 있다.

(4) 계산문제

1. 미분무소화설비의 폐쇄형 미분무헤드의 표시온도가 79℃일 때 그 설치장소의 평상시 최고주위온도(℃)를 구하시오.

   풀이 $Ta = 0.9Tm - 27.3℃$ [Ta : 최고주위온도(℃), Tm : 헤드의 표시온도(℃)]
   $Ta = 0.9 \times 79 - 27.3 = 43.8℃$
   답 43.8℃

2. 다음 조건을 참고하여 미분무소화설비의 수원 저장량 (m³)을 구하시오.

   조건 헤드개수 30개, 헤드당 설계유량 50 l/min, 설계방수시간 1시간, 배관의 총체적 0.07m³
   풀이 수원의 양 $Q = N \times T \times D \times S + V = 30 \times 60\min \times 0.05 m^3/\min \cdot 개 \times 1.2 + 0.07 m^3 = 108.07 m^3$
   답 108.07m³

8 포소화설비

(1) 계통도

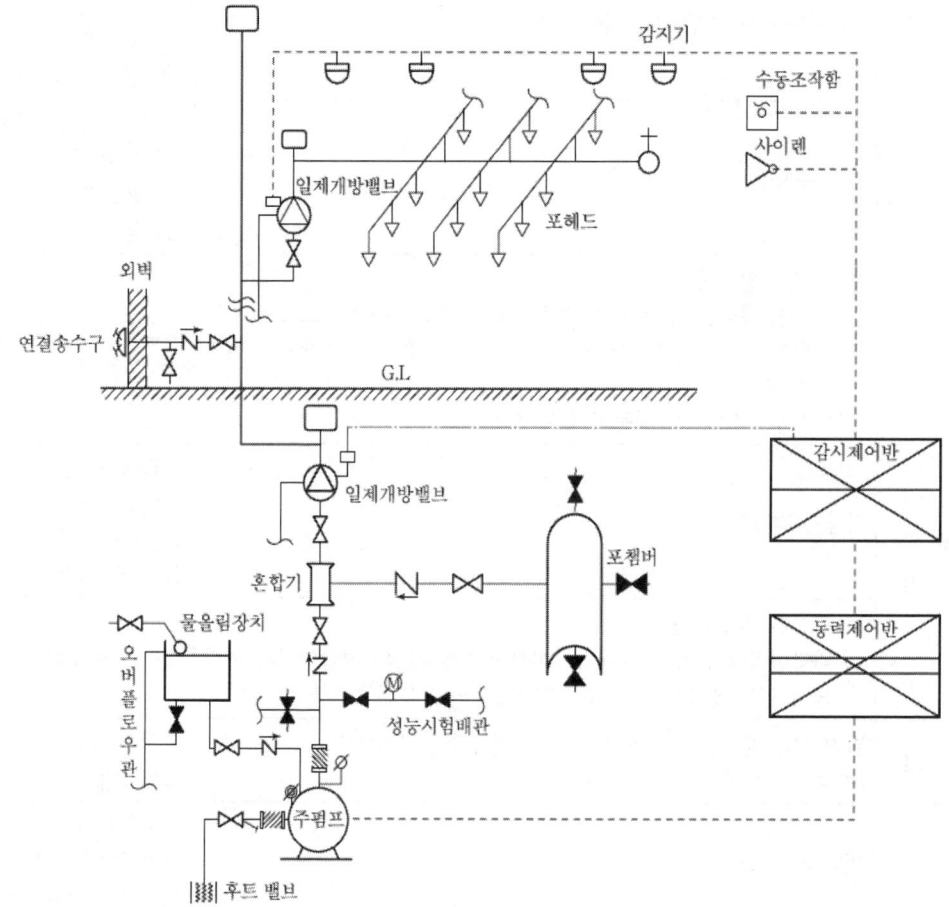

(2) 적응성 및 종류

구분	소방대상물	포방출설비의 종류
1	특수가연물을 저장·취급하는 공장 또는 창고	포워터스프링클러설비 포헤드설비 고정포방출구설비 압축공기포소화설비
2	차고 주차장	포워터스프링클러설비 포헤드설비 고정포방출구설비 압축공기포소화설비
	※ 차고 주차장 중 ① 완전 개방된 옥상주차장 또는 고가 밑의 주차장 등으로서 주된 벽이 없고 기둥뿐이거나 주위가 위해방지용 철주 등으로 둘러싸인 부분 ② 지상 1층으로서 지붕이 없는 부분	호스릴 포소화설비 포소화전설비
3	항공기 격납고	포워터스프링클러설비 포헤드설비 고정포방출구설비 압축공기포소화설비
	※ 항공기 격납고 중 바닥면적의 합계가 1,000m² 이상이고 항공기의 격납위치가 한정되어 있는 경우에는 그 한정된 장소 외의 부분	호스릴 포소화설비
4	발전기실, 엔진펌프실, 변압기, 전기케이블실, 유압설비 (바닥면적 합계 300m² 미만)	고정식 압축공기포 소화설비
5	위험물 제조소 등	포헤드설비 고정포방출구설비 호스릴 포소화설비
6	위험물 옥외탱크저장소(고정포방출구방식)	고정포방출구 + 보조포 소화전

(3) 설치기준

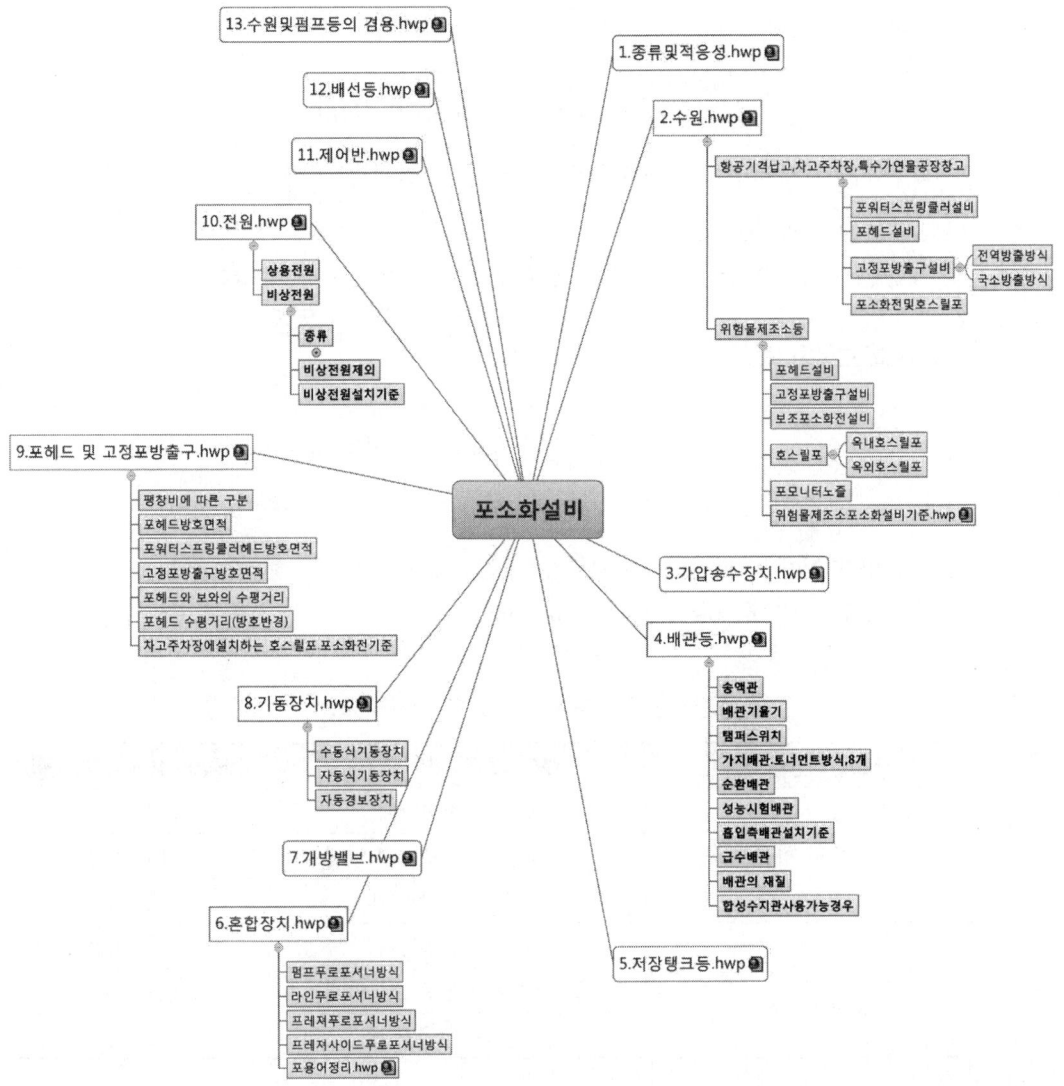

① 수원량(수용액량)산정
　① 항공기격납고, 차고주차장, 특수가연물 저장취급하는 공장 또는 창고
　　㉠ 포워터스프링클러설비

$$Q = N \times \alpha\, l/\text{min·개} \times 10\text{min}$$

Q : 포수용액체적(L), N : 포워터스프링클러헤드수($N = \dfrac{Am^2}{8m^2/\text{개}}$),
α : 표준방사량(최소 75L/min)
N : 바닥면적이 $200m^2$를 초과하는 경우에는 $200m^2$에 설치된 헤드의 개수

　　㉡ 포헤드설비

$$Q = N \times \alpha\, l/\text{min·개} \times 10\text{min}$$

Q : 포수용액체적(L), N : 포헤드수($N = \dfrac{Am^2}{9m^2/\text{개}}$), α : 표준방사량(L/min)
N : 바닥면적이 $200m^2$를 초과하는 경우에는 $200m^2$에 설치된 헤드의 개수
표준방사량 $\alpha(L/\text{min}) = Am^2 \times \beta l/m^2 \cdot \text{min} \div N$

【 β 소방대상물별 포헤드의 분당 방사량($l/m^2 \cdot$ min) 】

소방대상물	포 소화약제의 종류	바닥면적1m^2당 방사량
차고·주차장 및 항공기격납고	단백포 소화약제	6.5L 이상
	합성계면활성제포 소화약제	8.0L 이상
	수성막포 소화약제	3.7L 이상
특수가연물을 저장·취급하는 소방대상물	단백포 소화약제	6.5L 이상
	합성계면활성제포 소화약제	6.5L 이상
	수성막포 소화약제	6.5L 이상

　　㉢ 고발포용고정포방출구설비
　　　㉮ 전역방출방식

$$Q = N \times \alpha\, l/\text{min·개} \times 10\text{min}$$

Q : 포수용액체적(l), N : 고정포방출구($N = \dfrac{Am^2}{500m^2/\text{개}}$), α : 표준방사량(L/min)
표준방사량 $\alpha(l/\text{min}) = Vm^3 \times \beta l/m^3 \cdot \text{min} \div N$, $V(m^3)$: 관포체적

> **Reference**
>
> ○ 관포체적과 방호면적
> ① 관포체적 : 당해 바닥면으로부터 방호대상물의 높이보다 0.5m 높은 위치까지의 체적
> ② 방호면적 : 방호대상물의 각 부분에서 각각 당해 방호대상물 높이의 3배(1m 미만의 경우에는 1m)의 거리를 수평으로 연장한 선으로 둘러싸인 부분의 면적
>
>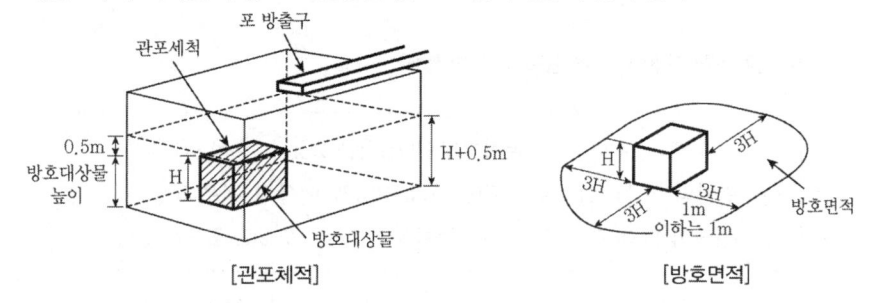
>
> [관포체적]　　　　　[방호면적]

【 β 소방대상물별, 팽창비별 고정포방출구의 분당 방사량($l/m^3 \cdot min$) 】

소방대상물	포의 팽창비	1m³에 대한 포수용액 방출량
항공기격납고	팽창비 80 이상 250 미만	2.00l
	팽창비 250 이상 500 미만	0.50l
	팽창비 500 이상 1,000 미만	0.29l
차고 또는 주차장	팽창비 80 이상 250 미만	1.11l
	팽창비 250 이상 500 미만	0.28l
	팽창비 500 이상 1,000 미만	0.16l
특수가연물을 저장·취급하는 소방대상물	팽창비 80 이상 250 미만	1.25l
	팽창비 250 이상 500 미만	0.31l
	팽창비 500 이상 1,000 미만	0.18l

④ 국소방출방식

$$Q = N \times \alpha\, l/min\cdot 개 \times 10min$$

Q : 포수용액체적(l),　N : 고정포방출구수($N = \dfrac{Am^2}{설계면적/개}$),　α : 표준방사량(L/min)

표준방사량 $\alpha(l/min) = Am^2 \times \beta l/m^2 \cdot min \div N$,　$A(m^2)$: 방호면적

[β : 방호면적 1m²당의 분당 방사량 ($l/m^2 \cdot min$)]

방호대상물	방호면적 1m²에 대한 1분당 방출량
특수가연물	$3l$
기타의 것	$2l$

ⓔ 포소화전설비, 호스릴포소화설비

$$Q = N \times 300 l/min \times 20min = N \times 6,000 l$$

Q : 수원의 양(l), N : 호스 접결구의 수(5개 이상의 경우 5개)
바닥면적이 200m² 미만인 차고주차장의 경우 75%로 할 수 있다.

ⓜ 압축공기포소화설비

$$Q[L] = A[m^2] \times \alpha [L/m^2 \cdot min] \times 10min$$

Q : 수원의 양(L), A : 설치장소의 바닥면적
α : 일반가연물, 탄화수소류=1.63, 특수가연물, 알코올류, 케톤류=2.3

② 위험물제조소, 저장소, 취급소
  ㉠ 포헤드설비

$$Q = N \times \alpha\, \ell/min \cdot 개 \times 10min$$

Q : 포수용액체적(l), N : 포헤드수(N = $\frac{Am^2}{9m^2/개}$), α : 표준방사량(l/min)
표준방사량 $\alpha(l/min) = Am^2 \times \beta l/m^2 \cdot min \div N$

[대상물별 포헤드의 분당 방사량 $\beta l/m^2 \cdot min$]

소방대상물	포소화약제의 종류	바닥면적 1m²당 방사량
위험물제조소 등	단백포소화약제	$6.5l$ 이상
	합성계면활성제 포소화약제	$6.5l$ 이상
	수성막포소화약제	$6.5l$ 이상
제4류 위험물 중 수용성 액체를 저장, 취급하는 소방대상물	알코올형포소화약제	$13l$ 이상

ⓒ 고정포방출구
  ㉮ 4류 위험물 중 수용성이 없는 것

$$Q = A(m^2) \times Q_1(l/m^2 \cdot min) \times T(min) = A(m^2) \times Q_2(l/m^2)$$

Q : 수원의 양(l), A : 탱크의 액표면적(m^2),
Q_1 : 표면적 $1m^2$당의 분당 방사량($l/m^2 \cdot min$)
T : 방출시간(min), Q_2 : 표면적 $1m^2$당의 방사량(l/m^2)

【 고정포방출구의 종류별 방출률 】

포방출구의 종류 / 위험물의 구분	I형 포수용액량(l/m^2)	I형 방출률($l/m^2 \cdot min$)	II형 포수용액량(l/m^2)	II형 방출률($l/m^2 \cdot min$)	특형 포수용액량(l/m^2)	특형 방출률($l/m^2 \cdot min$)	III형 포수용액량(l/m^2)	III형 방출률($l/m^2 \cdot min$)	IV형 포수용액량(l/m^2)	IV형 방출률($l/m^2 \cdot min$)
제4류위험물 중 인화점이 21℃ 미만인 것	120	4	220	4	240	8	220	4	220	4
제4류위험물 중 인화점이 21℃ 이상 70℃ 미만인 것	80	4	120	4	160	8	120	4	120	4
제4류위험물 중 인화점이 70℃ 이상인 것	60	4	100	4	120	8	100	4	100	4

  ㉯ 4류 위험물 중 수용성이 있는 것

$$Q = A(m^2) \times Q_1(l/m^2 \cdot min) \times T(min) \times N = A(m^2) \times Q_2(l/m^2) \times N$$

Q : 수원의 양(l), A : 탱크의 액표면적(m^2),
Q_1 : 표면적 $1m^2$당의 분당 방사량($l/m^2 \cdot min$),
T : 방출시간(min), Q_2 : 표면적 $1m^2$당의 방사량(l/m^2), N : 계수

【 고정포방출구의 종류별 방출률 】

I형 포수용액량(l/m^2)	I형 방출률($l/m^2 \cdot min$)	II형 포수용액량(l/m^2)	II형 방출률($l/m^2 \cdot min$)	특형 포수용액량(l/m^2)	특형 방출률($l/m^2 \cdot min$)	III형 포수용액량(l/m^2)	III형 방출률($l/m^2 \cdot min$)	IV형 포수용액량(l/m^2)	IV형 방출률($l/m^2 \cdot min$)
160	8	240	8	—	—	—	—	240	8

ⓒ 보조포소화전설비

$$Q = N \times 400 l/min \times 20min = N \times 8,000 l$$

　Q : 수원의 양(l), N : 호스 접결구의 수(3개 이상의 경우 3개)

ⓔ 호스릴포설비(이동식 포소화설비)
　㉮ 실내에 설치하는 경우

$$Q = N \times 200 l/min \times 30min$$

　㉯ 실외에 설치하는 경우

$$Q = N \times 400 l/min \times 30min$$

　Q : 수원의 양(l), N : 호스 접결구의 수(4개 이상의 경우 4개)

ⓜ 포모니터노즐

$$Q = N \times 1,900 l/min \times 30min$$

　N : 노즐의 수(최소2개)

③ 대상물별 수용액량의 산정
　㉠ 특수가연물을 저장·취급하는 공장 또는 창고 : 하나의 공장 또는 창고에 포워터스프링클러설비·포헤드설비 또는 고정포방출설비가 함께 설치된 때에는 각 설비별로 산출된 저수량 중 최대의 것을 수원의 양으로 한다.
　㉡ 차고 또는 주차장 : 하나의 차고 또는 주차장에 호스릴 포소화설비·포소화전설비·포워터스프링클러설비·포헤드설비 또는 고정포방출설비가 함께 설치된 때에는 각 설비별로 산출된 저수량 중 최대의 것을 수원의 양으로 한다.
　㉢ 항공기 격납고 : 포워터스프링클러설비, 포헤드설비, 고정포방출설비에서 각각 산출량 중 최대의 양으로 하되 호스릴포설비가 설치된 경우에는 이를 합한 양 이상으로 한다.
　㉣ 위험물 제조소 등 : 포워터스프링클러설비, 포헤드설비, 고정포방출설비에서 각각 산출량 중 최대의 양+송액관의 배관 내용적
　㉤ 옥외탱크저장소 : 고정포방출구에서 필요한 양+보조 소화전에서 필요한 양+송액관의 배관 내용적(모든 배관)

② 가압송수장치 설치기준
　① 전동기 또는 내연기관에 의한 펌프이용방식
　　㉠ 소화약제가 변질될 우려가 없는 곳에 설치할 것
　　㉡ 펌프의 토출량은 포헤드·고정포방출구 또는 이동식 포노즐의 설계압력 또는 노즐의 방사압력의 허용범위 안에서 포수용액을 방출 또는 방사할 수 있는 양 이상이 되도록 할 것
　　㉢ 펌프의 양정 산출식

$$H = h_1 + h_2 + h_3 + h_4$$

　　　　h_1 : 배관의 마찰손실수두(m), h_2 : 소방용 호스의 마찰손실수두(m), h_3 : 낙차(m)
　　　　h_4 : 방출구의 설계압력 환산수두 또는 노즐 선단의 방사압력 환산수두(m)

　　㉣ 그 밖의 사항은 옥내소화전과 동일
　② 고가수조의 자연낙차를 이용한 방식
　　㉠ 고가수조의 자연낙차수두 산출식

$$H = h_1 + h_2 + h_3$$

　　　　H : 필요한 낙차(m), h_1 : 배관의 마찰손실수두(m),
　　　　h_2 : 소방용 호스의 마찰손실수두(m),
　　　　h_3 : 방출구의 설계압력 환산수두 또는 노즐 선단의 방사압력 환산수두(m)

　　㉡ 고가수조에는 수위계·배수관·급수관·오버플로우관 및 맨홀을 설치할 것
　③ 압력수조를 이용한 방식
　　㉠ 압력수조의 필요압력 산출식

$$P = P_1 + P_2 + P_3 - P_4$$

　　　　P : 필요한 압력(MPa), P_1 : 방출구의 설계압력 또는 노즐선단의 방사압력(MPa),
　　　　P_2 : 배관의 마찰손실수두압(MPa), P_3 : 낙차의 환산수두압(MPa)
　　　　P_4 : 소방용 호스의 마찰손실수두압(MPa)

　④ 압축공기포소화설비에 설치되는 펌프의 양정은 0.4MPa 이상이 되어야 한다. 다만, 자동으로 급수장치를 설치한 때에는 전용펌프를 설치하지 아니할 수 있다.

③ 배관등 설치기준
　① 송액관은 포의 방출 종료 후 배관 안의 액을 배출하기 위하여 적당한 기울기를 유지하도록 하고 그 낮은 부분에 배액밸브를 설치하여야 한다.

② 포워터스프링클러설비 또는 포헤드설비의 가지배관의 배열은 토너먼트방식이 아니어야 하며, 교차배관에서 분기하는 지점을 기점으로 한쪽 가지배관에 설치하는 헤드의 수는 8개 이하로 한다.
③ 그 밖의 사항은 스프링클러설비와 동일
④ 압축공기포소화설비를 스프링클러보조설비로 설치하거나 압축공기포소화설비에 자동으로 급수되는 장치를 설치한 때에는 송수구 설치를 아니할 수 있다.
⑤ 압축공기포소화설비의 배관은 토너먼트방식으로 하여야 하고 소화약제가 균일하게 방출되는 등거리 배관구조로 설치하여야 한다.

4 저장탱크 설치기준
포 소화약제의 저장탱크(용기를 포함한다. 이하 같다)는 다음 각 기준에 따라 설치하고 혼합장치와 배관 등으로 연결하여 두어야 한다.
① 화재 등의 재해로 인한 피해를 받을 우려가 없는 장소에 설치할 것
② 기온의 변동으로 포의 발생에 장애를 주지 아니하는 장소에 설치할 것. 다만, 기온의 변동에 영향을 받지 아니하는 포 소화약제의 경우에는 그러하지 아니하다.
③ 포 소화약제가 변질될 우려가 없고 점검에 편리한 장소에 설치할 것
④ 가압송수장치 또는 포 소화약제 혼합장치의 기동에 따라 압력이 가해지는 것 또는 상시 가압된 상태로 사용되는 것은 압력계를 설치할 것
⑤ 포 소화약제 저장량의 확인이 쉽도록 액면계 또는 계량봉 등을 설치할 것
⑥ 가압식이 아닌 저장탱크는 그라스게이지를 설치하여 액량을 측정할 수 있는 구조로 할 것

5 개방밸브 설치기준
① 자동개방밸브는 화재감지장치의 작동에 따라 자동으로 개방되는 것으로 할 것
② 수동식 개방밸브는 화재시 쉽게 접근할 수 있는 곳에 설치할 것

6 기동장치 설치기준
① **수동식 기동장치의 설치기준**
  ㉠ 직접조작 또는 원격조작에 따라 가압송수장치·수동식 개방밸브 및 소화약제 혼합장치를 기동할 수 있는 것으로 할 것
  ㉡ 2 이상의 방사구역을 가진 포소화설비에는 방사구역을 선택할 수 있는 구조로 할 것
  ㉢ 기동장치의 조작부는 화재시 쉽게 접근할 수 있는 곳에 설치하되, 바닥으로부터 0.8m 이상 1.5m 이하의 위치에 설치하고 유효한 보호장치를 설치할 것
  ㉣ 기동장치의 조작부 및 호스 접결구에는 가까운 곳의 보기 쉬운 곳에 각각 "기동장

치의 조작부" 및 "접결구"라고 표시한 표지를 설치할 것
ⓜ 차고 또는 주차장에 설치하는 포소화설비의 수동식 기동장치는 방사구역마다 1개 이상 설치할 것
ⓑ 항공기 격납고에 설치하는 포소화설비의 수동식 기동장치는 각 방사구역마다 2개 이상을 설치하되, 그 중 1개는 각 방사구역으로부터 가장 가까운 곳 또는 조작에 편리한 장소에 설치하고, 1개는 화재감지수신기를 설치한 감시실 등에 설치할 것

② 자동식 기동장치의 설치기준
자동화재탐지설비의 감지기의 작동 또는 폐쇄형 스프링클러헤드의 개방과 연동하여 가압송수장치, 일제개방밸브 및 포소화약제 혼합장치를 기동시킬 수 있도록 다음의 기준에 따라 설치하여야 한다.
㉠ 폐쇄형 스프링클러헤드를 사용하는 경우에는 다음에 따를 것
  ㉮ 표시온도가 79℃ 미만인 것을 사용하고, 1개의 스프링클러헤드의 경계면적은 20m² 이하로 할 것
  ㉯ 부착면의 높이는 바닥으로부터 5m 이하로 하고, 화재를 유효하게 감지할 수 있도록 할 것
  ㉰ 하나의 감지장치 경계구역은 하나의 층이 되도록 할 것
㉡ 화재감지기를 사용하는 경우에는 다음에 따를 것
  ㉮ 화재감지기는 자동화재탐지설비의 화재안전기준 제7조의 기준에 따라 설치할 것
  ㉯ 화재감지기 회로에는 다음 기준에 따른 발신기를 설치할 것
    ⓐ 조작이 쉬운 장소에 설치하고, 스위치는 바닥으로부터 0.8m 이상 1.5m 이하의 높이에 설치할 것
    ⓑ 소방대상물의 층마다 설치하되, 당해 소방대상물의 각 부분으로부터 수평거리가 25m 이하가 되도록 할 것. 다만, 복도 또는 별도로 구획된 실로서 보행거리가 40m 이상일 경우에는 추가로 설치하여야 한다.
    ⓒ 발신기의 위치를 표시하는 표시등은 함의 상부에 설치하되, 그 불빛은 부착면으로부터 15° 이상의 범위 안에서 부착지점으로부터 10m 이내의 어느 곳에서도 쉽게 식별할 수 있는 적색등으로 할 것
㉢ 동결 우려가 있는 장소의 포소화설비의 자동식 기동장치는 자동화재탐지설비와 연동으로 할 것

③ 기동장치에 설치하는 자동경보장치의 설치기준
㉠ 방사구역마다 일제개방밸브와 그 일제개방밸브의 작동 여부를 발신하는 발신부를 설치할 것. 이 경우 각 일제개방밸브에 설치되는 발신부 대신 1개층에 1개의 유수검지장치를 설치할 수 있다.

ⓒ 상시 사람이 근무하고 있는 장소에 수신기를 설치하되, 수신기에는 폐쇄형 스프링 클러헤드의 개방 또는 감지기의 작동 여부를 알 수 있는 표시장치를 설치할 것
　　ⓓ 하나의 소방대상물에 2 이상의 수신기를 설치하는 경우에는 수신기가 설치된 장소 상호간에 동시 통화가 가능한 설비를 할 것

7 포헤드 및 고정포방출구 설치기준
　① 포헤드의 설치기준
　　㉠ 포워터스프링클러헤드는 소방대상물의 천장 또는 반자에 설치하되, 바닥면적 8m²마다 1개 이상으로 하여 당해 방호대상물의 화재를 유효하게 소화할 수 있도록 할 것
　　㉡ 포헤드는 소방대상물의 천장 또는 반자에 설치하되, 바닥면적 9m²마다 1개 이상으로 하여 당해 방호대상물의 화재를 유효하게 소화할 수 있도록 할 것
　　㉢ 소방대상물의 보가 있는 부분의 포헤드는 다음 표의 기준에 따라 설치할 것

포헤드와 보의 하단의 수직거리	포헤드와 보의 수평거리
0	0.75m 미만
0.1m 미만	0.75m 이상 1m 미만
0.1m 이상 0.15m 미만	1m 이상 1.5m 미만
0.15m 이상 0.3m 미만	1.5m 이상

　　㉣ 포헤드 상호 간에는 다음의 기준에 따른 거리 이하가 되도록 할 것
　　　㉮ 정방형으로 배치한 경우

$$S = 2r \times \cos 45°$$

　　　S : 포헤드 상호 간의 거리(m), r : 유효반경(2.1m)

　　　㉯ 장방형으로 배치한 경우

$$pt = 2r$$

　　　pt : 대각선의 길이(m), r : 유효반경(2.1m)

> **헤드의 개수 산정식**
> ① 면적에 따른 개수 산정
> 　㉠ 포워터스프링클러헤드의 설치개수
> 　　$N = \dfrac{바닥면적(m^2)}{8m^2}$

ⓒ 포헤드의 설치개수

$$N = \frac{\text{바닥면적}(m^2)}{9m^2}$$

② 수평거리에 따른 개수 산정
　유효반경(r)을 이용하여 헤드 간의 수평거리를 이용하여 얻은 헤드의 수
③ 헤드의 표준방사량에 따른 개수 산정

$$N = \frac{\text{방호구역의 분당방사량}(l/min)}{\text{헤드의 분당방사량}(l/min \cdot \text{개})}$$

※ 위의 ①, ②, ③에 의한 헤드 수 중 많은 개수의 헤드를 설치한다.

　ⓐ 포헤드와 벽 방호구역의 경계선과는 ⓓ의 규정에 따른 거리의 2분의 1 이하의 거리를 둘 것

② 차고, 주차장에 설치하는 호스릴포소화설비 또는 포소화전설비 설치기준
　㉠ 소방대상물의 어느 층에 있어서도 그 층에 설치된 호스릴포방수구 또는 포소화전방수구(호스릴포방수구 또는 포소화전방수구가 5개 이상 설치된 경우에는 5개)를 동시에 사용할 경우 각 이동식 포노즐 선단의 포수용액 방사압력이 0.35MPa 이상이고 300l/min 이상(1개층의 바닥면적이 200m^2 이하인 경우에는 230l/min 이상)의 포수용액을 수평거리 15m 이상으로 방사할 수 있도록 할 것
　㉡ 저발포의 포소화약제를 사용할 수 있는 것으로 할 것
　㉢ 호스릴 또는 호스를 호스릴 포방수구 또는 포소화전방수구로 분리하여 비치하는 때에는 그로부터 3m 이내의 거리에 호스릴함 또는 호스함을 설치할 것
　㉣ 호스릴함 또는 호스함은 바닥으로부터 높이 1.5m 이하의 위치에 설치하고 그 표면에는 "포호스릴함(또는 포소화전함)"이라고 표시한 표지와 적색의 위치표시등을 설치할 것
　㉤ 방호대상물의 각 부분으로부터 하나의 호스릴 포방수구까지의 수평거리는 15m 이하(포소화전 방수구의 경우에는 25m 이하)가 되도록 하고 호스릴 또는 호스의 길이는 방호대상물의 각 부분에 포가 유효하게 뿌려질 수 있도록 할 것

③ **고발포용 고정포 방출구 설치기준**
　㉠ 전역방출방식의 고발포용 고정포방출구는 다음에 따를 것
　　㉮ 개구부에 자동폐쇄장치(60분+ 또는 60분 방화문 또는 30분 방화문 또는 불연재료로 된 문으로 포수용액이 방출되기 직전에 개구부가 자동적으로 폐쇄될 수 있는 장치를 말한다.)를 설치할 것. 다만, 당해 방호구역에서 외부로 새는 양 이상의 포수용액을 유효하게 추가하여 방출하는 설비가 있는 경우에는 그

러하지 아니하다.
㉯ 고정포방출구(포발생기가 분리되어 있는 것에 있어서는 당해 포발생기를 포함한다.)는 소방대상물 및 포의 팽창비에 따른 종별에 따라 당해 방호구역의 관포체적(당해 바닥면으로부터 방호대상물의 높이보다 0.5m 높은 위치까지의 체적을 말한다.) 1m³에 대하여 1분당 방출량이 다음 표에 따른 양 이상이 되도록 할 것

소방대상물	포의 팽창비	1m³에 대한 포수용액 방출량
항공기격납고	팽창비 80 이상 250 미만	2.00l
	팽창비 250 이상 500 미만	0.50l
	팽창비 500 이상 1,000 미만	0.29l
차고 또는 주차장	팽창비 80 이상 250 미만	1.11l
	팽창비 250 이상 500 미만	0.28l
	팽창비 500 이상 1,000 미만	0.16l
특수가연물을 저장·취급하는 소방대상물	팽창비 80 이상 250 미만	1.25l
	팽창비 250 이상 500 미만	0.31l
	팽창비 500 이상 1,000 미만	0.18l

㉰ 고정포방출구는 바닥면적 500m²마다 1개 이상으로 하여 방호대상물의 화재를 유효하게 소화할 수 있도록 할 것
㉱ 고정포방출구는 방호대상물의 최고부분보다 높은 위치에 설치할 것. 다만, 밀어 올리는 능력을 가진 것에 있어서는 방호대상물과 같은 높이로 할 수 있다.
ⓒ 국소방출방식의 고발포용 고정포방출구는 다음에 따를 것
㉮ 방호대상물이 서로 인접하여 불이 쉽게 붙을 우려가 있는 경우에는 불이 옮겨 붙을 우려가 있는 범위 내의 방호대상물을 하나의 방호대상물로 하여 설치할 것
㉯ 고정포방출구(포발생기가 분리되어 있는 것에 있어서는 당해 포발생기를 포함한다.)는 방호 대상물의 구분에 따라 당해 방호대상물의 높이의 3배(1m 미만의 경우에는 1m)의 거리를 수평으로 연장한 선으로 둘러싸인 부분의 면적 1m²에 대하여 1분당 방출량이 다음 표에 따른 양 이상이 되도록 할 것

방호대상물	방호면적 1m²에 대한 1분당 방출량
특수가연물	3l
기타의 것	2l

④ 이동식 포소화설비의 설치기준[위험물제조소등]
노즐을 동시에 사용할 경우(호스접속구가 4개 이상인 경우는 4개) 각 노즐선단의 방사압력이 0.35MPa 이상이고, 방사량은 옥내에 설치하는 것은 200l/min 이상, 옥외에 설치하는 것은 400l/min 이상으로 30분간 방사할 수 있는 양

⑤ 위험물옥외탱크저장소에 설치하는 보조포소화전 설치기준[위험물제조소등]
㉠ 방유제 외측의 소화활동상 유효한 위치에 설치하되 각각의 보조포소화전 상호간의 보행거리가 75m 이하가 되도록 설치할 것
㉡ 보조포소화전은 3개(호스접속구가 3개 미만인 경우에는 그 개수)의 노즐을 동시에 사용할 경우에 각각의 노즐선단의 방사압력이 0.35MPa 이상이고 방사량이 400l/min 이상의 성능이 되도록 설치할 것

⑥ 포모니터노즐의 설치기준[위험물제조소등]
㉠ 옥외저장탱크 또는 이송취급소의 펌프설비 등이 안벽, 부두, 해상구조물, 그 밖의 이와 유사한 장소에 설치되어 있는 경우는 당해 장소의 끝선(해면과 접하는 선)으로부터 수평거리 15m 이내의 해면 및 주입구 등 위험물취급설비의 모든 부분이 수평방사거리 내에 있도록 설치할 것. 이 경우에 그 설치개수가 1개인 경우에는 2개로 할 것
㉡ 모든 노즐을 동시에 사용할 경우에 각 노즐선단의 방사량이 1,900l/min 이상이고, 수평방사거리가 30m 이상이 되도록 설치할 것

⑦ 압축공기포소화설비의 분사헤드 설치기준
압축공기포소화설비의 분사헤드는 천장 또는 반자에 설치하되 방호대상물에 따라 측벽에 설치할 수 있으며 유류탱크 주위에는 바닥면적 13.9m^2마다 1개 이상, 특수가연물저장소에는 바닥면적 9.3m^2마다 1개 이상으로 당해 방호대상물의 화재를 유효하게 소화할 수 있도록 할 것

방호대상물	방호면적 1m^2에 대한 1분당 방출량
특수가연물	2.3L
기타의 것	1.63L

⑧ 전원 설치기준
포소화설비에는 자가발전설비, 전기저장장치 또는 축전지설비에 따른 비상전원을 설치하되, 다음에 해당하는 경우에는 비상전원수전설비로 설치할 수 있다. 다만, 2 이상의 변전소로부터 동시에 전력을 공급받을 수 있거나 하나의 변전소로 부터 전력의 공급이 중단되는 때에는 자동으로 다른 변전소로부터 전력을 공급받을 수 있도록 상용전원을 설치한 경우와 가압수조방식에는 비상전원을 설치하지 아니할 수 있다.

① 호스릴 포소화설비 또는 포소화전만을 설치한 차고·주차장
② 포헤드설비 또는 고정포방출설비가 설치된 부분의 바닥면적의 합계가 1,000m² 미만인 것

(4) 실무관련

1 팽창비율에 따른 포방출구의 종류

팽창비율에 따른 포의 종류	포방출구의 종류
팽창비가 20 이하인 것(저발포)	포헤드, 포워터스프링클러헤드
팽창비가 80 이상 1,000 미만인 것(고발포)	고발포용 고정포방출구

구 분	팽창비
제1종 기계포	80 이상 250 미만
제2종 기계포	250 이상 500 미만
제3종 기계포	500 이상 1,000 미만

팽창비

$$팽창비 = \frac{방출\ 후\ 포의\ 체적}{방출\ 전\ 포수용액의\ 체적}$$

2 혼합방식의 종류

① 펌프 푸로포셔너방식(Pump Proportioner Type)

펌프의 토출관과 흡입관 사이의 배관 도중에서 분기된 바이패스배관 상에 설치된 흡입기에 펌프에서 토출된 물의 일부를 보내고 농도조절밸브에서 조정된 포소화약제의 필요량을 포소화약제 탱크에서 펌프 흡입측으로 보내어 이를 혼합하는 방식

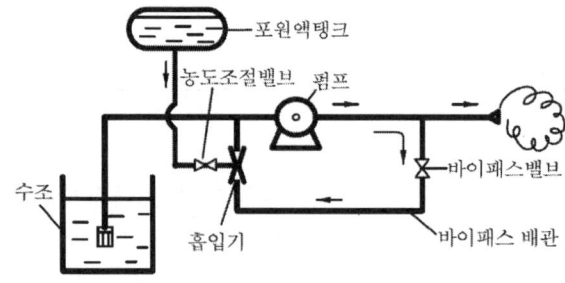

【 펌프 푸로포셔너방식 】

② 라인 푸로포셔너방식(Line Proportioner Type)
펌프와 발포기 중간에 설치된 벤튜리관의 벤튜리작용에 의하여 포소화약제를 흡입, 혼합하는 방식

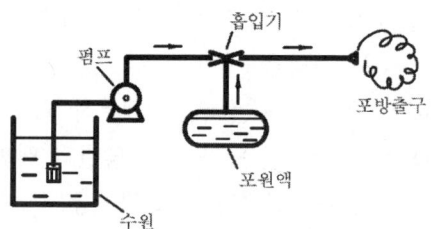

【 라인 푸로포셔너방식 】

③ 프레져 푸로포셔너방식(Pressure Proportioner Type)
펌프와 발포기의 중간에 설치된 벤튜리관의 벤튜리작용과 펌프가압수의 포소화약제 저장탱크에 대한 압력에 의하여 포소화약제를 흡입·혼합하는 방식

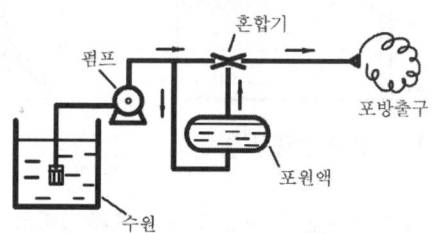

【 프레져 푸로포셔너방식 】

④ 프레져 사이드 푸로포셔너방식(Pressure Side Proportioner Type)
펌프의 토출관에 압입기를 설치하여 포소화약제 압입용 펌프로 포소화약제를 압입시켜 혼합하는 방식

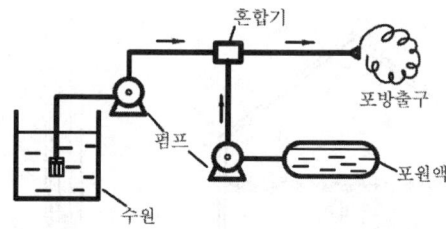

【 프레져 사이드 푸로포셔너방식 】

⑤ 압축공기포믹싱챔버방식 : 압축공기 또는 압축질소를 일정비율로 포수용액에 강제주입 혼합하는 방식을 말한다.

3 고정포방출구의 종류
① Ⅰ형 방출구 : 고정 지붕구조의 탱크에 상부포주입법을 이용하는 것으로서 방출된 포가 액면 아래로 몰입되거나 액면을 뒤섞지 않고 액면상을 덮을 수 있는 통계단 또는 미끄럼판 등의 설비 및 탱크 내의 위험물증기가 외부로 역류되는 것을 저지할 수 있는 구조·기구를 갖는 포방출구
② Ⅱ형 방출구 : 고정지부구조 또는 부상덮개부착 고정지붕구조의 탱크에 상부포주입법을 이용하는 것으로서 방출된 포가 탱크 옆판의 내면을 따라 흘러내려 가면서 액면 아래로 몰입되거나 액면을 뒤섞지 않고 액면상을 덮을 수 있는 반사판 및 탱크 내의 위험물증기가 외부로 역류되는 것을 저지할 수 있는 구조·기구를 갖는 포방출구

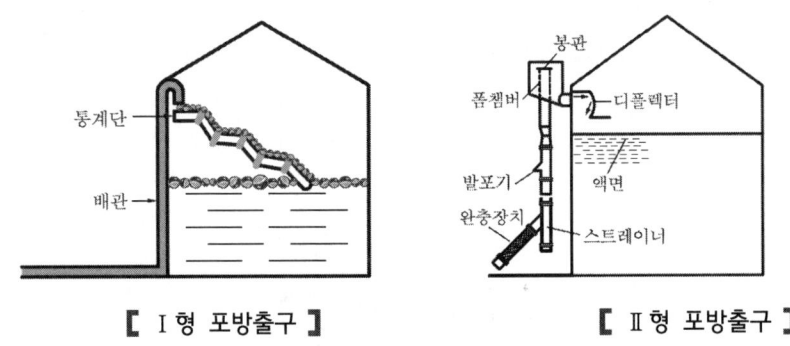

【 Ⅰ형 포방출구 】   【 Ⅱ형 포방출구 】

③ Ⅲ형 방출구 : 고정지붕구조의 탱크에 저부포주입법을 이용하는 것으로서 송포관으로부터 포를 방출하는 포방출구
④ Ⅳ형 방출구 : 고정지붕구조의 탱크에 저부포주입법을 이용하는 것으로서 평상시에는 탱크의 액면하의 저부에 설치된 격납통에 수납되어 있는 특수호스 등이 송포관의 말단에 접속되어 있다가 포를 보내는 것에 의하여 특수호스 등이 전개되어 그 선단이 액면까지 도달한 후 포를 방출하는 포방출구

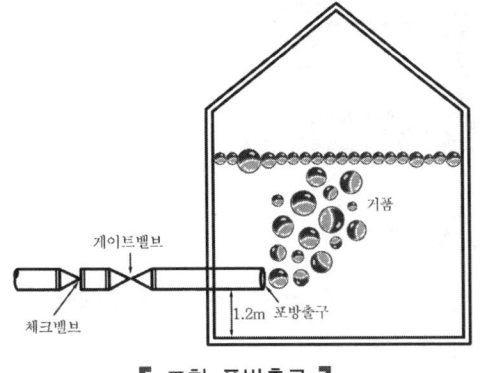 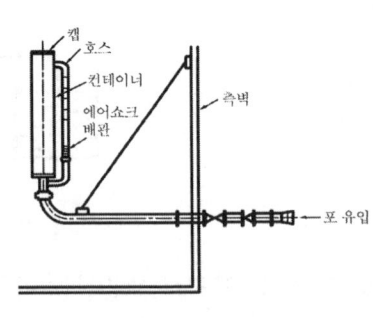

【 Ⅲ형 포방출구 】   【 Ⅳ형 포방출구 】

⑤ **특형 방출구** : 부상지붕구조의 탱크에 상부포주입법을 이용하는 것으로서 부상지붕의 부상부분상에 높이 0.9m 이상의 금속제의 칸막이를 탱크 옆판의 내측으로부터 1.2m 이상 이격하여 설치하고 탱크 옆판과 칸막이에 의하여 형성된 환상부분에 포를 주입하는 것이 가능한 구조의 반사판을 갖는 포방출구

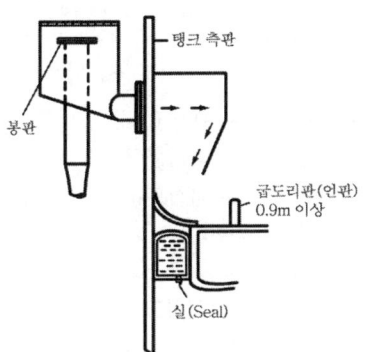

【 특형 포방출구 】

【 포방출구의 설치개수 】

탱크의 구조 및 포방출구의 종류 탱크직경	포방출구의 개수		부상덮개부착 고정지붕구조	부상지붕구조
	고정지붕구조			
	I형 또는 II형	III형 또는 IV형	II형	특형
13m 미만	2	1	2	2
13m 이상 19m 미만			3	3
19m 이상 24m 미만			4	4
24m 이상 35m 미만		2	5	5
35m 이상 42m 미만	3	3	6	6
42m 이상 46m 미만	4	4	7	7
46m 이상 53m 미만	6	6	8	8
53m 이상 60m 미만	8	8	10	10
60m 이상 67m 미만	왼쪽란에 해당하는 직경의 탱크에는 I형 또는 II형의 포방출구를 8개 설치하는 것 외에, 오른쪽란에 표시한 직경에 따른 포방출구의 수에서 8을 뺀 수의 III형 또는 IV형의 포방출구를 폭 30m의 환상부분을 제외한 중심부의 액표면에 방출할 수 있도록 추가로 설치할 것	10		10
67m 이상 73m 미만		12		12
73m 이상 79m 미만		14		
79m 이상 85m 미만		16		14
85m 이상 90m 미만		18		
90m 이상 95m 미만		20		16
95m 이상 99m 미만		22		
99m 이상		24		18

(5) 계산문제

지하 2층, 지상 5층의 차고, 주차장에 포소화설비를 설치하려고 한다. 다음 조건을 참고하여 다음 물음에 답하시오.

[조건]
1. 바닥의 구조는 가로 15m, 세로 10m 이다.
2. 포헤드를 사용하며, 정방형으로 배치한다.
3. 포소화설비는 자동기동방식으로 폐쇄형헤드의 개방과 연동되는 방식이다.
4. 포약제는 3%형 단백포를 사용한다.
5. 층 마다 포소화전이 2개씩 설치되어 있다.
6. 포헤드의 표준방사량은 70l/min이라고 한다.

1) 포헤드의 층당 최소 설치갯수는 몇 개인가?
2) 감지용헤드의 층당 설치갯수는 몇 개인가?
3) 감지장치의 총 경계구역 수는 몇 개인가?
4) 감지용헤드의 표시온도와 설치높이는 각각 얼마인가?
5) 포약제의 최소저장량은 몇 l인가?
6) 수원의 최소저장량은 몇 l인가?
7) 가압송수장치의 최소 토출량(l/min)은 얼마인가?

풀이 1) 다음의 헤드수 중 최대량 산정

① 포헤드 1개의 방호면적 9m²이므로 $\dfrac{15m \times 10m}{9m^2/개} = 16.66$ ∴ 17개

② 가로열 설치수 = $\dfrac{가로열길이}{헤드간격} = \dfrac{15m}{2 \times 2.1m \times \cos 45°} = 5.05$ 따라서 6개

세로열 설치수 = $\dfrac{세로열길이}{헤드간격} = \dfrac{10m}{2 \times 2.1m \times \cos 45°} = 3.37$ 따라서 4개

따라서 6×4 = 24개   **답** 층당 24개 설치

2) $\dfrac{15m \times 10m}{20m^2/1개} = 7.5$ 따라서 8개

3) 하나의 감지장치 경계구역은 하나의 층이 되도록 하여야 하므로 감지장치 경계구역수 = 7

4) 표시온도 : 79℃ 미만인 것, 설치높이 : 바닥으로부터 5m 이하

5) 포약제 저장량 = 포헤드 약제량 or 포소화전약제량 중 최대량 저장(차고/주차장)
  포헤드 : $Q(l) = N \times 70l/\min \times 10\min \times S = 24 \times 70l/\min \times 10\min \times 0.03 = 504l$
  포소화전 : $Q(l) = N \times 6000l \times 0.75 \times 0.03 = 2 \times 6000l \times 0.75 \times 0.03 = 270l$
  따라서 최대량인 504l 저장

6) $Q(l) = 24 \times 70l/\min \times 10\min \times 0.97 = 16,296l$

7) $Q(l/\min) = 24 \times 70l/\min = 1,680l/\min$

9 ▶▶ 이산화탄소소화설비

(1) 계통도 및 작동순서

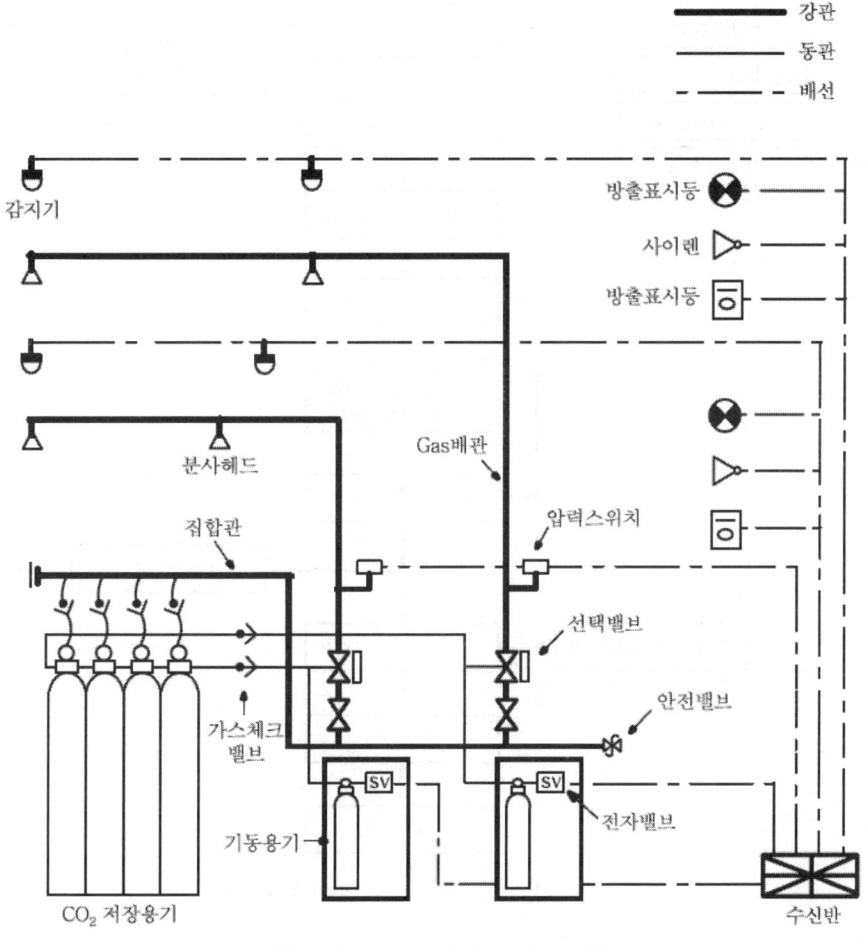

【 이산화탄소소화설비 계통도 】

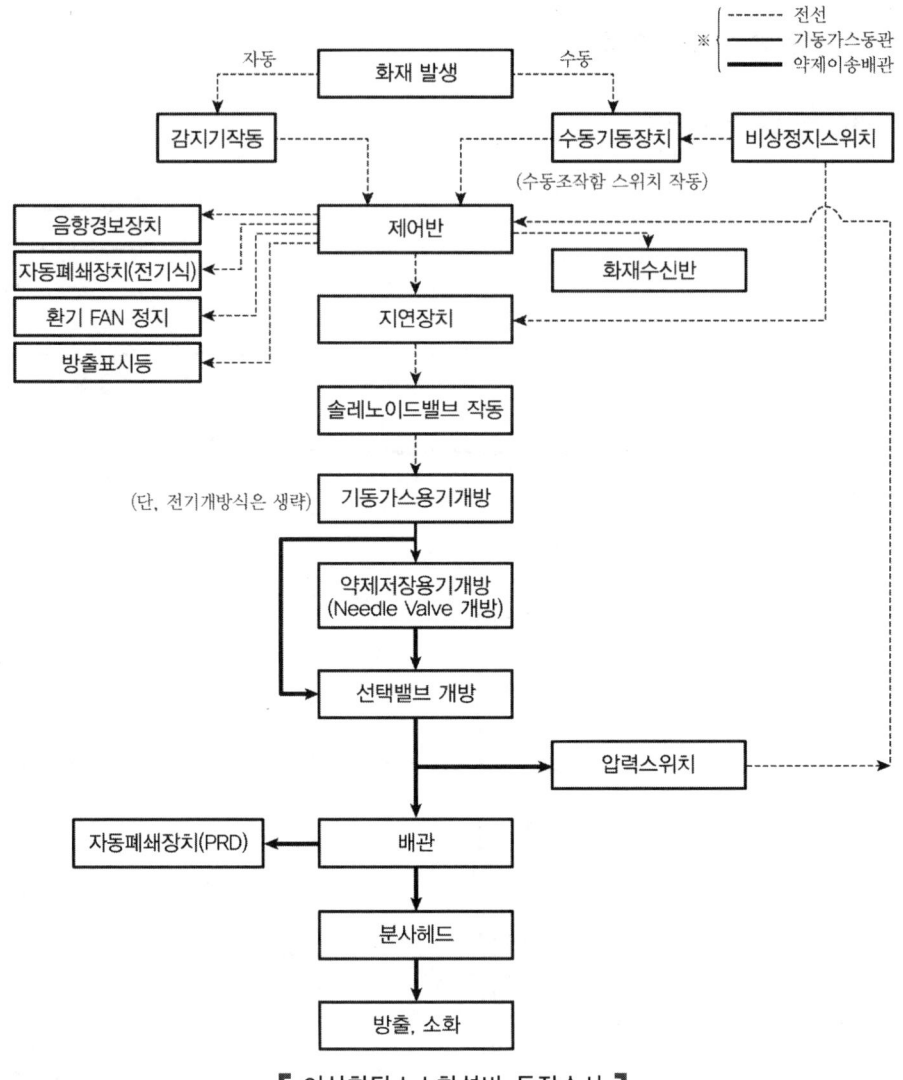

【 이산화탄소소화설비 동작순서 】

(2) 이산화탄소소화설비의 분류

① 저장방식에 따른 분류
  ① 고압식 : CO_2 저장용기에 액화탄산가스를 저장하고 2.1MPa 이상의 압력으로 방사하는 방식

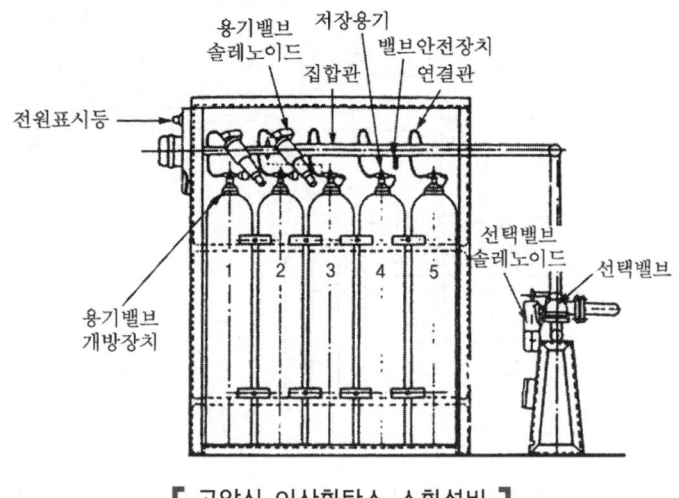

【 고압식 이산화탄소 소화설비 】

  ② 저압식 : CO_2 저장용기에 액화탄산가스를 -18℃ 이하에서 2.1MPa의 압력으로 유지하고, 1.05MPa 이상의 압력으로 방사하는 방식

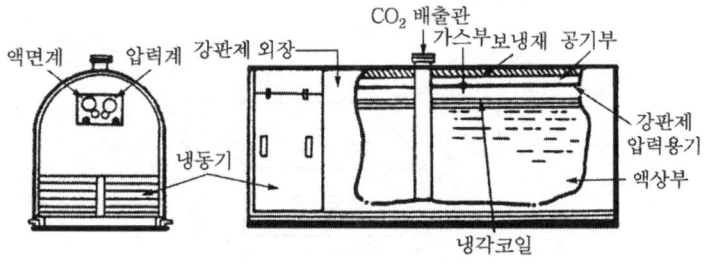

【 저압식 이산화탄소 소화설비 】

② 방출방식에 따른 분류
  ① 전역방출방식 : 방호구역의 개구부가 작고 약제 방출전 밀폐 가능한 곳으로 가연물이 화재실 전체에 균일하게 분포되어 있을 때 방호구역 전역에 균일하고 신속하게 소화약제를 방사하여 산소의 농도를 낮추어 소화하는 방식

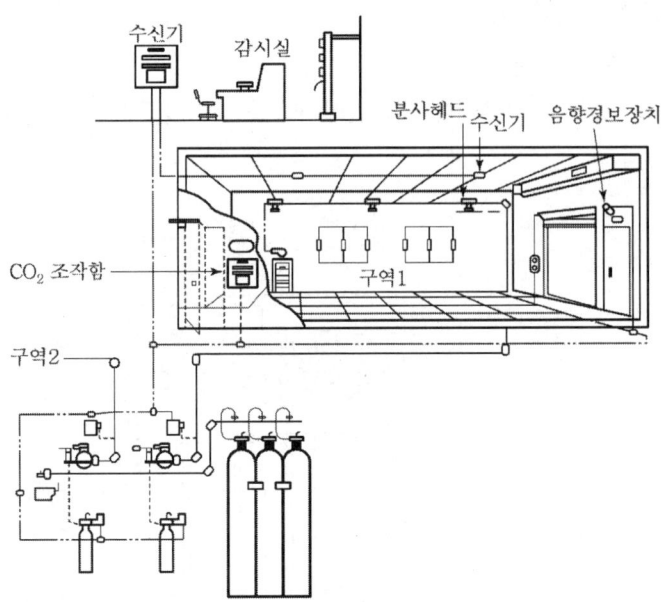

② **국소방출방식** : 방호구역의 개구부가 넓어 밀폐가 불가능하거나 넓은 방호구역 중 어느 일부분에만 가연물이 있을 때 가연물을 중심으로 일정공간에 분사헤드를 설치하여 집중적으로 약제를 방사하는 방식

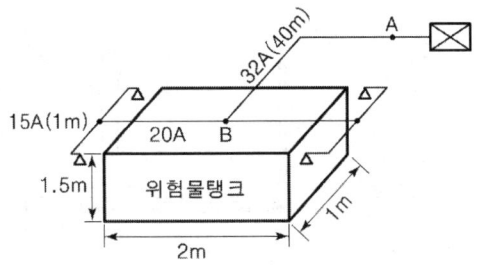

③ **호스릴방출방식** : 전역방출방식, 국소방출방식은 분사헤드가 고정설치되어 있는 반면 호스릴방출방식은 호스를 끌고 화점가까이 접근하여 수동밸브를 개방하여 약제를 방사하는 방식

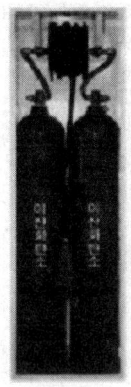

호스릴 이산화탄소설비의 설치 가능장소(할론, 분말설비 동일)(차고, 주차장 제외)
화재시 현저하게 연기가 찰 우려가 없는 장소로서 ① 지상 1층 및 피난층 중 지상에서 수동 또는 원격조작에 따라 개방할 수 있는 개구부의 유효면적의 합계가 바닥면적의 15% 이상이 되는 부분 ② 전기설비가 설치되어 있는 부분 또는 다량의 화기를 사용하는 부분(당해 설비의 주위 5m 이내의 부분을 포함한다)의 바닥면적이 당해 설비가 설치되어 있는 구획 바닥면적의 5분의 1 미만이 되는 부분

③ 기동(개방)방식에 따른 분류
 ① **가스압력식** : 화재감지기의 동작 또는 수동조작스위치의 조작에 의해 기동용기의 전자밸브가 개방되며 기동용기의 압력에 의해 선택밸브 및 CO_2 저장용기의 밸브가 개방되는 방식
 ② **전기식** : 화재감지기의 작동 또는 수동조작스위치의 동작에 의해 CO_2 저장용기 및 선택밸브에 설치된 전자밸브가 개방되는 방식
 ③ **기계식** : 밸브 내의 압력차에 의해 개방되는 방식

(3) 설치기준

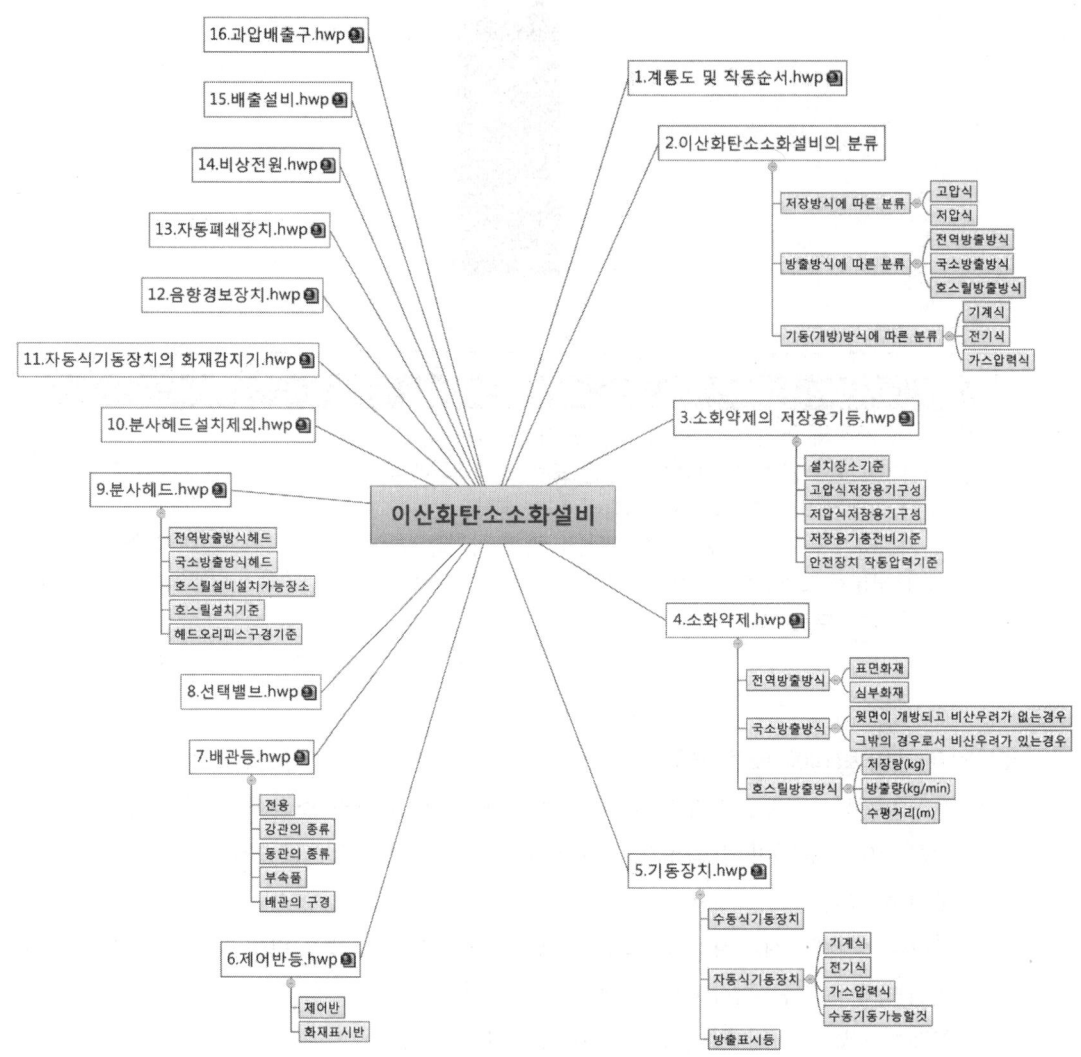

① 이산화탄소소화설비의 저장용기 설치장소의 기준을 설명하시오.
② 저장용기 충전비 설치기준을 답하시오.
③ 저압식저장용기의 부속장치의 종류를 나열하시오.
④ 이산화탄소소화설비에 설치되는 안전장치의 작동압력에 대해 설명하시오.
⑤ 이산화탄소소화설비의 수동식 기동장치의 설치기준을 설명하시오.

⑥ 이산화탄소소화설비의 자동식 기동장치 중 전기식기동장치와 가스압력식 기동장치의 설치기준을 설명하시오.
⑦ 제어반의 기능을 설명하시오.
⑧ 사용되는 강관의 종류를 설명하시오.
⑨ 사용되는 동관의 종류를 설명하시오.
⑩ 설치되는 부품, 부속류의 내압시험압력 기준을 설명하시오.
⑪ 분사헤드의 오리피스 설치기준을 기술하시오.
⑫ 호스릴 이산화탄소설비의 설치 수평거리 기준과 방사량을 답하시오.
⑬ 분사헤드 설치제외장소를 쓰시오.
⑭ 전역방출방식의 자동폐쇄장치 설치기준을 설명하시오.

(4) 이산화탄소 소화설비의 약제량

① 전역방출방식

$$W = (V \times \alpha) + (A \times \beta)$$

W : 이산화탄소의 약제량(kg), V : 방호구역의 체적(m^3), α : 체적계수(kg/m^3)
A : 자동폐쇄장치가 없는 개구부의 면적(m^2), β : 면적계수(kg/m^2)

㉠ 표면화재인 때(가연성액체 또는 가연성가스 등)

㉮ 방호구역의 체적 $1m^3$에 대한 기본약제량

방호구역의 체적	방호구역의 체적 $1m^3$에 대한 소화약제의 양	소화약제 저장량의 최저한도
$45m^3$ 미만	1.00kg	45kg
$45m^3$ 이상 $150m^3$ 미만	0.90kg	45kg
$150m^3$ 이상 $1,450m^3$ 미만	0.80kg	135kg
$1,450m^3$ 이상	0.75kg	1,125kg

※ 불연재료나 내열성의 재료로 밀폐된 구조물이 있는 경우에는 그 체적을 제외한다.
※ 산출된 양이 최저한도의 양 미만인 경우에는 그 최저한도의 양으로 한다.

㉯ 설계농도가 34% 이상인 방호대상물의 소화약제량은 상기 ㉮의 기준에 의한 산출량에 다음 〈표〉에 의한 보정계수를 곱하여 산출한다.

방호대상물	설계농도(%)
수소(Hydrogen)	75
아세틸렌(Acetylene)	66

일산화탄소(Carbon Monoxide)	64
산화에틸렌(Ethylene Oxide)	53
에틸렌(Ethylene)	49
에탄(Ethane)	40
석탄가스, 천연가스(Coal, Natural Gas)	37
시클로프로판(Cyclo Propane)	37
이소부탄(Iso Butane)	36
프로판(Propane)	36
부탄(Butane)	34
메탄(Methane)	34

설계농도가 34% 이상인 경우의 약제량 산정식

$$W = (V \times \alpha) \times N + (A \times \beta)$$

W : 이산화탄소의 약제량(kg), V : 방호구역의 체적(m^3), α : 체적계수(kg/m^3)
N : 보정계수, A : 자동폐쇄장치가 없는 개구부의 면적(m^2), β : 면적계수(kg/m^2)

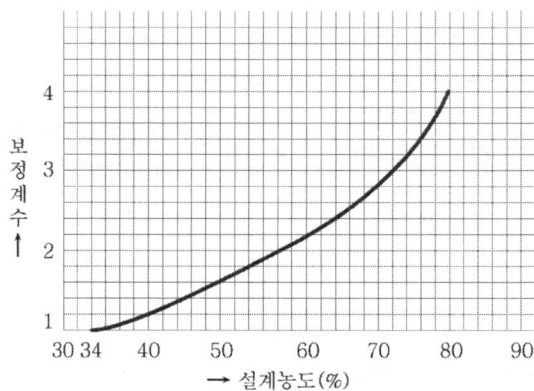

! Reference

● 설계농도
보통의 탄화수소인 경우 질식소화를 위한 산소의 농도는 15% 정도이다. 산소의 농도를 15%로 하기 위한 CO_2의 농도는 28.6%이며, 여기에 안전율 20%를 고려하면 28.6×1.2 = 34%이다. CO_2 소화설비를 설치 시 약제저장량은 최소 34% 이상을 유지할 수 있는 양을 저장한다.

㉰ 방호구역의 개구부에 자동폐쇄장치를 설치하지 아니한 경우에는 ㉮ 및 ㉯ 기준에 따라 산출한 양에 개구부면적 1m²당 5kg을 가산하여야 한다. 이 경우 개구부의 면적은 방호구역 전체 표면적의 3% 이하로 하여야 한다.

ⓒ 심부화재인 때(종이·목재·석탄·섬유류·합성수지류 등)
  ㉮ 방호구역의 체적 1m³에 대한 기본약제량

방호대상물	방호구역 1m³에 대한 약제량	설계농도
유압기를 제외한 전기설비, 케이블실	1.3kg	50%
체적 55m³ 미만의 전기설비	1.6kg	50%
서고, 전자제품창고, 목재가공품 창고, 박물관	2.0kg	65%
고무류, 면화류창고, 모피창고, 석탄창고, 집진설비	2.7kg	75%

※ 불연재료나 내열성의 재료로 밀폐된 구조물이 있는 경우에는 그 체적을 제외한다.

㉯ 방호구역의 개구부에 자동폐쇄장치를 설치하지 아니한 경우에는 ㉮의 기준에 따라 산출한 양에 개구부 면적 1m²당 10kg을 가산하여야 한다. 이 경우 개구부의 면적은 방호구역 전체 표면적의 3% 이하로 하여야 한다.

【 표면화재와 심부화재의 구분 】

방호대상물 용도		화재구분
변전실	유압식 변압기·유압식 차단기류 사용	표면화재
	MOLD 변압기·ACB·VCB 건식 타입 기기 사용	심부화재
발전기실(경유사용)		표면화재
축전지실·주차장(주차타워)·보일러실·기름탱크실		표면화재
통신기기실·승강기 기계실·MDF실·전산실·기계실(보일러실 제외)		심부화재
창고·박물관·도서관		심부화재
특수가연물	가연성 기체류·가연성 액체류	표면화재
	기타	심부화재

② 국소방출방식
  ㉠ 윗면이 개방된 용기에 저장하고 연소면이 한정되고 가연물이 비산할 우려가 없는 경우

$$W = A \times 13 \text{kg/m}^2 \times \alpha$$

W : 이산화탄소의 약제량(kg), A : 방호대상물의 표면적(m²)

α : 고압식은 1.4, 저압식은 1.1

ⓒ 그 밖의 경우

$$W = V \times Q \times \alpha$$

W : 이산화탄소의 약제량(kg), V : 방호공간의 체적(m³)
Q : 방호공간 1m³당의 약제량(kg/m³), α : 고압식은 1.4, 저압식은 1.1
※ 방호공간 : 방호대상물의 각 부분으로부터 0.6m의 거리에 따라 둘러싸인 공간

! Reference

◆ 방호공간 1m³당의 약제량

$$Q = 8 - 6\frac{a}{A}$$

Q : 방호공간 1m³에 대한 이산화탄소 소화약제의 양(kg/m³)
a : 방호대상물 주위에 설치된 벽 면적의 합계(m²)
A : 방호공간의 벽 면적(벽이 없는 경우에는 벽이 있는 것으로 가정한 면적)의 합계(m²)

③ 호스릴 방출방식

하나의 노즐에 대하여 90kg 이상 저장할 것

(5) 실무관련

① 입체도면

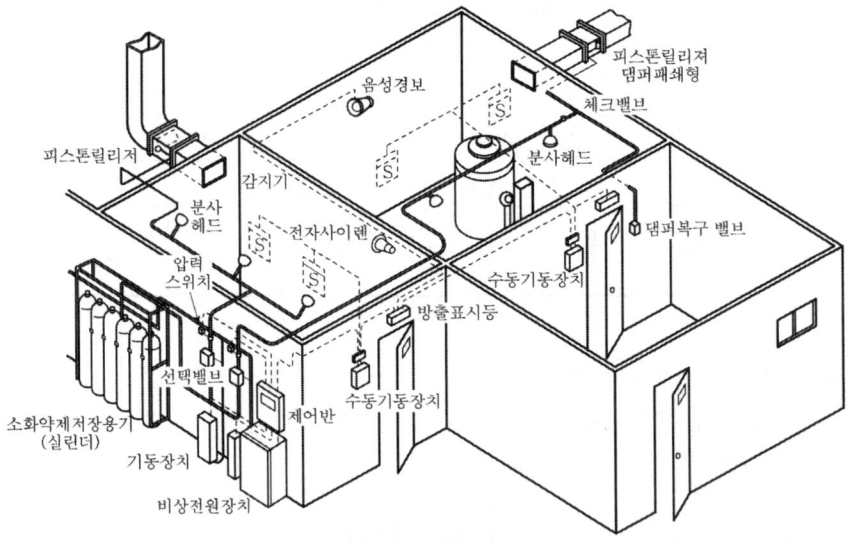

【 설비의 입체도면 】

② 전기도면

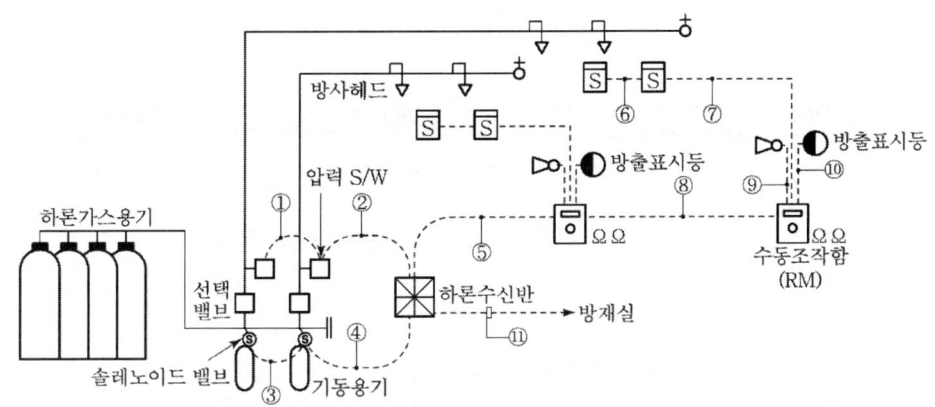

기호	배선의 굵기 및 가닥수	배선의 용도
①	2.5[mm²]-2	압력스위치2
②	2.5[mm²]-3	압력스위치2, 공통
③	2.5[mm²]-2	솔레노이드 밸브2
④	2.5[mm²]-3	솔레노이드 밸브2, 공통
⑤	2.5[mm²]-13	전원 ⊕·⊖, (감지기 A·B, 기동스위치, 방출표시등, 사이렌)×2, 비상스위치
⑥	1.5[mm²]-4	감지기 회로2, 공통2
⑦	1.5[mm²]-8	감지기 회로4, 공통4
⑧	2.5[mm²]-8	전원 ⊕·⊖, 감지기 A·B, 기동스위치, 방출표시등, 사이렌, 비상스위치
⑨	2.5[mm²]-2	사이렌2
⑩	2.5[mm²]-2	방출표시등2
⑪	2.5[mm²]-9	화재표시, 전원표시, 공통, (감지기 A·B, 방출표시등)×2

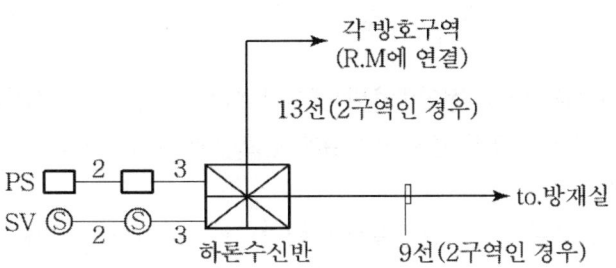

┌─ PS(압력스위치) : 방호구역 수만큼 설치(2 구역인 경우 2개 필요)
├─ SV(기동용 밸브) : 방호구역 수만큼 설치(2 구역인 경우 2개 필요)
└─ 방재실 연결배선 : 화재표시, 전원표시, 공통, (감지기 A, 감지기 B, 방출표시등)×n
　　　　　　　　　　여기서, n은 방호구역수로 n＝2구역이면 9선이 된다.

> **PS(압력스위치)와 SV(솔레노이드 밸브)**
> ① PS(Pressure S/W) : 선택밸브 2차 측에 설치하여 소화약제의 방출을 검출하여 하론수신반에 검출신호 발신
> ② SV(Solenoid Valve) : 기동용기에 설치하여 기동용기를 개방시킨다(기동용기 내의 압축가스가 저장용기 및 선택밸브를 열어줌).

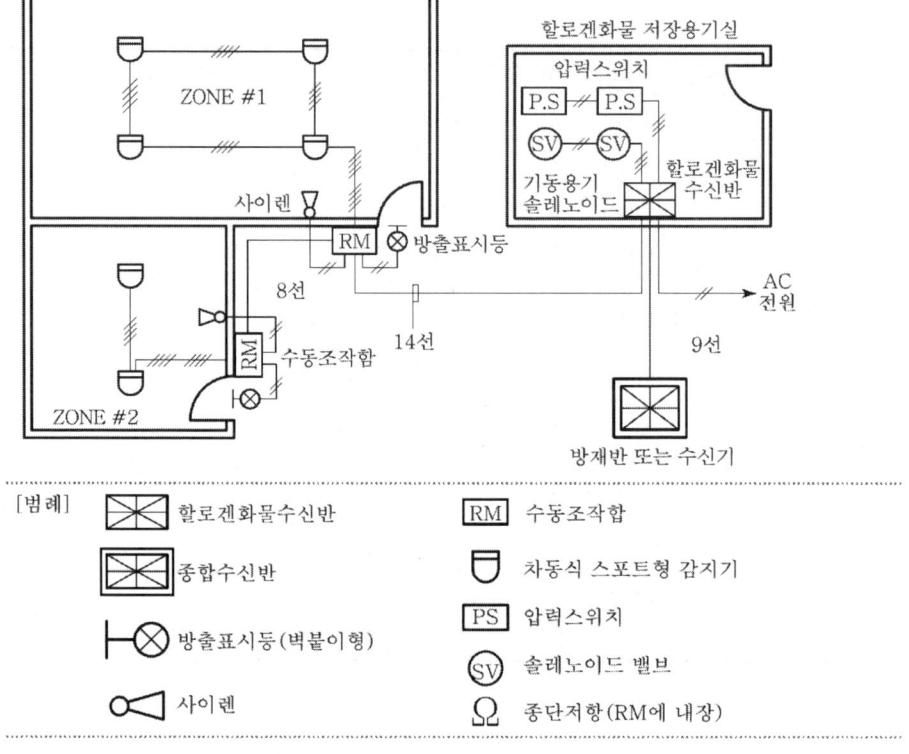

③ **용어정의**
　㉠ 전역방출방식 : "전역방출방식"이라 함은 고정식 이산화탄소 공급장치에 배관 및 분사헤드를 고정 설치하여 밀폐 방호구역 내에 이산화탄소를 방출하는 설비를 말한다.
　㉡ 국소방출방식 : "국소방출방식"이라 함은 고정식 이산화탄소 공급장치에 배관 및 분사헤드를 설치하여 직접 화점에 이산화탄소를 방출하는 설비로 화재발생부분에

만 집중적으로 소화약제를 방출하도록 설치하는 방식을 말한다.
ⓒ 호스릴방출방식 : "호스릴방식"이라 함은 분사헤드가 배관에 고정되어 있지 않고 소화약제 저장용기에 호스를 연결하여 사람이 직접 화점에 소화약제를 방출하는 이동식 소화설비를 말한다.
ⓔ 충전비 : "충전비"라 함은 용기의 용적과 소화약제의 중량과의 비율을 말한다.
ⓜ 심부화재 : "심부화재"라 함은 목재 또는 섬유류와 같은 고체가연물에서 발생하는 화재형태로서 가연물 내부에서 연소하는 화재를 말한다.
ⓗ 표면화재 : "표면화재"라 함은 가연성물질의 표면에서 연소하는 화재를 말한다.
ⓢ NOAEL(No Observable Adverse Effect Level) : 독성, 또는 생리적 변화가 관찰되지 않는 최고농도
ⓞ LOAEL(Lowest Observable Adverse Effect Level) : 독성, 또는 생리적 변화가 관찰되는 최저농도
ⓩ ODP 및 GWP

오존파괴지수(ODP ; Ozone Depletion Potential)

$$ODP = \frac{어떤 물질 1kg이 파괴하는 오존의 양}{CFC-11, 1kg이 파괴하는 오존의 양}$$

지구온난화지수(GWP ; Global Warming Potential)

$$GWP = \frac{어떤 물질 1kg에 의한 지구온난화정도}{CO_2\ 1kg에 의한 지구온난화정도}$$

ⓒ ALT (대기권 잔존 년수, Atmospheriv Life Time) : 할로겐 화합물 또는 청정소화약제가 대기중에서 분해, 화합하여 다른 물질로 변하게 되는데 그때까지 대기중에 존재하는 기간을 연수로 표시한 것

(6) 계산문제관련

① CO_2의 기화체적 계산

㉠ 표준상태(0℃, 1기압)일 때

$$기화체적(m^3) = \frac{CO_2의\ 질량(kg)}{44kg/k-mol} \times 22.4m^3/k-mol$$

㉡ 표준상태가 아닌 때

$$PV = \frac{W}{M}RT 에서\ V = \frac{WRT}{PM}$$

P : 압력(N/m^2), V : 기화체적(m^3), M : 분자량(kg)
W : 질량(kg), R : 기체정수(N·m/k-mol·K), T : 절대온도(K)

② CO_2의 기화체적$(m^3) = \dfrac{21 - O_2}{O_2} \times V$

　　O_2 : CO_2 방사 후 산소의 체적%, V : 방호구역의 체적(m^3)

③ CO_2의 % $= \dfrac{CO_2\text{의 기화체적}}{\text{방호구역의 체적} + CO_2\text{의 기화체적}} \times 100$

④ CO_2의 % $= \dfrac{21 - O_2}{21} \times 100$

　　O_2 : CO_2 방사후 산소의 체적%

> **Reference**
>
> ◎ 최소이론농도와 최소설계농도
> ① 최소이론농도
> 　무유출(No Efflux)를 전제로 하여 최소산소농도인 15%를 적용
> 　$CO_2\% = \dfrac{21 - O_2}{21} \times 100 = \dfrac{21 - 15}{21} \times 100 = 28.6\%$
> ② 최소설계농도
> 　안정적인 소화를 위해 최소산소농도에 20%의 안전율(여유율)을 고려하면
> 　28.6%×1.2 = 34%

> **Reference**
>
> ◎ 무유출(No Efflux)이론
> 방호구역을 완전 밀폐된 공간으로 가정하여 방사된 CO_2 및 공기의 유출이 없이 방호구역 내에 그대로 잔류한다고 하면 방호구역내의 산소의 절대량(kg)은 변동이 없으므로 CO_2 방사전·후의 산소의 질량은 같다.
> $$\rho(V \times 21\%) = \rho(V + x) \times O_2\%$$
> 　ρ : 산소의 밀도, x : 방호구역에 방사한 CO_2의 체적(m^3)
> 　O_2 : CO_2의 방사 후 실내의 산소농도(%), V : 방호구역의 체적(m^3)
> $$X = \dfrac{21 - O_2}{O_2} \times V$$

> **Reference**
>
> ◎ 분사헤드의 분출구면적 산출식
> $$\text{분출구의 면적}(cm^2) = \dfrac{\text{헤드 1개당의 방사량(kg)}}{\text{방출률}(kg/cm^2 \cdot min) \times \text{방사시간(min)}}$$

⑤ 배관의 구경 : 이산화탄소의 소요량이 다음의 기준에 따른 시간내에 방사될 수 있는 것으로 하여야 한다.
  ㉠ 전역방출방식
    ㉮ 가연성 액체 또는 가연성 가스 등 표면화재 방호대상물의 경우에는 1분
    ㉯ 종이, 목재, 석탄, 섬유류, 합성수지류 등 심부화재 방호대상물의 경우에는 7분, 이 경우 설계농도가 2분 이내에 30%에 도달하여야 한다.
  ㉡ 국소방출방식의 경우에는 30초
⑥ 분사헤드의 설치기준
  ㉠ 전역방출방식의 분사헤드 설치기준
    ㉮ 방사된 소화약제가 방호구역의 전역에 균일하게 신속히 확산할 수 있도록 할 것
    ㉯ 분사헤드의 방사압력을 2.1MPa(저압식의 것에 있어서는 1.05MPa) 이상의 것으로 할 것
    ㉰ 소화약제의 저장량을 표면화재는 1분, 심부화재는 7분 이내에 방사할 수 있을 것
  ㉡ 국소방출방식의 분사헤드 설치기준
    ㉮ 소화약제의 방사에 따라 가연물이 비산하지 아니하는 장소에 설치할 것
    ㉯ 분사헤드의 방사압력을 2.1MPa(저압식의 것에 있어서는 1.05MPa) 이상의 것으로 할 것
    ㉰ 이산화탄소 소화약제의 저장량은 30초 이내에 방사할 수 있는 것으로 할 것
    ㉱ 방사된 소화약제가 방호구역의 전역에 균일하게 신속히 확산할 수 있도록 할 것

예상문제

체적이 400m³인 전기실에 이산화탄소 80kg을 방사하였다. 실내의 온도가 22℃, 실내의 압력이 1.2atm 인 경우 이산화탄소의 농도%와 산소의 농도%를 구하시오.[무유출이론적용]

풀이 $CO_2\% = \dfrac{\text{이산화탄소의 기화체적}}{\text{방호구역의 체적} + \text{이산화탄소의 기화체적}} \times 100$

이상기체상태방정식을 이용하여 기화체적을 구하면

$PV = \dfrac{W}{M}RT$ 에서

P : **압력**(atm), V : **체적**(m³), M : **분자량**(kg)
W : **질량**(kg), R : **기체정수**(atm·m³/k-mol·K), T : **절대온도**(K)

$V = \dfrac{WRT}{PM} = \dfrac{80\text{kg} \times 0.082 \times (22+273)\text{K}}{1.2\text{atm} \times 44\text{kg/k-mol}} = 36.65\text{m}^3$

∴ $CO_2\% = \dfrac{36.65\text{m}^3}{400\text{m}^3 + 36.65\text{m}^3} \times 100 = 8.39\%$

$CO_2\% = \dfrac{21 - O_2}{21} \times 100$, $8.39 = \dfrac{21 - O_2}{21} \times 100$

∴ $O_2\% = 19.24\%$

답 $CO_2\% = 8.39\%$, $O_2\% = 19.24\%$

Series ❷ 소방시설관리사 2차 실기[설계 및 시공]

예상문제

다음과 같이 국소방출방식의 고압식 이산화탄소 소화설비를 설치한 경우 다음 각 물음에 답하시오.

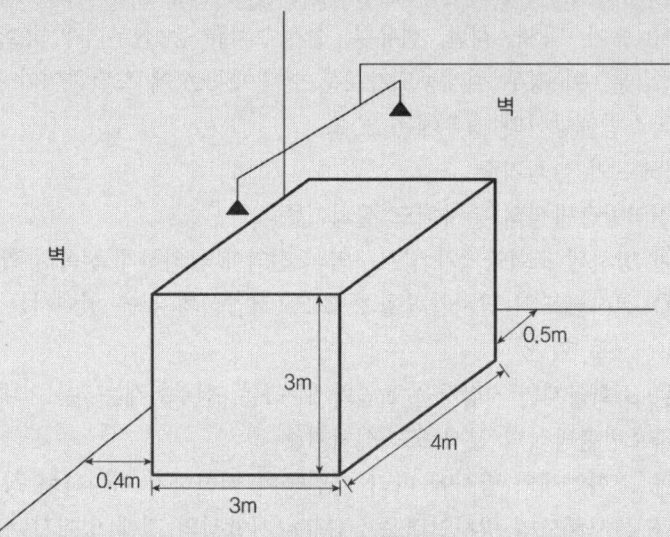

1) 방호공간의 체적은 몇 m³인가?
2) 방호공간 1m³당 방사하여야 할 약제량은 몇 kg 인가?
3) 저장하여야 할 최소량은 몇 kg 인가?
4) 용기실에 저장하여야 할 용기수는 몇 병인가? (병당 충전량은 45kg이다.)
5) 헤드 1개당 방출량은 몇 kg/sec인가?

풀이

1) 방호공간의 체적 = 방호대상물의 각 부분으로부터 0.6m의 거리에 의하여 둘러쌓인 공간
   방호공간체적 = $(3m + 0.6m + 0.4m) \times (4m + 0.6m + 0.5m) \times (3m + 0.6m) = 73.44 m^3$

2) A : 방호공간의 벽면적 = $(4m \times 3.6m \times 2) + (5.1m \times 3.6m \times 2) = 65.52 m^2$
   a : 방호대상물 주위에 설치된 벽면적 = $(4m \times 3.6m \times 1) + (5.1m \times 3.6m \times 1) = 32.76 m^2$
   $\therefore Q = \left(X - Y\dfrac{a}{A}\right) = \left(8 - 6 \cdot \dfrac{32.76}{65.52}\right) = 5 kg/m^3$

3) $W = V \times \left(X - Y\dfrac{a}{A}\right) \times \beta$ [V : 방호공간의 체적, β : 고압식 1.4]
   $\therefore W = 73.44 m^3 \times 5 kg/m^3 \times 1.4 = 514.08 kg$

4) 용기수 = $\dfrac{\text{저장량(kg)}}{\text{1병당저장량(kg/병)}} = \dfrac{514.08 kg}{45 kg/병} = 11.424$ 따라서 12병

5) 헤드 1개방출량(kg/sec) = $\dfrac{\text{헤드1개방사량(kg)}}{\text{방사시간(sec)}} = \dfrac{45kg \times 12병 \div 2개}{30 sec} = 9 kg/sec$

예상문제

다음과 같은 통신실에 이산화탄소 소화설비를 설치하였을 때 각 물음에 답하시오.

[조건]
1. 통신실은 바닥면적 300m², 높이 3.2m 이다.
2. 전기실과의 사이에 4m²의 유리창으로 된 창문이 있다.
3. CO_2의 방사는 20℃를 기준으로 한다.
4. CO_2의 비체적 (0℃, 1기압)은 0.509m³/kg이다.
5. 이산화탄소용기의 내용적은 68리터, 충전비는 1.5이다.

1) 필요한 CO_2용기의 수는 몇 병인가?
2) 통신실에 방사하여야 하는 체적유량(m³/sec)은 얼마인가?

풀이 1) $W = V \times \alpha + A \times \beta = (300 \times 3.2)m^3 \times 1.3 kg/m^3 + 4m^2 \times 10 kg/m^2 = 1288 kg$

$G = \dfrac{V}{C} = \dfrac{68}{1.5} = 45.33 kg/병$

용기수 $= \dfrac{약제량}{1병당저장량} = \dfrac{1288 kg}{45.33 kg/병} = 28.41 ≒ 29병$

2) $PV = \dfrac{W}{M}RT$ 에서

$V = \dfrac{WRT}{PM} = \dfrac{(29 \times 45.33 kg) \times 0.082 atm \cdot m^3/kmol \cdot K \times (273.15 + 20)K}{1 atm \times 44 kg/kmol} = 718.182 ≒ 718.18n$

체적유량 $Q(m^3/sec) = \dfrac{방사되는체적(m^3)}{방사시간(sec)} = \dfrac{718.18 m^3}{7 \times 60 sec} = 1.709 ≒ 1.71 m^3/sec$

10 ▸▸ 할론소화설비

(1) 할론소화설비의 분류

① 가압방식에 따른 분류

① 가압식

할론약제와 압축가스인 N_2가스를 서로 다른 용기에 저장하고 배관을 연결하고 있다가 화재로 인한 방출시 N_2가스 용기를 먼저 개방하여 할론약제를 밀어내어 방사하는 방식

② 축압식

할론약제와 N_2를 동일한 용기에 충전시켜 두었다가 화재시 용기밸브의 개방에 의해 방사하는 방식

> **Reference**
> 할론약제는 증기압이 작아 할론약제 단독으로는 필요압력으로 방출이 어려우므로 압축가스인 N_2를 가압 또는 축압의 방식을 통하여 할론용기와 연결하고 N_2의 압력을 이용하여 방사하는 방식을 택한다.

【 할론약제별 비교 】

할론약제의 종류	증기압(20℃ 기준)	방사압력	방식
할론 2402	0.5kgf/cm²	0.1MPa	가압식 또는 축압식
할론 1211	2.5kgf/cm²	0.2MPa	축압식
할론 1301	14kgf/cm²	0.9MPa	축압식

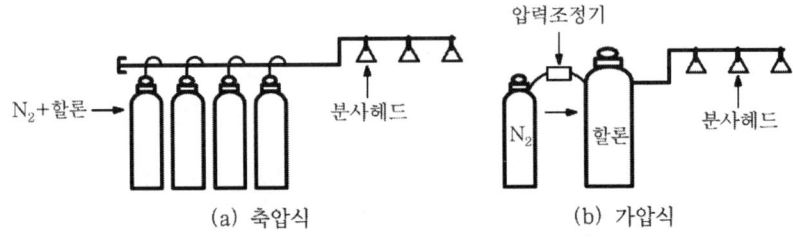

【 할론소화설비 】

2 방출방식에 따른 분류
① 전역방출방식
② 국소방출방식
③ 호스릴방출방식

3 기동(개방)방식에 따른 분류
① 가스압력식
② 전기식
③ 기계식

(2) 설치기준

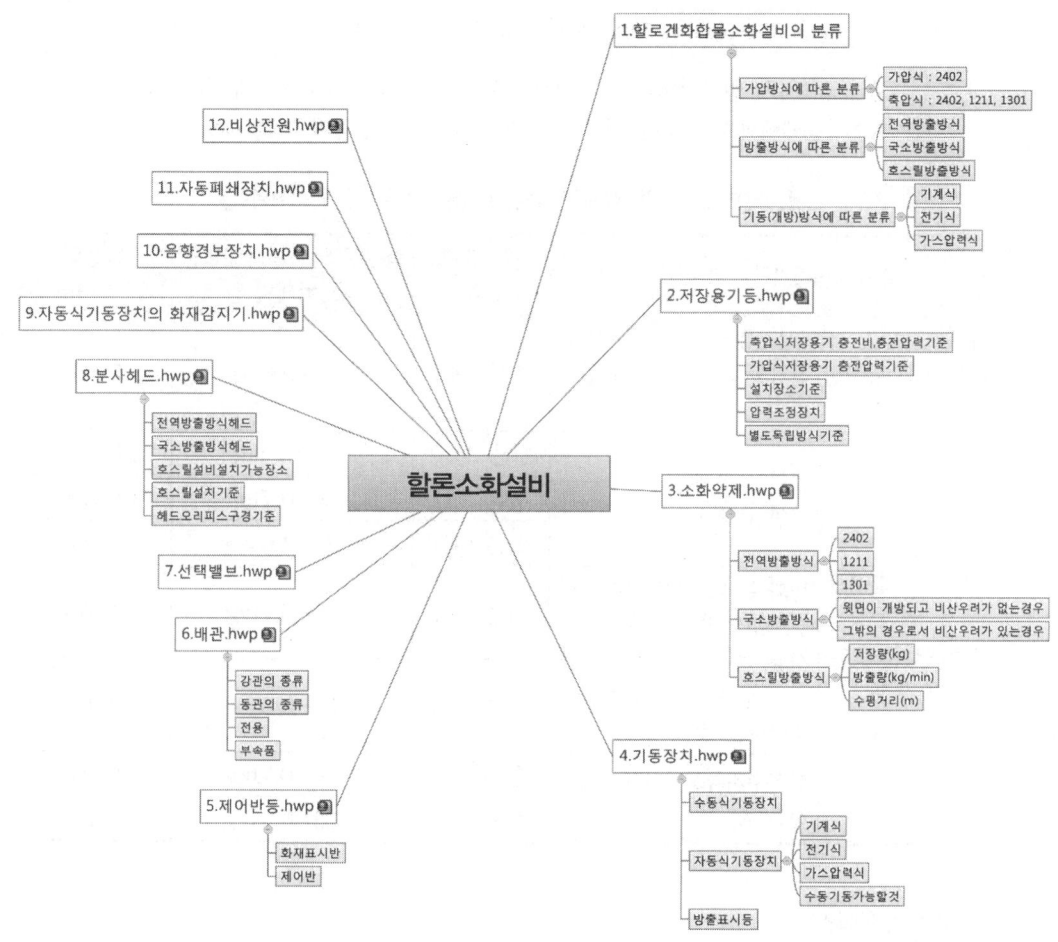

① 저장용기의 충전비 설치기준에 대해 설명하시오.
② 할론1301설비의 축압식 저장용기의 압력 및 충전가스를 쓰시오.
③ 가압용가스의 종류 및 2402 가압식의 경우 가압용가스용기의 저장압력을 쓰시오.
④ 사용하는 강관 및 동관의 종류를 설명하시오.
⑤ 분사헤드의 방사압력 기준과 방사시간 기준을 설명하시오(전역 및 국소방식).
⑥ 호스릴 방식의 경우 하나의 호스접결구까지의 수평거리와 분당방사량을 답하시오.
⑦ 별도독립방식으로 설치하여야 하는 경우에 대해 답하시오.

(3) 할론소화설비의 약제량

① 전역방출방식

$$W = (V \times \alpha) + (A \times \beta)$$

W : 할론약제 약제량(kg), V : 방호구역의 체적(m^3), α : 체적계수(kg/m^3)
A : 자동폐쇄장치가 없는 개구부의 면적(m^2), β : 면적계수(kg/m^2)

【 소방대상물과 약제의 종류별 체적계수 및 면적계수 】

소방대상물 또는 그 부분		소화약제의 종별	방호구역의 체적 1m^3당 소화약제의 양	가산량 (개구부 1m^2당)
차고, 주차장, 전기실, 통신기기실, 전산실, 기타 이와 유사한 전기설비가 설치되어 있는 부분		할론 1301	0.32~0.64kg	2.4kg
특수가연물을 저장, 취급하는 소방대상물 또는 그 부분	가연성 고체류 가연성 액체류	할론 2402	0.40~1.1kg	3.0kg
		할론 1211	0.36~0.71kg	2.7kg
		할론 1301	0.32~0.64kg	2.4kg
	면화류, 나무껍질 및 대팻밥, 넝마 및 종이부스러기, 사류, 볏짚류 목재 가공품 및 나무부스러기를 저장·취급하는 것	할론 1211	0.60~0.71kg	4.5kg
		할론 1301	0.52~0.64kg	3.9kg
	합성수지류를 저장·취급하는 것	할론 1211	0.36~0.71kg	2.7kg
		할론 1301	0.32~0.64kg	2.4kg

② 국소방출방식

㉠ 윗면이 개방된 용기에 저장하는 경우와 화재시 연소면이 1면으로 한정되고 가연물이 비산할 우려가 없는 경우

$$W = A \times \alpha \times \beta$$

W : 할론약제 약제량(kg), A : 방호대상물의 표면적(m^2)
α : 방호대상물의 표면적 1m^2에 대한 소화약제의 양(kg/m^2), β : 약제별 계수

[**할론약제의 종류별 약제량**]

소화약제의 종별	방호대상물 표면적 1m²에 대한 소화약제량	약제별 계수
할론 2402	8.8kg	1.1
할론 1211	7.6kg	1.1
할론 1301	6.8kg	1.25

ⓒ 그 밖의 경우

$$W = V \times Q \times \beta$$

W : 할론약제 약제량(kg), V : 방호공간의 체적(m³),
Q : 방호공간 1m³당의 약제량(kg/m³),
β : 약제별 계수(할론 2402, 1211은 1.1, 할론 1301은 1.25)

※ 방호대상 : 방호대상물의 각 부분으로부터 0.6m의 거리에 따라 둘러싸인 공간

! Reference

◉ 방호공간 1m³당의 약제량

$$Q = X - Y \frac{a}{A}$$

Q : 방호공간 1m³당 할론 소화약제의 양(kg/m³)
a : 방호대상물 주위에 설치된 벽 면적의 합계(m²)
A : 방호공간의 벽 면적(벽이 없는 경우에는 벽이 있는 것으로 가정한 면적)의 합계(m²)

◉ X 및 Y의 수치

소화약제의 종별	X의 수치	Y의 수치
할론 2402	5.2	3.9
할론 1211	4.4	3.3
할론 1301	4.0	3.0

③ 호스릴 방식

하나의 노즐에 대하여 다음 표에 의한 양 이상으로 할 것

소화약제의 종별	소화약제의 양
할론 2402 또는 1211	50kg
할론 1301	45kg

(4) 계산문제관련

예상문제

바닥면적이 1,000m², 실의 높이가 3m, 컴퓨터실에 할론 1301 소화설비를 전역방출방식으로 하려고 한다. 다음 물음에 답하시오. (내화구조이며, 3m×2m의 자동폐쇄 되지 않는 개구부 1개소가 있다.)

① 할론 1301의 최소 약제량(kg)을 산출하시오.
② 할론 1301 소화약제 저장용기수를 쓰시오. (저장용기는 50kg의 약제를 저장한다.)
③ 방호구역에 차동식스포트형 1종 감지기를 설치할 경우 감지기 수를 산출하시오.
④ 감지회로의 최소 회로수는 몇 개인가?
⑤ Soaking Time에 대하여 쓰시오.
⑥ 배관으로 강관을 사용할 경우 배관기준을 쓰시오.
⑦ 약제 방출률이 2kg/sec·cm², 이고, 방사 헤드수가 25개, 노즐 1개의 방사압이 20kg/cm²일 경우 노즐의 최소 오리피스 분구면적(mm²)을 구하시오.

풀이 ① 할론 1301의 최소 약제량(kg)
$W(kg) = (V \times \alpha) + (A \times \beta)$
$\{(1,000 \times 3)m^3 \times 0.32kg/m^3\} + \{(3 \times 2)m^2 \times 2.4kg/m^2\} = 974.4kg$

② 할론 1301 소화약제 저장용기수
용기수 $= \dfrac{\text{약제량}(kg)}{\text{용기 1병당 충전량}(kg/\text{개})} = \dfrac{974.4(kg)}{50(kg/\text{개})} = 19.49 = 20$병

③ 차동식스포트형 1종 감지기를 설치할 경우 감지기 수
감지기의 수 $= \dfrac{\text{바닥면적}(m^2)}{90(m^2)}$

$N_A = \dfrac{1000}{90} = 11.11$ ∴ 12개

$N_B = \dfrac{1000}{90} = 11.11$ ∴ 12개

∴ 감지기수 $= N_A + N_B = 12 + 12 = 24$개
답 24개

④ 감지회로의 최소 회로수
교차회로방식이므로 2개회로
답 2개

⑤ Soaking Time : 가스계소화약제가 방사되어 재발화가 일어나지 않고 완전소화를 달성하기 위해서는 일정시간 동안 고농도로 유지되어야 하는데 이때 필요한 시간을 Soaking Time이라 한다.

⑥ 배관으로 강관을 사용할 경우 배관기준 : 강관을 사용하는 경우의 배관은 압력배관용 탄소강관(KS D 3562)중 스케줄 40이 상의 것 또는 이와 동등 이상의 강도를 가진 것으로서 아연도금 등에 따라 방식처리된 것을 사용할 것

⑦ 분출구의 면적산출(기준저장량을 10초 이내에 방사)
분출구의 면적$(cm^2) = \dfrac{\text{헤드 1개당의 방출량}(kg)}{\text{방출율}(kg/cm^2 \cdot sec) \times \text{방출시간}(sec)}$
$= \dfrac{20 \times 50kg/25\text{개}}{2kg/cm^2 \cdot sec \times 10sec} = 2cm^2 = 200mm^2$

예상문제

할론1301에 대한 다음 물음에 답하시오.

[조건]
1. 약제용기는 고압식이다.
2. 용기의 내용적은 68l, 약제충전량은 50kg이다.
3. 용기실내의 수직배관을 포함한 각실에 대한 체적 및 배관 내용적은 다음과 같다.
　가. A실(전기실) [675m^2×5m, 198l]　　나. B실(발전기실) [225m^2×5m, 78l]
　다. C실(방재반실) [150m^2×5m, 28l]　　라. D실(밧데리실) [50m^2×5m, 10l]
4. A실에 대한 할론 집합관의 내용적은 88l이다.
5. 할론 용기밸브와 집합관간의 연결관에 대한 내용적은 무시한다.
6. 설계기준온도는 20℃이다
7. 20℃에서의 액화할론 1301의 비중은 1.6이다
8. 각실의 개구부는 없다고 가정한다.
9. 소요약제량 산출시 각실 내부의 기둥과 내용물의 체적은 무시한다.

① A실(전기실)의 할론 소화약제의 최소용기개수를 구하시오.
② B실(발전기실)의 할론 소화약제의 최소용기개수를 구하시오.
③ C실(방재반실)의 할론 소화약제의 최소용기개수를 구하시오.
④ D실(밧데리실)의 할론 소화약제의 최소용기개수를 구하시오.
⑤ 별도독립방식으로 설치하여야 하는 실을 답하시오. [각 실의 결정과정을 답하시오]
⑥ 집합관에 설치하여야 하는 총 병수와 저장용기실에 설치하는 총 병수를 답하시오.

풀이 ① 전기실에 필요한 약제량 및 병수 : W={(675m^2×5m)×(0.32kg/m^3)}=1,080kg

$\therefore \dfrac{1,080\text{kg}}{50\text{kg/병}} = 21.6$병　　∴ 전기실 22병

② 발전기에 필요한 약제량 및 병수 : W={(225m^2×5m)×(0.32kg/m^3)}=360kg

$\therefore \dfrac{360\text{kg}}{50\text{kg/병}} = 7.2$병　　∴ 발전기실 8병

③ 방재실에 필요한 약제량 및 병수 : W={(150m^2×5m)×(0.32kg/m^3)}=240kg

$\therefore \dfrac{240\text{kg}}{50\text{kg/병}} = 4.8$병　　∴ 방재실 5병

④ 배터리실에 필요한 약제량 및 병수 : W={(50m^2×5m)×(0.32kg/m^3)}=80kg

$\therefore \dfrac{80\text{kg}}{50\text{kg/병}} = 1.6$병　　∴ 배터리실 2병

⑤ 배터리실의 경우 약제체적 $= 2 \times 50kg \times \dfrac{1l}{1.6\text{kg}} = 62.5l$

배터리실의 경우 배관체적 $= 88l + 10l = 98l$
배관체적이 약제체적의 1.57배이므로 (1.5배 이상) 별도 독립방식 설치

⑥ 집합관설치병수=22병, 저장용기실 설치병수=24병

11 할로겐화합물 및 불활성기체소화설비

(1) 할로겐화합물 및 불활성기체소화약제의 정의

① "할로겐화합물 및 불활성기체"라 함은 할로겐화합물(할론 1301, 할론 2402, 할론 1211 제외) 및 불활성 기체로서 전기적으로 비전도성이며 휘발성이 있거나 증발 후 잔여물을 남기지 않는 소화약제를 말한다.
② "할로겐화합물소화약제"라 함은 불소, 염소, 브롬 또는 요오드 중 하나 이상의 원소를 포함하고 있는 유기화합물을 기본성분으로 하는 소화약제를 말한다.
③ "불활성기체소화약제"라 함은 헬륨, 네온, 아르곤 또는 질소가스 중 하나 이상의 원소를 기본성분으로 하는 소화약제를 말한다.
④ "충전밀도"라 함은 용기의 단위용적당 소화약제의 중량의 비율을 말한다.

(2) 할로겐화합물 및 불활성기체소화약제의 종류

소화약제	화학식
퍼플루오로부탄(이하 "FC-3-1-10"이라 한다.)	C_4F_{10}
하이드로클로로플루오로카본혼화제 (이하 "HCFC BLEND A"라 한다.)	$HCFC-123(CHCl_2CF_3)$: 4.75% $HCFC-22(CHClF_2)$: 82% $HCFC-124(CHClFCF_3)$: 9.5% $C_{10}H_{16}$: 3.75%
클로로테트라플루오로에탄(이하 "HCFC-124"라 한다.)	$CHClFCF_3$
펜타플루오로에탄(이하 "HFC-125"라 한다.)	CHF_2CF_3
헵타플루오로프로판(이하 "HFC-227ea"라 한다.)	CF_3CHFCF_3
트리플루오로메탄(이하 "HFC-23"라 한다.)	CHF_3
헥사플루오로프로판(이하 "HFC-236fa"라 한다.)	$CF_3CH_2CF_3$
트리플루오로이오다이드(이하 "FIC-13I1"라 한다.)	CF_3I
도데카플루오로-2-메틸펜탄-3-원(이하 "FK-5-1-12"라 한다.)	$CF_3CF_2C(O)CF(CF_3)_2$
불연성·불활성 기체혼합가스(이하 "IG-01"라 한다.)	Ar
불연성·불활성 기체혼합가스(이하 "IG-100"라 한다.)	N_2
불연성·불활성 기체혼합가스(이하 "IG-541"라 한다.)	N_2 : 52%, Ar : 40%, CO_2 : 8%
불연성·불활성 기체혼합가스(이하 "IG-55"라 한다.)	N_2 : 50%, Ar : 50%

(3) 설치기준

① 할로겐화합물 및 불활성기체소화설비 저장용기의 설치장소의 기준에 대해 설명하시오.
② 할로겐화합물 및 불활성기체소화설비 설치제외장소를 쓰시오.
③ 할로겐화합물 및 불활성기체소화설비의 배관과 배관, 배관과 배관부속, 밸브류 등의 접속방법 3가지를 쓰시오.
④ 배관의 구경 기준을 쓰시오.
⑤ 과압배출구의 설치장소를 쓰시오.
⑥ 가스계소화설비에서 자동폐쇄장치의 설치기준을 쓰시오.

(4) 소화약제량의 산정

① 할로겐화합물소화약제는 다음 공식에 따라 산출한 양 이상으로 할 것

$$W = \frac{V}{S} \times \left[\frac{C}{(100-C)} \right]$$

W : 소화약제의 무게(kg), V : 방호구역의 체적(m^3)
S : 소화약제별 선형상수($K_1 + K_2 \times t$)(m^3/kg)
C : 체적에 따른 소화약제의 설계농도(%) = 소화농도 × 안전계수(A · C급화재 1.2,
B급화재 : 1.3)

t : 방호구역의 최소예상온도(℃)

소화약제	K_1	K_2
FC-3-1-10	0.09104	0.00034455
HCFC BLEND A	0.2413	0.00088
HCFC-124	0.1575	0.0006
HFC-125	0.1825	0.0007
HFC-227ea	0.1269	0.0005
HFC-23	0.3164	0.0012
HFC-236fa	0.1413	0.0006
FIC-13I1	0.1138	0.0005
FK-5-1-12	0.00664	0.0002741

② 불활성기체소화약제는 다음 공식에 따라 산출한 양 이상으로 할 것

$$Q(m^3) = V(m^3) \times X(m^3/m^3)$$

Q : 소화약제의 체적(m^3), V : 방호구역의 체적(m^3),
X : 방호구역 1m^3당 필요한 약제체적(m^3)

$$X = 2.303 \left(\frac{V_S}{S} \right) \times \log \left(\frac{100}{100-C} \right)$$

X : 공간체적당 필요한 소화약제의 부피(m^3/m^3)
S : 소화약제별 선형상수($K_1 + K_2 \times t$)(m^3/kg)
C : 체적에 따른 소화약제의 설계농도(%) = 소화농도 × 안전계수(A · C급화재 1.2,
B급화재 1.3)

V_S : 20℃에서 소화약제의 비체적(m^3/kg), t : 방호구역의 최소예상온도(℃)

소화약제	K₁	K₂
IG-01	0.5685	0.00205
IG-100	0.799	0.00293
IG-541	0.65799	0.00239
IG-55	0.6598	0.00242

(5) 계산문제관련

① 배관의 구경계산 : 배관의 구경은 당해 방호구역에 할로겐화합물소화약제가 10초(불활성기체소화약제는 A·C급 2분, B급 1분) 이내에 방호구역 각 부분에 최소설계농도의 95% 이상 해당하는 약제량이 방출되도록 하여야 한다.

② 배관의 두께는 다음의 계산식에서 구한 값(t) 이상일 것 다만, 분사헤드 설치부는 제외한다.

$$\text{관의 두께}(t) = \frac{PD}{2SE} + A$$

P : 최대허용압력(kPa), D : 배관의 바깥지름(mm)
SE : 최대허용응력(kPa)(배관재질 인장강도의 1/4값과 항복점의 2/3값 중 적은 값
 ×배관이음효율×1.2)
A : 나사이음, 홈이음 등의 허용값(mm)(헤드설치부분은 제외한다)
 • 나사이음 : 나사의 높이 • 절단홈이음 : 홈의 깊이 • 용접이음 : 0

배관이음 효율
- 이음매 없는 배관 : 1.0
- 전기저항 용접배관 : 0.85
- 가열맞대기 용접배관 : 0.60

③ 분사헤드의 설치기준

㉠ 분사헤드의 설치 높이는 방호구역의 바닥으로부터 최소 0.2m 이상, 최대 3.7m 이하로 하여야 하며 천장높이가 3.7m를 초과할 경우에는 추가로 다른 열의 분사헤드를 설치할 것. 다만, 분사헤드의 성능인정 범위 내에서 설치하는 경우에는 그러하지 아니하다.

㉡ 분사헤드의 개수는 방호구역에 할로겐화합물소화약제가 10초(불활성기체소화약제는 A·C급 2분, B급 1분) 이내에 방호구역 각 부분에 최소설계농도의 95% 이상 해당하는 약제량이 방출할 수 있는 수량으로 할 것

ⓒ 분사헤드에는 부식방지조치를 하여야 하며 오리피스의 크기, 제조일자, 제조업체가 표시되도록 할 것

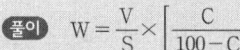

n-heptane을 저장하는 5m×4m×4m인 저장창고에 전역방출방식의 FC-3-1-10 할로겐화합물 소화설비를 설치할 경우 소요약제량을 계산하시오.

[조건]
1. 설계 기준온도는 20℃이다.
2. 최소 소화농도는 8.5%이다.
3. 소화약제의 비체적 상수는 $K_1=0.2413$, $K_2=0.00088$이다.

풀이
$$W = \frac{V}{S} \times \left[\frac{C}{100-C}\right]$$

W : 소화약제의 무게(kg), V : 방호구역의 체적 (m^3)
S : 소화약제별 선형상수 $(K_1+K_2 \times t)(m^3/kg)$, C : 체적에 따른 소화약제의 설계농도(%)
t : 방호구역의 최소예상온도(℃)
$S = (K_1 + K_2 \times t) = 0.2413 + 0.00088 \times 20 = 0.2589 m^3/kg$
C : 설계농도(%) = 소화농도 × 1.3 = 8.5% × 1.3 = 11.05%

$$\therefore W = \frac{80m^3}{0.2589}\left[\frac{11.05}{100-11.05}\right] = 38.39kg[kg]$$

답 38.39kg 이상

지하7층 전기실의 크기가 가로 30m, 세로 20m, 높이 7m인 방호공간에 할로겐화합물소화설비를 다음과 같이 설치할 경우 물음에 답하시오.

[조건]
1. HFC-227ea의 소화농도는 5.83%
2. HFC-227ea의 용기는 68L, 45kg용
3. HFC-227ea의 $K_1=0.1269$, $K_2=0.0005$
4. 방호구역예상온도 20℃
5. 소수점발생시 셋째자리에서 반올림
6. 내화구조이며 그 밖의 조건은 무시한다.

1) HFC-227ea의 최소산출량(kg)
2) 최소약제저장용기병수
3) 배관구경산정시 기준이 되는 약제량 방사시 최소유량(kg/s)
4) 열연기복합형(차동식 스포트형 2종과 광전식 연기감지기 스포트형 2종) 설치시 최소감지기수와 최소설치회로수

풀이 1) 방호구역의 체적 $V = 30 \times 20 \times 7 = 4200m^3$
선형상수 $S = K_1 + K_2 \times t = 0.1269 + 0.0005 \times 20 = 0.1369 ≒ 0.14 m^3/kg$
설계농도 C=소화농도×1.2(A·C급 화재시 안전율=1.2)=5.83%×1.2=6.996≒7%

약제량 $W(kg) = \dfrac{V}{S} \times \left(\dfrac{C}{100-C}\right) = \dfrac{4200}{0.14} \times \left(\dfrac{7}{100-7}\right) = 2258.064 \fallingdotseq 2258.06\,kg$

2) 용기수 $= \dfrac{2258.06kg}{45kg/병} = 50.179$ 따라서 51병

3) 설계농도의 95%에 해당하는 약제량이 방사되는데 걸리는 시간은 10초 이내일 것

따라서 $\dfrac{\text{설계농도 95\% 해당하는 약제량}(kg)}{10\sec} = \dfrac{V}{S} \times \left(\dfrac{C \times 0.95}{100 - C \times 0.95}\right) \div 10\sec$

유량$(kg/\sec) = \dfrac{4200}{0.14} \times \left(\dfrac{7 \times 0.95}{100 - 7 \times 0.95}\right) \div 10\sec = 213.71\,kg/\sec$

4) 감지기 부착높이 4m 이상 8m 미만, 내화구조, 차동식스포트형 2종의 경우 35m²마다 1개씩 설치

설치수 $N = \dfrac{30m \times 20m}{35m^2/개} = 17.14$ 따라서 18개

설치회로수 : 1개

참고) 복합형감지기 설치시 교차회로 하지 않을 수 있다.

예상문제

최대허용압력이 3MPa이고 배관의 외경이 114.3mm이며 배관재료의 최대허용응력이 210MPa, 나사이음으로 나사의 높이가 1mm일때 청정소화약제 배관의 두께는?

[풀이] 배관의 두께 $t(mm) = \dfrac{PD}{2SE} + A = \dfrac{3 \times 10^3 \times 114.3}{2 \times 210 \times 10^3} + 1 = 1.816 \fallingdotseq 1.82\,mm$

(6) 기타 참고사항

① 오존파괴지수(ODP, Ozone Depletion Potential) : 어떤 물질의 오존파괴 능력을 상대적으로 나타내는 지표로서 이를 오존파괴지수라하며 다음과 같이 나타낸다.

$$ODP = \dfrac{\text{어떤 물질 1kg이 파괴하는 오존의 양}}{CFC-11, 1kg이\ 파괴하는\ 오존의\ 양}$$

② 지구온난화지수(GWP, Global Warming Potential) : 어떤 물질의 지구온난화에 영향을 미치는 지표로서 이를 지구온난화 지수라 하며 다음과 같이 나타낸다.

$$GWP = \dfrac{\text{어떤 물질 1kg에 의한 지구온난화 정도}}{CO_2\ 1kg에\ 의한\ 지구온난화\ 정도}$$

③ 현재시판되고 있는 상품

상품 명	FM-200 (HFC-227ea)	IG-541 (Inergen)	NAFS-Ⅲ (HCFC BLEND A)	FE-13 (HFC-23)
작동시간	10초	60초	10초	10초
주된 소화원리	부촉매소화	질식소화	부촉매소화	부촉매소화

12 ▶▶ 분말소화설비

(1) 분말소화설비의 종류

① 방출방식에 의한 분류
   전역방출방식, 국소방출방식, 호스릴방출방식
② 가압방식에 의한 분류
   가압식, 축압식
③ 기동방식에 따른 분류
   가스압력식, 전기식, 기계식

(2) 설치기준

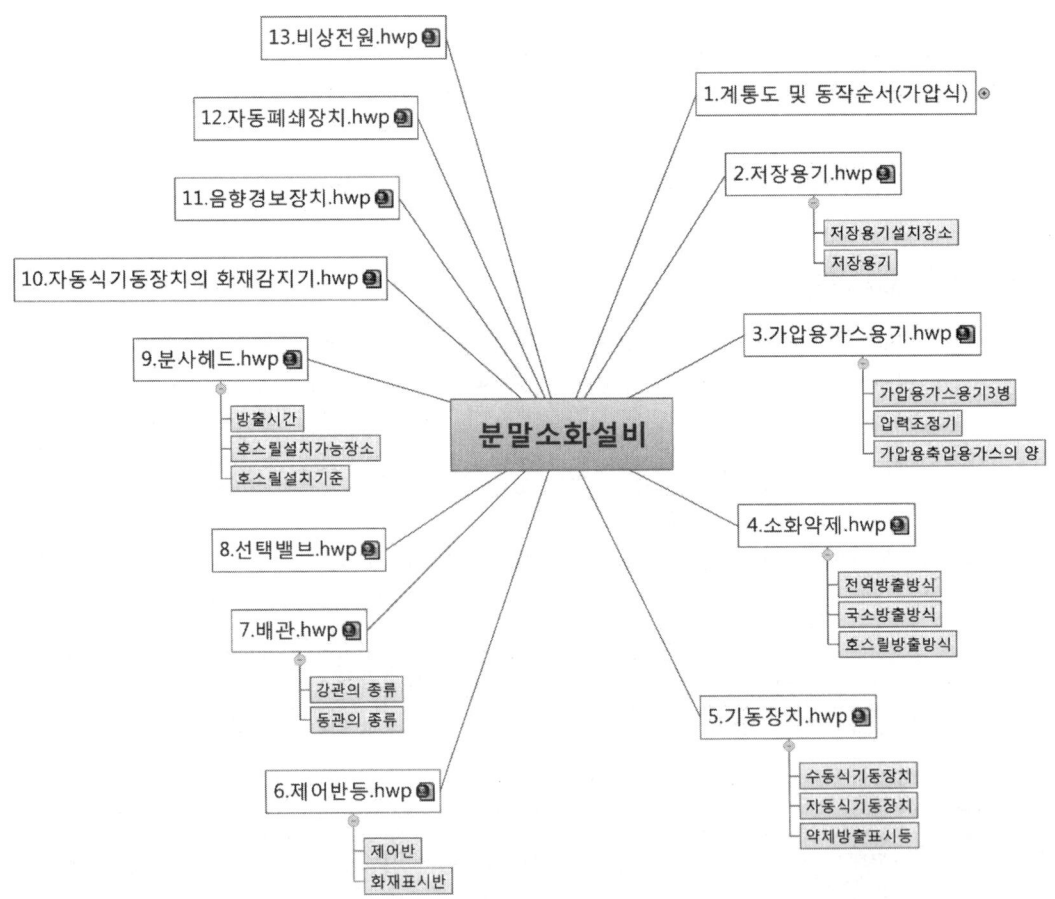

1 저장용기설치기준
  ① 저장용기 설치장소의 기준
    이산화탄소 소화설비와 동일
  ② 저장용기의 설치기준
    ㉠ 저장용기의 내용적은 다음 표에 따를 것

소화약제의 종별	소화약제 kg당 저장용기의 내용적
제1종 분말(탄산수소나트륨을 주성분으로 한 분말)	0.8l
제2종 분말(탄산수소칼륨을 주성분으로 한 분말)	1l
제3종 분말(인산염을 주성분으로 한 분말))	1l
제4종 분말(탄산수소칼륨과요소가 화합된 분말)	1.25l

    ㉡ 저장용기에는 가압식의 것에 있어서는 최고사용압력의 1.8배 이하, 축압식의 것에 있어서는 용기 내압시험압력의 0.8배 이하의 압력에서 작동하는 안전밸브를 설치할 것
    ㉢ 저장용기에는 저장용기의 내부압력이 설정압력으로 되었을 때 주밸브를 개방하는 정압작동장치를 설치할 것
    ㉣ 저장용기의 충전비는 0.8 이상으로 할 것
    ㉤ 저장용기 및 배관에는 잔류 소화약제를 처리할 수 있는 청소장치를 설치할 것
    ㉥ 축압식의 분말소화설비는 사용압력의 범위를 표시한 지시압력계를 설치할 것

2 가압용가스용기설치기준
  ① 분말소화약제의 가스용기는 분말소화약제 저장용기에 접속하여 설치하여야 한다.
  ② 분말소화약제의 가압용가스 용기를 3병 이상 설치한 경우에 있어서는 2개 이상의 용기에 전자개방밸브를 부착하여야 한다.
  ③ 분말소화약제의 가압용가스 용기에는 2.5MPa 이하의 압력에서 조정이 가능한 압력조정기를 설치하여야 한다.
  ④ 가압용가스 또는 축압용가스는 다음 각 호의 기준에 따라 설치하여야 한다.
    ㉠ 가압용가스 또는 축압용가스는 질소가스 또는 이산화탄소로 할 것
    ㉡ 가압용가스에 질소가스를 사용하는 것에 있어서 질소가스는 소화약제 1kg마다 40l (35℃에서 1기압의 압력상태로 환산한 것) 이상, 이산화탄소를 사용하는 것에 있어서 이산화탄소는 소화약제 1kg에 대하여 20g에 배관의 청소에 필요한 양을 가산한 양 이상으로 할 것

ⓒ 축압용 가스에 질소가스를 사용하는 것에 있어서 질소가스는 소화약제 1kg에 대하여 10ℓ(35℃에서 1기압의 압력상태로 환산한 것) 이상, 이산화탄소를 사용하는 것에 있어서 이산화탄소는 소화약제 1kg에 대하여 20g에 배관의 청소에 필요한 양을 가산한 양 이상으로 할 것
ⓔ 배관의 청소에 필요한 양의 가스는 별도의 용기에 저장할 것

3 배관 설치기준
① 배관은 전용으로 할 것
② 강관을 사용하는 경우의 배관은 아연도금에 따른 배관용탄소강관(KS D 3507)이나 이와 동등 이상의 강도·내식성 및 내열성을 가진 것으로 할 것 다만, 축압식 분말소화설비에 사용하는 것 중 20℃에서 압력이 2.5MPa 이상, 4.2MPa 이하인 것에 있어서는 압력배관용 탄소강관(KS D 3562) 중 이음이 없는 스케줄 40 이상의 것 또는 이와 동등 이상의 강도를 가진 것으로서 아연도금으로 방식 처리된 것을 사용하여야 한다.
③ 동관을 사용하는 경우의 배관은 고정압력 또는 최고사용압력의 1.5배 이상의 압력에 견딜 수 있는 것을 사용할 것
④ 밸브류는 개폐위치 또는 개폐방향을 표시한 것으로 할 것
⑤ 배관의 관부속 및 밸브류는 배관과 동등 이상의 강도 및 내식성이 있는 것으로 할 것

4 분사헤드 설치기준
① 전역방출방식의 분사헤드
  ㉠ 방사된 소화약제가 방호구역의 전역에 균일하고 신속하게 확산할 수 있도록 할 것
  ㉡ 규정에 따른 소화약제 저장량을 30초 이내에 방사할 수 있는 것으로 할 것
② 국소방출방식의 분사헤드
  ㉠ 소화약제의 방사에 따라 가연물이 비산하지 아니하는 장소에 설치할 것
  ㉡ 규정에 따른 기준저장량의 소화약제를 30초 이내에 방사할 수 있는 것으로 할 것
③ 호스릴 분말소화설비의 설치기준
  ㉠ 방호대상물의 각 부분으로부터 하나의 호스접결구까지의 수평거리가 15m 이하가 되도록 할 것
  ㉡ 소화약제 저장용기의 개방밸브는 호스릴의 설치장소에서 수동으로 개폐할 수 있는 것으로 할 것
  ㉢ 소화약제 저장용기는 호스릴을 설치하는 장소마다 설치할 것
  ㉣ 노즐은 하나의 노즐마다 1분당 다음 표에 따른 소화약제를 방사할 수 있는 것으로 할 것

소화약제의 종별	1분당 방사하는 소화약제의 양
제1종 분말	45kg
제2종 분말 또는 제3종 분말	27kg
제4종 분말	18kg

ⓑ 저장용기에는 그 가까운 곳의 보기 쉬운 곳에 적색의 표시등을 설치하고, 이동식 분말 소화설비가 있다는 뜻을 표시한 표지를 할 것

(3) 분말소화설비 약제량 산정

① 전역방출방식

$$W = (V \times \alpha) + (A \times \beta)$$

W : 분말소화약제량(kg), V : 방호구역의 체적(m^3)
α : 방호구역의 체적 $1m^3$당의 약제량(kg/m^3)
A : 자동폐쇄장치가 없는 개구부의 면적(m^2)
β : 개구부의 면적 $1m^2$당의 약제량(kg/m^2)

【 방호구역 $1m^3$에 대한 약제량과 자동폐쇄장치가 없는 개구부 $1m^2$당 가산량 】

소화약제의 종별	방호구역 $1m^3$에 대한 약제량	가산량(개구부 $1m^3$에 대한 약제량)
제1종 분말	0.60kg	4.5kg
제2종, 3종 분말	0.36kg	2.7kg
제4종 분말	0.24kg	1.8kg

② 국소방출방식

$$W = V \times Q \times 1.1$$

W : 분말소화약제량(kg), V : 방호공간의 체적(m^3),
Q : 방호공간 $1m^3$당의 약제량(kg/m^3)= $X - Y \dfrac{a}{A}$

㉠ 방호공간 : 방호대상물의 각 부분으로부터 0.6m의 거리에 따라 둘러싸인 공간
㉡ 방호공간 $1m^3$당의 약제량

소화약제의 종별	X의 수치	Y의 수치
제1종 분말	5.2	3.9
제2종, 3종 분말	3.2	2.4
제4종 분말	2.0	1.5

③ 호스릴 방출방식
 ㉠ 노즐 1개마다 약제 보유량 및 방사량

소화약제의 종별	소화약제 보유량	1분간 방사량
제1종 분말	50kg	45kg
제2종, 3종 분말	30kg	27kg
제4종 분말	20kg	18kg

(4) 계산문제관련

예상문제

방호구역의 체적이 1,500m³인 실에 전역방출방식의 분말소화설비를 설치하려고 할 때 다음 물음에 답하시오.

[조건]
1. 분말약제는 인산암모늄염을 사용한다.
2. 개구부의 면적은 3.25m²이며, 자동폐쇄장치가 없다.
3. 설비방식은 가압식이며, 추진가스로는 질소를 사용한다.
4. 질소용기의 내용적은 68l이다.
5. 질소용기의 내부압력은 최대 150kgf/cm²(게이지압)이다. (대기압은 1.0332kgf/cm²)
6. 저장용기실의 온도는 20℃이다.

1) 분말소화약제의 저장량은 몇 kg인가?
2) 분말소화약제 저장용기의 내용적은 최소 몇 l인가?
3) 질소용기의 필요병수는 최소 몇 병인가?
4) 개폐밸브 직후의 유량(kg/sec)은?

풀이 1) $W(kg) = V(m^3) \times \alpha(kg/m^3) + A(m^2) \times \beta(kg/m^2)$
   $= (1,500m^3 \times 0.36kg/m^3) + (3.25m^2 \times 2.7kg/m^2) = 548.78kg$

2) 3종 분말의 경우 약제1kg당 용기체적 1L 이상이므로 548.78L

3) 가압식, 질소를 이용하는 경우 1기압, 35℃에서 분말약제 1kg당 40L 질소 필요.
   따라서 548.78kg × 40l/kg = 21,951l

   $\dfrac{P_1 V_1}{T_1} = \dfrac{P_2 V_2}{T_2}$ 에서 $V_2 = \dfrac{T_2 P_1}{T_1 P_2} \times V_1 = \dfrac{293K \times 1.0332kgf/cm^2}{308K \times 151.0332kgf/cm^2} \times 21,951l = 142.85\,l$

   병수 $= \dfrac{142.85l}{68l/병} = 2.1$ 따라서 3병

4) $\dfrac{548.78kg}{30sec} = 18.29kg/sec$

실의 체적이 11m(가로) × 9m(세로) × 4.5m(높이)인 장소에 전역방출방식의 1종 분말소화설비를 설치하였다. 다음 물음에 답하시오.

[조건]
1. 개구부 : 0.7m² 1개소, 0.96m² 1개소(개구부에 자동폐쇄장치는 설치되어있지 않다)
2. 방호대상물에 기둥이 가로 1m, 세로 1m, 높이 4.5m 로 1개가 설치되어 있고, 보는 너비 0.6m , 높이 0.4m 로 가로열에 2개의 수평보가 설치되어있다. (보와 기둥의 겹치는 부분은 없다고 가정)
3. 기둥과 보는 내열성이며 방호구역에서 제외한다.
4. 용기 1병당 내용적은 50L이다.
5. 헤드1개의 분당 방출률은 1.5kg/mm²·분·개이다.
6. 헤드는 총 10개가 설치되어 있다.

1) 소요약제량(kg)
2) 약제의 소요병수
3) 헤드1개의 방출량(kg/s)
4) 헤드의 등가분구면적(mm²)
5) 저장되어있는 모든약제 방사시 화학식과 생성되는 이산화탄소의 질량, 체적을 구하시오. (방사시 압력은 1.3기압, 온도는 40℃이다)

풀이 1) $W = V \times \alpha + A \times \beta$
$= (11 \times 9 \times 4.5 - 1 \times 1 \times 4.5 - 0.6 \times 0.4 \times 11 \times 2)m^3 \times 0.6 kg/m^3 + (0.7+0.96) \times 4.5 kg/m^2$
$= 268.9 kg$

2) 1병당 저장량 : $C = \dfrac{V}{G}$, $0.8 = \dfrac{50}{G}$, ∴ $G = 62.5 kg$

따라서 $\dfrac{268.9 kg}{62.5 kg/병} = 4.3$ ∴ 5병

3) 헤드 1개 방출량(kg/s) $= \dfrac{5 \times 62.5 kg}{10개 \times 30s} = 1.04 kg/s$

4) 등가분구면적 $= \dfrac{헤드1개방출량(kg)}{방출률(1.5kg/mm^2 \cdot 분 \cdot 개) \times 방출시간(분)} = \dfrac{5 \times 62.5 kg \div 10}{1.5 kg/mm^2 \cdot 분 \cdot 개 \times 0.5분}$
$= 41.67 mm^2$

5) $2NaHCO_3 \rightarrow Na_2CO_3 + H_2O + CO_2 - Q kcal$
62.5kg/병×5병=312.5kg
$NaHCO_3$ 1kmol=84kg
따라서 312.5/84=3.72kmol 반응
3.72kmol 열분해시 1.86kmol의 이산화탄소 생성
따라서 1.86kmol×44kg/kmol=81.84kg 이산화탄소 생성
$PV = \dfrac{W}{M}RT$
$V = \dfrac{WRT}{PM} = \dfrac{81.84 kg \times 0.082 atm \cdot m^3/kmol-K \times 313K}{1.3 atm \times 44 kg/kmol} = 36.72 m^3$

13. 옥외소화전설비

(1) 설치대상

① 지상 1층 및 2층의 바닥면적의 합계가 9,000m² 이상인 것
   이 경우 동일구내에 2 이상의 특정소방대상물이 행정안전부령으로 정하는 연소 우려가 있는 구조인 경우에는 이를 하나의 특정 소방대상물로 본다.
② 「문화재보호법」 제5조에 따라 국보 또는 보물로 지정된 목조건축물
③ 공장 또는 창고로서 지정수량의 750배 이상의 특수가연물을 저장·취급하는 것

(2) 설치기준

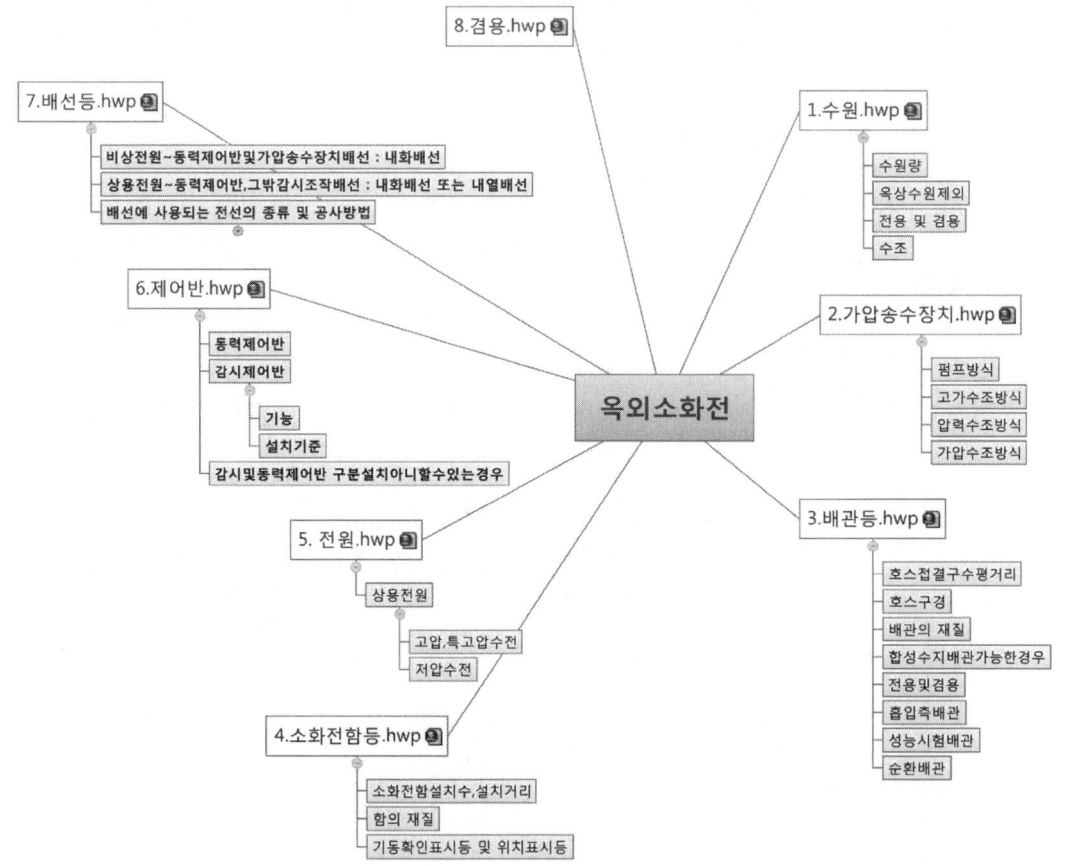

① **수원의 양**

> 옥외소화전설비의 수원은 그 저수량이 옥외소화전의 설치개수(옥외소화전이 2개 이상 설치된 경우에는 2개)에 7m³를 곱한 양 이상이 되도록 하여야 한다.

② 가압송수장치의 정격토출량과 정격토출압력에 대해 설명하시오.
③ 수조의 설치기준을 기술하시오.
④ 호스접결구의 수평거리 및 구경을 답하시오.
⑤ 옥외소화전함의 설치 위치 및 설치수를 답하시오.

예상문제

어떤 소방대상물에 옥외소화전 5개를 화재안전기준과 다음 [조건]에 따라 설치하려고 한다. 다음 각 물음에 답하시오.

[조건]
1. 옥외소화전은 지상용 A형을 사용한다.
2. 펌프에서 첫 번째 옥외소화전까지의 직관길이는 200m, 관의 내경은 100mm이다.
3. 펌프의 양정 H=50m, 효율 η=65%이다.
4. 모든 규격치는 최소량을 적용한다.

1) 수원의 최소 유효저수량은 몇 m³인가?
2) 펌프의 최소 토출유량(m³/min)은 얼마인가?
3) 직관부분에서의 마찰손실수두는 얼마인가? (Darcy Weisbach식을 사용, 마찰계수는 0.02이다.)
4) 펌프의 최소 동력은 몇 kW인가?

풀이
1) $Q = N \times 7m^3$ [Q : 수원의 양(m³), N : 소화전의 수(최대 2개)]
∴ $Q = 2 \times 7m^3 = 14m^3$

2) $Q = N \times 350 l/min$ [Q : 토출유량(l/min), N : 소화전의 수(최대 2개)]
∴ $Q = 2 \times 350 l/min = 700 l/min = 0.7 m^3/min$

3) $h_L = f \dfrac{L}{D} \dfrac{U^2}{2g}$ [f(마찰계수)=0.02, D(배관의 직경)=0.1m, L(직관의 길이)=200m]

$U(\text{유속}) = \dfrac{Q}{A} = \dfrac{\dfrac{0.7}{60} m^3/sec}{\dfrac{\pi \times 0.1^2}{4} m^2} = 1.486 m/sec$, g(중력가속도)=9.8m/sec²

∴ $h_L = 0.02 \times \dfrac{200m}{0.1m} \times \dfrac{(1.486 m/sec)^2}{2 \times 9.8 m/sec^2} = 4.506m ≒ 4.51m$

4) $kW = \dfrac{H \times \gamma \times Q}{\eta \times 102}$ [H : 전양정(m), γ : 비중량(kgf/m³), Q : 유량(m³/sec), η : 효율]

∴ $kW = \dfrac{50m \times 1,000 kgf/m^3 \times \dfrac{0.7}{60} m^3/sec}{0.65 \times 102} = 8.8 kW$

14 ▶▶ 고체에어로졸소화설비

(1) 용어정의

① "고체에어로졸소화설비"란 설계밀도 이상의 고체에어로졸을 방호구역 전체에 균일하게 방출하는 설비로서 분산(Dispersed)방식이 아닌 압축(Condensed)방식을 말한다.
② "고체에어로졸화합물"이란 과산화물질, 가연성물질 등의 혼합물로서 화재를 소화하는 비전도성의 미세입자인 에어로졸을 만드는 고체화합물을 말한다.
③ "고체에어로졸"이란 고체에어로졸화합물의 연소과정에 의해 생성된 직경 $10\mu m$ 이하의 고체 입자와 기체 상태의 물질로 구성된 혼합물을 말한다.
④ "고체에어로졸발생기"란 고체에어로졸화합물, 냉각장치, 작동장치, 방출구, 저장용기로 구성되어 에어로졸을 발생시키는 장치를 말한다.
⑤ "소화밀도"란 방호공간내 규정된 시험조건의 화재를 소화하는데 필요한 단위체적(m^3)당 고체에어로졸화합물의 질량(g)을 말한다.
⑥ "안전계수"란 설계밀도를 결정하기 위한 안전율을 말하며 1.3으로 한다.
⑦ "설계밀도"란 소화설계를 위하여 필요한 것으로 소화밀도에 안전계수를 곱하여 얻어지는 값을 말한다.
⑧ "상주장소"란 일반적으로 사람들이 거주하는 장소 또는 공간을 말한다.
⑨ "비상주장소"란 짧은 기간 동안 간헐적으로 사람들이 출입할 수는 있으나 일반적으로 사람들이 거주하지 않는 장소 또는 공간을 말한다.
⑩ "방호체적"이란 벽 등의 건물 구조 요소들로 구획된 방호구역의 체적에서 기둥 등 고정적인 구조물의 체적을 제외한 것을 말한다.
⑪ "열 안전이격거리"란 고체에어로졸 방출 시 발생하는 온도에 영향을 받을 수 있는 모든 구조·구성요소와 고체에어로졸 발생기 사이에 안전확보를 위해 필요한 이격거리를 말한다.

(2) 일반조건

고체에어로졸소화설비는 다음 각 호의 기준을 충족하여야 한다.
① 고체에어로졸은 전기 전도성이 없어야 한다.
② 약제 방출 후 해당 화재의 재발화 방지를 위하여 최소 10분간 소화밀도를 유지하여야 한다.
③ 고체에어로졸소화설비에 사용되는 주요 구성품은 소방청장이 정하여 고시한 「고체에어로졸자동소화장치의 형식승인 및 제품검사의 기술기준」에 적합한 것이어야 한다.
④ 고체에어로졸소화설비는 비상주장소에 한하여 설치한다. 다만, 고체에어로졸소화설비 약제의 성분이 인체에 무해함을 국내·외 국가공인 시험기관에서 인증받고, 과학

적으로 입증된 최대허용설계밀도를 초과하지 않는 양으로 설계하는 경우 상주장소에 설치할 수 있다.
⑤ 고체에어로졸소화설비의 소화성능이 발휘될 수 있도록 방호구역 내부의 밀폐성을 확보하여야 한다.
⑥ 방호구역 출입구 인근에 고체에어로졸 방출 시 주의사항에 관한 내용의 표지를 설치하여야 한다.
⑦ 이 기준에서 규정하지 않은 사항은 형식승인 받은 제조업체의 설계 매뉴얼에 따른다.

(3) 설치제외

고체에어로졸소화설비는 다음 각 목의 물질을 포함한 화재 또는 장소에는 사용할 수 없다. 단, 그 사용에 대한 국가공인 시험기관의 인증이 있는 경우에는 그러하지 아니하다.
① 니트로셀룰로오스, 화약 등의 산화성 물질
② 리튬, 나트륨, 칼륨, 마그네슘, 티타늄, 지르코늄, 우라늄 및 플루토늄과 같은 자기반응성 금속
③ 금속 수소화물
④ 유기 과산화수소, 히드라진 등 자동 열분해를 하는 화학물질
⑤ 가연성 증기 또는 분진 등 폭발성 물질이 대기에 존재할 가능성이 있는 장소

(4) 고체에어로졸발생기

고체에어로졸발생기는 다음 각 호의 기준에 따라 설치한다.
① 밀폐성이 보장된 방호구역 내에 설치하거나, 밀폐성능을 인정할 수 있는 별도의 조치를 취할 것
② 천장이나 벽면 상부에 설치하되 고체에어로졸 화합물이 균일하게 방출되도록 설치할 것
③ 직사광선 및 빗물이 침투할 우려가 없는 곳에 설치할 것
④ 고체에어로졸 발생기는 다음 각 목의 열 안전이격거리를 준수하여 설치할 것
　㉠ 인체와의 최소 이격거리는 고체에어로졸 방출 시 75℃를 초과하는 온도가 인체에 영향을 미치지 아니하는 거리
　㉡ 가연물과의 최소 이격거리는 고체에어로졸 방출 시 200℃를 초과하는 온도가 가연물에 영향을 미치지 아니하는 거리
⑤ 하나의 방호구역에는 동일 제품군 및 동일한 크기의 고체에어로졸발생기를 설치할 것
⑥ 방호구역의 높이는 형식승인 받은 고체에어로졸발생기의 최대 설치높이 이하로 할 것

(5) 고체에어로졸화합물의 양

방호구역 내 소화를 위한 고체에어로졸화합물의 최소 질량은 다음 공식에 따라 산출한 양 이상으로 산정하여야 한다.

$$m = d \times V$$

m = 필수소화약제량(g)
d : 설계밀도(g/m³) = 소화밀도(g/m³) × 1.3(안전계수)
소화밀도 : 형식승인받은 제조사의 설계매뉴얼에 제시된 소화밀도
V = 방호체적(m³)

(6) 기동

① 고체에어로졸소화설비는 화재감지기 및 수동식 기동장치의 작동과 연동하여 기계적 또는 전기적 방식으로 작동하여야 한다.
② 고체에어로졸소화설비 기동 시에는 1분 이내에 고체에어로졸 설계밀도의 95 % 이상을 방호구역에 균일하게 방출하여야 한다.
③ 고체에어로졸소화설비의 수동식 기동장치는 다음 각 호의 기준에 따라 설치하여야 한다.
  ㉠ 제어반마다 설치할 것
  ㉡ 방호구역의 출입구마다 설치하되 출입구 인근에 사람이 쉽게 조작할 수 있는 위치에 설치할 것
  ㉢ 기동장치의 조작부는 바닥으로부터 0.8m 이상 1.5m 이하의 위치에 설치할 것
  ㉣ 기동장치의 조작부에 보호판 등의 보호장치를 부착할 것
  ㉤ 기동장치 인근의 보기 쉬운 곳에 "고체에어로졸소화설비 수동식 기동장치"라고 표시한 표지를 부착할 것
  ㉥ 전기를 사용하는 기동장치에는 전원표시등을 설치할 것
  ㉦ 방출용 스위치의 작동을 명시하는 표시등을 설치할 것
  ㉧ 50N 이하의 힘으로 방출용 스위치를 기동할 수 있도록 할 것
④ 고체에어로졸의 방출을 지연시키기 위해 방출지연스위치를 다음 각 호의 기준에 따라 설치하여야 한다.
  ㉠ 수동으로 작동하는 방식으로 설치하되 방출지연스위치를 누르고 있는 동안만 지연되도록 할 것
  ㉡ 방호구역의 출입구마다 설치하되 피난이 용이한 출입구 인근에 사람이 쉽게 조작할 수 있는 위치에 설치할 것
  ㉢ 방출지연스위치 작동 시에는 음향경보를 발할 것
  ㉣ 방출지연스위치 작동 중 수동식 기동장치가 작동되면 수동식 기동장치의 기능이 우선될 것

(7) 제어반등

① 고체에어로졸소화설비의 제어반은 다음 각 호의 기준에 따라 설치하여야 한다.

㉠ 전원표시등을 설치할 것
㉡ 화재, 진동 및 충격에 따른 영향과 부식의 우려가 없고 점검에 편리한 장소에 설치할 것
㉢ 제어반에는 해당 회로도 및 취급설명서를 비치할 것
㉣ 고체에어로졸소화설비의 작동방식(자동 또는 수동)을 선택할 수 있는 장치를 설치할 것
㉤ 수동식 기동장치 또는 화재감지기에서 신호를 수신할 경우 다음 각 목의 기능을 수행할 것
　ⓐ 음향경보 장치의 작동
　ⓑ 고체에어로졸의 방출
　ⓒ 기타 제어기능 작동

② 고체에어로졸소화설비의 화재표시반은 다음 각 호의 기준에 따라 설치하여야 한다. 다만, 자동화재탐지설비수신기의 제어반이 화재표시반의 기능을 가지고 있는 경우 화재표시반을 설치하지 아니할 수 있다.
㉠ 전원표시등을 설치할 것
㉡ 화재, 진동 및 충격에 따른 영향 및 부식의 우려가 없고 점검에 편리한 장소에 설치할 것
㉢ 화재표시반에는 해당 회로도 및 취급설명서를 비치할 것
㉣ 고체에어로졸소화설비의 작동방식(자동 또는 수동)을 표시등으로 명시할 것
㉤ 고체에어로졸소화설비가 기동할 경우 음향장치를 통해 경보를 발할 것
㉥ 제어반에서 신호를 수신할 경우 방호구역별 경보장치의 작동, 수동식 기동장치의 작동 및 화재감지기의 작동 등을 표시등으로 명시할 것

③ 고체에어로졸소화설비가 설치된 구역의 출입구에는 고체에어로졸의 방출을 명시하는 표시등을 설치하여야 한다.
④ 고체에어로졸소화설비의 오작동을 제어하기 위해 제어반 인근에 설비정지스위치를 설치하여야 한다.

(8) 음향장치

고체에어로졸소화설비의 음향장치는 다음 각 호의 기준에 따라 설치하여야 한다.
① 화재감지기가 작동하거나 수동식 기동장치가 작동할 경우 음향장치가 작동할 것
② 음향장치는 방호구역마다 설치하되 해당 구역의 각 부분으로부터 하나의 음향장치까지의 수평거리는 25m 이하가 되도록 할 것
③ 음향장치는 경종 또는 사이렌(전자식 사이렌을 포함한다)으로 하되, 주위의 소음 및 다른 용도의 경보와 구별이 가능한 음색으로 할 것. 이 경우 경종 또는 사이렌은 자

동화재탐지설비·비상벨설비 또는 자동식사이렌설비의 음향장치와 겸용할 수 있다.
④ 주 음향장치는 화재표시반의 내부 또는 그 직근에 설치할 것
⑤ 음향장치는 다음 각 목의 기준에 따른 구조 및 성능의 것으로 할 것
　㉠ 정격전압의 80% 전압에서 음향을 발할 수 있는 것으로 할 것
　㉡ 음량은 부착된 음향장치의 중심으로부터 1m 떨어진 위치에서 90dB 이상이 되는 것으로 할 것
⑥ 고체에어로졸의 방출 개시 후 1분 이상 경보를 계속 발할 것

(9) 화재감지기

고체에어로졸소화설비의 화재감지기는 다음 각 호의 기준에 따라 설치하여야 한다.
① 고체에어로졸소화설비에는 다음 각 목의 감지기 중 하나를 설치할 것
　㉠ 광전식 공기흡입형 감지기
　㉡ 아날로그 방식의 광전식 스포트형 감지기
　㉢ 중앙소방기술심의위원회의 심의를 통해 고체에어로졸소화설비에 적응성이 있다고 인정된 감지기
② 화재감지기 1개가 담당하는 바닥면적은 「자동화재탐지설비시각경보장치의 화재안전기술기준(NFTC 203)」 2,4,3의 규정에 따른 바닥면적으로 할 것

(10) 방호구역의 자동폐쇄

고체에어로졸소화설비의 방호구역은 고체에어로졸소화설비가 기동할 경우 다음 각 호의 기준에 따라 자동적으로 폐쇄되어야 한다.
① 방호구역 내의 개구부와 통기구는 고체에어로졸이 방출되기 전에 폐쇄되도록 할 것
② 방호구역 내의 환기장치는 고체에어로졸이 방출되기 전에 정지되도록 할 것
③ 자동폐쇄장치의 복구장치는 제어반 또는 그 직근에 설치하고, 해당 장치를 표시하는 표지를 부착할 것

(11) 비상전원

고체에어로졸소화설비의 비상전원은 자가발전설비, 축전지설비(제어반에 내장하는 경우를 포함한다) 또는 전기저장장치(외부 전기에너지를 저장해 두었다가 필요한 때 전기를 공급하는 장치)를 다음 각 호의 기준에 따라 설치하여야 한다. 다만, 2 이상의 변전소(「전기사업법」 제67조에 따른 변전소를 말한다. 이하 같다)에서 전력을 동시에 공급받을 수 있거나 하나의 변전소로부터 전력의 공급이 중단되는 때에는 자동으로 다른 변전소로부터 전력을 공급받을 수 있도록 상용전원을 설치한 경우에는 비상전원을 설치하지 아니할 수 있다.

① 점검에 편리하고 화재 및 침수 등의 재해로 인한 피해를 받을 우려가 없는 곳에 설치할 것
② 고체에어로졸소화설비에 최소 20분 이상 유효하게 전원을 공급할 것
③ 상용전원으로부터 전력의 공급이 중단된 때에는 자동으로 비상전원으로부터 전력을 공급받을 수 있도록 할 것
④ 비상전원의 설치장소는 다른 장소와 방화구획할 것(제어반에 내장하는 경우는 제외한다). 이 경우 그 장소에는 비상전원의 공급에 필요한 기구나 설비 외의 것(열병합발전설비에 필요한 기구나 설비는 제외한다)을 두어서는 안된다.
⑤ 비상전원을 실내에 설치하는 때에는 그 실내에 비상조명등을 설치할 것

(12) 배선 등

① 고체에어로졸소화설비의 배선은 「전기사업법」 제67조에 따른 기술기준에서 정한 것 외에 다음 각 호의 기준에 따라 설치하여야 한다.
  ㉠ 비상전원으로부터 제어반에 이르는 전원회로배선은 내화배선으로 할 것. 다만, 자가발전설비와 제어반이 동일한 실에 설치된 경우에는 자가발전기로부터 그 제어반에 이르는 전원회로배선은 그러하지 아니하다.
  ㉡ 상용전원으로부터 제어반에 이르는 배선, 그 밖의 고체에어로졸소화설비의 감시회로·조작회로 또는 표시등회로의 배선은 내화배선 또는 내열배선으로 할 것. 다만, 제어반 안의 감시회로·조작회로 또는 표시등회로의 배선은 그러하지 아니하다.
  ㉢ 화재감지기의 배선은 「자동화재탐지설비 및 시각경보장치의 화재안전기준(NFTC 203)」 제11조의 기준에 따른다.
② 제1항에 따른 내화배선 또는 내열배선에 사용되는 전선의 종류 및 설치방법은 「옥내소화전설비의 화재안전기준(NFTC 102)」의 별표 1의 기준에 따른다.
③ 고체에어로졸소화설비의 과전류차단기 및 개폐기에는 "고체에어로졸소화설비용"이라고 표시한 표지를 부착하여야 한다.
④ 고체에어로졸소화설비용 전기배선의 양단 및 접속단자에는 다음 각 호의 기준에 따른 표시를 하여야 한다.
  ㉠ 단자에는 "고체에어로졸소화설비단자"라고 표시한 표지를 부착할 것
  ㉡ 고체에어로졸소화설비용 전기배선의 양단에는 다른 배선과 식별이 용이하도록 표시할 것

(13) 과압배출구

고체에어로졸소화설비의 방호구역에는 고체에어로졸 방출 시 과압으로 인한 구조물 등의 손상을 방지하기 위하여 과압배출구를 설치하여야 한다.

15 ▸▸ 비상경보설비 및 단독경보형 감지기

(1) 설치대상

[비상경보설비 설치대상]
① 연면적 400㎡(모래, 석재 등 불연재료공장 및 창고시설, 위험물저장 및 처리시설중 가스시설, 사람이 거주하지 않거나 벽이 없는 축사 등 동물 및 식물관련 시설 및 지하구는 제외) 이상이거나 지하층 또는 무창층의 바닥면적이 150㎡(공연장의 경우 100㎡) 이상인 것
② 지하가 중 터널로서 길이가 500m 이상인 것
③ 50명 이상의 근로자가 작업하는 옥내 작업장

[단독경보형감지기 설치대상]
① 교육연구시설 내에 있는 합숙소 또는 기숙사로서 연면적 2천㎡ 미만인 것
② 수련시설 내에 있는 합숙소 또는 기숙사로서 연면적 2천㎡ 미만인 것
③ 수용인원 100명 미만 수련시설(숙박시설이 있는 것만 해당한다)
④ 연면적 400㎡ 미만 유치원
⑤ 공동주택 중 연립주택 및 다세대주택

(2) 구성

① 비상벨설비
① 비상벨 : 화재발생 상황을 경보하는 장치, 경종(Alarm Bell)이라고도 한다.
② 표시등 : 위치표시등은 필수, 기동표시등은 필요에 따라 설치
③ 발신기 : 화재발생 신호를 수신기에 수동으로 발신하는 장치
④ 수신기 : 발신기에서 발하는 화재신호를 직접 수신하여 화재의 발생을 표시 및 경보하여 주는 장치
⑤ 전원
 ㉠ 상용전원 : 평상시의 주전원으로 교류전압옥내간선, 전기저장장치 또는 축전지설비가 있다.
 ㉡ 비상전원 : 정전, 비상 시를 대비한 전원으로 축전지설비, 전기저장장치가 있다.
⑥ 배선 : 배선 간, 배선과 기기 간, 기기 상호 간의 신호를 전달하는 기능

② 자동식 사이렌설비
① 자동식 사이렌 : 화재발생 상황을 사이렌(Siren)으로 경보하는 장치
② 표시등 : 위치표시등은 필수, 기동표시등은 필요에 따라 설치
③ 발신기 : 화재발생 신호를 수신기에 수동으로 발신하는 장치
④ 수신기 : 발신기에서 발하는 화재신호를 직접 수신하여 화재의 발생을 표시 및 경보하여 주는 장치

⑤ 전원
　　㉠ 상용전원 : 교류전압옥내간선, 전기저장장치 또는 축전지설비(평상시의 주전원)
　　㉡ 비상전원 : 축전지설비(정전, 비상시를 대비한 전원), 전기저장장치
⑥ 배선 : 배선 간, 배선과 기기 간, 기기 상호 간의 신호를 전달하는 경로
③ 단독경보형 감지기
화재감지부, 경보부 및 전원부가 일체형이므로 수신기와 별도로 화재상황을 단독으로 경보하는 장치

(3) 설치기준

① 비상벨 또는 자동식 사이렌
① 부식성 가스 또는 습기 등으로 인하여 부식의 우려가 없는 장소에 설치하여야 한다.
② 지구음향장치는 소방대상물의 층마다 설치하되, 당해 소방대상물의 각 부분으로부터 하나의 음향장치까지의 수평거리가 25[m] 이하가 되도록 하고, 당해 층의 각 부분에 유효하게 경보를 발할 수 있도록 설치하여야 한다. 다만, 「비상방송설비의 화재안전기준(NFTC 202)」에 적합한 방송설비를 비상벨설비 또는 자동식 사이렌설비와 연동하여 작동하도록 설치한 경우에는 지구음향장치를 설치하지 아니할 수 있다.
③ 음향장치는 정격전압의 80[%] 전압에서 음향을 발할 수 있도록 하여야 한다. 다만 건전지를 주전원으로 사용하는 음향장치는 그러하지 아니하다.
④ 음향장치의 음량은 부착된 음향장치의 중심으로부터 1[m] 떨어진 위치에서 90[dB] 이상이 되는 것으로 하여야 한다.
⑤ 발신기의 화재안전기준
　　㉠ 조작이 쉬운 장소에 설치하고, 조작스위치는 바닥으로부터 0.8[m] 이상 1.5[m] 이하의 높이에 설치할 것
　　㉡ 소방대상물의 층마다 설치하되, 당해 소방대상물의 각 부분으로부터 하나의 발신기까지의 수평거리가 25[m] 이하가 되도록 할 것. 다만, 복도 또는 별도로 구획된 실로서 보행거리가 40[m] 이상일 경우에는 추가로 설치하여야 한다.
　　㉢ 발신기의 위치표시등은 함의 상부에 설치하되, 그 불빛은 부착면으로부터 15° 이상의 범위 안에서 부착지점으로부터 10[m] 이내의 어느 곳에서도 쉽게 식별할 수 있는 적색등으로 할 것
⑥ 상용전원 : 전원은 전기가 정상적으로 공급되는 축전지, 전기저장장치 또는 교류전압의 옥내 간선으로 하고, 전원까지의 배선은 전용으로 할 것
⑦ 축전지(예비전원), 전기저장장치 : 비상경보설비에 대한 감시상태를 60분간 지속한 후 유효하게 10분 이상 경보할 수 있어야 한다.(수신기에 내장하는 경우도 포함), 다만 상용전원이 축전지 설비인 경우 또는 건전지를 주전원으로 사용하는 무선식설비인 경우에는 그러하지 아니하다.

⑧ 배선
　㉠ 전원회로의 배선은 내화배선, 그 밖의 배선은 내화배선 또는 내열배선으로 할 것
　㉡ 부속회로의 전로와 대지 사이 및 배선 상호 간의 절연저항은 1경계구역마다 직류 250[V]의 절연저항측정기로 측정한 값이 0.1[MΩ] 이상일 것
　㉢ 다른 전선과 별도의 관·덕트(절연효력이 있는 것으로 구획한 때에는 그 구획된 부분은 별개의 덕트로 간주)·몰드 또는 풀박스 등에 설치할 것. 다만, 60[V] 미만의 약전류회로에 사용하는 전선으로서 각각의 전압이 같을 때에는 그러하지 아니하다.

② 단독경보형 감지기

단독경보형 감지기라 함은 화재발생 상황을 단독으로 감지하여 자체에 내장된 음향장치로 경보하는 감지기를 말한다.
① 각 실(이웃하는 실내의 바닥면적이 각각 $30m^2$ 미만이고 벽체 상부의 전부 또는 일부가 개방되어 이웃하는 실내와 공기가 상호유통되는 경우에는 이를 1개의 실로 본다)마다 설치하되, 바닥면적이 $150[m^2]$를 초과하는 경우에는 $150[m^2]$마다 1개 이상 설치할 것
② 최상층 계단실의 천장(외기가 상통하는 계단실은 제외)에 설치할 것
③ 건전지를 주전원으로 사용하는 단독경보형감지기는 정상적인 작동상태를 유지할 수 있도록 건전지를 교환할 것
④ 상용전원을 주전원으로 사용하는 2차전지는 성능시험에 합격한 것일 것

(4) 계산문제관련

예상문제

아래표와 같이 구획된 3개의 실에 단독 경보형 감지기를 설치하고자 한다. 각실에 필요한 최소 설치수량과 그 근거를 쓰시오.

실	A실	B실	C실
바닥면적 m^2	28	150	350

풀이 ① 각 실별 최소설치수량

　A실 : $\dfrac{28m^2}{150m^2/개} = 0.186$　∴ 1

　B실 : $\dfrac{150m^2}{150m^2/개} = 1$　∴ 1

　C실 : $\dfrac{350m^2}{150m^2/개} = 2.33$　∴ 3

② 적용근거 : 각실(이웃하는 실내의 바닥면적이 각각 $30m^2$ 미만이고 벽체 상부 또는 일부가 개방되어 이웃하는 실내와 공기가 상호유통되는 경우 1개의 실로 본다.)마다 설치하되 바닥면적이 $150m^2$을 초과하는 경우에는 $150m^2$마다 1개 이상 설치할 것

16 ▶▶ 비상방송설비

(1) 설치대상

① 연면적 3천5백m² 이상인 것
② 지하층을 제외한 층수가 11층 이상인 것
③ 지하층의 층수가 3층 이상인 것

(2) 구성

① **기동장치 또는 발신기** : 입력기능 및 전력을 증폭하는 기능의 장치
② **입력장치** : 입력신호의 발생 장치로 마이크로폰, 테이프, 사이렌, 플레이어, 라디오등으로 구성
③ **조작장치** : 원격조작 또는 회로조작을 하는 장치
④ **확성기(Speaker)** : 소리를 크게 하여 멀리까지 전달될 수 있도록 하는 출력장치
⑤ **음량조절기(Attenuator)** : 가변저항을 이용하여 전류를 변화시켜 음량을 크게 하거나 작게 조절할 수 있는 장치 → 3선식 배선

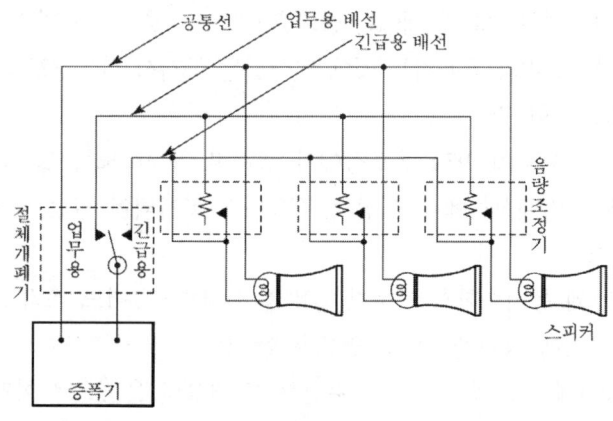

【 3선식 배선 】

⑥ **증폭기(AMP ; Amplifier)** : 전압전류의 진폭을 늘려 감도를 좋게 하고 미약한 음성전류를 커다란 음성전류로 변화시켜 소리를 크게 하는 장치
⑦ **전원** : 상용전원 및 비상전원 장치로 구성

(3) 설치기준

  1 음향장치(엘리베이터 내부에 별도의 음향장치 설치 가능)
   ① 확성기의 음성입력은 3[W](실내에 설치하는 것에 있어서는 1[W]) 이상일 것
   ② 확성기는 각 층마다 설치하되, 그 층의 각 부분으로부터 하나의 확성기까지의 수평거리가 25[m] 이하가 되도록 하고, 당해 층의 각 부분에 유효하게 경보를 발할 수 있도록 설치할 것
   ③ 음량조정기를 설치하는 경우 음량조정기의 배선은 3선식으로 할 것
   ④ 조작부의 조작스위치는 바닥으로부터 0.8[m] 이상 1.5[m] 이하의 높이에 설치할 것
   ⑤ 조작부는 기동장치의 작동과 연동하여 당해 기동장치가 작동한 층 또는 구역을 표시할 수 있는 것으로 할 것
   ⑥ 증폭기 및 조작부는 수위실 등 상시 사람이 근무하는 장소로서 점검이 편리하고 방화상 유효한 곳에 설치할 것
   ⑦ 층수가 11층(공동주택의 경우에는 16층) 이상의 특정소방대상물은 다음 각목에 따라 경보를 발할 수 있도록 하여야 한다
     ㉠ 2층 이상의 층에서 발화한 때에는 발화층 및 그 직상 4개층에 경보를 발할 것
     ㉡ 1층에서 발화한 때에는 발화층·그 직상 4개층 및 지하층에 경보를 발할 것
     ㉢ 지하층에서 발화한 때에는 발화층·그 직상층 및 그 밖의 지하층에 경보를 발할 것
   ⑧ 다른 방송설비와 공용하는 것에 있어서는 화재시 비상경보 외의 방송을 차단할 수 있는 구조로 할 것
   ⑨ 다른 전기회로에 따라 유도장애가 생기지 아니하도록 할 것
   ⑩ 하나의 소방대상물에 2 이상의 조작부가 설치되어 있는 때에는 각각의 조작부가 있는 장소
     상호 간에 동시통화가 가능한 설비를 설치하고, 어느 조작부에서도 당해 소방대상물의 전구역에 방송을 할 수 있도록 할 것
   ⑪ 기동장치에 따른 화재신고를 수신한 후 필요한 음량으로 화재발생 상황 및 피난에 유효한 방송이 자동으로 개시될 때까지의 소요시간은 10초 이하로 할 것
   ⑫ 음향장치는 다음 기준에 따른 구조 및 성능의 것으로 하여야 한다.
     ㉠ 정격전압의 80[%] 전압에서 음향을 발할 수 있는 것을 할 것(→ 음압 : 90[dB] 이상)
     ㉡ 자동화재탐지설비의 작동과 연동하여 작동할 수 있는 것으로 할 것

2 배 선
  ① 화재로 인하여 하나의 층의 확성기 또는 배선이 단락 또는 단선되어도 다른 층의 화재 통보에 지장이 없도록 할 것
  ② 전원회로의 배선은 「옥내소화전설비의 화재안전기술기준(NFTC 102)」2.7.2의 표 2.7.2(1)에 따른 내화배선에 따르고, 그 밖의 배선은 「옥내소화전설비의 화재안전기술기준(NFTC 102)」의 2.7.2의 표 2.7.2(1) 또는 표 2.7.2(2)에 따른 내화배선 또는 내열배선에 따라 설치할 것
  ③ 전원회로의 전로와 대지 사이 및 배선 상호 간의 절연저항은 「전기사업법 제67조의 규정」에 따른 기술기준이 정하는 바에 따르고, 부속회로의 전로와 대지 사이 및 배선 상호 간의 절연저항은 1경계구역마다 직류 250[V]의 절연저항측정기를 사용하여 측정한 절연저항이 0.1[MΩ] 이상이 되도록 할 것
  ④ 비상방송설비의 배선은 다른 전선과 별도의 관·덕트(절연효력이 있는 것으로 구획한 때에는 그 구획된 부분은 별개의 덕트로 간주), 몰드 또는 풀박스 등에 설치할 것 다만, 60[V] 미만의 약전류 회로에 사용하는 전선으로서 각각의 전압이 같을 때에는 그러하지 아니하다.

3 상용전원
  ① 전원은 전기가 정상적으로 공급되는 축전지, 전기저장장치 또는 교류전압의 옥내 간선으로 하고, 전원까지의 배선은 전용으로 할 것
  ② 개폐기에는 "비상방송설비용"이라고 표시한 표지를 할 것

4 예비전원
  비상방송설비에는 그 설비에 대한 감시상태를 60분간 지속한 후 유효하게 10분 이상(층수가 30층 이상이면 30분 이상) 경보할 수 있는 축전지설비(수신기에 내장하는 경우를 포함) 또는 전기저장장치를 설치하여야 한다.

17 ▸▸ 자동화재탐지설비

(1) 설치대상

① 공동주택 중 아파트 등, 기숙사 및 숙박시설의 경우는 모든 층
② 층수가 6층 이상인 건축물의 경우에는 모든 층
③ 근린생활시설(목욕장은 제외한다), 의료시설(정신의료기관 또는 요양병원은 제외한다), 위락시설, 장례시설 및 복합건축물로서 연면적 600m² 이상인 경우 모든 층
④ 근린생활시설 중 목욕장, 문화 및 집회시설, 종교시설, 판매시설, 운수시설, 운동시설 업무시설, 공장, 창고시설, 위험물 저장 및 처리 시설, 항공기 및 자동차 관련 시설, 교정 및 군사시설 중 국방·군사시설, 방송통신시설, 발전시설, 관광 휴게시설, 지하가(터널은 제외한다)로서 연면적 1천m² 이상인 경우 모든 층
⑤ 교육연구시설(교육시설 내에 있는 기숙사 및 합숙소를 포함한다), 수련시설(수련시설 내에 있는 기숙사 및 합숙소를 포함하며, 숙박시설이 있는 수련시설은 제외한다), 동물 및 식물 관련 시설(기둥과 지붕만으로 구성되어 외부와 기류가 통하는 장소는 제외한다), 자원순환시설, 교정 및 군사시설(국방·군사시설은 제외한다) 또는 묘지 관련 시설로서 연면적 2천m² 이상인 경우 모든 층
⑥ 노유자 생활시설의 경우에는 모든 층
⑦ ⑥에 해당하지 않는 노유자시설로서 연면적 400m² 이상인 노유자시설 및 숙박시설이 있는 수련시설로서 수용인원 100명 이상인 경우에는 모든 층
⑧ 의료시설 중 정신의료기관 또는 요양병원으로서 다음의 어느 하나에 해당하는 시설
　㉠ 요양병원(의료재활시설은 제외한다)
　㉡ 정신의료기관 또는 의료재활시설로 사용되는 바닥면적의 합계가 300m² 이상인 시설
　㉢ 정신의료기관 또는 의료재활시설로 사용되는 바닥면적의 합계가 300m² 미만이고, 창살(철재 플라스틱 또는 목재 등으로 사람의 탈출 등을 막기 위하여 설치한 것을 말하며, 화재 시 자동으로 열리는 구조로 되어 있는 창살은 제외한다)이 설치된 시설
⑨ 판매시설 중 전통시장
⑩ 지하가 중 터널로서 길이가 1천m 이상인 것
⑪ 지하구
⑬ ④에 해당하지 않는 공장 및 창고시설로서 「화재예방법 시행령」 별표 2에서 정하는 수량의 500배 이상의 특수가연물을 저장·취급하는 것
⑫ 위 ③에 해당하지 않는 근린생활시설 중 조산원 및 산후조리원
⑭ 위 ④에 해당하지 않는 발전시설 중 전기저장시설

> **시각경보기 설치대상**
> 시각경보기를 설치하여야 하는 특정소방대상물은 자동화재탐지설비를 설치하여야 하는 특정소방대상물 중 다음의 어느 하나에 해당하는 것과 같다.
> • 근린생활시설, 문화 및 집회시설, 종교시설, 판매시설, 운수시설, 의료시설, 노유자시설
> • 업무시설, 숙박시설, 발전시설 및 장례시설, 운동시설, 위락시설, 창고시설 중 물류터미널
> • 교육연구시설 중 도서관, 방송통신시설 중 방송국
> • 지하가 중 지하상가

(2) 계통도 및 구성

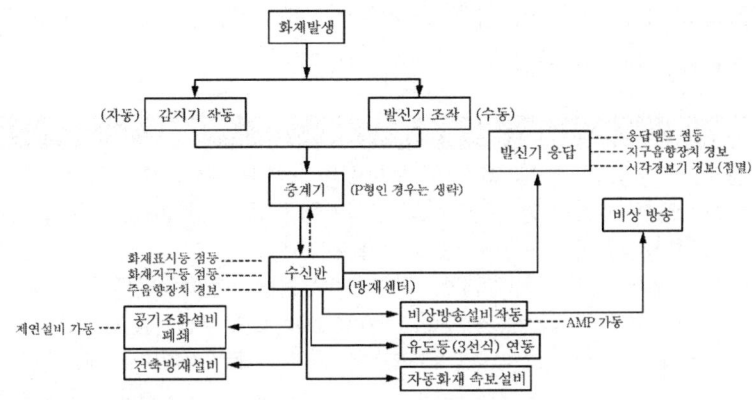

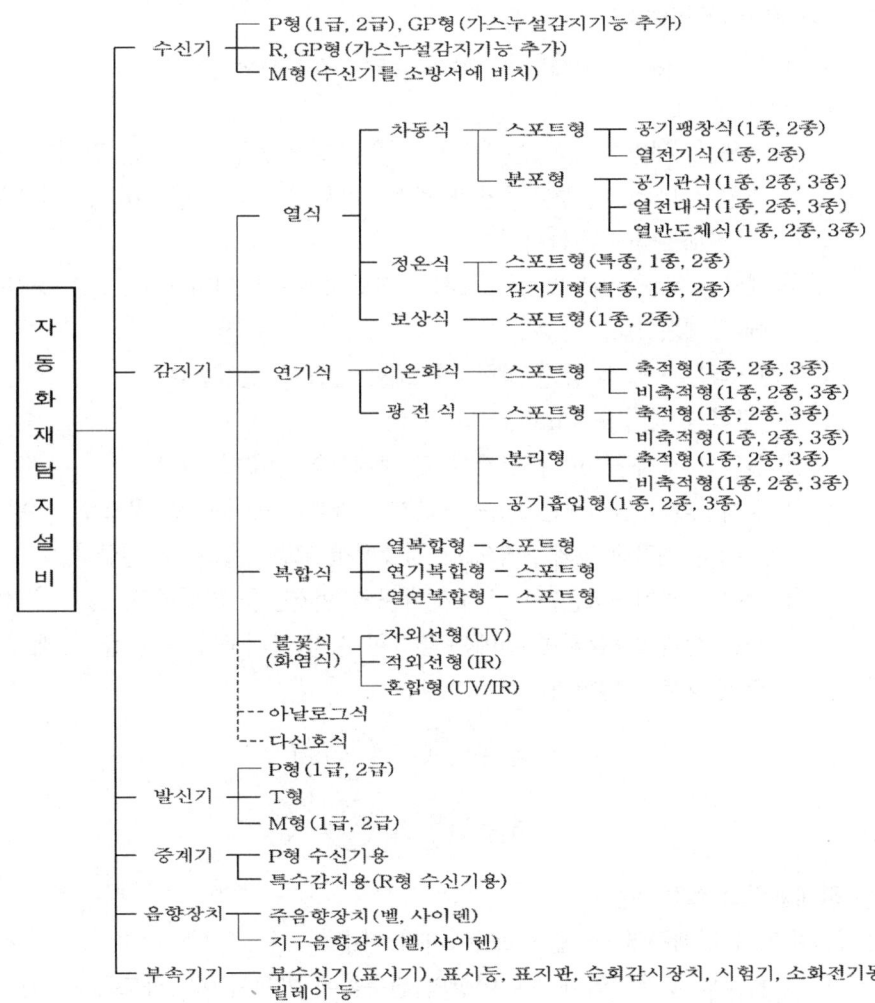

(3) 경계구역의 정의 및 설정방법

① 정의 : "경계구역"이라 함은 소방대상물 중 화재신호를 발신하고 그 신호를 수신 및 유효하게 제어할 수 있는 구역을 말한다.

> **경계구역**
> - 경계구역 : 자동화재탐지설비 1회선(1회로)이 화재를 유효하게 감지하는 구역
> - 수신기의 1회선은 곧 경계구역 하나를 의미한다. 즉, 수신기에 연결된 회선(회로)수가 17개라면 당해소방대상물의 경계구역수는 17개가 된다.
> - 수신기 규격 선정 시 최대 경계구역수에 여유율을 가산하여 선정한다. 예를 들어, 경계구역수가 17개면 20회로, 경계구역수가 26개이면 30회로의 수신기를 선정한다.
> - 수신기의 회로규격 : 5, 10, 15, 20, 25, 30, …의 5회로 간격으로 제조된다.

② 경계구역의 설정방법
　㉠ 경계구역의 경계 : 경계선은 복도, 통로, 방화벽 등으로 한다.
　㉡ 면적산출
　　㉮ 목욕실, 세면장, 화장실(욕조나 샤워시설이 있는 것) 등은 감지기 설치면적에 산입하지 않으나 경계구역 면적에는 포함시킨다. 또한 지하층, 지붕 속의 면적도 경계구역에 포함시킨다.
　　㉯ 개방된 복도, 베란다 등으로서 바닥면적에 산입되지 않는 것은 경계구역 면적에서 제외한다.
　㉢ 경계구역은 가급적 동일 방화구획 내에 있도록 설정한다.
　㉣ 경계구역의 넘버링(Numbering) 방법
　　㉮ 설정된 경계구역마다 경계선 및 경계구역 번호를 매긴다.
　　㉯ 경계구역의 넘버링은 보통 수신기와 가까운 곳에서 먼 곳으로, 수평적 경계구역에서 수직적 경계구역으로, 저층에서 고층 순으로 진행한다.
　　㉰ 수평적 경계구역은 원 안에 경계구역 번호만을 기입하고, 수직적 경계구역은 원을 상하 2등분하여 위에는 필요한 사항(경계구역 명칭)을, 아래에는 경계구역 번호를 기입한다.

　　　㉠ 수평 : ①　②　③
　　　㉡ 수직 : 계단/1　E/V/2　P.D/3

③ 경계구역의 설정기준
　㉠ 수평적 경계구역 → 면적 또는 거리 기준
　　㉮ 하나의 경계구역이 2개 이상의 건축물에 미치지 아니하도록 할 것

㊗ 하나의 경계구역이 2개 이상의 층에 미치지 아니하도록 할 것. 다만, 500[m²] 이하의 범위 안에서는 2개의 층을 하나의 경계구역으로 할 수 있다.

㊀ 하나의 경계구역의 면적은 600[m²] 이하로 하고 한 변의 길이는 50[m] 이하로 할 것. 다만, 당해 소방대상물의 주된 출입구에서 그 내부 전체가 보이는 것(실내경기장, 실내체육관, 실내관람장, 집회장, 극장 등의 관람석 부분 또는 학교 강당)에 있어서는 한 변의 길이가 50[m]의 범위 내에서 1,000[m²] 이하로 할 수 있다.

ⓒ 수직적 경계구역 → 수직 공간 또는 높이 기준

㉮ 계단·경사로(에스컬레이터 경사로 포함)·엘리베이터승강로(권상기실이 있는 경우 권상기실·린넨슈트·파이프 피트 및 덕트 기타 이와 유사한 부분에 대하여는 별도로 경계구역을 설정하되, 하나의 경계구역은 높이 45[m] 이하(계단 및 경사로에 한함)로 한다.

㉯ 지하층의 계단 및 경사로(지하 1층인 경우는 제외)는 별도로 하나의 경계구역으로 설정하여야 한다.

ⓒ 외기에 면하여 상시 개방된 부분이 있는 차고·주차장·창고 등에 있어서는 외기에 면하는 각 부분으로부터 5[m] 미만의 범위 안에 있는 부분은 경계구역의 면적에 산입하지 않음

ⓔ 스프링클러설비 또는 물분무 등 소화설비 또는 제연설비의 화재감지장치로서 화재감지기를 설치한 경우의 경계구역은 당해 소화설비의 방사구역 또는 제연구역과 동일하게 설정할 수 있다.

소화설비		방호구역	설정기준
스프링클러 설비	폐쇄형	바닥면적 기준	3,000m² 이하
		층별 기준	1개층이 하나의 방호구역
			1개층에 헤드가 10개 이하인 경우 3개층 이내를 하나의 방호구역으로 설정 가능
	개방형	층별 기준	1개층이 하나의 방수구역
		헤드기준	50개 이하
물분무등 소화설비		방호대상구역	방사구역마다 설정
제연설비		제연구역	1,000m² 이하

(4) 설치기준

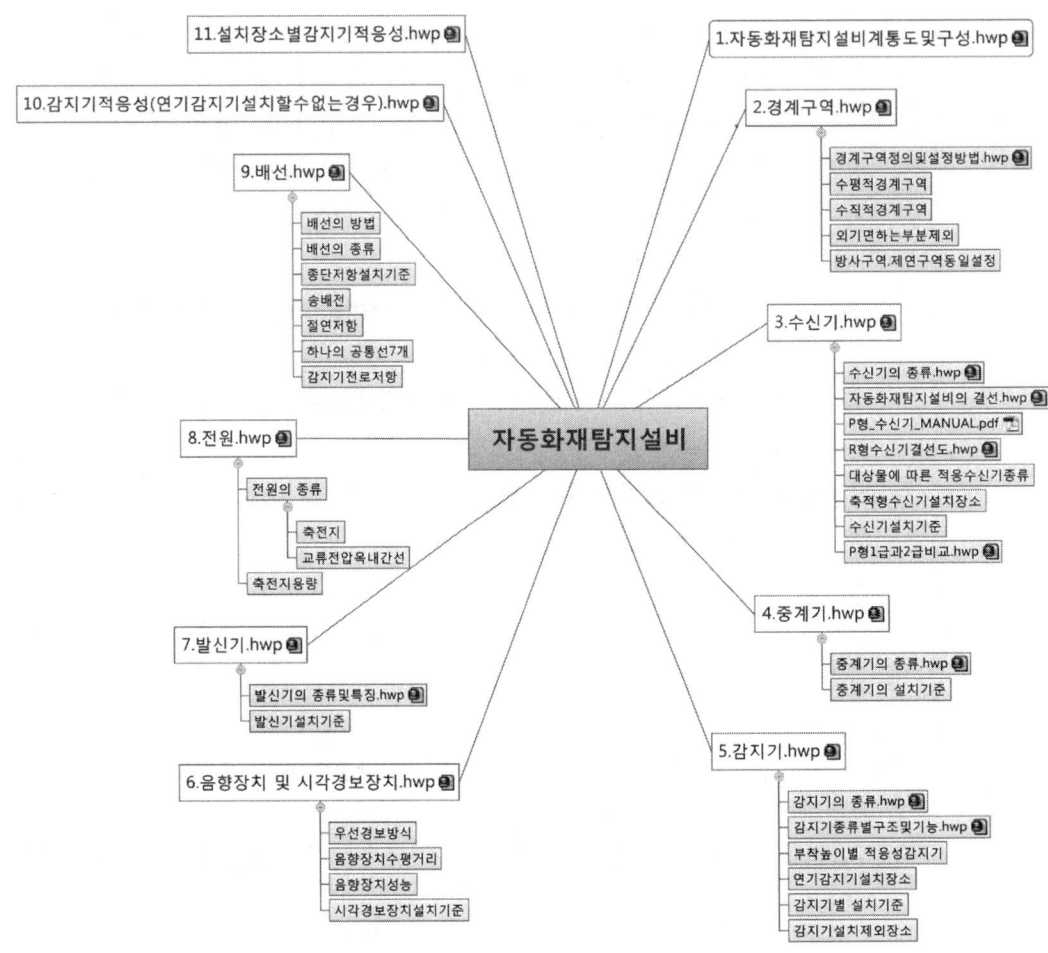

① 수평적(면적 또는 거리) 경계구역 설정방법에 대해 설명하시오.
② 수직적(수직공간 또는 높이) 경계구역 설정방법에 대해 설명하시오.
③ 축적기능이 있는 수신기를 설치하여야 하는 장소에대해 기술하시오.
④ 수신기의 설치기준 8가지를 쓰시오.
⑤ 비화재방지기능이 있는 감지기를 설치하여야 하는 장소를 설명하시오.
⑥ 부착높이에 따른 감지기의 종류를 설명하시오.
⑦ 연기감지기의 설치장소를 설명하시오.
⑧ 축적기능이 없는 감지기를 설치할수 있는 경우 3가지를 쓰시오.

⑨ 다음 (　)안을 채우시오.
1) 감지기((　　　　)의 것은 제외)는 실내로의 공기유입구로부터 (　)m 이상 떨어진 위치에 설치할 것
2) 감지기는 (　　) 또는 (　　)의 옥내에 면하는 부분에 설치할 것
3) (　　　　　)감지기는 정온점이 감지기 주위의 평상시 최고온도보다 (　)℃ 이상 높은 것으로 설치할 것
4) 정온식 감지기는 주방·보일러실 등으로서 다량의 화기를 취급하는 장소에 설치하되, 공칭작동온도가 최고주위온도보다 (　　)℃ 이상 높은 것으로 설치할 것
5) 차동식 스포트형·보상식스포트형·정온식스포트형감지기는 다음 표에 따른 부착높이 및 바닥면적에 따라 1개 이상을 설치할 것
[부착높이별 감지기의 설치기준 표만들기]
6) 스포트형감지기는 (　　) 이상 경사되지 아니하도록 부착할 것

⑩ 열전대식 차동식 분포형 감지기의 설치기준을 설명하시오.
⑪ 열반도체식 차동식 분포형 감지기의 설치기준을 설명하시오.
⑫ 연기감지기의 설치기준을 설명하시오.
⑬ 정온식 감지선형 감지기의 설치기준을 설명하시오.
⑭ 불꽃감지기의 설치기준을 설명하시오.
⑮ 광전식분리형감지기의 설치기준을 설명하시오.
⑯ 광전식 분리형감지기, 불꽃감지기 또는 광전식 공기흡입형 감지기의 설치장소를 설명하시오.
⑰ 감지기의 설치제외장소를 기술하시오.
⑱ 지하구에 설치하여야 하는 감지기를 설명하시오.
⑲ 터널에 설치하는 감지기의 종류를 설명하시오.
⑳ 중계기의 설치기준을 설명하시오.
㉑ 발신기의 설치기준을 설명하시오.
㉒ 표시등의 설치기준을 설명하시오.
㉓ 음향장치의 성능에 대해 기술하시오.
㉔ 자동화재탐지설비의 상용전원의 종류 2가지
㉕ 확보되어야 할 예비전원의 종류 및 그 성능을 기술하시오.
㉖ 전원회로의 배선 및 그밖의 회로 배선 설치기준을 설명하시오.
㉗ 감지기 상호간 또는 감지기로부터 수신기에 이르는 배선 설치기준을 설명하시오.
㉘ 종단저항의 설치목적 및 설치기준을 설명하시오.
㉙ 시각경보기의 설치기준을 설명하시오.

(5) 수신기의 종류 및 특징

① P형 : 감지기 또는 P형 발신기에서 보낸 신호를 받으면 화재등, 지구등이 점등되며 동시에 수신기 측 주경종과 해당 지구의 경종이 경보를 발하는 시스템이다. 1급, 2급이 있으며 1급수신기는 1회선~다회선(약 200회선)까지 있고 2급수신기는 1회선짜리와 2~5회선의 2가지가 있다. 가스누설 경보기능이 첨가된 것을 GP형이라 하는데 이것도 1급과 2급이 있다. GP형은 화재신호 수신 시 적색등, 가스누설신호 수신 시 황색등이 점등된다.

② R형 : 감지기 또는 P형 발신기에서 보낸 화재신호를 중계기를 거쳐 수신하는 것이 특징인데, 화재등, 지구등이 점등되고 경종(주경종 및 지구경종)이 경보됨과 동시에 Printer로 기록된다. 가스누설 경보기능이 첨가된 것을 GR형이라 하며, GR형은 화재신호 수신 시 적색등, 가스누설신호 수신 시 황색등이 점등된다.

③ M형 : 관할소방서 내에 설치한다.

구분	P형 수신기	R형 수신기
적용대상물	중·소형 소방대상물	다수동·대형 소방대상물·대단위 단지
신호전달방식	개별신호 방식	다중신호 방식
표시방식	지도식, 창구식	지도식, 창구식, 디지털식, CRT식
신호의 종류	전체회로의 공통신호 방식	각 회로마다의 고유신호 방식
중계기	불필요	반드시 필요
도통시험	수신기와 말단감지기 사이	- 수신기와 중계기 사이 - 수신기와 말단감지기 사이 - 중계기와 말단감지기 사이
경제성	- 수신기 자체는 저가 - 배관, 간선수가 많아 전체 시스템비용 및 인건비가 많이 들고, 증설의 난점 등을 고려하면 경제성 낮음	- 수신기 자체는 고가 - 배관, 간선수가 적고 증설, 이설 등의 용이성을 고려하면 경제적임
설치공간	충분한 공간이 필요	최소한의 공간 필요

(6) 기본간선

① P형

전층 경보방식인 경우

간선의 가닥수
① 응답선
② 지구(회로선)
③ 지구공통선
④ 경종선
⑤ 표시등선
⑥ 경종표시등 공통선
⑦ 지구(회로선) 추가
⑧ 지구(회로선) 추가

⎫
⎬ 기본간선수
⎭

② R형(11층 이상, 아파트의 경우 16층 이상)

[경계구역이 늘어날 경우 중계기 수가 증가. 배선증가는 없음]

R형수신기의 기본간선

1. 신호선 2가닥
2. 전원선 2가닥
3. 표시등선 1가닥
4. 응답선 1가닥
5. 공통선 1가닥
6. 소화전기동선 1가닥[별도 AC배선시 2가닥]

③ R형 수신기

㉠ 특징 : 증·개축이 많거나 회로수가 많은 대규모 건물이나 다수의 동(棟)이 있는 건물에 적합하며, 단점으로 수신기 값이 비싸고 운영 및 보수에 전문적인 기술이 필요하다.

㉮ 간선수(선로수)가 적게 들어 경제적이다.

㉯ 선로의 길이를 길게 할 수 있다.

㉰ 신호의 전달이 명확하다.

㉱ 이설, 증설 등이 용이하다.

㉤ 화재발생지구를 숫자로 표시할 수 있다.
㉥ 고유의 신호를 전달하는 중계기가 설치되어 있다.

> **다중통신 [R형 방식의 신호방식]**
> P형 방식은 발신기 또는 감지기로부터 수신기까지 실선으로 배선되어 있어서 지구(회로)가 많은 경우 그 수만큼 신호선이 필요하나 R형 방식은 중계기에서 수신기까지 단 2선의 신호선만으로 수많은 신호(입력 및 출력 신호)를 주고받을 수 있어 간선수가 적게 든다.
> R형 시스템은 양방향 통신방식을 채용하는데, 양방향 통신방식이란 다량의 입출력신호를 고유의 신호로 변환시켜 전송하는 다중통신(Multiplexing Communication)방식을 말한다.

(7) 감지기의 종류

① 감지기의 정의 : 화재 시 생성되는 열, 연기 또는 불꽃을 감지(검출)하여 자동적으로 수신기로 송신하여 화재사실을 경보하게 하는 기기(자체적으로 감지 및 경보를 발하는 것은 단독경보형 감지기)

② 감지기의 종류

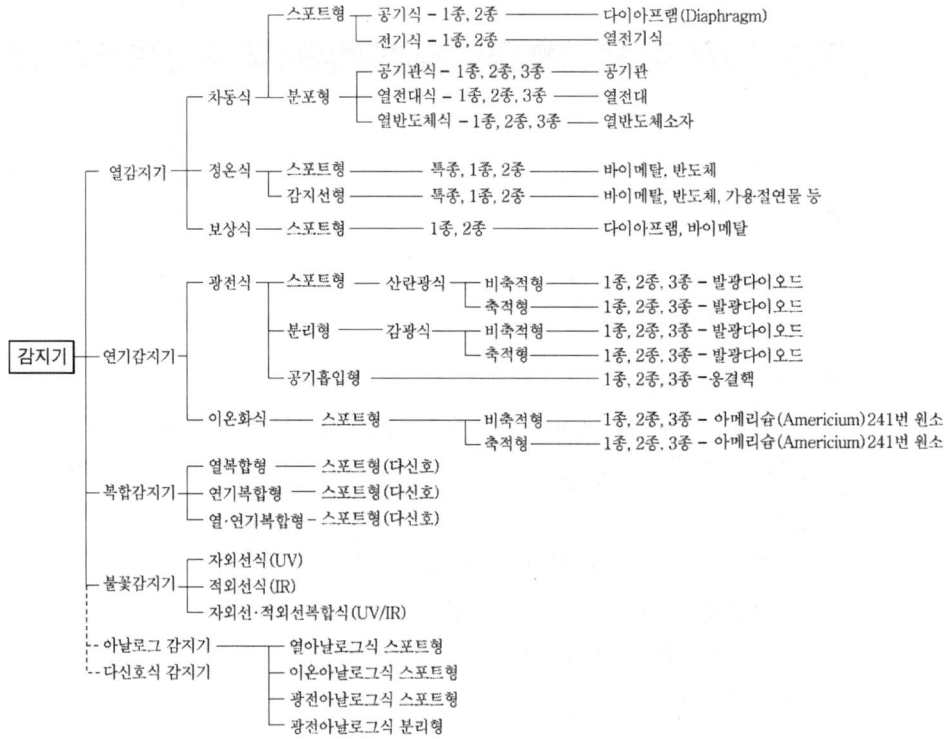

③ 감지기의 종류별 정의
  ㉠ 차동식 스포트(Spot)형 감지기 : 주위온도가 일정상승률 이상으로 증가하는 경우 작동하는 것으로서 일국소의 열효과에 의하여 작동하는 것[열감지기]
  ㉡ 차동식 분포형 감지기 : 주위온도가 일정상승률 이상으로 증가하는 경우 작동하는 것으로서 넓은 범위 내에서의 열효과에 의하여 작동하는 것[열감지기]
  ㉢ 정온식 스포트형 감지기 : 일국소의 주위온도가 일정 온도 이상이 되는 경우 작동하는 것으로서 외관이 전선으로 되어 있지 아니한 것[열감지기]
  ㉣ 정온식 감지선형 감지기 : 일국소의 주위온도가 일정 온도 이상이 되는 경우 작동하는 것으로서 외관이 전선으로 되어 있는 것[열감지기]
  ㉤ 보상식 스포트형 감지기 : 차동식 스포트형 감지기와 정온식 스포트형 감지기의 성능을 겸한 것으로서 차동식 스포트형 감지기 또는 정온식 스포트형 감지기의 성능 중 어느 한 기능이 작동되면 작동신호를 발하는 것[열감지기]
  ㉥ 이온화식 감지기 : 주위의 공기가 일정 농도의 연기를 포함하게 되는 경우 작동하는 것으로서 일국소의 연기에 의하여 이온전류가 변화하여 작동하는 것[연기감지기]
  ㉦ 광전식 감지기 : 주위의 공기가 일정 농도의 연기를 포함하게 되는 경우 작동하는 것으로서 일국소의 연기에 의하여 광전소자에 접하는 광량의 변화로 작동하는 것[연기감지기]
  ㉧ 열복합형 감지기 : 차동식 스포트형 감지기와 정온식 스포트형 감지기의 성능이 있는 것으로서 두 가지 성능의 감지기능이 함께 작동될 때 화재신호를 발신하거나 두 개의 화재신호를 각각 발신하는 것[열감지기]
  ㉨ 연복합형 감지기 : 이온화식 감지기와 광전식 감지기의 성능이 있는 것으로서 두 가지 성능의 감지기능이 함께 작동될 때 화재신호를 발신하거나 두 개의 화재신호를 각각 발신하는 것[연기감지기]
  ㉩ 열연복합형 감지기 : 두 가지 성능의 감지기능이 함께 작동될 때 화재신호를 발하거나 또는 두 개의 화재신호를 각각 발신하는 것[열 및 연기 감지기]
    ⓐ 차동식 스포트형 감지기와 이온화식 감지기의 성능이 있는 것
    ⓑ 차동식 스포트형 감지기와 광전식 감지기의 성능이 있는 것
    ⓒ 정온식 스포트형 감지기와 이온화식 감지기의 성능이 있는 것
    ⓓ 차동식 스포트형 감지기와 광전식 감지기의 성능이 있는 것

(8) 감지기의 배선[송배전방식]

[송배전방식의 감지기 배선]

① 종단저항이 발신기함(Set) 내에 있는 경우(원칙)

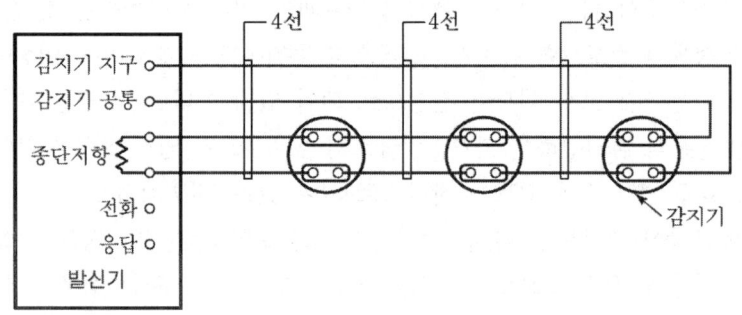

② 종단저항이 말단감지기에 있는 경우

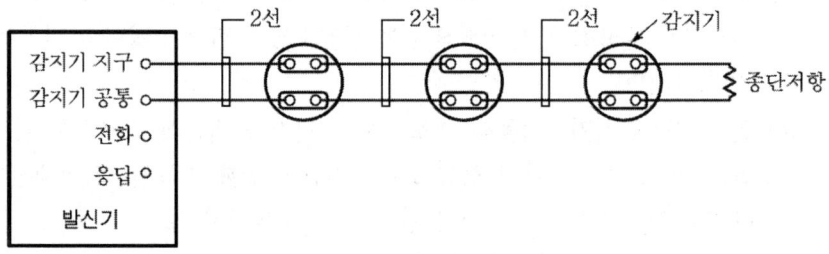

[교차회로 배선]
① 정의 : 하나의 방호구역 내에 2개 이상의 화재감지기 회로를 구성하여 인접한 2 이상의 화재감지기가 동시에 작동 시 당해 설비를 작동시키는 감지기 배선방식이다.
② 배선 이유
　㉠ 감지기 오동작에 의한 설비의 오동작 방지
　㉡ 불필요한 약제방출 방지로 경제적 손실 감소
　㉢ 설비의 신뢰도 제고
③ 적용설비 : 스프링클러(준비작동식, 일제살수식), 이산화탄소, 할론소화설비, 분말소화설비, 할로겐화합물 및 불활성기체소화설비, 가스계(CO_2, 할론) Package 설비
④ 배선도
　㉠ 배선도 1

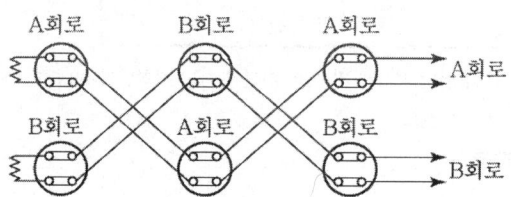

　㉡ 배선도 2

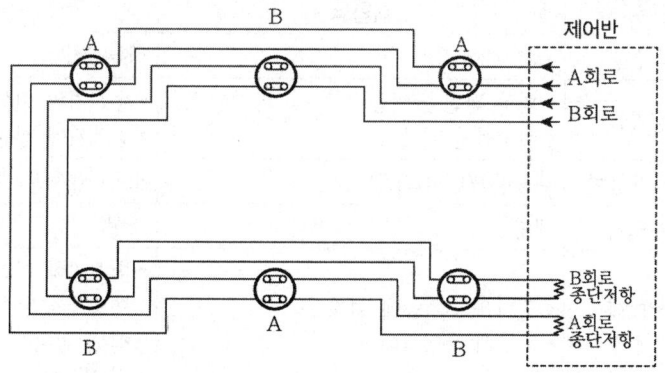

(9) 발신기의 배선

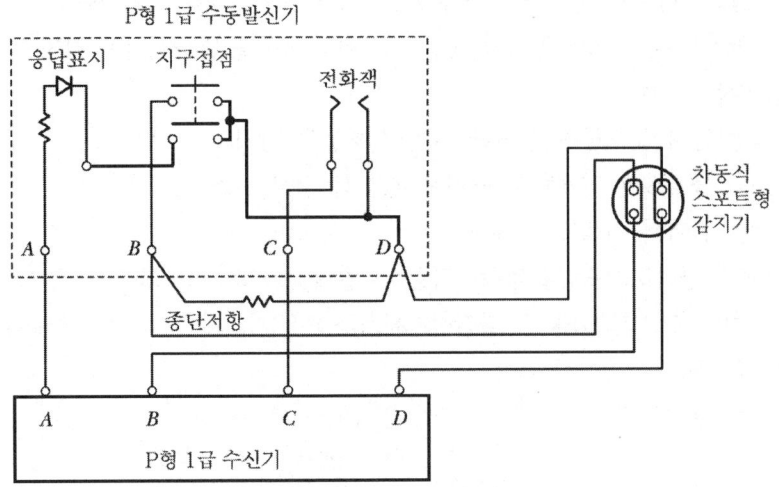

A : 응답단자, B : 지구(회로)단자, C : 전화단자(22.5.9 이후 삭제), D : 공통단자

(10) 중계기의 종류

【 집합형과 분산형 중계기의 비교 】

구분	집합형	분산형
입력전원	교류 220[V]	직류 24[V]
전원공급	• 외부 전원을 이용 • 비상전원 내장	• 수신기의 비상전원을 이용 • 중계기에 전원장치 없음
회로수용능력	대용량(30~40회로)	소용량(5회로 미만)
외형크기	대형	소형
설치방법 (설치장소)	• 전기 Pit실 등에 설치 • 2~3개 층당 1대씩	• 발신기함, 소화전함, 수동조작함, SVP, 연동제어기에 내장하거나 별도의 격납함에 설치 • 각 말단(local) 기기별 1대씩
전원공급 사고 시	• 내장된 예비전원에 의해 정상적인 동작을 수행	• 중계기 전원 선로의 사고 시 해당 계통 전체 시스템 마비
설치적용	• 전압 강하가 우려되는 장소 • 수신기와 거리가 먼 초고층 빌딩	• 전기Pit 등의 공간이 적은 건축물 • 아날로그 감지기를 객실별로 설치하는 호텔, 오피스텔, 아파트 등

(11) 형식승인기준 [감지기외부표시사항]

① 종별 및 형식

② 형식승인번호
③ 제조년월 및 제조번호
④ 제조업체명 또는 상호
⑤ 특수하게 취급하여야 할 것은 그 주의사항
⑥ 극성이 있는 단자에는 극성을 표시하는 기호
⑦ 공칭축적시간(축적형에 한하여 "지연형(축적형)수신기에는 설치할 수 없음" 표시 별도)
⑧ 차동식분포형감지기에는 ① 내지 ⑦에 규정한 사항외에 공기관식은 최대공기관의 길이와 사용공기관의 안지름 및 바깥지름, 열전대식 및 열반도체식은 감열부의 최대수량 또는 길이
⑨ 정온식기능을 가진 감지기에는 공칭작동온도, 보상식감지기에는 정온점, 정온식감지선형감지기에는 외피에 다음의 구분에 의한 공칭작동온도의 색상을 표시한다.
　가. 공칭작동온도가 80 ℃ 이하인 것은 백색
　나. 공칭작동온도가 80 ℃ 이상 120 ℃ 이하인 것은 청색
　다. 공칭작동온도가 120 ℃ 이상인 것은 적색
⑩ 방수형인 것은 "방수형"이라는 문자 별도표시
⑪ 다신호식 기능을 가진 감지기는 당해 감지기가 발하는 화재신호의 수 및 작동원리 구분방법
⑫ 설치방법, 취급상의 주의사항
⑬ 품질보증에 관한 사항(보증기간, 보증내용, A/S방법, 자체검사필증 등)
⑭ 공칭감시거리 및 시야각(해당되는 경우에 한함)

(12) 계산(가닥수)문제관련

다음과 같은 내화구조의 건축물에 자동화재탐지설비를 설치하고자 한다. 조건에 따라 다음 각 물음에 답하시오.

[조건]
1. 각 층의 층고는 지상 1층, 지하 1층, 지하 2층은 4.5m이며, 지상 2층부터 6층까지는 3.5m이다.
2. 지하 2층에서 지상 6층까지의 직통계단은 1개소이다.
3. 각 층은 차동식 스포트형(1종) 감지기를 설치한다.
4. 각 층의 반자는 고려하지 않는다.
5. 각 층에 복도는 없다. 화장실을 제외한 부분은 모두 거실로 간주한다.
6. 각 층별 면적의 경우, 6층은 150m², 나머지 모든 층의 면적은 각각 750m²이다.
7. 각 층에는 화장실이 50m²의 면적을 갖는다.(단, 6층에는 화장실이 없다.)

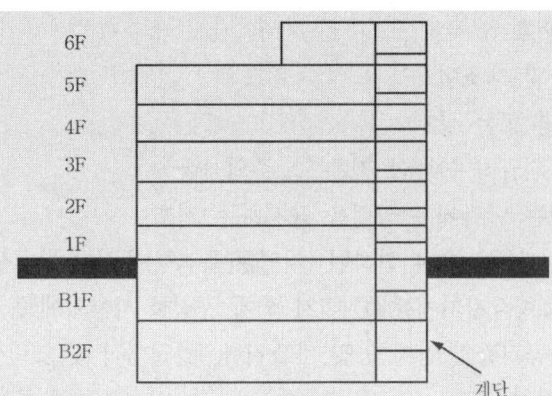

1) 전체 경계구역의 수
2) 차동식 감지기의 전체 개수
3) 연기감지기의 개수를 설치장소와 함께 표현하시오.

풀이 1) 전체 경계구역의 수
① 수평 경계구역수
㉠ 6층 : 경계구역수 = $\dfrac{150\text{m}^2}{600\text{m}^2}$ ≒ 1개

㉡ 5층 이하의 층 : 층별 경계구역수 = $\dfrac{750\text{m}^2}{600\text{m}^2}$ ≒ 2개

∴ 2×7개층=14개
② 수직 경계구역수
㉠ 지상 계단 1개
㉡ 지하 계단 1개
∴ 2개
③ 총 경계구역수
15+2=17개
2) 차동식감지기의 전체개수
① 지상 6층 : 설치수 = $\dfrac{150\text{m}^2}{90\text{m}^2}$ ≒ 2개

② 지상 5층~지상 2층 : 층별 설치수 = $\dfrac{700\text{m}^2}{90\text{m}^2}$ = 7.77 ≒ 8개

층별 화장실 $\dfrac{50\text{m}^2}{90\text{m}^2}$ = 0.55 ≒ 1개

따라서 층별 9개 설치   ∴ 9×4개층=36개

③ 지상 1층~지하 2층 : 층별 설치수 = $\dfrac{700\text{m}^2}{45\text{m}^2}$ = 15.55 ≒ 16개

층별 화장실 = $\dfrac{50\text{m}^2}{45\text{m}^2}$ = 1.11 ≒ 2개

따라서 층별 18개 설치   ∴ 18×3개층=54개
총 설치수=2+36+54=92개
3) ① 지상층 : 설치수 = $\dfrac{(3.5\times5+4.5)\text{m}}{15\text{m}}$ ≒ 2개

② 지하층 : 설치수 = $\dfrac{(4.5\times2)\text{m}}{15\text{m}}$ ≒ 1개

∴ 총 설치수=2+1=3개
③ 설치장소 : 6층, 3층, 지하 1층

예상문제

자동화재탐지설비에 대하여 다음 물음에 답하시오.

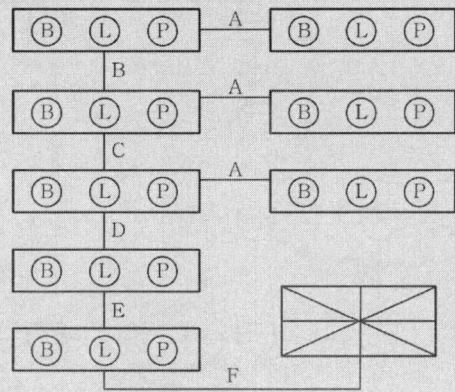

그림의 계통도에서 간선 (A~F)의 최소 전선수를 명기하시오. (단, 감지기와 경종·표시등의 공통선은 별개로 하며, 일제경보방식임)

[풀이] 그림의 계통도에서 간선(A~F)의 최소 전선수

	A	B	C	D	E	F
지구선	1	2	4	6	7	8
응답선	1	1	1	1	1	1
공통선	1	1	1	1	1	2
경종선	1	1	1	1	1	1
표시등선	1	1	1	1	1	1
경종·표시등 공통선	1	1	1	1	1	1
합계	6	7	9	11	12	14

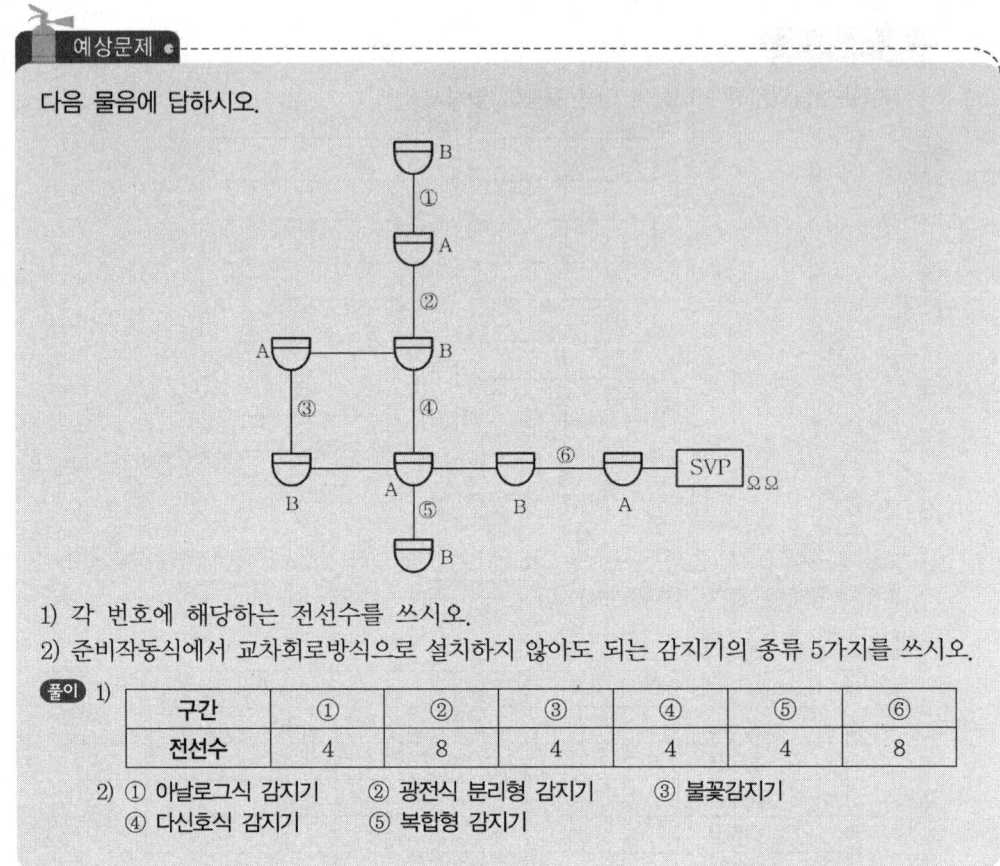

1) 각 번호에 해당하는 전선수를 쓰시오.
2) 준비작동식에서 교차회로방식으로 설치하지 않아도 되는 감지기의 종류 5가지를 쓰시오.

풀이 1)

구간	①	②	③	④	⑤	⑥
전선수	4	8	4	4	4	8

2) ① 아날로그식 감지기 ② 광전식 분리형 감지기 ③ 불꽃감지기
   ④ 다신호식 감지기 ⑤ 복합형 감지기

18 ▶▶ 자동화재속보설비

(1) 설치대상

다음 어느 하나에 해당하는 것으로 한다. 다만 방재실 등 화재수신기가 설치된 장소에 24시간 화재를 감기할 수 있는 사람이 근무하고 있는 경우에는 자동화재속보설비를 설치하지 않을 수 있다.

① 노유자 생활시설
② ①에 해당하지 않는 노유자시설로서 바닥면적이 500m² 이상인 층이 있는 것.
③ 수련시설(숙박시설이 있는 건축물만 해당한다)로서 바닥면적이 500m² 이상인 층이 있는 것.

④ 「문화재보호법」 제23조에 따라 보물 또는 국보로 지정된 목조건축물,
⑤ 근린생활시설 중 다음의 어느 하나에 해당하는 시설
  ㉠ 의원, 치과의원 및 한의원으로서 입원실이 있는 시설
  ㉡ 조산원 및 산후조리원
⑥ 의료시설중 다음의 어느 하나에 해당하는 것
  ㉠ 종합병원, 병원, 치과병원, 한방병원 및 요양병원(정신병원과 의료재활시설은 제외)
  ㉡ 정신병원과 의료재활시설로 사용되는 바닥면적의 합계가 500m^2 이상인 층이 있는 것
⑦ 판매시설 중 전통시장

(2) 계통도 및 구성

자동화재탐지설비의 수신기에 접속하여 사용하며, 자동화재탐지설비의 화재감지신호를 소방서에 보낸다. 자동화재속보기, 전화선, 상용전원 및 예비전원, 배선 등으로 구성되어 있다.

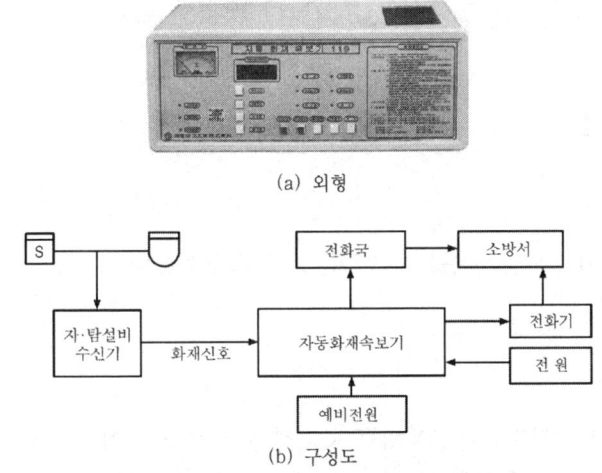

(a) 외형

(b) 구성도

자동화재속보설비의 기능

- 화재경보의 표시기능
- 작동횟수 표시기능
- 비상스위치 작동 표시기능
- 작동시간 표시기능
- 전화번호의 표시기능

(3) 설치기준

① 자동화재탐지설비와 연동으로 작동하여 자동적으로 화재발생 상황을 소방관서에 전달되는 것으로 할 것
② 스위치는 바닥으로부터 0.8[m] 이상 1.5[m] 이하의 높이에 설치하고, 그 보기 쉬운 곳에 스위치임을 표시한 표지를 할 것
③ 속보기는 소방관서에 통신망으로 통보하도록 하며, 데이터 또는 코드전송방식을 부가적으로 설치할 수 있다. 단, 데이터 및 코드전송방식의 기준은 소방청장이 정하여 고시한 「자동화재속보설비의 속보기의 성능인증 및 제품검사의 기술기준」에 따른다.
④ 문화재에 설치하는 자동화재속보설비는 ①의 기준에 불구하고 속보기에 감지기를 직접 연결하는 방식(자동화재탐지설비 1개의 경계구역에 한한다)으로 할 수 있다.
⑤ 속보기는 소방청장이 정하여 고시한 「자동화속보설비의 속보기의 성능인증 및 제품검사의 기술기준」에 적합한 것으로 설치하여야 한다.

19 ▸▸ 누전경보기

(1) 설치대상

계약전류용량이 100암페어를 초과하는 특정소방대상물

(2) 설치기준

① 설치방법 등

① 경계전로의 정격전류가 60[A]를 초과하는 전로에 있어서는 1급 누전경보기를, 60[A] 이하의 전로에 있어서는 1급 또는 2급 누전경보기를 설치할 것 다만, 정격전류가 60[A]를 초과하는 경계전로가 분기되어 각 분기회로의 정격전류가 60[A] 이하로 되는 경우 당해 분기회로마다 2급 누전경보기를 설치한 때에는 당해 경계전로에 1급 누전경보기를 설치한 것으로 본다.
② 변류기는 소방대상물의 형태, 인입선의 시설방법 등에 따라 옥외 인입선의 제1지점의 부하측 또는 제2종 접지선측의 점검이 쉬운 위치에 설치할 것 다만, 인입선의 형태 또는 소방대상물의 구조상 부득이한 경우에 있어서는 인입구에 근접한 옥내에 설치할 수 있다.
③ 변류기를 옥외의 전로에 설치하는 경우에는 옥외형의 것을 설치할 것

② 수신부
 ① 수신부의 설치장소
  옥내의 점검에 편리한 장소에 설치하되, 가연성의 증기·먼지 등이 체류할 우려가 있는 장소의 전기회로에는 당해 부분의 전기회로를 차단할 수 있는 차단기구를 가진 수신부를 설치하여야 한다. 이 경우 차단기구의 부분은 당해 장소 외의 안전한 장소에 설치하여야 한다.
 ② 수신부의 설치제외 장소
  다만, 당해 누전경보기에 대하여 방폭·방식·방습·방온·방진 및 정전기 차폐 등의 방호조치를 한 것에 있어서는 그러하지 아니하다.
  ㉠ 가연성의 증기·먼지·가스 등이나 부식성의 증기·가스 등이 다량으로 체류하는 장소
  ㉡ 화약류를 제조하거나 저장 또는 취급하는 장소
  ㉢ 습도가 높은 장소
  ㉣ 온도의 변화가 급격한 장소
  ㉤ 대전류회로·고주파 발생회로 등에 따른 영향을 받을 우려가 있는 장소

③ 음향장치
 수위실 등 상시 사람이 근무하는 장소에 설치하여야 하며, 그 음량 및 음색은 다른 기기의 소음 등과 명확히 구별할 수 있는 것으로 하여야 한다.

④ 전 원
 ① 전원은 분전반으로부터 전용회로로 하고, 각 극에 개폐기 및 15[A] 이하의 과전류차단기(배선용 차단기에 있어서는 20[A] 이하의 것으로 각 극을 개폐할 수 있는 것)를 설치할 것
 ② 전원을 분기할 때에는 다른 차단기에 따라 전원이 차단되지 아니하도록 할 것
 ③ 전원의 개폐기에는 "누전경보기용"임을 표시한 표지를 할 것

20 ▶▶ 가스누설경보기

(1) 설치대상

가스누설경보기를 설치하여야 하는 특정소방대상물(가스시설이 설치된 경우만 해당한다)은 다음의 어느 하나와 같다.
 ① 판매시설, 운수시설, 노유자시설, 숙박시설, 창고시설 중 물류터미널

② 문화 및 집회시설, 종교시설, 의료시설, 수련시설, 운동시설, 장례시설

(2) 용어정의

① "가연성가스 경보기"란 보일러 등 가스연소기에서 액화석유가스(LPG), 액화천연가스(LNG) 등의 가연성가스가 새는 것을 탐지하여 관계자나 이용자에게 경보하여 주는 것을 말한다. 다만, 탐지소자 외의 방법에 의하여 가스가 새는 것을 탐지하는 것, 점검용으로 만들어진 휴대용탐지기 또는 연동기기에 의하여 경보를 발하는 것은 제외한다.

② "일산화탄소 경보기"란 일산화탄소가 새는 것을 탐지하여 관계자나 이용자에게 경보하여 주는 것을 말한다. 다만, 탐지소자 외의 방법에 의하여 가스가 새는 것을 탐지하는 것, 점검용으로 만들어진 휴대용탐지기 또는 연동기기에 의하여 경보를 발하는 것은 제외한다.

③ "탐지부"란 가스누설경보기(이하 "경보기"라 한다) 중 가스누설을 탐지하여 중계기 또는 수신부에 가스누설의 신호를 발신하는 부분 또는 가스누설을 탐지하여 수신부 등에 가스누설의 신호를 발신하는 부분을 말한다.

④ "수신부"란 경보기 중 탐지부에서 발하여진 가스누설신호를 직접 또는 중계기를 통하여 수신하고 이를 관계자에게 음향으로서 경보하여 주는 것을 말한다.

⑤ "분리형"이란 탐지부와 수신부가 분리되어 있는 형태의 경보기를 말한다.

⑥ "단독형"이란 탐지부와 수신부가 일체로 되어있는 형태의 경보기를 말한다.

⑦ "가스연소기"란 가스레인지 또는 가스보일러 등 가연성가스를 이용하여 불꽃을 발생하는 장치를 말한다.

(3) 가연성가스 경보기의 설치기준

① 가연성가스를 사용하는 가스연소기가 있는 경우에는 가연성가스(액화석유가스(LPG), 액화천연가스(LNG) 등)의 종류에 적합한 경보기를 가스연소기 주변에 설치하여야 한다.

② 분리형 경보기의 수신부는 다음 각 호의 기준에 따라 설치하여야 한다.
  ㉠ 가스연소기 주위의 경보기의 상태 확인 및 유지 관리에 용이한 위치에 설치할 것
  ㉡ 가스누설 음향의 음량과 음색이 다른 기기의 소음 등과 명확히 구별될 것
  ㉢ 가스누설 음향은 수신부로부터 1[m] 떨어진 위치에서 음압이 70[dB] 이상일 것
  ㉣ 수신부의 조작 스위치는 바닥으로부터의 높이가 0.8[m] 이상 1.5[m] 이하인 장소에 설치할 것

ⓜ 수신부가 설치된 장소에는 관계자 등에게 신속히 연락할 수 있도록 비상연락 번호를 기재한 표를 비치할 것
③ 분리형 경보기의 탐지부는 다음 각 호의 기준에 따라 설치하여야 한다.
㉠ 탐지부는 가스연소기의 중심으로부터 직선거리 8[m](공기보다 무거운 가스를 사용하는 경우에는 4[m]) 이내에 1개 이상 설치하여야 한다.
㉡ 탐지부는 천정으로부터 탐지부 하단까지의 거리가 0.3[m] 이하가 되도록 설치한다. 다만, 공기보다 무거운 가스를 사용하는 경우에는 바닥면으로부터 탐지부 상단까지의 거리는 0.3[m] 이하로 한다.
④ 단독형 경보기는 다음 각 호의 기준에 따라 설치하여야 한다.
㉠ 가스연소기 주위의 경보기의 상태 확인 및 유지 관리에 용이한 위치에 설치할 것
㉡ 가스누설 음향의 음량과 음색이 다른 기기의 소음 등과 명확히 구별될 것
㉢ 가스누설 음향장치는 수신부로부터 1[m] 떨어진 위치에서 음압이 70[dB] 이상일 것
㉣ 단독형 경보기는 가스연소기의 중심으로부터 직선거리 8[m](공기보다 무거운 가스를 사용하는 경우에는 4[m]) 이내에 1개 이상 설치하여야 한다.
㉤ 단독형 경보기는 천장으로부터 경보기 하단까지의 거리가 0.3[m] 이하가 되도록 설치한다. 다만, 공기보다 무거운 가스를 사용하는 경우에는 바닥면으로부터 단독형 경보기 상단까지의 거리는 0.3[m] 이하로 한다.
㉥ 경보기가 설치된 장소에는 관계자 등에게 신속히 연락할 수 있도록 비상연락 번호를 기재한 표를 비치할 것

(4) 일산화탄소 경보기의 설치기준

① 일산화탄소 경보기를 설치하는 경우(타 법령에 따라 일산화탄소 경보기를 설치하는 경우를 포함한다)에는 가스연소기 주변(타 법령에 따라 설치하는 경우에는 해당 법령에서 지정한 장소)에 설치할 수 있다.
② 분리형 경보기의 수신부는 다음 각 호의 기준에 따라 설치하여야 한다.
㉠ 가스누설 음향의 음량과 음색이 다른 기기의 소음 등과 명확히 구별될 것
㉡ 가스누설 음향은 수신부로부터 1[m] 떨어진 위치에서 음압이 70[dB] 이상일 것
㉢ 수신부의 조작 스위치는 바닥으로부터의 높이가 0.8[m] 이상 1.5[m] 이하인 장소에 설치할 것
㉣ 수신부가 설치된 장소에는 관계자 등에게 신속히 연락할 수 있도록 비상연락 번호를 기재한 표를 비치할 것
③ 분리형 경보기의 탐지부는 천정으로부터 탐지부 하단까지의 거리가 0.3m 이하가 되도록 설치한다.

④ 단독형 경보기는 다음 각 호의 기준에 따라 설치하여야 한다.
  ㉠ 가스누설 음향의 음량과 음색이 다른 기기의 소음 등과 명확히 구별될 것
  ㉡ 가스누설 음향장치는 수신부로부터 1[m] 떨어진 위치에서 음압이 70[dB] 이상일 것
  ㉢ 단독형 경보기는 천장으로부터 경보기 하단까지의 거리가 0.3[m] 이하가 되도록 설치한다.
  ㉣ 경보기가 설치된 장소에는 관계자 등에게 신속히 연락할 수 있도록 비상연락 번호를 기재한 표를 비치할 것
⑤ ② 내지 ④에도 불구하고 중앙소방기술심의위원회의 심의를 거쳐 일산화탄소경보기의 성능을 확보할 수 있는 별도의 설치방법을 인정받은 경우에는 해당 설치방법을 반영한 제조사의 시방에 따라 설치할 수 있다.

(5) 설치제외장소

분리형 경보기의 탐지부 및 단독형 경보기는 다음 각 호의 장소 이외의 장소에 설치한다.
① 출입구 부근 등으로서 외부의 기류가 통하는 곳
② 환기구 등 공기가 들어오는 곳으로부터 1.5[m] 이내인 곳
③ 연소기의 폐가스에 접촉하기 쉬운 곳
④ 가구·보·설비 등에 가려져 누설가스의 유통이 원활하지 못한 곳
⑤ 수증기, 기름 섞인 연기 등이 직접 접촉될 우려가 있는 곳

(6) 전원

경보기는 건전지 또는 교류전압의 옥내간선을 사용하여 상시 전원이 공급되도록 하여야 한다.

21 ▸▸ 피난기구

(1) 설치대상

피난기구는 특정소방대상물의 모든 층에 화재안전기준에 적합한 것으로 설치하여야 한다. 다만, 지상 1층, 지상 2층(노유자시설의 경우 피난층이 아닌 지상 1층 및 지상 2층 경우는 제외) 및 층수가 11층 이상인 층과 위험물 저장 및 처리시설 중 가스시설, 중 터널 또는 지하구의 경우에는 그러하지 아니하다.

(2) 적응성

설치장소별 구분 \ 층별	1층	2층	3층	4층 이상 10층 이하
1. 노유자시설	미끄럼대 · 구조대 · 피난교 · 다수인피난장비 · 승강식피난기	미끄럼대 · 구조대 · 피난교 · 다수인피난장비 · 승강식피난기	미끄럼대 · 구조대 · 피난교 · 다수인피난장비 · 승강식피난기	구조대 · 피난교 · 다수인피난장비 · 승강식피난기
2. 의료시설 · 근린생활시설 중 입원실이 있는 의원 · 접골원 · 조산원			미끄럼대 · 구조대 · 피난교 · 피난용트랩 · 다수인피난장비 · 승강식피난기	구조대 · 피난교 · 피난용트랩 · 다수인피난장비 · 승강식피난기
3. 「다중이용업소의 안전관리에 관한 특별법 시행령」 제2조에 따른 다중이용업소로서 영업장의 위치가 4층 이하인 다중이용업소		미끄럼대 · 피난사다리 · 구조대 · 완강기 · 다수인피난장비 · 승강식피난기	미끄럼대 · 피난사다리 · 구조대 · 완강기 · 다수인피난장비 · 승강식피난기	미끄럼대 · 피난사다리 · 구조대 · 완강기 · 다수인피난장비 · 승강식피난기
4. 그 밖의 것			미끄럼대 · 피난사다리 · 구조대 · 완강기 · 피난교 · 피난용트랩 · 간이완강기 · 공기안전매트 · 다수인피난장비 · 승강식피난기	피난사다리 · 구조대 · 완강기 · 피난교 · 간이완강기 · 공기안전매트 · 다수인피난장비 · 승강식피난기

※ 비고 : 1) 구조대의 적응성은 장애인 관련 시설로서 주된 사용자 중 스스로 피난이 불가한 자가 있는 경우 제4조제2항제4호에 따라 추가로 설치하는 경우에 한한다.
2), 3) 간이완강기의 적응성은 제4조제2항제2호에 따라 숙박시설의 3층 이상에 있는 객실에, 공기안전매트의 적응성은 제4조제2항제3호에 따라 공동주택(「공동주택관리법」 제2조제1항제2호 가목부터 라목까지 중 어느 하나에 해당하는 공동주택)에 추가로 설치하는 경우에 한한다.

(3) 설치수 선정

피난기구는 다음 각 호의 기준에 따른 개수 이상을 설치하여야 한다.
① 층마다 설치하되, 숙박시설 · 노유자시설 및 의료시설로 사용되는 층에 있어서는 그 층의 바닥면적 500m²마다, 위락시설 · 문화집회 및 운동시설 · 판매시설로 사용되는 층 또는 복합용도의 층에 있어서는 그 층의 바닥면적 800m²마다, 아파트 등에 있어서는 각 세대마다, 그 밖의 용도의 층에 있어서는 그 층의 바닥면적 1,000m²마다

1개 이상 설치할 것
② ①에 따라 설치한 피난기구 외에 숙박시설(휴양콘도미니엄을 제외한다)의 경우에는 추가로 객실마다 완강기 또는 2개 이상의 간이완강기를 설치할 것
③ ①에 따라 설치한 피난기구 외에 공동주택(「공동주택관리법」 제2조 제1항 제2호 가목부터 라목까지 중 어느 하나에 해당하는 공동주택)의 경우에는 하나의 관리주체가 관리하는 공동주택 구역마다 공기안전매트 1개 이상을 추가로 설치할 것. 다만, 옥상으로 피난이 가능하거나 인접세대로 피난할 수 있는 구조인 경우에는 추가로 설치하지 아니할 수 있다.
④ 제①에 따라 설치한 피난기구 외에 4층 이상의 층에 설치된 노유자시설중 장애인 관련시설로서 주된 사용자중 스스로 피난이 불가한 자가 있는 경우에는 층마다 구조대를 1개 이상 추가로 설치할 것

(4) 설치기준

① 피난기구[완강기, 사다리, 미끄럼봉, 피난로프, 구조대 등]
  ① 피난기구는 계단·피난구 기타 피난시설로부터 적당한 거리에 있는 안전한 구조로 된 피난 또는 소화활동상 유효한 개구부(가로 0.5m 이상 세로 1m 이상인 것을 말한다. 이 경우 개부구 하단이 바닥에서 1.2m 이상이면 발판 등을 설치하여야 하고, 밀폐된 창문은 쉽게 파괴할 수 있는 파괴장치를 비치하여야 한다)에 고정하여 설치하거나 필요한 때에 신속하고 유효하게 설치할 수 있는 상태에 둘 것
  ② 피난기구를 설치하는 개구부는 서로 동일직선상이 아닌 위치에 있을 것. 다만, 미끄럼봉·피난교·피난용트랩·피난밧줄 또는 간이완강기·아파트에 설치되는 피난기구(다수인 피난장비는 제외한다) 기타 피난 상 지장이 없는 것에 있어서는 그러하지 아니하다.
  ③ 피난기구는 소방대상물의 기둥·바닥·보 기타 구조상 견고한 부분에 볼트조임·매입·용접 기타의 방법으로 견고하게 부착할 것
  ④ 4층 이상의 층에 피난사다리(하향식 피난구용 내림식사다리는 제외한다)를 설치하는 경우에는 금속성 고정사다리를 설치하고, 당해 고정사다리에는 쉽게 피난할 수 있는 구조의 노대를 설치할 것
  ⑤ 완강기는 강하 시 로프가 소방대상물과 접촉하여 손상되지 아니하도록 할 것
  ⑥ 완강기, 미끄럼봉 및 피난로프의 길이는 부착위치에서 지면 기타 피난상 유효한 착지면까지의 길이로 할 것
  ⑦ 미끄럼대는 안전한 강하속도를 유지하도록 하고, 전락방지를 위한 안전조치를 할 것
  ⑧ 구조대의 길이는 피난 상 지장이 없고 안정한 강하속도를 유지할 수 있는 길이로 할 것
② 다수인 피난장비
  ① 피난에 용이하고 안전하게 하강할 수 있는 장소에 적재 하중을 충분히 견딜 수 있도

록「건축물의 구조기준 등에 관한 규칙」제3조에서 정하는 구조안전의 확인을 받아 견고하게 설치할 것
② 다수인피난장비 보관실(이하 "보관실"이라 한다)은 건물 외측보다 돌출되지 아니하고, 빗물·먼지 등으로부터 장비를 보호할 수 있는 구조일 것
③ 사용 시에 보관실 외측 문이 먼저 열리고 탑승기가 외측으로 자동으로 전개될 것
④ 하강 시에 탑승기가 건물 외벽이나 돌출물에 충돌하지 않도록 설치할 것
⑤ 상·하층에 설치할 경우에는 탑승기의 하강경로가 중첩되지 않도록 할 것
⑥ 하강 시에는 안전하고 일정한 속도를 유지하도록 하고 전복, 흔들림, 경로이탈 방지를 위한 안전조치를 할 것
⑦ 보관실의 문에는 오작동 방지조치를 하고, 문 개방 시에는 당해 소방대상물에 설치된 경보설비와 연동하여 유효한 경보음을 발하도록 할 것
⑧ 피난층에는 해당 층에 설치된 피난기구가 착지에 지장이 없도록 충분한 공간을 확보할 것
⑨ 한국소방산업기술원 또는 법 제42조제1항에 따라 성능시험기관으로 지정받은 기관에서 그 성능을 검증받은 것으로 설치할 것

3 승강식 피난기 및 하향식 피난구용 내림식사다리
① 승강식피난기 및 하향식 피난구용 내림식사다리는 설치경로가 설치층에서 피난층까지 연계될 수 있는 구조로 설치할 것. 단, 건축물 규모가 지상 5층 이하로서 구조 및 설치 여건상 불가피한 경우는 그러하지 아니 한다.
② 대피실의 면적은 $2m^2$(2세대 이상일 경우에는 $3m^2$) 이상으로 하고, 건축법시행령 제46조제4항의 규정에 적합하여야 하며 하강구(개구부) 규격은 직경 60cm 이상일 것. 단, 외기와 개방된 장소에는 그러하지 아니 한다.
③ 하강구 내측에는 기구의 연결 금속구 등이 없어야 하며 전개된 피난기구는 하강구 수평투영면적 공간 내의 범위를 침범하지 않는 구조이어야 할 것. 단, 직경 60cm 크기의 범위를 벗어난 경우이거나, 직하층의 바닥 면으로부터 높이 50cm 이하의 범위는 제외한다.
④ 대피실의 출입문은 60분+ 또는 60분 방화문으로 설치하고, 피난방향에서 식별할 수 있는 위치에 "대피실" 표지판을 부착할 것. 단, 외기와 개방된 장소에는 그러하지 아니한다.
⑤ 착지점과 하강구는 상호 수평거리 15cm 이상의 간격을 둘 것
⑥ 대피실 내에는 비상조명등을 설치 할 것
⑦ 대피실에는 층의 위치표시와 피난기구 사용설명서 및 주의사항 표지판을 부착 할 것
⑧ 대피실 출입문이 개방되거나, 피난기구 작동 시 해당층 및 직하층 거실에 설치된 표시등 및 경보장치가 작동되고, 감시 제어반에서는 피난기구의 작동을 확인 할 수 있어야 할 것
⑨ 사용 시 기울거나 흔들리지 않도록 설치할 것

⑩ 승강식피난기는 한국소방산업기술원 또는 법 제46조제1항에 따라 성능시험기관으로 지정받은 기관에서 그 성능을 검증받은 것으로 설치할 것

④ 표지설치기준

피난기구를 설치한 장소에는 가까운 곳의 보기 쉬운 곳에 피난기구의 위치를 표시하는 발광식 또는 축광식 표지와 그 사용방법을 표시한 표지(외국어 및 그림 병기)를 부착하되, 축광식표지는 소방청장이 정하여 고시한 「축광표지의 성능인증 및 제품검사의 기술기준」에 적합하여야 한다. 다만 방사성물질을 사용하는 위치표지는 쉽게 파괴되지 아니하는 재질로 처리할 것

(5) 설치의 감소

① 다음의 기준에 적합한 층에는 피난기구의 2분의 1을 감소할 수 있다. 이 경우 설치하여야 할 피난기구의 수에 있어서 소수점 이하의 수는 1로 한다.
  ㉠ 주요구조부가 내화구조로 되어 있을 것
  ㉡ 직통계단인 피난계단 또는 특별피난계단이 2 이상 설치되어 있을 것
② 주요구조부가 내화구조이고 다음의 기준에 적합한 건널복도가 설치되어 있는 층에는 피난기구의 수에서 당해 건널복도 수의 2배의 수를 뺀 수로 한다.
  ㉠ 내화구조 또는 철골조로 되어 있을 것
  ㉡ 건널복도 양단의 출입구에 자동폐쇄장치를 한 60분+ 또는 60분 방화문(방화셔터 제외)이 설치되어 있을 것
  ㉢ 피난·통행 또는 운반의 전용 용도일 것
③ 다음의 기준에 적합한 노대가 설치된 거실의 바닥면적은 피난기구의 설치개수 산정을 위한 바닥면적에서 이를 제외한다.
  ㉠ 노대를 포함한 소방대상물의 주요구조부가 내화구조일 것
  ㉡ 노대가 거실의 외기에 면하는 부분에 피난상 유효하게 설치되어 있어야 할 것
  ㉢ 노대가 소방사다리차가 쉽게 통행할 수 있는 도로 또는 공지에 면하여 설치되어 있거나 또는 거실부분과 방화구획되어 있거나 또는 노대에 지상으로 통하는 계단 그 밖의 피난기구가 설치되어 있어야 할 것

(6) 설치제외기준

다음에 해당하는 소방대상물 또는 그 부분에는 피난기구를 설치하지 아니할 수 있다. 다만, 숙박시설(휴양콘도미니엄을 제외한다.)에 설치되는 피난밧줄 및 간이완강기의 경우에는 그러하지 아니하다.

① 다음의 기준에 적합한 층
  ㉠ 주요구조부가 내화구조로 되어 있어야 할 것
  ㉡ 실내의 면하는 부분의 마감이 불연재료·준불연재료 또는 난연재료로 되어 있고 방화구획이 되어야 할 것
  ㉢ 거실의 각 부분으로부터 직접 복도로 쉽게 통할 수 있어야 할 것
  ㉣ 복도에 2 이상의 특별피난계단 또는 피난계단이 적합하게 설치되어 있어야 할 것
  ㉤ 복도의 어느 부분에서도 2 이상의 방향으로 각각 다른 계단에 도달할 수 있어야 할 것

② 다음 기준에 적합한 소방대상물 중 그 옥상의 직하층 또는 최상층
  ㉠ 주요구조부가 내화구조로 되어 있어야 할 것
  ㉡ 옥상의 면적이 $1,500m^2$ 이상이어야 할 것
  ㉢ 옥상으로 쉽게 통할 수 있는 창 또는 출입구가 설치되어 있어야 할 것
  ㉣ 옥상이 소방사다리차가 쉽게 통행할 수 있는 도로 또는 공지에 면하여 설치되어 있거나 옥상으로부터 피난층 또는 지상으로 통하는 2 이상의 피난계단 또는 특별피난계단

③ 주요구조부가 내화구조이고 지하층을 제외한 층수가 4층 이하이며 소방사다리차가 쉽게 통행할 수 있는 도로 또는 공지에 면하는 부분에 다음 기준을 모두 만족하는 개구부가 2 이상 설치되어 있는 층
  ㉠ 개구부의 크기가 지름 50cm 이상의 원이 내접할 수 있을 것
  ㉡ 그 층의 바닥으로부터 개구부 밑부분까지의 높이가 1.2m 이내일 것
  ㉢ 도로 또는 차량의 진입이 가능한 공지에 면할 것
  ㉣ 화재시 건물로부터 쉽게 피난할 수 있도록 창살 그 밖의 장애물이 설치되지 아니할 것
  ㉤ 내부 또는 외부에서 쉽게 파괴 또는 개방이 가능할 것

④ 갓복도식 아파트 또는 「건축법시행령」 제46조 제5항에 해당하는 구조 또는 시설을 설치하여 인접(수평 또는 수직)세대로 피난할 수 있는 아파트

⑤ 주요구조부가 내화구조로서 거실의 각 부분으로 직접 복도로 피난할 수 있는 학교

⑥ 무인공장 또는 자동창고로서 사람의 출입이 금지된 장소

22. 인명구조기구

(1) 설치대상

특정소방대상물	인명구조기구의 종류	설치 수량
• 지하층을 포함하는 층수가 7층 이상인 관광호텔 및 5층 이상인 병원	• 방열복 또는 방화복(헬멧, 보호장갑 및 안전화 포함) • 공기호흡기 • 인공소생기	• 각 2개 이상 비치할 것. 다만, 병원의 경우에는 인공소생기를 설치하지 않을 수 있다.
• 문화 및 집회시설 중 수용인원 100명 이상의 영화상영관 • 판매시설 중 대규모 점포 • 운수시설 중 지하역사 • 지하가 중 지하상가	• 공기호흡기	• 층마다 2개 이상 비치할 것. 다만, 각 층마다 갖추어 두어야 할 공기호흡기 중 일부를 직원이 상주하는 인근 사무실에 갖추어 둘 수 있다.
• 물분무소화설비 중 이산화탄소 소화설비를 설치하여야 하는 특정소방대상물	• 공기호흡기	• 이산화탄소소화설비가 설치된 장소의 출입구 외부 인근에 1대 이상 비치할 것

(2) 용어정의

① "방열복"이란 고온의 복사열에 가까이 접근하여 소방활동을 수행할 수 있는 내열피복을 말한다.
② "공기호흡기"란 소화활동 시에 화재로 인하여 발생하는 각종 유독가스 중에서 일정시간 사용할 수 있도록 제조된 압축공기식 개인호흡장비(보조마스크를 포함한다)를 말한다.
③ "인공소생기"란 호흡 부전 상태인 사람에게 인공호흡을 시켜 환자를 보호하거나 구급하는 기구를 말한다.
④ "방화복"이란 화재진압등의 소방활동을 수행할 수 있는 피복을 말한다.

(3) 설치기준

① 화재시 쉽게 반출 사용할 수 있는 장소에 비치할 것
② 인명구조기구가 설치된 가까운 장소의 보기 쉬운 곳에 "인명구조기구"라는 축광식표지와 그 사용방법을 표시한 표지를 부착하되 축광식표지는 소방청장이 고시한 「축광표지의 성능인증 및 제품검사의 기술기준」에 적합한 것으로 설치할 것
③ 방열복은 소방청장이 고시한 「방열복의 성능인증 및 제품검사의 기술기준」에 적합한 것으로 설치할 것
④ 방화복(헬멧, 보호장갑 및 안전화 포함)은 「소방장비 표준규격 및 내용연수에 관한 규정」 제3조에 적합한 것으로 설치할 것

23 ▶▶ 유도등 및 유도표지, 피난유도선

(1) 유도등 및 유도표지의 종류
① 유도등
  ㉠ 피난구유도등 : 대형피난구유도등, 중형피난구유도등, 소형피난구유도등
  ㉡ 통로유도등 : 거실통로유도등, 복도통로유도등, 계단통로유도등
  ㉢ 객석유도등
② 유도표지
  ㉠ 피난구유도표지
  ㉡ 통로유도표지
③ 피난유도선
  ㉠ 축광방식 피난유도선
  ㉡ 광원점등방식 피난유도선

(2) 용어정의
① "유도등"이란 화재 시에 피난을 유도하기 위한 등으로서 정상상태에서는 상용전원에 따라 켜지고 상용전원이 정전되는 경우에는 비상전원으로 자동전환되어 켜지는 등을 말한다.
② "피난구유도등"이란 피난구 또는 피난경로로 사용되는 출입구를 표시하여 피난을 유도하는 등을 말한다.
③ "통로유도등"이란 피난통로를 안내하기 위한 유도등으로 복도통로유도등, 거실통로유도등, 계단통로유도등을 말한다.
④ "복도통로유도등"이란 피난통로가 되는 복도에 설치하는 통로유도등으로서 피난구의 방향을 명시하는 것을 말한다.
⑤ "거실통로유도등"이란 거주, 집무, 작업, 집회, 오락 그 밖에 이와 유사한 목적을 위하여 계속적으로 사용하는 거실, 주차장 등 개방된 통로에 설치하는 유도등으로 피난의 방향을 명시하는 것을 말한다.
⑥ "계단통로유도등"이란 피난통로가 되는 계단이나 경사로에 설치하는 통로유도등으로 바닥면 및 디딤바닥면을 비추는 것을 말한다.
⑦ "객석유도등"이란 객석의 통로, 바닥 또는 벽에 설치하는 유도등을 말한다.
⑧ "피난구유도표지"란 피난구 또는 피난경로로 사용되는 출입구를 표시하여 피난을 유도하는 표지를 말한다.
⑨ "통로유도표지"란 피난통로가 되는 복도, 계단등에 설치하는 것으로서 피난구의 방향을 표시하는 유도표지를 말한다.
⑩ "피난유도선"이란 햇빛이나 전등불에 따라 축광(이하 "축광방식"이라 한다)하거나 전류에 따라 빛을 발하는(이하 "광원점등방식"이라 한다) 유도체로서 어두운 상태에서 피난을 유도할 수 있도록 띠 형태로 설치되는 피난유도시설을 말한다.

⑪ "입체형"이란 유도등 표시면을 2면 이상으로 하고 각 면마다 피난유도등표시가 있는 것을 말한다.

(3) 유도등 및 유도표지의 적응성

특정소방대상물의 용도별로 설치하여야 할 유도등 및 유도표지는 다음 표에 따라 그에 적응하는 종류의 것으로 설치하여야 한다.

설치장소	유도등 및 유도표지의 종류
1. 공연장·집회장(종교집회장 포함)·관람장·운동시설	• 대형피난구유도등 • 통로유도등 • 객석유도등
2. 유흥주점영업시설(「식품위생법 시행령」 제21조제8호라목의 유흥주점영업중 손님이 춤을 출 수 있는 무대가 설치된 카바레, 나이트클럽 또는 그 밖에 이와 비슷한 영업시설만 해당한다.)	
3. 위락시설·판매시설·운수시설·「관광진흥법」 제2조제1항제2호에 따른 관광숙박업·의료시설·장례식장·방송통신시설·전시장·지하상가·지하철역사	• 대형피난구유도등 • 통로유도등
4. 숙박시설(제3호의 관광숙박업 외의 것을 말한다.)·오피스텔	• 중형피난구유도등 • 통로유도등
5. 제1호부터 제3호까지 외의 건축물로서 지하층·무창층 또는 층수가 11층 이상인 특정소방대상물	
6. 제1호부터 제5호까지 외의 건축물로서 근린생활시설·노유자시설·업무시설·발전시설·종교시설(집회장 용도를 사용하는 부분 제외)·교육연구시설·수련시설·공장·창고시설·교정 및 군사시설(국방·군사시설 제외)·기숙사·자동차정비공장·운전학원 및 정비학원·다중이용업소·복합건축물·아파트	• 소형피난구유도등 • 통로유도등
7. 그 밖의 것	• 피난구유도표지 • 통로유도표지

※ 비고 1. 소방서장은 특정소방대상물의 위치·구조 및 설비의 상황을 판단하여 대형피난구유도등을 설치하여야 할 장소에 중형피난구유도등 또는 소형피난구유도등을, 중형피난구유도등을 설치하여야 할 장소에 소형피난구유도등을 설치하게 할 수 있다.
2. 복합건축물과 아파트의 경우, 주택의 세대 내에는 유도등을 설치하지 아니할 수 있다.

(4) 피난구유도등의 설치장소 및 설치기준

① 피난구유도등의 설치 장소
   ㉠ 옥내로부터 직접 지상으로 통하는 출입구 및 그 부속실의 출입구
   ㉡ 직통계단·직통계단의 계단실 및 그 부속실의 출입구
   ㉢ 위 ㉠ 및 ㉡의 규정에 따른 출입구에 이르는 복도 또는 통로로 통하는 출입구
   ㉣ 안전구획된 거실로 통하는 출입구
② 피난구의 바닥으로부터 높이 1.5[m] 이상의 곳에 설치할 것
③ 피난층으로 향하는 피난층의 위치를 안내할 수 있도록 위 ①의 ㉠,㉡ 출입구 인근천장에 설치된 피난층유도등의 면과 수직이 되도록 피난구유도등을 추가로 설치하여야 한다. 다만, 입체형인 경우 그러하지 아니하다.

(5) 통로유도등의 설치장소 및 설치기준

① 통로유도등의 설치장소

통로유도등은 특정소방대상물의 각 거실과 그로부터 지상에 이르는 복도 또는 계단의 통로에 설치해야 한다.

② 복도통로유도등 설치기준

㉠ 복도에 설치하되 피난구유도등 설치장소 기준 중 ①의 ㉠ 또는 ㉡에 따라 피난구유도등이 설치된 출입구의 맞은편 복도에는 입체형으로 설치하거나, 바닥에 설치할 것

㉡ 구부러진 모퉁이 및 위 ㉠에 따라 설치된 통로유도등을 기점으로 보행거리 20[m]마다 설치할 것

㉢ 바닥으로부터 높이 1[m] 이하의 위치에 설치할 것. 다만, 지하층 또는 무창층의 용도가 도매시장·소매시장·여객자동차터미널·지하역사 또는 지하상가인 경우에는 복도·통로 중앙부분의 바닥에 설치해야 한다.

㉣ 바닥에 설치하는 통로유도등은 하중에 따라 파괴되지 않는 강도의 것으로 할 것

③ 거실통로유도등 설치기준

㉠ 거실의 통로에 설치할 것. 다만, 거실의 통로가 벽체 등으로 구획된 경우에는 복도통로유도등을 설치할 것

㉡ 구부러진 모퉁이 및 보행거리 20[m]마다 설치할 것

㉢ 바닥으로부터 높이 1.5[m] 이상의 위치에 설치할 것. 다만, 거실통로에 기둥이 설치된 경우에는 기둥 부분의 바닥으로부터 높이 1.5[m] 이하의 위치에 설치할 수 있다.

④ 계단통로유도등 설치기준

㉠ 각층의 경사로 참 또는 계단참마다(1개 층에 경사로 참 또는 계단참이 2 이상 있는 경우에는 2개의 계단참마다)설치할 것

㉡ 바닥으로부터 높이 1[m] 이하의 위치에 설치할 것

㉢ 통행에 지장이 없도록 설치할 것

⑤ 통로유도등 주위에는 이와 유사한 등화광고물·게시물 등을 설치하지 않을 것

표시면의 색상
- 피난구유도등 : 녹색바탕에 백색문자(녹색등화)
- 통로유도등 : 백색바탕에 녹색문자(백색등화)
- 객석유도등 : 백색바탕에 녹색문자(백색등화)

(6) 객석유도등의 설치장소 및 설치기준

① 객석유도등은 객석의 통로, 바닥 또는 벽에 설치할 것
② 객석 내의 통로가 경사로 또는 수평로로 되어 있는 부분에 있어서는 다음의 식에 따라 산출한 수(소수점 이하의 수는 1로 간주)의 유도등을 설치하고, 그 조도는 통로바닥의 중심선 0.5[m] 높이에서 측정하여 0.2[lx] 이상일 것

$$N설치개수 = \frac{객석 통로의 직선부분의 길이[m]}{4} - 1(개)$$

③ 객석 내의 통로가 옥외 또는 이와 유사한 부분에 있는 경우에는 당해 통로 전체에 미칠 수 있는 수의 유도등을 설치하되, 그 조도는 통로바닥의 중심선 0.5[m]의 높이에서 측정하여 0.2[lx] 이상일 것

(7) 유도표지의 설치기준

① 설치기준
  ㉠ 계단에 설치하는 것을 제외하고는 각 층마다 복도 및 통로의 각 부분으로부터 하나의 유도표지까지의 보행거리가 15[m] 이하가 되는 곳과 구부러진 모퉁이의 벽에 설치할 것
  ㉡ 피난구유도표지는 출입구 상단에 설치하고, 통로유도표지는 바닥으로부터 높이 1[m] 이하의 위치에 설치할 것
  ㉢ 주위에는 이와 유사한 등화·광고물·게시물 등을 설치하지 아니할 것
  ㉣ 유도표지는 부착판 등을 사용하여 쉽게 떨어지지 아니하도록 설치할 것
② 피난방향을 표시하는 통로유도등을 설치한 부분에 있어서는 유도표지를 설치하지 아니할 수 있다.
③ 유도표지의 성능적합 기준
  ㉠ 방사성물질을 사용하는 유도표지는 쉽게 파괴되지 아니하는 재질로 처리할 것
  ㉡ 유도표지는 주위 조도 0[lx]에서 60분간 발광 후 직선거리 20[m] 떨어진 위치에서 보통 시력으로 유도표지가 있다는 것이 식별되어야 하고, 3[m] 거리에서 표시면의 문자 또는 화살표 등을 쉽게 식별할 수 있는 것으로 할 것
  ㉢ 유도표지의 표시면은 쉽게 변형·변질 또는 변색되지 아니할 것
  ㉣ 유도표지의 표시면의 휘도는 주위 조도 0[lx]에서 60분간 발광 후 7[mcd/m^2] 이상으로 할 것

ⓜ 유도표지의 규격

종류	가로의 길이[mm]	세로의 길이[mm]
피난구유도표지	360 이상	120 이상
복도통로유도표지	250 이상	85 이상

(8) 피난유도선의 설치기준

① 축광방식의 피난유도선 설치기준
  ㉠ 구획된 각 실로부터 주출입구 또는 비상구까지 설치할 것
  ㉡ 바닥으로부터 높이 50[cm] 이하의 위치 또는 바닥 면에 설치할 것
  ㉢ 피난유도 표시부는 50[cm] 이내의 간격으로 연속되도록 설치
  ㉣ 부착대에 의하여 견고하게 설치할 것
  ㉤ 외광 또는 조명장치에 의하여 상시 조명이 제공되거나 비상조명등에 의한 조명이 제공되도록 설치할 것

② 광원점등방식의 피난유도선 설치기준
  ㉠ 구획된 각 실로부터 주출입구 또는 비상구까지 설치할 것
  ㉡ 피난유도 표시부는 바닥으로부터 높이 1[m] 이하의 위치 또는 바닥 면에 설치할 것
  ㉢ 피난유도 표시부는 50[cm] 이내의 간격으로 연속되도록 설치하되 실내장식물 등으로 설치가 곤란할 경우 1[m] 이내로 설치할 것
  ㉣ 수신기로부터의 화재신호 및 수동조작에 의하여 광원이 점등되도록 설치할 것
  ㉤ 비상전원이 상시 충전상태를 유지하도록 설치할 것
  ㉥ 바닥에 설치되는 피난유도 표시부는 매립하는 방식을 사용할 것
  ㉦ 피난유도 제어부는 조작 및 관리가 용이하도록 바닥으로부터 0.8[m] 이상 1.5[m] 이하의 높이에 설치할 것

(9) 유도등의 전원

① 유도등의 전원은 축전지, 전기저장장치 또는 교류전압의 옥내간선으로 하고, 전원까지의 배선은 전용으로 하여야 한다.
② 비상전원은 다음 각 호의 기준에 적합하게 설치하여야 한다.
  ㉠ 축전지로 할 것
  ㉡ 유도등을 20분 이상 유효하게 작동시킬 수 있는 용량으로 할 것. 다만, 다음 각 목의 특정소방대상물의 경우에는 그 부분에서 피난층에 이르는 부분의 유도등을

60분 이상 유효하게 작동시킬 수 있는 용량으로 하여야 한다.
    ㉮ 지하층을 제외한 층수가 11층 이상의 층
    ㉯ 지하층 또는 무창층으로서 용도가 도매시장·소매시장·여객자동차터미널·지하역사 또는 지하상가
③ 배선은 「전기사업법」 제67조에서 정한 것 외에 다음 각 호의 기준에 따라야 한다.
    ㉠ 유도등의 인입선과 옥내배선은 직접 연결할 것
    ㉡ 유도등은 전기회로에 점멸기를 설치하지 아니하고 항상 점등상태를 유지할 것. 다만, 특정소방대상물 또는 그 부분에 사람이 없거나 다음 각 목의 어느 하나에 해당하는 장소로서 3선식 배선에 따라 상시 충전되는 구조인 경우에는 그러하지 아니하다.
        ㉮ 외부광(光)에 따라 피난구 또는 피난방향을 쉽게 식별할 수 있는 장소
        ㉯ 공연장, 암실(暗室) 등으로서 어두어야 할 필요가 있는 장소
        ㉰ 특정소방대상물의 관계인 또는 종사원이 주로 사용하는 장소
④ 3선식 배선으로 상시 충전되는 유도등의 전기회로에 점멸기를 설치하는 경우에는 다음 각 호의 어느 하나에 해당되는 경우에 점등되도록 하여야 한다.
    ㉠ 자동화재탐지설비의 감지기 또는 발신기가 작동되는 때
    ㉡ 비상경보설비의 발신기가 작동되는 때
    ㉢ 상용전원이 정전되거나 전원선이 단선되는 때
    ㉣ 방재업무를 통제하는 곳 또는 전기실의 배전반에서 수동으로 점등하는 때
    ㉤ 자동소화설비가 작동되는 때

【 3선식과 2선식 유도등 비교 】

구분	3선식	2선식
특징	상시 소등, 비상시 점등	상시 및 비상시 점등
유도등 작동	① 점멸기로 유도등 점등 ② 평상시 유도등 소등상태이나 예비전원은 늘 충전상태(감시상태) ③ 상용전원의 정전이나 단선 시 자동적으로 예비전원에 의해 20분 이상 유도등 점등	① 평상시 늘 점등상태 ② 상용전원의 정전이나 단선 시 예비전원에 의해 유도등 점등(20분 이상)
결선	① 전원선(공통선), 점등선, 충전선의 3선 이용하여 접속 ② 점멸기를 설치하여 축전지는 항상 충전상태 유지	① 2선으로 결선 ② 점멸기를 설치하지 않음

조건	① 소등 중에는 축전지가 항상 충전상태로 대기 ② 화재시 또는 정전 시 자동 점등될 것	① 정상 시는 물론 화재 또는 정전 시 계속 점등될 것
장점	① 조명이 양호하거나 주광이 확보되는 장소에는 소등하므로 합리적임 ② 절전효과 ③ 등기구의 수명 연장	① 평상시 상시 점등되므로 불량 개소 파악 등 유지관리에 용이 ② 평소 피난구의 위치, 피난 인식을 부여
단점	① 배선, 등기구, 램프 등의 이상 여부 파악이 어렵다. ② 관리자의 잦은 손길이 요구 ③ 평소 피난구의 위치, 피난 인식을 상실	① 경제적 손실(전력 소모, 등기구 수명단축 등) ② 조명이 양호하거나 주광이 확보되는 장소에 상시 점등되는 불합리성이 있다.

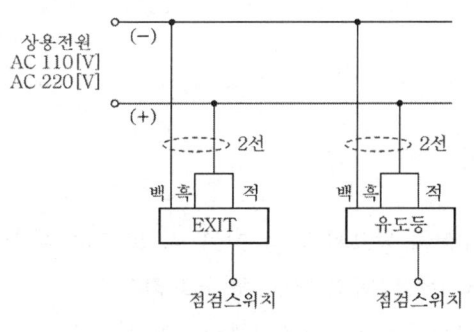

【 2선식 배선 】

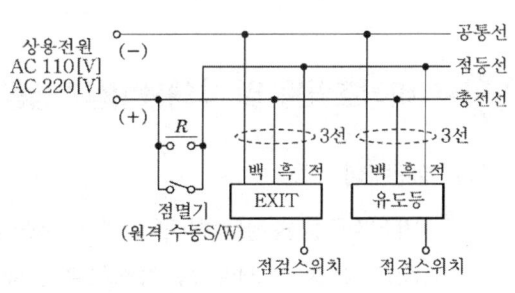

【 3선식 배선 】

(10) 유도등 및 유도표지의 설치제외

① 피난구유도등의 설치제외

  ㉠ 바닥면적이 1,000[m²] 미만인 층으로서 옥내로부터 직접 지상으로 통하는 출입구 (외부의 식별이 용이한 경우에 한함)

  ㉡ 대각선 길이가 15m 이내인 구획된 실의 출입구

  ㉢ 거실 각 부분으로부터 하나의 출입구에 이르는 보행거리가 20[m] 이하이고 비상 조명등과 유도표지가 설치된 거실의 출입구

  ㉣ 출입구가 3 이상 있는 거실로서 그 거실 각 부분으로부터 하나의 출입구에 이르는 보행 거리가 30[m] 이하인 경우에는 주된 출입구 2개소 외의 출입구(유도표지가 부착된 출입구). 다만, 공연장·집회장·관람장·전시장·판매시설 및 영업시설·숙박시설·노유자시설·의료시설의 경우에는 그러하지 아니하다.

② 통로유도등의 설치제외
  ㉠ 구부러지지 아니한 복도 또는 통로로서 길이가 30[m] 미만인 복도 또는 통로
  ㉡ ㉠에 해당하지 아니하는 복도 또는 통로로서 보행거리가 20[m] 미만이고 그 복도 또는 통로와 연결된 출입구 또는 그 부속실의 출입구에 피난구유도등이 설치된 복도 또는 통로
③ 객석유도등의 설치제외
  ㉠ 주간에만 사용하는 장소로서 채광이 충분한 객석
  ㉡ 거실 등의 각 부분으로부터 하나의 거실출입구에 이르는 보행거리가 20[m] 이하인 객석의 통로로서 그 통로에 통로유도등이 설치된 객석
④ 유도표지의 설치제외
  ㉠ 유도등이 규정에 적합하게 설치된 출입구·복도·계단 및 통로
  ㉡ 피난구 및 통로유도등의 설치규정에 해당하는 출입구·복도·계단 및 통로

24 ▸▸ 비상조명등 및 휴대용비상조명등

(1) 설치대상

1 비상조명등을 설치하여야 하는 특정소방대상물(창고시설 중 창고 및 하역장, 위험물 저장 및 처리 시설 중 가스시설은 제외한다)은 다음의 어느 하나와 같다.
  ① 지하층을 포함하는 층수가 5층 이상인 건축물로서 연면적 3천m^2 이상인 것
  ② ①에 해당하지 않는 특정소방대상물로서 그 지하층 또는 무창층의 바닥면적이 $450m^2$ 이상인 경우에는 그 지하층 또는 무창층
  ③ 지하가 중 터널로서 그 길이가 500m 이상인 것

2 휴대용 비상조명등을 설치하여야 하는 특정소방대상물은 다음의 어느 하나와 같다.
  ① 숙박시설
  ② 수용인원 100명 이상의 영화상영관, 판매시설 중 대규모점포, 철도 및 도시철도 시설 중 지하역사, 지하가 중 지하상가

(2) 설치기준

① 비상조명등은 다음 각 호의 기준에 따라 설치하여야 한다.
  ㉠ 특정소방대상물의 각 거실과 그로부터 지상에 이르는 복도·계단 및 그 밖의 통로에 설치할 것
  ㉡ 조도는 비상조명등이 설치된 장소의 각 부분의 바닥에서 1lx 이상이 되도록 할 것

ⓒ 예비전원을 내장하는 비상조명등에는 평상시 점등여부를 확인할 수 있는 점검스위치를 설치하고 해당 조명등을 유효하게 작동시킬 수 있는 용량의 축전지와 예비전원 충전장치를 내장할 것.
ⓔ 예비전원을 내장하지 아니하는 비상조명등의 비상전원은 자가발전설비, 전기저장장치 또는 축전지설비를 다음 각 목의 기준에 따라 설치하여야 한다.
 ㉮ 점검에 편리하고 화재 및 침수 등의 재해로 인한 피해를 받을 우려가 없는 곳에 설치할 것
 ㉯ 상용전원으로부터 전력의 공급이 중단된 때에는 자동으로 비상전원으로부터 전력을 공급받을 수 있도록 할 것
 ㉰ 비상전원의 설치장소는 다른 장소와 방화구획 할 것. 이 경우 그 장소에는 비상전원의 공급에 필요한 기구나 설비외의 것(열병합발전설비에 필요한 기구나 설비는 제외한다)을 두어서는 아니 된다.
 ㉱ 비상전원을 실내에 설치하는 때에는 그 실내에 비상조명등을 설치할 것
ⓜ ⓒ과 ⓔ에 따른 비상전원은 비상조명등을 20분 이상 유효하게 작동시킬 수 있는 용량으로 할 것. 다만, 다음 각 목의 특정소방대상물의 경우에는 그 부분에서 피난층에 이르는 부분의 비상조명등을 60분 이상 유효하게 작동시킬 수 있는 용량으로 하여야 한다.
 ㉮ 지하층을 제외한 층수가 11층 이상의 층
 ㉯ 지하층 또는 무창층으로서 용도가 도매시장・소매시장・여객자동차터미널・지하역사 또는 지하상가
② 휴대용비상조명등은 다음 각 호의 기준에 적합하여야 한다.
 ㉠ 다음 각 목의 장소에 설치할 것
  ㉮ 숙박시설 또는 다중이용업소에는 객실 또는 영업장안의 구획된 실마다 잘 보이는 곳(외부에 설치시 출입문 손잡이로부터 1m 이내 부분)에 1개 이상 설치
  ㉯ 「유통산업발전법」 제2조제3호에 따른 대규모점포(지하상가 및 지하역사를 제외한다)와 영화상영관에는 보행거리 50m 이내마다 3개 이상 설치
  ㉰ 지하상가 및 지하역사에는 보행거리 25m 이내마다 3개 이상 설치
 ⓛ 설치높이는 바닥으로부터 0.8m 이상 1.5m 이하의 높이에 설치할 것
 ⓒ 어둠속에서 위치를 확인할 수 있도록 할 것
 ⓔ 사용 시 자동으로 점등되는 구조일 것
 ⓜ 외함은 난연성능이 있을 것
 ⓗ 건전지를 사용하는 경우에는 방전방지조치를 하여야 하고, 충전식 밧데리의 경우에는 상시 충전되도록 할 것

ⓐ 건전지 및 충전식 밧데리의 용량은 20분 이상 유효하게 사용할 수 있는 것으로 할 것

(3) 설치제외

① 다음 각 호의 어느 하나에 해당하는 경우에는 비상조명등을 설치하지 아니한다.
　㉠ 거실의 각 부분으로부터 하나의 출입구에 이르는 보행거리가 15m이내인 부분
　㉡ 의원·경기장·공동주택·의료시설·학교의 거실
② 지상1층 또는 피난층으로서 복도·통로 또는 창문 등의 개구부를 통하여 피난이 용이한 경우 또는 숙박시설로서 복도에 비상조명등을 설치 한 경우에는 휴대용비상조명등을 설치하지 아니할 수 있다.

25 ▸▸ 상수도소화용수설비

(1) 설치대상

상수도소화용수설비를 설치하여야 하는 특정소방대상물은 다음 각 목의 어느 하나와 같다. 다만, 상수도소화용수설비를 설치하여야 하는 특정소방대상물의 대지 경계선으로부터 180m 이내에 지름 75mm 이상인 상수도용 배수관이 설치되지 않은 지역의 경우에는 화재안전기준에 따른 소화수조 또는 저수조를 설치하여야 한다.
① 연면적 5천m^2 이상인 것. 다만, 위험물 저장 및 처리 시설 중 가스시설, 지하가 중 터널 또는 지하구의 경우에는 그러하지 아니하다.
② 가스시설로서 지상에 노출된 탱크의 저장용량의 합계가 100톤 이상인 것

(2) 설치기준

상수도 소화용수설비는 수도법의 규정에 따른 기준 외에 다음 기준에 따라 설치하여야 한다.
① 호칭지름 75mm 이상의 수도배관에 호칭지름 100mm 이상의 소화전을 접속할 것
② ①의 규정에 따른 소화전은 소방자동차 등의 진입이 쉬운 도로변 또는 공지에 설치할 것
③ ①의 규정에 따른 소화전은 소방대상물의 수평투영면의 각 부분으로부터 140m 이하가 되도록 설치할 것

26 ▶▶ 소화수조 및 저수조설비

(1) 설치기준

① 수화수조 등

① 소화수조, 저수조의 채수구 또는 흡수관투입구는 소방차가 2m 이내의 지점까지 접근할 수 있는 위치에 설치하여야 한다.

② 소화수조 또는 저수조의 저수량은 소방대상물의 연면적을 다음 표에 따른 기준면적으로 나누어 얻은 수(소수점 이하의 수는 1로 본다.)에 20m^3을 곱한 양 이상이 되도록 하여야 한다.

소방대상물의 구분	면적
1. 1층 및 2층의 바닥면적 합계가 15,000m^2 이상인 소방대상물	7,500m^2
2. 그 밖의 소방대상물	12,500m^2

③ 소화수조 또는 저수조는 다음의 기준에 따라 흡수관투입구 또는 채수구를 설치하여야 한다.

㉠ 지하에 설치하는 소화용수설비의 흡수관투입구는 그 한 변이 0.6m 이상이거나 직경이 0.6m 이상인 것으로 하고, 소요수량이 80m^3 미만인 것에 있어서는 1개 이상, 80m^3 이상인 것에 있어서는 2개 이상을 설치하여야 하며, "흡수관투입구"라고 표시한 표지를 할 것

㉡ 소화용수설비에 설치하는 채수구는 다음 각목의 기준에 따라 설치할 것

㉮ 채수구는 다음 표에 따라 소방용 호스 또는 소방용 흡수관에 사용하는 구경 65mm 이상의 나사식 결합 금속구를 설치할 것

소요수량	20m^3 이상 40m^3 미만	40m^3 이상 100m^3 미만	100m^3 이상
채수구의 수	1개	2개	3개

㉯ 채수구는 지면으로부터의 높이가 0.5m 이상, 1m 이하의 위치에 설치하고 "채수구"라고 표시한 표지를 할 것

④ 소화용수설비를 설치하여야 할 소방대상물에 있어서 유수의 양이 0.8m^3/min 이상인 유수를 사용 할 수 있는 경우에는 소화수조를 설치하지 아니할 수 있다.

② 가압송수장치

① 소화수조 또는 저수조가 지표면으로부터의 깊이(수조 내부바닥까지의 길이를 말한다.)가 4.5m 이상인 지하에 있는 경우에는 다음 표에 따라 가압송수장치를 설치하여

야 한다. 다만, 규정에 따른 저수량을 지표면으로부터 4.5m 이하인 지하에서 확보할 수 있는 경우에는 소화수조 또는 저수조의 지표면으로부터의 깊이에 관계없이 가압송수장치를 설치하지 아니할 수 있다.

소요수량	20m³ 이상 40m³ 미만	40m³ 이상 100m³ 미만	100m³ 이상
가압송수장치의 1분당 양수량	1,100ℓ 이상	2,200ℓ 이상	3,300ℓ 이상

② 소화수조가 옥상 또는 옥탑의 부분에 설치된 경우에는 지상에 설치된 채수구에서의 압력이 0.15MPa 이상이 되도록 하여야 한다.
③ 전동기 또는 내연기관에 따른 펌프를 이용하는 가압송수장치는 다음 각호의 기준에 따라 설치하여야 한다.
  ㉠ 기동장치로는 보호판을 부착한 기동스위치를 채수구 직근에 설치할 것
  ㉡ 그 밖의 사항은 옥내소화전과 동일

(2) 계산문제

예상문제

소화수조 및 저수조의 화재안전기술기준(NFTC 402)에 대하여 조건에 따라 다음 물음에 답하시오.

[조건]
1. 건축물의 연면적 : 38,500m²
2. 층별 바닥면적 : 지하 1층(2000m²), 지상 1층(13500m²), 지상 2층(13500m²), 지상 3층(9500m²)
특정 소방대상물로부터 180m 이내에 75mm 이상의 상수도관이 설치되지 않아 전용의 소화수조를 설치한다.

1) 지하수조를 설치할 경우의 저수조에 확보 하여야 할 저수량(m³)을 구하시오.
2) 저수조에 설치하여야 할 흡수관 투입구, 채수구 설치수량을 구하시오.

 1) 1, 2층 바닥면적의 합이 27,000m²이므로

$$저수량 = \frac{연면적}{7,500\text{m}^2} = \frac{38500\text{m}^2}{7,500\text{m}^2} = 5.13 \quad \therefore 6$$

∴ 소화수조의 용량 = 6 × 20m³ = 120m³

2) ① 흡수관투입구는 저수조의 소요수량이 80m³ 이상이므로 2개를 설치하여야 한다.
   ② 채수구의 설치수량은 저수조의 소요수량이 100m³ 이상이므로 3개를 설치하여야 한다.

27 ▶▶ 제연설비

(1) 설치대상

① 문화 및 집회시설, 종교시설, 운동시설로서 무대부의 바닥면적이 200m² 이상 또는 문화 및 집회시설 중 영화상영관으로서 수용인원 100명 이상인 것
② 지하층이나 무창층에 설치된 근린생활시설, 판매시설, 운수시설, 숙박시설, 위락시설 또는 창고시설(물류터미널만 해당한다)로서 해당 용도로 사용되는 바닥면적의 합계가 1천m² 이상인 것
③ 운수시설 중 시외버스정류장, 철도 및 도시철도 시설, 공항시설 및 항만시설의 대합실 또는 휴게시설로서 지하층 또는 무창층의 바닥면적이 1천m² 이상인 것
④ 지하가(터널은 제외한다)로서 연면적 1천m² 이상인 것
⑤ 지하가 중 예상 교통량, 경사도 등 터널의 특성을 고려하여 행정안전부령으로 정하는 위험등급 이상에 해당하는 터널
⑥ 특정소방대상물(갓복도형 아파트는 제외한다)에 부설된 특별피난계단, 비상용 승강기의 승강장 또는 피난용승강기의 승강장

(2) 제연구역

① 제연구역의 구획기준
  ㉠ 하나의 제연구역의 면적은 1,000m² 이내로 할 것
  ㉡ 거실과 통로는 상호 제연구획할 것
  ㉢ 통로상의 제연구역은 보행중심선의 길이가 60m를 초과하지 아니할 것
  ㉣ 하나의 제연구역은 직경 60m 원내에 들어갈 수 있을 것
  ㉤ 하나의 제연구역은 2개 이상 층에 미치지 아니하도록 할 것. 다만, 층의 구분이 불분명한 부분은 그 부분을 다른 부분과 별도로 제연구획하여야 한다.
② 제연구역의 구획은 보·제연경계벽(이하 "제연경계"라 한다.) 및 벽(화재시 자동으로 구획되는 가동벽·셔터·방화문을 포함한다. 이하 같다.)으로 하되, 다음의 기준에 적합하여야 한다.
  ㉠ 재질은 내화재료, 불연재료 또는 제연경계벽으로 성능을 인정받은 것으로서 화재시 쉽게 변형·파괴되지 아니하고 연기가 누설되지 않는 기밀성 있는 재료로 할 것
  ㉡ 제연경계는 제연경계의 폭이 0.6m 이상이고, 수직거리는 2m 이내이어야 한다. 다만, 구조상 불가피한 경우는 2m를 초과할 수 있다.
  ㉢ 제연경계벽은 배연 시 기류에 따라 그 하단이 쉽게 흔들리지 아니하여야 하며, 또한 가동식의 경우에는 급속히 하강하여 인명에 위해를 주지 아니하는 구조일 것

(3) 제연의 종류

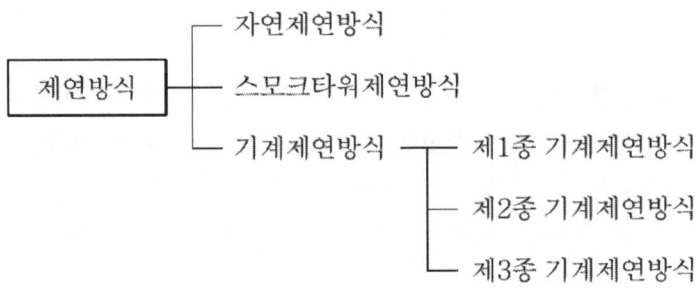

> **Reference**
>
> ◐ 동일실 제연방식
> 화재실에서 급기과 배기를 동시에 실시하는 방식
>
> ◐ 인접구역 상호 제연방식
> 화재구역에서는 배기를 하고 인접구역에는 급기를 실시하는 방식
>
> ◐ 제연방식의 종류
> ㉠ 자연제연방식 : 개구부(건물에 설치된 창)를 통하여 연기를 자연적으로 배출하는 방식
> ㉡ 스모크타워제연방식 : 루프 모니터를 설치하여 제연하는 방식
> ㉢ 기계제연방식
>   ㉮ 제1종 기계제연방식 : 송풍기와 배연기(배풍기)를 설치하여 급기와 배기를 하는 방식
>   ㉯ 제2종 기계제연방식 : 송풍기만 설치하여 급기를 실시하고 배기는 자연제연방식을 이용함
>   ㉰ 제3종 기계제연방식 : 배연기(배풍기)만 설치하여 급기와 배기를 하는 방식으로 가장 많이 사용한다.

(4) 설치기준

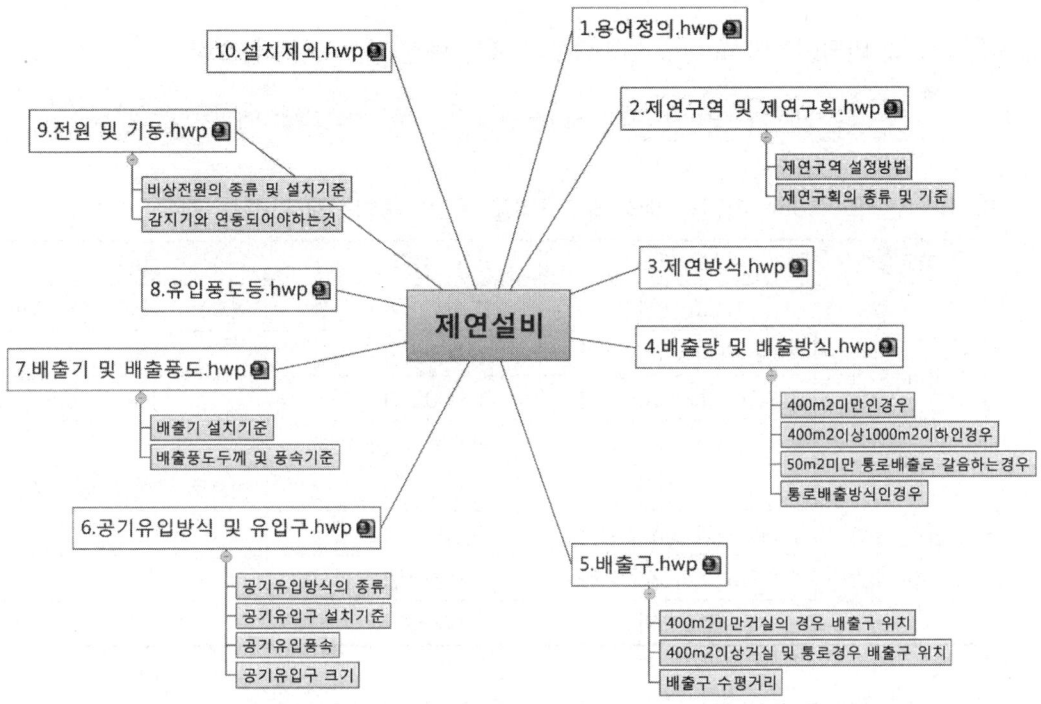

(5) 제연방식

① 예상제연구역에 대하여는 화재시 연기배출(이하"배출"이라 한다.)과 동시에 공기유입이 될 수 있게 하고, 배출구역이 거실일 경우에는 통로에 동시에 공기가 유입될 수 있도록 하여야 한다.

② ①의 규정에도 불구하고 통로와 인접하고 있는 거실의 바닥면적이 $50m^2$ 미만으로 구획되고 그 거실에 통로가 인접하여 있는 경우에는 화재시 그 거실에서 직접 배출하지 아니하고 인접한 통로의 배출로 갈음할 수 있다. 다만, 그 거실이 다른 거실의 피난을 위한 경유 거실인 경우에는 그 거실에서 직접 배출하여야 한다.

③ 통로의 주요 구조부가 내화구조이며 마감이 불연재료 또는 난연재료로 처리되고 가연성 내용물이 없는 경우에 그 통로는 예상제연구역으로 간주하지 아니할 수 있다. 다만, 화재발생 시 연기의 유입이 우려되는 통로는 그러하지 아니하다

(6) 배출량 및 배출방식

각 예상제연구역에서의 배출량은 제연구역의 면적, 배출방식 및 수직거리에 따라 다음 기준에 의해 얻어진 양 이상으로 하며, 수직거리가 구획부분에 따라 다른 경우는 수직거

리가 긴 것을 기준으로 한다.

1 거실의 바닥면적이 400m² 미만으로 구획된 예상제연구역의 배출량

$$Q = 바닥면적(m^2) \times 1m^3/m^2 \cdot min(최저\ 5,000m^3/hr\ 이상으로\ 할\ 것)$$

2 바닥면적이 50m² 미만인 예상제연구역을 통로배출방식으로 하는 경우

통로길이	수직거리	배출량	비고
40m 이하	2m 이하	25,000m³/hr 이상	벽으로 구획된 경우 포함
	2m 초과 2.5m 이하	30,000m³/hr 이상	
	2.5m 초과 3m 이하	35,000m³/hr 이상	
	3m 초과	45,000m³/hr 이상	
40m 초과 60m 이하	2m 이하	30,000m³/hr 이상	벽으로 구획된 경우 포함
	2m 초과 2.5m 이하	35,000m³/hr 이상	
	2.5m 초과 3m 이하	40,000m³/hr 이상	
	3m 초과	50,000m³/hr 이상	

3 거실의 바닥면적이 400m² 이상으로 구획된 예상제연구역인 경우

직경	수직거리	배출량
40m 이하	2m 이하	40,000m³/hr 이상
	2m 초과 2.5m 이하	45,000m³/hr 이상
	2.5m 초과 3m 이하	50,000m³/hr 이상
	3m 초과	60,000m³/hr 이상
40m 초과 60m 이하	2m 이하	45,000m³/hr 이상
	2m 초과 2.5m 이하	50,000m³/hr 이상
	2.5m 초과 3m 이하	55,000m³/hr 이상
	3m 초과	65,000m³/hr 이상

4 예상제연구역이 통로인 경우

수직거리	배출량
2m 이하	45,000m³/hr 이상
2m 초과 2.5m 이하	50,000m³/hr 이상
2.5m 초과 3m 이하	55,000m³/hr 이상
3m 초과	65,000m³/hr 이상

5 배출방식별 배출량
① 독립배출방식
각 예상제연구역별로 산출된 배출량 이상을 배출할 것
② 공동배출방식
㉠ 예상제연구역이 벽으로 구획된 경우(제연구역의 구획 중 출입구만을 제연경계로 구획한 경우를 포함) : 각 예상제연구역의 배출량을 합한 것 이상을 배출할 것, 다만 바닥면적이 $400m^2$ 미만인 경우 배출량은 바닥면적 $1m^2$당 $1m^3$/min 이상으로 하고 공동예상제연구역 전체배출량은 $5,000m^3$/hr 이상으로 할 것
㉡ 예상제연구역이 제연경계로 구획된 경우(출입구부분만 제연경계로 구획된 경우는 제외) : 각 예상제연구역의 배출량 중 최대의 것으로 할 것. 이 경우 공동제연예상구역이 거실일 때에는 그 바닥면적이 $1,000m^2$ 이하이며, 직경 40m 원 안에 들어가야 하고, 공동제연예상구역이 통로일 때에는 보행중심선의 길이를 40m 이하로 하여야 한다.
※ 거실과 통로는 공동배출방식으로 할 수 없다.
③ 수직거리가 구획부분에 따라 다른 경우는 수직거리가 긴 것을 기준으로 한다.

(7) 배출구의 설치위치
① 바닥면적이 $400m^2$ 미만인 예상제연구역
㉠ 예상제연구역이 벽으로 구획되어 있는 경우 : 천장 또는 반자와 바닥 사이의 중간 윗부분에 설치할 것
㉡ 예상제연구역 중 어느 한 부분이 제연경계로 구획되어 있는 경우 : 천장·반자 또는 이에 가까운 벽의 부분에 설치할 것. 다만, 배출구를 벽에 설치하는 경우에는 배출구의 하단이 당해 예상제연구역에서 제연경계의 폭이 가장 짧은 제연경계의 하단보다 높이되도록 하여야 한다.
② 통로인 예상제연구역과 바닥면적이 $400m^2$ 이상인 통로 외의 예상제연구역
㉠ 예상제연구역이 벽으로 구획되어 있는 경우 : 천장·반자 또는 이에 가까운 벽의 부분에 설치할 것. 다만, 배출구를 벽에 설치한 경우에는 배출구의 하단과 바닥 간의 최단거리가 2m 이상이어야 한다.
㉡ 예상제연구역 중 어느 한 부분이 제연경계로 구획되어 있을 경우 : 천장·반자 또는 이에 가까운 벽의 부분(제연경계를 포함한다.)에 설치할 것. 다만, 배출구를 벽 또는 제연경계에 설치하는 경우에는 배출구의 하단이 당해 예상제연구역에서 제연경계의 폭이 가장 짧은 제연경계의 하단보다 높이 되도록 설치하여야 한다.
③ 예상제연구역의 각 부분으로부터 하나의 배출구까지의 수평거리는 10m 이내가 되도록 하여야 한다.

(8) 공기유입방식 및 유입구

① 예상제연구역에 대한 공기유입방식
  ㉠ 유입풍도를 경유한 강제유입방식
  ㉡ 자연유입방식
  ㉢ 인접한 제연구역 또는 통로에 유입되는 공기가 당해구역으로 유입되는 방식

② 예상제연구역에 설치되는 공기유입구의 기준
  ㉠ 바닥면적 400m² 미만의 거실인 예상제연구역(제연경계에 따른 구획을 제외한다. 다만 거실과 통로와의 구획은 그러하지 아니하다)에 대하여서는 공기유입구와 배출구 간의 직선거리는 5m 이상 또는 구획된 실의 장변의 2분의1 이상으로 할 것. 다만 공연장·집회장·위락시설의 용도로 사용되는 부분의 바닥면적이 200m²를 초과하는 경우의 공기유입구는 ㉡기준에 따른다.
  ㉡ 바닥면적이 400m² 이상의 거실인 예상제연구역(제연경계에 따른 구획을 제외한다. 다만 거실과 통로와의 구획은 그러하지 아니하다)에 대하여는 바닥으로부터 1.5m 이하의 높이에 설치하고 그 주변은 공기의 유입에 장애가 없도록 할 것
  ㉢ ㉠ 내지 ㉡에 해당하는 것 외의 예상제연구역에 대한 유입구는 다음 각목에 따를 것
    ㉮ 유입구를 벽에 설치할 경우에는 ㉡의 기준에 따를 것
    ㉯ 유입구를 벽외의 장소에 설치할 경우에는 유입구 상단이 천장 또는 반자와 바닥 사이의 중간 아랫부분보다 낮게 되도록 하고, 수직거리가 가장 짧은 제연경계 하단보다 낮게 되도록 설치할 것

③ **공동예상제연구역에 설치되는 공기 유입구의 기준**
  ㉠ 공동예상제연구역 안에 설치된 각 예상제연구역이 벽으로 구획되어 있을 때에는 각 예상제연구역의 바닥면적에 따라 ②의 ㉠,㉡에 따라 설치할 것
  ㉡ 공동예상제연구역 안에 설치된 각 예상제연구역의 일부 또는 전부가 제연경계로 구획되어 있을 때에는 공동예상제연구역 안의 1개 이상의 장소에 ②의 ㉢에 따라 설치할 것

④ 인접한 제연구역 또는 통로에 유입되는 공기를 당해 예상제연구역에 대한 공기유입으로 하는 경우에는 그 인접한 제연구역 또는 통로의 유입구가 제연경계 하단보다 높은 경우에는 그 인접한 제연구역 또는 통로의 화재시 그 유입구는 다음의 기준에 적합할 것
  ㉠ 각 유입구는 자동폐쇄될 것
  ㉡ 당해 구역 내에 설치된 유입풍도가 당해 제연구획부분을 지나는 곳에 설치된 댐퍼는 자동폐쇄될 것

⑤ 예상제연구역에 공기가 유입되는 순간의 풍속은 5m/s 이하가 되도록 하고, ② 내지 ④의 유입구의 구조는 유입공기를 상향으로 분출하지 않도록 설치하여야 한다. 다만, 유입구가 바닥에 설치되는 경우에는 상향으로 분출이 가능하며 이때의 풍속은 1m/s

이하가 되도록 해야 한다.
⑥ 예상제연구역에 대한 공기유입구의 크기는 당해 예상제연구역의 배출량 $1m^3/min$에 대하여 $35cm^2$ 이상으로 하여야 한다.
⑦ 예상제연구역에 대한 공기유입량은 규정에 따른 배출량의 배출에 지장이 없는 양으로 하여야 한다.

(9) 배출기 및 배출풍도

① 배출기의 설치기준
  ㉠ 배출기의 배출능력은 규정에 의한 배출량 이상이 되도록 할 것
  ㉡ 배출기와 배출풍도의 접속부분에 사용하는 캔버스는 내열성이 있는 것으로 할 것
  ㉢ 배출기의 전동기 부분과 배풍기 부분은 분리하여 설치하고, 배풍기 부분은 유효한 내열처리를 할 것

② 배출풍도의 기준
  ㉠ 배출풍도는 아연도금강판 또는 이와 동등 이상의 내식성·내열성이 있는 것으로 하며, 「건축법시행령」 제2조 제10호에 따른 불연재료(석면재료를 제외한다)인 단열재로 풍도외부에 유효한 단열처리를 하고, 강판의 두께는 배출풍도의 크기에 따라 다음 표에 따른 기준 이상으로 할 것

풍도단면의 긴변 또는 직경의 크기	450mm 이하	450mm 초과 750mm 이하	750mm 초과 1,500mm 이하	1,500mm 초과 2,250mm 이하	2,250mm 초과
강판 두께	0.5mm	0.6mm	0.8mm	1.0mm	1.2mm

  ㉡ 배출기의 흡입측 풍도 안의 풍속은 15m/sec 이하, 배출측 풍속은 20m/sec 이하로 할 것

(10) 유입풍도 등

① 유입풍도 안의 풍속은 20m/sec 이하로 하여야 하고 유입풍도의 강판두께는 배출풍도의 강판두께 기준에 따른다.
② 옥외에 면하는 배출구 및 공기유입구는 비 또는 눈 등이 들어가지 아니하도록 하고, 배출된 연기가 공기유입구로 순환 유입되지 아니하도록 하여야 한다.

(11) 제연설비의 전원 및 기동

① 비상전원은 자가발전설비 또는 축전지설비, 전기저장장치로서 다음의 기준에 따라 설치하여야 한다.
  ㉠ 점검에 편리하고 화재 및 침수 등의 재해로 인한 피해를 받을 우려가 없는 곳에 설치할 것

ⓛ 제연설비를 유효하게 20분 이상 작동할 수 있도록 할 것
ⓒ 상용전원으로부터 전력의 공급이 중단된 때에는 자동으로 비상전원으로부터 전력을 공급받을 수 있도록 할 것
ⓔ 비상전원의 설치장소는 다른 장소와 방화구획할 것. 이 경우 그 장소에는 비상전원의 공급에 필요한 기구나 설비 외의 것을 두어서는 아니 된다.
ⓜ 비상전원을 실내에 설치하는 때에는 그 실내에 비상조명등을 설치할 것
② 가동식의 벽·제연경계벽·댐퍼 및 배출기의 작동은 화재감지기와 연동되어야 하며, 예상제연구역(또는 인접장소) 및 제어반에서 수동으로 기동이 가능하도록 하여야 한다.

(12) 설치제외

제연설비를 설치하여야 할 소방대상물 중 화장실·목욕실·주차장·발코니를 설치한 숙박시설(가족호텔 및 휴양콘도미니엄에 한한다.)의 객실과 사람이 상주하지 아니하는 기계실·전기실·공조실·50m² 미만의 창고 등으로 사용되는 부분에 대하여는 배출구·공기유입구의 설치 및 배출량 산정에서 이를 제외한다.

(13) 실무관련

① 거실[상가 등] 제연설비의 구성 [오픈구조 : 제연경계벽 이용]

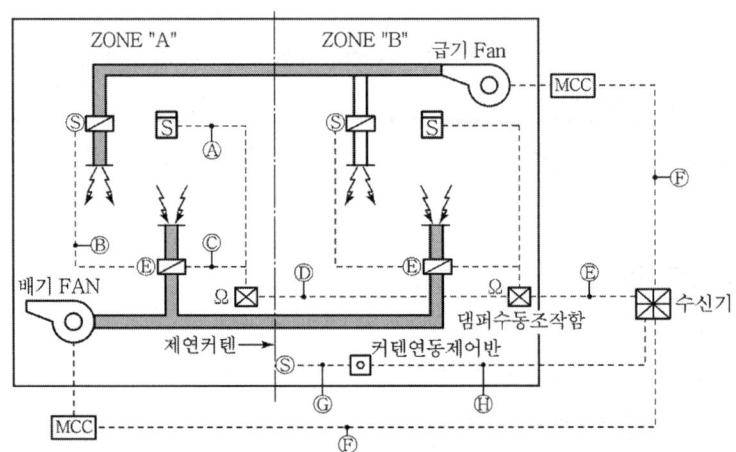

기호	구분	배선수	배선굵기	배선의 용도
Ⓐ	감지기 ↔ 수동조작함	4	1.5mm²	감지기지구, 공통
Ⓑ	급기댐퍼 ↔ 배기댐퍼	4	2.5mm²	전원 ⊕·⊖, 급기기동, 급기확인
Ⓒ	배기댐퍼 ↔ 수동조작함	6	2.5mm²	전원 ⊕·⊖, 급기기동, 배기기동, 급기확인, 배기확인

Ⓓ	수동조작함 ↔ 수동조작함	7	2.5mm²	전원 ⊕·⊖, 지구, 급기기동, 배기기동, 급기확인, 배기확인
Ⓔ	2 Zone	12	2.5mm²	전원 ⊕·⊖, (지구, 급기기동, 배기기동, 급기확인, 배기확인)×2
Ⓕ	MCC ↔ 수신기	5	2.5mm²	기동2, 기동확인표시, 전원감시표시, 표시등 공통
Ⓖ	커텐SOL ↔ 연동제어반	3	2.5mm²	기동, 기동확인, 공통
Ⓗ	연동제어반 ↔ 수신기	4	2.5mm²	전원⊕, 전원⊖, 기동, 기동확인

배선(전선)용도의 또 다른 명칭
① 감지기 지구 : 감지기 회로, 지구로도 표현
② 댐퍼기동 : 기동 또는 기동스위치, 급기기동, 배기기동으로도 표현
③ 댐퍼기동 확인 : 댐퍼기동 표시(등) 또는 기동표시(등), 지구확인(등), 급기확인, 배기확인으로도 표현
④ 복구 : 댐퍼복구 또는 기동복구로도 표현

② 거실[상가 등] 제연설비의 구성 [밀폐구조 : 벽체 이용]

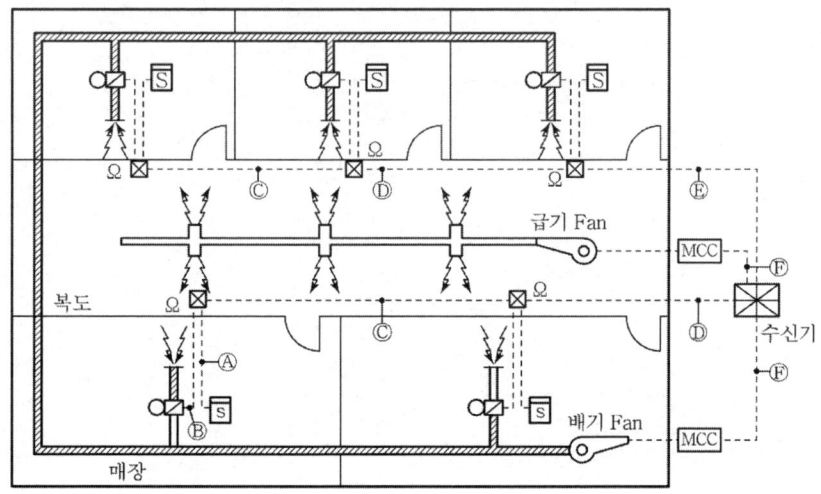

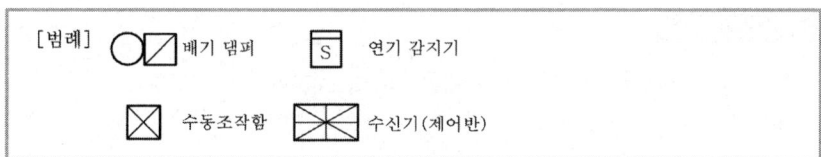

기호	구분	배선수	배선굵기	배선의 용도
Ⓐ	감지기 ↔ 수동조작함	4	1.5mm²	지구, 공통
Ⓑ	댐퍼 ↔ 수동조작함	4	2.5mm²	전원 ⊕·⊖, 기동, 확인
Ⓒ	수동조작함 ↔ 수동조작함	5	2.5mm²	전원 ⊕·⊖, 기동, 확인, 지구
Ⓓ	2 Zone	8	2.5mm²	전원 ⊕·⊖, 기동2, 확인2, 지구2
Ⓔ	3 Zone	11	2.5mm²	전원 ⊕·⊖, 기동3, 확인3, 지구3
Ⓕ	MCC ↔ 수신기	5	2.5mm²	기동, 정지, 공통, 기동확인표시등, 정지확인표시등

※ 복구방식인 경우 : Ⓑ 5선 Ⓒ 6선 Ⓓ 9선 Ⓔ 12선이 됨

③ 공조설비와 겸용하는 방식

예상문제

화재시 유효하게 배연할 수 있도록 도면의 필요한 곳에 절환댐퍼를 표시하시오.

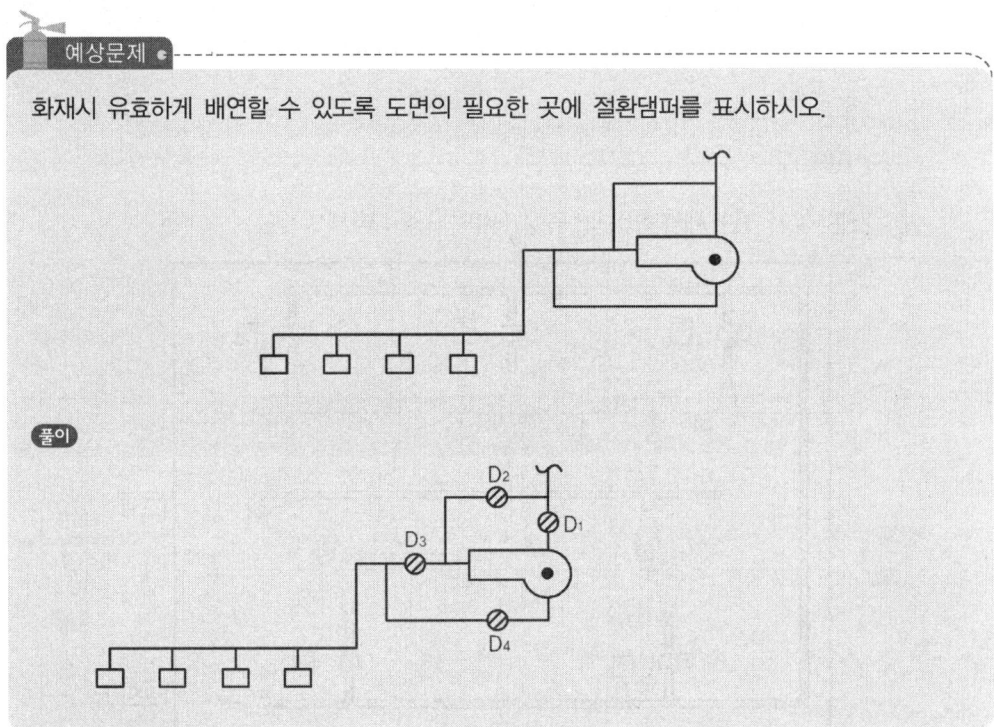

예상문제

평상시와 화재시를 구분하여 절환댐퍼 상태를 기술하시오.

풀이 ① 평상시 : D_1, D_3 개방, D_2, D_4 폐쇄
② 화재시 : D_2, D_4 개방, D_1, D_3 폐쇄

(14) 계산문제

예상문제

제연설비에서 요구되는 이론적 풍량이 600m³/min이고 이때의 풍압이 2.5mmHg로 하려면 전동기의 용량은 몇 kW의 것으로 설치하여야 하는가? (단, 누연량은 0.5m³/sec이며, 누설 손실 압력은 0.02mmHg이고 전동기의 효율은 60%, 전달계수는 1.10이다.)

풀이 $P(kW) = \dfrac{P \times Q}{102\eta} K$ [P : 풍압(kgf/m²), Q : 풍량(m³/sec), η : 효율, K : 전달계수]

P : 풍압 = 2.5mmHg + 0.02mmHg = 2.52mmHg

$2.52\text{mmHg} \times \dfrac{10332\text{kgf/m}^2}{760\text{mmHg}} = 34.258 ≒ 34.26\text{kgf/m}^2$

Q : 풍량 = $\dfrac{600\text{m}^3}{\text{min}} \times \dfrac{1\text{min}}{60\text{sec}} + 0.5\text{m}^3/\text{sec} = 10.5\text{m}^3/\text{sec}$

∴ $P(kW) = \dfrac{P \times Q}{102\eta} K = \dfrac{34.26 \times 10.5}{102 \times 0.6} \times 1.1 = 6.465 ≒ 6.47\text{kW}$

예상문제

어떤 지하상가 제연설비를 화재안전기준과 아래 조건에 따라 설치하려고 한다. 다음 각 물음에 답하시오.

[조건]
1. 주덕트의 높이 제한은 600mm이다.
2. 배출기는 원심다익형이다.
3. 각 종 효율은 무시한다.
4. 예상 제연구역의 설계 배출량은 45,000[m³/hr]이다.

1) 배출기 흡입측 주덕트의 최소 폭[m]을 계산하시오.
2) 배출기 배출측 주덕트의 최소 폭[m]을 계산하시오.
3) 준공 후 풍량시험을 한 결과 풍량은 36,000[m³/hr] 회전수는 600[rpm], 축동력은 7.5[kW]로 측정되었다. 배출량 45,000[m³/hr]를 만족시키기 위한 배출기의 회전수[rpm]를 계산하시오.
4) 회전수를 높여서 배출량을 만족시킬 경우의 예상 축동력[kW]을 계산하시오.

풀이 1) 배출기의 흡입측 주덕트의 풍속은 15m/sec 이하이어야 하므로

흡입측 덕트의 단면적(A) = $\dfrac{Q}{U} = \dfrac{\dfrac{45,000}{3,600}\text{m}^3/\text{sec}}{15\text{m/sec}} = 0.833\text{m}^2$

덕트의 단면적 = 높이 × 폭

∴ 폭 = $\dfrac{\text{단면적}(\text{m}^2)}{\text{높이}(\text{m})} = \dfrac{0.833\text{m}^2}{0.6\text{m}} = 1.388\text{m}$

2) 배출기의 배출측 주덕트의 풍속은 20m/sec 이하이어야 하므로

배출측 덕트의 단면적(A) = $\dfrac{Q}{U} = \dfrac{\dfrac{45,000}{3,600}\text{m}^3/\text{sec}}{20\text{m}/\text{sec}} = 0.625\text{m}^2$

∴ 폭 = $\dfrac{\text{단면적}(\text{m}^2)}{\text{높이}(\text{m})} = \dfrac{0.625\text{m}^2}{0.6\text{m}} = 1.042\text{m}$

3) 상사법칙에 의해 배출기의 배출량은 배출기 회전수에 정비례하므로

$Q_2 = \dfrac{N_2}{N_1} \times Q_1$ [Q : 배출량, N : 회전수]

∴ $N_2 = \dfrac{Q_2}{Q_1} \times N_1 = \dfrac{45,000\text{m}^3/\text{hr}}{36,000\text{m}^3/\text{hr}} \times 600\text{rpm} = 750\text{rpm}$

4) 상사법칙에 의해 축동력은 배출기 회전수의 삼승에 비례하므로

$L_2 = \left(\dfrac{N_2}{N_1}\right)^3 \times L_1$ (N : 회전수, L : 축동력)

∴ $L_2 = \left(\dfrac{750\text{rpm}}{600\text{rpm}}\right)^3 \times 7.5\text{kW} = 14.648\text{kW}$

예상문제

제연구역의 바닥면적이 350m²일 때 제3종 기계제연방식으로 배연하기 위하여 필요한 배출기용 전동기의 용량(HP)을 조건을 참조하여 계산하시오.

[조건]
1. 배출기효율은 70%이고 전압은 500pa이다.
2. 거실은 피난을 위한 경유거실이다.
3. 동력전달 효율은 95%, 여유율은 10%로 한다.

 배출량(m³/hr) = 350m² × 1m³/m²·min × 60min = 21,000m³/hr

전동기용량(HP) = $\dfrac{P \times Q}{\eta \times 76} \times K$

P : 전압(kgf/m²), Q : 배출풍량(m³/sec), η : 효율

$P(\text{kgf/m}^2) = \dfrac{500\text{Pa}}{101,325\text{Pa}} \times 10,332\text{kgf/m}^2 = 50.98\text{kgf/m}^2$

$Q(\text{m}^3/\text{sec}) = \dfrac{21,000\text{m}^3}{3,600\text{sec}} = 5.83\text{m}^3/\text{sec}$

∴ HP = $\dfrac{50.98\text{kgf/m}^2 \times 5.83\text{m}^3/\text{sec}}{0.7 \times 76} \times \dfrac{1}{0.95} \times 1.1 = 6.47\text{HP}$

예상문제

아래 그림은 어느 거실에 대한 급기 및 배출풍도와 급기 및 배출 FAN을 나타내고 있는 평면도이다. 동일실 제연과 인접구역 상호제연 시 댐퍼의 개방 및 폐쇄여부를 기입하시오.

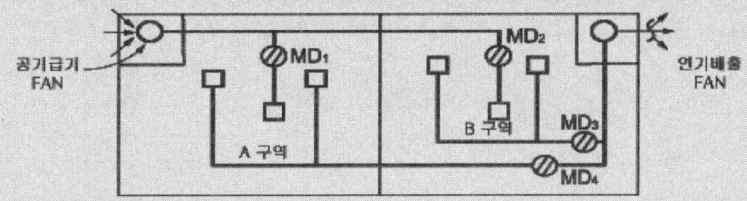

풀이

1) 동일구역제연방식의 경우

화재구역	급기댐퍼	배연댐퍼
A 구역	MD₁ (열림)	MD₄ (열림)
A 구역	MD₂ (닫힘)	MD₃ (닫힘)
B 구역	MD₂ (열림)	MD₃ (열림)
B 구역	MD₁ (닫힘)	MD₄ (닫힘)

2) 인접구역상호제연방식의 경우

화재구역	급기댐퍼	배연댐퍼
A 구역	MD₂ (열림)	MD₄ (열림)
A 구역	MD₁ (닫힘)	MD₃ (닫힘)
B 구역	MD₁ (열림)	MD₃ (열림)
B 구역	MD₂ (닫힘)	MD₄ (닫힘)

예상문제

실의 크기가 20m(가로)×15m(세로)×5m(높이)인 공간에서 큰 화염의 화재가 발생하여 t초 지난 후의 청결층 높이 y(m)의 값이 1.8m가 되었다면, 다음의 식을 이용하여 물음에 답하시오.

[조건]

1. $Q = \dfrac{A(H-y)}{t}$ [Q : 연기의 발생량(m^3/sec), A : 바닥면적(m^2), H : 층높이(m)]

2. 위 식에서 시간 t(초)는 다음의 Hinkley 식을 만족한다.

   공식 : $t = \dfrac{20A}{Pf \times \sqrt{g}} \times \left(\dfrac{1}{\sqrt{y}} - \dfrac{1}{\sqrt{H}} \right)$

   단, g는 중력가속도는 9.81 m/s²이고 Pf는 화재경계의 길이(m)로서 큰 화염의 경우 12m, 중간화염의 경우 6m 작은 화염의 경우 4m를 적용한다.

3. 연기 생성률(M, kg/s)에 관련한 식은 다음과 같다.

   $M = 0.188 \times Pf \times y^{\frac{3}{2}}$

1) 상부의 배연구로부터 몇 m³/min의 연기를 배출해야 이 청결층의 높이가 유지되는지 구하시오.
2) 연기의 생성률(kg/s)을 구하시오

풀이 1) $t = \dfrac{20A}{Pf \times \sqrt{g}} \times \left(\dfrac{1}{\sqrt{y}} - \dfrac{1}{\sqrt{H}}\right) = \dfrac{20 \times 300\text{m}^2}{12\text{m} \times \sqrt{9.81\text{m/s}^2}} \times \left(\dfrac{1}{\sqrt{1.8\text{m}}} - \dfrac{1}{\sqrt{5\text{m}}}\right) = 47.59$초

$Q = \dfrac{A(H-y)}{t} = \dfrac{300\text{m}^2 \times (5\text{m} - 1.8\text{m})}{47.59\text{sec}} = 20.17\text{m}^3/\text{sec}$

$\dfrac{20.17\text{m}^3}{\text{sec}} \times \dfrac{60\text{sec}}{1\text{min}} = 1210.2\text{m}^3/\text{min}$

2) $M = 0.188 \times Pf \times y^{\frac{3}{2}} = 0.188 \times 12 \times 1.8^{\frac{3}{2}} = 5.448 ≒ 5.45\text{kg/s}$

A실(40m×25m), B실(20m×25m) 두 실이 있다. 다음 조건에 따른 물음에 답하시오.

[조건]
1. 거실의 천장높이는 3m이며 제연경계의 폭은 0.6m이다.
2. 급기용 송풍기와 배출용 송풍기는 각각 1대씩이 있다.(독립배출방식)
3. 이 실 내부에는 기둥이 없고 실내상부는 반자로 고르게 마감되어 있다.
4. 계산결과 소수점 셋째짜리에서 반올림할 것.

1) 배출기의 최소 배출량(CMH)
2) A실과 B실의 배출구의 최소개수
3) A실과 B실의 공기유입구의 크기(cm²)

풀이 1) A실 : 바닥면적이 1000m²이고, 실의 대각선길이는 47.17m, 제연경계구역, 수직거리가 2.4m이므로 50,000m³/hr 선정

B실 : 바닥면적이 500m²이고, 실의 대각선길이는 32.01m, 제연경계구역, 수직거리가 2.4m이므로 45,000m³/hr 선정

2) 배출구는 실의 각 부분으로부터 수평거리 10m 이하이어야 하므로

A실 : 가로열(40m) 설치수 = $\dfrac{40\text{m}}{2 \times 10\text{m} \times \cos 45°} = 2.82 ≒ 3$개

세로열(25m) 설치수 = $\dfrac{25\text{m}}{2 \times 10\text{m} \times \cos 45°} = 1.76 ≒ 2$개   따라서 총 6개

B실 : 가로열(20m) 설치수 = $\dfrac{20\text{m}}{2 \times 10\text{m} \times \cos 45°} = 1.41 ≒ 2$개

세로열(25m) 설치수 = $\dfrac{25\text{m}}{2 \times 10\text{m} \times \cos 45°} = 1.76 ≒ 2$개   따라서 총 4개

3) 공기유입구의 크기는 배출량 1m³/min당 35cm²이 필요하므로

A실 : $\dfrac{50000\text{m}^3}{60\text{min}} \times 35\text{cm}^2/(\text{m}^3/\text{min}) = 29166.67\text{cm}^2$

B실 : $\dfrac{45000\text{m}^3}{60\text{min}} \times 35\text{cm}^2/(\text{m}^3/\text{min}) = 26250\text{cm}^2$

예상문제

호텔거실(4m×6m×2.5m)에 화재가 발생하였다. 화원의 크기가 0.5m×0.5m(바닥면적)이고, 침대 높이가 0.7m인 경우 침대까지 연기가 도달한 시간을 계산하시오. (단, Hinkley 공식 적용)

풀이 $t = \dfrac{20A}{P\sqrt{g}} \cdot \left(\dfrac{1}{\sqrt{y}} - \dfrac{1}{\sqrt{h}}\right)[\sec]$

- A : 바닥면적 $4m \times 6m = 24m^2$
- P : 화원크기 $0.5m \times 4면 = 2m$
- y : 청결층 높이 0.7m
- t : 청결층도달시간(sec)
- g : 중력가속도 $9.8m/\sec^2$
- h : 높이 2.5m

$\therefore t = \dfrac{20A}{P\sqrt{g}} \cdot \left(\dfrac{1}{\sqrt{y}} - \dfrac{1}{\sqrt{h}}\right) = \dfrac{20 \times 24}{2\sqrt{9.8}} \cdot \left(\dfrac{1}{\sqrt{0.7}} - \dfrac{1}{\sqrt{2.5}}\right) = 43.15[\sec]$

28. 특별피난계단, 부속실, 비상용승강장 제연설비

(1) 설치대상

특정소방대상물(갓복도형 아파트는 제외한다)에 부설된 특별피난계단, 비상용 승강기의 승강장 또는 피난용승강기의 승강장

(2) 설치기준

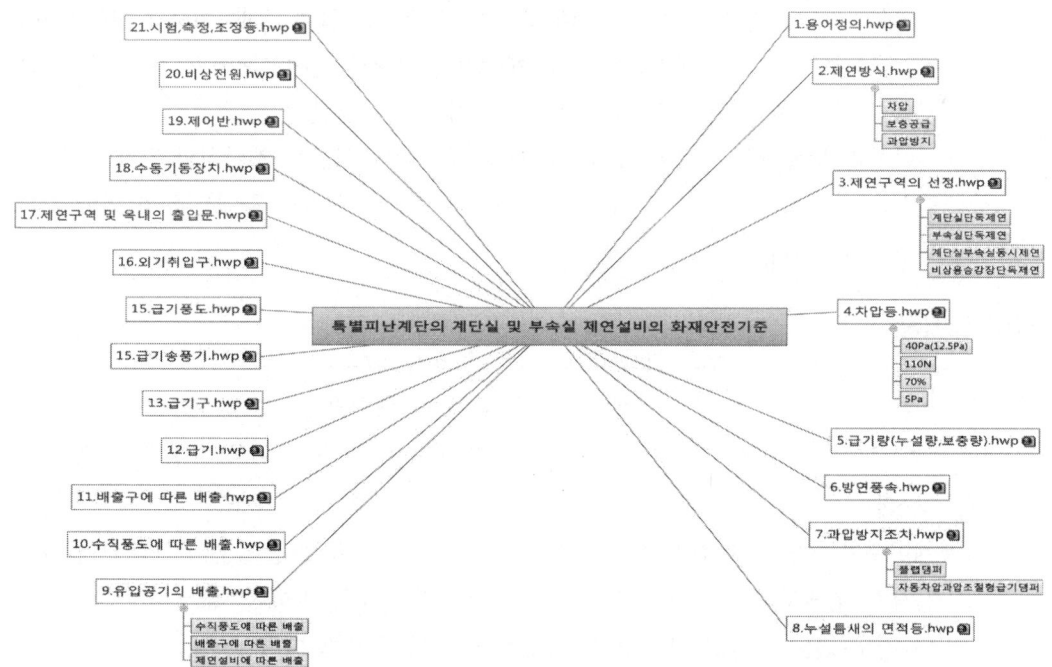

Chapter 05. 설비별 설계 및 시공 • 245

(3) 제연구역

① 계단실 및 그 부속실을 동시에 제연하는 것
② 부속실만을 단독으로 제연하는 것
③ 계단실 단독 제연하는 것
④ 비상용 승강기 승강장 단독 제연하는 것

(4) 제연방식

① 제연구역에 옥외의 신선한 공기를 공급하여 제연구역의 기압을 제연구역 이외의 옥내(이하 "옥내"라 한다)보다 높게 하되 일정한 기압의 차이(이하 "차압"이라 한다.)를 유지하게 함으로써 옥내로부터 제연구역 내로 연기가 침투하지 못하도록 할 것
② 피난을 위하여 제연구역의 출입문이 일시적으로 개방되는 경우 방연풍속을 유지하도록 옥외의 공기를 제연구역 내로 보충공급하도록 할 것
③ 출입문이 다시 닫히는 경우 제연구역의 과압을 방지할 수 있는 유효한 조치를 하여 차압을 유지할 것

(5) 차압등

① 제연구역과 옥내와의 사이에 유지하여야 하는 최소차압은 40Pa(옥내에 스프링클러설비가 설치된 경우에는 12.5Pa) 이상으로 하여야 한다.
② 제연설비가 가동되었을 경우 출입문의 개방에 필요한 힘은 110N 이하로 하여야 한다.
③ 출입문이 일시적으로 개방되는 경우 개방되지 아니하는 제연구역과 옥내와의 차압은 ①의 기준에 따른 차압의 70% 미만이 되어서는 아니된다.
④ 계단실과 부속실을 동시에 제연하는 경우 부속실의 기압은 계단실과 같게 하거나 계단실의 기압보다 낮게 할 경우에는 부속실과 계단실의 압력 차이는 5Pa 이하가 되도록 하여야 한다.

(6) 급기량

$$급기량 = 누설량 + 보충량$$

① 누설량
제연구역의 압력이 주변 화재실의 압력보다 크기 때문에 출입문이 폐쇄되어 있어도 틈새를 통해서 공기가 누설되는데 이때 누설되는 양을 말하며, 출입문이 2개소 이상인 경우에는 각 출입문의 누설틈새면적을 합한 것으로 한다.

> **Reference**
>
> ⬥ 누설풍량 계산식
> $$Q = 0.827 \times A \times P^{\frac{1}{n}}$$
> Q : 누설풍량(m³/sec), A : 틈새면적(m²), P : 실내외의 압력차(Pa)
> n : 상수(일반출입문 : 2, 창문 : 1.6)

② **보충량**

피난을 위하여 제연구역의 출입문이 일시적으로 개방되는 경우 방연풍속을 유지하도록 공기를 제연구역 내로 보충하는 공기량으로 부속실(또는 승강장)의 수가 20 이하는 1개층 이상, 20을 초과하는 경우에는 2개층 이상의 출입문이 개방되는 경우로 한다.

> **Reference**
>
> ⬥ 누설량 계산식
> $$Q = 0.827 \times A \times P^{\frac{1}{n}}$$
> Q : 누설풍량(m³/sec), A : 틈새면적(m²), P : 실내외의 압력차(Pa)
> n : 상수(일반출입문 : 2, 창문 : 1.6)
>
> ⬥ 누설틈새면적
>
> 1) 직렬상태
> $$A = \left(\frac{1}{A_1^2} + \frac{1}{A_2^2} + \cdots\right)^{-\frac{1}{2}}$$
> A : 전체 누설틈새면적(m²)
> A_1, A_2 : 각 실의 누설틈새면적(m²)
>
>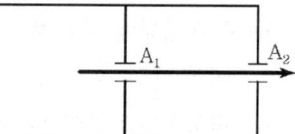
>
> 2) 병렬상태
> $$A = A_1 + A_2 + \cdots$$
> A : 전체 누설틈새면적(m²)
> A_1, A_2 : 각 실의 누설틈새면적(m²)
>
>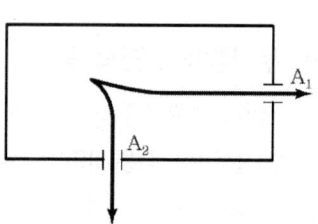

(7) 방연풍속

【 제연구역의 선정방식에 따른 방연풍속 】

제연구역		방연풍속
계단실 및 그 부속실을 동시에 제연하는 것 또는 계단실만 단독으로 제연하는 것		0.5m/s 이상
부속실만 단독으로 제연하는 것 또는 비상용 승강기의 승강장만 단독으로 제연하는 것	부속실 또는 승강장이 면하는 옥내가 거실인 경우	0.7m/s 이상
	부속실 또는 승강장이 면하는 옥내가 복도로서 그 구조가 방화구조(내화시간이 30분 이상인 구조를 포함한다)인 것	0.5m/s 이상

(8) 과압방지조치

제연구역의 과압방지를 위하여 당해 제연구역에 자동차압 조절댐퍼 또는 과압방지장치를 다음 각호의 기준에 따라 설치하여야 한다.
① 과압방지장치는 제연구역의 압력을 자동으로 조절하는 성능이 있는 것으로 할 것
② 과압방지를 위한 과압방지장치는 차압기준과 방연풍속기준을 만족하여야 한다.
③ 플랩댐퍼는 소방청장이 고시하는 성능인증 및 제품검사의 기술기준에 적합한 것으로 설치하여야 한다.
④ 플랩댐퍼에 사용하는 철판은 두께 1.5mm 이상의 열간압연 연강판(KS D 3501) 또는 이와 동등 이상의 내식성 및 내열성이 있는 것으로 할 것
⑤ 자동차압조절형급기댐퍼를 설치하는 경우에는 14)급기구 ③급기댐퍼 ㉯~㉭ 기준에 적합할 것

(9) 누설틈새의 면적 등

제연구역으로부터 공기가 누설하는 틈새면적은 다음의 기준에 따라야 한다.
① 출입문의 틈새면적 산출식

$$A = (L/l) \times Ad$$

A : 출입문의 틈새(m²)
L : 출입문 틈새의 길이(m). 다만, L의 수치가 l의 수치 이하인 경우에는 l의 수치로 할 것
l : 외여닫이문이 설치되어 있는 경우에는 5.6, 쌍여닫이문이 설치되어 있는 경우에는 9.2, 승강기의 출입문이 설치되어 있는 경우에는 8.0으로 할 것
Ad : 외여닫이문으로 제연구역의 실내 쪽으로 열리도록 설치하는 경우에는 0.01, 제연

구역의 실외 쪽으로 열리도록 설치하는 경우에는 0.02, 쌍여닫이문의 경우에는 0.03, 승강기의 출입문에 대하여는 0.06으로 할 것

다만, [한국산업표준]에서 정하는 [창세트 (KS F 3117)]에 따른 기준을 고려하여 선정할 수 있다.

② 창문의 틈새면적 산출

창문의 틈새길이 1m당 틈새면적은 다음과 같다.

창문의 종류		
여닫이식	창틀에 방수패킹이 없는 경우	2.55×10^{-4}
	창틀에 방수패킹이 있는 경우	3.61×10^{-5}
미닫이식		1.00×10^{-4}

③ 제연구역으로부터 누설하는 공기가 승강기의 승강로를 경유하여 승강로의 외부로 유출하는 유출면적은 승강로 상부의 승강로와 기계실사이의 개구부 면적을 합한것을 기준으로 할 것

④ 제연구역을 구성하는 벽체(반자 속의 벽체를 포함한다.)가 벽돌 또는 시멘트블록 등의 조적 구조이거나 석고판 등의 조립구조인 경우에는 불연재료를 사용하여 틈새를 조정할 것. 다만, 제연구역의 내부 또는 외부면을 시멘트모르터로 마감하거나 철근콘크리트 구조의 벽체로 하는 경우에는 그 벽체의 공기누설은 무시할 수 있다.

⑤ 제연설비의 완공 시 제연구역의 출입문 등은 크기 및 개방방식이 해당 설비의 설계 시와 같도록 할 것

(10) 유입공기의 배출

① 유입공기는 화재층의 제연구역과 면하는 옥내로부터 옥외로 배출되도록 하여야 한다.

② 유입공기의 배출방식

㉠ 수직풍도에 따른 배출 : 옥상으로 직통하는 전용의 배출용 수직풍도를 설치하여 배출하는 것으로서 다음에 해당하는 것

㉮ 자연배출식 : 굴뚝효과에 따라 배출하는 것

㉯ 기계배출식 : 수직풍도의 상부에 전용의 배출용 송풍기를 설치하여 강제로 배출하는 것. 다만, 지하층만을 제연하는 경우 배출용송풍기의 설치위치는 배출된 공기로 인하여 피난 및 소화활동에 지장을 주지 아니하는 곳에 설치할 수 있다.

㉡ 배출구에 따른 배출 : 건물의 옥내와 면하는 외벽마다 옥외와 통하는 배출구를 설치하여 배출하는 것

ⓒ 제연설비에 따른 배출 : 거실제연설비가 설치되어 있고 당해 옥내로부터 옥외로 배출하여야 하는 유입공기의 양을 거실제연설비의 배출량에 합하여 배출하는 경우 유입공기의 배출은 당해 거실제연설비에 따른 배출로 갈음할 수 있다.

(11) 수직풍도에 따른 배출

수직풍도에 따른 배출은 다음의 기준에 적합하여야 한다.

① 수직풍도는 내화구조로 하되 [건축물의 피난·방화구조 등의 기준에 관한 규칙]제3조 제1호 또는 제2호의 기준 이상의 성능으로 할 것.

② 수직풍도의 내부면은 두께 0.5mm 이상의 아연도금강판 또는 동등 이상의 내식성·내열성이 있는 것으로 마감하되 접합부에 대하여는 통기성이 없도록 조치할 것

③ 각 층의 옥내와 면하는 수직풍도의 관통부에는 다음의 기준에 적합한 댐퍼(이하 "배출댐퍼"라 한다.)를 설치하여야 한다.

    ㉠ 배출댐퍼는 두께 1.5mm 이상의 강판 또는 이와 동등 이상의 성능이 있는 것으로 설치하여야 하며 비내식성 재료의 경우에는 부식방지 조치를 할 것

    ㉡ 평상시 닫힌 구조로 기밀상태를 유지할 것

    ㉢ 개폐 여부를 당해 장치 및 제어반에서 확인할 수 있는 감지기능을 내장하고 있을 것

    ㉣ 구동부의 작동상태와 닫혀 있을 때의 기밀상태를 수시로 점검할 수 있는 구조일 것

    ㉤ 풍도의 내부마감상태에 대한 점검 및 댐퍼의 정비가 가능한 이·탈착구조로 할 것

    ㉥ 화재층의 옥내에 설치된 화재감지기의 동작에 따라 당해 층의 댐퍼가 개방될 것

    ㉦ 개방 시의 실제개구부(개구율을 감안한 것을 말한다.)의 크기는 수직풍도의 내부 단면적과 같도록 할 것

    ㉧ 댐퍼는 풍도 내의 공기흐름에 지장을 주지 않도록 수직풍도의 내부로 돌출하지 않게 설치할 것

④ **수직풍도의 내부단면적**

    ㉠ 자연배출식의 경우 다음 식에 따라 산출하는 수치 이상으로 할 것. 다만, 수직풍도의 길이가 100m를 초과하는 경우에는 산출수치의 1.2배 이상의 수치를 기준으로 하여야 한다.

$$A_P = Q_N/2$$

    A_P : 수직풍도의 내부단면적(m^2)

    Q_N : 수직풍도가 담당하는 1개 층의 제연구역의 출입문(옥내와 면하는 출입문을 말한다) 1개의 면적(m^2)과 방연풍속(m/s)을 곱한 값(m^3/s)

    ㉡ 송풍기를 이용한 기계배출식의 경우 풍속 15m/sec 이하로 할 것

⑤ 기계배출식에 따라 배출하는 경우 배출용 송풍기는 다음의 기준에 적합할 것
  ㉠ 열기류에 노출되는 송풍기 및 그 부품들은 250℃의 온도에서 1시간 이상 가동상태를 유지할 것
  ㉡ 송풍기의 풍량은 ④의 ㉠의 기준에 따른 Q_N에 여유량을 더한량을 기준으로 할 것
  ㉢ 송풍기는 옥내의 화재감지기의 동작에 따라 연동하도록 할 것
⑥ 수직풍도의 상부의 말단은 빗물이 흘러들지 아니하는 구조로 하고 옥외의 풍압에 따라 배출성능이 감소하지 아니하도록 유효한 조치를 할 것

(12) 배출구에 따른 배출

배출구에 따른 배출은 다음의 기준에 적합하여야 한다.
① 배출구에는 다음 각 목의 기준에 적합한 장치(이하 "개폐기"라 한다.)를 설치할 것
  ㉠ 빗물과 이물질이 유입하지 아니하는 구조로 할 것
  ㉡ 옥외 쪽으로만 열리도록 하고 옥외의 풍압에 따라 자동으로 닫히도록 할 것
  ㉢ 배출댐퍼는 두께 1.5mm 이상의 강판 또는 이와 동등 이상의 성능이 있는 것으로 설치하여야 하며 비내식성 재료의 경우에는 부식방지조치를 할 것
  ㉣ 평상시 닫힌 구조로 기밀상태를 유지할 것
  ㉤ 개폐 여부를 당해 장치 및 제어반에서 확인할 수 있는 감지기능을 내장하고 있을 것
  ㉥ 구동부의 작동상태와 닫혀 있을 때의 기밀상태를 수시로 점검할 수 있는 구조일 것
  ㉦ 풍도의 내부마감상태에 대한 점검 및 댐퍼의 정비가 가능한 이·탈착구조로 할 것
  ㉧ 화재층의 옥내에 설치된 화재감지기의 동작에 따라 당해 층의 댐퍼가 개방될 것. 다만, 스프링클러설비의 설치에 따라 화재감지기를 설치하지 아니하는 경우에는 제연구역 출입문 직근의 옥내에 전용의 연기감지기를 설치하고 당해 연기감지기 또는 당해 층의 스프링클러헤드 중 어느 것이 작동하더라도 당해 층의 댐퍼가 개방되도록 하여야 한다.
  ㉩ 개방 시의 실제개구부의 크기는 수직풍도의 내부단면적과 같도록 할 것
② 개폐기의 개구면적은 다음 식에 따라 산출한 수치 이상으로 할 것

$$A_O = Q_N / 2.5$$

A_O : 개폐기와 개구면적(m^2)
Q_N : 수직풍도가 담당하는 1개 층의 제연구역의 출입문(옥내와 면하는 출입문을 말한다) 1개의 면적(m^2)과 방연풍속(m/s)을 곱한 값(m^3/s)

(13) 급 기

① 부속실을 제연하는 경우 동일수직선상의 모든 부속실은 하나의 전용수직풍도를 통해 동시에 급기할 것. 다만, 동일수직선상에 2대 이상의 급기송풍기가 설치되는 경우에는 수직풍도를 분리하여 설치할 수 있다.
② 계단실 및 부속실을 동시에 제연하는 경우 계단실에 대하여는 그 부속실의 수직풍도를 통해 급기할 수 있다.
③ 계단실만 제연하는 경우에는 전용수직풍도를 설치하거나 계단실에 급기풍도 또는 급기 송풍기를 직접 연결하여 급기하는 방식으로 할 것
④ 하나의 수직풍도마다 전용의 송풍기로 급기할 것
⑤ 비상용승강기의 승강장을 제연하는 경우에는 비상용승강기의 승강로를 급기풍도로 사용할 수 있다. 다만, 승강장과 부속실을 겸용하는 경우에는 그러하지 아니하다.

(14) 급기구

① 급기용 수직풍도와 직접 면하는 벽체 또는 천장에 고정하되, 급기되는 기류 흐름이 출입문으로 인하여 차단되거나 방해받지 아니하도록 옥내와 면하는 출입문으로부터 가능한 먼 위치에 설치할 것
② 계단실과 그 부속실을 동시에 제연하거나 또는 계단실만을 제연하는 경우 급기구는 계단실 매 3개 층 이하의 높이마다 설치할 것. 다만, 계단실의 높이가 31m 이하로서 계단실만을 제연하는 경우에는 하나의 계단실에 하나의 급기구만을 설치할 수 있다.
③ 급기구의 댐퍼 설치는 다음의 기준에 적합할 것
　㉠ 급기댐퍼는 두께 1.5mm 이상의 강판 또는 이와 동등 이상의 강도가 있는 것으로 설치하여야 하며, 비내식성 재료의 경우에는 부식방지조치를 할 것
　㉡ 자동차압·과압조절형 댐퍼를 설치하는 경우 차압범위의 수동설정기능과 설정범위의 차압이 유지되도록 개구율을 자동조절하는 기능이 있을 것
　㉢ 자동차압·과압조절형 댐퍼는 옥내와 면하는 개방된 출입문이 완전히 닫히기 전에 개구율을 자동감소시켜 과압을 방지하는 기능이 있을 것
　㉣ 자동차압·과압조절형 댐퍼는 주위온도 및 습도의 변화에 의해 기능이 영향을 받지 아니하는 구조일 것
　㉤ 자동차압 과압조절형 댐퍼는 [자동차압과압조절형댐퍼의 성능인증 및 제품검사의 기술기준]에 적합한 것으로 설치할 것
　㉥ 자동차압·과압조절형이 아닌 댐퍼는 개구율을 수동으로 조절할 수 있는 구조로 할 것
　㉦ 옥내에 설치된 화재감지기에 따라 모든 제연구역의 댐퍼가 개방되도록 할 것.

다만, 둘 이상의 특정소방대상물이 지하에 설치된 주차장으로 연결되어 있는 경우에는 주차장에서 하나의 특정소방대상물의 제연구역으로 들어가는 입구에 설치된 제연용 연기감지기의 작동에 따라 특정소방대상물의 해당 수직풍도에 연결된 모든 제연구역의 댐퍼가 개방되도록 할 것

◎ 그 밖의 설치기준은 수직풍도의 관통부에 설치하는 댐퍼의 설치기준과 동일

(15) 급기풍도

① 급기풍도는 내화구조로 할 것
② 급기풍도의 내부면은 두께 0.5mm 이상의 아연도금강판으로 마감하되 강판의 접합부에 대하여는 통기성이 없도록 조치할 것
③ 수직풍도 이외의 풍도로서 금속판으로 설치하는 풍도는 다음의 기준에 적합할 것
　㉠ 풍도는 아연도금강판 또는 이와 동등 이상의 내식성·내열성이 있는 것으로 하며, 불연재료의 (석면재료를 제외한다)단열재로 유효한 단열처리를 하고, 강판의 두께는 풍도의 크기에 따라 다음 표에 따른 기준 이상으로 할 것. 다만, 방화구획이 되는 전용실에 급기송풍기와 연결되는 닥트는 단열이 필요 없다.

풍도단면이 긴변 또는 직경의 크기	450mm 이하	450mm 초과 750mm 이하	750mm 초과 1,500mm 이하	1,500mm 초과 2,250mm 이하	2,250mm 초과
강판두께	0.5mm	0.6mm	0.8mm	1.0mm	1.2mm

　㉡ 풍도에서의 누설량은 급기량의 10%를 초과하지 아니할 것
④ 풍도는 정기적으로 풍도 내부를 청소할 수 있는 구조로 설치할 것

(16) 급기송풍기

① 송풍기의 송풍능력은 송풍기가 담당하는 제연구역에 대한 급기량의 1.15배 이상으로 할 것
② 송풍기에는 풍량조절장치를 설치하여 풍량조절을 할 수 있도록 할 것
③ 송풍기에는 풍량 및 풍량을 실측할 수 있는 유효한 조치를 할 것
④ 송풍기는 인접장소의 화재로부터 영향을 받지 아니하고 접근 및 점검이 용이한 곳에 설치할 것
⑤ 송풍기는 옥내 화재감지기의 동작에 따라 작동하도록 할 것
⑥ 송풍기와 연결되는 캔버스는 내열성(석면재료를 제외한다.)이 있는 것으로 할 것

(17) 외기 취입구

① 외기를 옥외로부터 취입하는 경우 취입구는 연기 또는 공해물질 등으로 오염된 공기

를 취입 하지 아니하는 위치에 설치하여야 하며, 배기구 등(유입공기, 주방의 조리대의 배출공기 또는 화장실의 배출공기 등을 배출하는 배기구를 말한다)으로부터 수평거리 5m 이상, 수직거리 1m 이상 낮은 위치에 설치할 것
② 취입구를 옥상에 설치하는 경우에는 옥상의 외곽면으로부터 수평거리 5m 이상, 외곽면의 상단으로부터 하부로 수직거리 1m 이하의 위치에 설치할 것
③ 취입구는 빗물과 이물질이 유입하지 아니하는 구조로 할 것
④ 취입구는 취입공기가 옥외 바람의 속도와 방향에 따라 영향을 받지 아니하는 구조로 할 것

(18) 제연구역 및 옥내의 출입문
① 제연구역 출입문의 기준
  ㉠ 제연구역의 출입문(창문을 포함)은 언제나 닫힌 상태를 유지하거나 자동폐쇄장치에 의해 자동으로 닫히는 구조로 할 것. 다만, 아파트인 경우 제연구역과 계단실 사이의 출입문은 자동폐쇄장치에 의하여 자동으로 닫히는 구조로 하여야 한다.
  ㉡ 제연구역의 출입문에 설치하는 자동폐쇄장치는 제연구역의 기압에도 불구하고 출입문을 용이하게 닫을 수 있는 충분한 폐쇄력이 있을 것
  ㉢ 제연구역의 출입문 등에 자동폐쇄장치를 사용하는 경우에는 [자동폐쇄장치의 성능인증 및 제품검사의 기술기준]에 적합한 것으로 설치하여야 한다.
② 옥내 출입문의 기준
  ㉠ 언제나 닫힌 상태를 유지하거나 자동폐쇄장치에 따라 자동으로 닫히는 구조로 설치할 것
  ㉡ 거실 쪽으로 열리는 구조의 출입문에 설치하는 자동폐쇄장치는 출입문의 개방 시 유입공기의 압력에도 불구하고 출입문을 용이하게 닫을 수 있는 충분한 폐쇄력이 있는 것으로 할 것

(19) 수동기동장치
① 배출댐퍼 및 개폐기의 직근과 제연구역에는 다음의 기준에 따른 장치의 작동을 위하여 전용의 수동기동장치를 설치하여야 한다. 다만, 계단실 및 그 부속실을 동시에 제연하는 제연구역에는 그 부속실에만 설치할 수 있다.
  ㉠ 전 층의 제연구역에 설치된 급기댐퍼의 개방
  ㉡ 당해 층의 배출댐퍼 또는 개폐기의 개방
  ㉢ 급기송풍기 및 유입공기의 배출용 송풍기의 작동
  ㉣ 개방·고정된 모든 출입문(제연구역과 옥내 사이의 출입문에 한한다.)의 개폐장치

의 작동

② 수동기동장치는 옥내에 설치된 수동발신기의 조작에 의해서도 작동될 수 있도록 할 것

(20) 제어반

① 제어반에는 제어반의 기능을 1시간 이상 유지할 수 있는 용량의 비상용 축전지를 내장할 것
② 제어반은 다음의 기능을 보유할 것
　㉠ 급기용 댐퍼의 개폐에 대한 감시 및 원격조작기능
　㉡ 배출댐퍼 또는 개폐기의 작동 여부에 대한 감시 및 원격조작기능
　㉢ 급기송풍기와 유입공기의 배출용 송풍기의 작동 여부에 대한 감시 및 원격조작기능
　㉣ 제연구역 출입문의 일시적인 고정개방 및 해정에 대한 감시 및 원격조작기능
　㉤ 수동기동장치의 작동 여부에 대한 감시기능
　㉥ 급기구 개구율의 자동조절장치의 작동 여부에 대한 감시기능, 다만, 급기구에 차압표시계를 고정부착한 자동차압·과압조절형 댐퍼를 설치하고 당해 제어반에도 차압표시계를 설치한 경우에는 그러하지 아니하다.
　㉦ 감시선로의 단선에 대한 감시기능
　㉧ 예비전원이 확보되고 예비전원의 적합여부를 시험할수 있어야 할것.

(21) 비상전원

비상전원은 자가발전설비 또는 축전지설비, 전기저장장치로서 다음의 기준에 따라 설치하여야 한다.
다만, 2 이상의 변전소(전기사업법 제67조의 규정에 따른 변전소를 말한다.)에서 전력을 동시에 공급받을 수 있거나 하나의 변전소로부터 전력공급이 중단되는 때에 자동으로 다른 변전소로부터 전원을 공급받을 수 있도록 상용전원을 설치한 경우에는 그러하지 아니하다.

① 점검에 편리하고 화재 및 침수 등의 재해로 인한 피해를 받을 우려가 없는 곳에 설치할 것
② 제연설비를 유효하게 20분(층수가 30층 이상 49층 이하는 40분, 50층 이상은 60분) 이상 작동할 수 있도록 할 것
③ 상용전원으로부터 전력의 공급이 중단된 때에는 자동으로 비상전원으로부터 전력을 공급 받을 수 있도록 할 것
④ 비상전원의 설치장소는 다른 장소와 방화구획할 것. 이 경우 그 장소에는 비상전원의 공급에 필요한 기구나 설비 외의 것을 두어서는 아니 된다.

⑤ 비상전원을 실내에 설치하는 때에는 그 실내에 비상조명등을 설치할 것

(22) 시험, 측정 및 조정등
① 제연설비는 설계목적에 적합한지 사전에 검토하고 건물의 모든 부분을 완성하는 시점부터 시험 등을 하여야 한다.
② 제연설비의 시험 등은 다음의 기준에 따라 실시하여야 한다.
㉠ 제연구역의 모든 출입문 등의 크기와 열리는 방향이 설계 시와 동일한지 여부를 확인하고, 동일하지 아니한 경우 급기량과 보충량 등을 다시 산출하여 조정가능 여부 또는 재설계·개수의 여부를 결정할 것
㉡ ㉠의 기준에 따른 확인결과 출입문 등이 설계 시와 동일한 경우에는 출입문마다 그 바닥사이의 틈새가 평균적으로 균일한지 여부를 확인하고 큰 편차가 있는 출입문 등에 대하여는 그 바닥의 마감을 재시공하거나, 출입문 등에 불연재료를 사용하여 틈새를 조정할 것
㉢ 제연구역의 출입문 및 복도와 거실(옥내가 복도와 거실로 되어 있는 경우에 한한다.) 사이의 출입문마다 제연설비가 작동하고 있지 아니한 상태에서 그 폐쇄력을 측정할 것
㉣ 옥내의 층별로 화재감지기(수동기동장치를 포함한다.)를 동작시켜 제연설비가 작동하는지 여부를 확인할 것. 다만, 둘 이상의 특정소방대상물이 지하에 설치된 주차장으로 연결되어 있는 경우에는 주차장에서 하나의 특정소방대상물의 제연구역으로 들어가는 입구에 설치된 제연용 연기감지기의 작동에 따라 특정소방대상물의 해당 수직풍도에 연결된 모든 제연구역의 댐퍼가 개방되도록 하고 비상전원을 작동시켜 급기 및 배기용 송풍기의 성능이 정상인지 확인할 것
㉤ ㉣의 기준에 따라 제연설비가 작동하는 경우 다음 각 목의 기준에 따른 시험 등을 실시할 것
㉮ 부속실과 면하는 옥내 및 계단실의 출입문을 동시 개방할 경우, 유입공기의 풍속이 규정에 따른 방연풍속에 적합한지 여부를 확인하고, 적합하지 아니한 경우에는 급기구의 개구율과 송풍기의 풍량조절댐퍼 등을 조정하여 적합하게 할 것 이 경우 유입공기의 풍속은 출입문의 개방에 따른 개구부를 대칭적으로 균등분할하는 10 이상의 지점에서 측정하는 풍속의 평균치로 할 것
㉯ ㉮의 기준에 따른 시험 등의 과정에서 출입문을 개방하지 아니하는 제연구역의 실제차압이 기준에 적합한지 여부를 출입문 등에 차압측정공을 설치하고 이를 통하여 차압측정기구로 실측하여 확인·조정할 것
㉰ 제연구역의 출입문이 모두 닫혀 있는 상태에서 제연설비를 가동시킨 후 출입문

의 개방에 필요한 힘을 측정하여 규정에 따른 개방력에 적합한지 여부를 확인하고, 적합하지 아니한 경우에는 급기구의 개구율 조정 및 플랩댐퍼와 풍량조절용 댐퍼 등의 조정에 따라 적합하도록 조치할 것

㉣ ㉮의 기준에 따른 시험 등의 과정에서 부속실의 개방된 출입문이 자동으로 완전히 닫히는지 여부를 확인하고, 닫힌 상태를 유지할 수 있도록 조정할 것

(23) 실무관련

① 작동 연계성(Sequence)

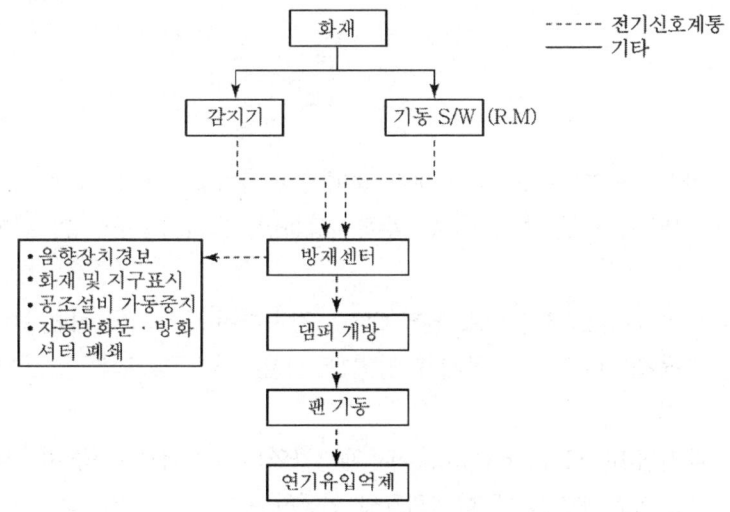

【 작동 연계성 블록도 】

② 시스템의 구성
   ㉠ 제어반(수신기)
   ㉡ 연기감지기
   ㉢ 수동조작함
   ㉣ 댐퍼
      ㉮ 급기 댐퍼
      ㉯ 배기 댐퍼
   ㉤ Fan
      ㉮ 급기용 Fan
      ㉯ 배기용 Fan

③ 전실 제연설비의 구성

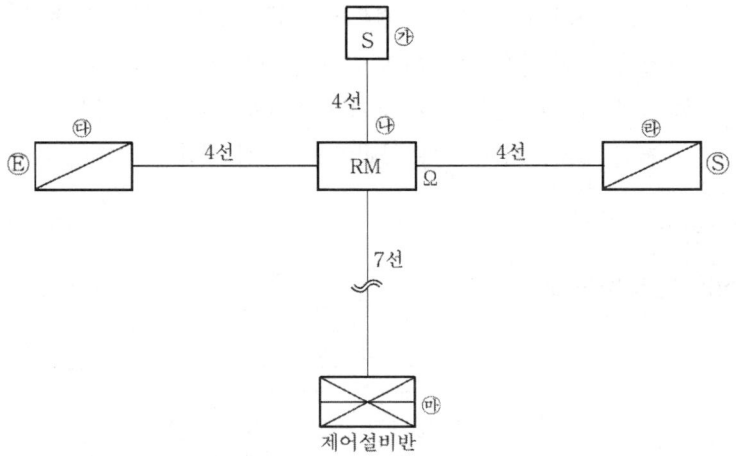

※ 간선 7선의 용도(급기·배기 댐퍼의 동시기동, 자동복구 방식의 경우)
  [전원 ⊕·⊖, 기동 S/W, 수동기동확인, 댐퍼기동확인 2, 감지기지구]

㉠ 연기감지기 : 자동으로 연기농도를 감지하여 수신기(설비반)로 발신
㉡ 수동조작함(R.M) : 화재를 발견한 재실자가 수동조작으로 화재신호를 수신기로 발신
㉢ 배기댐퍼(Exhaust Damper) : 제연구역외부로 유출된 공기(옥내유입공기)를 배출 Fan으로 배출할 때 화재신호와 연동하여 개방하는 전실외부설치된 댐퍼 → 유입공기배출
㉣ 급기댐퍼(Supply Damper) : 외부의 신선한 공기를 제연구역 내로 급기 Fan이 송풍할 때 화재신호와 연동하여 개방하는 댐퍼 → 외기급기(가압)
㉤ 제연설비반(수신기) : 감지기 또는 수동조작함의 화재신호를 받아 제연 Fan 및 제연댐퍼를 기동 및 복구시키는 기능을 하는 기기로, 화재표시, 댐퍼기동 확인 표시의 기능도 있다.

(24) 계산문제관련

예상문제

다음 그림은 어느 예상제연구역을 나타낸 평면도이다. 이 실들 중 A실을 급기·가압하고자 할 때 주어진 [조건]을 참조하여 A실에 유입시켜야 할 풍량은 몇 m³/sec인지를 산출하시오.
(소수점 5자리까지 구하시오)

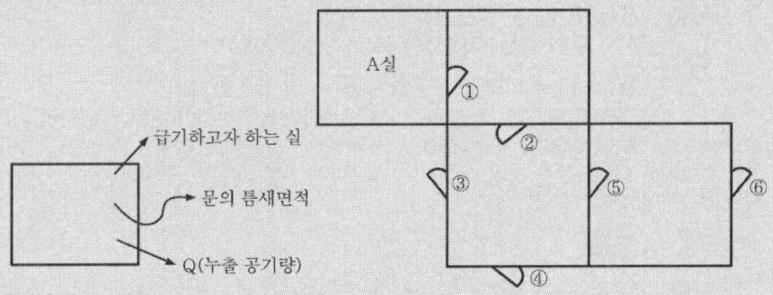

[조건]
1. 실외부의 대기압력은 절대압력으로 101,300Pa로서 일정하다.
2. A실에 유지하고자 하는 압력은 절대압력으로 101,400Pa이다.
3. 각 실의 문(Door)들의 틈새면적은 0.01m²이다.
4. 어느 실을 급기가압할 때 그 실의 문 틈새를 통하여 누출되는 공기의 양은 다음의 식을 따른다.

$$Q = 0.827A\sqrt{P}$$

Q : 누출되는 공기의 양(m³/sec), A : 문의 틈새면적(m²), P : 실내외의 기압차(Pa)

풀이 출입문 ⑤, ⑥은 직렬연결이므로 $A = \left(\dfrac{1}{0.01^2} + \dfrac{1}{0.01^2}\right)^{-\frac{1}{2}} = 0.00707\text{m}^2$ (⑤′)

출입문 ③, ④, ⑤′는 병렬연결이므로 $A = 0.01\text{m}^2 + 0.01\text{m}^2 + 0.00707\text{m}^2 = 0.02707\text{m}^2$ (③′)

출입문 ①, ②, ③′는 직렬연결이므로 $A = \left(\dfrac{1}{0.01^2} + \dfrac{1}{0.01^2} + \dfrac{1}{0.02707^2}\right)^{-\frac{1}{2}} = 0.00684\text{m}^2$

∴ 문의 틈새면적(A) = 0.00684m²
차압(P) = 101,400Pa − 101,300Pa = 100Pa
$Q = 0.827 \times 0.00684\sqrt{100} = 0.056566 ≒ 0.05657\text{m}^3/\text{sec}$

예상문제

출입문을 밀어서 개방할 경우 필요한 힘은 110N이다. 도어체크 및 힌지 등의 마찰 손실이 30N이고, 문손잡이에서 문 끝까지 거리가 0.1m인 경우 실내외의 압력차(Pa)는? (문의 크기는 폭 1m× 높이 2m이다.)

풀이 문을 여는데 필요한 힘 $F = F_{dc} + K_d \dfrac{WA\Delta P}{2(W-d)}$

여기서, F : 문을 열 수 있는 힘(N) = 110(N)
F_{dc} : 문의 폐쇄장치 등을 극복하기 위한 힘(N) = 30(N)
W : 문의 폭(m) = 1, A : 문의 면적(m^2) = 1×2 = 2
ΔP : 문을 통한 차압(Pa), d : 문손잡이에서 손잡이쪽 문 끝까지의 거리(m) = 0.1
K_d : 계수(SI단위의 경우 $K_d = 1$, $f_t - lb$ 단위의 경우 $K_d = 5.2$)

$110 = 30 + \dfrac{1 \times 1 \times (1 \times 2) \times \Delta P}{2(1-0.1)}$

$110 - 30 = \dfrac{2\Delta P}{1.8}$

$(110-30) \times 1.8 = 2 \times \Delta P$

$\Delta P = \dfrac{(110-30) \times 1.8}{2} = 72 \mathrm{Pa}$

예상문제

어느 특별피난계단 부속실의 제연설비에서 소요되는 급기량이 3,000CMH일 때 다음 물음에 답하시오.

[조건]
① 차압=50Pa ② 댐퍼하중=2kgf/m^2 ③ 추의 무게=3kgf

1) 플랩댐퍼의 최소 날개면적(m^2)과 높이 H(m)를 구하시오. [폭은 0.8m이다]
2) 균형추의 위치 h(m)를 구하시오.

풀이 1) ① Flap damper(Flap Valve, 과압방지장치)의 날개면적(m^2)

$A = \dfrac{q}{5.85} = \dfrac{\left(\dfrac{3,000}{3,600}\right) m^3/s}{5.85} = 0.14245 \fallingdotseq 0.142 m^2$

② Flap damper의 높이 H[m] A=높이(H)×폭(0.8m)

$H = \dfrac{A}{0.8m} = \dfrac{0.142 m^2}{0.8m} = 0.178 m$

2) 차압에 의한 힘 성분의 토크=댐퍼 자체하중의 토크+추하중에 의한 토크
 ① 차압에 의한 힘 성분의 토크(힘의 모멘트)(kgf·m)

$50(N/m^2) \times \dfrac{1(kgf)}{9.8(N)} \times 0.142(m^2) \times 0.178(m) \times \dfrac{1}{2} = 0.06448 (kgf \cdot m)$

 ② 댐퍼 자체하중의 토크

$2(kgf/m^2) \times 0.142(m^2) \times 0.178(m) \times \dfrac{1}{2} = 0.02528 (kgf \cdot m)$

③ 추하중에 의한 토크 : 3(kgf)×h(m)
④ 힌지로부터 추의 위치
$$0.06448(\text{kgf} \cdot \text{m}) = 0.02528(\text{kgf} \cdot \text{m}) + 3 \times h(\text{kgf} \cdot \text{m})$$
$$h(\text{kgf} \cdot \text{m}) = \frac{0.06448(\text{kgf} \cdot \text{m}) - 0.02528(\text{kgf} \cdot \text{m})}{3}$$
∴ h = 0.013

29 ▶▶ 연결송수관설비

(1) 설치대상

① 층수가 5층 이상으로서 연면적 6천m^2 이상인 것
② ①에 해당하지 않는 특정소방대상물로서 지하층을 포함하는 층수가 7층 이상인 것
③ ① 및 ②에 해당하지 않는 특정소방대상물로서 지하층의 층수가 3층 이상이고 지하층의 바닥면적의 합계가 1천m^2 이상인 것
④ 지하가 중 터널로서 길이가 1천m 이상인 것

(2) 설치기준

① 송수구
 ① 소방차가 쉽게 접근할 수 있고 노출된 장소에 설치할 것
 ② 지면으로부터 높이가 0.5m 이상, 1m 이하의 위치에 설치할 것
 ③ 송수구는 화재층으로부터 지면으로 떨어지는 유리창 등이 송수 및 그 밖의 소화작업에 지장을 주지 아니하는 장소에 설치할 것
 ④ 송수구로부터 연결송수관설비의 주배관에 이르는 연결배관에 개폐밸브를 설치한 때에는 그 개폐상태를 쉽게 확인 및 조작할 수 있는 옥외 또는 기계실 등의 장소에 설치할 것
 ⑤ 구경 65mm의 쌍구형으로 할 것
 ⑥ 송수구에는 그 가까운 곳의 보기 쉬운 곳에 송수압력범위를 표시한 표지를 할 것
 ⑦ 송수구는 연결송수관의 수직배관마다 1개 이상을 설치할 것
 다만, 하나의 건축물에 설치된 각 수직배관이 중간에 개폐밸브가 설치되지 아니한 배관으로 상호 연결되어 있는 경우에는 건축물마다 1개씩 설치할 수 있다.
 ⑧ 송수구의 부근에는 자동배수밸브 및 체크밸브를 다음 각목의 기준에 따라 설치할 것
 이 경우 자동배수밸브는 배관 안의 물이 잘 빠질 수 있는 위치에 설치하되 배수로 인하여 다른 물건이나 장소에 피해를 주지 아니하여야 한다.

㉠ 습식의 경우에는 송수구·자동배수밸브·체크밸브의 순으로 설치할 것
　　　㉡ 건식의 경우에는 송수구·자동배수밸브·체크밸브·자동배수밸브의 순으로 설치할 것
　⑨ 송수구에는 가까운 곳의 보기 쉬운 곳에 "연결송수관설비송수구"라고 표시한 표지를 설치할 것
　⑩ 송수구에는 이물질을 막기 위한 마개를 씌울 것

② 배관 등

① 배관은 다음의 기준에 따라 설치하여야 한다.
　㉠ 주배관의 구경은 100mm 이상의 것으로 할 것
　㉡ 지면으로부터의 높이가 31m 이상인 소방대상물 또는 지상 11층 이상인 소방대상물에 있어서는 습식설비로 할 것
② 연결송수관설비의 배관은 주배관의 구경이 100mm 이상인 옥내소화전설비·스프링클러 설비 또는 물분무 등 소화설비의 배관과 겸용할 수 있다. 다만, 층수가 30층 이상의 특정소방대상물은 스프링클러설비의 배관과 겸용할 수 없다.
③ 연결송수관설비의 수직배관은 내화구조로 구획된 계단실(부속실을 포함한다.) 또는 파이프덕트 등 화재의 우려가 없는 장소에 설치하여야 한다. 다만, 학교 또는 공장이거나 배관주위를 1시간 이상의 내화성능이 있는 재료로 보호하는 경우에는 그러하지 아니하다.

③ 방수구

① 연결송수관설비의 방수구는 그 소방대상물의 층마다 설치할 것

> **방수구를 설치하지 않아도 되는 층**
> - 아파트의 1층 및 2층
> - 소방차의 접근이 가능하고 소방대원이 소방차로부터 각 부분에 쉽게 도달할 수 있는 피난층
> - 송수구가 부설된 옥내소화전을 설치한 소방대상물로서 다음에 해당하는 층
>   - 지하층을 제외한 층수가 4층 이하이고 연면적이 6,000m² 미만인 소방대상물의 지상층
>   - 지하층의 층수가 2 이하인 소방대상물의 지하층

② 방수구는 아파트 또는 바닥면적이 1,000m² 미만인 층에 있어서는 계단으로부터 5m 이내에, 바닥면적 1,000m² 이상인 층에 있어서는 각 계단으로부터 5m 이내에 설치할 것

③ 각 부분으로부터 방수구까지의 수평거리
  ㉠ 지하가 또는 지하층의 바닥면적의 합계가 3,000m² 이상인 것 : 25m
  ㉡ ㉠에 해당하지 아니하는 것 : 50m
④ 11층 이상의 부분에 설치하는 방수구는 쌍구형으로 할 것

> **11층 이상인 층 중 단구형 방수구를 설치할 수 있는 경우**
> - 아파트의 용도로 사용되는 층
> - 스프링클러설비가 유효하게 설치되어 있고 방수구가 2개소 이상 설치된 층

⑤ 방수구의 호스접결구는 바닥으로부터 높이 0.5m 이상, 1m 이하의 위치에 설치할 것
⑥ 방수구는 연결송수관설비의 전용방수구 또는 옥내소화전방수구로서 구경 65mm의 것으로 설치할 것
⑦ 방수구의 위치표시는 표시등이나 발광식 또는 축광식 표지로 하되 다음의 기준에 따라 설치할 것
  ㉠ 표시등을 설치하는 경우에는 함의 상부에 설치하되 그 불빛은 부착면으로부터 15° 이상의 범위 안에서 부착지점으로부터 10m 이내의 어느 곳에서도 쉽게 식별할 수 있는 적색등으로 할 것
  ㉡ ㉠의 규정에 따른 적색등은 사용전압의 130%인 전압을 24시간 연속하여 가하는 경우에도 단선, 현저한 광속변화, 전류변화 등의 현상이 발생되지 아니할 것
  ㉢ 발광식 또는 축광식 표지를 설치하는 경우에는 유도등 및 유도표지의 화재안전기준에 적합할 것
⑧ 방수구는 개폐기능을 가진 것으로 설치하여야하며, 평상시 닫힌 상태를 유지할 것

4 **방수기구함**

연결송수관설비의 방수용기구함을 다음의 기준에 따라 설치하여야 한다.
① 방수기구함은 방수구가 가장 많이 설치된 층을 기준하여 3개 층마다 설치하되, 그 층의 방수구마다 보행거리 5m 이내에 설치할 것
② 방수기구함에는 길이 15m의 호스와 방사형 관창을 다음 각목의 기준에 따라 비치할 것
  ㉠ 호스는 방수구에 연결하였을 때 그 방수구가 담당하는 구역의 각 부분에 유효하게 물이 뿌려질 수 있는 개수 이상을 비치할 것. 이 경우 쌍구형 방수구는 단구형 방수구의 2배 이상의 개수를 설치하여야 한다.
  ㉡ 방사형 관창은 단구형 방수구의 경우에는 1개, 쌍구형 방수구의 경우에는 2개 이상 비치할 것

③ 방수기구함에는 "방수기구함"이라고 표시한 표지를 할 것

5 가압송수장치

지표면에서 최상층 방수구의 높이가 70m 이상의 소방대상물에는 다음의 기준에 따라 연결송수관설비의 가압송수장치를 설치하여야 한다.

① 펌프의 토출량은 다음 기준에 적합할 것

대상물의 층 당 방수구	1~3개	4개	5개 이상
일반 대상물	2,400l/min 이상	3,200l/min 이상	4,000l/min 이상
계단실형 아파트	1,200l/min 이상	1,600l/min 이상	2,000l/min 이상

② 펌프의 양정은 최상층에 설치된 노즐선단의 압력이 0.35MPa 이상의 압력이 되도록 할 것
③ 가압송수장치는 방수구가 개방될 때 자동으로 기동되거나 또는 수동스위치의 조작에 따라 기동되도록 할 것. 이 경우 수동스위치는 2개 이상을 설치하되, 그 중 1개는 다음 각목의 기준에 따라 송수구의 부근에 설치하여야 한다.
  ㉠ 송수구로부터 5m 이내의 보기 쉬운 장소에 바닥으로부터 높이 0.8m 이상, 1.5m 이하로 설치할 것
  ㉡ 1.5mm 이상의 강판함에 수납하여 설치할 것. 이 경우 문짝은 불연재료로 설치할 수 있다.
  ㉢ 접지하고 빗물 등이 들어가지 아니하는 구조로 할 것
④ 그 밖의 사항은 옥내소화전과 동일

30 ▶▶ 연결살수설비

(1) 설치대상

① 판매시설, 운수시설, 창고시설 중 물류터미널로서 해당 용도로 사용되는 부분의 바닥면적의 합계가 1천m^2 이상인 것
② 지하층(피난층으로 주된 출입구가 도로와 접한 경우는 제외한다)으로서 바닥면적의 합계가 150m^2 이상인 것. 다만, 「주택법 시행령」 제21조제4항에 따른 국민주택규모 이하인 아파트의 지하층(대피시설로 사용하는 것만 해당한다)과 교육연구시설 중 학교의 지하층의 경우에는 700m^2 이상인 것으로 한다.
③ 가스시설 중 지상에 노출된 탱크의 용량이 30톤 이상인 탱크시설
④ ① 및 ②의 특정소방대상물에 부속된 연결통로

(2) 설치기준

1 송수구 등

① 송수구의 설치기준

㉠ 소방차가 쉽게 접근할 수 있고 노출된 장소에 설치할 것. 이 경우 가연성 가스의 저장·취급시설에 설치하는 연결살수설비의 송수구는 그 방호대상물로부터 20m 이상의 거리를 두거나 방호대상물에 면하는 부분이 높이 1.5m 이상, 폭 2.5m 이상의 철근콘크리트 벽으로 가려진 장소에 설치하여야 한다.

㉡ 송수구는 구경 65mm의 쌍구형으로 설치할 것. 다만, 하나의 송수구역에 부착하는 살수헤드의 수가 10개 이하인 것에 있어서는 단구형으로 할 수 있다.

㉢ 개방형 헤드를 사용하는 송수구의 호스접결구는 각 송수구역마다 설치할 것 다만, 송수구역을 선택할 수 있는 선택밸브가 설치되어 있고 각 송수구역의 주요 구조부가 내화구조로 되어 있는 경우에는 그러하지 아니하다.

㉣ 지면으로부터 높이가 0.5m 이상, 1m 이하의 위치에 설치할 것

㉤ 송수구로부터 주배관에 이르는 연결배관에는 개폐밸브를 설치하지 아니할 것 다만, 스프링클러설비·물분무소화설비·포소화설비 또는 연결송수관설비의 배관과 겸용하는 경우에는 그러하지 아니하다.

㉥ 송수구의 부근에는 "연결살수설비송수구"라고 표시한 표지와 송수구역 일람표를 설치할 것

㉦ 송수구에는 이물질을 막기 위한 마개를 씌워야 한다.

② 연결살수설비의 선택밸브의 설치기준

㉠ 화재시 연소의 우려가 없는 장소로서 조작 및 점검이 쉬운 위치에 설치할 것

㉡ 자동개방밸브에 따른 선택밸브를 사용하는 경우에 있어서는 송수구역에 방수하지 아니하고 자동밸브의 작동시험이 가능하도록 할 것

㉢ 선택밸브의 부근에는 송수구역 일람표를 설치할 것

③ 송수구의 가까운 부분에 자동배수밸브 및 체크밸브의 설치기준

㉠ 폐쇄형 헤드를 사용하는 설비의 경우에는 송수구·자동배수밸브·체크밸브의 순으로 설치할 것

㉡ 개방형 헤드를 사용하는 설비의 경우에는 송수구·자동배수밸브의 순으로 설치할 것

㉢ 자동배수밸브는 배관 안의 물이 잘 빠질 수 있는 위치에 설치하되, 배수로 인하여 다른 물건 또는 장소에 피해를 주지 아니할 것

④ 개방형 헤드를 사용하는 연결살수설비에 있어서 하나의 송수구역에 설치하는 살수헤드의 수는 10개 이하가 되도록 하여야 한다.

2 배관 등
① 배관의 구경
㉠ 연결살수설비 전용헤드를 사용하는 경우

하나의 배관에 부착하는 살수헤드의 개수	1개	2개	3개	4개 또는 5개	6개 이상 10개 이하
배관의 구경(mm)	32	40	50	65	80

㉡ 스프링클러헤드를 사용하는 경우

구분 \ 급수관의 구경	25	32	40	50	65	80	90	100	125	150
가	2	3	5	10	30	60	89	100	160	161 이상
나	2	4	7	15	30	60	65	100	160	161 이상
다	1	2	5	8	15	27	40	55	90	91 이상

② 폐쇄형 헤드를 사용하는 연결살수설비의 주배관은 옥내소화전설비의 주배관 및 수도배관 또는 옥상에 설치된 수조에 접속하여야 한다. 이 경우 연결살수설비의 주배관과 옥내소화전설비의 주배관·수도배관·옥상에 설치된 수조의 접속부분에는 체크밸브를 설치하되 점검하기 쉽게 하여야 한다.
③ 폐쇄형 헤드를 사용하는 연결살수설비에는 다음의 기준에 따른 시험배관을 설치하여야 한다.
㉠ 송수구에서 가장 먼 거리에 위치한 가지배관의 끝으로부터 연결하여 설치할 것
㉡ 시험장치 배관의 구경은 25mm 이상으로 하고, 그 끝에는 물받이통 및 배수관을 설치하여 시험 중 방사된 물이 바닥으로 흘러내리지 아니하도록 할 것. 다만, 목욕실·화장실 또는 그 밖의 배수처리가 쉬운 장소의 경우에는 물받이통 또는 배수관을 설치하지 아니할 수 있다.
④ 개방형 헤드를 사용하는 연결살수설비에 있어서의 수평주행배관은 헤드를 향하여 상향으로 100 분의 1 이상의 기울기로 설치하고 주배관 중 낮은 부분에는 자동배수밸브를 설치하여야 한다.
⑤ 가지배관 또는 교차배관을 설치하는 경우에는 가지배관의 배열은 토너먼트방식이 아니어야 하며, 가지배관은 교차배관 또는 주배관에서 분기되는 지점을 기점으로 한쪽 가지배관에 설치되는 헤드의 개수는 8개 이하로 하여야 한다.
⑥ 습식 연결살수설비의 배관은 동결방지조치를 하거나 동결의 우려가 없는 장소에 설치하여야 한다.

⑦ 급수배관에 설치되어 급수를 차단할 수 있는 개폐밸브는 개폐표시형으로 하여야한다. 이 경우 펌프의 흡입측 배관에는 버터플라이밸브 외의 개폐표시형 밸브를 설치하여야 한다.
⑧ 연결살수설비 교차배관의 위치·청소구 및 가지배관의 설치기준은 다음과 같다.
  ㉠ 교차배관은 가지배관과 수평으로 설치하거나 또는 가지배관 밑에 설치하고 그 구경은 ①의 규정에 따르되 최소구경이 40mm 이상이 되도록 할 것
  ㉡ 폐쇄형 헤드를 사용하는 연결살수설비의 청소구는 주배관 또는 교차배관 끝에 40mm 이상 크기의 개폐밸브를 설치하고, 호스접결이 가능한 나사식 또는 고정 배수 배관식으로 할 것
  ㉢ 폐쇄형 헤드를 사용하는 연결살수설비에 하향식 헤드를 설치하는 경우에는 가지배관으로부터 헤드에 이르는 헤드접속배관은 가지관상부에서 분기할 것. 다만, 소화설비용 수원의 수질이 먹는물관리법 규정에 따라 먹는물의 수질기준에 적합하고 덮개가 있는 저수조로부터 물을 공급받는 경우에는 가지배관의 측면 또는 하부에서 분기할 수 있다.

③ **연결살수설비 헤드**
① 연결살수설비의 헤드는 연결살수설비 전용헤드 또는 스프링클러헤드로 설치하여야 한다.
② 연결살수설비 헤드의 설치기준
  ㉠ 천장 또는 반자의 실내에 면하는 부분에 설치할 것
  ㉡ 천장 또는 반자의 각 부분으로부터 하나의 살수헤드까지의 수평거리가 연결살수설비 전용헤드의 경우은 3.7m 이하, 스프링클러헤드의 경우는 2.3m 이하로 할 것. 다만, 살수헤드의 부착면과 바닥과의 높이가 2.1m 이하인 부분에 있어서는 살수헤드의 살수분포에 따른 거리로 할 수 있다.
③ 폐쇄형 스프링클러헤드를 설치하는 경우의 설치기준
  ㉠ 설치장소의 평상시 최고 주위온도에 따라 다음 표에 따른 표시온도의 것으로 설치할 것. 다만, 높이가 4m 이상인 공장 및 창고(랙크식 창고를 포함한다.)에 설치하는 스프링클러헤드는 그 설치장소의 평상시 최고 주위온도에 관계없이 표시온도 121℃ 이상의 것으로 할 수 있다.

설치장소의 최고 주위온도	표시온도
39℃ 미만	79℃ 미만
39℃ 이상 64℃ 미만	79℃ 이상 121℃ 미만

64℃ 이상 106℃ 미만	121℃ 이상 162℃ 미만
106℃ 이상	162℃ 이상

ⓛ 살수가 방해되지 아니하도록 스프링클러헤드로부터 반경 60cm 이상의 공간을 보유할 것. 다만, 벽과 스프링클러헤드 간의 공간은 10cm 이상으로 한다.

ⓒ 스프링클러헤드와 그 부착면(상향식 헤드의 경우에는 그 헤드의 직상부의 천장·반자 또는 이와 비슷한 것을 말한다. 이하 같다.)과의 거리는 30cm 이하로 할 것

ⓔ 배관·행가 및 조명기구 등 살수를 방해하는 것이 있는 경우에는 ㈏의 규정에 불구하고 그로부터 아래에 설치하여 살수에 장애가 없도록 할 것. 다만, 연결살수헤드와 장애물과의 이격거리를 장애물 폭의 3배 이상 확보한 경우에는 그러하지 아니하다.

ⓜ 스프링클러헤드의 반사판은 그 부착면과 평행하게 설치할 것

ⓗ 천장의 기울기가 10분의 1을 초과하는 경우에는 가지관을 천장의 마루와 평행하게 설치하고, 스프링클러헤드는 다음의 기준에 적합하게 설치할 것

㈎ 천장의 최상부에 스프링클러헤드를 설치하는 경우에는 최상부에 설치하는 스프링클러헤드의 반사판을 수평으로 설치할 것

㈏ 천장의 최상부를 중심으로 가지관을 서로 마주보게 설치하는 경우에는 최상부의 가지관 상호 간의 거리가 가지관상의 스프링클러헤드 상호 간의 거리의 2분의 1 이하(최소 1m 이상이 되어야 한다.)가 되게 스프링클러헤드를 설치하고, 가지관의 최상부에 설치하는 스프링클러헤드는 천장의 최상부로부터의 수직거리가 90cm 이하가 되도록 할 것. 톱날지붕, 둥근지붕 기타 이와 유사한 지붕의 경우에도 이에 준한다.

ⓢ 연소할 우려가 있는 개구부에는 그 상하좌우에 2.5m 간격으로(개구부의 폭이 2.5m 이하인 경우에는 그 중앙에) 스프링클러헤드를 설치하되, 스프링클러헤드와 개구부의 내측면으로부터의 직선거리는 15cm 이하가 되도록 할 것 이 경우 사람이 상시 출입하는 개구부로서 통행에 지장이 있는 때에는 개구부의 상부 또는 측면(개구부의 폭이 9m 이하인 경우에 한한다.)에 설치하되, 헤드 상호 간의 간격은 1.2m 이하로 설치하여야 한다.

ⓞ 습식 연결살수설비 외의 설비에는 상향식 스프링클러헤드를 설치할 것. 다만, 다음에 해당하는 경우에는 그러하지 아니하다.

㈎ 드라이펜던트 스프링클러헤드를 사용하는 경우

㈏ 스프링클러헤드의 설치장소가 동파의 우려가 없는 곳인 경우

㈐ 개방형 스프링클러헤드를 사용하는 경우

ⓩ 측벽형 스프링클러헤드를 설치하는 경우 긴변의 한쪽 벽에 일렬로 설치(폭이 4.5m 이상 9m 이하인 실에 있어서는 긴변의 양쪽에 각각 일렬로 설치하되 마주 보는 스프링클러헤드가 나란하도록 설치)하고 3.6m 이내마다 설치할 것

④ 가연성 가스의 저장·취급시설에 설치하는 연결살수설비의 헤드의 설치기준
　㉠ 연결살수설비 전용의 개방형 헤드를 설치할 것
　㉡ 가스저장탱크·가스홀더 및 가스발생기의 주위에 설치하되, 헤드상호 간의 거리는 3.7m 이하로 할 것
　㉢ 헤드의 살수범위는 가스저장탱크·가스홀더 및 가스발생기의 몸체의 중간 윗부분의 모든 부분이 포함되도록 하여야 하고 살수된 물이 흘러내리면서 살수범위에 포함되지 아니한 부분에도 모두 적셔질 수 있도록 할 것

(3) 헤드의 설치 제외장소

① 상점으로서 주요구조부가 내화구조 또는 방화구조로 되어 있고 바닥면적이 $500m^2$ 미만으로 방화구획되어 있는 소방대상물 또는 그 부분
② 계단실·경사로·승강기의 승강로·파이프덕트·목욕실·화장실·직접 외기에 개방되어 있는 복도 기타 이와 유사한 장소
③ 통신기기실·전자기기실·기타 이와 유사한 장소
④ 발전실·변전실·변압기·기타 이와 유사한 전기설비가 설치되어 있는 장소
⑤ 병원의 수술실·응급처치실·기타 이와 유사한 장소
⑥ 천장과 반자 양쪽이 불연재료로 되어 있는 경우로서 그 사이의 거리 및 구조가 다음에 해당하는 부분
　㉠ 천장과 반자 사이의 거리가 2m 미만인 부분
　㉡ 천장과 반자 사이의 벽이 불연재료이고 천장과 반자 사이의 거리가 2m 이상으로서 그 사이에 가연물이 존재하지 아니하는 부분
⑦ 천장·반자 중 한쪽이 불연재료로 되어있고 천장과 반자 사이의 거리가 1m 미만인 부분
⑧ 천장 및 반자가 불연재료 외의 것으로 되어 있고 천장과 반자 사이의 거리가 0.5m 미만인 부분
⑨ 펌프실·물탱크실 그 밖의 이와 비슷한 장소
⑩ 현관 또는 로비 등으로서 바닥으로부터 높이가 20m 이상인 장소
⑪ 냉장창고의 냉장실 또는 냉동창고의 냉동실
⑫ 고온의 노가 설치된 장소 또는 물과 격렬하게 반응하는 물품의 저장 또는 취급장소
⑬ 불연재료로 된 소방대상물 또는 그 부분으로서 다음에 해당하는 장소

㉠ 정수장·오물처리장 그 밖의 이와 비슷한 장소
㉡ 펄프공장의 작업장·음료수공장의 세정 또는 충전하는 작업장 그 밖의 이와 비슷한 장소
㉢ 불연성의 금속·석재 등의 가공공장으로서 가연성 물질을 저장 또는 취급하지 아니하는 장소

31 ▶▶ 비상콘센트설비

(1) 설치대상

① 층수가 11층 이상인 특정소방대상물의 경우에는 11층 이상의 층
② 지하층의 층수가 3층 이상이고 지하층의 바닥면적의 합계가 1천m^2 이상인 것은 지하층의 모든 층
③ 지하가 중 터널로서 길이가 5백m 이상인 것

(2) 계통도

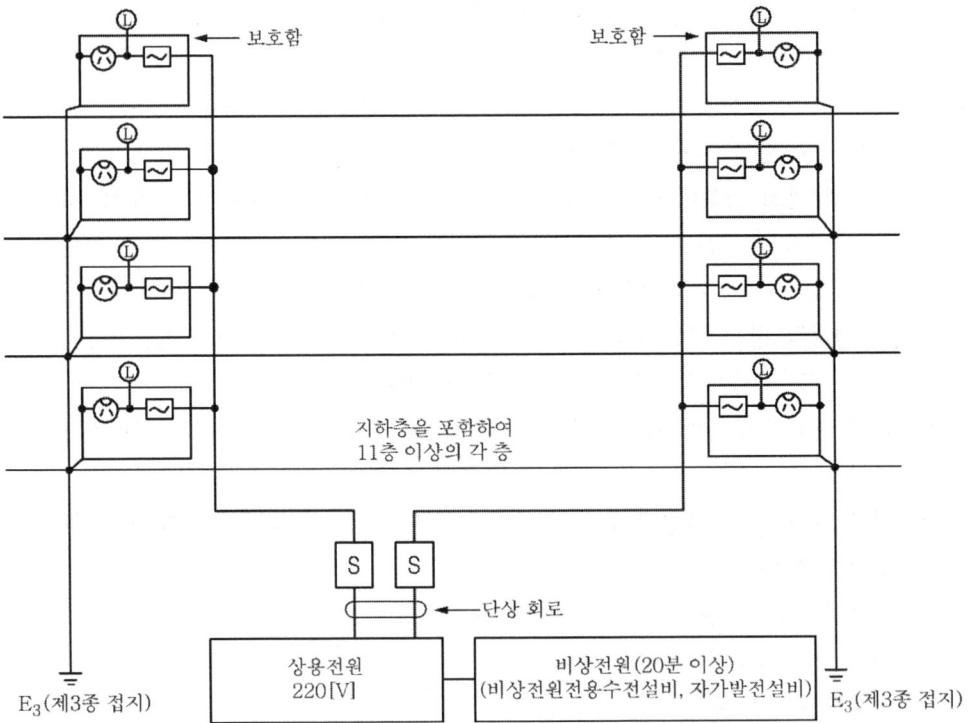

⟨범례⟩
- Ⓢ 간선용 개폐기 및 자동차단기
- ⃝∼ 분기 개폐기 및 자동차단기
- ⊗ 단상 콘센트(접지형)
- ⓒ 3상 콘센트(접지형)
- Ⓛ 위치 표시등(적색)

(3) 용어정의
① "저압"이란 직류는 1.5kV 이하, 교류는 1kV 이하인 것을 말한다.
② "고압"이란 직류는 1.5kV를, 교류는 1kV를 초과하고 7kV 이하인 것을 말한다.
③ "특고압"이란 7kV를 초과하는 것을 말한다.

(4) 설치기준

① 전원 및 콘센트 등
① 전원의 기준
   ㉠ 상용전원회로의 배선은 저압수전인 경우에는 인입개폐기의 직후에서, 특고압수전 또는 고압수전인 경우에는 전력용 변압기 2차측의 주차단기 1차측 또는 2차측에서 분기하여 전용배선으로 할 것
   ㉡ 지하층을 제외한 층수가 7층 이상으로서 연면적이 2,000[m²] 이상이거나 지하층의 바닥면적의 합계가 3,000[m²] 이상인 소방대상물의 비상콘센트설비에는 자가발전기설비 또는 비상전원수전설비, 전기저장장치를 비상전원으로 설치할 것. 다만, 2 이상의 변전소에서 전력을 동시에 공급받을 수 있거나 하나의 변전소로부터 전력의 공급이 중단되는 때에는 자동으로 다른 변전소로부터 전력을 공급받을 수 있도록 상용전원을 설치한 경우(2중모선 배전방식의 경우)에는 비상전원을 설치하지 아니할 수 있다.
   ㉢ 위 ㉡의 규정에 따른 비상전원 중 자가발전설비, 전기저장장치는 다음의 기준에 따라 설치하고, 비상전원수전설비는 소방시설용「비상전원수전설비의 화재안전기술기준(NFTC 602)」에 따라 설치할 것
     ㉮ 점검에 편리하고 화재 및 침수 등의 재해로 인한 피해를 받을 우려가 없는 곳에 설치할 것
     ㉯ 비상콘센트설비를 유효하게 20분 이상 작동시킬 수 있는 용량으로 할 것
     ㉰ 상용전원으로부터 전력의 공급이 중단된 때에는 자동으로 비상전원으로부터 전력을 공급받을 수 있도록 할 것
     ㉱ 비상전원의 설치장소는 다른 장소와 방화구획할 것
     ㉲ 비상전원을 실내에 설치하는 때에는 그 실내에 비상조명등을 설치할 것

② 전원회로(비상콘센트에 전력을 공급하는 회로)의 기준
  ㉠ 비상콘센트설비의 전원회로는 단상교류 220[V]인 것으로서, 그 공급용량은 1.5[kVA] 이상인 것으로 할 것
  ㉡ 전원회로는 각 층에 있어서 2 이상이 되도록 설치할 것. 다만, 설치하여야 할 층의 비상콘센트가 1개인 때에는 하나의 회로로 할 수 있다.
  ㉢ 전원회로는 주배전반에서 전용회로로 할 것. 다만, 다른 설비 회로의 사고에 따른 영향을 받지 아니하도록 되어 있는 것에 있어서는 그러하지 아니하다.
  ㉣ 전원으로부터 각 층의 비상콘센트에 분기되는 경우에는 분기배선용 차단기를 보호함 안에 설치할 것
  ㉤ 콘센트마다 배선용 차단기를 설치하여야 하며, 충전부가 노출되지 아니하도록 할 것
  ㉥ 개폐기에는 "비상콘센트"라고 표시한 표지를 할 것
  ㉦ 비상콘센트용 풀박스 등은 방청도장을 한 것으로서, 두께 1.6[mm] 이상의 철판으로 할 것
  ㉧ 하나의 전용회로에 설치하는 비상콘센트는 10개 이하로 할 것
    이 경우 전선의 용량은 각 비상콘센트(비상콘센트가 3개 이상인 경우에는 3개)의 공급용량을 합한 용량 이상의 것으로 하여야 한다.
③ 플러그(Plug)접속기
  접지형 2극 플러그접속기(KS C 8305)를 사용할 것
④ 접지공사
  플러그접속기 칼받이의 접지극에는 접지공사를 할 것
⑤ 비상콘센트의 설치기준
  ㉠ 바닥으로부터 높이 0.8[m] 이상 1.5[m] 이하의 위치에 설치할 것
  ㉡ 비상콘센트의 배치는 아파트 또는 바닥면적이 1,000[m²] 미만인 층에 있어서는 계단의 출입구(계단의 부속실을 포함하며 계단이 2 이상 있는 경우에는 그 중 1개의 계단)로부터 5[m] 이내에, 바닥면적 1,000[m²] 이상인 층(아파트는 제외)에 있어서는 각 계단의 출입구 또는 계단부속실의 출입구(계단의 부속실을 포함하며 계단이 3 이상 있는 층의 경우에는 그 중 2개의 계단)로부터 5[m] 이내에 설치하되, 그 비상콘센트로부터 그 층의 각 부분까지의 거리가 다음의 기준을 초과하는 경우에는 그 기준 이하가 되도록 비상콘센트를 추가하여 설치할 것
    ㉮ 지하상가 또는 지하층의 바닥면적의 합계가 3,000[m²] 이상인 것은 수평거리 25[m]

    ㉯ 그 밖의 것은 수평거리 50[m]
    ㉰ 터널은 주행방향의 측벽길이 50[m]
  ⑥ 절연저항 및 절연내력의 적합기준
   ㉠ 절연저항 : 전원부와 외함 사이를 500[V] 절연저항계로 측정할 때 20[MΩ] 이상일 것
   ㉡ 절연내력 : 전원부와 외함 사이에 다음과 같이 실효전압을 가하는 시험에서 1분 이상 견디는 것일 것
    ㉮ 정격전압이 150[V] 이하인 경우 : 1,000[V]의 실효전압을 인가
    ㉯ 정격전압이 150[V] 초과인 경우 : (정격전압×2)+1,000[V]의 실효전압을 인가

2 보호함의 기준
 ① 보호함에는 쉽게 개폐할 수 있는 문을 설치할 것
 ② 보호함 표면에 "비상콘센트"라고 표시한 표지를 할 것
 ③ 보호함 상부에 적색의 표시등을 설치할 것(다만, 비상콘센트의 보호함을 옥내소화전함 등과 접속하여 설치하는 경우에는 옥내소화전함 등의 표시등과 겸용)

3 배선의 기준
 전원회로의 배선은 내화배선으로, 그 밖의 배선은 내화배선 또는 내열배선으로 할 것

32 무선통신보조설비

(1) 설치대상
① 지하가(터널은 제외한다)로서 연면적 1천㎡ 이상인 것
② 지하층의 바닥면적의 합계가 3천㎡ 이상인 것 또는 지하층의 층수가 3층 이상이고 지하층의 바닥면적의 합계가 1천㎡ 이상인 것은 지하층의 모든 층
③ 지하가 중 터널로서 길이가 500m 이상인 것
④ 「국토의 계획 및 이용에 관한 법률」 제2조제9호에 따른 공동구
⑤ 층수가 30층 이상인 것으로서 16층 이상 부분의 모든 층

(2) 용어정의
① "누설동축케이블"이란 동축케이블의 외부도체에 가느다란 홈을 만들어서 전파가 외부로 새어나갈 수 있도록 한 케이블을 말한다.
② "분배기"란 신호의 전송로가 분기되는 장소에 설치하는 것으로 임피던스 매칭

(Matching)과 신호 균등분배를 위해 사용하는 장치를 말한다.
③ "분파기"란 서로 다른 주파수의 합성된 신호를 분리하기 위해서 사용하는 장치를 말한다.
④ "혼합기"란 두개 이상의 입력신호를 원하는 비율로 조합한 출력이 발생하도록 하는 장치를 말한다.
⑤ "증폭기"란 신호 전송 시 신호가 약해져 수신이 불가능해지는 것을 방지하기 위해서 증폭하는 장치를 말한다.
⑥ "무선중계기"란 안테나를 통하여 수신된 무전기 신호를 증폭한 후 음영지역에 재방사하여 무전기 상호 간 송수신이 가능하도록 하는 장치를 말한다. 〈신설 2021. 3. 25.〉
⑦ "옥외안테나"란 감시제어반 등에 설치된 무선중계기의 입력과 출력포트에 연결되어 송수신 신호를 원활하게 방사·수신하기 위해 옥외에 설치하는 장치를 말한다. 〈신설 2021. 3. 25.〉

(3) 설치기준

① 설치제외

지하층으로서 특정소방대상물의 바닥부분 2면 이상이 지표면과 동일하거나 지표면으로부터의 깊이가 1[m] 이하인 경우에는 해당층에 한하여 무선통신보조설비를 설치하지 아니할 수 있다.

② 누설동축케이블 등의 설치기준
① 무선통신보조설비의 누설동축케이블 등은 다음 각 호의 기준에 따라 설치하여야 한다.
㉠ 소방전용주파수대에서 전파의 전송 또는 복사에 적합한 것으로서 소방전용의 것으로 할 것. 다만, 소방대 상호 간의 무선연락에 지장이 없는 경우에는 다른 용도와 겸용할 수 있다.
㉡ 누설동축케이블과 이에 접속하는 안테나 또는 동축케이블과 이에 접속하는 안테나로 구성할 것
㉢ 누설동축케이블 및 동축케이블은 불연 또는 난연성의 것으로서 습기에 따라 전기의 특성이 변질되지 아니하는 것으로 하고, 노출하여 설치한 경우에는 피난 및 통행에 장애가 없도록 할 것
㉣ 누설동축케이블 및 동축케이블은 화재에 따라 해당 케이블의 피복이 소실된 경우에 케이블 본체가 떨어지지 아니하도록 4[m] 이내마다 금속제 또는 자기제등의 지지금구로 벽·천장·기둥 등에 견고하게 고정시킬 것. 다만, 불연재료로 구획된 반자 안에 설치하는 경우에는 그러하지 아니하다.

ⓜ 누설동축케이블 및 안테나는 금속판 등에 따라 전파의 복사 또는 특성이 현저하게 저하되지 아니하는 위치에 설치할 것
ⓑ 누설동축케이블 및 안테나는 고압의 전로로부터 1.5[m] 이상 떨어진 위치에 설치할 것. 다만, 해당 전로에 정전기 차폐장치를 유효하게 설치한 경우에는 그러하지 아니하다.
ⓢ 누설동축케이블의 끝부분에는 무반사 종단저항을 견고하게 설치할 것
② 누설동축케이블 또는 동축케이블의 임피던스는 50[Ω]으로 하고, 이에 접속하는 안테나·분배기 기타의 장치는 해당 임피던스에 적합한 것으로 하여야 한다.
③ 무선통신보조설비는 다음 각 호의 기준에 따라 설치하여야 한다.
㉠ 누설동축케이블 또는 동축케이블과 이에 접속하는 안테나가 설치된 층은 모든 부분(계단실, 승강기, 별도 구획된 실 포함)에서 유효하게 통신이 가능할 것
㉡ 옥외 안테나와 연결된 무전기와 건축물 내부에 존재하는 무전기 간의 상호통신, 건축물 내부에 존재하는 무전기 간의 상호통신, 옥외 안테나와 연결된 무전기와 방재실 또는 건축물 내부에 존재하는 무전기와 방재실 간의 상호통신이 가능할 것

3 옥외안테나의 설치기준

옥외안테나는 다음 각 호의 기준에 따라 설치하여야 한다.
① 건축물, 지하가, 터널 또는 공동구의 출입구(「건축법 시행령」 제39조에 따른 출구 또는 이와 유사한 출입구를 말한다) 및 출입구 인근에서 통신이 가능한 장소에 설치할 것
② 다른 용도로 사용되는 안테나로 인한 통신장애가 발생하지 않도록 설치할 것
③ 옥외안테나는 견고하게 설치하며 파손의 우려가 없는 곳에 설치하고 그 가까운 곳의 보기 쉬운 곳에 "무선통신보조설비 안테나"라는 표시와 함께 통신 가능거리를 표시한 표지를 설치할 것
④ 수신기가 설치된 장소 등 사람이 상시 근무하는 장소에는 옥외 안테나의 위치가 모두 표시된 옥외안테나 위치표시도를 비치할 것

4 분배기 등의 설치기준

분배기·분파기 및 혼합기 등은 다음 각호의 기준에 따라 설치하여야 한다.
① 먼지·습기 및 부식 등에 따라 기능에 이상을 가져오지 아니하도록 할 것
② 임피던스는 50[Ω]의 것으로 할 것
③ 점검에 편리하고 화재 등의 재해로 인한 피해의 우려가 없는 장소에 설치할 것

5 증폭기 등의 설치기준

증폭기 및 무선중계기를 설치하는 경우에는 다음 각호의 기준에 따라 설치하여야 한다.
① 전원은 전기가 정상적으로 공급되는 축전지, 전기저장장치(외부 전기에너지를 저장해 두었다가 필요한 때 전기를 공급하는 장치) 또는 교류전압 옥내간선으로 하고, 전원까지의 배선은 전용으로 할 것
② 증폭기의 전면에는 주 회로의 전원이 정상인지의 여부를 표시할 수 있는 표시등 및 전압계를 설치할 것
③ 증폭기에는 비상전원이 부착된 것으로 하고 해당 비상전원 용량은 무선통신보조설비를 유효하게 30분 이상 작동시킬 수 있는 것으로 할 것
④ 증폭기 및 무선중계기를 설치하는 경우에는 「전파법」 제58조의2에 따른 적합성평가를 받은 제품으로 설치하고 임의로 변경하지 않도록 할 것
⑤ 디지털 방식의 무전기를 사용하는데 지장이 없도록 설치할 것

33 ▶▶ 비상전원수전설비

(1) 설치대상

[스프링클러]
차고·주차장으로서 스프링클러설비가 설치된 부분의 바닥면적(포소화설비가 설치된 차고·주차장의 포함) 합계가 1,000[m²] 미만인 소방대상물

[간이스프링클러]
간이 S/P설비 설치장소

[포소화설비]
① 호스릴포소화설비 또는 포소화전만을 설치한 차고, 주차장
② 포헤드설비 또는 고정포방출설비가 설치된 부분의 바닥면적(스프링클러설비가 설치된 차고·주차장의 바닥면적 포함) 합계가 1,000[m²] 미만인 소방대상물

[비상콘센트]
① 지하층을 제외한 층수가 7층 이상으로서 연면적이 2,000[m²] 이상인 소방대상물
② 지하층 바닥면적 합계가 3,000[m²] 이상인 소방대상물

(2) 전압의 종류

① 저압 : 직류는 750[V] 이하, 교류는 600[V] 이하
② 고압 : 직류는 750[V] 초과 7,000[V] 이하, 교류는 600[V] 초과 7,000[V] 이하
③ 특고압 : 7,000[V] 초과

(3) 고압 또는 특고압수전인 경우 [설치기준]

① 일반전기사업자로부터 특별고압 또는 고압으로 수전하는 비상전원 수전설비는 방화구획형, 옥외개방형 또는 큐비클(Cubicle)형으로 하여야 한다.
  ㉠ 전용의 방화구획 내에 설치할 것
  ㉡ 소방회로배선은 일반회로배선과 불연성 벽으로 구획할 것. 다만, 소방회로배선과 일반회로배선을 15cm 이상 떨어져 설치한 경우는 그러하지 아니한다.
  ㉢ 일반회로에서 과부하, 지락사고 또는 단락사고가 발생한 경우에도 이에 영향을 받지 아니하고 계속하여 소방회로에 전원을 공급시켜 줄 수 있어야 할 것
  ㉣ 소방회로용 개폐기 및 과전류차단기에는 "소방시설용"이라 표시할 것
  ㉤ 전기회로는 별표 1 같이 결선할 것

[별표1] 고압 또는 특별고압 수전의 경우(제5조제1항제5호 관련)

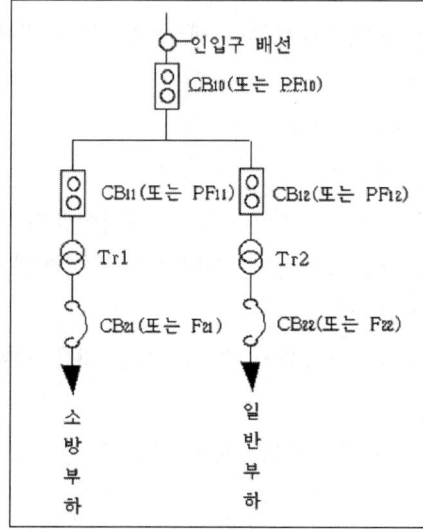

(가) 전용의 전력용변압기에서 소방부하에 전원을 공급하는 경우
 주 1. 일반회로의 과부하 또는 단락사고시에 CB_{10} (또는 PF_{10})이 CB_{12}(또는 PF_{12}) 및 CB_{22}(또는 F_{22})보다 먼저 차단되어서는 아니된다.
 2. CB_{11}(또는 PF_{11})은 CB_{12}(또는 PF_{12})와 동등 이상의 차단용량일 것.

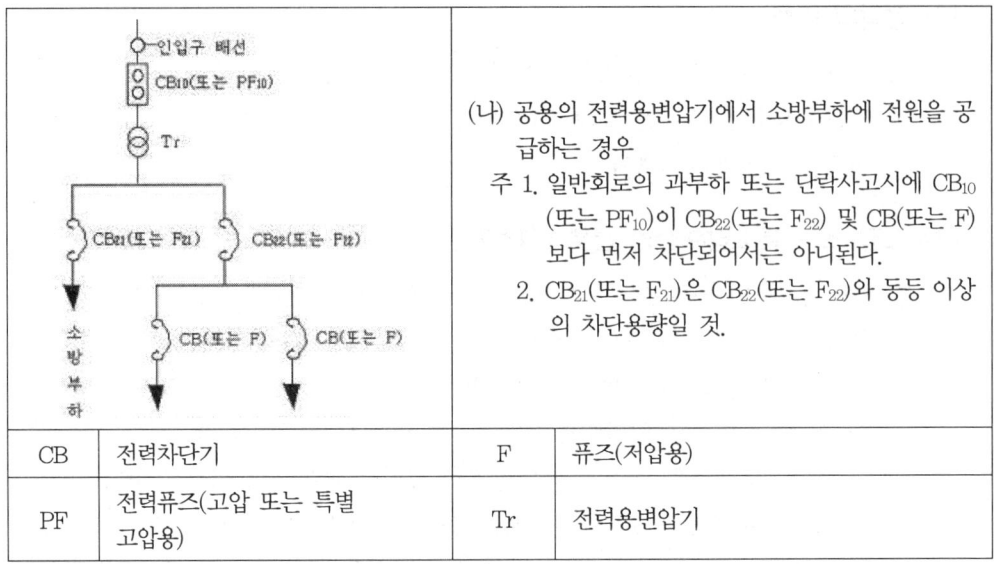

CB	전력차단기	F	퓨즈(저압용)
PF	전력퓨즈(고압 또는 특별고압용)	Tr	전력용변압기

(나) 공용의 전력용변압기에서 소방부하에 전원을 공급하는 경우
  주 1. 일반회로의 과부하 또는 단락사고시에 CB_{10} (또는 PF_{10})이 CB_{22}(또는 F_{22}) 및 CB(또는 F) 보다 먼저 차단되어서는 아니된다.
  2. CB_{21}(또는 F_{21})은 CB_{22}(또는 F_{22})와 동등 이상의 차단용량일 것.

② 옥외개방형은 다음 각 호에 적합하게 설치하여야 한다.
  ㉠ 건축물의 옥상에 설치하는 경우에는 그 건축물에 화재가 발생할 경우에도 화재로 인한 손상을 받지 않도록 설치할 것
  ㉡ 공지에 설치하는 경우에는 인접 건축물에 화재가 발생한 경우에도 화재로 인한 손상을 받지 않도록 설치할 것
  ㉢ 그 밖의 옥외개방형의 설치에 관하여는 제1항제2호부터 제5호까지의 규정에 적합하게 설치할 것

③ 큐비클형은 다음 각 호에 적합하게 설치하여야 한다.
  ㉠ 전용큐비클 또는 공용큐비클식으로 설치할 것
  ㉡ 외함은 두께 2.3mm 이상의 강판과 이와 동등 이상의 강도와 내화성능이 있는 것으로 제작하여야 하며, 개구부(제3호에 게기하는 것은 제외한다)에는 60분+ 또는 60분 방화문 또는 30분 방화문을 설치할 것
  ㉢ 다음 각 목(옥외에 설치하는 것은 가목부터 다목까지)에 해당하는 것은 외함에 노출하여 설치할 수 있다.
    ㉮ 표시등(불연성 또는 난연성재료로 덮개를 설치한 것에 한한다)
    ㉯ 전선의 인입구 및 인출구
    ㉰ 환기장치
    ㉱ 전압계(퓨즈 등으로 보호한 것에 한한다)
    ㉲ 전류계(변류기의 2차측에 접속된 것에 한한다)
    ㉳ 계기용 전환스위치(불연성 또는 난연성재료로 제작된 것에 한한다)

ⓔ 외함은 건축물의 바닥 등에 견고하게 고정할 것
ⓜ 외함에 수납하는 수전설비, 변전설비 그 밖의 기기 및 배선은 다음 각 목에 적합하게 설치할 것
　㉮ 외함 또는 프레임(Frame) 등에 견고하게 고정할 것
　㉯ 외함의 바닥에서 10cm(시험단자, 단자대 등의 충전부는 15cm) 이상의 높이에 설치할 것
ⓑ 전선 인입구 및 인출구에는 금속관 또는 금속제 가요전선관을 쉽게 접속할 수 있도록 할 것
ⓢ 환기장치는 다음 각 목에 적합하게 설치할 것
　㉮ 내부의 온도가 상승하지 않도록 환기장치를 할 것
　㉯ 자연환기구의 개부구 면적의 합계는 외함의 한 면에 대하여 해당 면적의 3분의 1 이하로 할 것. 이 경우 하나의 통기구의 크기는 직경 10mm 이상의 둥근 막대가 들어가서는 아니 된다.
　㉰ 자연환기구에 따라 충분히 환기할 수 없는 경우에는 환기설비를 설치할 것.
　㉱ 환기구에는 금속망, 방화댐퍼 등으로 방화조치를 하고, 옥외에 설치하는 것은 빗물 등이 들어가지 않도록 할 것
ⓞ 공용큐비클식의 소방회로와 일반회로에 사용되는 배선 및 배선용기기는 불연재료로 구획할 것
ⓙ 그 밖의 큐비클형의 설치에 관하여는 제1항제2호부터 제5호까지의 규정 및 한국산업표준에 적합할 것

(4) 저압수전인 경우 [설치기준]

전기사업자로부터 저압으로 수전하는 비상전원설비는 전용배전반 (1·2종)·전용분전반 (1·2종) 또는 공용분전반(1·2종)으로 하여야 한다.

① 제1종 배전반 및 제1종 분전반은 다음 각 호에 적합하게 설치하여야 한다.
　㉠ 외함은 두께 1.6mm(전면판 및 문은 2.3mm) 이상의 강판과 이와 동등 이상의 강도와 내화성능이 있는 것으로 제작할 것
　㉡ 외함의 내부는 외부의 열에 의해 영향을 받지 많도록 내열성 및 단열성이 있는 재료를 사용하여 단열할 것. 이 경우 단열부분은 열 또는 진동에 따라 쉽게 변형되지 아니하여야 한다.
　㉢ 다음 각 목에 해당하는 것은 외함에 노출하여 설치할 수 있다.
　　㉮ 표시등(불연성 또는 난연성재료로 덮개를 설치한 것에 한한다)
　　㉯ 전선의 인입구 및 입출구

ⓔ 외함은 금속관 또는 금속제 가요전선관을 쉽게 접속할 수 있도록 하고, 당해 접속부분에는 단열조치를 할 것
ⓜ 공용배전반 및 공용분전반의 경우 소방회로와 일반회로에 사용하는 배선 및 배선용 기기는 불연재료로 구획되어야 할 것

② 제2종 배전반 및 제2종 분전반은 다음 각 호에 적합하게 설치하여야 한다.
　ⓐ 외함은 두께 1mm(함전면의 면적이 1,000cm²를 초과하고 2,000cm² 이하인 경우에는 1.2mm, 2,000cm²를 초과하는 경우에는 1.6mm) 이상의 강판과 이와 동등 이상의 강도와 내화성능이 있는 것으로 제작할 것
　ⓑ ① ⓒ 각목에 정한 것과 120℃의 온도를 가했을 때 이상이 없는 전압계 및 전류계는 외함에 노출하여 설치할 것
　ⓒ 단열을 위해 배선용 불연전용실내에 설치할 것
　ⓓ 그 밖의 제2종 배전반 및 제2종 분전반의 설치에 관하여는 제1항 제4호 및 제5호의 규정에 적합할 것

③ 그 밖의 배전반 및 분전반의 설치에 관하여는 다음 각 호에 적합하여야 한다.
　ⓐ 일반회로에서 과부하·지락사고 또는 단락사고가 발생한 경우에도 이에 영향을 받지 아니하고 계속하여 소방회로에 전원을 공급시켜 줄 수 있어야 할 것
　ⓑ 소방회로용 개폐기 및 과전류차단기에는 "소방시설용"이라는 표시를 할 것
　ⓒ 전기회로는 별표 2와 같이 결선할 것

[별표 2] 저압수전의 경우(제6조제3항제3호관련)

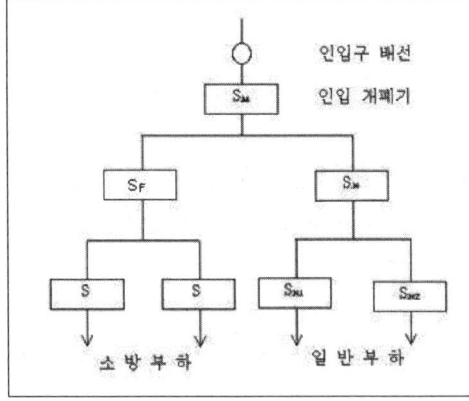

주 1. 일반회로의 과부하 또는 단락사고시 S_M이 S_N, S_{N1} 및 S_{N2}보다 먼저차단 되어서는 아니 된다.
　2. S_F는 S_N과 동등 이상의 차단용량일 것.

S : 과전류차단기 및 저압용개폐기

34 ▶▶ 도로터널 화재안전기준

(1) 설치대상

[터널 길이에 따른 소방시설의 종류]
① 500m 이상 : 비상경보설비, 비상조명등설비, 비상콘센트설비, 무선통신보조설비
② 1000m 이상 : 옥내소화전설비, 자동화재탐지설비, 연결송수관설비
③ 모든 터널 : 소화기
④ 지하가 중 예상 교통량, 경사도 등 터널의 특성을 고려하여 행정안전부령으로 정하는 위험등급 이상에 해당하는 터널 : 물분무소화설비, 제연설비

(2) 용어정의

① "도로터널"이란 「도로법」 제8조에서 규정한 도로의 일부로서 자동차의 통행을 위해 지붕이 있는 지하 구조물을 말한다.
② "설계화재강도"란 터널 화재시 소화설비 및 제연설비 등의 용량산정을 위해 적용하는 차종별 최대열방출률(MW)을 말한다.
③ "종류환기방식"이란 터널 안의 배기가스와 연기 등을 배출하는 환기설비로서 기류를 종방향(출입구 방향)으로 흐르게 하여 환기하는 방식을 말한다.
④ "횡류환기방식"이란 터널 안의 배기가스와 연기 등을 배출하는 환기설비로서 기류를 횡방향(바닥에서 천장)으로 흐르게 하여 환기하는 방식을 말한다.
⑤ "반횡류환기방식"이란 터널 안의 배기가스와 연기 등을 배출하는 환기설비로서 터널에 수직배기구를 설치해서 횡방향과 종방향으로 기류를 흐르게 하여 환기하는 방식을 말한다.
⑥ "양방향터널"이란 하나의 터널 안에서 차량의 흐름이 서로 마주보게 되는 터널을 말한다.
⑦ "일방향터널"이란 하나의 터널 안에서 차량의 흐름이 하나의 방향으로만 진행되는 터널을 말한다.
⑧ "연기발생률"이란 일정한 설계화재강도의 차량에서 단위 시간당 발생하는 연기량을 말한다.
⑨ "피난연결통로"란 본선터널과 병설된 상대터널이나 본선터널과 평행한 피난통로를 연결하기 위한 연결통로를 말한다.
⑩ "배기구"란 터널 안의 오염공기를 배출하거나 화재발생시 연기를 배출하기 위한 개구부를 말한다.

(3) 소화기 설치기준

① 소화기의 능력단위(「소화기구의 화재안전기술기준(NFTC 101)」1.7, 1.6에 따른 수치를 말한다. 이하 같다)는 A급 화재는 3단위 이상, B급 화재는 5단위 이상 및 C급 화재에 적응성이 있는 것으로 할 것
② 소화기의 총중량은 사용 및 운반의 편리성을 고려하여 7kg 이하로 할 것
③ 소화기는 주행차로의 우측 측벽에 50m 이내의 간격으로 2개 이상을 설치하며, 편도 2차선 이상의 양방향 터널과 4차로 이상의 일방향 터널의 경우에는 양쪽 측벽에 각각 50m 이내의 간격으로 엇갈리게 2개 이상을 설치할 것
④ 바닥면(차로 또는 보행로를 말한다. 이하 같다)으로부터 1.5m 이하의 높이에 설치할 것
⑤ 소화기구함의 상부에 "소화기"라고 조명식 또는 반사식의 표지판을 부착하여 사용자가 쉽게 인지할 수 있도록 할 것

(4) 옥내소화전 설치기준

① 소화전함과 방수구는 주행차로 우측 측벽을 따라 50m 이내의 간격으로 설치하며, 편도 2차선 이상의 양방향 터널이나 4차로 이상의 일방향 터널의 경우에는 양쪽 측벽에 각각 50m 이내의 간격으로 엇갈리게 설치할 것
② 수원은 그 저수량이 옥내소화전의 설치개수 2개(4차로 이상의 터널의 경우 3개)를 동시에 40분 이상 사용할 수 있는 충분한 양 이상을 확보할 것
③ 가압송수장치는 옥내소화전 2개(4차로 이상의 터널인 경우 3개)를 동시에 사용할 경우 각 옥내소화전의 노즐선단에서의 방수압력은 0.35MPa 이상이고 방수량은 190l/min 이상이 되는 성능의 것으로 할 것. 다만, 하나의 옥내소화전을 사용하는 노즐선단에서의 방수압력이 0.7MPa을 초과할 경우에는 호스접결구의 인입측에 감압장치를 설치하여야 한다.
④ 압력수조나 고가수조가 아닌 전동기 및 내연기관에 의한 펌프를 이용하는 가압송수장치는 주펌프와 동등 이상인 별도의 예비펌프를 설치할 것
⑤ 방수구는 40mm 구경의 단구형을 옥내소화전이 설치된 벽면의 바닥면으로부터 1.5m 이하의 높이에 설치할 것
⑥ 소화전함에는 옥내소화전 방수구 1개, 15m 이상의 소방호스 3본 이상 및 방수노즐을 비치할 것
⑦ 옥내소화전설비의 비상전원은 40분 이상 작동할 수 있을 것

(5) 물분무소화설비 설치기준

① 물분무 헤드는 도로면에 $1m^2$당 $6l/min$ 이상의 수량을 균일하게 방수할 수 있도록 할 것
② 물분무설비의 하나의 방수구역은 25m 이상으로 하며, 3개 방수구역을 동시에 40분 이상 방수할 수 있는 수량을 확보 할 것
③ 물분무설비의 비상전원은 40분 이상 기능을 유지할 수 있도록 할 것

(6) 비상경보설비 설치기준

① 발신기는 주행차로 한쪽 측벽에 50m 이내의 간격으로 설치하며, 편도 2차선 이상의 양방향 터널이나 4차로 이상의 일방향 터널의 경우에는 양쪽의 측벽에 각각 50m 이내의 간격으로 엇갈리게 설치할 것
② 발신기는 바닥면으로부터 0.8m 이상 1.5m 이하의 높이에 설치할 것
③ 음향장치는 발신기 설치위치와 동일하게 설치할 것. 「비상방송설비의 화재안전기술기준(NFTC 202)」에 적합하게 설치된 방송설비를 비상경보설비와 연동하여 작동하도록 설치한 경우에는 비상경보설비의 지구음향장치를 설치하지 아니할 수 있다.
④ 음량장치의 음량은 부착된 음향장치의 중심으로부터 1m 떨어진 위치에서 90dB 이상이 되도록 할 것
⑤ 음향장치는 터널내부 전체에 동시에 경보를 발하도록 설치할 것
⑥ 시각경보기는 주행차로 한쪽 측벽에 50m 이내의 간격으로 비상경보설비 상부 직근에 설치하고, 전체 시각경보기는 동기방식에 의해 작동될 수 있도록 할 것

(7) 자동화재탐지설비 설치기준

① 터널에 설치할 수 있는 감지기의 종류는 다음 각 호의 어느 하나와 같다.
　㉠ 차동식분포형감지기
　㉡ 정온식감지선형감지기(아날로그식에 한한다. 이하 같다.)
　㉢ 중앙기술심의위원회의 심의를 거쳐 터널화재에 적응성이 있다고 인정된 감지기
② 하나의 경계구역의 길이는 100m 이하로 하여야 한다.
③ ①에 의한 감지기의 설치기준은 다음 각 호와 같다. 다만, 중앙기술심의위원회의 심의를 거쳐 제조사 시방서에 따른 설치방법이 터널화재에 적합하다고 인정되는 경우에는 다음 각 호의 기준에 의하지 아니하고 심의결과에 의한 제조사 시방서에 따라 설치할 수 있다.
　㉠ 감지기의 감열부(열을 감지하는 기능을 갖는 부분을 말한다. 이하 같다)와 감열부 사이의 이격거리는 10m 이하로, 감지기와 터널 좌·우측 벽면과의 이격거리는

6.5m 이하로 설치할 것

ⓒ 위1호에도 불구하고 터널 천장의 구조가 아치형의 터널에 감지기를 터널 진행방향으로 설치하고자 하는 경우에는 감열부와 감열부 사이의 이격거리를 10m 이하로 하여 아치형 천장의 중앙 최상부에 1열로 감지기를 설치하여야 하며, 감지기를 2열 이상으로 설치하고자 하는 경우에는 감열부와 감열부 사이의 이격거리는 10m 이하로 감지기 간의 이격거리는 6.5m 이하로 설치할 것

ⓒ 감지기를 천장면(터널 안 도로 등에 면한 부분 또는 상층의 바닥 하부면을 말한다. 이하 같다)에 설치하는 경우에는 감기기가 천장면에 밀착되지 않도록 고정금구 등을 사용하여 설치할 것

② 형식승인 내용에 설치방법이 규정된 경우에는 형식승인 내용에 따라 설치할 것. 다만, 감지기와 천장면과의 이격거리에 대해 제조사의 시방서에 규정되어 있는 경우에는 시방서의 규정에 따라 설치할 수 있다.

④ ②에도 불구하고 감지기의 작동에 의하여 다른 소방시설 등이 연동되는 경우로서 해당 소방시설 등의 작동을 위한 정확한 발화위치를 확인할 필요가 있는 경우에는 경계구역의 길이가 해당 설비의 방호구역 등에 포함되도록 설치하여야 한다.

⑤ 발신기 및 지구음향장치는 비상경보설비설치기준을 준용하여 설치하여야 한다.

(8) 비상조명등 설치기준

① 상시 조명이 소등된 상태에서 비상조명등이 점등되는 경우 터널안의 차도 및 보도의 바닥면의 조도는 10lx 이상, 그 외 모든 지점의 조도는 1lx 이상이 될 수 있도록 설치할 것

② 비상조명등은 상용전원이 차단되는 경우 자동으로 비상전원으로 60분 이상 점등되도록 설치할 것

③ 비상조명등에 내장된 예비전원이나 축전지설비는 상용전원의 공급에 의하여 상시 충전상태를 유지할 수 있도록 설치할 것

(9) 제연설비 설치기준

① 제연설비는 다음 각 호의 사양을 만족하도록 설계하여야 한다.

ⓐ 설계화재강도 20MW를 기준으로 하고, 이 때 연기발생률은 80㎥/s로 하며, 배출량은 발생된 연기와 혼합된 공기를 충분히 배출할 수 있는 용량 이상을 확보할 것

ⓑ 제1호에도 불구하고 화재강도가 설계화재강도 보다 높을 것으로 예상될 경우 위험도분석을 통하여 설계화재강도를 설정하도록 할 것

② 제연설비는 다음 각 호의 기준에 따라 설치하여야 한다.

㉠ 종류환기방식의 경우 제트팬의 소손을 고려하여 예비용 제트팬을 설치하도록 할 것
㉡ 횡류환기방식(또는 반횡류환기방식) 및 대배기구 방식의 배연용 팬은 덕트의 길이에 따라서 노출온도가 달라질 수 있으므로 수치해석 등을 통해서 내열온도 등을 검토한 후에 적용하도록 할 것
㉢ 대배기구의 개폐용 전동모터는 정전 등 전원이 차단되는 경우에도 조작상태를 유지할 수 있도록 할 것
㉣ 화재에 노출이 우려되는 제연설비와 전원공급선 및 제트팬 사이의 전원공급장치 등은 250℃의 온도에서 60분 이상 운전상태를 유지할 수 있도록 할 것
③ 제연설비의 기동은 다음 각 호의 어느 하나에 의하여 자동 또는 수동으로 기동될 수 있도록 하여야 한다.
㉠ 화재감지기가 동작되는 경우
㉡ 발신기의 스위치 조작 또는 자동소화설비의 기동장치를 동작시키는 경우
㉢ 화재수신기 또는 감시제어반의 수동조작스위치를 동작시키는 경우
④ 비상전원은 60분 이상 작동할 수 있도록 하여야 한다.

(10) 연결송수관설비 설치기준

① 방수압력은 0.35MPa 이상, 방수량은 400L/min 이상을 유지할 수 있도록 할 것
② 방수구는 50m 이내의 간격으로 옥내소화전함에 병설하거나 독립적으로 터널출입구 부근과 피난연결통로에 설치할 것
③ 방수기구함은 50m 이내의 간격으로 옥내소화전함 안에 설치하거나 독립적으로 설치하고, 하나의 방수기구함에는 65mm 방수노즐 1개와 15m 이상의 호스 3본을 설치하도록 할 것

(11) 무선통신보조설비 설치기준

① 무선통신보조설비의 무전기접속단자는 방재실과 터널의 입구 및 출구, 피난연결통로에 설치하여야 한다.
② 라디오 재방송설비가 설치되는 터널의 경우에는 무선통신보조설비와 겸용으로 설치할 수 있다.

(12) 비상콘센트설비 설치기준

① 비상콘센트설비의 전원회로는 단상교류 220V인 것으로서, 그 공급용량은 1.5KVA 이상인 것으로 할 것

② 전원회로는 주배전반에서 전용회로로 할 것. 다만, 다른 설비의 회로의 사고에 따른 영향을 받지 아니하도록 되어 있는 것은 그러하지 아니하다.
③ 콘센트마다 배선용 차단기(KS C 8321)를 설치하여야 하며, 충전부가 노출되지 아니하도록 할 것
④ 주행차로의 우측 측벽에 50m 이내의 간격으로 바닥으로부터 0.8m 이상 1.5m 이하의 높이에 설치할 것

35 ▶▶ 고층건축물의 화재안전기준

(1) 용어정의

① 이 기준에서 사용하는 용어의 정의는 다음과 같다.
  ㉠ "고층건축물"이란 건축법 제2조제1항제19호 규정에 따른 건축물을 말한다.
  ㉡ "급수배관"이란 수원 및 옥외송수구로부터 옥내소화전 방수구 또는 스프링클러헤드, 연결송수관 방수구에 급수하는 배관을 말한다.
② 이 기준에서 사용하는 용어는 제1항에서 규정한 것을 제외하고는 관계법령 및 개별 화재안전기준에서 정하는 바에 따른다.

[건축법 용어정의]
"고층건축물"이란 층수가 30층 이상이거나 높이가 120미터 이상인 건축물을 말한다

(2) 옥내소화전 설치기준

① 수원은 그 저수량이 옥내소화전의 설치개수가 가장 많은 층의 설치개수(5개 이상 설치된 경우에는 5개)에 $5.2m^3$(호스릴옥내소화전설비를 포함한다)를 곱한 양 이상이 되도록 하여야 한다. 다만, 층수가 50층 이상인 건축물의 경우에는 $7.8m^3$를 곱한 양 이상이 되도록 하여야 한다.
② 수원은 제1호에 따라 산출된 유효수량 외에 유효수량의 3분의 1 이상을 옥상(옥내소화전설비가 설치된 건축물의 주된 옥상을 말한다. 이하 같다)에 설치하여야 한다. 다만, 옥내소화전설비의 화재안전기술기준(NFTC 102) 2.1.2(2) 또는 2.1.2(3)에 해당하는 경우에는 그러하지 아니하다.
③ 전동기 또는 내연기관을 이용한 펌프방식의 가압송수장치는 옥내소화전설비 전용으로 설치하여야 하며, 옥내소화전설비 주펌프 이외에 동등 이상인 별도의 예비펌프를 설치하여야 한다.
④ 급수배관은 전용으로 하여야 한다. 다만, 옥내소화전설비의 성능에 지장이 없는 경우에는 연결송수관설비의 배관과 겸용할 수 있다.

⑤ 50층 이상인 건축물의 옥내소화전 주배관 중 수직배관은 2개 이상(주배관 성능을 갖는 동일호칭배관)으로 설치하여야 하며, 하나의 수직배관의 파손 등 작동 불능 시에도 다른 수직배관으로부터 소화용수가 공급되도록 구성하여야 한다.
⑥ 비상전원은 자가발전설비, 전기저장장치 또는 축전지설비(내연기관에 따른 펌프를 사용하는 경우에는 내연기관의 기동 및 제어용 축전지를 말한다)로서 옥내소화전설비를 40분 이상 작동할 수 있을 것. 다만, 50층 이상인 건축물의 경우에는 60분 이상 작동할 수 있어야 한다.

(3) 스프링클러 설치기준

① 수원은 스프링클러설비 설치장소별 스프링클러헤드의 기준개수에 $3.2m^3$를 곱한 양 이상이 되도록 하여야 한다. 다만, 50층 이상인 건축물의 경우에는 $4.8m^3$를 곱한 양 이상이 되도록 하여야 한다.
② 스프링클러설비의 수원은 제1호에 따라 산출된 유효수량 외에 유효수량의 3분의 1 이상을 옥상(스프링클러설비가 설치된 건축물의 주된 옥상을 말한다. 이하 같다)에 설치하여야 한다. 다만, 스프링클러설비의 화재안전기술기준(NFTC 103) 2.1.2(3) 또는 2.1.2(3)에 해당하는 경우에는 그러하지 아니하다.
③ 전동기 또는 내연기관을 이용한 펌프방식의 가압송수장치는 스프링클러설비 전용으로 설치하여야 하며, 스프링클러설비 주펌프 이외에 동등 이상인 별도의 예비펌프를 설치하여야 한다.
④ 급수배관은 전용으로 설치하여야 한다.
⑤ 50층 이상인 건축물의 스프링클러설비 주배관 중 수직배관은 2개 이상(주배관 성능을 갖는 동일호칭배관)으로 설치하고, 하나의 수직배관이 파손 등 작동 불능 시에도 다른 수직배관으로부터 소화용수가 공급되도록 구성하여야 하며, 각 각의 수직배관에 유수검지장치를 설치하여야 한다.
⑥ 50층 이상인 건축물의 스프링클러 헤드에는 2개 이상의 가지배관 양방향에서 소화용수가 공급되도록 하고, 수리계산에 의한 설계를 하여야 한다.
⑦ 스프링클러설비의 음향장치는 스프링클러설비의 화재안전기술기준(NFTC 103) 2.6에 따라 설치하되, 다음 각 호의 기준에 따라 경보를 발할 수 있도록 하여야 한다
  ㉠ 2층 이상의 층에서 발화한 때에는 발화층 및 그 직상 4개층에 경보를 발할 것
  ㉡ 1층에서 발화한 때에는 발화층·그 직상 4개층 및 지하층에 경보를 발할 것
  ㉢ 지하층에서 발화한 때에는 발화층·그 직상층 및 기타의 지하층에 경보를 발할 것

⑧ 비상전원을 설치할 경우 자가발전설비, 전기저장장치 또는 축전지설비(내연기관에 따른 펌프를 사용하는 경우에는 내연기관의 기동 및 제어용 축전지를 말한다)로서 스프링클러설비를 40분 이상 작동할 수 있을 것. 다만, 50층 이상인 건축물의 경우에는 60분 이상 작동할 수 있어야 한다.

(4) 비상방송설비 설치기준

① 비상방송설비의 음향장치는 다음 각 호의 기준에 따라 경보를 발할 수 있도록 하여야 한다.
　㉠ 2층 이상의 층에서 발화한 때에는 발화층 및 그 직상 4개층에 경보를 발할 것
　㉡ 1층에서 발화한 때에는 발화층·그 직상 4개층 및 지하층에 경보를 발할 것
　㉢ 지하층에서 발화한 때에는 발화층·그 직상층 및 기타의 지하층에 경보를 발할 것
② 비상방송설비에는 그 설비에 대한 감시상태를 60분간 지속한 후 유효하게 30분 이상 경보할 수 있는 축전지설비(수신기에 내장하는 경우를 포함한다) 또는 전기저장장치를 설치할 것

(5) 자동화재탐지설비 설치기준

① 감지기는 아날로그방식의 감지기로서 감지기의 작동 및 설치지점을 수신기에서 확인할 수 있는 것으로 설치하여야 한다. 다만, 공동주택의 경우에는 감지기별로 작동 및 설치지점을 수신기에서 확인할 수 있는 아날로그방식 외의 감지기로 설치할 수 있다.
② 자동화재탐지설비의 음향장치는 다음 각 호의 기준에 따라 경보를발할 수 있도록 하여야 한다.
　㉠ 2층 이상의 층에서 발화한 때에는 발화층 및 그 직상 4개층에 경보를 발할 것
　㉡ 1층에서 발화한 때에는 발화층·그 직상 4개층 및 지하층에 경보를 발할 것
　㉢ 지하층에서 발화한 때에는 발화층·그 직상층 및 기타의 지하층에 경보를 발할 것
③ 50층 이상인 건축물에 설치하는 통신·신호배선은 이중배선을 설치하도록 하고 단선(斷線) 시에도 고장표시가 되며 정상 작동할 수 있는 성능을 갖도록 설비를 하여야 한다.
　㉠ 수신기와 수신기 사이의 통신배선
　㉡ 수신기와 중계기 사이의 신호배선
　㉢ 수신기와 감지기 사이의 신호배선
④ 자동화재탐지설비에는 그 설비에 대한 감시상태를 60분간 지속한 후 유효하게 30분 이상 경보할 수 있는 축전지설비(수신기에 내장하는 경우를 포함한다)를 설치하여야 한다. 다만, 상용전원이 축전지설비인 경우에는 그러하지 아니하다.

(6) 특별피난계단의 계단실 및 부속실 제연설비 설치기준

특별피난계단의 계단실 및 부속실 제연설비의 화재안전기술기준(NFTC 501A)에 따라 설치하되, 비상전원은 자가발전설비 등으로 하고 제연설비를 유효하게 40분 이상 작동할 수 있도록 할 것. 다만, 50층 이상인 건축물의 경우에는 60분 이상 작동할 수 있어야 한다.

(7) 피난안전구역의 소방시설 설치기준

> **「초고층 및 지하연계 복합건축물 재난관리에 관한 특별법시행령」 제14조제2항**
>
> 제14조(피난안전구역 설치기준 등)
> ① 초고층 건축물등의 관리주체는 법 제18조제1항에 따라 다음 각 호의 구분에 따른 피난안전구역을 설치하여야 한다.
> 1. 초고층 건축물 : 「건축법 시행령」 제34조제3항에 따른 피난안전구역을 설치할 것
> 2. 16층 이상 29층 이하인 지하연계 복합건축물 : 지상층별 거주밀도가 제곱미터당 1.5명을 초과하는 층은 해당 층의 사용형태별 면적의 합의 10분의 1에 해당하는 면적을 피난안전구역으로 설치할 것
> 3. 초고층 건축물등의 지하층이 법 제2조제2호나목의 용도로 사용되는 경우 : 해당 지하층에 별표 2의 피난안전구역 면적 산정기준에 따라 피난안전구역을 설치하거나, 선큰[지표 아래에 있고 외기(外氣)에 개방된 공간으로서 건축물 사용자 등의 보행·휴식 및 피난 등에 제공되는 공간을 말한다. 이하 같다]을 설치할 것
> ② 제1항에 따라 설치하는 피난안전구역은 「건축법 시행령」 제34조제5항에 따른 피난안전구역의 규모와 설치기준에 맞게 설치하여야 하며, 다음 각 호의 소방시설(「소방시설 설치 및 관리에 관한 법률 시행령」 별표 1에 따른 소방시설을 말한다)을 모두 갖추어야 한다. 이 경우 소방시설은 「소방시설 설치 및 관리에 관한 법률」 제12조제1항에 따른 화재안전기준에 맞는 것이어야 한다.
> 1. 소화설비 중 소화기구(소화기 및 간이소화용구만 해당한다), 옥내소화전설비 및 스프링클러설비
> 2. 경보설비 중 자동화재탐지설비
> 3. 피난설비 중 방열복, 공기호흡기(보조마스크를 포함한다), 인공소생기, 피난유도선(피난안전구역으로 통하는 직통계단 및 특별피난계단을 포함한다), 피난안전구역으로 피난을 유도하기 위한 유도등·유도표지, 비상조명등 및 휴대용비상조명등
> 4. 소화활동설비 중 제연설비, 무선통신보조설비

(피난안전구역의 소방시설) 「초고층 및 지하연계 복합건축물 재난관리에 관한 특별법시행령」 제14조제2항에 따라 피난안전구역에 설치하는 소방시설은 별표 1과 같이 설치하여야 하며, 이 기준에서 정하지 아니한 것은 개별 화재안전기준에 따라 설치하여야 한다.

[별표 1] 피난안전구역에 설치하는 소방시설 설치기준(제10조관련)

구 분	설치기준
1. 제연설비	피난안전구역과 비 제연구역간의 차압은 50pa(옥내에 스프링클러설비가 설치된 경우에는 12.5Pa) 이상으로 하여야 한다. 다만 피난안전구역의 한쪽 면 이상이 외기에 개방된 구조의 경우에는 설치하지 아니할 수 있다.
2. 피난유도선	피난유도선은 다음 각호의 기준에 따라 설치하여야 한다. 가. 피난안전구역이 설치된 층의 계단실 출입구에서 피난안전구역 주 출입구 또는 비상구까지 설치할 것 나. 계단실에 설치하는 경우 계단 및 계단참에 설치할 것 다. 피난유도 표시부의 너비는 최소 25mm 이상으로 설치할 것 라. 광원점등방식(전류에 의하여 빛을 내는 방식)으로 설치하되, 60분 이상 유효하게 작동할 것
3. 비상조명등	피난안전구역의 비상조명등은 상시 조명이 소등된 상태에서 그 비상조명등이 점등되는 경우 각 부분의 바닥에서 조도는 10ℓx 이상이 될 수 있도록 설치할 것

4. 휴대용
비상조명등
	가. 피난안전구역에는 휴대용비상조명등을 다음 각호의 기준에 따라 설치하여야 한다.
	  1) 초고층 건축물에 설치된 피난안전구역 : 피난안전구역 위층의 재실자수(「건축물의 피난·방화구조 등의 기준에 관한 규칙」 별표 1의2에 따라 산정된 재실자 수를 말한다)의 10분의 1 이상
	  2) 지하연계 복합건축물에 설치된 피난안전구역 : 피난안전구역이 설치된 층의 수용인원(영 별표 2에 따라 산정된 수용인원을 말한다)의 10분의 1 이상
	나. 건전지 및 충전식 건전지의 용량은 40분 이상 유효하게 사용할 수 있는 것으로 한다. 다만, 피난안전구역이 50층 이상에 설치되어 있을 경우의 용량은 60분 이상으로 할 것

5. 인명구조기구	가. 방열복, 인공소생기를 각 2개 이상 비치할 것 나. 45분 이상 사용할 수 있는 성능의 공기호흡기(보조마스크를 포함한다)를 2개 이상 비치하여야 한다. 다만, 피난안전구역이 50층 이상에 설치되어 있을 경우에는 동일한 성능의 예비용기를 10개 이상 비치할 것 다. 화재시 쉽게 반출할 수 있는 곳에 비치할 것 라. 인명구조기구가 설치된 장소의 보기 쉬운 곳에 "인명구조기구"라는 표지판 등을 설치할 것

(8) 연결송수관설비 설치기준

① 연결송수관설비의 배관은 전용으로 한다. 다만, 주배관의 구경이 100mm 이상인 옥내소화전설비와 겸용할 수 있다.

② 연결송수관설비의 비상전원은 자가발전설비, 전기저장장치 또는 축전지설비(내연기관에 따른 펌프를 사용하는 경우에는 내연기관의 기동 및 제어용 축전지를 말한다)로서 연결송수관설비를 유효하게 40분 이상 작동할 수 있어야 할 것. 다만, 50층 이상인 건축물의 경우에는 60분 이상 작동할 수 있어야 한다.

36. 지하구소방시설

(1) 설치대상

지하구[용어정의]
① 전력·통신용의 전선이나 가스·냉난방용의 배관 또는 이와 비슷한 것을 집합수용하기 위하여 설치한 지하 인공구조물로서 사람이 점검 또는 보수를 하기 위하여 출입이 가능한 것 중 다음의 어느 하나에 해당하는 것
　㉠ 전력 또는 통신사업용 지하 인공구조물로서 전력구(케이블 접속부가 없는 경우에는 제외한다) 또는 통신구 방식으로 설치된 것
　㉡ ㉠외의 지하 인공구조물로서 폭이 1.8미터 이상이고 높이가 2미터 이상이며 길이가 50미터 이상인 것
② 「국토의 계획 및 이용에 관한 법률」 제2조제9호에 따른 공동구

(2) 지하구에 설치되는 소방시설

① 소화기구 및 자동소화장치
② 자동화재탐지설비
③ 유도등
④ 연소방지설비
⑤ 연소방지재
⑥ 방화벽
⑦ 무선통신보조설비
⑧ 통합감시시설

(3) 용어정의

① "지하구"란 영 [별표2] 제28호에서 규정한 지하구를 말한다.
② "제어반"이란 설비, 장치 등의 조작과 확인을 위해 제어용 계기류, 스위치 등을 금속제 외함에 수납한 것을 말한다.
③ "분전반"이란 분기개폐기·분기과전류차단기 그밖에 배선용기기 및 배선을 금속제 외함에 수납한 것을 말한다.
④ "방화벽"이란 화재 시 발생한 열, 연기 등의 확산을 방지하기 위하여 설치하는 벽을 말한다.
⑤ "분기구"란 전기, 통신, 상하수도, 난방 등의 공급시설의 일부를 분기하기 위하여 지하구의 단면 또는 형태를 변화시키는 부분을 말한다.
⑥ "환기구"란 지하구의 온도, 습도의 조절 및 유해가스를 배출하기 위해 설치되는 것으로 자연환기구와 강제환기구로 구분된다.

⑦ "작업구"란 지하구의 유지관리를 위하여 자재, 기계기구의 반·출입 및 작업자의 출입을 위하여 만들어진 출입구를 말한다.
⑧ "케이블접속부"란 케이블이 지하구 내에 포설되면서 발생하는 직선 접속 부분을 전용의 접속재로 접속한 부분을 말한다.
⑨ "특고압 케이블"이란 사용전압이 7,000[V]를 초과하는 전로에 사용하는 케이블을 말한다.

(4) 소화기구 및 자동소화장치의 설치기준

① 소화기구는 다음 각 호의 기준에 따라 설치하여야 한다.
  ㉠ 소화기의 능력단위(「소화기구 및 자동소화장치의 화재안전기술기준(NFTC 101)」 1.7, 1.6에 따른 수치를 말한다. 이하같다)는 A급 화재는 개당 3단위 이상, B급 화재는 개당 5단위 이상 및 C급 화재에 적응성이 있는 것으로 할 것
  ㉡ 소화기 한대의 총중량은 사용 및 운반의 편리성을 고려하여 7[kg] 이하로 할 것
  ㉢ 소화기는 사람이 출입할 수 있는 출입구(환기구, 작업구를 포함한다) 부근에 5개 이상 설치할 것
  ㉣ 소화기는 바닥면으로부터 1.5[m] 이하의 높이에 설치할 것
  ㉤ 소화기의 상부에 "소화기"라고 표시한 조명식 또는 반사식의 표지판을 부착하여 사용자가 쉽게 인지할 수 있도록 할 것
② 지하구 내 발전실·변전실·송전실·변압기실·배전반실·통신기기실·전산기기실·기타 이와 유사한 시설이 있는 장소 중 바닥면적이 300[m^2] 미만인 곳에는 유효설치 방호체적 이내의 가스·분말·고체에어로졸·캐비닛형 자동소화장치를 설치하여야 한다. 다만 해당 장소에 물분무등소화설비를 설치한 경우에는 설치하지 않을 수 있다.
③ 제어반 또는 분전반마다 가스·분말·고체에어로졸 자동소화장치 또는 유효설치 방호체적 이내의 소공간용 소화용구를 설치하여야 한다.
④ 케이블접속부(절연유를 포함한 접속부에 한한다.)마다 다음 각 호의 자동소화장치를 설치하되 소화성능이 확보될 수 있도록 방호공간을 구획하는 등 유효한 조치를 하여야 한다.
  ㉠ 가스·분말·고체에어로졸 자동소화장치
  ㉡ 중앙소방기술심의위원회의 심의를 거쳐 소방청장이 인정하는 자동소화장치

(5) 자동화재탐지설비의 설치기준

① 감지기는 다음 각 호에 따라 설치하여야 한다.
  ㉠ 「자동화재탐지설비 및 시각경보장치의 화재안전기술기준(NFTC 203)」 감지기 중 먼지·습기 등의 영향을 받지 아니하고 발화지점(1[m] 단위)과 온도를 확인할 수

있는 것을 설치할 것.
ⓛ 지하구 천장의 중심부에 설치하되 감지기와 천장 중심부 하단과의 수직거리는 30[cm] 이내로 할 것. 다만, 형식승인 내용에 설치방법이 규정되어 있거나, 중앙기술심의위원회의 심의를 거쳐 제조사 시방서에 따른 설치방법이 지하구 화재에 적합하다고 인정되는 경우에는 형식승인 내용 또는 심의결과에 의한 제조사 시방서에 따라 설치할 수 있다.
ⓒ 발화지점이 지하구의 실제거리와 일치하도록 수신기 등에 표시할 것.
ⓔ 공동구 내부에 상수도용 또는 냉·난방용 설비만 존재하는 부분은 감지기를 설치하지 않을 수 있다.
② 발신기, 지구음향장치 및 시각경보기는 설치하지 않을 수 있다.

(6) 유도등의 설치기준

사람이 출입할 수 있는 출입구(환기구, 작업구를 포함한다.)에는 해당 지하구 환경에 적합한 크기의 피난구유도등을 설치하여야 한다.

(7) 연소방지설비 설치기준

① 연소방지설비의 배관은 다음 각 호의 기준에 따라 설치하여야 한다.
ⓛ 배관용 탄소강관(KS D 3507) 또는 압력배관용 탄소강관(KS D 3562)이나 이와 동등 이상의 강도·내식성 및 내열성을 가진 것으로 하여야 한다.
ⓒ 급수배관(송수구로부터 연소방지설비 헤드에 급수하는 배관을 말한다. 이하 같다)은 전용으로 하여야 한다.
ⓒ 배관의 구경은 다음 각 목의 기준에 적합한 것이어야 한다.
ⓐ 연소방지설비전용헤드를 사용하는 경우에는 다음 표에 따른 구경 이상으로 할 것

하나의 배관에 부착하는 살수헤드의 개수	1개	2개	3개	4개 또는 5개	6개 이상
배관의 구경(mm)	32	40	50	65	80

ⓑ 개방형 스프링클러헤드를 사용하는 경우에는 「스프링클러설비의 화재안전기술기준(NFTC 103)」의 기준에 따를 것
ⓔ 교차배관은 가지배관과 수평으로 설치하거나 또는 가지배관 밑에 설치하고, 그 구경은 제3호에 따르되, 최소구경이 40[mm] 이상이 되도록 할 것
ⓜ 배관에 설치되는 행가는 다음 각 목의 기준에 따라 설치하여야 한다.
ⓐ 가지배관에는 헤드의 설치지점 사이마다 1개 이상의 행가를 설치하되, 헤드간

의 거리가 3.5[m]을 초과하는 경우에는 3.5[m] 이내마다 1개 이상 설치할 것. 이 경우 상향식헤드와 행가 사이에는 8[cm] 이상의 간격을 두어야 한다

ⓑ 교차배관에는 가지배관과 가지배관 사이마다 1개 이상의 행가를 설치하되, 가지배관 사이의 거리가 4.5[m]을 초과하는 경우에는 4.5[m] 이내마다 1개 이상 설치할 것

ⓒ ㉠과 ㉡의 수평주행배관에는 4.5[m] 이내마다 1개 이상 설치할 것

㉥ 분기배관을 사용할 경우에는 「분기배관의 성능인증 및 제품검사의 기술기준」에 적합한 것으로 설치하여야 한다.

② 연소방지설비의 헤드는 다음 각 호의 기준에 따라 설치하여야 한다.

㉠ 천장 또는 벽면에 설치할 것

㉡ 헤드간의 수평거리는 연소방지설비 전용헤드의 경우에는 2[m] 이하, 스프링클러헤드의 경우에는 1.5[m] 이하로 할 것

㉢ 소방대원의 출입이 가능한 환기구·작업구마다 지하구의 양쪽방향으로 살수헤드를 설정하되, 한쪽 방향의 살수구역의 길이는 3[m] 이상으로 할 것. 다만, 환기구 사이의 간격이 700[m]를 초과할 경우에는 700[m] 이내마다 살수구역을 설정하되, 지하구의 구조를 고려하여 방화벽을 설치한 경우에는 그러하지 아니하다.

㉣ 연소방지설비 전용헤드를 설치할 경우에는 「소화설비용헤드의 성능인증 및 제품검사 기술기준」에 적합한 '살수헤드'를 설치할 것

③ 송수구는 다음 각 호의 기준에 따라 설치하여야 한다.

㉠ 소방차가 쉽게 접근할 수 있는 노출된 장소에 설치하되, 눈에 띄기 쉬운 보도 또는 차도에 설치할 것

㉡ 송수구는 구경 65[mm]의 쌍구형으로 할 것

㉢ 송수구로부터 1[m] 이내에 살수구역 안내표지를 설치할 것

㉣ 지면으로부터 높이가 0.5[m] 이상 1[m] 이하의 위치에 설치할 것

㉤ 송수구의 가까운 부분에 자동배수밸브(또는 직경 5[mm]의 배수공)를 설치할 것. 이 경우 자동배수밸브는 배관안의 물이 잘 빠질 수 있는 위치에 설치하되, 배수로 인하여 다른 물건 또는 장소에 피해를 주지 아니하여야 한다.

㉥ 송수구로부터 주배관에 이르는 연결배관에는 개폐밸브를 설치하지 아니할 것

㉦ 송수구에는 이물질을 막기 위한 마개를 씌어야 한다.

(8) 연소방지재 설치기준

지하구 내에 설치하는 케이블·전선 등에는 다음 각 호의 기준에 따라 연소방지재를 설치하여야 한다. 다만, 케이블·전선 등을 다음 ①의 난연성능 이상을 충족하는 것으로 설치한 경우에는 연소방지재를 설치하지 않을 수 있다.

① 연소방지재는 한국산업표준(KS C IEC 60332-3-24)에서 정한 난연성능 이상의 제품을 사용하되 다음 각 목의 기준을 충족하여야 한다.
  ㉠ 시험에 사용되는 연소방지재는 시료(케이블 등)의 아래쪽(점화원으로부터 가까운 쪽)으로부터 30[cm] 지점부터 부착또는 설치되어야 한다.
  ㉡ 시험에 사용되는 시료(케이블 등)의 단면적은 325[mm^2]로 한다.
  ㉢ 시험성적서의 유효기간은 발급 후 3년으로 한다.
② 연소방지재는 다음 각 목에 해당하는 부분에 ①과 관련된 시험성적서에 명시된 방식으로 시험성적서에 명시된 길이 이상으로 설치하되, 연소방지재 간의 설치 간격은 350[m]를 넘지 않도록 하여야 한다.
  ㉠ 분기구
  ㉡ 지하구의 인입부 또는 인출부
  ㉢ 절연유 순환펌프 등이 설치된 부분
  ㉣ 기타 화재발생 위험이 우려되는 부분

(9) 방화벽 설치기준

방화벽은 다음 각 호에 따라 설치하고 항상 닫힌 상태를 유지하거나 자동폐쇄장치에 의하여 화재 신호를 받으면 자동으로 닫히는 구조로 하여야 한다.
① 내화구조로서 홀로 설 수 있는 구조일 것
② 방화벽의 출입문은 60분+ 또는 60분 방화문으로 설치할 것
③ 방화벽을 관통하는 케이블·전선 등에는 국토교통부 고시(「건축자재등 품질인증 및 관리기준」)에 따라 내화채움 구조로 마감할 것
④ 방화벽은 분기구 및 국사·변전소 등의 건축물과 지하구가 연결되는 부위(건축물로부터 20[m] 이내)에 설치할 것
⑤ 자동폐쇄장치를 사용하는 경우에는 「자동폐쇄장치의 성능인증 및 제품검사의 기술기준」에 적합한 것으로 설치할 것

(10) 무선통신보조설비 설치기준

무선통신보조설비의 무전기접속단자는 방재실과 공동구의 입구 및 연소방지설비 송수구가 설치된 장소(지상)에 설치하여야 한다.

(11) 통합감시시설 설치기준

통합감시시설은 다음 각 호의 기준에 따라 설치한다.
① 소방관서와 지하구의 통제실 간에 화재 등 소방활동과 관련된 정보를 상시 교환할 수 있는 정보통신망을 구축할 것

② 제1호의 정보통신망(무선통신망을 포함한다)은 광케이블 또는 이와 유사한 성능을 가진 선로일 것
③ 수신기는 지하구의 통제실에 설치하되 화재신호, 경보, 발화지점 등 수신기에 표시되는 정보가 [별표1]에 적합한 방식으로 119상황실이 있는 관할 소방관서의 정보통신장치에 표시되도록 할 것

(12) 기존 지하구 특례

「소방시설 설치 및 관리에 관한 법률」제13조에 따라 기존 지하구에 설치하는 소방시설 등에 대해 강화된 기준을 적용하는 경우에는 다음 각 호의 설치·유지 관련 특례를 적용한다.
① 특고압 케이블이 포설된 송·배전 전용의 지하구(공동구를 제외한다)에는 온도 확인 기능 없이 최대 700[m]의 경계구역을 설정하여 발화지점(1[m] 단위)을 확인할 수 있는 감지기를 설치할 수 있다.
② 소방본부장 또는 소방서장은 이 기준이 정하는 기준에 따라 해당 건축물에 설치하여야 할 소방시설 등의 공사가 현저하게 곤란하다고 인정되는 경우에는 해당 설비의 기능 및 사용에 지장이 없는 범위 안에서 소방시설 등의 설치·유지기준의일부를 적용하지 아니할 수 있다.

[별표1]

통합감시시설 구성 표준 프로토콜 정의서
(제11조 제3호 관련)

1. 적용
   지하구의 화재안전기준 제12조(통합감시시설) 3호 지하구의 수신기 정보를 관할 소방관서의 정보통신장치에 표시하기 위하여 적용하는 Modbus-RTU 프로토콜방식에 대한 규정이다.
   1.1 Ethernet은 현장에서 할당된 IP와 고정PORT로 TCP접속한다.
   1.2 IP: 할당된 수신기 IP와 관제시스템 IP
   1.3 PORT: 4000(고정)
   1.4 Modbus 프로토콜 형식을 따르되 수신기에 대한 request 없이, 수신기는 주기적으로(3~5초)상위로 데이터를 전송한다.

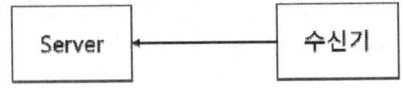

2. Modbus RTU 구성

2.1 Modbus RTUprotocol의 packet 구조는 아래와 같다.

Device Address	Function Code	Data	CRC-16
1 byte	1 byte	N bytes	2 bytes

2.2 각 필드의 의미는 다음과 같다.

항목	길이	설명
Device Address	1 byte	수신기의 ID
Function Code	1 byte	0x00 고정사용
Data	N bytes	2.3절 참고
CRC	2 bytes	Modbus CRC-16 사용.

2.3 Data 구성

SOP	Length	PID	MID	Zone수량	Zone번호	상태정보	거리(H)	거리(L)	Reserved	EOP
1 byte	1 byte	1 byte	1 byte	1 byte	1 byte	1 byte	1 byte	1 byte	1 byte	1 byte

SOP: Start of Packet -> 0x23 고정

Length: Length 이후부터 EOP까지의 length

PID: 제품 ID로 Device Address와 동일

MID: 제조사ID로 reserved

Zone 수량: 감시하는 zone 수량, 0x00 ~ 0xff.

Zone 번호: 감시하는 zone의번호

상태정보: 정상(0x00), 단선(0x1f), 화재(0x2f)

거리: 정상상태에서는 해당 zone의 감시거리. 화재시 화재 발생거리.

Reserved: reserved

EOP: End of Packet -> 0x36 고정

2.4 CRC-16

CRC는 기본적으로 Modbus CRC-16을 사용한다.

```
WORD CRC16 (const BYTE *nData, WORD wLength)
{
staticconst WORD wCRCTable[] = {
    0X0000, 0XC0C1, 0XC181, 0X0140, 0XC301, 0X03C0, 0X0280, 0XC241,
    0XC601, 0X06C0, 0X0780, 0XC741, 0X0500, 0XC5C1, 0XC481, 0X0440,
    0XCC01, 0X0CC0, 0X0D80, 0XCD41, 0X0F00, 0XCFC1, 0XCE81, 0X0E40,
    0X0A00, 0XCAC1, 0XCB81, 0X0B40, 0XC901, 0X09C0, 0X0880, 0XC841,
    0XD801, 0X18C0, 0X1980, 0XD941, 0X1B00, 0XDBC1, 0XDA81, 0X1A40,
```

0X1E00, 0XDEC1, 0XDF81, 0X1F40, 0XDD01, 0X1DC0, 0X1C80, 0XDC41,
0X1400, 0XD4C1, 0XD581, 0X1540, 0XD701, 0X17C0, 0X1680, 0XD641,
0XD201, 0X12C0, 0X1380, 0XD341, 0X1100, 0XD1C1, 0XD081, 0X1040,
0XF001, 0X30C0, 0X3180, 0XF141, 0X3300, 0XF3C1, 0XF281, 0X3240,
0X3600, 0XF6C1, 0XF781, 0X3740, 0XF501, 0X35C0, 0X3480, 0XF441,
0X3C00, 0XFCC1, 0XFD81, 0X3D40, 0XFF01, 0X3FC0, 0X3E80, 0XFE41,
0XFA01, 0X3AC0, 0X3B80, 0XFB41, 0X3900, 0XF9C1, 0XF881, 0X3840,
0X2800, 0XE8C1, 0XE981, 0X2940, 0XEB01, 0X2BC0, 0X2A80, 0XEA41,
0XEE01, 0X2EC0, 0X2F80, 0XEF41, 0X2D00, 0XEDC1, 0XEC81, 0X2C40,
0XE401, 0X24C0, 0X2580, 0XE541, 0X2700, 0XE7C1, 0XE681, 0X2640,
0X2200, 0XE2C1, 0XE381, 0X2340, 0XE101, 0X21C0, 0X2080, 0XE041,
0XA001, 0X60C0, 0X6180, 0XA141, 0X6300, 0XA3C1, 0XA281, 0X6240,
0X6600, 0XA6C1, 0XA781, 0X6740, 0XA501, 0X65C0, 0X6480, 0XA441,
0X6C00, 0XACC1, 0XAD81, 0X6D40, 0XAF01, 0X6FC0, 0X6E80, 0XAE41,
0XAA01, 0X6AC0, 0X6B80, 0XAB41, 0X6900, 0XA9C1, 0XA881, 0X6840,
0X7800, 0XB8C1, 0XB981, 0X7940, 0XBB01, 0X7BC0, 0X7A80, 0XBA41,
0XBE01, 0X7EC0, 0X7F80, 0XBF41, 0X7D00, 0XBDC1, 0XBC81, 0X7C40,
0XB401, 0X74C0, 0X7580, 0XB541, 0X7700, 0XB7C1, 0XB681, 0X7640,
0X7200, 0XB2C1, 0XB381, 0X7340, 0XB101, 0X71C0, 0X7080, 0XB041,
0X5000, 0X90C1, 0X9181, 0X5140, 0X9301, 0X53C0, 0X5280, 0X9241,
0X9601, 0X56C0, 0X5780, 0X9741, 0X5500, 0X95C1, 0X9481, 0X5440,
0X9C01, 0X5CC0, 0X5D80, 0X9D41, 0X5F00, 0X9FC1, 0X9E81, 0X5E40,
0X5A00, 0X9AC1, 0X9B81, 0X5B40, 0X9901, 0X59C0, 0X5880, 0X9841,
0X8801, 0X48C0, 0X4980, 0X8941, 0X4B00, 0X8BC1, 0X8A81, 0X4A40,
0X4E00, 0X8EC1, 0X8F81, 0X4F40, 0X8D01, 0X4DC0, 0X4C80, 0X8C41,
0X4400, 0X84C1, 0X8581, 0X4540, 0X8701, 0X47C0, 0X4680, 0X8641,
0X8201, 0X42C0, 0X4380, 0X8341, 0X4100, 0X81C1, 0X8081, 0X4040 };

BYTE nTemp;
WORD wCRCWord = 0xFFFF;

while (wLength--)
{nTemp = *nData++ ^ wCRCWord;wCRCWord>>= 8;wCRCWord ^= wCRCTable[nTemp];}
return wCRCWord;}

2.5 예제

예) Device Address 0x76번의 수신기가 100[m]와 200[m]인 2개 zone을 감시 중 정상상태

Device Address	Function Code	SOP	Len	PID	MID	Zone 수량	Zone 번호	상태 정보	거리 (H)	거리 (L)	Zone 번호	상태 정보	거리 (H)	거리 (L)	Reserved	EOP	CRC-16
1 byte	1 byte	1 byte	1 byte	1byte	1 byte	1 byte	1 byte	1 byte	1 byte	1 byte	1 byte	1 byte	1 byte	1 byte	1 byte	1 byte	2 bytes
0x4C	0x00	0x23	0x0d	0x4C	reserved	0x02	0x01	0x00	0x00	0x64	0x02	0x00	0x00	0xC8	reserved	0x36	0x8426

37. 건설현장의 화재안전기준

(1) 용어정의

이 기준에서 사용하는 용어의 정의는 다음과 같다.
① "소화기"란 「소화기구 및 자동소화장치의 화재안전기술기준(NFTC101)」 1.7, 1.2에서 정의하는 소화기를 말한다.
② "간이소화장치"란 공사현장에서 화재위험작업 시 신속한 화재 진압이 가능하도록 물을 방수하는 이동식 또는 고정식 형태의 소화장치를 말한다.
③ "비상경보장치"란 화재위험작업 공간 등에서 수동조작에 의해서 화재경보상황을 알려줄 수 있는 설비(비상벨, 사이렌, 휴대용확성기 등)를 말한다.
④ "간이피난유도선"이란 화재위험작업 시 작업자의 피난을 유도할 수 있는 케이블형태의 장치를 말한다.

(2) 소화기의 성능 및 설치기준

소화기의 성능 및 설치기준은 다음 각 호와 같다.
① 소화기의 소화약제는 「소화기구 및 자동소화장치의 화재안전기술기준(NFTC101)」의 2.1.1.1의 표 2.1.1.1에 따른 적응성이 있는 것을 설치하여야 한다.
② 소화기는 각층마다 능력단위 3단위 이상인 소화기 2개 이상을 설치하고, 「소방시설 설치 및 관리에 관한 법률 시행령」(이하 "영"이라 한다) 제18조제1항에 해당하는 경우 작업종료 시까지 작업지점으로부터 5m이내 쉽게 보이는 장소에 능력단위 3단위 이상인 소화기 2개 이상과 대형소화기 1개를 추가 배치하여야 한다.

(3) 간이소화장치의 성능 및 설치기준

간이소화장치의 성능 및 설치기준은 다음 각 호와 같다.
① 수원은 20분 이상의 소화수를 공급할 수 있는 양을 확보하여야 하며, 소화수의 방수압력은 최소 0.1MPa 이상, 방수량은 65L/min 이상이어야 한다.
② 영 제15조의3제1항에 해당하는 작업을 하는 경우 작업종료 시까지 작업지점으로부터 25m 이내에 설치 또는 배치하여 상시 사용이 가능하여야 하며 동결방지조치를 하여야 한다.
③ 넘어질 우려가 없어야 하고 손쉽게 사용할 수 있어야 하며, 식별이 용이하도록 "간이소화장치" 표시를 하여야 한다.

(4) 비상경보장치의 성능 및 설치기준

비상경보장치의 성능 및 설치기준은 다음 각 호와 같다.
① 비상경보장치는 영 제15조의3제1항에 해당하는 작업을 하는 경우 작업종료 시까지 작업지점으로부터 5m 이내에 설치 또는 배치하여 상시 사용이 가능하여야 한다.
② 비상경보장치는 화재사실 통보 및 대피를 해당 작업장의 모든 사람이 알 수 있을 정도의 음량을 확보하여야 한다.

(5) 간이피난유도선의 성능 및 설치기준

간이피난유도선의 성능 및 설치기준은 다음 각 호와 같다.
① 간이피난유도선은 광원점등방식으로 공사장의 출입구까지 설치하고 공사의 작업 중에는 상시 점등되어야 한다.
② 설치위치는 바닥으로부터 높이 1m 이하로 하며, 작업장의 어느 위치에서도 출입구로의 피난방향을 알 수 있는 표시를 하여야 한다.

(6) 간이소화장치 설치제외

영 제15조의3제3항 별표5의2 제3호가목의 "소방청장이 정하여 고시하는 기준에 맞는 소화기"란 "대형소화기를 작업지점으로부터 25m 이내 쉽게 보이는 장소에 6개 이상을 배치한 경우"를 말한다.

참고

임시소방시설의 종류와 설치기준 등(제18조제2항 및 제3항 관련)

1. 임시소방시설의 종류
   가. 소화기
   나. 간이소화장치: 물을 방사(放射)하여 화재를 진화할 수 있는 장치로서 소방청장이 정하는 성능을 갖추고 있을 것
   다. 비상경보장치: 화재가 발생한 경우 주변에 있는 작업자에게 화재사실을 알릴 수 있는 장치로서 소방청장이 정하는 성능을 갖추고 있을 것
   라. 가스누설경보기: 가연성 가스가 누설되거나 발생된 경우 이를 탐지하여 경보하는 장치로서 법 제37조에 따른 형식승인 및 제품검사를 받은 것
   마. 간이피난유도선: 화재가 발생한 경우 피난구 방향을 안내할 수 있는 장치로서 소방청장이 정하는 성능을 갖추고 있을 것
   바. 비상조명등: 화재가 발생한 경우 안전하고 원활한 피난활동을 할 수 있도록 자

동 점등되는 조명장치로서 소방청장이 정하는 성능을 갖추고 있을 것
사. 방화포: 용접·용단 등의 작업 시 발생하는 불티로부터 가연물이 점화되는 것을 방지해주는 천 또는 불연성 물품으로서 소방청장이 정하는 성능을 갖추고 있을 것

2. 임시소방시설을 설치해야 하는 공사의 종류와 규모
가. 소화기: 법 제6조제1항에 따라 소방본부장 또는 소방서장의 동의를 받아야 하는 특정소방대상물의 신축·증축·개축·재축·이전·용도변경 또는 대수선 등을 위한 공사 중 법 제15조제1항에 따른 화재위험작업의 현장(이하 이 표에서 "화재위험작업현장"이라 한다)에 설치한다.
나. 간이소화장치: 다음의 어느 하나에 해당하는 공사의 화재위험작업현장에 설치한다.
  1) 연면적 3천㎡ 이상
  2) 지하층, 무창층 또는 4층 이상의 층. 이 경우 해당 층의 바닥면적이 600㎡ 이상인 경우만 해당한다.
다. 비상경보장치: 다음의 어느 하나에 해당하는 공사의 화재위험작업현장에 설치한다.
  1) 연면적 400㎡ 이상
  2) 지하층 또는 무창층. 이 경우 해당 층의 바닥면적이 150㎡ 이상인 경우만 해당한다.
라. 가스누설경보기: 바닥면적이 150㎡ 이상인 지하층 또는 무창층의 화재위험작업현장에 설치한다.
마. 간이피난유도선: 바닥면적이 150㎡ 이상인 지하층 또는 무창층의 화재위험작업현장에 설치한다.
바. 비상조명등: 바닥면적이 150㎡ 이상인 지하층 또는 무창층의 화재위험작업현장에 설치한다.
사. 방화포: 용접·용단 작업이 진행되는 화재위험작업현장에 설치한다.

3. 임시소방시설과 기능 및 성능이 유사한 소방시설로서 임시소방시설을 설치한 것으로 보는 소방시설
가. 간이소화장치를 설치한 것으로 보는 소방시설: 소방청장이 정하여 고시하는 기준에 맞는 소화기(연결송수관설비의 방수구 인근에 설치한 경우로 한정한다) 또는 옥내소화전설비
나. 비상경보장치를 설치한 것으로 보는 소방시설: 비상방송설비 또는 자동화재탐지설비
다. 간이피난유도선을 설치한 것으로 보는 소방시설: 피난유도선, 피난구유도등, 통로유도등 또는 비상조명등

38. 전기저장시설의 화재안전기준

(1) 용어정의

이 기준에서 사용하는 용어의 정의는 다음과 같다.
① "전기저장장치"란 생산된 전기를 전력 계통에 저장했다가 전기가 가장 필요한 시기에 공급해 에너지 효율을 높이는 것으로 배터리(이차전지에 한정한다. 이하 같다), 배터리 관리 시스템, 전력 변환 장치 및 에너지 관리 시스템 등으로 구성되어 발전·송배전·일반 건축물에서 목적에 따라 단계별 저장이 가능한 장치를 말한다.
② "옥외형 전기저장장치 설비"란 컨테이너, 패널 등 전기저장장치 설비 전용 건축물의 형태로 옥외의 구획된 실에 설치된 전기저장장치를 말한다.
③ "옥내형 전기저장장치 설비"란 전기저장장치 설비 전용 건축물이 아닌 건축물의 내부에 설치되는 전기저장장치로 '옥외형 전기저장장치 설비'가 아닌 설비를 말한다.
④ "배터리실"이란 전기저장장치 중 배터리를 보관하기 위해 별도로 구획된 실을 말한다.
⑤ "더블인터락(Double-Interlock) 방식"이란 준비작동식스프링클러설비의 작동방식 중 화재감지기와 스프링클러헤드가 모두 작동되는 경우 준비작동식유수검지장치가 개방되는 방식을 말한다.

(2) 전기저장시설에 설치하여야 하는 소방시설등의 종류

① 소화기
② 스프링클러설비
③ 배터리용 소화장치
④ 자동화재탐지설비
⑤ 자동화재속보설비
⑥ 배출설비

(3) 설치장소의 구조

전기저장장치는 관할 소방대의 원활한 소방활동을 위해 지면으로부터 지상 23미터 이내, 지하 9미터 이내로 설치해야 한다.

(4) 방화구획

전기저장장치 설치장소의 벽체, 바닥 및 천장은 「건축물의 피난·방화구조 등의 기준에 관한 규칙」에 따라 건축물의 다른 부분과 방화구획 해야 한다. 다만, 배터리실 외의 장소와 옥외형 전기저장장치 설비는 방화구획 하지 않을 수 있다.

(5) 소화기 설치기준

소화기는 「소화기구 및 자동소화장치의 화재안전기술기준(NFTC 101)」 2.1.1.3의 표 2.1.1.3 제2호에 따라 구획된 실마다 설치해야 한다.

(6) 스프링클러 설치기준

스프링클러설비는 다음 각 호의 기준에 따라 설치해야 한다. 다만, 배터리실 외의 장소에는 스프링클러헤드를 설치하지 않을 수 있다.
① 스프링클러설비는 습식스프링클러설비 또는 준비작동식스프링클러설비(신속한 작동을 위해 '더블인터락' 방식은 제외한다)로 설치할 것
② 전기저장장치가 설치된 실의 바닥면적(바닥면적이 230제곱미터 이상인 경우에는 230제곱미터) 1제곱미터에 분당 12.2리터 이상의 수량을 균일하게 30분 이상 방수할 수 있도록 할 것
③ 스프링클러헤드 방수로 인해 인접 헤드에 미치는 영향을 최소화하기 위하여 스프링클러헤드 사이의 간격을 1.8미터 이상 유지할 것
④ 준비작동식스프링클러설비를 설치할 경우 제8조제2항에 따른 감지기를 설치할 것
⑤ 스프링클러설비를 30분 이상 작동할 수 있는 비상전원을 갖출 것
⑥ 준비작동식스프링클러설비의 경우 전기저장장치의 출입구 부근에 수동식 기동장치를 설치할 것
⑦ 소방자동차로부터 전기저장장치 설비에 송수할 수 있는 송수구를 「스프링클러설비의 화재안전기술기준(NFTC 103)」 2.8에 따라 설치할 것

(7) 배터리용 소화장치 설치기준

다음 각 호의 어느 하나에 해당하는 경우에는 제6조에도 불구하고 중앙소방기술심의위원회의 심의를 거쳐 소방청장이 인정하는 시험방법으로 제13조제2항에 따른 시험기관에서 전기저장장치에 대한 소화성능을 인정받은 배터리용 소화장치를 설치할 수 있다.
① 옥외형 전기저장장치 설비가 컨테이너 내부에 설치된 경우
② 옥외형 전기저장장치 설비가 다른 건축물, 주차장, 공용도로, 적재된 가연물, 위험물 등으로부터 30미터 이상 떨어진 지역에 설치된 경우

(8) 자동화재탐지설비 설치기준

① 자동화재탐지설비는 「자동화재탐지설비 및 시각경보장치의 화재안전기술기준(NFTC 203)」에 따라 설치한다. 다만, 옥외형 전기저장장치 설비에는 자동화재탐지설비를 설치하지 않을 수 있다.

② 감지기는 다음 각 호 중 어느 하나의 감지기를 설치해야 한다.
　㉠ 공기흡입형 감지기 또는 아날로그식 연기감지기(감지기의 신호처리방식은 「자동화재탐지설비 및 시각경보장치의 화재안전기술기준(NFTC 203)」 1.7.2에 따른다)
　㉡ 중앙소방기술심의위원회의 심의를 통해 전기저장장치에 적응성이 있다고 인정된 감지기

(9) 자동화재속보설비 설치기준

자동화재속보설비는 「자동화재속보설비의 화재안전기술기준(NFTC 204)」에 따라 설치해야 한다. 다만, 옥외형 전기저장장치 설비에 설치하는 자동화재속보설비는 속보기에 감지기를 직접 연결하는 방식으로 설치할 수 있다.

(10) 배출설비 설치기준

배출설비는 다음 각 호의 기준에 따라 설치해야 한다.
① 배풍기·배출덕트·후드 등을 이용하여 강제적으로 배출할 것
② 바닥면적 1제곱미터에 시간당 18세제곱미터 이상의 용량을 배출할 것
③ 화재감지기의 감지에 따라 작동할 것
④ 옥외와 면하는 벽체에 설치할 것

(11) 설치유지기준의 특례

① 소방본부장 또는 소방서장은 중앙소방기술심의위원회의 심의를 거쳐 소방청장이 인정하는 시험방법에 따라 제2항에 따른 시험기관에서 화재안전 성능을 인정받은 경우에는 인정받은 성능 범위 안에서 제6조 및 제7조를 적용하지 않을 수 있다.
② 전기저장시설의 화재안전성능과 관련된 시험은 다음 각 호의 시험기관에서 수행할 수 있다.
　㉠ 한국소방산업기술원
　㉡ 한국화재보험협회 부설 방재시험연구원
　㉢ 제1항에 따라 소방청장이 인정하는 시험방법으로 화재안전 성능을 시험할 수 있는 비영리 국가 공인시험기관(「국가표준기본법」 제23조에 따라 한국인정기구로부터 시험기관으로 인정받은 기관을 말한다)

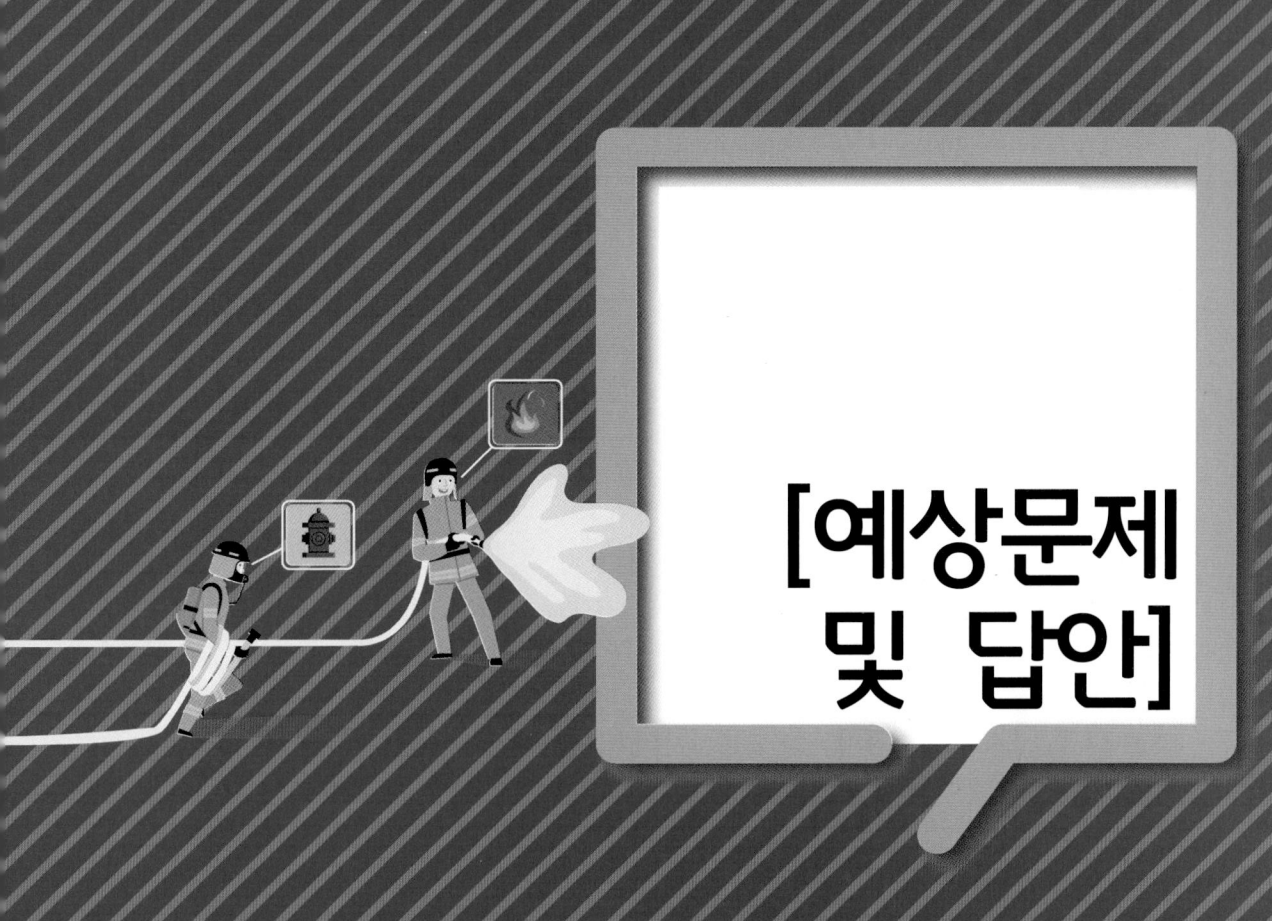

[예상문제 및 답안]

설계 및 시공

소방유체 및 설비 / 펌프

01 $Q = K\sqrt{P}$에서 K=3일 때 Q =gallon/min을 L/min으로 P=lbf/in²를 kgf/cm²로 단위를 환산하여 $Q' = K'\sqrt{P'}$하면 K'의 값은 얼마인가? (단, 1gallon=3.785L, 1.0332kgf/cm² = 14.7lbf/in²이다.)

▣ 풀이및정답 $Q' = K'\sqrt{P'}$에서

$K' = \dfrac{Q'}{\sqrt{P'}} \times 3$

$Q' : \dfrac{1\text{gallon}}{\text{min}} \times \dfrac{3.785\text{L}}{1\text{gallon}} = 3.785\text{L/min}$

$P' : 1\text{lbf/in}^2 \times \dfrac{1.0332\text{kgf/cm}^2}{14.7\text{lbf/in}^2} = 0.07\text{kgf/cm}^2$

$\therefore K' = \dfrac{3.785}{\sqrt{0.07}} \times 3 = 42.917 \fallingdotseq 42.92$

02 25°C의 질소 3kg을 체적이 0.6m³인 압력용기에 저장하였을 때 질소의 압력(N/m²)은 얼마인가? (단, 질소의 가스상수 R은 296J/kg·K이다.)

▣ 풀이및정답 $PV = GRT$

$P = \dfrac{GRT}{V} = \dfrac{3\text{kg} \times 296\text{J/kg}\cdot\text{K} \times (273+25)\text{K}}{0.6\text{m}^3}$

$= \dfrac{3\text{kg} \times 296\text{N}\cdot\text{m/kg}\cdot\text{K} \times 298\text{K}}{0.6\text{m}^3} = 441,040\text{N/m}^2$

03 실내온도가 25°C인 사무실에서 화재가 발생하여 720°C가 되었을 때 팽창된 공기의 부피는 처음의 몇 배가 되는가? (단, 압력변화는 없다고 본다.)

▣ 풀이및정답 $\dfrac{V_1}{T_1} = \dfrac{V_2}{T_2}$, $V_2 = V_1 \times \dfrac{T_2}{T_1} = V_1 \times \dfrac{(273+720)\text{K}}{(273+25)\text{K}} = 3.33V_1$

예상문제

04 소화설비 배관에 레이놀즈수 1,800으로 350L/min의 물이 흐르고 있다. 배관의 직경 100mm, 배관의 길이가 150m일 때 다음 물음에 답하시오.(단, 배관은 수평배관이며 출발점에서의 압력은 7.5kgf/cm²이다.)

1) 배관에서의 마찰손실수두는 몇 m인가?
2) 배관 끝 부분에서의 압력은 몇 kgf/cm²인가?

풀이및정답

1) $h_L = f \dfrac{L}{D} \cdot \dfrac{U^2}{2g}$

$f = \dfrac{64}{Re\ No} = \dfrac{64}{1800} = 0.036 ≒ 0.04$

$U = \dfrac{Q}{A} = \dfrac{\left(\dfrac{0.35}{60}\right)m^3/s}{\dfrac{\pi}{4}(0.1m)^2} = 0.742 ≒ 0.74 m/s$

$\therefore h_L = 0.04 \times \dfrac{150}{0.1} \times \dfrac{(0.74)^2}{2 \times 9.8} = 1.676 ≒ 1.68 m$

2) 배관끝부분에서의 압력 = $7.5 kgf/cm^2 - 0.168 kgf/cm^2 = 7.332 ≒ 7.33 kgf/cm^2$

05 다음 그림과 같이 내용적 3m³의 압력수조에 물을 채우고 하부에 방출계수 80인 스프링클러헤드를 설치하였다. 만약 스프링클러헤드가 개방되어 물이 1m³ 방출되는 순간에 방사되는 물의 양(L/min)은 얼마인가? (단, 헤드와 수조간의 마찰손실은 무시하고 대기압은 1kgf/cm²이다.)

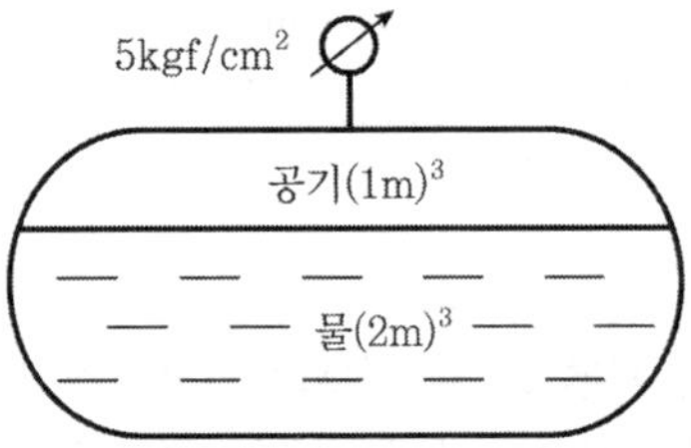

5kgf/cm²
공기(1m)³
물(2m)³

풀이및정답

$P_1 V_1 = P_2 V_2$

$P_2 = \dfrac{V_1}{V_2} \times P_1 = \dfrac{1m^2}{2m^3} \times (5+1) kgf/cm^2 abs = 3 kgf/cm^2 abs$

$Q = K\sqrt{P} = 80\sqrt{(3-1)} = 113.137 ≒ 113.14 L/min$

06 온도 20℃, 압력 2kgf/cm²인 공기가 내경이 200mm인 관로를 1.5kg/sec로 유동하고 있다. 이때 유동을 균일분포 유동으로 간주하여 유속을 구하시오. (단, 공기의 R은 29.97kgf·m/kg·K로 한다.)

▶풀이 및 정답

$m = A \cdot U \cdot \rho$

$PV = GRT$에서 $\dfrac{G}{V} = \dfrac{P}{RT}$

$\therefore \rho = \dfrac{20{,}000 \text{kgf/m}^2}{29.97 \text{kgf} \cdot \text{m/kg} \cdot \text{K} \times (273+20)\text{K}} = 2.277 \fallingdotseq 2.28 \text{kg/m}^3$

$\therefore 1.5 \text{kg/s} = \dfrac{\pi}{4}(0.2\text{m})^2 \times U(\text{m/s}) \times 2.28 \text{kg/m}^3$

$U = \dfrac{1.5 \text{kg/s}}{\dfrac{\pi}{4}(0.2\text{m})^2 \times 2.28 \text{kg/m}^3} = 20.941 \fallingdotseq 20.94 \text{m/s}$

07 어떤 공장의 배관시스템으로서 물이 유속 10m/sec, 압력 300kPa, 온도 20℃로 디퓨저에 유입하여 유속 5m/sec로 유출된다. 이 물의 유출압력(kPa)을 구하시오. (단, 위치관계는 무시하고 비체적은 0.001007m³/kg이다.)

▶풀이 및 정답

$\dfrac{P_1}{\gamma} + \dfrac{U_1^2}{2g} + Z_1 = \dfrac{P_2}{\gamma} + \dfrac{U_2^2}{2g} + Z_2$

$Z_1 = Z_2$

$\gamma = \rho \cdot g = \dfrac{1}{0.001007 \text{m}^3/\text{kg}} \times 9.8 \text{m/s}^2 = 9731.876 \fallingdotseq 9731.88 \text{N/m}^3$

$\dfrac{300 \times 10^3 \text{N/m}^2}{9731.88 \text{N/m}^3} + \dfrac{(10\text{m/s})^2}{2 \times 9.8 \text{m/s}^2} = \dfrac{P_2}{9731.88 \text{N/m}^3} + \dfrac{(5\text{m/s})^2}{2 \times 9.8 \text{m/s}^2}$

$\dfrac{P_2}{9731.88 \text{N/m}^3} = 34.65\text{m}$

$\therefore P_2 = 337209.64 \text{N/m}^2 \fallingdotseq 337.21 \text{kN/m}^2$

예상문제

08 다음 그림은 루프(Loop)의 형태를 가진 배관 평면도의 일부이다.

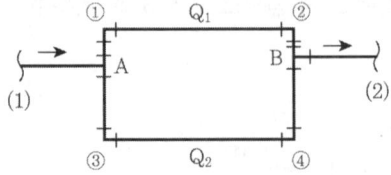

(1)에서 (2)의 방향으로 매분 200리터의 유량으로 정상류의 물이 흐르고 있을 때 루프배관 중 A-①-②-B 및 A-③-④-B의 배관을 흐르는 유량(LPM)은 각각 얼마인가? (단, 위의 주어진 조건을 이용하되 이 조건에 명기되지 않은 것은 유량 산출 시 무시한다.)

1) 유량 Q_1(A-①-②-B)
2) 유량 Q_2(A-③-④-B)

조건

1. 배관 내 마찰손실의 크기는 아래 공식을 이용한다.

    $$\Delta P_m = \frac{6.05 \times Q^{1.85} \times 10^4}{C^{1.85} \times d^{4.87}}$$

    ΔP_m : 배관 1m당 마찰손실압력(MPa), Q : 유량(L/min)
    d : 관의 안지름(mm), C : 관의 거칠음계수(100)

2. 루프 관은 아연도금 강관으로서 안지름은 모두 27mm이다.
3. 루프 관의 길이는 다음과 같다.
    A-①의 배관 : 3m, ①-②의 배관 : 10m
    A-③의 배관 : 6m, ③-④의 배관 : 10m
    ②-B의 배관 : 2m, ④-B의 배관 : 7m
4. 루프배관에 접속되어 있는 엘보 1개의 등가 길이는 1.0m이다.
5. A, B부분 티(Tee)의 등가 길이는 무시한다.

풀이 및 정답 $200 \text{L/min} = Q_1 + Q_2$

$\Delta P_1 = \Delta P_2$

$6.05 \times 10^4 \times \dfrac{Q_1^{1.85}}{C^{1.85} \times D^{4.87}} \times L_1 = 6.05 \times 10^4 \times \dfrac{Q_2^{1.85}}{C^{1.85} \times D^{4.87}} \times L_2$

$L_1 \times Q_1^{1.85} = L_2 \times Q_2^{1.85}$

$17 \times Q_1^{1.85} = 25 \times Q_2^{1.85}$

$Q_1^{1.85} = \dfrac{25}{17} Q_2^{1.85}$

$Q_1 = \left(\dfrac{25}{17}\right)^{\frac{1}{1.85}} \cdot Q_2$

$Q_1 = 1.23 Q_2$

$$\therefore 200\text{L/min} = 1.23Q_2 + Q_2$$
$$200\text{L/min} = 2.23Q_2$$
$$Q_2 = 89.69\text{L/min} \quad Q_1 = 110.31\text{L/min}$$

09 다음 그림은 어느 물분무소화설비 송수펌프의 계통도를 나타내고 있다. 주어진 [조건]과 그림을 참조하여 이 펌프가 가져야 할 최대이론 NPSH를 구하시오.

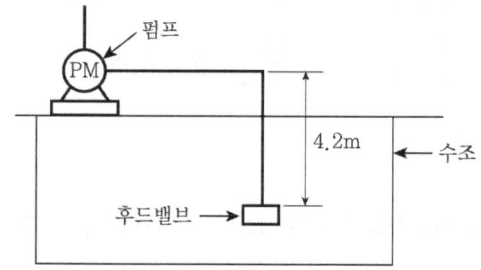

조건
1. 수원의 온도는 25℃이며, 이 온도에서의 수증기압력은 0.02kgf/cm^2이다.
2. 펌프의 사용 최대 송수량은 2,000L/min이다.
3. 펌프 흡입측 배관의 마찰손실압력은 0.24kgf/cm^2이다.
4. 대기압력은 1kgf/cm^2, 물의 밀도는 1g/cm^3이며 배관에서의 속도수두는 무시한다.

풀이및정답
$$\text{NPSH}_{av} = \frac{P_0}{\gamma} - \frac{P_v}{\gamma} - \frac{P_h}{\gamma} - H$$
$$= \frac{10,000\text{kgf/m}^2}{1,000\text{kgf/m}^3} - \frac{200\text{kgf/m}^2}{1,000\text{kgf/m}^3} - \frac{2,400\text{kgf/m}^2}{1,000\text{kgf/m}^3} - 4.2\text{m} = 3.2\text{m}$$

답 3.2m

10 흡입양정(NPSH)에 대한 다음 물음에 답하시오.
1) 유효흡입양정(NPSHav)이란 무엇인지 설명하시오.
2) 공동현상이 발생될 수 있는 한계조건을 설명하시오.

풀이및정답
1) 유효흡입양정이란 펌프성능과는 무관, 흡입측 배관의 설치방법 및 설치높이 등에 의해 결정되는 값으로서 펌프기동시 펌프중심으로 유입되는 유체의 절대압력이다.
2) 공동현상 발생한계조건 : $\text{NPSH}_{av} = \text{NPSH}_{re}$
공동현상 발생할 조건 : $\text{NPSH}_{av} < \text{NPSH}_{re}$
공동현상 발생하지 않을 조건 : $\text{NPSH}_{av} > \text{NPSH}_{re}$
설계조건 : $\text{NPSH}_{av} \geq \text{NPSH}_{re} \times 1.3$

예상문제

11 소화펌프가 1,800rpm 상태에서 소화수를 전양정 30m, 유량 2,400Lpm으로 방출 할 수 있다. 이 펌프의 회전수를 3,600rpm으로 하는 경우, 다음 물음에 답하시오.
1) 전양정은 얼마인가?
2) 축동력은 처음 펌프 축동력의 몇 배가 되는가?

◀풀이및정답

1) $H_2 = \left(\dfrac{N_2}{N_1}\right)^2 \times H_1 = \left(\dfrac{3600}{1800}\right)^2 \times 30m = 120m$

2) $L_2 = \left(\dfrac{N_2}{N_1}\right)^3 \times L_1 = \left(\dfrac{3600}{1800}\right)^3 \times L_1 = 8L_1$

답 8배

12 캐비테이션(공동현상)의 발생원인과 방지대책을 각각 4가지씩 쓰시오.[1회 기출]

◀풀이및정답
1) 원인
   ① 흡입측 배관의 마찰손실이 클 때
   ② 흡입측 배관이 관경이 작을 때
   ③ 수원의 온도가 높을 때
   ④ 흡입측 배관의 유속이 빠를 때
   ⑤ 부압·흡입 방식일 때
2) 방지대책
   ① 흡입측 배관의 관경을 크게 한다.
   ② 펌프의 임펠러속도를 낮춘다.
   ③ 수원의 온도를 낮게 유지한다.
   ④ 펌프의 설치위치를 수원보다 낮게 한다.
   ⑤ 양흡입펌프를 사용한다.

13 그림과 같은 배관시스템을 통하여 유량이 80L/sec로 흐르고 있다. B, C관의 배관 마찰손실은 같고, B관의 유량은 20L/sec이다. 이때 C관의 유량(L/min)과 직경(mm)을 구하시오. (단, 하젠-윌리암스 공식을 사용하고 조도계수(C)는 100이다.)

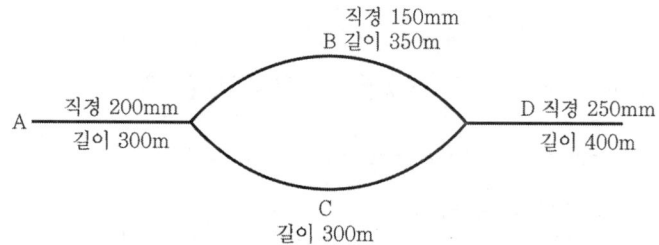

[풀이 및 정답]

① $Q_C = 80L/sec - 20L/sec = 60L/sec$
$Q_C = 60L/sec \times 60sec/min = 3,600L/min$

② $6.05 \times 10^4 \times \dfrac{Q_B^{1.85}}{C^{1.85} \times D_B^{4.87}} \times L_B = 6.05 \times 10^4 \times \dfrac{Q_C^{1.85}}{C^{1.85} \times D_C^{4.87}} \times L_C$

$C = 100$, $L_B = 350$, $L_C = 300$, $D_B = 150$
$Q_B = 20L/sec \times 60sec/min = 1200L/min$

$\therefore \dfrac{1200^{1.85}}{150^{4.87}} \times 350 = \dfrac{3600^{1.85}}{D_C^{4.87}} \times 300$

$D_C^{4.87} = \dfrac{3600^{1.85} \times 300 \times 150^{4.87}}{1200^{1.85} \times 350}$

$D_C = \sqrt[4.87]{\left(\dfrac{3600^{1.85} \times 300 \times 150^{4.87}}{1200^{1.85} \times 350}\right)} = 220.593 ≒ 220.59mm$

답 220.59m

14 어느 배관의 인장강도가 200MPa이고 내부작업압력이 4MPa이다. 이 배관의 스케줄 수는 얼마인가? (안전율은 5이다.)

[풀이 및 정답]

$Sch\ No = \dfrac{P}{S} \times 1000 = \dfrac{4MPa}{\left(\dfrac{200MPa}{5}\right)} \times 1000 = 100$

답 100

예상문제

15 배관 마찰계수가 0.016인 관내에 유체가 3m/s로 흐르고 있다. 관의 길이가 1,000m, 내경이 100mm인 배관 내의 거칠기(조도) C값을 구하시오. (단, 배관 마찰은 Darcy-Weisbach식과 Hazen-Williams식을 이용한다.)

▶풀이 및 정답

$$h_L = f \cdot \frac{L}{D} \cdot \frac{U^2}{2g}$$

$$h_L = 0.016 \times \frac{1000}{0.1} \times \frac{3^2}{2 \times 9.8} = 73.469 ≒ 73.47m$$

$$\Delta H = 6.174 \times 10^6 \times \frac{Q^{1.85}}{C^{1.85} \times D^{4.87}} \times L$$

ΔH : 마찰손실수두(m)
C : 조도, D : 직경(mm), Q : 유량(L/min), L : 길이(m)

$$Q = A \cdot U = \frac{\pi}{4}(0.1m)^2 \times 3m/s \times \frac{1000L}{1m^2} \times \frac{60sec}{1min} = 1413.716 ≒ 1413.72 L/min$$

$$73.47m = 6.174 \times 10^6 \times \frac{1413.72^{1.85}}{C^{1.85} \times 100^{4.87}} \times 1000$$

$$C = \left(6.174 \times 10^6 \times \frac{1413.72^{1.85}}{73.47 \times 100^{4.87}} \times 1000\right)^{\frac{1}{1.85}} = 147.566 ≒ 147.57$$

cf) C : 조도[100, 120, 150]

답 147.57

16 관로를 유동하는 물의 유속을 측정하고자 〈그림〉과 같은 장치를 설치하였다. U자 관의 읽음이 20cm일 때 유속은 몇 m/s인지 구하시오. (단, 수은의 비중은 13.6, 속도계수는 1로 한다.)

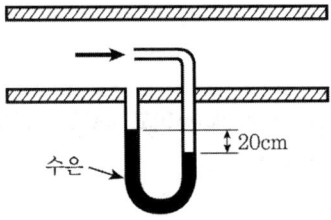

▶풀이 및 정답

$$U(m/s) = \sqrt{2gH \cdot \left(\frac{\gamma_0}{\gamma} - 1\right)} = \sqrt{2 \times 9.8 \times 0.2 \times \left(\frac{13600}{1000} - 1\right)} = 7.027 ≒ 7.03 m/s$$

답 7.03m/s

17 운전 중인 펌프의 압력계를 측정한 결과 흡입측 진공계의 눈금이 150mmHg, 토출측 압력계는 0.294MPa이었다. 펌프의 전양정(m)을 구하시오. (단, 토출측 압력계는 흡입측 진공계보다 50cm 높은 곳에 있고, 흡입측과 토출측의 직경은 동일하다.)

▸풀이및정답

$$H = 150\text{mmHg} \times \frac{10.332\text{m}}{760\text{mmHg}} + 0.294\text{MPa} \times \frac{10.332\text{m}}{0.101325\text{MPa}} + 0.5\text{m}$$
$$= 32.518 ≒ 32.52\text{m}$$

답 32.52m

18 다음 조건에서 펌프의 단수를 정수로 구하시오.

조건

$N : 3,600\text{rpm}, \quad Q : 1.228\text{m}^3/\text{min}, \quad H : 128\text{m}, \quad N_s : 200\sim260(\text{rpm})$

▸풀이및정답

$$N_s = \frac{N\sqrt{Q}}{\left(\dfrac{H}{n}\right)^{\frac{3}{4}}}$$

N_s : 비속도(rpm), N : 정격회전수(rpm), Q : 정격토출량(m³/min)
H : 전양정(m), n : 단수

① $200 = \dfrac{3600\sqrt{1.228}}{\left(\dfrac{128}{n}\right)^{\frac{3}{4}}}$, $\dfrac{128}{n} = \left(\dfrac{3600\sqrt{1.228}}{200}\right)^{\frac{4}{3}}$

∴ n = 2.37

② $260 = \dfrac{3600\sqrt{1.228}}{\left(\dfrac{128}{n}\right)^{\frac{3}{4}}}$, $\dfrac{128}{n} = \left(\dfrac{3600\sqrt{1.228}}{260}\right)^{\frac{4}{3}}$

∴ n = 3.36
∴ n = 2.37~3.36

답 3단

예상문제

19 최고사용압력이 4.5MPa인 배관의 호칭지름 50A, 인장강도 257N/mm²인 강관을 사용하는 경우 압력배관용 탄소강관의 스케줄번호(Sch.No)와 재질의 두께(mm)는? (단, 안전율은 4, 외경은 60.5mm이고, Sch.no는 10, 20, 30, 40, 60, 80, 100, 120, 140, 160에서 선정하며, 계산결과에서 소수점 발생시 소수 셋째자리에서 반올림한다.)

▲풀이 및 정답

1) $Sch\ No = \dfrac{P}{S} \times 1000 = \dfrac{4.5}{\left(\dfrac{257}{4}\right)} \times 1000 = 70.04 \quad \therefore\ 80$

2) $두께(mm) = \left(\dfrac{사용압력}{허용압력}\right) \times \dfrac{외경(mm)}{1.75} + 2.54$

   $= \left(\dfrac{4.5}{64.25}\right) \times \dfrac{60.5mm}{1.75} + 2.54mm = 4.961 ≒ 4.96mm$

답 1) Sch 80 2) 4.96mm

20 지상 70m 되는 곳에 100m³의 옥상수조가 있다. 이 옥상수조에 양수하기 위해 50HP의 전동기를 사용한다면 몇 분 후에 옥상수조에 물이 가득 차겠는가?(단, 펌프효율은 65%, 전달계수는 1.1이다)

▲풀이 및 정답

$P(HP) = \dfrac{\gamma \cdot Q \cdot H}{76 \cdot \eta} \cdot K$

$Q = \dfrac{P \cdot 76 \cdot \eta}{\gamma \cdot H \cdot K} = \dfrac{50 \times 76 \times 0.65}{1000 \times 70 \times 1.1} = 0.032 ≒ 0.03 m^3/s$

$\therefore\ \dfrac{100m^3}{0.03m^3/s} \times \dfrac{1min}{60sec} = 55.555 ≒ 55.56min$

답 55.56min

21 펌프의 양정 150[m], 회전수 2,000[rpm], 비교회전도 176인 4단 원심 펌프에서 유량 Q[m³/min] 을 구하시오.

▲풀이 및 정답

$N_s = \dfrac{N\sqrt{Q}}{\left(\dfrac{H}{n}\right)^{\frac{3}{4}}}$ 에서

$\sqrt{Q} = \dfrac{N_s \times \left(\dfrac{H}{n}\right)^{\frac{3}{4}}}{N},\ Q = \left(\dfrac{N_s \times \left(\dfrac{H}{n}\right)^{\frac{3}{4}}}{N}\right)^2$

$Q = \left(\dfrac{176 \times \left(\dfrac{150}{4}\right)^{\frac{3}{4}}}{2000}\right)^2 = 1.778 ≒ 1.78 m^3/min$

답 1.78m³/min

22 수계소화설비의 주펌프와 충압펌프의 차이점을 화재안전기준과 성능면으로 비교하시오

항목	주펌프	충압펌프
설치목적		
기동, 정지(자동, 수동)		
성능시험배관 설치		
순환배관 설치		
릴리프밸브 설치		
펌프의 성능기준		

▶풀이및정답

항 목	주펌프	충압펌프
설치목적	규정방수압과 규정방수량 이상으로 소화수를 가압, 송수하기 위해	비화재시 누수등에 의해 압력을 보충함으로써 주펌프의 오작동을 방지하기 위해
기동·정지	자동기동, 수동정지	자동기동, 자동정지
성능시험배관	설치	미설치
순환배관	설치	미설치
릴리프밸브	설치	미설치
성능기준	① 체절운전시 토출압력은 정격토출압력의 140% 이하일 것 ② 정격토출량의 150% 운전시 토출압력은 정격토출압력의 65% 이상일 것	① 토출압=자연압+0.2MPa 이상 또는 주펌프와 같게할 것 ② 토출량은 정상적인 누설량 이상 유지할 것

23 수원의 수위가 펌프보다 낮은 위치에 있는 경우 반드시 설치하여야 하는 부속품 3가지를 쓰시오.

▶풀이및정답 ① 물올림장치 ② 진공계 또는 연성계 ③ 후드밸브

24 옥내소화전설비의 주펌프에는 반드시 설치하여야 하나 충압펌프에는 설치하지 아니할 수 있는 배관 2가지를 쓰시오.

▶풀이및정답 ① 성능시험배관 ② 순환배관

25 펌프의 흡입측에 진공계 또는 연성계를 설치하지 아니할수 있는 경우 2가지를 쓰시오.

▶풀이및정답 ① 수원의 수위가 펌프보다 높이 설치된 경우
② 수직회전축 펌프를 사용하는 경우

예상문제

26 단수가 5인 어느 수평 회전축 소화펌프를 운전시키면서 흡입구로 들어가는 물의 수압을 측정하였더니 0.07MPa(0.7kg/cm²)이고 토출 측에서는 1.19MPa(11.9kg/cm²)이었다. 펌프 내부에서의 물의 에너지 손실은 없으며 물의 속도 수두를 무시한다고 할 때 펌프 몸체 내에 있는 하나의 회전차(임펠러)는 몇 (MPa)의 가압능력을 가지고 있는가?

▲풀이및정답
가압송수능력(MPa) = $\dfrac{P_2 - P_1}{n} = \dfrac{1.19\text{MPa} - 0.07\text{MPa}}{5} = 0.224 ≒ 0.22\text{MPa}$

답 0.22MPa

27 단수가 5인 어느 수평회전축 펌프를 운전시키면서 흡입구로 들어가는 물의 수압은 0.5kgf/cm², 토출 측에서는 10.5kgf/cm²이었다. 이 펌프의 압축비는 얼마인가? (단, 펌프 내에서 손실은 없다고 가정한다.)

▲풀이및정답
압축비 $K = \sqrt[n]{\dfrac{P_2}{P_1}} = \sqrt[5]{\dfrac{10.5}{0.5}} = 1.838 ≒ 1.84$

답 1.84

28 단수가 5인 어느 수평 회전축 소화펌프를 운전시키면서 물의 압력을 측정하였더니 흡입측 압력이 0.5kg/cm², 토출측 압력이 10.5kg/cm²이었다. 각 단의 임펠러(Impeller)에 가해지는 압력(kg/cm²)은 얼마인가?

▲풀이및정답
$K = \sqrt[n]{\dfrac{P_2}{P_1}} = \sqrt[5]{\dfrac{10.5}{0.5}} = 1.838 ≒ 1.84$

1단 : 흡입=0.5, 토출=0.5×1.84=0.92
2단 : 흡입=0.92, 토출=0.92×1.84=1.692≒1.69
3단 : 흡입=1.69, 토출=1.69×1.84=3.109≒3.11
4단 : 흡입=3.11, 토출=3.11×1.84=5.722≒5.72
5단 : 흡입=5.72, 토출=5.72×1.84=10.524≒10.52

29 수격작용의 방지를 위해 필요한 조치사항 3가지만 기술하시오.

▲풀이및정답
① 배관의 유속을 낮춘다.
② 밸브는 적당히 제어한다.
③ 펌프에 플라이휠을 설치하여 펌프의 급격한 속도변화를 방지한다.
④ 관선에 조압수조를 설치한다.
⑤ 토출측에 수격방지기를 설치한다.

30 다음은 소화펌프의 흡입측 배관을 도시한 도면이다. 다음 물음에 답하시오. [11회 기출]

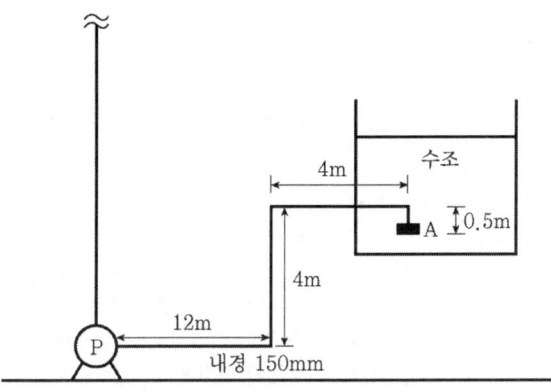

조건

가. 펌프의 토출량은 180m³/hr이다.
나. 소화펌프의 토출압력은 0.8MPa이다.
다. 흡입배관상의 관부속품(엘보등)의 직관 상당길이는 10m로 적용한다.
라. 소화수의 증기압은 0.0238kgf/cm², 대기압은 1atm으로 적용한다.
마. 배관의 압력손실은 아래의 하젠 윌리암스식으로 계산한다. (단, 속도수두는 무시한다)

$$\triangle H = 6.05 \times \frac{Q^{1.85} \times L}{C^{1.85} \times D^{4.87}} \times 10^6$$

$\triangle H$: 압력손실(mH₂O), Q : 유량(L/min)
C : 관마찰계수 100, L : 배관길이(m)
D : 배관내경(mm)

바. 유효흡입양정의 기준점은 A로 한다.

1) 흡입배관에서의 마찰손실 수두(mH₂O)를 계산하시오. (단, 계산과정을 쓰고 답은 소수점 넷째자리에서 반올림하여 셋째자리까지 구하시오.)
2) 유효흡입양정(NPSHav)를 구하시오.
3) 필요흡입양정(NPSHre)이 7mH₂O일 때 정상적인 흡입 운전가능 여부를 판단하고 그 근거를 쓰시오.
4) 유효흡입양정과 필요흡입양정의 개념을 쓰고 NPSHav와 NPSHre의 관계를 그래프로 설명하시오.

▲ 풀이 및 정답

1) $\Delta H = 6.05 \times \dfrac{Q^{1.85} \times L}{C^{1.85} \times D^{4.87}} \times 10^6$

$Q = 180\text{m}^3/\text{hr} \times \dfrac{1\text{hr}}{60\text{min}} \times \dfrac{1000\text{L}}{1\text{m}^3} = 3000\text{L/min}$

$L = 12 + 4 + 4 + 0.5 + 10 = 30.5\text{m}$

$D = 150\text{mm}, \ C = 100$

$$\Delta H = 6.05 \times \frac{3000^{1.85} \times 30.5}{100^{1.85} \times 150^{4.87}} \times 10^6 = 2.5186 ≒ 2.519 \text{mH}_2\text{O}$$

2) $\text{NPSH}_{av} = \dfrac{P_0}{\gamma} - \dfrac{P_v}{\gamma} - \dfrac{P_h}{\gamma} + h$

$= \dfrac{10332 \text{kgf/m}^2}{1000 \text{kgf/m}^3} - \dfrac{238 \text{kgf/m}^2}{1000 \text{kgf/m}^3} - 2.519\text{m} + 3.5\text{m} = 11.075\text{m}$

3) 정상흡입가능조건 $\text{NPSH}_{av} > \text{NPSH}_{re}$

11.075m > 7m이므로 흡입 가능

4) ① 유효흡입양정과 필요흡입양정의 개념

㉠ 유효흡입양정 : 펌프성능과는 무관하고 펌프흡입측 배관시스템에 따라 결정되는 값으로서 펌프기동시 펌프내로 유입되는 유체의 절대압력이다.

㉡ 필요흡입양정 : 펌프생산시 결정되는 값으로서 펌프기동시 펌프가 요구하는 최소한의 흡입유체의 절대압력이다.

② NPSH_{av}와 NPSH_{re}의 관계그래프

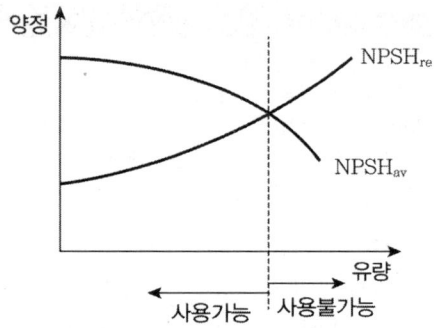

31 물올림 장치의 구성요소 및 설치기준을 설명하시오.

▣풀이및정답
1) 호수조, 자동급수장치, 감수경보장치, 오버플루우관, 배수배관, 물올림관
2) ① 물올림장치에는 전용의 탱크를 설치할 것
   ② 탱크의 유효수량은 100L 이상으로 하되 구경 15mm 이상의 급수배관에 따라 당해 탱크에 물이 계속 보급되도록 할 것

32 공동현상의 정의를 쓰시오.[1회 기출]

▣풀이및정답 펌프흡입측 배관에서 발생하는 이상현상으로서 흡입되는 물의 정압이 해당 온도의 포화증기압보다 작게 되면 물이 급격하게 증발되어 기포가 생성되는 현상

33 물계통 소화설비의 가압송수장치의 종류를 답하시오.

▶풀이및정답 ① 전동기 및 내연기관에 따른 펌프를 이용하는 방식
② 고가수조의 자연낙차를 이용하는 방식
③ 압력수조의 압력을 이용하는 방식
④ 가압수조를 이용하는 방식

34 정격 토출량 및 양정이 각각 800LPM 및 80m인 표준 수직 원심펌프의 성능특성 곡선을 그리고 체절점, 설계점, 150% 유량점 등을 명시하시오.[3회 기출]

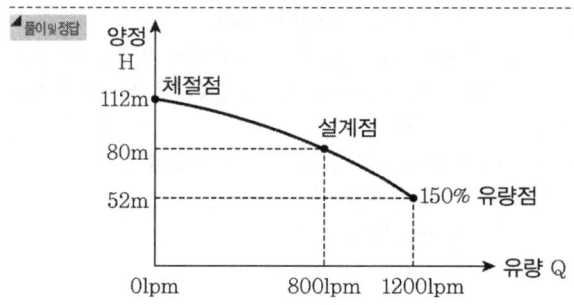

35 펌프2대를 병렬로 연결하여 사용할 경우 성능시험곡선으로 1대일경우와 2대일 경우를 비교하여 그리시오.

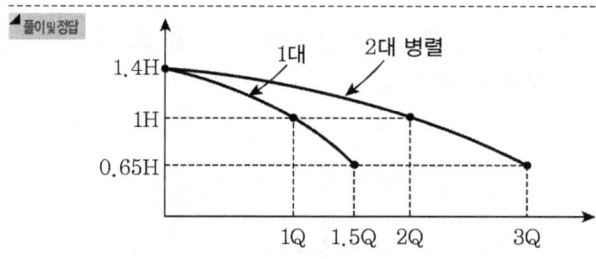

36 소화펌프의 수온상승 방지장치를 3종류 기술하고 그 규격을 설명하시오.

▶풀이및정답 ① 순환배관 및 릴리프밸브 설치 : 구경 20mm 이상의 순환배관에 체절압력 미만에서 개방되는 릴리프밸브 설치
② 오리피스 설치 : 정격유량의 2~3%가 흐르도록 탭 조절
③ 서미스터 설치 : 수온이 일정온도 이상이 되면 순환배관에 설치된 리모트밸브가 개방되어 물을 배수한다.

예상문제

37 성능시험배관의 시공방법을 기술하시오.

▣풀이및정답
① 배관의 재질
  ㉠ 배관 내 사용압력이 1.2MPa 미만일 경우에는 다음 각 목의 어느 하나에 해당하는 것
    ⓐ 배관용 탄소강관(KS D 3507)
    ⓑ 이음매 없는 구리 및 구리합금관(KS D 5301). 다만, 습식의 배관에 한한다.
    ⓒ 배관용 스테인리스강관(KS D 3576) 또는 일반배관용 스테인리스강관(KS D 3595)
    ⓓ 덕타일 주철관(KS D 4311)
  ㉡ 배관 내 사용압력이 1.2MPa 이상일 경우에는 다음 각목 어느 하나에 해당하는 것
    ⓐ 압력배관용 탄소강관(KS D 3562)
    ⓑ 배관용 아크용접 탄소강강관(KS D 3583)
② 분기위치 : 펌프토출측에 설치된 개폐밸브 이전에서 분기
③ 유량계를 기준으로 전단직관부에는 개폐밸브, 후단직관부에는 유량조절밸브를 설치할 것
④ 개폐밸브와 유량측정장치 사이의 직선거리 및 유량측정장치와 유량조절밸브 사이의 직선거리는 해당 유량측정장치 제조사의 설치사양에 따를 것
⑤ 유량계는 정격토출량의 175% 이상 측정할 수 있는 성능이 있을 것
⑥ 성능시험배관의 호칭은 유량계 호칭에 따를 것
⑦ 성능시험배관은 휘거나 꺾이지 않는 직선구조일 것

38 다음 질문에 답하시오

1) 펌프의 흡입측과 토출측의 주위 배관을 도시하고 밸브 및 기구 등의 이름을 쓰시오.
2) 안전밸브와 릴리프밸브의 차이점을 쓰시오
3) 릴리프밸브의 압력설정방법을 쓰시오.
4) 소화전의 동파방지를 위하여 시공시 유의해야 할 사항 2가지를 쓰시오. (동파방지 기구 등을 추가적으로 설치하는 것을 고려하지 않음)

▣풀이및정답
1) 수업내용참조
2)
구분	안전밸브	릴리프밸브
사용유체	기체	액체
설치위치	압력챔버상부	순환배관
작동압력	호칭압력의 1~1.3배 (최고사용압력)	체절압력미만
작동압력설정	조정불가능	조정가능
설치목적	압력챔버 파손방지	체절운전시 수온상승 방지

3) ① 동력제어반에서 주펌프 및 보조펌프 수동 정지
   ② 주펌프 토출측 개폐 밸브 폐쇄
   ③ 릴리프밸브 조정나사로 시계방향으로 최대한 돌려 릴리프밸브 폐쇄

④ 성능시험배관 개폐밸브 개방
⑤ 주펌프 수동기동
⑥ 유량조절밸브를 서서히 개방, 릴리프밸브를 개방시키고자 하는 압력이 되도록 한다.
⑦ 릴리프밸브의 조정나사를 반시계방향으로 돌려서 물이 나올때까지 릴리프밸브 개방
⑧ 순환배관으로 배수확인 후 주펌프 정지
⑨ 성능시험배관의 유량조절밸브, 개폐밸브 폐쇄
⑩ 주펌프토출측 개폐밸브 개방
⑪ 동력제어반에서 보조펌프자동후 주펌프 자동

4) ① 배관을 동결심도 밑으로 매설한다.
② 배수가 잘 되도록 모래 자갈 등을 이용한다.
③ 배관의 분기부분은 보온재피복이 어려우므로 가급적 분기를 적게 한다.

39 강관등 배관에 발생하는 부식 방지대책을 쓰시오.

풀이및정답
① 배관재로 선정시 내구성・내식성・내열성 등을 고려하여 선정한다.
② 유속을 제어한다(너무 빠르면 산화작용으로 배관의 보호피막의 박리가 일어나 침식 발생).
③ 코팅재 사용
④ 부식환경 제거(용존산소제거, 습기제거, pH 8.3~8.5 조정)
⑤ 부식억제제 사용(규산, 인산계 방식제 사용)
⑥ 전기 방식법 이용(희생양극법, 외부전원법, 직접배류법, 선택배류법)

40 수계소화설비용 배관의 접속방법 3가지를 쓰시오.

풀이및정답 나사접합, 용접접합, 플랜지접합

41 $Q(\text{m}^3/\text{sec}) = A(\text{m}^2) \times V(\text{m/sec})$를 $Q = 0.653 D^2 \sqrt{P}$ 로 변화시키는 유도과정을 설명하시오. (단, Q : L/min, D : mm, P : kgf/cm², 수축계수 C : 0.99 적용)

풀이및정답
$$Q(\text{m}^3/\text{s}) = A(\text{m}^2) \times V(\text{m/s})$$
$$= \frac{\pi}{4}D(\text{m})^2 \times \sqrt{2 \cdot g \cdot H} = \frac{\pi}{4}D(\text{m})^2 \times \sqrt{2 \cdot g \cdot 10P}$$
$$= \frac{\pi}{4}D(\text{m})^2 \times 14\sqrt{P} = 10.995 D^2 \sqrt{P}$$

$Q(\text{m}^3/\text{s})$, $D(\text{m})$, $P(\text{kgf}/\text{cm}^2)$
$Q = KD^2\sqrt{P}$
$K = \dfrac{Q}{D^2\sqrt{P}} \times 10.995$

$Q : 1\text{m}^3/\text{s} \times \dfrac{1000\text{L}}{1\text{m}^3} \times \dfrac{60\text{sec}}{1\text{mm}} = 60{,}000 \text{L/min}$

예상문제

D : 1m = 1000mm
P : 1kgf/cm² = 1kgf/cm²

$$\therefore K = \frac{60,000}{1000^2 \times \sqrt{1}} \times 10.995 = 0.6597$$

$$\therefore Q = 0.6597 \times C \times D^2 \times \sqrt{P}$$

C = 0.99

$$Q = 0.653 D^2 \sqrt{P}$$

Q(L/min), D(mm), P(kgf/cm²)

42 소화배관의 마찰손실값을 구하는 다음의 헤이젠-윌리엄(Hazen-William) 식 $\triangle P = \frac{4.52 \times Q^{1.85}}{C^{1.85} \times D^{4.87}}$ 을 배관길이 1m당 마찰손실압력을 $\triangle P$(kgf/cm²)로, 직경 D를 mm로, 유량 Q를 L/min으로 변환한 식으로 나타내시오. 상기식의 단위는 다음과 같다.

* $\triangle P$ = PSI/ft (배관 길이 1ft당 마찰손실압력)
* psi = lbf/in²
* q = gpm = gallon/min, d = in(인치)
* c는 무차원수이므로 단위가 없다.

(단, 1gallon = 3.785L, 1lbf = 0.4536kgf, 1ft = 0.3048m, 1in = 25.4mm)

풀이및정답

$$\triangle P = K \times \frac{Q^{1.85}}{C^{1.85} \times D^{4.87}}$$

$$\therefore K = \frac{\triangle P \times C^{1.85} \times D^{4.87}}{Q^{1.85}} \times 4.52$$

$\triangle P$: $1\text{PSI/ft} \times \frac{1\text{ft}}{0.3048\text{m}} \times \frac{1.0332\text{kgf/cm}^2}{14.7\text{PSI}} = 0.23\text{kgf/cm}^2 \cdot \text{m}$

C : 일정

D : $1\text{in} \times \frac{25.4\text{mm}}{1\text{in}} = 25.4\text{mm}$

Q : $1\text{gallon/min} \times \frac{3.785\text{L}}{1\text{gallon}} = 3.785\text{L/min}$

$$\therefore K = \frac{0.23 \times 1^{1.85} \times 25.4^{4.87}}{3.785^{1.85}} \times 4.52 = 6.15 \times 10^5$$

$$\therefore \triangle P = 6.15 \times 10^5 \times \frac{Q^{1.85}}{C^{1.85} \times D^{4.87}}$$

[$\triangle P$: kgf/cm²·m, C : 무차원수, D : mm, Q : L/min]

43 이산화탄소(CO_2)가 화재실에 방사되었을 때 화재실의 온도는 55℃, 압력은 115kPa이었다면 이산화탄소의 밀도는 몇 kg/m³이겠는가?

▶ 풀이 및 정답

$$\rho = \frac{PM}{RT} = \frac{115\text{kPa} \times 44\text{kg/kmol}}{8.314\text{kPa} \cdot \text{m}^3/\text{kmol} \cdot \text{K} \times (273+55)\text{K}} = 1.855 ≒ 1.86\text{kg/m}^3$$

답 1.86kg/m³

44 체적이 650m³인 통신실에 이산화탄소 135kg을 방사하였다. 통신실의 온도가 35℃, 압력이 105kPa일 때 이산화탄소의 농도는 몇 %인가? (단, CO_2의 기체상수는 188.95N·m/kg·K이다.) [무유출이론 적용]

▶ 풀이 및 정답

$$CO_2\% = \frac{\text{방사된 } CO_2\text{의 체적}}{\text{방호구역의 체적} + \text{방사된 } CO_2\text{의 체적}} \times 100$$

$PV = \dfrac{W}{M}RT$ 에서

$$V = \frac{WRT}{PM} = \frac{135 \times 8.314 \times (273+35)}{105 \times 44} = 74.826 ≒ 74.83\text{m}^3$$

$$\therefore CO_2\% = \frac{74.83}{650+74.83} \times 100 = 10.323 ≒ 10.32\%$$

or
$PV = GRT$ 에서

$$V = \frac{GRT}{P} = \frac{135\text{kg} \times 188.95\text{N} \cdot \text{m/kg} \cdot \text{K} \times (273+35)\text{K}}{105 \times 10^3 \text{N/m}^2} = 74.82\text{m}^3$$

$$\therefore CO_2\% = \frac{74.82}{650+74.82} \times 100 = 10.322 ≒ 10.32\%$$

45 화재실에 20℃의 물 50kg을 분무상태로 방사하여 전체가 100℃ 수증기로 기화되었다면 방사된 분무수가 화재실에서 빼앗은 열량은 몇 kcal인가?

▶ 풀이 및 정답

$Q(\text{kcal}) = m \cdot c \Delta t + mr$
$= 50\text{kg} \times 1\text{kcal/kg}℃ \times (100-20)℃ + 50\text{kg} \times 539\text{kcal/kg} = 30,950\text{kcal}$

답 30,950kcal

예상문제

46 다음 그림의 건식 스프링클러설비 밸브에서 1차측 물의 압력이 4kgf/cm²이고, 1차측 단면직경이 12cm, 2차측 단면직경이 18cm일 때 2차측 공기압은 최소 얼마 이상이어야 밸브가 닫히는가?

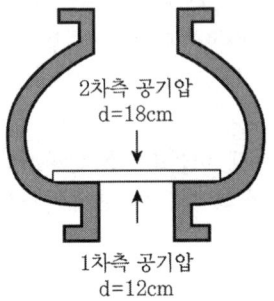

풀이및정답

$F_1 = F_2$

$P_1 A_1 = P_2 A_2$

$P_2 = P_1 \times \dfrac{A_1}{A_2} = 4 \times \dfrac{12^2}{18^2} = 1.777 \fallingdotseq 1.78 \text{kgf/cm}^2$

답 1.78kgf/cm²

47 배관에 설치된 압력계의 압력이 다음 그림과 같을 때 유량을 두 배로 한다면 두 지점의 압력차는 얼마가 될 것 인가?(단, 배관의 마찰손실은 하젠-윌리엄스 공식을 따른다.)

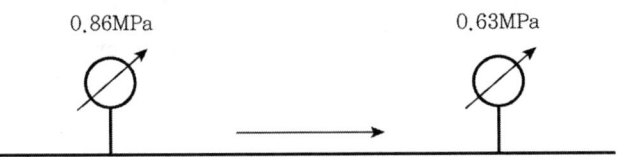

풀이및정답

$\Delta P = 6.05 \times 10^4 \times \dfrac{Q^{1.85}}{C^{1.85} \times D^{4.87}} \times L$

ΔP는 $Q^{1.85}$에 비례

$\Delta P_1 : Q_1^{1.85} = \Delta P_2 : Q_2^{1.85}$

$\therefore \Delta P_2 = \Delta P_1 \times \dfrac{Q_2^{1.85}}{Q_1^{1.85}} = (0.86 - 0.63) \times \dfrac{2^{1.85}}{1^{1.85}} = 0.829 \fallingdotseq 0.83 \text{MPa}$

답 0.83MPa

48 옥외소화전설비에서 펌프의 소요양정이 45m이고 말단 방수노즐의 방수압력이 0.15MPa이었다. 관련법[규정방수압 및 방수량]에 맞게 펌프를 교체하려고 하면 펌프의 소요양정을 몇 m로 하여야 하는지 답하시오.(단, 옥외 소화전은 1개를 기준으로 하고 펌프의 토출압력과 방수압력과의 차이는 마찰손실에 기인한다고 가정하며, 방수구 방출계수는 K값은 222, 배관마찰손실은 Hagen – Williams식을 이용한다.)

▸풀이 및 정답 $\Delta P_1 = 45m - 15m = 30m$

$Q_1 = K \cdot \sqrt{10P} = 222\sqrt{10 \times 0.15} = 271.893 ≒ 271.89 L/min$

관련법에 맞으려면 방수압=0.25MPa

∴ $Q_2 = 222\sqrt{10 \times 0.25} = 351.01 L/min$

$\Delta P_2 = \Delta P_1 \times \dfrac{Q_2^{1.85}}{Q_1^{1.85}} = 30m \times \dfrac{351.01^{1.85}}{271.89^{1.85}} ≒ 48.12m$

∴ $H(m) = 48.12m + 25m = 73.12m$

답 73.12m

예상문제

49 그림과 같은 직사각형 주철 관로망에서 A지점에서 $0.6m^3/s$ 유량으로 물이 들어와서 B와 C 지점에서 각각 $0.2m^3/s$와 $0.4m^3/s$의 유량으로 물이 나갈 때 관내에서 흐르는 물의 유량 Q_1, Q_2, Q_3는 각각 몇 m^3/s인가? (단, 관로가 길기 때문에 관 마찰손실 이외의 손실은 무시하고 d_1, d_2관의 관 마찰계수는 $\lambda = 0.025$, d_3, d_4의 관에 대한 관 마찰계수는 $\lambda = 0.028$이다. 그리고 각각의 관의 내경은 $d_1 = 0.4m$, $d_2 = 0.4m$, $d_3 = 0.322m$, $d_4 = 0.322m$이며, 또한 본 문제는 Darcy-Weisbach의 방정식을 이용하여 유량을 구한다.)

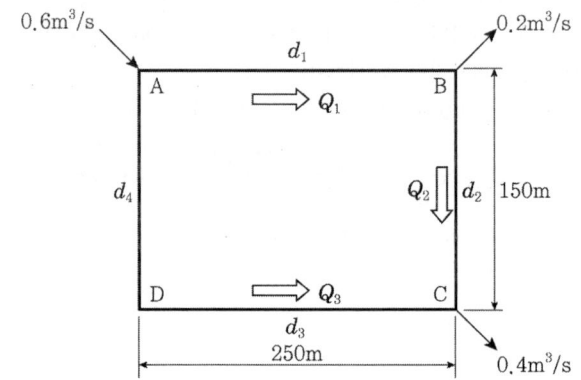

풀이 및 정답

$0.6m^3/s = Q_1 + Q_3$, $Q_1 - 0.2m^3/s = Q_2$, $Q_2 + Q_3 = 0.4m^3/s$

$Q_3 = 0.6m^3/s - Q_1$, $Q_2 = Q_1 - 0.2m^3/s$

$h_{LQ_1} + h_{LQ_2} = h_{LQ_3}$

$$f_1 \cdot \frac{L_1}{D_1} \cdot \frac{U_1^2}{2g} + f_2 \cdot \frac{L_2}{D_2} \cdot \frac{U_2^2}{2g} = f_3 \cdot \frac{L_3}{D_3} \cdot \frac{U_3^2}{2g}$$

$$f_1 \cdot \frac{L_1}{D_1} \cdot \frac{\left(\frac{Q_1}{\frac{\pi}{4}D_1^2}\right)^2}{2g} + f_2 \cdot \frac{L_2}{D_2} \cdot \frac{\left(\frac{Q_2}{\frac{\pi}{4}D_2^2}\right)^2}{2g} = f_3 \cdot \frac{L_3}{D_3} \cdot \frac{\left(\frac{Q_3}{\frac{\pi}{4}D_3^2}\right)^2}{2g}$$

$$f_1 \cdot \frac{L_1}{D_1^5} \cdot Q_1^2 + f_2 \cdot \frac{L_2}{D_2^5} \cdot Q_2^2 = f_3 \cdot \frac{L_3}{D_3^5} \cdot Q_3^2$$

$$0.025 \times \frac{250}{0.4^5} \times Q_1^2 + 0.025 \times \frac{150}{0.4^5} \times (Q_1 - 0.2)^2 = 0.028 \times \frac{400}{0.322^5} \times (0.6 - Q_1)^2$$

$Q_1 = 0.408 ≒ 0.41 m^3/s$

$Q_2 = 0.21 m^3/s$

$Q_3 = 0.19 m^3/s$

답 $Q_1 = 0.41 m^3/s$, $Q_2 = 0.21 m^3/s$, $Q_3 = 0.19 m^3/s$

50 그림과 같이 화살표 방향으로 1250L/min의 소화수가 흐르고 있다. "가", "나" 사이의 분기관의 내경은 65mm라고 할 때, 각 분기관에 흐르는 유량[L/min]을 계산하시오. (배관은 스테인레스 강관이며 엘보 1개의 상당 길이는 2.5m로 하고 분기되는 두 지점의 마찰손실은 무시한다.)

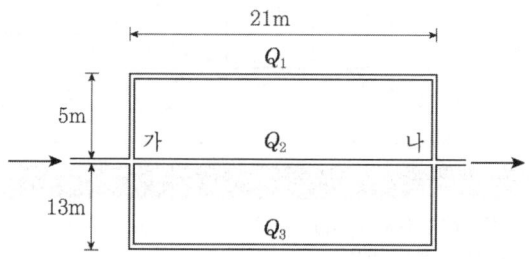

풀이 및 정답

$Q_1 + Q_2 + Q_3 = 1250 \text{L/min}$

$\Delta P_{Q_1} = \Delta P_{Q_2} = \Delta P_{Q_3}$

① $6.05 \times 10^4 \times \dfrac{Q_1^{1.85}}{C^{1.85} \times D^{4.87}} \times (21+5+5+2.5\times 2) = 6.05\times 10^4 \times \dfrac{Q_2^{1.85}}{C^{1.85}\times D^{4.87}} \times 21$

∴ $36 \times Q_1^{1.85} = 21 \times Q_2^{1.85}$

$Q_1^{1.85} = \dfrac{21}{36} \times Q_2^{1.85}$

$Q_1 \fallingdotseq 0.75 Q_2$

② $6.05 \times 10^4 \times \dfrac{Q_2^{1.85}}{C^{1.85}\times D^{4.87}} \times 21$

$= 6.05 \times 10^4 \times \dfrac{Q_3^{1.85}}{C^{1.85}\times D^{4.87}} \times (21+13\times 2+2.5\times 2)$

∴ $21 \times Q_2^{1.85} = 52 \times Q_3^{1.85}$

$\dfrac{21}{52} Q_2^{1.85} = Q_3^{1.85}$, $\left(\dfrac{21}{52}\right)^{\frac{1}{1.85}} Q_2 = Q_3$

$Q_3 \fallingdotseq 0.61 Q_2$

∴ $0.75 Q_2 + Q_2 + 0.61 Q_2 = 1250 \text{L/min}$

$2.36 Q_2 = 1250 \text{L/min}$

$Q_2 = 529.66 \text{L/min}$

∴ $Q_1 = 529.66 \times 0.75 = 397.25 \text{L/min}$

∴ $Q_3 = 529.66 \times 0.61 = 323.09 \text{L/min}$

답 $Q_1 = 397.25\text{L/min}$, $Q_2 = 529.66\text{L/min}$, $Q_3 = 323.09\text{L/min}$

예상문제

51 다음 그림과 조건을 보고 P_2의 압력[kPa]을 구하시오

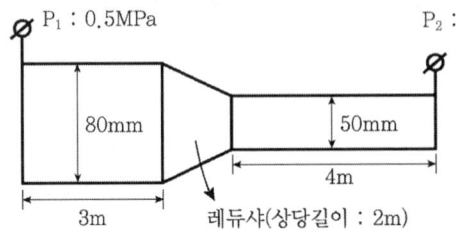

조건

C : 100 적용, Q : 1000 L/min
마찰손실계산시 다음식 이용

$$\Delta P(\text{m}) = 6.05 \times 10^6 \times \frac{Q^2}{C^2 \times D^5} \times L$$

풀이 및 정답

$$\frac{P_1}{\gamma} + \frac{U_1^2}{2g} + Z_1 = \frac{P_2}{\gamma} + \frac{U_2^2}{2g} + Z_2 + h_L$$

$$U_1 = \frac{Q}{A_1} = \frac{\left(\frac{1}{60}\right) \text{m}^3/\text{s}}{\frac{\pi}{4}(0.08\text{m})^2} = 3.315 \fallingdotseq 3.32\text{m/s}$$

$$U_2 = \frac{Q}{A_2} = \frac{\left(\frac{1}{60}\right) \text{m}^3/\text{s}}{\frac{\pi}{4}(0.05\text{m})^2} = 8.488 \fallingdotseq 8.49\text{m/s}$$

$Z_1 = Z_2$

$$h_L = 6.05 \times 10^6 \times \frac{1000^2}{100^2 \times 80^5} \times (3+2) + 6.05 \times 10^6 \times \frac{1000^2}{100^2 \times 50^5} \times 4 = 8.667 \fallingdotseq 8.67\text{m}$$

$$\therefore \frac{500\text{kN/m}^2}{9.8\text{kN/m}^3} + \frac{(3.32\text{m/s})^2}{2 \times 9.8\text{m/s}^2} = \frac{P_2\text{kN/m}^2}{9.8\text{kN/m}^3} + \frac{(8.49\text{m/s})^2}{2 \times 9.8\text{m/s}^2} + 8.67\text{m}$$

$\therefore P_2 = 384.505 \fallingdotseq 384.51\text{kN/m}^2$

답 $P_2 = 384.51\text{kPa}$

52 다음 그림과 조건을 보고 P₂의 압력[kPa]을 구하시오.

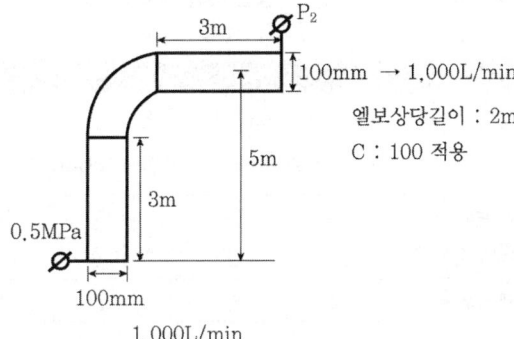

조건

C : 100 적용, Q : 1000 L/min
마찰손실계산시 다음식 이용

$$\Delta P(m) = 6.05 \times 10^6 \times \frac{Q^2}{C^2 \times D^5} \times L$$

풀이및정답

$$\frac{P_1}{\gamma} + \frac{U_1^2}{2g} + Z_1 = \frac{P_2}{\gamma} + \frac{U_2^2}{2g} + Z_2 + h_L$$

$$U_1 = U_2 = \frac{Q}{A} = \frac{\left(\frac{1}{60}\right) m^3/s}{\frac{\pi}{4}(0.1m)^2} = 2.12 m/s$$

$Z_1 = 0m$, $Z_2 = 5m$

$P_1 = 500 kN/m^2$

$$h_L = 6.05 \times 10^6 \times \frac{1000^2}{100^2 \times 100^5} \times (3+2+3) = 0.484 ≒ 0.48m$$

$$\therefore \frac{500 kN/m^2}{9.8 kN/m^3} + \frac{(2.12 m/s)^2}{2 \times 9.8 m/s^2} + 0m = \frac{P_2 kN/m^2}{9.8 kN/m^3} + \frac{(2.12 m/s)^2}{2 \times 9.8 m/s^2} + 5m + 0.48m$$

$\therefore P_2 = 446.296 ≒ 446.3 kPa$

예상문제

53 호칭지름이 65A인 압력배관용탄소강관(Sch40)을 사용하여 용접이음으로 배관을 접합할 경우 배관에 적용할 수 있는 최대허용압력을 구하시오.

> **조건**
> 배관의 호칭경에 따른 구성은 다음 표를 이용한다.
>
> **【 압력배관용 탄소강관 (Sch40)의 규격 】**
>
> | 호칭지름 | 25A | 32A | 40A | 50A | 65A | 100A |
> |---|---|---|---|---|---|---|
> | 바깥지름(mm) | 34.0 | 42.7 | 48.6 | 60.5 | 76.3 | 114.3 |
> | 관 두께(mm) | 3.4 | 3.6 | 3.7 | 3.9 | 5.2 | 6.0 |
>
> 인장강도는 380MPa, 항복점은 220MPa이며, 이 배관에 전기저항 용접배관을 함에 따라 배관이음효율은 0.85이다.

◢풀이및정답 관의 두께 $t(m) = \dfrac{P \cdot D}{2SE} + A$

$SE = 380MPa \times \dfrac{1}{4} \times 0.85 \times 1.2 = 96.9MPa$

$t(mm) = 5.2mm,\ A(mm) = 0,\ D(mm) = 76.3mm$

$\therefore P = \dfrac{t \times 2SE}{D} = \dfrac{5.2 \times 2 \times 96.9}{76.3} = 13.207 ≒ 13.21MPa$

답 13.21MPa

---

54 운전 중인 펌프의 압력을 조사하였더니 토출측 압력계는 5.5kgf/cm², 흡입측의 진공계는 100mmHg이다. 압력계는 진공계보다 30cm 높은 곳에 설치되어 있다. 다음 물음에 답하시오.

1) 펌프의 전양정을 계산하시오.
2) 펌프의 토출량이 260Lpm일 때 수동력(kW)을 계산하시오.
3) 전동기의 용량(kW)을 계산하시오.[효율 : 70%, K=1.1]
4) 내연기관 마력(HP)을 계산하시오.[효율 : 70%, K=1.2]

◢풀이및정답

1) $H = 100mmHg \times \dfrac{10.332m}{760mmHg} + 55m + 0.3m = 56.659 ≒ 56.66m$

2) $P(kW) = \dfrac{\gamma \cdot Q \cdot H}{102} = \dfrac{1000 \times \left(\dfrac{0.26}{60}\right) \times 56.66}{102} = 2.407 ≒ 2.41kW$

3) $P(kW) = \dfrac{2.41kW}{0.7} \times 1.1 = 3.787 ≒ 3.79kW$

4) $P(HP) = \dfrac{\gamma \cdot Q \cdot H}{76\eta} \cdot K = \dfrac{1000 \times \left(\dfrac{0.26}{60}\right) \times 56.66}{76 \times 0.7} \times 1.2 = 5.538 ≒ 5.54HP$

55 소화수가 입상배관을 통해 "a" 지점에서 13m위에 있는 "b" 지점으로 송수된다 "a" 지점의 배관 구경은 80mm, 설치된 압력계의 압력은 5kgf/cm²이며 "b" 지점에서 배관 내경은 65mm로 줄어들고, "a" 지점에서 "b" 지점으로 흐를 때 배관 및 관부속품의 마찰손실은 13m이다. 유량이 5,200L/min 인 경우 "b"지점에서의 압력[Pa]을 구하시오.

▲풀이 및 정답

$$\frac{P_a}{\gamma}+\frac{U_a^2}{2g}+Z_a = \frac{P_b}{\gamma}+\frac{U_b^2}{2g}+Z_b+h_{La-b}$$

$$U_a = \frac{Q}{A_a} = \frac{\left(\frac{5.2}{60}\right)m^3/s}{\frac{\pi}{4}(0.08m)^2} = 17.241 \fallingdotseq 17.24 m/s$$

$$U_b = \frac{Q}{A_b} = \frac{\left(\frac{5.2}{60}\right)m^3/s}{\frac{\pi}{4}(0.065m)^2} = 26.117 \fallingdotseq 26.12 m/s$$

$Z_a = 0m$, $Z_b = 13m$, $h_{La-b} = 13m$

$$\frac{Pa}{\gamma} = 50m$$

$$\therefore 50m + \frac{(17.24\ m/s)^2}{2\times 9.8\ m/s^2}+0m = \frac{P_b}{\gamma}+\frac{(26.12m/s)^2}{2\times 9.8 m/s^2}+13m+13m$$

$$\therefore \frac{P_b}{\gamma} = 4.355 \fallingdotseq 4.36m$$

$$\therefore P_b = 4.36m \times 9800 N/m^3 = 42728 N/m^2$$

🖹 42728Pa

56 설계도면상 옥내소화전 소화펌프의 유량은 650L/min, 전양정은 80m이다. 그러나 시운전 했을때의 양정이 70m이었으며 회전수는 1650rpm, 축동력은 15HP이었다. 설계도면상 전양정 80m를 얻기 위한 회전수와 축동력을 답하시오

▲풀이 및 정답

$$H_2 = \left(\frac{N_2}{N_1}\right)^2 \times H_1$$

$$80m = \left(\frac{N_2}{1650rpm}\right)^2 \times 70m$$

$$\therefore N_2 = 1763.92 rpm$$

$$L_2 = \left(\frac{N_2}{N_1}\right)^3 \times L_1 = \left(\frac{1763.92rpm}{1650rpm}\right)^3 \times 15HP = 18.326 \fallingdotseq 18.33HP$$

🖹 $N_2 = 1763.92rpm$, $L_2 = 18.33HP$

예상문제

소방전기

01 다음 표의 접지공사에 대한 접지저항값의 한계와 접지선 굵기의 한계를 빈 칸에 써 넣으시오. (단, 고압전로 등 특별한 경우를 제외하고 일반적인 경우로 답하도록 한다.)

접지공사의 종류	접지저항값[Ω]	접지선의 굵기[mm²]
제1종 접지공사	①	④
제2종 접지공사	$\dfrac{150}{1선\ 지락전류}$	⑤
제3종 접지공사	②	⑥
특별제3종 접지공사	③	⑦

풀이및정답
① 10   ② 100
③ 10   ④ 6
⑤ 16   ⑥ 2.5
⑦ 2.5

02 3상 3선식 380[V]로 수전하는 곳의 부하전력이 95[kW], 역률이 85[%], 구내배선의 길이는 150[m]이며, 전압강하는 8[V]까지 허용하는 경우, 배선의 굵기를 계산하고 이를 표준규격품으로 답하시오.[80[mm²], 100[mm²], 125[mm²], 150[mm²] 중 선택]

풀이및정답
① 3상3선식, 380V, 95kW, $\cos\theta = 0.85$
  $P = \sqrt{3} \cdot V \cdot I \cdot \cos\theta$ 에서
  $I = \dfrac{P}{\sqrt{3}\cdot V \cdot \cos\theta} = \dfrac{95 \times 10^3}{\sqrt{3} \times 380 \times 0.85} = 169.808 ≒ 169.81[A]$

② 전압강하 $e = \dfrac{30.8LI}{1000A}$
  cf) 35.6 : 단상2선식, 직류2선식
    30.8 : 3상3선식
    17.8 : 단상3선식, 3상4선식
  cf) $e = K \cdot I \cdot R$
    K ┬ 단상3선식, 3상4선식 : 1
      ├ 단상2선식, 직류2선식 : 2
      └ 3상3선식 : $\sqrt{3}$

  $A = \dfrac{30.8LI}{1000e} = \dfrac{30.8 \times 150 \times 169.81}{1000 \times 8} = 98.065\text{mm}^2$ ∴ 100mm² 선정

03 정문 안내실에서 160[m]의 거리에 위치한 공장동 건물(지상 7층/지하 1층, 연면적 5,000[m²])이 있다. 각 층별로 2회로씩 사용하며(총 16회로), 발신기의 경우 50[mA/개], 램프의 경우 30[mA/개]의 전류가 소모된다. 다음의 물음에 답하시오.(단, 여기서 사용되는 전선은 HIV 1.6[mm](단면적 2[mm²])로 한다.)

가) 표시등(램프)의 총 소요전류는 몇 [A]인가?
나) 공장동 건물의 지상 1층에서 화재발생 시 경종의 소모전류는 몇 [A]인가?(일제경보채택)
다) 정문 안내실에서 공장동 건물까지의 전압강하는 몇 [V]인가? (단, 전선의 고유저항은 도전율을 고려하여 0.0178[Ω·mm²/m]이다.)

◀ 풀이및정답
가) 30mA × 16 = 0.48A
나) 50mA × 2 × 8개층 = 0.8A
다) $e = 2 \cdot I \cdot R$
$R = \rho \cdot \dfrac{L}{A} = 0.0178\,\Omega \cdot mm^2/m \times \dfrac{160m}{2mm^2} = 1.42\,\Omega$
$I = 0.48A + 0.8A = 1.28A$
$e = 2 \times 1.28 \times 1.42 = 3.635 ≒ 3.64V$

04 수신기로부터 배선거리 100[m]의 위치에 모터사이렌이 접속되어 있다. 이 모터사이렌이 명동될 때 사이렌의 단자전압을 구하시오.(단, 수신기의 정전압 출력은 24[V], 전선의 굵기는 2.5[mm²]이며, 사이렌의 정격전력은 48[W]라 가정하고, 전압변동에 의한 부하전류의 변동은 무시한다. 또한 2.5[mm²] 동선의 1[km]당 전기저항은 8.75[Ω]으로 한다.)

◀ 풀이및정답
단자전압 = 공급전압 − 전압강하
전압강하 $e = 2 \cdot I \cdot R$, $I = \dfrac{P}{V} = \dfrac{48}{24} = 2A$
∴ $e = 2 \times 2 \times [8.75 \times 0.1] = 3.5V$
∴ 단자전압 = 24 − 3.5 = 20.5V

05 AC 100[V]를 사용하는 전선로에 비상조명용 부하가 14,500[VA] 걸려 있다. 이론적인 분기회로의 최소수는 몇 회로인가?

◀ 풀이및정답
분기회로수 = $\dfrac{\text{사용부하}[VA]}{\text{사용전압}[V] \times 16[A](\text{배선용차단기}: 20A)}$
= $\dfrac{14500VA}{100V \times 16A} = 9.06$
∴ 10회로

예상문제

06 폭 15[m], 길이 20[m]인 사무실의 조도를 400[lx]로 할 경우 전 광속 4,900[lm]의 형광등 40[W/2등용]을 시설할 경우 비상발전기에 연결되는 부하는 몇 [VA]이며, 이 사무실의 회로는 몇 회로로 하여야 하는가?(단, 사용전압은 220[V]이고, 40[W]형광등 1등당 전류는 0.15[A], 조명률은 50[%], 감광보상률은 1.3으로 한다.)

풀이및정답

① 부하[VA]

등기구수 $N = \dfrac{AED}{FU}$

cf) FUN = DAE
F : 광속[lm], U : 조명률, N : 기구수
D : 감광보상률, A : 면적[m²], E : 조도[lx]

기구수 $N = \dfrac{(15 \times 20) \times 400 \times 1.3}{4900 \times 0.5} = 63.67$ ∴ 64개

등의수 = 64 × 2 = 128등
40[W] 형광등 1등당 전류는 0.15A이므로
상정부하 = 220V × 0.15A × 128등 = 4224VA

② 분기회로수

$n = \dfrac{4224VA}{3520VA} = 1.2$ ∴ 2회로

cf) 220V × 16A = 3520VA

07 지상 20[m] 되는 곳에 500[m³]의 저수조가 있다. 이 저수조에 양수하기 위하여 20[HP]의 전동기를 사용한다면 몇 분 후에 저수조에 물이 가득 차겠는가? (단, 펌프효율은 75[%]이고, 여유계수는 1.2이다.)

풀이및정답

$P[HP] = \dfrac{\gamma \times Q \times H}{76 \times \eta} \times K$, $Q = \dfrac{76 \cdot \eta \cdot P}{\gamma \cdot H \cdot K}$

$Q = \dfrac{76 \times 0.75 \times 20}{1000 \times 20 \times 1.2} = 0.0475 m^3/s$

∴ $t = \dfrac{500 m^3}{0.0475 m^3/s} \times \dfrac{1 min}{60 sec} = 175.438 ≒ 175.44 min$

08 지상 31[m] 되는 곳에 수조가 있다. 이 수조에 분당 12[m³]의 물을 양수하는 펌프용 전동기를 설치하여 3상전력을 공급하려고 한다. 펌프 효율이 65[%]이고, 펌프축동력에 10[%]의 여유를 둔다고 할 때 다음 각 물음에 답하시오. (단, 펌프용 3상농형 유도전동기의 역률은 100[%]로 가정한다)

가) 펌프용 전동기의 용량은 몇 [kW]인가?
나) 3상전력을 공급하고자 단상변압기 2대를 V 결선하여 이용하고자 한다. 단상변압기 1대의 용량은 몇 [kVA]인가?

◀풀이 및 정답

가) $P(kW) = \dfrac{\gamma QH}{102\eta} K = \dfrac{1000 \times \left(\dfrac{12}{60}\right) \times 31}{102 \times 0.65} \times 1.1 = 102.865 ≒ 102.87 kW$

나) $P(kW) = Pa \times \cos\theta$

$Pa = \dfrac{P}{\cos\theta} = \dfrac{102.87}{1} = 102.87 kVA$

$P_v = \sqrt{3} \cdot P_1$

$P_1 = \dfrac{P_v}{\sqrt{3}} = \dfrac{102.87}{\sqrt{3}} = 59.392 ≒ 59.39 kVA$

09 역률 0.6, 출력 20[kW]인 전동기 부하에 병렬로 전력용 콘덴서를 설치하여 역률을 0.9로 개선하려고 한다. 전력용 콘덴서의 용량은 몇 [kVA]가 필요한가?

◀풀이 및 정답

$Q_c = P\left(\dfrac{\sqrt{1-\cos\theta_1^2}}{\cos\theta_1} - \dfrac{\sqrt{1-\cos\theta_2^2}}{\cos\theta_2}\right)$

$= 20\left(\dfrac{\sqrt{1-0.6^2}}{0.6} - \dfrac{\sqrt{1-0.9^2}}{0.9}\right) = 16.980 ≒ 16.98 kVA$

10 알칼리 축전지의 정격용량은 60[Ah], 상시부하 3[kW], 표준전압 100[V]인 부동충전방식인 충전기의 2차 출력은 몇 [kVA]인가?

◀풀이 및 정답

충전기 2차출력 = 표준전압 × 2차충전전류

2차 충전전류 = $\dfrac{정격용량}{방전시간율} + \dfrac{상시부하}{표준전압} = \dfrac{60Ah}{5h} + \dfrac{3 \times 10^3 VA}{100V} = 42A$

cf) 알칼리 축전지 방전시간율 : 5h   연(납)축전지 방전시간율 : 10h
    공칭용량 : 5Ah   공칭용량 : 10Ah
    공칭전압 : 1.2V/cell   공칭전압 : 2V/cell
    충전시간 : 짧다   충전시간 : 길다
    기계적강도 : 강하다   기계적강도 : 약하다

전기적강도 : 강하다 전기적강도 : 약하다
기대수명 : 12~30년 기대수명 : 5~15년
∴ 충전기 2차출력 = 100V × 42A = 4200VA = 4.2kVA

11 비상용 전원설비를 축전지설비로 하고자 한다. 사용부하의 방전전류-시간 특성곡선이 그림과 같을 때 다음 각 물음에 답하시오.(단, 용량환산시간 K값은 $K_1=0.85$(30분), $K_2=0.53$(10분), $K_3=0.70$(20분)이다.)

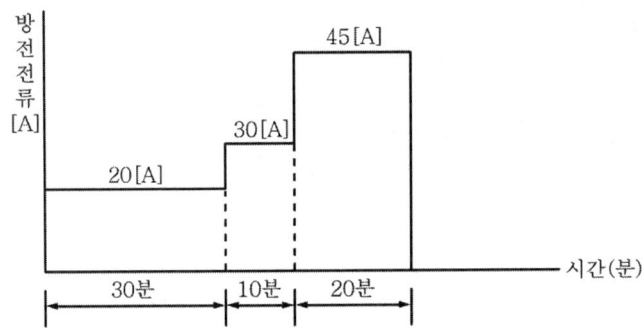

가) 보수율의 의미를 설명하고 이 값은 보통 얼마로 하는지를 밝히시오.
나) 축전지와 부하를 충전기에 병렬로 접속하여 사용하는 충전방식으로 축전지의 자기 방전에 대한 충전과 상용부하(직류부하)에 대한 전원공급은 충전기가 부담하고 일시적인 대전류 부하는 축전지가 공급하는 충전방식은?
다) 축전지의 용량은 몇 [Ah] 이상의 것을 택하여야 하는가?

풀이및정답 가) ① 의미 : 경년변화에 따른 축전지의 용량저하율
② 값 : 0.8
나) 부동충전방식
다) $C = \dfrac{1}{L}[K_1I_1 + K_2I_2 + K_3I_3] = \dfrac{1}{0.8}[0.85 \times 20 + 0.53 \times 30 + 0.7 \times 45] = 80.5\text{Ah}$

12 비상용 전원설비로 축전지설비를 하려고 한다. 사용되는 부하의 방전전류와 시간특성곡선이 그림과 같을 때 다음 각 물음에 답하시오.(단, 축전지의 용량환산 시간계수 K는 주어진 표에 의한다.)

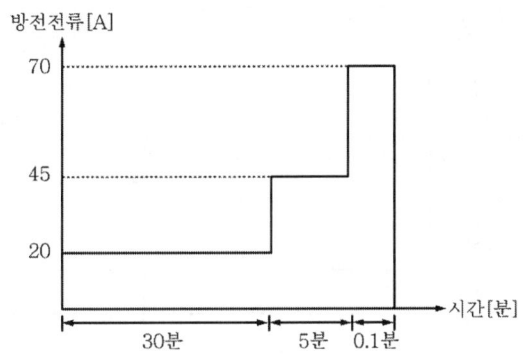

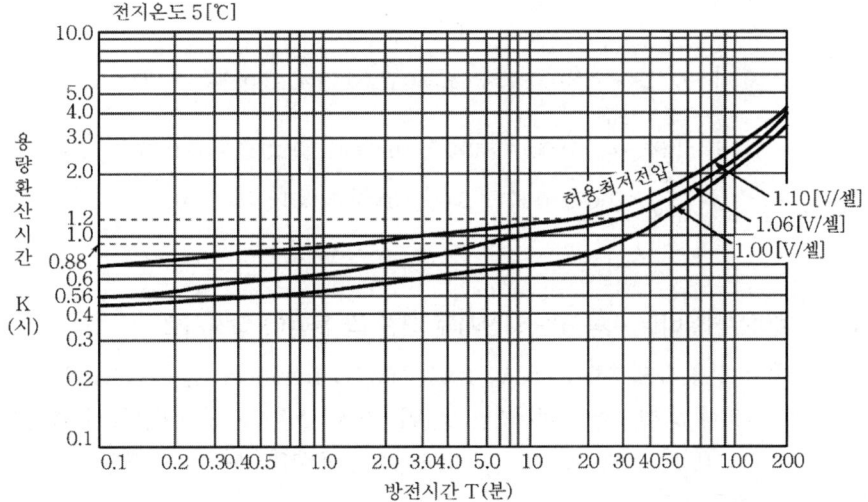

가) 축전지에 수명이 있고 그 말기에 있어서도 부하를 만족시키는 용량을 결정하기 위한 계수로서 보통 그 값을 0.8로 하는 것을 무엇이라고 하는가?

나) 단위 전지의 방전종지전압(최저 사용전압)이 1.06[V]일 때 축전지 용량은 몇 [Ah]가 필요한가?

다) 연축전지와 알칼리축전지의 공칭전압은 각각 몇 [V]인가?

◢풀이및정답 가) 보수율

나) $C = \dfrac{1}{L}[K_1I_1 + K_2I_2 + K_3I_3] = \dfrac{1}{0.8}[1.2 \times 20 + 0.88 \times 45 + 0.56 \times 70] = 128.5\,\text{Ah}$

다) 연축전지 : 2V, 알칼리축전지 : 1.2V

예상문제

13 5층 특정소방대상물에 다음과 같은 자동화재탐지설비가 설치될 때 수신기의 배터리 용량을 국가화재 안전기준에 의하여 계산하시오. (보수율 L=0.8, 60분 용량환산계수 K_1 = 1.65, 10분 용량환산계수 K_2 = 0.66을 적용할 것)

기기	수량(EA)	개당 감시전류(A)	개당 경보전류(A)
화재수신기	1	0.12	1.5
광전식 연기감지기	42	0.0005	0.001
이온화식 연기감지기	16	0.0005	0.001
시각경보기	32	–	0.095
사이렌	6	–	0.072
릴레이	4	0.007	–

▶ 풀이 및 정답

$$C = \frac{1}{L}[K_1 I_1 + K_2 I_2]$$

I_1 = 감시전류
$I_1 = 0.12A + 42 \times 0.0005A + 16 \times 0.0005A + 4 \times 0.007A = 0.177A$
I_2 = 경보전류
$I_2 = 1.5A + 42 \times 0.001A + 16 \times 0.001A + 32 \times 0.095A + 6 \times 0.072A = 5.03A$

$$\therefore \frac{1}{0.8} \times [1.65 \times 0.177 + 0.66 \times 5.03] = 4.514 = 4.51Ah$$

14 예비전원설비로 이용되는 축전지에 대한 각 물음에 답하시오.

가) 비상용 조명부하가 40[W] 120등, 60[W] 50등이 있다. 방전시간은 30분이며, 연축전지 HS형 54셀, 허용 최저전압 90[V], 최저 축전지온도 5[℃]일 때 축전지 용량을 구하시오. (단, 전압은 100[V]이고 연축전지의 용량환산시간 K는 표와 같으며, 보수율은 0.8이라고 한다.)

【 연축전지의 용량 환산시간 K(상단은 900~2,000[Ah], 하단은 900[Ah]이다.) 】

| 형식 | 온도[℃] | 10분 | | | 30분 | | |
		1.6[V]	1.7[V]	1.8[V]	1.6[V]	1.7[V]	1.8[V]
CS	25	0.9 0.8	1.15 1.06	1.6 1.42	1.41 1.34	1.6 1.55	2.0 1.88
	5	1.15 1.1	1.35 1.25	2.0 1.8	1.75 1.75	1.85 1.8	2.45 2.35
	−5	1.35 1.25	1.6 1.5	2.65 2.25	2.05 2.05	2.2 2.2	3.1 3.0

	25	0.58	0.7	0.93	1.03	1.14	1.38
HS	5	0.62	0.74	1.05	1.11	1.22	1.54
	−5	0.68	0.82	1.15	1.2	1.35	1.68

나) 자기방전량만을 항상 충전하는 부동충전방식을 무엇이라 하는가?
다) 연(鉛)축전지와 알칼리축전지의 공칭전압은 몇 [V/셀]인가?

▶풀이및정답

가) $C = \dfrac{1}{L} \cdot K \cdot I$

$I = \dfrac{P}{V} = \dfrac{40 \times 120 + 60 \times 50}{100} = 78A$

K : 용량환산계수

연축전지의 공칭전압 $V = \dfrac{허용최저전압}{셀수} = \dfrac{90}{54} = 1.666 ≒ 1.67V/cell$

1.6V/cell인 경우 K=1.11   1.7V/cell인 경우 K=1.22이므로

$K = 1.11 + \dfrac{1.22 - 1.11}{10} \times 7 = 1.187 ≒ 1.19$

∴ $C = \dfrac{1}{0.8} \times 1.19 \times 78 = 116.025 ≒ 116.03Ah$

cf) 소수점 첫째자리까지 구하시오. 조건시
   연축전지 공칭전압 V=1.66≒1.7V/cell
   ∴ 1.7V/cell인 경우 K=1.22 적용
   ∴ $C = \dfrac{1}{0.8} \times 1.22 \times 78 = 118.95Ah$

나) 세류충전[트리클충전] ─ 보통충전 : 필요할 때마다 표준시간율로 소량 충전
                     ├ 급속충전 : 단시간에 보통충전 전류의 2~3배
                     ├ 부동충전 : 11번 참조
                     ├ 균등충전 : 1~3개월마다 1회
                     ├ 세류충전 : 자기방전량만 항상 충전
                     └ 회복충전 : 기능회복

다) 연축전지 : 2V/cell, 알칼리축전지 : 1.2V/cell

예상문제

15 수신기에 소비전류 250mA인 시각경보기가 60m 간격으로 4개가 설치되어 있다. 마지막 시각경보기에 공급되는 전압(V)을 구하시오. 다만, 시각경보기는 병렬로 연결되어 있으며, 수신기에서의 공급전압은 DC 24V이고, 전선의 굵기는 2.0mm²이다. [13회 기출]

풀이및정답

① 수신기~최초 시각경보기

$$e = \frac{35.6LI}{1000A} = \frac{35.6 \times 60 \times (0.25 \times 4)}{1000 \times 2} = 1.068V$$

② 첫번째 시각경보기~두번째 시각경보기

$$e = \frac{35.6 \times 60 \times (0.25 \times 3)}{1000 \times 2} = 0.801V$$

③ 두번째 시각경보기~세번째 시각경보기

$$e = \frac{35.6 \times 60 \times (0.25 \times 2)}{1000 \times 2} = 0.534V$$

④ 세번째 시각경보기~네번째 시각경보기

$$e = \frac{35.6 \times 60 \times (0.25 \times 1)}{1000 \times 2} = 0.267V$$

⑤ 마지막 시각경보기 공급전압

$$E = 24V - 1.068V - 0.801V - 0.534V - 0.267V = 21.33V$$

16 펌프에 직결된 전동기(motor)에 공급되는 전원의 주파수가 50Hz이며, 전동기의 극수는 4극, 펌프의 전양정이 110m, 펌프의 토출량은 180L/s, 펌프 운전시 미끄럼(slip)율이 3%인 전동기가 부착된 편흡입 1단 펌프, 편흡입 2단 펌프 및 양흡입 1단 펌프의 비속도(단위표기 포함)를 각각 계산하라.

풀이및정답

① 편흡입 1단 펌프의 비속도

회전수 $N = \frac{120f}{P}(1-S) = \frac{120 \times 50}{4}(1-0.03) = 1455\text{rpm}$

토출량 $Q = \frac{180L}{S} \times \frac{1m^3}{1000L} \times \frac{60S}{1\text{min}} = 10.8 m^3/\text{min}$

$$\therefore N_S = \frac{N\sqrt{Q}}{\left(\frac{H}{n}\right)^{\frac{3}{4}}} = \frac{1455\sqrt{10.8}}{110^{\frac{3}{4}}} = 140.776 ≒ 140.78\text{rpm}/m^3/\text{min} \cdot m$$

② 편흡입 2단 펌프의 비속도

$$N_S = \frac{1455\sqrt{10.8}}{\left(\frac{110}{2}\right)^{\frac{3}{4}}} = 236.757 ≒ 236.76\text{rpm} ≒ 236.76\text{rpm}/m^3/\text{min} \cdot m$$

③ 양흡입 1단 펌프의 비속도

$$N_S = \frac{1455\sqrt{\frac{10.8}{2}}}{110^{\frac{3}{4}}} = 99.544 ≒ 99.54\text{rpm} ≒ 99.54\text{rpm}/m^3/\text{min} \cdot m$$

17 아래 조건을 참고하여 발전기 용량(kVA)을 계산하시오.

부하의 종류	출력(kW)	전부하 특성				시동 특성		시동 순서	비고
		역률(%)	효율(%)	입력(kVA)	출력(kW)	역률(%)	입력(kVA)		
비상조명등	8	100	–	8	8	–	8	1	
스프링클러펌프	45	85	88	60.1	51.1	40	140	2	Y-△기동
옥내소화전펌프	22	85	86	30.1	25.6	40	46	3	Y-△기동
제연급기휀	7.5	85	87	10.1	8.6	40	61		직입기동
합계	82.5	–	–	108.3	93.3	–	255		

조건
① 발전기 용량계산은 PG방식을 적용하고, 고조파 부하는 고려하지 않음.
② 기동방식에 따른 계수는 1.0 적용
③ 표준역률 : 0.8 ➔ cos θ=0.8, 허용전압강하 : 25% ➔ △E=0.25,
　발전기 리액턴스 : 20% ➔ X'd = 0.2, 과부하 내량 : 1.2 ➔ K=1.2

풀이 및 정답 발전기용량계산 PG_1(정상운전시), PG_2(시동시), PG_3(마지막 시동시)

① $PG_1 = \dfrac{\Sigma W_L \times L}{\cos\theta} = \dfrac{93.3 \times 1}{0.8} = 116.625 ≒ 116.63 kVA$

　※ ΣW_L : 부하입력 합계(kW), L : 부하수용률(1.0)

② $PG_2 = \dfrac{1-\Delta E}{\Delta E} \times X'd \times Q_L = \dfrac{1-0.25}{0.25} \times 0.2 \times 140 = 84 kVA$

　※ ΔE : 허용전압강하율, $X'd$: 과도리액턴스, Q_L : 최대 기동돌입용량(kVA)

③ $PG_3 = \dfrac{\Sigma W_0 + (Q_{L\max} \times \cos\theta_{시동})}{K \times \cos\theta}$

　　　 $= \dfrac{(8+51.1)+([46+61] \times 0.4)}{1.2 \times 0.8} = 106.145 ≒ 106.15 kVA$

　※ ΣW_0 : 시동순서 1, 2의 입력합계(kW), K : 과부하내량
　　$Q_{L\max}$: 시동순서 3(마지막) 입력합계(kVA)
　　$\cos\theta_{시동}$: 시동특성역률, $\cos\theta$: 표준역률

답 116.63kVA(최대값 선정)

예상문제

> **Reference**
>
> PG_1 : 정격운전상태에서 부하설비기동에 필요한 용량(정상운전) $PG_1 = \dfrac{\sum P_L}{\eta \times \cos\theta} \times \alpha$
>
> PG_2 : 최대시동용량 부하(전동기)를 기동할 때 허용전압장치를 고려한 용량 $PG_2 = P \times X_d \times \left(\dfrac{1}{e} - 1\right)$
>
> PG_3 : 용량이 최대인 부하(전동기)를 최후에 기동할 때 용량(마지막 기동)
>
> $PG_3 = \left(\dfrac{\sum P_L - P_m}{\eta} + P_\eta \times \beta \times C \times \cos\theta\right) \times \dfrac{1}{\cos\theta}$
>
> PG_4 : 고조파 발생부하를 감안한 용량 $PG_4 = P_c(kW) \times (2 \sim 2.5) + PG_1$

18 전로의 절연열화에 의한 화재를 방지하기 위하여 절연저항을 측정하여 전로의 유지보수에 활용하여야 한다. 절연저항 측정에 관한 다음 물음에 답하시오

1) 220V 전로에서 전선과 대지 사이의 절연저항이 0.2MΩ이라면 누설전류는 몇 mA인가?
2) 감지기 회로 및 부속회로의 전로와 대지사이 및 배선 상호간의 절연저항을 1경계구역 마다 직류250V 절연저항측정기로 측정하여 몇MΩ 이상이 되도록 하여야 하는가?

풀이및정답

1) $I = \dfrac{V}{R} = \dfrac{220}{0.2 \times 10^6} = 0.0011A$ ∴ 1.1mA

2) 0.1MΩ

19 AC 220V를 사용하는 전선로에 비상조명용 부하가 14,500VA가 걸려있다. 분기회로의 최소 수는 몇 회로인가? (단, 차단기의 용량은 16A이다.)

풀이및정답

분기회로수 = $\dfrac{14500VA}{16A \times 220V} = 4.12$ ∴ 5개

20 3ϕ, 380V, 60Hz, 4P, 75HP의 전동기가 있다. 다음 각 물음에 답하시오. (단, 슬립은 5%이다.)

1) 동기속도는 몇 rpm인가?
2) 회전속도는 몇 rpm인가?

풀이및정답

1) $N_S = \dfrac{120f}{P} = \dfrac{120 \times 60}{4} = 1800$rpm

2) $N = N_S(1-S) = 1800 \times (1-0.05) = 1710$rpm

21 전동기가 주파수 50Hz에서 극수가 4극일때 회전속도가 1,440rpm이다. 주파수를 60Hz로 하면 회전속도는 몇 rpm이 되는가? (단, 슬립은 일정하다.)

풀이및정답 $N = N_S(1-S)$ 에서

$$1440 = \frac{120 \times 50}{4}(1-S) \quad \therefore S = 0.04$$

$$\therefore N = \frac{120 \times 60}{4}(1-0.04) = 1728 \text{rpm}$$

cf) $N \propto f \quad 1440 \times \frac{60}{50} = 1728 \text{rpm}$

22 예비전원에 대한 각 물음에 답하시오

1) 부동충전방식에 대한 회로[개략적인 그림]을 그리시오
2) 축전지의 과방전 또는 방전상태에서 기능회복을 위하여 실시한 충전방식의 명칭은 무엇인가?
3) 연축전지의 정격용량이 250Ah이고 상시부하 8kW이며, 표준전압이 100V인 부동충전 방식의 충전기 2차 충전전류는 몇 A인가? (단, 축전지의 방전율은 10시간율로 한다.)

풀이및정답 1)

(A.C — 정류기 — 축전지 ∥ 부하)

2) 회복충전

3) 2차 충전전류 $= \dfrac{\text{정격용량}}{\text{방전시간율}} + \dfrac{\text{상시부하}}{\text{표준전압}} = \dfrac{250\text{Ah}}{10\text{h}} + \dfrac{8000\text{W}}{100\text{V}} = 105\text{A}$

23 전양정 40m, 유량 5m³/min, 단수가 2인 펌프의 효율 86%인 펌프에서 회전수(rpm), 비속도 (rpm/m³/min·m), 축동력(kW)은? (단, 임펠러는 4극의 유도 전동기(60Hz, 슬립 $s = 3.3\%$)를 직결 구동한다고 가정한다.)

풀이및정답

① $N = \dfrac{120f}{P}(1-S) = \dfrac{120 \times 60}{4}(1-0.033) = 1740.6 \text{rpm}$

② $N_S = \dfrac{N\sqrt{Q}}{\left(\dfrac{H}{n}\right)^{\frac{3}{4}}} = \dfrac{1740.6\sqrt{5}}{\left(\dfrac{40}{2}\right)^{\frac{3}{4}}} = 411.539 ≒ 411.54 \text{rpm/m}^3/\text{min·m}$

③ $L(\text{kW}) = \dfrac{\gamma \cdot Q \cdot H}{102\eta} = \dfrac{1000 \times \dfrac{5}{60} \times 40}{102 \times 0.86} = 37.999 ≒ 38\text{kW}$

예상문제

소화기구 및 자동소화장치

01 1개층의 바닥면적이 1650m²인 근린생활시설이 있다. 다음 조건을 참고하여 다음 물음에 답하시오.

> **조건**
> 1. 건축물의 주요구조부는 내화구조이다.
> 2. 벽 및 반자의 실내에 면하는 부분은 난연재료로 되어 있다.
> 3. 33m² 이상의 거실은 5개이며, 기타 부분은 제외한다.
> 4. 소화기는 능력단위 3단위인 소화기를 사용한다.
> 5. 당해 층에는 옥내소화전 및 스프링클러설비가 설치되어 있다.

1) 능력단위(소요단위)는 몇 단위인가?
2) 소화기의 최소 필요갯수는 몇 개인가?
3) 간이소화용구로 대체할 수 있는 능력단위의 최대수는?

풀이 및 정답 1) 근린생활시설, 내화구조, 난연재료 마감이므로 200m²마다 1단위

$$능력단위 = \frac{1650m^2}{200m^2/단위} = 8.25단위$$

2) 소화기설치수 = 능력단위 충족수 + 33m² 이상 거실수 = $\frac{8.25단위}{3단위/개}$ + 5개 = 7.75개

∴ 8개

3) $\frac{8.25단위}{2} = 4.125단위$

02 다음과 같은 부속용도의 실에 화재안전기준에 따라 추가하여 소화기구를 설치하려고 한다. 다음 물음에 답하시오.

> **조건**
> 1. 보일러실의 바닥면적은 30m²이다.
> 2. 발전기실의 바닥면적은 80m²이다.
> 3. 소화기의 능력단위는 3단위이다.

1) 보일러실의 능력단위 및 소화기의 최소갯수는 몇 개인가?
2) 보일러실에 설치하여야 하는 자동확산소화기의 최소 설치갯수는 몇 개인가?
3) 보일러실에 자동확산소화기를 설치하지 않을 수 있는 경우를 쓰시오.
4) 발전기실에 부속용도로서 추가하여야 하는 소화기의 최소 설치갯수는 몇 개인가?

▲풀이및정답
1) ① 능력단위 = $\dfrac{30\text{m}^2}{25\text{m}^2/\text{단위}}$ = 1.2단위

② 설치수 = $\dfrac{1.2\text{단위}}{3\text{단위}/\text{개}}$ = 0.4 ∴ 1개

2) 바닥면적이 10m²를 초과하므로 2개 설치
3) ① 스프링클러, 간이스프링클러, 물분무등소화설비, 상업용 주방자동소화장치가 설치된 경우
   ② 방화구획된 아파트의 보일러실
4) 부속용도 추가설치수 = $\dfrac{80\text{m}^2}{50\text{m}^2/\text{개}}$ = 1.6 ∴ 2개 설치

∴ 총 설치수 = 2개

03 바닥면적 660m²인 의료시설에 능력단위 2단위의 소화기를 설치할 경우 설치수량을 구하시오. (내화구조이고 난연재료마감임) [12회 기출]

▲풀이및정답
필요능력단위 = $\dfrac{660\text{m}^2}{100\text{m}^2/\text{단위}}$ = 6.6단위

설치수 = $\dfrac{6.6\text{단위}}{2\text{단위}/\text{개}}$ = 3.3 ∴ 4개

04 해당시설법에서 분류하는 소화기구와 자동소화장치의 종류를 설명하시오.

▲풀이및정답
1) 소화기구
   ① 소화기
   ② 간이소화용구 : 에어로졸식소화용구, 투척용소화용구, 소공간용소화용구 및 소화약제 외의 것을 이용한 간이소화용구
   ③ 자동확산소화기
2) 자동소화장치
   ① 주거용 주방자동소화장치
   ② 상업용 주방자동소화장치
   ③ 캐비닛형 자동소화장치
   ④ 가스자동소화장치
   ⑤ 분말자동소화장치
   ⑥ 고체에어로졸자동소화장치

예상문제

05 아래 조건과 같이 주상복합 건축물의 각층에 A급 2단위, B급 3단위, C급 적응성의 소화기를 설치할 경우 다음 각 물음에 답하시오. (단, 수평거리에 따른 설치는 무시한다.)

> **조건**
> ㄱ. 지하3층~지하1층 : 주차장 용도로서 층별면적은 3,500㎡ (단, 지하3층 바닥면적중 발전기실 80㎡, 변전실 250㎡, 보일러실 200㎡ 가 구획되어 있다.)
> ㄴ. 지상1층~지상5층 : 판매시설로서 층별면적 2,800㎡ (단, 지상5층은 80㎡의 음식점(음식점당 주방 35㎡, 나머지는 영업장으로 상호구획)이 6개로 구획되어 있고, 각 주방은 LNG로 사용하며, 연소기구로부터 보행거리 5m이내에 있다.)
> ㄷ. 지상6층~지상33층 : 공동주택으로 각층 540㎡ (4세대)이며 2세대별 각각 피난계단과 비상용승강기(부속실 겸용)가 있으며 내화구조로 구획됨
> ㄹ. 발전기, 변전실을 제외한 전층 옥내소화전과 스프링클러 설비 설치됨.
> ㅁ. 주요구조부는 내화구조, 내장재는 불연재임

1) 지하3층~지하1층 층별로 설치하는 소화기 수량을 주용도, 부속용도별로 산출하시오.
2) 지상1층~지상5층 층별로 설치하는 소화기 수량을 주용도, 부속용도별로 산출하시오.
3) 지상6층~지상33층에 설치할 소화기 수량의 합계를 용도별로 산출하시오.

◀풀이및정답 1) ① 지하3층

　　㉠ 주용도 = $\dfrac{3500\text{m}^2}{200\text{m}^2/\text{단위}}$ = 17.5

　　　∴ $\dfrac{17.5\text{단위}}{2\text{단위}/\text{개}}$ = 8.75 　∴ 9개

　　• 33m^2 초과실 3개

　　㉡ 부속용도

　　　• 발전기실 : $\dfrac{80\text{m}^2}{50\text{m}^2/\text{개}}$ = 1.6 　∴ 2개

　　　• 변전실 : $\dfrac{250\text{m}^2}{50\text{m}^2/\text{개}}$ = 5개

　　　• 보일러실 : $\dfrac{200\text{m}^2}{25\text{m}^2/\text{단위}}$ = 8단위 　∴ $\dfrac{8\text{단위}}{3\text{단위}/\text{개}}$ = 2.6 　∴ 3개

② 지하2층

　주용도 = $\dfrac{3500\text{m}^2}{200\text{m}^2/\text{단위}}$ = 17.5 　∴ $\dfrac{17.5\text{단위}}{2\text{단위}/\text{개}}$ = 8.75 　∴ 9개

③ 지하1층

　주용도 = $\dfrac{3500\text{m}^2}{200\text{m}^2/\text{단위}}$ = 17.5 　∴ $\dfrac{17.5\text{단위}}{2\text{단위}/\text{개}}$ = 8.75 　∴ 9개

2) ① 지상1층

　주용도 = $\dfrac{2800\text{m}^2}{200\text{m}^2/\text{단위}}$ = 14단위 　∴ $\dfrac{14\text{단위}}{2\text{단위}/\text{개}}$ = 7개

② 지상2층 : 지상1층과 동일, 7개
③ 지상3층 : 지상1층과 동일, 7개
④ 지상4층 : 지상1층과 동일, 7개
⑤ 지상5층

    ㉠ 주용도 = $\dfrac{2800m^2}{200m^2/단위}$ = 14단위   ∴ $\dfrac{14단위}{2단위/개}$ = 7개

       $33m^2$ 초과실 6개×2=12개   ∴ 7개+12개=19개

    ㉡ 부속용도
- 주방 : $\dfrac{35m^2}{25m^2/단위}$ = 1.4단위   ∴ $\dfrac{1.4단위}{3단위/개}$ = 0.46   ∴ 1개

        주방 총 6개   ∴ 1개×6=6개
- 연소기(LNG) 6개

        ∴ 1개×6=6개

    ∴ 6개+6개=12개

3) 지상 6층~지상 33층

   ① 주용도 = $\dfrac{540m^2}{200m^2/단위}$ = 2.7위   ∴ 3단위

   ∴ $\dfrac{3단위}{2단위/개}$ = 1.5   ∴ 2개

   ∴ 2개×28개층=56개

   ② 세대별

      층별 4개×28개층=112개

∴ 총 168개

06
다중이용업소의 주방의 바닥면적이 $50m^2$인 경우 추가하여야 하는 소화기의 종류 및 개수를 구하시오.

풀이및정답

① $\dfrac{50m^2}{25m^2/단위}$ = 2단위   ∴ K급 2단위 이상 소화기 1개

② $10m^2$ 초과이므로 자동확산소화기 2개

07
스프링클러설비가 설치된 바닥면적 $3,000m^2$인 판매시설에 A급 3단위의 소형 소화기를 설치하고자 한다. 소요 능력단위와 필요한 소화기 개수를 계산하시오. (내화구조이며 내부마감은 준불연재료마감)

풀이및정답

$\dfrac{3000m^2}{200m^2/단위}$ = 15단위

∴ $\dfrac{15단위}{3단위/개}$ = 5개

예상문제

옥내소화전

01 옥내소화전이 설치된 최상층에 있는 테스트밸브 측의 압력을 측정하였더니 0.4MPa이었다. 이때 테스트 노즐 오리피스의 구경이 13mm이었다면 방수량은 몇 L/min이겠는가? (단, 노즐의 방출계수는 0.75이다.)

풀이및정답
$$Q = 0.6597 \cdot C \cdot D^2 \cdot \sqrt{10P}$$
$$= 0.6597 \times 0.75 \times 13^2 \times \sqrt{10 \times 0.4} = 167.233 ≒ 167.23 \text{L/min}$$

02 지하 3층, 지상 7층인 업무용 빌딩에 옥내소화전설비를 설치하였을 때 아래 그림을 참조하여 각 물음에 답하시오.

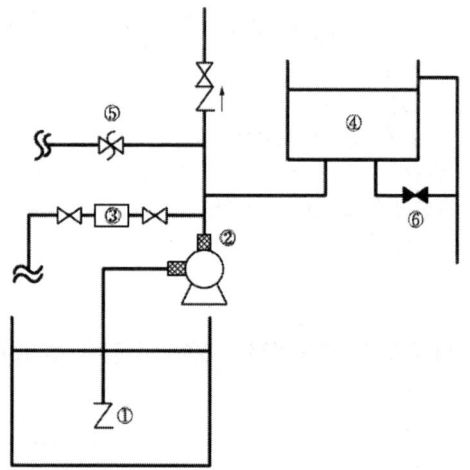

조건
1. 5~7층에는 7개, 그 밖의 층에는 6개의 소화전이 설치되어 있다.
2. 후트밸브로부터 7층 옥내소화전 방수구까지의 수직거리는 45m이고, 배관의 마찰손실은 22m이다.
3. 소방호스의 마찰손실은 100m당 26m로 하고 길이 15m의 호스 2개가 연결되어 있다.
4. 주배관은 연결송수관설비의 배관과 겸용한다.
5. 펌프의 효율은 65%이고, K=1.1이다.
6. 구경은 호칭경으로 구하시오.

1) 펌프의 토출량(m^3/min)은 얼마인가?
2) 수원의 저수량(m^3)은 얼마인가?
3) 옥상수조의 용량(m^3)은 얼마인가?
4) 전양정(m)을 구하시오.

5) 성능시험배관의 구경(mm)은 얼마인가?
6) 토출측 주배관의 구경(mm)은 얼마인가?
7) 신축이음의 설치목적은 무엇인가? [7회 기출]
8) 그림에서 각 번호의 명칭을 쓰시오.
9) 릴리프밸브의 설치목적을 쓰시오.
10) 펌프의 전달동력(kW)을 구하시오.

풀이 및 정답

1) Q = N × 130L/min [N : 최다층 설치수(최대 2개)]
   = 2 × 130L/min = 260L/min = 0.26m³/min

2) Q = N × 2.6m³ [N : 최다층 설치수(최대 2개)]
   = 2 × 2.6m³ = 5.2m³

3) $Q = N \times 2.6m^2 \times \frac{1}{3} = 2 \times 2.6m^3 \times \frac{1}{3} = 1.733 ≒ 1.73m^3$

4) $H = h_1 + h_2 + h_3 + 17m$
   h_1(배관마찰손실수두) = 22m
   h_2(호스마찰손실수두) = $(15m \times 2) \times \frac{26m}{100m} = 7.8m$
   h_3(실양정) = 45m
   ∴ H = 22 + 7.8 + 45 + 17 = 91.8m

5) $D(mm) = \sqrt{\frac{1.5Q}{0.653\sqrt{0.65 \times 10P}}}$
   Q : 정격토출량(L/min), P : 정격토출압력(MPa)
   Q = 2 × 130L/min = 260L/min
   $P = 91.8m \times \frac{0.101325MPa}{10.332m} = 0.900 ≒ 0.9MPa$
   ∴ $D(mm) = \sqrt{\frac{1.5 \times 260}{0.653\sqrt{0.65 \times 10 \times 0.9}}} = 15.713 ≒ 15.71mm$ ∴ 25mm 배관

6) $D(m) = \sqrt{\frac{4Q}{\pi U}}$
   Q : 유량(m³/s), U : 유속(4m/s)
   ∴ $D(m) = \sqrt{\frac{4 \times \left(\frac{0.26}{60}\right)}{\pi \times 4}} = 0.0371m$
   D(mm) = 37.1mm
   연결송수관설비겸용하므로 주배관 100mm 이상

7) 유속변화 및 온도변화에 따른 배관 및 부속물의 팽창 또는 수축에 의하여 배관과 부속물의 접속부분이 파손되는 것을 방지하기 위하여

8) ① 후트밸브 ② 플렉시블 ③ 유량계 ④ 호수조 ⑤ 릴리프밸브 ⑥ 배수밸브

9) 체절압력 미만에서 개방되어 체절운전시 수온상승 및 압력상승을 방지하기 위해

10) $P(kW) = \frac{\gamma \cdot Q \cdot H}{102 \cdot \eta} K = \frac{1000 \times \left(\frac{0.26}{60}\right) \times 91.8}{102 \times 0.65} \times 1.1 = 6.6kW$

예상문제

03 다음과 같이 옥내소화전설비가 설치되어 있을 때 다음 물음에 답하시오.

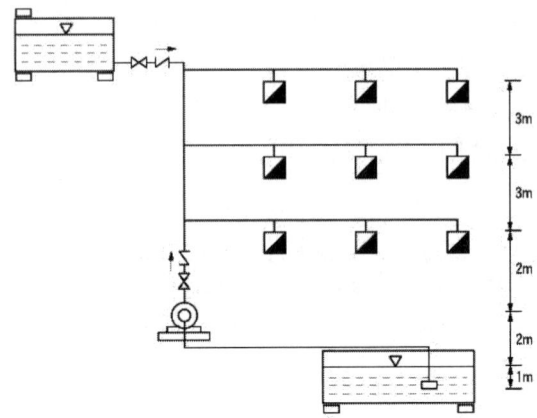

1) 펌프의 토출량은 얼마 이상 이어야 하는가?
2) 펌프의 전양정은 얼마 이상 이어야 하는가?(단, 배관내의 마찰손실 및 호스의 마찰손실은 실양정의 35%이다.)
3) 펌프 기동용 전동기의 출력은 몇 PS인가(K=1.1)? (단, 펌프의 효율은 기계효율 90%, 수력효율 95%, 체적효율 85% 이다.)
4) 충압펌프가 주펌프 옆에 설치되어 있을 때 충압펌프의 정격토출압력은?
5) 저수조에 저장하여야 하는 최소수량과 옥상수조에 저장하여야 하는 수량을 각각 쓰시오.

풀이 및 정답

1) $Q = N \times 130 \text{L/min} = 2 \times 130 \text{L/min} = 260 \text{L/min}$

2) $H = h_1 + h_2 + h_3 + 17\text{m}$
   h_1 : 실양정 = 1m + 2m + 2m + 3m + 3m = 11m
   $h_2 + h_3$: 배관, 호스마찰손실 = 11m × 0.35 = 3.85m
   ∴ H = 11m + 3.85m + 17m = 31.85m

3) $P(PS) = \dfrac{\gamma \cdot Q \cdot H}{75 \cdot \eta} \cdot K = \dfrac{1000 \times \left(\dfrac{0.26}{60}\right) \times 31.85}{75 \times (0.9 \times 0.95 \times 0.85)} \times 1.1 = 2.785 ≒ 2.79 \text{PS}$

4) 충압펌프의 토출압력은 자연압 + 0.2MPa 이상
   ∴ 자연압 = 3m + 3m + 2m = 8m ≒ 0.08MPa
   ∴ 토출압 = 0.08 + 0.2 = 0.28MPa

5) ① 저수조 : $Q = N \times 2.6\text{m}^3 = 2 \times 2.6\text{m}^3 = 5.2\text{m}^3$
   ② 옥상수조 : $Q = 2 \times 2.6\text{m}^3 \times \dfrac{1}{3} = 1.73\text{m}^3$

04

3층의 소방대상물에 층 당 4개씩 옥내소화전을 설치하려 할 때 다음 조건을 읽고 물음에 답하시오.

조건

1. 각 층의 바닥면적은 1200m²이다.
2. 소화펌프에서 최상층의 소화전 호스 접결구까지 수직거리는 15m이다.
3. 소방호스는 Φ40mm×15m의 고무내장형 2개를 사용한다.
4. 호스의 마찰손실수두 값 (호스 100m당)

구분 유량 (L/min)	호스의 호칭구경(mm)					
	40		50		65	
	마호스	고무내장 호스	마호스	고무내장 호스	마호스	고무내장 호스
130	26m	12m	7m	3m	–	–
350	–	–	–	–	10m	4m

5. 배관 및 관부속에 의한 마찰손실수두의 합은 30m이다.
6. 호칭구경 별 배관의 내경은 다음과 같다.

호칭구경	15A	20A	25A	32A	40A	50A	65A	80A	100A
내경(mm)	16.4	21.9	27.5	36.2	42.1	53.2	69	81	105.3

7. 펌프의 동력전달계수는 전동기인 경우는 1.1, 전동기 이외의 경우는 1.2이다.
8. 펌프의 구경에 따른 효율(단, 펌프의 구경은 펌프의 토출측 주배관의 구경과 같다.)

펌프의 구경(mm)	펌프의 효율(E)
40	0.45
50~65	0.55
80	0.60
100	0.65
125~150	0.70

1) 소방펌프의 정격유량과 정격양정을 계산하시오.(단 흡입양정은 무시한다.)
2) 소화펌프의 토출측 배관의 최소 호칭구경을 구하시오.
3) 소화펌프를 디젤엔진으로 구동시 디젤엔진의 동력은 몇 PS 인가?
4) 펌프의 최대 체절압력을 계산하시오.
5) 만일 펌프로부터 가장 먼 옥내소화전 노즐과 가장 가까운 옥내소화전 노즐의 방수 압력 차이가 0.4MPa이고 펌프로부터 가장 먼 옥내소화전 노즐의 방수압력이 0.17MPa, 방수 유량이 130LPm일 때 가장 가까운 소화전의 방수유량은 몇 LPm인가?
6) 옥상에 저장하여야 할 소화용수의 용량은 최소 몇 m³인가?

예상문제

풀이 및 정답

1) ① 정격유량 $Q = N \times 130L/min = 2 \times 130L/min = 260L/min$
   ② 정격양정 $H = h_1 + h_2 + h_3 + 17m$
   h_1(배관, 부속물마찰손실수두) $= 30m$
   h_2(호스마찰손실수두) $= 30m \times \dfrac{12m}{100m} = 3.6m$
   h_3(실양정) $= 15m$
   ∴ $H = 30m + 3.6m + 15m + 17m = 65.6m$

2) $D = \sqrt{\dfrac{4Q}{\pi U}} = \sqrt{\dfrac{4 \times \left(\dfrac{0.26}{60}\right) m^3/s}{\pi \times 4m/s}} = 0.0371m ≒ 37.1mm$
   조건 6 이용 ∴ 50A(주배관)

3) $P(PS) = \dfrac{\gamma \cdot Q \cdot H}{75 \cdot \eta} \cdot K$
   $K = 1.2, \eta = 0.55$
   $P(PS) = \dfrac{1000 \times \left(\dfrac{0.26}{60}\right) \times 65.6}{75 \times 0.55} \times 1.2 = 8.269 = 8.27PS$

4) 최대체절압력은 정격토출압력의 140% 이하이어야 한다.
   ∴ $65.6m \times 1.4 = 91.84m ≒ 0.9184MPa ≒ 0.92MPa$

5) $Q = K\sqrt{10P}$ 에서 $130 = K \cdot \sqrt{10 \times 0.17}$ ∴ $K = 99.705 ≒ 99.71$
   $Q = 99.71\sqrt{10 \times 0.57} = 238.054 ≒ 238.05L/min$

6) 옥상수원의 양 = 유효수량 $\times \dfrac{1}{3}$ 이상 $= 2 \times 2.6m^3 \times \dfrac{1}{3} = 1.733 ≒ 1.73m^3$

05 다음과 같이 옥내소화전설비가 설치되어 있을 때 다음 조건을 이용하여 물음에 답하시오.

> **조건**
> 1. 소화전은 층당 3개씩 설치되어 있다.
> 2. 흡입측에 설치된 연성계는 0.4kgf/cm²를 지시하고 있다.
> 3. 펌프에서 최고층 소화전까지의 실고는 25m이다.
> 4. 최고층의 모든 소화전 방수구 개방시 말단 소화전에서의 방사압력은 0.21MPa이다.
> 5. 배관 및 관 부속의 마찰손실은 실양정의 35%로 한다.
> 6. 호스의 마찰손실수두는 다음 표를 이용할 것
>
> 【 호스의 마찰손실수두 100m당) 】
>
> | 구분 | 호스의 호칭경 | | | | | |
> |---|---|---|---|---|---|---|
> | | 40mm | | 50mm | | 65mm | |
> | 유량 (L/min) | 마호스 | 고무내장호스 | 마호스 | 고무내장호스 | 마호스 | 고무내장호스 |
> | 130 | 26m | 12m | 7m | 3m | – | – |
> | 350 | – | – | – | – | 10m | 4m |
>
> 7. 호스는 길이 15m, 구경 40mm의 마호스 2개를 사용한다.
> 8. 호스의 마찰손실은 유량의 2승에 비례한다.
> 9. 방수노즐의 구경은 13mm이다.

1) 최고층 말단 노즐에서의 방사량(L/min)은 얼마인가?
2) 펌프의 전양정은 몇 m인가?
3) 위 설비의 체절압력은 최대 몇 kgf/cm²인가?
4) 가압송수장치가 4단 펌프라면 이 펌프의 압축비는 얼마인가?
5) 소화전 함의 재질 및 문짝의 면적에 대해 쓰시오.

풀이및정답

1) $Q = 0.653 \cdot D^2 \cdot \sqrt{10P} = 0.653 \times 13^2 \times \sqrt{10 \times 0.21} = 159.922 ≒ 159.92 \text{L/min}$

2) $H = h_1 + h_2 + h_3 + h_4$
   h_1 : 실양정 = 4m + 25m = 29m
   h_2 : 마찰손실수두 = 29m × 0.35 = 10.15m
   h_3 : 호스마찰손실수두 = $30m \times \dfrac{26m}{100m} \times \dfrac{159.92^2}{130^2} = 11.803 ≒ 11.8m$
   h_4 : 방수압환산수두 = 21m
   ∴ H = 29m + 10.15m + 11.8m + 21m = 71.95m

3) 71.95m × 1.4 = 100.73m = 10.073kgf/cm² ≒ 10.07kgf/cm²

4) $K = \sqrt[n]{\dfrac{P_2}{P_1}} = \sqrt[4]{\dfrac{(1.0332 + 7.195 - 0.4)}{(1.0332 - 0.4)}} = 1.875 ≒ 1.88$

5) 재질 : 강판 또는 합성수지재
   면적 : 0.5m² 이상

예상문제

06 다음 그림은 옥내소화전설비를 고가수조방식으로 설계한 도면이다. 지하 2층, 지상 8층 건물의 층당 높이가 3m일 때 다음 조건을 참고하여 고가수조의 자연낙차수두(m)를 구하시오.

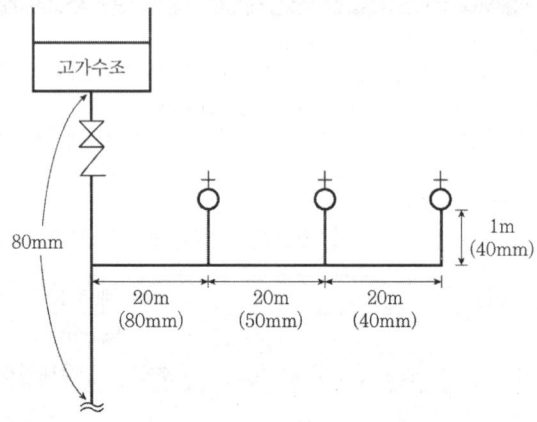

조건

1. 방수구에는 고무내장호스 2개가 연결되어있다.
2. 호스의 마찰손실수두는 130lpm일 때 호스 100m당 12m이다.
3. 관부속물의 상당길이

관 경	90엘보	분류T	직류T	게이트밸브	체크밸브	앵글밸브
40mm	1.50	2.1	0.45	0.30	13.5	13.5
50mm	2.10	3.0	0.6	0.39	16.5	16.5
65mm	2.40	3.6	0.75	0.48	19.5	19.5
80mm	3.00	4.5	0.9	0.60	24.0	24.0

4. 직관의 마찰손실수두 (100m당)

관경(mm) \ 유량(lpm)	130lpm	260lpm	390lpm
40mm	14.7m	–	–
50mm	5.1m	18.4m	–
65mm	1.72m	6.2m	13.2m
80mm	0.71m	2.57m	5.47m

5. 기타 조건에 없는 것은 무시한다. 소수점 4자리까지 구할 것.

풀이 및 정답 $H = h_1 + h_2 + 17m$

① h_1 : 배관 및 관부속물의 마찰손실수두

　㉠ 80A　직관 L = Hm + 1m + 20m = (21+H)m
　　　　　부품 L = 게이트밸브(0.6m) + 체크밸브(24m) + 분류티(4.5m) + 직류티(0.9m)
　　　　　　　　= 30m

∴ 전길이 L=(51+H)m

∴ $h_L(80A) = (51+H)m \times \dfrac{2.57m}{100m} = (1.3107+0.0257H)m$

ⓒ 50A 직관 L=20m
부품 L=직류티(0.6m)
∴ 전길이 L=20.6m

∴ $h_L(50A) = 20.6m \times \dfrac{18.4m}{100m} = 3.7904m$

ⓒ 40A 직관 L=20m+1m=21m
부품 L=엘보(1.5m)+앵글밸브(13.5m)=15m
∴ 전길이 L=21m+15m=36m

∴ $h_L(40A) = 36m \times \dfrac{14.7m}{100m} = 5.292m$

② h_2 : 호스마찰손실수두 $= 30m \times \dfrac{12m}{100m} = 3.6m$

③ 낙차 : $H = h_1 + h_2 + 17m$
$H = 1.3107m + 0.0257Hm + 3.7904m + 5.292m + 3.6m + 17m$
∴ H=31.81063≒31.8106m

07

지상 6층 건물의 각 층에 옥내소화전을 3개씩 설치하려 한다. 이때 실양정은 22m, 배관의 손실압력수두는 실양정의 25%이며, 호스의 마찰손실수두가 3.5m이다. 다음 물음에 답하시오. (단, 펌프효율은 65%, 전달계수가 1.1이다.)

1) 전양정(m)을 산출하시오.
2) 송수펌프의 최소토출량(L/min)을 산출하시오.
3) 수원의 최소저수량(m^3)을 산출하시오.
4) 전동기의 동력(kW)을 산출하시오.

▶풀이및정답

1) $H = h_1 + h_2 + h_3 + 17m = 22m + (22m \times 0.25) + 3.5m + 17m = 48m$
2) Q=2×130L/min=260L/min
3) Q=2×2.6m^3=5.2m^3
4) $P(kW) = \dfrac{\gamma \cdot Q \cdot H}{102 \times \eta} \cdot K = \dfrac{1000 \times \left(\dfrac{0.26}{60}\right) \times 48}{102 \times 0.65} \times 1.1 = 3.450 ≒ 3.45kW$

예상문제

08 지상 5층인 어느 소방대상물(철근콘크리트 건물)의 각 층에 5개씩 옥내소화전을 설치하려고 한다. 주어진 [조건]을 이용하여 옥내소화전 설치에 필요한 각 물음에 답하시오.

> **조건**
> 1. 노즐의 방수량을 130Lpm에서 150Lpm으로 변경한다.
> 2. 실양정은 50m이다.
> 3. 펌프의 후트밸브에서 5층 옥내소화전함 호스접결구까지의 마찰손실 및 저항손실수두는 실양정의 25%로 한다.
> 4. 소방호스의 마찰손실수두는 6.8m이다.
> 5. 펌프의 효율은 65%이며 전달계수 K=1.1이다.
> 6. 수원의 양은 소화전 사용 시 20분간 연속적으로 사용하는 것으로 한다.

1) 수원의 최소 소요저수량은 몇 m³인가?
2) 펌프의 송수량은 몇 L/min인가?
3) 전양정을 산출하면 몇 m인가?
4) 펌프의 전동기 소요동력을 구하면 몇 kW인가?

▲풀이및정답
1) $Q = N \times 150L/min \times 20min = 2 \times 150L/min \times 20min = 6{,}000L ≒ 6m^3$
2) $Q = N \times 150L/min = 2 \times 150L/min = 300L/min$
3) $H = h_1 + h_2 + h_3 + 17m = 50m + (50m \times 0.25) + 6.8m + 17m = 86.3m$
4) $P(kW) = \dfrac{\gamma \cdot Q \cdot H}{102 \cdot \eta} \times K = \dfrac{1000 \times \left(\dfrac{0.3}{60}\right) \times 86.3}{102 \times 0.65} \times 1.1 = 7.159 ≒ 7.16kW$

09 한 층에 옥내소화전이 6개이다. 전양정이 50m이며 전달계수는 1.1, 펌프의 효율은 60%이다. 펌프의 토출량, 전동기 용량(kW)과 소요마력(PS)을 구하시오. [1회 기출]

▲풀이및정답 $Q = 2 \times 130L/min = 260L/min$

$$P(kW) = \dfrac{\gamma \cdot Q \cdot H}{102 \cdot \eta} \cdot K = \dfrac{1000 \times \left(\dfrac{0.26}{60}\right) \times 50}{102 \times 0.6} \times 1.1 = 3.894 ≒ 3.89kW$$

$$P(PS) = \dfrac{\gamma \cdot Q \cdot H}{75 \cdot \eta} \cdot K = \dfrac{1000 \times \left(\dfrac{0.26}{60}\right) \times 50}{75 \times 0.6} \times 1.1 = 5.296 ≒ 5.3PS$$

10 지상 4층 건물에 옥내소화전을 설치하려고 한다. 각 층에 130L/min씩 송출하는 옥내소화전 3개씩을 배치하며, 이때 실양정은 40m, 배관의 손실압력수두는 실양정의 25%라고 본다. 또 호스의 마찰손실수두가 3.5m, 노즐선단의 압력수두는 17m, 펌프효율이 0.75, 여유율은 1.2이고, 30분간 연속방수되는 것으로 하였을 때 다음 사항을 구하시오. [2회 기출]

1) 펌프의 토출량(m^3/min)
2) 전양정(m)
3) 전동기의 용량(kW)
4) 수원의 용량(m^3)

풀이및정답
1) $Q = N \times 130L/min = 2 \times 130L/min = 260L/min ≒ 0.26m^3/min$
2) $H = h_1 + h_2 + h_3 + 17m = 40m + 10m + 3.5m + 17m = 70.5m$
3) $P(kW) = \dfrac{\gamma \cdot Q \cdot H}{102 \cdot \eta} \cdot K = \dfrac{1000 \times \left(\dfrac{0.26}{60}\right) \times 70.5}{102 \times 0.75} \times 1.2 = 4.792 ≒ 4.79kW$
4) $Q = 2 \times 130L/min \times 30min = 7,800L ≒ 7.8m^3$

11 동일 방호구역 내에 층별로 옥내소화전이 최대 3개씩 설치된 소방대상물이 있다. 최고위층에서 방수량을 측정하고자 한다. 다음 물음에 답하시오. [6회 기출]

1) 피토게이지를 이용하여 노즐선단에서의 방수압을 측정하고자 한다. 측정위치에 대하여 설명하시오.
2) 피토게이지를 이용한 방수압 측정방법(순서)를 구체적으로 기술하시오.
3) 옥내소화전 방수량 공식 $Q = 0.653D^2\sqrt{P}$ (Q : lpm, D : mm, P : kgf/cm^2)의 유도과정을 쓰시오.
4) 규정방수압 초과시 발생할 수 있는 문제점 2가지를 쓰시오.
5) 소화전 노즐에서 규정방수압 초과시 감압방식 4가지를 쓰고 간단히 설명하시오.

풀이및정답
1) 노즐선단으로부터 노즐구경의 $\dfrac{1}{2}$ 이격된 거리에서 피토게이지 오리피스를 수류중심선에 일치시킨 후 지시된 압력을 읽는다.
2) ① 최상층 모든 소화전 개방(최대 2개)
   ② 최상층 말단 소화전에서 이물질 배출을 위해 3~5분간 방수
   ③ 최상층 말단 노즐선단에서 노즐구경의 $\dfrac{1}{2}$ 이격된 거리에서 피토게이지 오리피스를 수류중심선에 일치시킨 후 지시된 압력을 읽음
3) $Q = AU$ [Q : 유량(m^3/s), A : 노즐단면적(m^2), U : 유속(m/s)]
   $Q = \dfrac{\pi}{4}D^2 \times C\sqrt{2gh} = \dfrac{\pi}{4}D^2 \times C \cdot \sqrt{2g10P} = 10.995 \times D^2 \times C\sqrt{P}$
   [Q : 방수량(m^3/s), D : 노즐직경(m), P : 방수압(kgf/cm^2)]
   Q : m^3/s → L/min, D : m → mm로 변환
   $Q' = K' \times D'^2 \times C\sqrt{P}$

예상문제

$$K' = \frac{Q'}{D'^2 \cdot C \sqrt{P}} \times 10.995$$

Q' : $1m^3/s = 60000L/min$, $C : 1$

D' : $1m = 1000mm$, $P : 1$

$$\therefore K' = \frac{60000}{1000^2} \times 10.995 = 0.6597$$

$$\therefore Q = 0.6597 \times C \times D^2 \sqrt{P}$$

$C = 0.99$ 적용

$$\therefore Q = 0.653 \cdot D^2 \cdot \sqrt{P}$$

4) ① 조작의 어려움 ② 호스파열 ③ 수손피해

5) ① 감압밸브 또는 오리피스를 이용하는 방식
   ② 중계펌프에 의한 방식
   ③ 배관계통에 의한 방식
   ④ 고가수조에 의한 방식

12 지상25층 지하1층의 계단실형 APT에 옥내소화전과 스프링클러설비를 설치할 경우 다음 각 물음에 답하시오. [7회 기출]

> **조건**
> ① 지상층의 층당 바닥면적은 $320m^2$이다.
> ② 옥내소화전은 지상층의 경우 층당 2개 설치되어 있다.
> ③ 폐쇄형 습식 스프링클러헤드가 층당 28개 설치되어 있다.
> ④ 지하층의 바닥면적은 $6300m^2$로 방화구획 완화규정이 적용된다.
> ⑤ 지하층에는 옥내소화전 9개와 준비작동식 스프링클러설비가 혼합 설치되어 있다.
> ⑥ 펌프는 옥내소화전과 스프링클러설비 겸용으로 한다.

1) 소화펌프의 토출량(L/min)과 전동기의 동력(kW)을 구하시오. 단, 실양정 70m, 손실수두 25m, 전달계수 1.1, 효율 65%로 하며, 방수압은 옥내소화전을 기준으로 하되 안전율 10m를 고려한다.
2) 필요한 수원의 양을 구하고, 수원을 전량 지하수조로만 적용하고자 할 때, 화재안전기술기준(NFTC)에 의한 조치방법을 제시하시오.
3) 소화펌프의 토출측 주배관(mm)의 수리계산방식에 의한 최소값을 구하시오. (배관내 유속은 옥내소화전화재안전기술기준-NFTC 102에 의한 상한값 사용)
4) 하나의 계단으로부터 출입할 수 있는 세대수가 층당 2세대일 경우 스프링클러설비의 방호구역설정(지하 주차장 포함)
5) 옥내소화전과 호스릴 옥내소화전의 차이점(수원, 방수압, 방수량, 배관, 수평거리)을 기술하시오.

[풀이 및 정답] 1) ① 토출량(L/min) = 옥내소화전설비의 토출량 + 스프링클러설비의 토출량
   $Q = 2 \times 130 \text{L/min} + 10 \times 80 \text{L/min} = 1{,}060 \text{L/min}$

   ② 동력 $P(kW) = \dfrac{\gamma \cdot Q \cdot H}{102 \cdot \eta} K$

   $H = h_1 + h_2 + h_3 + 17m = 70m + 25m + 10m + 17m = 122m$

   $P(kW) = \dfrac{1000 \times \left(\dfrac{1.06}{60}\right) \times 122}{102 \times 0.65} \times 1.1 = 35.759 ≒ 35.76 kW$

2) ① 수원의 양 $Q = N \times 2.6m^3 + N \times 1.6m^3 = 2 \times 2.6m^3 + 10 \times 1.6m^3 = 21.2m^3$
   ② 주펌프와 동등 이상의 성능이 있는 별도의 예비펌프를 내연기관의 기동과 연동하여 작동하거나 비상전원을 연결하여 설치할 것

3) $D = \sqrt{\dfrac{4Q}{\pi \times U}} = \sqrt{\dfrac{4 \times \left(\dfrac{1.06}{60}\right) m^3/s}{\pi \times 4 m/s}} = 0.0749m ≒ 74.9mm$
   호칭경 80A 선정

4) 지상 25층 방호구역수 + 지하층 방호구역수 = 25개 + $\dfrac{6300m^2}{3000m^2/개}$ = 27.1개 ∴ 28구역

5)

	옥내소화전	옥내호스릴
수원	$Q = N \times 2.6m^3$ N : 최다층 설치수(최대 2개)	$Q = N \times 2.6m^3$ N : 최다층 설치수(최대 2개)
방수압	0.17MPa 이상 (0.7MPa 초과시 감압장치 설치)	0.17MPa 이상 (0.7MPa 초과시 감압장치 설치)
방수량	130L/min 이상	130L/min 이상
배관	주배관 : 50mm 이상 가지배관 : 40mm 이상	주배관 : 32mm 이상 가지배관 : 25mm 이상
수평거리	25m 이하	25m 이하

13 지하2층 및 지상12층 구조인 계단식형 아파트에 다음과 같은 조건으로 옥내소화전 및 스프링클러설비를 설치하였다. 다음 물음에 답하시오. [12회 기출]

> **조건**
> 1. 각 층에 옥내소화전 및 스프링클러설치
> 2. 각 세대마다 헤드를 12개씩 설치하고 각 층당 2세대이다.
> 3. 지하층에 옥내소화전 방수구를 3조 설치하였다.
> 4. 저수조, 펌프, 입상배관을 겸용으로 설치하였다.
> 5. 옥내소화전 설비의 경우 실양정은 48m이고 배관 및 배관부속의 마찰손실수두는 실양정의 15%, 호스의 마찰손실수두는 실양정의 30%이다.
> 6. 스프링클러설비의 경우 실양정은 50m이고 배관 및 배관부속의 마찰손실수두는 실양정의 35%이다.
> 7. 펌프의 효율은 수력효율 90%, 체적효율 80%, 기계효율 75%이다.
> 8. 펌프의 전달계수는 1.1이다.

예상문제

1) 주펌프의 전양정, 저수조량을 구하시오.
2) 펌프 토출량, 동력을 구하시오.
3) 옥상수조에 설치하는 부속장치에 대하여 쓰시오.
4) 옥내소화전 방수구 설치제외장소를 쓰시오.
5) 스프링클러 감시제어반과 동력제어반을 구분하여 설치하지 않아도 되는 경우에 대하여 쓰시오.

풀이및정답

1) ① 전양정
   ㉠ 옥내소화전 $H = h_1 + h_2 + h_3 + 17m$
   $= (48m \times 0.3) + (48m \times 0.15) + 48m + 17m = 86.6m$
   ㉡ 스프링클러 $H = h_1 + h_2 + 10m$
   $= (50m \times 0.35) + 50m + 10m = 77.5m$
   ∴ 전양정 = 86.6m

   ② 수원량
   ㉠ 옥내소화전 $Q = N \times 2.6m^3 = 2 \times 2.6m^3 = 5.2m^3$
   ㉡ 스프링클러 $Q = N \times 1.6m^3 = 10 \times 1.6m^3 = 16m^3$
   ∴ 수원량 = $5.2m^3 + 16m^3 = 21.2m^3$

2) ① 토출량
   ㉠ 옥내소화전 $Q = N \times 130L/min = 2 \times 130L/min = 260L/min$
   ㉡ 스프링클러 $Q = N \times 80L/min = 10 \times 80L/min = 800L/min$
   ∴ 토출량 = $260L/min + 800L/min = 1060L/min$

   ② 동력
   $$P(kW) = \frac{\gamma \cdot Q \cdot H}{102\eta} K = \frac{1000 \times \left(\frac{1.06}{60}\right) \times 86.6}{102 \times (0.9 \times 0.8 \times 0.75)} \times 1.1 = 30.554 ≒ 30.55 kW$$

3) 수위계, 배수관, 급수관, 오버플로우관, 맨홀

4) 불연재료로 된 소방대상물 또는 그 부분으로서 다음에 해당하는 장소
   ① 냉장창고중 온도가 영하인 냉장실 또는 냉동창고의 냉동실
   ② 고온의 노가 설치된 장소 또는 물과 격렬하게 반응하는 물질을 저장 또는 취급하는 장소
   ③ 발전소, 변전소 등으로서 전기시설이 설치된 장소
   ④ 식물원, 수족관, 목욕실, 수영장(관람석 부분 제외), 그밖에 이와 유사한 장소
   ⑤ 야외음악당, 야외극장 또는 그밖 이와 유사한 장소

5) ① 다음의 하나에 해당하지 않는 소방대상물에 설치되는 경우
   ㉠ 지하층을 제외한 층수가 7층 이상으로서 연면적이 $2000m^2$ 이상인 것
   ㉡ 지하층에 바닥면적 합계가 $3000m^2$ 이상인 것
   ② 내연기관에 따른 가압송수장치를 사용하는 경우
   ③ 고가수조에 따른 가압송수장치를 사용하는 경우
   ④ 가압수조에 가압송수장치를 사용하는 경우

14 다음 조건에 대한 물음에 답하시오

> **조건**
> 1. 지하5층, 지상35층 오피스텔 건축물
> 2. 각 층에 옥내소화전 및 스프링클러설치
> 3. 각 층에 스프링클러헤드 100개씩 설치
> 4. 각 층에 옥내소화전 7개씩 설치
> 5. 옥내소화전수조와 일반저수조 겸용설치, 스프링클러 전용수조설치
> 6. 겸용저수조 규격 : 가로 5m, 세로 4m, 높이 5m인 수조
> 7. SP 전용저수조 규격 : 가로 5m, 세로 4m인 수조
> 8. 펌프의 흡입방식은 정압흡입방식이며 펌프와 수조는 지하 5층 바닥에 설치
> 9. 각 층별 층고는 5m이고 35층 헤드 부착높이는 35층 바닥면에서 4m 높이에 설치, 옥내소화전 방수구는 35층 바닥면에서 최대기준높이에 설치
> 10. 일반급수펌프의 흡입구는 겸용저수조 바닥으로부터 2.5m높이에 설치
> 11. 스프링클러펌프의 흡입구는 전용저수조 바닥면에 설치(스프링클러흡입구와 펌프의 높이 차이는 없다고 가정)
> 12. 옥내소화전설비의 배관 및 관부속물 마찰손실수두는 실양정의 30%, 호스마찰손실은 실양정의 10%이다
> 13. 스프링클러설비의 배관 및 관부속물 마찰손실수두는 실양정의 35%이다.

1) 옥내소화전설비에 필요한 최소저수량[옥상수조제외] 을 구하시오.
2) 스프링클러설비에 필요한 최소저수량[옥상수조제외] 및 저수조에 필요한 최소높이를 구하시오. [스프링클러 펌프의 흡입배관 흡입구가 저수조 바닥에 설치된다고 가정]
3) 옥내소화전펌프의 흡입구 높이는 저수조 바닥으로부터 몇 m 높이에 설치되어야 하는가? (최소저수량을 확보하는 조건)
4) 옥내소화전펌프에 필요한 최소양정을 구하시오. (옥내소화전펌프의 흡입구는 일반급수펌프 흡입구와 최소저수량에 필요한 만큼의 높이차로 설치되었다고 가정)
5) 스프링클러펌프에 필요한 최소양정을 구하시오.

풀이및정답
1) $Q = N \times 5.2m^3 = 5 \times 5.2m^3 = 26m^3$
2) ① $Q = N \times 3.2m^3 = 30 \times 3.2m^3 = 96m^3$
   ② $96m^3 = 5m \times 4m \times H$ ∴ $H = 4.8m$
3) $26m^3 = 5m \times 4m \times H$ ∴ $H = 1.3m$
   ∴ $2.5m - 1.3m = 1.2m$
   ∴ 바닥으로부터 1.2m 높이에 설치
4) $H = h_1 + h_2 + h_3 + 17m$
   $h_1(실양정) = (5m - 1.2m) + 5m \times 38 + 1.5m = 195.3m$
   ∴ $H = 195.3m + 195.3m \times 0.3 + 195.3m \times 0.1 + 17m = 290.42m$
5) $H = h_1 + h_2 + 10m$
   $h_1(실양정) = 5m \times 39 + 4m = 199m$
   ∴ $H = 199m + (199m \times 0.35) + 10m = 278.65m$

예상문제

15 옥내소화전설비의 소화펌프 토출측에서 유량이 1,500[lpm], 압력이 0.7[MPa]이었다. 이 소화펌프의 토출측 주배관의 가장 적합한 호칭경을 선정하시오. (단, 배관의 내경은 다음 표에 의한다)

호칭경	내경[mm]	호칭경	내경[mm]	호칭경	내경[mm]
25A	25.2	65A	65.3	150A	149.8
32A	32.4	80A	81.6	200A	198.9
40A	40.02	100A	102.3	250A	250.3
50A	49.58	125A	124.7	300A	301.3

▶풀이및정답

$$D = \sqrt{\frac{4Q}{\pi U}} = \sqrt{\frac{4 \times \left(\frac{1.5}{60}\right)}{\pi \times 4}} = 0.089\text{m} \fallingdotseq 89\text{mm}$$

∴ 100A

16 노즐구경과 방수압력을 알 경우 소방호스의 노즐 반동력 공식 $F = 1.57D^2P$를 유도하시오. [F=kgf, D=cm, P=kgf/cm^2]

▶풀이및정답

$F = \rho \cdot Q \cdot U = \rho \cdot A \cdot U^2$

$\gamma = \rho \cdot g \quad \therefore \rho = \dfrac{\gamma}{g}$

$U = \sqrt{2gh} = \sqrt{2 \cdot g \cdot \dfrac{P}{\gamma}}$

$\therefore F = \dfrac{\gamma}{g} \times \dfrac{\pi}{4}(Dm)^2 \times \left(2 \cdot g \cdot \dfrac{P}{\gamma}\right)$

$F(\text{kgf}) = \dfrac{\pi}{2}(Dm)^2 \times P(\text{kgf/m}^2)$

$F = K \cdot D^2 \cdot P$

$\therefore K = \dfrac{F}{D^2 P} \times \left(\dfrac{\pi}{2}\right)$

$D : 1\text{m} = 100\text{cm}, \ P : 1\text{kgf/m}^2 \times \dfrac{1\text{m}^2}{(100\text{cm})^2} = 0.0001 \text{kgf/cm}^2$

$\therefore K = \dfrac{1}{100^2 \times 0.0001} \times \left(\dfrac{\pi}{2}\right) \fallingdotseq 1.57$

$\therefore F = 1.57 D^2 P$

17 압력수조방식의 옥내소화전설비 설치시 다음 물음에 답하시오.

> **조건**
> 1. 압력수조의 내용적은 가로 2m×세로 2m×높이 3m인 수조이다.
> 2. 옥내소화전은 각 층별로 3개씩 설치
> 3. 지상3층규모이며 압력수조는 1층에 설치, 최고위 방수구까지의 낙차는 9m이다.
> 4. 압력수조에는 최소수원량을 확보
> 5. 최고위층 모든 소화전 사용시 말단소화전까지의 마찰손실압력은 0.1MPa이다.
> 6. 최고위층 모든 소화전 사용시 말단호스의 마찰손실압력은 0.01MPa이다.
> 7. 대기압은 절대압력으로 0.1MPa이다.

1) 압력수조내 유지하여야 하는 게이지 압력을 구하시오.
2) 수조내의 물을 모두 사용 후 압력수조내의 압력을 구하시오. [온도변화는 없다.]

풀이 및 정답
1) $P = P_1 + P_2 + P_3 + 0.17 \text{MPa} = 0.1 + 0.01 + 0.09 + 0.17 = 0.37 \text{MPa}$

2) $P_1 V_1 = P_2 V_2$

$P_2 = P_1 \times \dfrac{V_1}{V_2}$

$V_1 = (2 \times 2 \times 3) \text{m}^3 - (2 \times 2.6) \text{m}^3 = 6.8 \text{m}^3$, $V_2 = 12 \text{m}^3$,

$P_1 = 0.37 + 0.1 = 0.47 \text{MPa}$

∴ $P_2 = 0.47 \text{MPa} \times \dfrac{6.8 \text{m}^3}{12 \text{m}^3} = 0.2663 \text{MPa}$

∴ $0.2663 - 0.1 = 0.1663 \text{MPa}$

> **Reference**
> 1) 수조내의 물을 모두 사용 후 수조내의 압력은 게이지압으로 0.37MPa이어야 함.
> 2) 최초 수조내에 유지해야 하는 압력은
> $P_1 = (0.37 + 0.1) \text{MPa} \times \dfrac{12 \text{m}^3}{6.8 \text{m}^3} = 0.829 \fallingdotseq 0.83 \text{MPa}$
> ∴ 최초 수조내 게이지압은 0.83MPa

18 양정이 75m, 토출량이 1600LPM, 회전수가 1500rpm, 효율 60%인 펌프가 있다. 이때 다음 물음에 답하시오.

1) 회전수를 조절하여 토출량을 20% 증가시키려고 한다. 이때 필요한 회전수는 얼마인가?
2) 위와 같은 경우 펌프의 양정(m)은 얼마가 되는가?
3) 위와 같이 토출량을 20% 증가시킨 후 모터를 50kW로 교체할 경우 이를 계속하여 사용할 수 있는지 판별하시오. (전달계수는 1.1이다)

◆ 풀이및정답

1) $Q_2 = \left(\dfrac{N_2}{N_1}\right) \times Q_1$

   $N_2 = N_1 \times \dfrac{Q_2}{Q_1} = 1500\text{rpm} \times 1.2 = 1800\text{rpm}$

2) $H_2 = \left(\dfrac{N_2}{N_1}\right)^2 \times H_1 = \left(\dfrac{1800}{1500}\right)^2 \times 75\text{m} = 108\text{m}$

3) $L_2 = \left(\dfrac{N_2}{N_1}\right)^3 \times L_1$

   $L_1 = \dfrac{\gamma \cdot Q \cdot H}{102\eta} = \dfrac{1000 \times \dfrac{1.6}{60} \times 75}{102 \times 0.6} = 32.679 ≒ 32.68\text{kW}$

   ∴ $L_2 = (1.2)^3 \times 32.68 = 56.47\text{kW}$

   모터동력 = 56.47kW × 1.1 = 62.117kW가 필요

   ∴ 사용불가능

19

펌프를 이용하여 지하탱크의 물을 매시 36m³의 비율로 소화설비의 2차 수원으로 사용하기 위하여 옥상 물탱크에 양수하는 경우 다음 물음에 답하시오.

조건

1. 유속 = 2m/sec, 배관길이 = 100m, 실양정 = 50m, 90° 엘보 5개, 게이트밸브 2개, 체크밸브 1개, 후트밸브 1개 이용.
2. 양수배관의 마찰손실은 단위길이m당 80mmAq이다.
3. 관이음쇠 및 밸브류의 등가길이(m)는 다음 표와 같다.

관경(mm)	90° 엘보	45° 엘보	게이트밸브	체크밸브	후드밸브
40	1.50	0.90	0.30	13.5	13.5
50	2.10	1.20	0.39	16.5	16.5
65	2.40	1.50	0.48	19.5	19.5
80	3.00	1.80	0.60	24.0	24.0

1) 배관의 구경은 몇 mm 이상으로 하여야 하는가?
2) 밸브류 및 관이음쇠의 등가길이는 몇 m인가?
3) 배관의 총 등가길이는 몇m인가?
4) 전체 손실수두(m)는 얼마인가?
5) 펌프의 소요양정(m)은 얼마인가?
6) 펌프의 최소동력(kW)은 얼마인가? (단, 효율은 60%, K=1.1)

▶ 풀이및정답

1) $D = \sqrt{\dfrac{4Q}{\pi \cdot U}} = \sqrt{\dfrac{4 \times \left(\dfrac{36}{3600}\right)}{\pi \times 2}} = 0.0797\text{m} \fallingdotseq 79.7\text{mm}$

∴ 80mm

2) ① 90° 엘보 : 3m×5=15m
   ② 게이트밸브 : 0.6m×2=1.2m
   ③ 체크밸브 : 24m×1=24m
   ④ 후트밸브 : 24m×1=24m
   ∴ L=15+1.2+24+24=64.2m

3) L=100m+64.2m=164.2m

4) $h_L = 164.2\text{m} \times \dfrac{0.08\text{mAq}}{1\text{m}} = 13.136 \fallingdotseq 13.14\text{m}$

5) H = 50m + 13.14m = 63.14m

6) $P(\text{kW}) = \dfrac{\gamma \cdot Q \cdot H}{102 \cdot \eta} K = \dfrac{1000 \times \left(\dfrac{36}{3600}\right) \times 63.14}{102 \times 0.6} \times 1.1 = 11.348 \fallingdotseq 11.35\text{kW}$

20 다음은 10층 건물에 설치한 옥내소화전 설비의 계통도이다. 그림을 이용하여 각 물음에 답하시오.

> **조건**
> 1. 배관의 마찰손실수두는 20m이다[호스 및 각 부속품 마찰손실 포함]
> 2. 펌프의 효율은 65%이다.
> 3. 여유율은 10%이다.

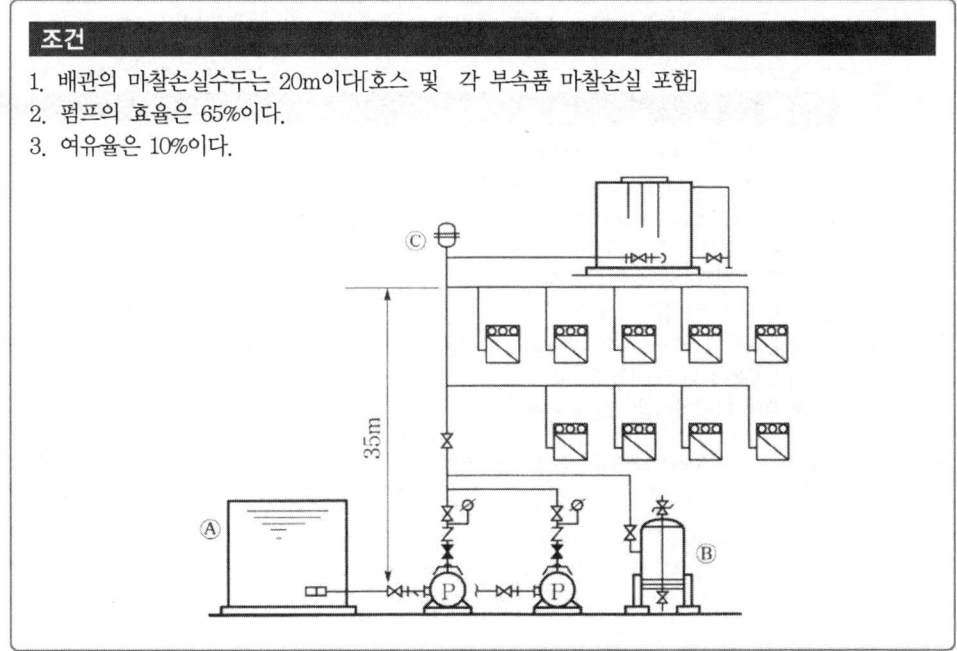

예상문제

1) A~C의 명칭을 쓰시오.
2) 옥상수조에 저장하여야 하는 최소 유효저수량을 답하시오.
3) B의 주된 기능을 답하시오.
4) C의 설치목적을 쓰시오.
5) 펌프의 전동기 용량은 몇 kW인지 답하시오.

풀이및정답 1) Ⓐ 저수조(소화수조), Ⓑ 기동용수압개폐장치, Ⓒ 수격방지기

2) $Q(m^3) = 2 \times 2.6m^3 \times \dfrac{1}{3} = 1.73m^3$

3) 주, 충압펌프의 자동기동 및 정지

4) 수격작용방지

5) $P(kW) = \dfrac{\gamma \cdot Q \cdot H}{102\eta} K$

   $Q = 2 \times 130 L/min = 260 L/min$

   $H = h_1 + h_2 + 17m = 20m + 35m + 17m = 72m$

   $\therefore P(kW) = \dfrac{1000 \times \left(\dfrac{0.26}{60}\right) \times 72}{102 \times 0.65} \times 1.1 = 5.176 ≒ 5.18 kW$

---

21 건물의 증축시 옥내소화전설비를 설계함에 있어서 다음 그림을 참조하여 B점의 압력이 0.25MPa, 700LPM이 되려면 기존 펌프를 이용할 수 있는지 판단하시오.

> **조건**
> 1. 입상관구경 : 100mm, C-factor : 120
> 2. a점 압력 0.5MPa(호스 끝 구경 13mm)
> 3. A~a 마찰손실 : 0.15MPa
> 4. A점 이전은 도면이 분실된 상태
> 5. 펌프 정격토출량 : 2000LPM
> 6. 펌프 정격토출압력 : 1MPa
> 7. 증축부분 : 소화전 5개 신설(소화전a에서 방사시험 결과 압력은 0.5MPa이고, 이때 펌프 토출측 압력계는 1.1MPa이었다.)
> 8. 아래의 하젠윌리암스식을 이용
> $$\Delta P(MPa) = 6.05 \times 10^4 \times \dfrac{Q^{1.85}}{C^{1.85} \times D^{4.87}} \times L$$

9. 풀이과정시 소수점 넷째자리에서 반올림하여 셋째자리까지 이용.

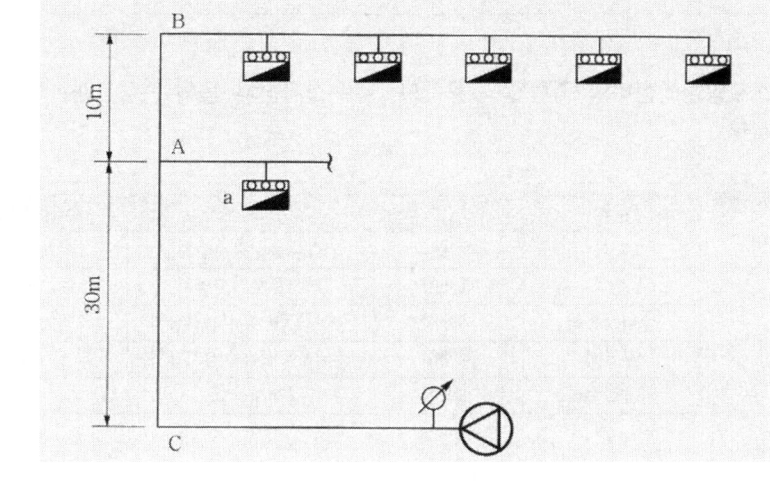

▶풀이및정답

① $Q_a = 0.653 \cdot D^2 \cdot \sqrt{10P} = 0.653 \times 13^2 \times \sqrt{10 \times 0.5} = 246.7657 ≒ 246.766 \text{L/min}$

② $P_A = P_a + \triangle P_{a \sim A} = 0.5 + 0.15 = 0.65 \text{MPa}$

③ $P_C = P_A + \triangle P_{C \sim A} + H_{C-A}$

$\triangle P_{C \sim A} = 6.05 \times 10^4 \times \dfrac{(246.766)^{1.85}}{120^{1.85} \times 100^{4.87}} \times 30 = 0.0012 ≒ 0.001 \text{MPa}$

∴ $P_C = 0.65 \text{MPa} + 0.001 \text{MPa} + 0.3 \text{MPa} = 0.951 \text{MPa}$

④ $\triangle P_{펌프 \sim C} = 1.1 \text{MPa} - 0.951 \text{MPa} = 0.149 \text{MPa}$

⑤ $L_{C \sim 펌프}$

$0.149 \text{MPa} = 6.05 \times 10^4 \times \dfrac{246.766^{1.85}}{120^{1.85} \times 100^{4.87}} \times L$

$L = 3566.0576 ≒ 3566.058 \text{m}$

⑥ $P_B = 0.25 \text{MPa}$, $Q = 700 \text{L/min}$

$P_{pump} = P_B + \triangle P_{B \sim pump} + H_{B \sim pump}$

$\triangle P_{B \sim pump} = 6.05 \times 10^4 \times \dfrac{700^{1.85}}{120^{1.85} \times 100^{4.87}} \times (10 + 30 + 3566.058)$

$= 1.0368 ≒ 1.037 \text{MPa}$

∴ $P_{pump} = 0.25 \text{MPa} + 1.037 \text{MPa} + 0.4 \text{MPa} = 1.687 \text{MPa}$

현재 펌프토출압력인 1.1MPa로는 미달된다.

예상문제

스프링클러

01 스프링클러설비의 종류별 사용헤드, 유수검지장치 등의 종류, 배관의 상태 등을 설명하시오.

▲풀이및정답

종류	헤드	유수검지장치등	배관상태(1차측/2차측)
습식	폐쇄형	습식유수검지장치	가압수/가압수
건식	폐쇄형	건식유수검지장치	가압수/압축공기
준비작동식	폐쇄형	준비작동식유수검지장치	가압수/저압·무압공기
부압식	폐쇄형	준비작동식유수검지장치	가압수/부압수
일제살수식	개방형	일제개방밸브	가압수/대기압

02 리타딩챔버의 역할 3가지를 설명하시오.

▲풀이및정답 ① 오보방지 ② 압력스위치 보호 ③ 밸브내 수격방지

03 건식밸브 2차측에 일정량의 수위로 물을 채우는 이유를 설명하시오.

▲풀이및정답
① 2차측 저압유지
② 개방시 충격완화
③ 2차측 압축공기 누설 방지

04 건식밸브에 사용되는 긴급개방장치 2가지를 쓰시오. [1회 기출]

▲풀이및정답 ① 엑셀레이터 ② 익져스터

05 제어반에서 SVP(슈퍼비죠리판넬)에 연결되는 기본간선수와 그 용도를 기술하시오.
[감지기 공통선과 전원 - 선은 겸용설치함]

▲풀이및정답 9선
전원+, 전원-, 감지기A, 감지기B, 밸브개방확인(PS), 밸브폐쇄확인(TS)
밸브개방(sol), 사이렌, 전화

06 일제개방밸브의 개방방식 2가지를 설명하시오. [1회 기출]

풀이및정답
① 감압개방방식 : 감지기동작 또는 수동조작에 의해 실린더실 내부가 감압되어 개방되는 방식
② 가압개방방식 : 감지기동작 또는 수동조작에 의해 실린더실 내부가 가압되어 개방되는 방식

07 부압식 스프링클러설비의 정의를 쓰시오.

풀이및정답 준비작동식 밸브 1차측은 가압수, 2차측은 부압수로 채우고 화재감지기 동작에 의해 준비작동식밸브가 개방되면서 2차측이 가압수가 된 후 열에 의해 헤드가 개방되어 살수 및 소화하는 설비

08 RDD와 ADD의 정의를 쓰고 방사시간경과에 따른 방사밀도의 변화를 그래프를 그리고 설명하시오.

풀이및정답
① RDD의 정의 : 화재를 진화하는데 필요한 최소한의 물의 방수량을 가연물상단의 표면적으로 나눈 값

$$RDD = \frac{Q_R}{A} [L/min \cdot m^2]$$

Q_R : 필요방수량(L/min), A : 가연물상단표면적(m^2)

② ADD의 정의 : 화재시 화염의 상승기류를 뚫고 실제 화염에 침투하여 가연물에 방수되는 물의 방수량을 가연물상단의 표면적으로 나눈 값

$$ADD = \frac{Q_A}{A} [L/min \cdot m^2]$$

Q_A : 실제침투방수량(L/min), A : 가연물상단표면적(m^2)

③ RDD와 ADD의 관계그래프

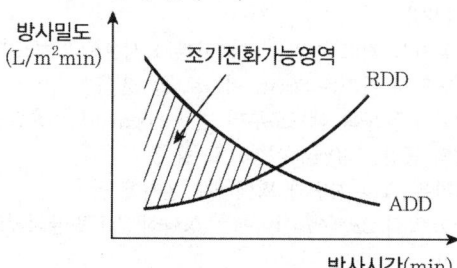

ADD가 RDD보다 작을 경우는 헤드에서 방사되는 물의 양은 조기화재 진압에 영향을 주지 못한다. 그러므로 조기에 화재를 진압하기 위해서는 ADD가 RDD보다 커야 한다.

예상문제

09 가로 6m×세로 5m×높이 5m인 가연물에 화재발생시 30분동안 9m³의 소화수가 방수되도록 설계되었다. 하지만 실제 살수시 0.5m³의 물이 진화에 참여하지 못하고 증발하였을 경우 이때의 RDD(L/min·m²)와 ADD(L/min·m²)를 구하시오.

▪풀이및정답

① $RDD = \dfrac{Q_R}{A} = \dfrac{(9000L/30min)}{6m \times 5m} = 10 L/m^2 \cdot min$

② $ADD = \dfrac{Q_A}{A} = \dfrac{(8500L/30min)}{6m \times 5m} = 9.444 \fallingdotseq 9.44 L/m^2 \cdot min$

10 준비작동식 스프링클러설비의 진행을 2단계로 구분하여 설명하시오. [1회 기출]

▪풀이및정답
① 화재감지기동작 또는 수동조작에 의해 밸브 개방
② 열로 인한 헤드의 개방으로 살수 및 소화

11 스프링클러 소화설비에 대해 다음 질문에 답하시오. [2회, 3회 기출]

1) 펌프 토출량이 3,600L/min일 때 토출유속이 5m/sec이라면 배관의 내경은 몇 mm인가? [호칭경으로 답하시오.]
2) 스프링클러헤드의 배치방식에 대해 분류하고 헤드 설치시 유의사항에 대해 기술하시오.
3) 폐쇄형 습식 스프링클러설비의 특징에 대해 기술하시오.

▪풀이및정답

1) $D = \sqrt{\dfrac{4Q}{\pi U}} = \sqrt{\dfrac{4 \times \left(\dfrac{3.6}{60}\right)}{\pi \times 5}} = 0.1236m \fallingdotseq 123.6mm$

∴ 125mm

2) ① 헤드의 배치방식
   ㉠ 정방형 배치 ㉡ 장방형 배치 ㉢ 지그재그형 배치
   ② 헤드설치시 유의사항
   ㉠ 폐쇄형 헤드설치시 최고 주위온도에 따른 표시온도의 헤드를 설치할 것
   ㉡ 헤드와 부착면과의 거리는 30cm 이하로 할 것
   ㉢ 살수에 방해되지 않도록 헤드로부터 반경 60cm 이상 공간을 확보할 것
   ㉣ 벽과 헤드와의 공간은 10cm 이상으로 할 것
   ㉤ 헤드의 반사판은 그 부착면과 평행하게 설치할 것
   ㉥ 습식 SP 및 부압식 SP외의 설비에는 상향식 스프링클러헤드를 설치할 것

3) 습식스프링클러 설비

밸브의 종류	1차측/2차측	헤드	감지기연동여부
습식유수검지장치	가압수/가압수	폐쇄형헤드	없음

유수검지장치의 1차측과 2차측 모두 가압수 상태에서 폐쇄형 헤드의 감열로 인한 개방 시 살수되어 소화하는 방식

① 장점
  ㉠ 구조가 간단하고, 설치비가 저렴하다.
  ㉡ 유지·관리가 용이하다.
  ㉢ 헤드개방후 즉시 살수되므로 신속한 소화가 가능하다.
② 단점
  ㉠ 동결의 우려가 있는 장소에는 사용이 제한된다.
  ㉡ 수손피해가 발생할 수 있다.

12 스프링클러 소화설비에서 토출량이 2.4m³/min, 유속이 3m/sec일 경우 다음 물음에 답하시오. [5회 기출]

1) 토출측 배관의 구경을 계산하시오.
2) 조건상의 토출량을 방사할 경우의 기준개수는 몇 개로 계산되는가?
3) 달시-와이스바흐의 수식을 적용하여 입상관에서의 마찰손실수두(m)를 계산하시오.
   (입상관 구경 150A, 마찰손실계수 0.02, 높이 60m, 유속 3m/sec이다.)

▲풀이및정답

1) $D = \sqrt{\dfrac{4Q}{\pi U}} = \sqrt{\dfrac{4 \times \left(\dfrac{2.4}{60}\right)}{\pi \times 3}} = 0.1302\text{m} = 130.2\text{mm}$ ∴ 150mm

2) $\dfrac{2400 L/\min}{80 L/\min} = 30$개

3) $h_L = f \cdot \dfrac{L}{D} \dfrac{U^2}{2g} = 0.02 \times \dfrac{60}{0.15} \times \dfrac{3^2}{2 \times 9.8} = 3.673\text{m} ≒ 3.67\text{m}$

13 근린생활시설로 사용되는 8층 건물에 스프링클러설비를 설치하고자 한다. 다음의 조건과 그림을 참고하여 물음에 답하시오. [4회 기출]

조건
① 토출측 마찰손실은 토출측 실양정의 35%로 한다.
② 펌프 흡입측의 연성계는 355mmHg를 지시하고 있으며, 대기압은 1.03kgf/cm²이다.
③ 펌프중심으로부터 최고위 헤드까지의 높이는 40m이다.
④ 펌프의 수력효율 90%, 체적효율 80%이며, 주어지지 않은 것은 무시한다.

1) 펌프의 전양정
2) 펌프의 분당 토출량(m³/min)
3) 펌프의 동력(kW)

▲풀이및정답

1) $H = h_1 + h_2 + 10\text{m}$

   $h_1(실양정) = 355\text{mmHg} \times \dfrac{10.332\text{m}}{760\text{mmHg}} + 40\text{m} = 44.826\text{m} ≒ 44.83\text{m}$

예상문제

h_2(마찰손실수두) $= 40\text{m} \times 0.35 = 14\text{m}$

$\therefore$ H $= 44.83\text{m} + 14\text{m} + 10\text{m} = 68.83\text{m}$

2) $Q = N \times 80\text{L/min} = 20 \times 80\text{L/min} = 1600\text{L/min} = 1.6\text{m}^3/\text{min}$

3) $P(\text{kW}) = \dfrac{\gamma \cdot Q \cdot H}{102\eta} = \dfrac{1000 \times \left(\dfrac{1.6}{60}\right) \times 68.83}{102 \times (0.9 \times 0.8)} = 24.992 ≒ 24.99\text{kW}$

14 그림은 준비작동식 스프링클러설비의 전기적 계통도이다. ⓐ~ⓕ까지에 해당하는 배선수와 각 배선의 용도를 쓰시오. (단, 배선수는 운전 조작상 필요한 최소 전선수를 쓰되, 층별 구분경보가 되도록 한다.)

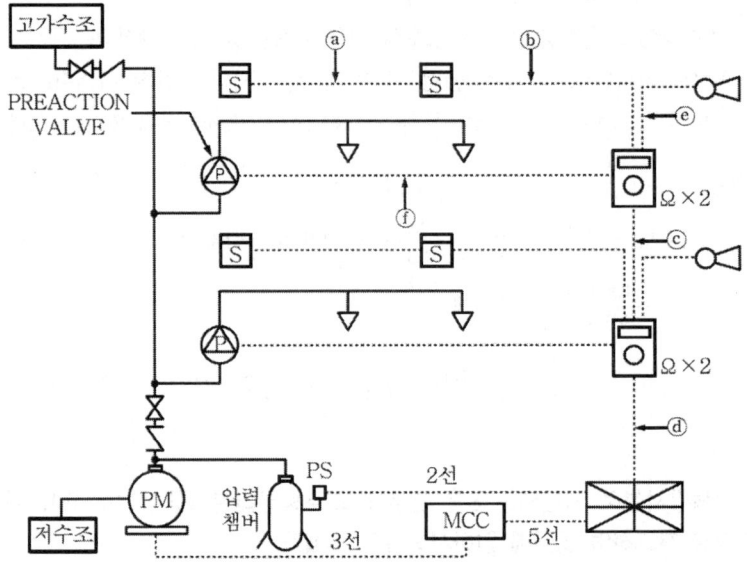

▶풀이및정답

기호	구분	배선수	배선용도
ⓐ	감지기~감지기	4	지구, 공통 각 2가닥
ⓑ	SVP~감지기	8	지구, 공통 각 2가닥
ⓒ	SVP~SVP	9	전원+, 전원−, 감지기A, 감지기B 밸브개방, 밸브개방확인, 밸브주의 사이렌, 전화
ⓓ	수신기~SVP	15	전원+, 전원−, 전화 (감지기A, B, 밸브개방, 밸브개방확인, 밸브주의, 사이렌)×2
ⓔ	SVP~사이렌	2	공통 1, 사이렌 1
ⓕ	SVP밸브	6	밸브개방 2, 밸브개방확인 2, 밸브주의 2

15 지하 2층, 지상 8층의 노유자시설에 스프링클러설비를 설치하려고 한다. 폐쇄형헤드를 4층과 7층에는 10개씩 그 밖의 층에는 7개씩 헤드가 설치되어 있을 때 다음 물음에 답하시오.

1) 방호(방수)구역은 최소 몇 개로 하여야 하는가?
2) 수원의 저수량은 몇 m³인가?
3) 가압송수장치의 최소 토출량(m³/min)은?
4) 설치하여야 하는 스프링클러헤드의 종류를 쓰시오.

▶풀이및정답
1) 한개층에 설치되는 헤드수가 10개 이하인 경우 3개층을 1개의 방호구역으로 설정할 수 있다.
∴ $\dfrac{10개층}{3개층/1구역} = 3.33$ ∴ 4구역

2) Q(m³) = N × 1.6m³ = 10 × 1.6m³ = 16m³
3) Q(L/min) = N × 80L/min = 10 × 80L/min = 800L/min
∴ 0.8m³/min
3) 노유자시설의 거실 : 조기반응형헤드 설치

16 그림과 같이 각 층의 평면구조가 모두 같은 지하 1층, 지상 4층의 사무실용도 건물이 있다. 이 건물의 전 층에 걸쳐 습식 스프링클러설비와 옥내소화전설비를 하나의 수조 및 소화펌프와 연결하여 적법하게 설치하고자 한다. 다음의 물음에 답하시오. (단, 펌프로부터 최고 위 헤드까지의 수직높이는 18m이다.)

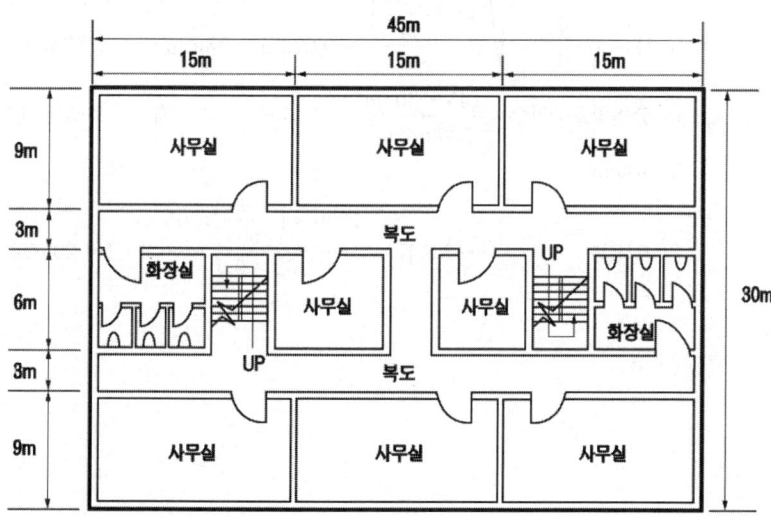

1) 옥내소화전의 설치 개수는 최소 몇 개가 되어야 하는가?
2) 펌프의 정격토출량은 분당 몇 L 이상이어야 하는가?
3) 수조의 저수량은 몇 m³ 이상이어야 하는가?

예상문제

4) 충압펌프를 소화펌프 옆에 설치할 경우 충압펌프의 정격토출압력은 몇 MPa 이상이어야 하는가?
5) 주 입상관의 안지름은 최소 몇 mm가 되어야 하는가? (단 입상관의 최대 유속은 4m/sec 이며 구경은 65mm, 80mm, 90mm, 100mm 중 택하시오.)
6) 알람밸브의 설치 개수는 몇 개 이상이어야 하는가?
7) 옥내소화전의 앵글밸브 인입측 배관의 호칭구경은 몇 mm 이상이어야 하는가?
8) 만약 펌프의 소요양정이 65m이고, 전동기 직결 구동식이라면 전동기의 소요동력은 몇 kW인가? (단, 펌프의 효율은 0.6, 축동력 전달계수는 1.1이라 한다.)

◆풀이및정답

1) 가로열 설치수 $= \dfrac{45m}{2 \times 25m \times \cos 45°} = 1.27$ ∴ 2개

   세로열 설치수 $= \dfrac{30m}{2 \times 25m \times \cos 45°} = 0.85$ ∴ 1개

   ∴ 층별 2개 설치 총 10개 설치

2) 옥내소화전 Q(L/min) = N×130L/min = 2×130L/min = 260L/min
   스프링클러 Q(L/min) = N×80L/min = 10×80L/min = 800L/min
   ∴ Q(L/min) = 260L/min + 800L/min = 1060L/min

3) 옥내소화전 Q(m³) = N×2.6m³ = 2×2.6m³ = 5.2m³
   스프링클러 Q(m³) = N×1.6m³ = 10×1.6m³ = 16m³
   ∴ Q(m³) = 5.2m³ + 16m³ = 21.2m³

4) 충압펌프의 정격토출압 = 충압펌프~최고위방수구 자연압 + 0.2MPa 이상
   = 0.18MPa + 0.2MPa = 0.38MPa

5) $D = \sqrt{\dfrac{4Q}{\pi U}} = \sqrt{\dfrac{4 \times \left(\dfrac{1.06}{60}\right)}{\pi \times 4}} = 0.075m \fallingdotseq 75mm$ ∴ 80mm

6) 층별방호구역수 $= \dfrac{(45 \times 30)m^2}{3000m^2/개} = 0.45개$ ∴ 1개   ∴ 5개 방호구역

7) 40mm

8) $P(kW) = \dfrac{\gamma \cdot Q \cdot H}{102 \cdot \eta} \times K = \dfrac{1000 \times \left(\dfrac{1.06}{60}\right) \times 65}{102 \times 0.6} \times 1.1 = 20.639 \fallingdotseq 20.64kW$

17 지하 2층, 지상 12층의 사무소 건물에 있어서 스프링클러설비를 설계하려고 한다. 다음 각 물음에 답하시오.

조건
1. 전층에 설치하는 폐쇄형헤드의 수량은 층별로 각각 80개이다.
2. 입상관의 내경은 150mm이고 높이는 40m이다.
3. 펌프의 후트밸브로부터 최상층 스프링클러헤드까지의 실고는 55m이다.
4. 입상관의 마찰손실수두를 제외한 펌프의 후트밸브로부터 최상층, 가장 먼 스프링클러헤드까지의 마찰 및 저항손실수두는 15m이다.
5. 모든 규격치는 최소량을 적용한다.
6. 펌프의 효율은 65%이다.

1) 펌프의 최소토출량[L/min]을 산정하시오.
2) 수원의 최소유효저수량[m³]을 산정하시오.
3) 입상관에서의 마찰손실수두[m]를 계산하시오.(입상관은 직관으로 간주하며, DARCY-WEISBACH식을 이용하고, 마찰계수는 0.02이다.)
4) 펌프의 최소양정[m]을 계산하시오.
5) 펌프의 축동력[kW]을 계산하시오.
6) 불연재료로 된 천장에 헤드를 아래 그림과 같이 정방형으로 배치하려고 한다. A 및 B의 최대길이를 계산하시오.(건물은 내화구조이다.)

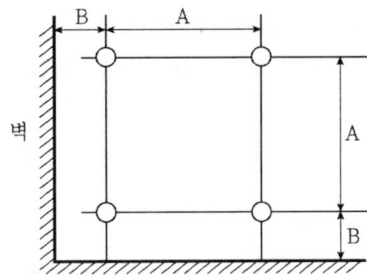

풀이 및 정답
1) $Q = N \times 80\text{L/min} = 30 \times 80\text{L/min} = 2400\text{L/min}$
2) $Q = N \times 1.6\text{m}^3 = 30 \times 1.6\text{m}^3 = 48\text{m}^3$
3) $h_L = f \cdot \dfrac{L}{D} \cdot \dfrac{U^2}{2g}$ 에서

   $U = \dfrac{Q}{A} = \dfrac{\left(\dfrac{2.4}{60}\right)}{\dfrac{\pi}{4}(0.15)^2} = 2.263 ≒ 2.26\text{m/s}$

   $h_L = 0.02 \times \dfrac{40}{0.15} \times \dfrac{(2.26)^2}{2 \times 9.8} = 1.389 ≒ 1.39\text{m}$

4) $H = h_1 + h_2 + 10\text{m} = (15\text{m} + 1.39\text{m}) + 55\text{m} + 10\text{m} = 81.39\text{m}$

5) $P(kW) = \dfrac{\gamma \cdot Q \cdot H}{102 \cdot \eta} = \dfrac{1000 \times \left(\dfrac{2.4}{60}\right) \times 81.39}{102 \times 0.65} = 49.104 ≒ 49.1 kW$

6) $A = 2 \times R \times \cos 45° = 2 \times 2.3m \times \cos 45° = 3.252 ≒ 3.25m$

$B = \dfrac{A}{2} = \dfrac{3.25}{2} = 1.625 ≒ 1.63m$

18 특수가연물을 저장, 취급하는 창고에 일제살수식 스프링클러설비를 설치하였을 때 다음 물음에 답하시오.

> **조건**
> 1. 가로, 세로의 거리는 각각 19m와 13m이다.
> 2. 헤드의 배치는 장방형으로 한다. (가로열이 길고 설치각은 35°이다.)
> 3. 헤드의 평균 방사압력은 0.25MPa이다.
> 4. 헤드는 개방형이며, 방출계수는 90이다.
> 5. 펌프의 전양정은 100m이다.

1) 최소 헤드수를 산출하시오.
2) 방수구역은 최소 몇 개인가?
3) 펌프의 최소 토출량(L/min)을 산정하시오.
4) 최소 유효저수량 (m³) 산정하시오.
5) 주 배관의 최소구경(mm)을 산출하시오.
6) 펌프 성능시험배관의 최소구경(mm)을 산출하시오.
7) 펌프 성능시험배관에 설치하는 유량계의 최소 측정유량(L/min)은 얼마인가?
8) 위 설비가 연결송수관설비와 겸용하는 경우 주배관의 최소구경은 몇 mm인가?

풀이 및 정답 1) ① 가로열 헤드수

$최소수 = \dfrac{가로열\ 길이}{긴변} = \dfrac{19m}{2R \sin 55°} = \dfrac{19m}{2 \times 1.7m \times \sin 55°} = 6.82$ ∴ 7개

$최대수 = \dfrac{가로열\ 길이}{짧은변} = \dfrac{19m}{2R \sin 35°} = \dfrac{19\ m}{2 \times 1.7m \times \sin 35°} = 9.74$ ∴ 10개

② 세로열 헤드수

$최소수 = \dfrac{세로열\ 길이}{긴변} = \dfrac{13m}{2R \sin 55°} = \dfrac{13m}{2 \times 1.7m \times \sin 55°} = 4.66$ ∴ 5개

$최대수 = \dfrac{세로열\ 길이}{짧은변} = \dfrac{13m}{2R \sin 35°} = \dfrac{13m}{2 \times 1.7m \times \sin 35°} = 6.66$ ∴ 7개

③ 설치가능수 : 7×7=49개, 5×10=50개

∴ 최소수 49개 설치

2) 방수구역수 $= \dfrac{49}{50} = 0.98$ ∴ 1개

3) Q(L/min) = N×K$\sqrt{10P}$ = 49×90$\sqrt{10×0.25}$ = 6972.822 ≒ 6972.82L/min

4) Q(m³) = 6972.82L/min×20min = 139456.4L≒139.456m³≒139.46m³

5) D = $\sqrt{\dfrac{4Q}{\pi U}}$ = $\sqrt{\dfrac{4×\left(\dfrac{6.97}{60}\right)}{\pi×10}}$ = 0.121m ≒ 121mm

   ∴ 125mm 선정

6) cf) 유량계 최대눈금 = 6972.82L/min×1.75 = 12202.435L/min

   D = $\sqrt{\dfrac{1.5Q}{0.653×\sqrt{0.65×10P}}}$ = $\sqrt{\dfrac{1.5×(6972.82)}{0.653×\sqrt{0.65×10×1}}}$ = 79.261mm

   ∴ 80mm

7) 유량계유량 = 6972.82L/min×1.75 = 12202.435 ≒ 12202.44L/min

8) 125mm

19

스프링클러설비가 설치된 랙크식 창고에 특수가연물을 저장하고 있다.

조건

1. 랙크식창고의 높이는 10.5m이다.
2. 랙크식창고는 가로 20m, 세로 22m이다.
3. 헤드는 폐쇄형헤드를 사용하며, 정방형으로 배치한다.

1) 설치해야 할 최소 헤드의 수는 몇 개인가?
2) 가압송수장치의 분당토출량(L/min)은?
3) 필요한 1차 수원의 양(m³)은?
4) 옥상수조에 저장하여야 할 수원의 양(m³)은?

풀이및정답

1) ① 가로열 헤드수 = $\dfrac{\text{가로열 길이}}{2R\cos 45°}$ = $\dfrac{20m}{2×1.7m×\cos 45°}$ = 8.318   ∴ 9개

   ② 세로열 헤드수 = $\dfrac{\text{세로열 길이}}{2R\cos 45°}$ = $\dfrac{22m}{2×1.7m×\cos 45°}$ = 9.15   ∴ 10개

   ∴ 9×10개 = 90개

   특수가연물 저장하는 랙크식 창고의 경우 랙크높이 4m마다 설치하므로

   $\dfrac{10.5m}{4m}$ = 2.625   ∴ 3열 설치

   ∴ 90×3 = 270개

2) Q = N×80L/min = 30×80L/min = 2400L/min

3) Q = N×1.6m³ = 30×1.6m³ = 48m³

4) Q = 48m³×$\dfrac{1}{3}$ = 16m³

예상문제

20 지하 3층, 지상 5층의 백화점 건물에 소방관련법령과 주어진 조건을 이용하여 스프링클러 설비를 설치하려 한다. 다음 물음에 답하시오.

> **조건**
> 1. 각 층에 설치된 헤드는 80개이다.
> 2. 펌프는 지하층에 설치되어 있고 펌프로부터 최상층 스프링클러 헤드까지의 수직거리는 45m이다.
> 3. 배관 및 관 부속의 마찰손실수두는 실양정의 20%로 한다.
> 4. 펌프흡입측 배관에 설치된 진공계는 300mmHg를 지시하고 있다.
> 5. 모든 규격치는 최소치를 적용한다.
> 6. 펌프의 체적효율은 90%, 기계효율 95%, 수력효율 85% 이다.
> 7. 펌프의 전달계수는 1.1이다.

1) 전양정을 산출하시오.
2) 펌프의 최소유량(L/min)을 산출하시오.
3) 펌프의 효율을 산출하시오.
4) 펌프의 축동력을 산출하시오.

풀이및정답
1) $H = h_1 + h_2 + 10m$

   $h_1(실양정) = 300mmHg \times \dfrac{10.332m}{760mmHg} + 45m = 49.078 ≒ 49.08m$

   $h_2(마찰손실수두) = 49.08m \times 0.2 = 9.816 = 9.82m$

   ∴ $H = 49.08m + 9.82m + 10m = 68.9m$

2) $Q = N \times 80L/min = 30 \times 80L/min = 2400L/min$

3) $\eta = 0.9 \times 0.95 \times 0.85 = 0.726 ≒ 0.73$ ∴ 73%

4) $P(kW) = \dfrac{\gamma \cdot Q \cdot H}{102 \cdot \eta} = \dfrac{1000 \times \left(\dfrac{2.4}{60}\right) \times 68.9}{102 \times 0.73} = 37.013 ≒ 37.01kW$

---

21 무대부에 개방형스프링클러설비를 다음과 같이 설치했을 때 다음 물음에 답하시오.

> **조건**
> 1. 설치된 일제개방밸브는 2개이다.
> 2. 일제개방밸브에는 각각 25개와 45개의 헤드가 연결되어 있다.
> 3. 펌프는 1대를 사용하며, 토출량은 5500lpm이다.
> 4. 펌프의 전양정은 73m이다.

1) 최소 유효저수량(m^3)을 산정하시오.
2) 주 배관의 최소구경(mm)을 산출하시오.
3) 펌프를 체절운전 하였을 때 최대허용압력(kgf/cm^2)은?

4) 토출량이 8250L/min일 때 압력계의 최소 지시압력(kgf/cm²)은?

[풀이및정답] 1) $Q = 5500L/min \times 20min = 110,000L ≒ 110m^3$

2) $D = \sqrt{\dfrac{4 \cdot Q}{\pi \cdot U}} = \sqrt{\dfrac{4 \times \left(\dfrac{5.5}{60}\right)}{\pi \times 10}} = 0.108 ≒ 108mm$

∴ 125mm

3) $7.3kgf/cm^2 \times 1.4 = 10.22kgf/cm^2$
4) $7.3kgf/cm^2 \times 0.65 = 4.745 ≒ 4.75kgf/cm^2$

22

가로 50m, 세로 30m의 석탄(특수가연물)창고에 습식 표준형 스프링클러헤드를 정방형으로 설치하고 펌프의 분당 토출량이 3500L/min 일 때 다음 물음에 답하시오.

1) 설치해야 할 헤드의 최소 갯수는 몇 개인가?
2) 수원의 저수량은 몇 m³인가?
3) 가압송수장치의 최소 토출량의 기준은 몇 m³/min인가?
4) 주배관의 구경은 최소 몇 mm 이상이어야 하는가?
5) 헤드의 최대 방호면적은 몇 m²인가?
6) 성능시험배관에 설치되는 유량계의 최대 눈금은 몇 L/min인가?
7) 방호구역은 최소 몇 개인가?
8) 설치된 헤드의 유효 살수면적은 몇 m²인가?

[풀이및정답]
1) ① 가로열 헤드수 = $\dfrac{\text{가로열 길이}}{2R\cos 45°} = \dfrac{50m}{2 \times 1.7m \times \cos 45°} = 20.79$ ∴ 21개

② 세로열 헤드수 = $\dfrac{\text{세로열 길이}}{2R\cos 45°} = \dfrac{30m}{2 \times 1.7m \times \cos 45°} = 12.47$ ∴ 13개

∴ $21 \times 13개 = 273개$

2) $Q = N \times 1.6m^3 = 30 \times 1.6m^3 = 48m^3$
3) $Q = N \times 80L/min = 30 \times 80L/min = 2400L/min ≒ 2.4m^3/min$
4) $D = \sqrt{\dfrac{4Q}{\pi U}} = \sqrt{\dfrac{4 \times \left(\dfrac{3.5}{60}\right)}{\pi \times 10}} = 0.086 ≒ 86mm$

규약방식의 경우 특수가연물 91개 이상시 150mm 선정
∴ 150mm 선정

5) 방호면적 = 헤드간의 거리 × 헤드간의 거리
= $(2 \times 1.7m \times \cos 45°) \times (2 \times 1.7m \times \cos 45°)$
= $5.78m^2$

6) $3500L/min \times 1.75 = 6125L/min$
7) $\dfrac{(50m \times 30m)}{3000m^2} = 0.5$ ∴ 1개
8) 살수 면적 = 원의 면적 = $\pi R^2 = \pi \times (1.7m)^2 = 9.079 ≒ 9.08m^2$

예상문제

23 가로 30m, 세로 20m인 사무실 용도의 실에 스프링클러헤드를 설치하고자 할 때 다음 물음에 답하시오. (단, 주요구조부는 내화구조이고 천장과 반자사이에는 헤드를 설치하지 않는다.)

보기				
세로열개수 \ 가로열 개수	6	7	8	9
3	18	21	24	27
4	24	28	32	36
5	30	35	40	45

1) 헤드의 배치각도(θ)를 30°(60°)로 할 때 [보기]와 같이 빈칸을 채우시오.

세로열 개수 \ 가로열 개수							

2) 헤드의 배치를 정방형으로 할 때 최소 헤드의 수는 개인가?

▲풀이및정답

1) 가로열 최소개수 $= \dfrac{30\text{m}}{2 \times R \times \sin 60°} = \dfrac{30\text{m}}{2 \times 2.3\text{m} \times \sin 60°} = 7.53$ ∴ 8개

가로열 최대개수 $= \dfrac{30\text{m}}{2 \times R \times \sin 30°} = \dfrac{30\text{m}}{2 \times 2.3\text{m} \times \sin 30°} = 13.04$ ∴ 14개

세로열 최소개수 $= \dfrac{20\text{m}}{2 \times R \times \sin 60°} = \dfrac{20\text{m}}{2 \times 2.3\text{m} \times \sin 60°} = 5.02$ ∴ 6개

세로열 최대개수 $= \dfrac{20\text{m}}{2 \times R \times \sin 30°} = \dfrac{20\text{m}}{2 \times 2.3\text{m} \times \sin 30°} = 8.69$ ∴ 9개

세로열개수 \ 가로열개수	8	9	10	11	12	13	14
6	48	54	60	66	72	78	84
7	56	63	70	77	84	91	98
8	64	72	80	88	96	104	112
9	72	81	90	99	108	117	126

2) 가로열 설치개수 $= \dfrac{\text{가로열 길이}}{\text{설치간격}} = \dfrac{30\text{m}}{2R \cos 45°} = \dfrac{30\text{m}}{2 \times 2.3\text{m} \times \cos 45°} = 9.22$

∴ 10개

$$\text{세로열 설치개수} = \frac{\text{세로열 길이}}{\text{설치간격}} = \frac{20\text{m}}{2R\cos 45°} = \frac{20\text{m}}{2 \times 2.3\text{m} \times \cos 45°} = 6.15$$
$$\therefore 7\text{개}$$
$$\therefore 70\text{개 설치}$$

24 다음 그림을 보고 물음에 답하시오.(단, 복합건축물(도매시장)로 설계됨)

조건
1. 건물의 층고는 8m이다.
2. 배관의 마찰손실은 흡입 및 토출 실양정의 35%이다.
3. 진공계 지시압은 325mmHg, 대기압은 1.0332kgf/cm²이다.
4. 기계효율 95%, 수력효율 90%, 체적효율 85%이다.
5. 최고위 헤드 방사압은 1kgf/cm² 이상이다.

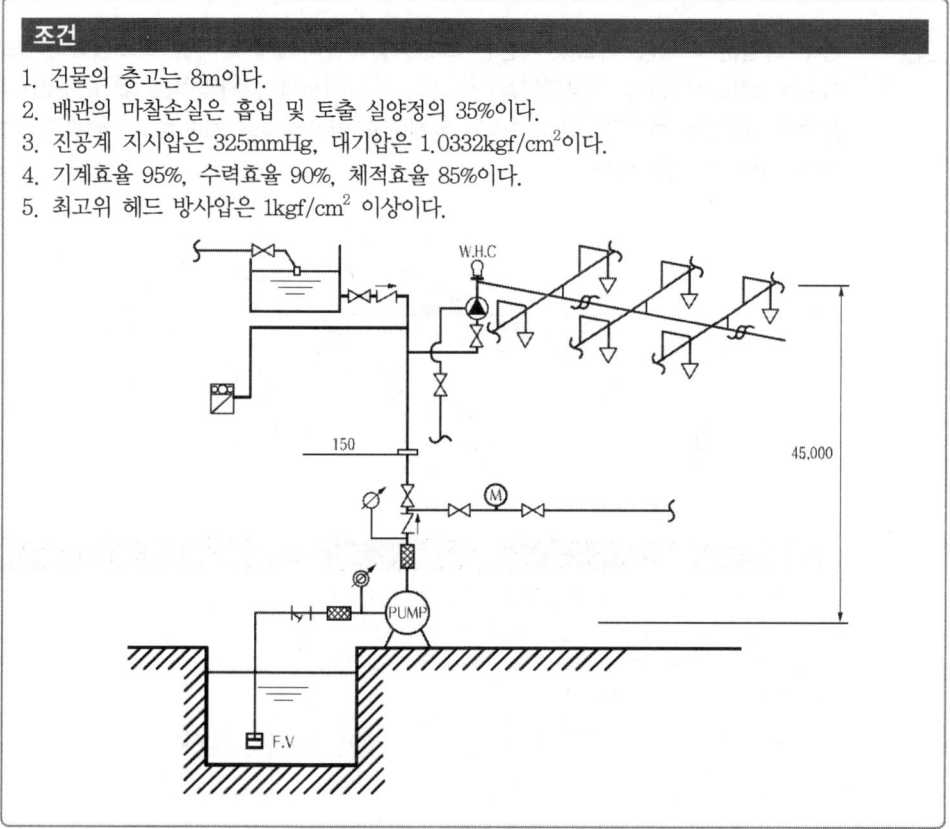

1) 펌프의 전양정은?
2) 수원의 양은? (단, 스프링클러 헤드는 당해 층에 30개 이상 기준이고, 옥내소화전은 각 층별로 1개 설치 기준임)
3) 펌프의 축동력[kW]은?

풀이및정답 1) $H = h_1 + h_2 + h_3$

$$h_1 = \left(\frac{325\text{mmHg}}{760\text{mmHg}} \times 10.332\text{m}\right) + 45\text{m} = 49.42\text{m}$$
$$h_2 = 49.42\text{m} \times 0.35 = 17.3\text{m}$$
$$h_3 = 10\text{m}$$

예상문제

$$\therefore H = 49.42m + 17.3m + 10m = 76.72m$$

2) ① 스프링클러설비에 필요한 수원의 양 = 30개 × 1.6m³ = 48m³
   ② 옥내소화전설비에 필요한 수원의 양 = 1개 × 2.6m³ = 2.6m³
   $\therefore$ 수원의 양 = 48m³ + 2.6m³ = 50.6m³

3) $kW = \dfrac{\gamma \times Q \times H}{102 \times \eta} = \dfrac{1000 \times \dfrac{2.53}{60} \times 76.72}{102 \times (0.95 \times 0.9 \times 0.85)} = 43.640 ≒ 43.64 kW$

25 아래 그림은 폐쇄형 헤드를 사용한 스프링클러설비에서 나타난 스프링클러헤드 중 A점에 설치된 헤드 1개만이 개방되었을 때 A점 헤드에서의 방사압력은 몇 MPa인가? 방사압력 산정에 필요한 계산과정을 상세히 명시하고 방사압력을 소수점 4자리까지 구하시오. (소수점 4자리 미만은 삭제)

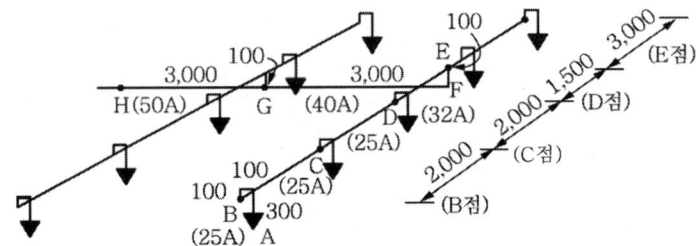

조건

1. 급수관 중 H점에서의 가압수의 압력은 0.15MPa이다.
2. 티 및 엘보는 직경이 다른 티 및 엘보는 사용하지 않는다.
3. 스프링클러헤드는 15A 헤드가 설치된 것으로 한다.
4. 직관의 마찰손실(100m당)

유량	25A	32A	40A	50A
80L/min	39.82m	11.38m	5.40m	1.68m

(A점에서의 헤드 방수량은 80ℓ/min로 계산한다.)

5. 관이음쇠 마찰손실에 해당하는 직관길이 (단위 : m)

구분	25A	32A	40A	50A
90° 엘보	0.9	1.20	1.50	2.10
레듀샤	(25×15A)0.54	(32×25A)0.72	(40×32A)0.90	(50×40A)1.20
티(직류)	0.27	0.36	0.45	0.60
티(분류)	1.50	1.80	2.10	3.00

◀풀이및정답 $P_A = P_H - \Delta P_{H \sim A} -$ 낙차환산압력

$P_H = 0.15 MPa$

낙차환산압력 = −0.1m = −0.001MPa
$\triangle P_{H \sim A}$
　50A : 직관 L=3m
　　　부품 L= 직류티(0.6m) + 레듀샤(50×40)(1.2m) = 1.8m
　　　L=4.8m
　　　$h_L = 4.8m \times \dfrac{1.68m}{100m} = 0.08064m ≒ 0.0806m$
　40A : 직관 L=3m+0.1m=3.1m
　　　부품 L= 엘보(1.5m) + 분류티(2.1m) + 레듀샤(40×32)(0.9m) = 4.5m
　　　L=3.1m+4.5m=7.6m
　　　$h_L = 7.6m \times \dfrac{5.4m}{100m} = 0.4104m$
　32A : 직관 L=1.5m
　　　부품 L= 직류티(0.36m) + 레듀샤(32×25)(0.72m) = 1.08m
　　　L=1.5m+1.08m=2.58m
　　　$h_L = 2.58m \times \dfrac{11.38m}{100m} = 0.29360m ≒ 0.2936m$
　25A : 직관 L=2m+2m+0.1m+0.1m+0.3m=4.5m
　　　부품 L= 직류티(0.27m) + 엘보(3×0.9m) + 레듀샤(25×15)(0.54m) = 3.51m
　　　L=4.5m+3.51m=8.01m
　　　$h_L = 8.01m \times \dfrac{39.82m}{100m} = 3.18958m ≒ 3.1895m$
∴ 총 $h_L = 0.0806m + 0.4104m + 0.2936m + 3.1895m$
　　　　 $= 3.9741m ≒ 0.03974MPa ≒ 0.0397MPa$
∴ $P_A = 0.15MPa − 0.0397MPa − (−0.001MPa) = 0.1113MPa$

26 헤드의 방수압력이 0.1MPa일 때 방수량이 80(L/min)인 폐쇄형스프링클러설비에서 수리계산으로 배관의 관경을 결정하는 경우 다음 [조건]을 보고 물음에 알맞은 답을 쓰시오. (단, 풀이과정을 쓰고 최종 답을 반올림하여 소수점 둘째자리까지 구할 것) [10회 기출]

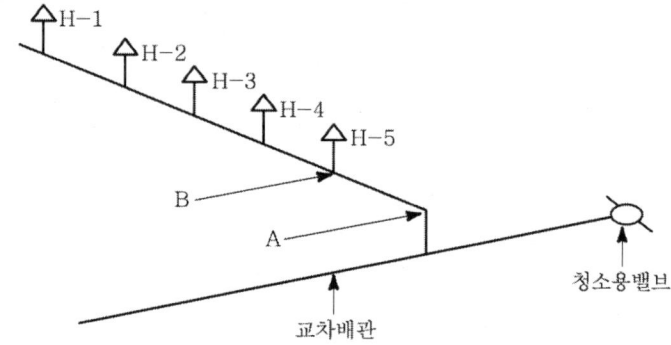

예상문제

> **조건**
> ① 스프링클러헤드 H-1에서 H-5까지의 각 헤드마다 방수압력의 차이는 0.02MPa이다. (단, 계산 시 스프링클러헤드와 가지배관사이의 배관마찰손실은 무시한다.)
> ② A~B구간은 마찰손실은 0.03MPa이다.
> ③ H-1에서의 방수량은 80(L/min)이다.

1) A지점에서의 필요 최소 압력은 몇 MPa인가?
2) 각 헤드 (H-1, H-5)에서의 방수량은 몇 L/min인가?
3) A~B 구간에서의 유량은 몇 L/min인가?
4) A~B구간 배관의 최소 내경은 몇 (m)인가?

◀풀이및정답

1) $P_A = P_{H-1} + \triangle P_{H1 \sim H5} + \triangle P_{B \sim A}$
   ∴ $P_A = 0.1\text{MPa} + (0.02\text{MPa} \times 4) + 0.03\text{MPa} = 0.21\text{MPa}$

2) $Q = K\sqrt{10P}$

   $K = \dfrac{Q}{\sqrt{10P}} = \dfrac{80}{\sqrt{10 \times 0.1}} = 80$

   ① $Q_{H-1} = 80\sqrt{10P} = 80\sqrt{10 \times 0.1\text{MPa}} = 80\text{L/min}$
   ② $Q_{H-2} = 80\sqrt{10 \times 0.12\text{MPa}} = 87.635 ≒ 87.64\text{L/min}$
   ③ $Q_{H-3} = 80\sqrt{10 \times 0.14\text{MPa}} = 94.657 ≒ 94.66\text{L/min}$
   ④ $Q_{H-4} = 80\sqrt{10 \times 0.16\text{MPa}} = 101.192 ≒ 101.19\text{L/min}$
   ⑤ $Q_{H-5} = 80\sqrt{10 \times 0.18\text{MPa}} = 107.331 ≒ 107.33\text{L/min}$

3) $Q_{A \sim B} = Q_{H-1} + Q_{H-2} + Q_{H-3} + Q_{H-4} + Q_{H-5}$
   $= 80 + 87.64 + 94.66 + 101.19 + 107.33 = 470.82\text{L/min}$

4) $D = \sqrt{\dfrac{4Q}{\pi U}} = \sqrt{\dfrac{4 \times \left(\dfrac{0.47}{60}\right)}{\pi \times 6}} = 0.040 ≒ 0.04\text{m}$

   ∴ 0.04m

27 무대부에 개방형 스프링클러설비가 그림과 같이 설치되어 있는 경우 [조건]을 참조하여 펌프의 토출량을 구하시오.

조건
1. 말단헤드 ⓐ의 방수압은 0.1MPa, 방수량은 100L/min이다.
2. 스프링클러헤드 방출계수 K=100이다.
3. 배관의 마찰손실은 아래 식을 이용한다.

$$\Delta P = 6 \times 10^4 \times \frac{Q^2}{100^2 \times d^5}$$

ΔP : 배관 1m당 마찰손실압력MPa/m), Q : 배관 내 유량(L/min), d : 배관의 내경(mm)

4. 기타 주어지지 않은 조건은 무시한다.

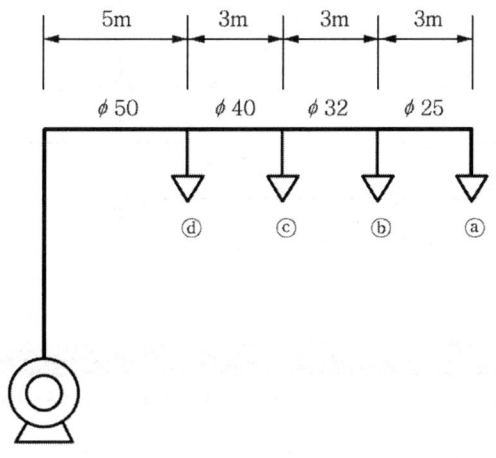

풀이및정답 펌프의 토출량 = $Q_a + Q_b + Q_c + Q_d$

$Q_a = 100\text{L/min}$

$K = \dfrac{Q}{\sqrt{10P}} = \dfrac{100}{\sqrt{10 \times 0.1}} = 100$

$Q_b = K\sqrt{10P_b}$

$P_b = P_a + \Delta P_{a \sim b} = 0.1 + 6 \times 10^4 \times \dfrac{100^2}{100^2 \times 25^5} \times 3 = 0.118 ≒ 0.12\text{MPa}$

∴ $Q_b = 100\sqrt{10 \times 0.12} = 109.544 ≒ 109.54\text{L/min}$

$Q_c = K\sqrt{10P_c}$

$P_c = P_b + \Delta P_{b \sim c} = 0.12 + 6 \times 10^4 \times \dfrac{(100+109.54)^2}{100^2 \times 32^5} \times 3 = 0.143 ≒ 0.14\text{MPa}$

∴ $Q_c = 100\sqrt{10 \times 0.14} = 118.321 ≒ 118.32\text{L/min}$

$Q_d = K\sqrt{10P_d}$

$$P_d = P_c + \Delta P_{c\sim d} = 0.14 + 6\times 10^4 \times \frac{(100+109.54+118.32)^2}{100^2 \times 40^5}\times 3 = 0.158 ≒ 0.16\,\text{MPa}$$

$$\therefore\ Q_d = 100\sqrt{10\times 0.16} = 126.491 ≒ 126.49\,\text{L/min}$$

펌프토출량 = 100 + 109.54 + 118.32 + 126.49 = 454.35 L/min

28

다음 그림은 어느 스프링클러설비의 배관계통도이다. 이 도면과 주어진 [조건]에 따라 각 물음에 답하시오.

[도면]

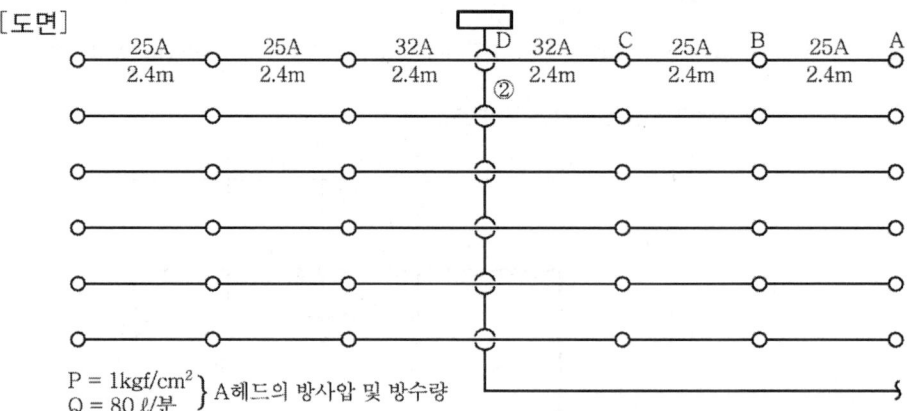

조건

1. 배관 마찰손실압력은 하젠-윌리엄스 공식을 따르되 계산의 편의상 다음 식과 같다고 가정한다.

$$\Delta P = 6\times 10^4 \times \frac{Q^2}{C^2\times D^5}\times L\,(\text{배관길이})$$

2. 배관 호칭구경과 내경은 같다고 한다.
3. 관부속 마찰손실은 무시한다.
4. 헤드는 개방형이고 조도 C는 100으로 한다.
5. 배관의 구경은 15, 20, 25, 32, 40, 50, 65, 80, 100으로 한다.

1) B~A 사이의 마찰손실압력(MPa)을 구하시오.
2) B헤드에서의 방사량(L/min)을 계산하시오.
3) C~B 사이의 마찰손실압력(MPa)을 구하시오.
4) C지점에서의 방사량(L/min)을 계산하시오.
5) D지점에서의 압력(MPa)을 구하시오.
6) ②지점의 배관 내 유량(L/min)을 계산하시오.
7) ②지점의 배관 최소관경을 화재안전기준에 따른 배관 내 유속에 따라 관경을 계산하시오.

▶ 풀이및정답

1) $\Delta P = 6 \times 10^4 \times \dfrac{80^2}{100^2 \times 25^5} \times 2.4\text{m} = 0.0094\text{MPa} ≒ 0.01\text{MPa}$

2) B헤드의 방사압력 = 0.1 + 0.01 = 0.11MPa

   헤드의 방출계수(K) = $\dfrac{Q}{\sqrt{10P}} = \dfrac{80}{\sqrt{10 \times 0.1}} = 80$

   ∴ $Q_B = 80\sqrt{10 \times 0.11} = 83.904\text{L/min} ≒ 83.9\text{L/min}$

3) $\Delta P = 6 \times 10^4 \times \dfrac{(80+83.9)^2}{100^2 \times 25^5} \times 2.4\text{m} = 0.039\text{MPa} ≒ 0.04\text{MPa}$

4) C헤드의 방사압력 = 0.11 + 0.04 = 0.15MPa

   ∴ $Q = 80\sqrt{10 \times 0.15} = 97.979\text{L/min} ≒ 97.98\text{L/min}$

5) D~C의 마찰손실압력

   $\Delta P = 6 \times 10^4 \times \dfrac{(80+83.9+97.98)^2}{100^2 \times 32^5} \times 2.4\text{m} = 0.029\text{MPa} ≒ 0.03\text{MPa}$

   ∴ D지점의 압력 = 0.15 + 0.03 = 0.18MPa

6) 교차배관을 중심으로 좌측·우측의 유량이 동일하므로

   ∴ 유량 = (80 + 83.9 + 97.98) × 2 = 523.76L/min

7) $D = \sqrt{\dfrac{4Q}{\pi U}} = \sqrt{\dfrac{4 \times (0.52/60)\text{m}^3/\text{s}}{\pi \times 10\text{m/s}}} = 0.033\text{m}$

   ∴ 40mm

29 다음 도면과 도표를 참조하여 각 물음에 답하시오.

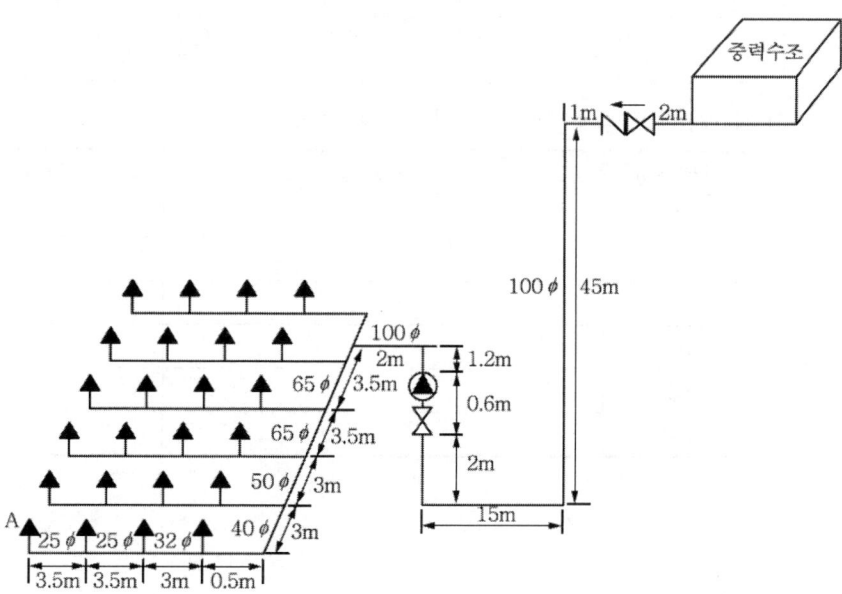

예상문제

조건

1. 주어지지 않은 조건은 무시한다.
2. 직류 T 및 레듀샤는 무시한다.
3. 헤드 A만 개방된 것으로 가정한다.
4. 배관의 마찰손실압력은 아래의 하젠-윌리암스(Hazen-William's)식을 따른다.

$$\Delta Pm = \frac{6 \times 10^4 \times Q^2}{C^2 \times D^5}$$

ΔPm : 배관 1m당의 마찰손실압력(MPa/m), Q : 유량(L/min)
C : 조도(120), D : 관경(mm)

【 배관의 호칭구경별 안지름(mm) 】

호칭구경	25	32	40	50	65	80	100
내경	28	36	42	53	66	79	103

【 관이음쇠·밸브류 등의 마찰손실수두에 상당하는 직관길이(m) 】

관이음쇠 밸브의 호칭경(mm)	90° 엘보	90° T(측류)	알람체크밸브	게이트밸브	체크밸브
φ 25	0.9	1.5	4.5	0.18	4.5
φ 32	1.2	1.8	5.4	0.24	5.4
φ 40	1.5	2.1	6.5	0.30	6.5
φ 50	2.1	3.0	8.4	0.39	8.4
φ 65	2.4	3.6	10.2	0.48	10.2
φ 100	4.2	6.3	16.5	0.81	16.5

1) 각 배관의 관경에 따라 다음 빈칸을 채우시오.

관경(mm)	산출근거	상당관 및 직관길이(m)
25		
32		
40		
50		
65		
100		

2) 다음 ( )안을 채우시오.

관경(mm)	배관 1m당 마찰손실압력(MPa/m)
25	(①) $\times 10^{-7} Q^2$
32	(②) $\times 10^{-8} Q^2$
40	(③) $\times 10^{-8} Q^2$
50	(④) $\times 10^{-9} Q^2$
65	(⑤) $\times 10^{-9} Q^2$
100	(⑥) $\times 10^{-10} Q^2$

3) A점 헤드에서 고가수조까지 낙차(m)를 구하시오.
4) A점 헤드의 분당 방수량(L/min)을 계산하시오. (단, 방출계수 K=80으로 한다.)

◀풀이및정답 1)

관경(mm)	산출근거	상당관 및 직관길이(m)
25	직관 : 3.5+3.5=7.0 관부속 : 90° 엘보 1개×0.9=0.9 계 7.9	7.9
32	직관 : 3.0	3.0
40	직관 : 0.5+3=3.5 관부속 : 90° 엘보 1개×1.5=1.5 계 5.0	5.0
50	직관 : 3.0	3.0
65	직관 : 3.5+3.5=7.0	7.0

100	직관 : 2+1+45+15+2+1.2+2=68.2
	관부속 : 게이트밸브 2개×0.81 =1.62
	         체크밸브 1개×16.5 =16.5
	         알람체크밸브 1개×16.5 =16.5
	         90° 엘보 4개×4.2 =16.8
	         90° T(측류) 1개×6.3 =6.3
	계 125.92
		125.92

2) ① $\dfrac{6 \times 10^4 \times Q^2}{120^2 \times 28^5} = 2.42 \times 10^{-7} \times Q^2$

∴ 2.42

② $\dfrac{6 \times 10^4 \times Q^2}{120^2 \times 36^5} = 6.89 \times 10^{-8} \times Q^2$

∴ 6.89

③ $\dfrac{6 \times 10^4 \times Q^2}{120^2 \times 42^5} = 3.19 \times 10^{-8} \times Q^2$

∴ 3.19

예상문제

④ $\dfrac{6\times 10^4\times Q^2}{120^2\times 53^5}=9.96\times 10^{-9}\times Q^2$

∴ 9.96

⑤ $\dfrac{6\times 10^4\times Q^2}{120^2\times 66^5}=3.33\times 10^{-9}\times Q^2$

∴ 3.33

⑥ $\dfrac{6\times 10^4\times Q^2}{120^2\times 103^5}=3.59\times 10^{-10}\times Q^2$

∴ 3.59

3) $45m-2m-0.6m-1.2m=41.2m$

4) $Q=K\sqrt{10P}$　　Q : 방수량(L/min), K : 방출계수, P : 방수압(MPa)
P_A(A헤드 방수압) = 낙차의 환산수두압 − 배관의 총 마찰손실압력
낙차의 환산수두압 = 41.2m = 0.412MPa
배관의 총 마찰손실압력
　= $(2.42\times 10^{-7}\times Q^2\times 7.9)+(6.89\times 10^{-8}\times Q^2\times 3.0)+(3.19\times 10^{-8}\times Q^2\times 5.0)$
　$+(9.96\times 10^{-9}\times Q^2\times 3.0)+(3.33\times 10^{-9}\times Q^2\times 7.0)$
　$+(3.59\times 10^{-10}\times Q^2\times 125.92)$
= $2.37\times 10^{-6}\times Q^2$ (MPa)
$Q=80\sqrt{10\times(0.412-2.37\times 10^{-6}Q^2)}$
양변을 제곱하면 $Q^2=80^2\times(4.12-2.37\times 10^{-5}Q^2)$
$Q^2=(80^2\times 4.12)-(80^2\times 2.37\times 10^{-5}Q^2)$
$Q^2=26{,}368-0.15Q^2$
$1.15Q^2=26{,}368$
∴ $Q^2=26{,}368/1.15$
∴ $Q=\sqrt{26{,}368/1.15}=151.42$ L/min

30 한 개의 방호구역으로 구성된 가로 15m, 세로 15m, 높이 6m의 랙크식창고에 특수가연물을 저장하고 있고, 표준형스프링클러헤드 폐쇄형을 정방형으로 설치하려고 한다. 다음 각 물음에 답하시오. [8회 기출]

1) 헤드 설치수.
2) 총 헤드를 담당하는 최소배관의 구경.(규약방식배관)
3) 헤드 1개당 80L/min으로 방출시 옥상수조를 포함한 수원의 량(m³)

> **풀이및정답**
> 1) ① 가로열 설치수 = $\dfrac{\text{가로열 길이}}{2R\cos 45°} = \dfrac{15m}{2 \times 1.7m \times \cos 45°} = 6.23$ ∴ 7개
>   ② 세로열 설치수 = $\dfrac{\text{세로열 길이}}{2R\cos 45°} = \dfrac{15m}{2 \times 1.7m \times \cos 45°} = 6.23$ ∴ 7개
>   특수가연물, 랙크식창고의 경우 랙크높이 4m마다 설치
>   ∴ 7×7×2 = 98개
> 2) 특수가연물(폐쇄형), 헤드수 91개 이상시 150mm 선정
>   ∴ 150mm
> 3) ① 저수조 수원량 Q = N×1.6m³ = 30×1.6m³ = 48m³
>   ② 옥상수조 수원량 Q = 48m³ × $\dfrac{1}{3}$ = 16m³
>   ∴ 총 수원량 = 48m³ + 16m³ = 64m³

31 폭 4m, 길이 20m인 실내에 측벽형헤드를 설치시 설치수량을 구하시오

> **풀이및정답**
> ① 폭 4m, 길이 20m 실내 측벽형헤드 설치시
> $\dfrac{20m}{3.6m} = 5.55$ ∴ 6개 설치
> ② 폭 8m, 길이 20m 실내 측벽형헤드 설치시
>   한쪽 측벽 : $\dfrac{20m}{3.6m} = 5.55$ ∴ 6개
>   반대쪽 측벽 : $\dfrac{20m}{3.6m} = 5.55$ ∴ 6개
>   총 12개
> cf) 한쪽 측벽이 3.6m의 배수인 경우(L이 3.6m의 배수인 경우)
>   수 = $\dfrac{L}{3.6} + 1$

예상문제

32 교육연구시설에 스프링클러설비를 설치하고자 한다. 조건을 참고하여 각 물음에 답하시오

조건

1. 건물의 층별높이는 다음과 같으며 지상층은 모두 창문이 있는 건물이다.

	지하 2층	지하 1층	지상 1층	지상 2층	지상 3층	지상 4층	지상 5층
층높이	5.5	4.5	4.5	4.5	4	4	4
반자높이[m] (헤드설치시)	5	4	4	4	3.5	3.5	3.5
바닥면적[m²]	2500	2500	2000	2000	2000	1800	900

2. 저수조와 펌프는 지하2층에 설치되며 정압흡입방식으로 설치되어 있다.
3. 저수조는 가로 8m, 세로5m, 높이4m이다.
4. 저수조는 일반급수펌프와 겸용하여 설치되어 있으며 급수펌프의 흡입구는 수조바닥으로부터 2.5m높이에 설치되어있다.
5. 스프링클러의 수원은 최소 수원량에 20%의 여유를 두어 저장한다.
6. 펌프의 정격토출량은 최소 토출량에 20%의 여유를 둔다.
7. 스프링클러헤드 설치시 반자높이는 위표에 따른다.
8. 펌프중심부의 높이는 바닥으로부터 0.5m높이이다.
9. 배관 및 관부속품의 마찰손실수두는 실양정의 30%이다.
10. 펌프의 효율은 60%, 전달계수는 1.1이다.

1) 이 건물에서 스프링클러설비를 설치하여야 하는 층을 모두 쓰시오
2) 필요한 수원의 량은 얼마인가[m³]?
3) 옥상수원에 보유하여야 하는 량은 얼마인가[m³]?
4) 스프링클러 펌프의 흡수구는 바닥으로부터 몇 m 높이에 설치되는가?
5) 실양정[m]을 구하시오
6) 전양정[m]을 구하시오
7) 정격토출량[L/min]을 구하시오
8) 전동기의 동력[HP]을 구하시오

풀이및정답
1) 지하2층, 지하1층, 지상4층
2) $Q(m^3) = N \times 1.6m^3 \times 1.2 = 10 \times 1.6m^3 \times 1.2 = 19.2m^3$
3) $Q(m^3) = 19.2m^3 \times \dfrac{1}{3} = 6.4m^3$
4) $19.2m^3 = 8m \times 5m \times h(m)$
   ∴ $h(m) = 0.48m$
   ∴ $2.5m - 0.48m = 2.02m$
5) $(5.5m - 2.02m) + 4.5m \times 3 + 4m + 3.5m = 24.48m$
6) $H = h_1 + h_2 + 10m = 24.48m + (24.48m \times 0.3) + 10m = 41.824 ≒ 41.82m$
7) $Q = N \times 80L/min \times 1.2 = 10 \times 80L/min \times 1.2 = 960L/min$

8) $P(HP) = \dfrac{\gamma \cdot Q \cdot H}{76 \cdot \eta} K = \dfrac{1000 \times \dfrac{0.96}{60} \times 41.82}{76 \times 0.6} \times 1.1 = 16.14 \text{HP}$

33

일제개방형 스프링클러설비의 배관계통을 나타내는 구조도(Isometric Diagram)이다. 주어진 조건으로 설비가 작동되었을 경우 방수압, 방수량 등을 답란의 요구 순서대로 산출하시오.

조건

1. 설치된 개방형 헤드 방출계수(K)는 모두 각각 80이다.
2. 살수시 최저 방수압이 걸리는 헤드에서의 방수압은 0.1MPa이다.(각 헤드에서의 방수압이 같지 않음을 유의할 것)
3. 가지관 분기점(티, 엘보)으로부터 헤드까지의 마찰손실은 무시한다.
4. 호칭구경 50mm 이하의 배관은 나사접속식, 65mm 이상의 배관은 용접접속식이다.
5. 배관 내의 유수에 따른 마찰손실압력은 헤이전-윌리엄스공식을 적용하되, 계산의 편의상 공식은 다음과 같다고 가정한다.

$$\Delta P = \dfrac{6 \times Q^2 \times 10^4}{120^2 \times d^2}$$

단, ΔP = 배관의 길이 1m당 마찰손실압력(MPa)
Q = 배관의 유수량(L/min)
d = 배관의 내경(mm)

6. 배관의 내경은 호칭별로 다음과 같다고 가정한다.

호칭구경(mm)	내경(mm)
25	27
32	36
40	42
50	53
65	69
80	81
100	105

7. 배관부속 및 밸브류의 마찰손실은 무시한다.
8. 수리계산시 속도수두는 무시한다.
9. 계산시 소수점 이하의 숫자는 소수점 이하 셋째 자리에서 반올림할 것
  예) 12.443 → 12.44
10. 살수시 중력수조 내의 수위의 변동은 없다고 가정한다.

예상문제

※ 계산은 도면을 참조하여 다음의 순서대로 작성하시오.

가) 스프링클러 헤드별 방수압 및 방수량 계산

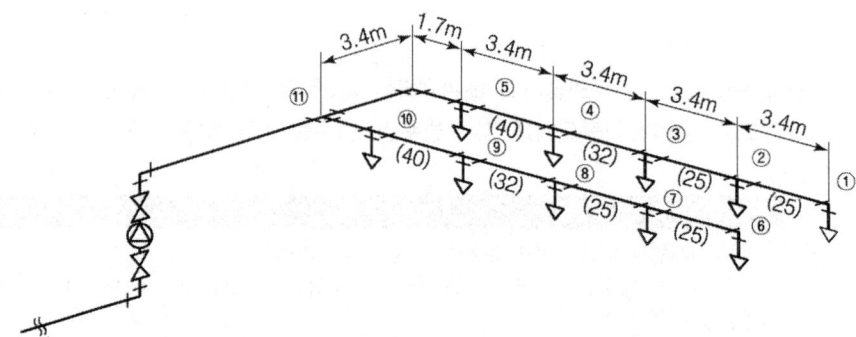

항목	번호	방수압(MPa) 계산	방수량(L/min) 계산
1	①	주어진 조건에서 $P_1 = 0.1$MPa	$Q_1 = K\sqrt{10P}$ $= 80 \times \sqrt{10 \times 0.1}$ $= 80$L/min
2	②	계산 : ① 노즐방사압+①~②간 관로손실압 $= 0.1 + \dfrac{6 \times 10^4 \times 80^2}{120^2 \times 27^5} \times 3.4\text{m}$ $= 0.1063\text{MPa} = 0.11\text{MPa}$ $P_2 = 0.11\text{(MPa)}$	계산 : $Q_2 = 80\sqrt{10 \times 0.11}$ $= 83.9$L/min
3	③	계산 : ② 노즐방사압+②~③간 관로손실압 $= 0.11 + \dfrac{6 \times 10^4 \times (80+83.9)^2}{120^2 \times 27^5} \times 3.4\text{m}$ $= 0.137\text{MPa} = 0.14\text{MPa}$ $P_3 = 0.14\text{(MPa)}$	계산 : $Q_3 = 80\sqrt{10 \times 0.14}$ $= 94.66$L/min
4	④	계산 : ③ 노즐방사압+③~④간 관로손실압 $= 0.14 + \dfrac{6 \times 10^4 \times (80+83.9+94.66)^2}{120^2 \times 36^5} \times 3.4\text{m}$ $= 0.156\text{MPa} = 0.16\text{MPa}$ $P_4 = 0.16\text{(MPa)}$	계산 : $Q_4 = 80\sqrt{10 \times 0.16}$ $= 101.19$L/min
5	⑤	계산 : ④ 노즐방사압+④~⑤간 관로손실압 $= 0.16 + \dfrac{6 \times 10^4 \times (80+83.9+94.66+101.19)^2}{120^2 \times 42^5} \times 3.4\text{m}$ $= 0.174\text{MPa} = 0.17\text{MPa}$ $P_5 = 0.17\text{(MPa)}$	계산 : $Q_5 = 80\sqrt{10 \times 0.17}$ $= 104.31$L/min

나) 도면의 배관구간 ⑤~⑪의 매분 유수량 Q(L/min)을 구하시오. (단, ⑤~⑪ 구간의 배관호칭구경은 40mm로 한다.)

▲풀이및정답 가) 문제 답안 참조(수업내용 참조)
나) 80+83.9+94.66+101.19+104.31=464.06L/min

34

폭 8[m], 길이 16[m]인 사무실에 측벽형스프링클러헤드를 설치하려고 한다. 헤드를 배치하고 헤드간의 거리, 헤드와 벽간의 거리를 표시하시오.

조건
1. 각각의 헤드 간격 $S=3.6[m]$로 한다.
2. 위쪽 헤드는 벽과의 간격을 $\frac{1}{2}S$ 거리를 두고 설치한다.
3. 아래쪽 헤드는 $\frac{1}{4}S$ 거리를 두고 설치한다.
4. 위쪽 헤드와 아래쪽 헤드는 나란히꼴로 배치한다.

▲풀이및정답

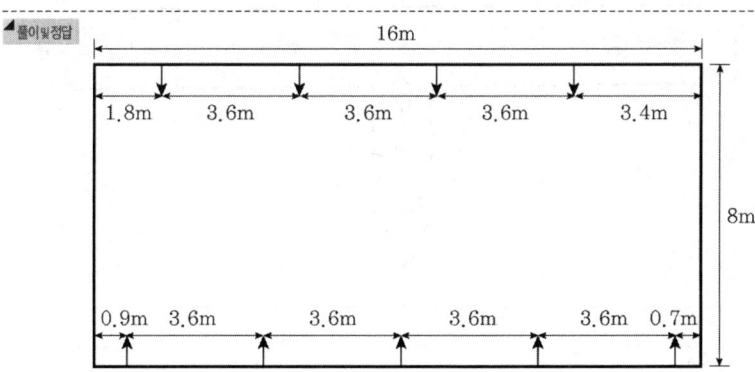

예상문제

35 그림과 같이 스프링클러헤드에서 물이 방수가 되고 있다. 그림의 왼쪽 방향으로 몇 개의 헤드가 부착 되어 있어 Q_1 방향으로 300[L/min]의 물이 흐르고 있다. 이때 다음과 같은 조건을 참조하여 헤드에서의 방수량(Q_2)를 계산 하시오.(단, 수리해석 시 동압을 무시하지 않아야 한다.)

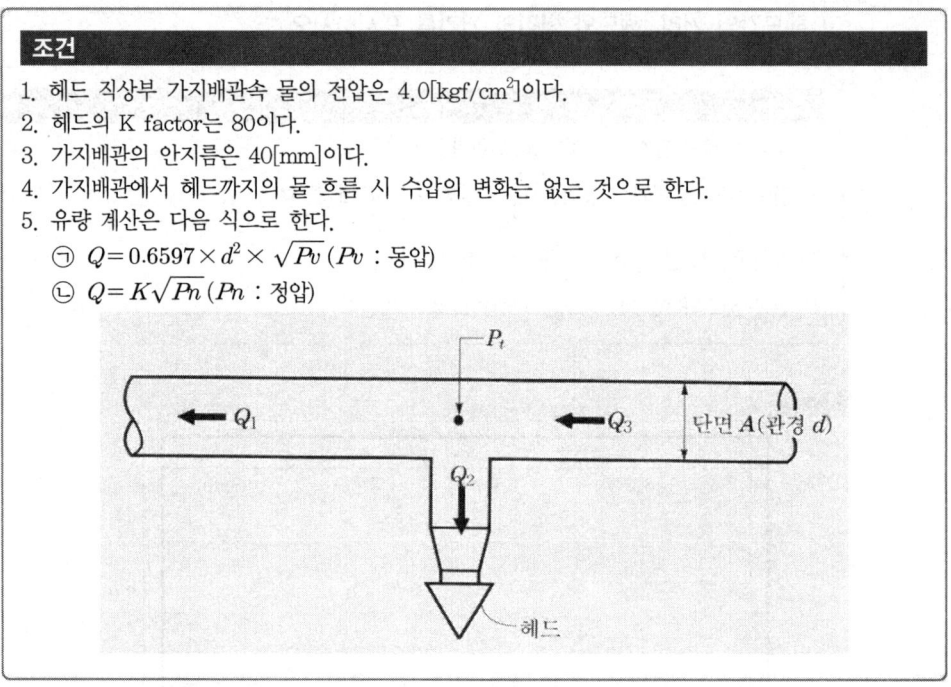

조건
1. 헤드 직상부 가지배관속 물의 전압은 4.0[kgf/cm²]이다.
2. 헤드의 K factor는 80이다.
3. 가지배관의 안지름은 40[mm]이다.
4. 가지배관에서 헤드까지의 물 흐름 시 수압의 변화는 없는 것으로 한다.
5. 유량 계산은 다음 식으로 한다.
   ㉠ $Q = 0.6597 \times d^2 \times \sqrt{Pv}$ (Pv : 동압)
   ㉡ $Q = K\sqrt{Pn}$ (Pn : 정압)

풀이및정답 전압 = 정압 + 동압

$300 = 0.6597 \times 40^2 \times \sqrt{P_v}$

$P_v = 0.080 ≒ 0.08 \text{kgf/cm}^2$

∴ 정압 = $4 - 0.08 = 3.92 \text{kgf/cm}^2$

$Q_2 = 80\sqrt{3.92} = 158.391 ≒ 158.39 \text{L/min}$

36 하나의 방호구역으로 구성된 가로 15m, 세로15m, 높이 11m인 랙크식 창고에 특수가연물을 저장하고 있을때 표준형 스프링클러헤드를 정방형으로 설치하고자 한다. 다음 물음에 답하시오

1) 이 방호구역에 설치해야 하는 헤드수는 몇 개가 필요한가?
2) 총 헤드를 담당하는 배관의 최소관경은 몇 mm인지 호칭경으로 답하시오
3) 옥상수조를 포함한 수원의 양은 몇 L인가?

풀이 및 정답

1) $S = 2R \cdot \sin 45° = 2 \times 1.7m \times \sin 45° = 2.404 ≒ 2.4m$

  가로: $\dfrac{15m}{2.4m} = 6.25$ ∴ 7개

  세로: $\dfrac{15m}{2.4m} = 6.25$ ∴ 7개

  ∴ $7 \times 7 = 49$개

  랙크높이 11m, 4m마다 설치하여야 하므로
  49개 × 3 = 147개

2) 수리: $D = \sqrt{\dfrac{4Q}{\pi U}} = \sqrt{\dfrac{4 \times \dfrac{2.4}{60}}{\pi \times 10}} = 0.071 ≒ 71mm$

  규약: 91개 이상 헤드설치시 150mm 배관 선정
  답: 150mm

3) 저수조: $30 \times 1.6m^3 = 48m^3$, 옥상수조 = $16m^3$
  ∴ $64m^3 = 64,000L$

37 폐쇄형 헤드를 사용한 스프링클러설비의 말단배관 중 K점에 필요한 압력수의 수압을 주어진 조건을 이용하여 산정하시오.

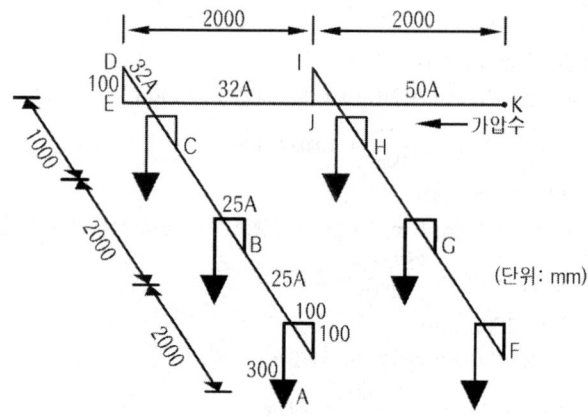

예상문제

조건

1. 직관의 마찰손실수두(100m당)

개수	유량	25A	32A	40A	50A
1	80L/min	39.82	11.37	5.40	1.68
2	160L/min	150.42	42.84	20.29	6.32
3	240L/min	307.77	87.66	41.51	12.93
4	320L/min	521.92	148.66	70.40	21.93
5	400L/min	789.04	224.75	106.31	32.99
6	480L/min	–	321.55	152.26	47.43

2. 관이음의 마찰손실에 해당하는 직관길이

관이음	25A	32A	40A	50A
엘보(90°)	0.9	1.2	1.5	2.1
레듀샤	0.54	0.72	0.9	1.2
티(직류)	0.27	0.36	0.45	0.6
티(분류)	1.5	1.8	2.1	3.0

3. 헤드 나사는 PT 1/2(15A) 기준
4. 헤드의 방사압은 $1.0 kg/cm^2$ 기준
5. 속도수두는 무시한다.
6. 수압산정에 필요한 계산과정을 상세히 명시할 것
7. 계산과정상 모든 티는 직류티로 계산한다.
8. 모든헤드의 방수량은 80L/min이다.

풀이및정답

$P_K = P_A + \Delta P_{A \sim K} + 낙차$

$P_K = 0.1 MPa + \Delta P_{A \sim K} - 0.001 MPa$

$\Delta P_{A \sim K}$

① 50A, 480L/min

 L = 2m + 0.6m(직류티) + 1.2m(레듀샤) = 3.8m

 $h_{L\,50A} = 3.8m \times \dfrac{47.43m}{100m} = 1.802 \fallingdotseq 1.8m$

② 32A, 240L/min

 L = 2m + 0.1m + 1m + 1.2m × 2(엘보) + 0.36m(직류티) + 0.72m(레듀샤) = 6.58m

 $h_{L\,32A} = 6.58m \times \dfrac{87.66m}{100m} = 5.769 \fallingdotseq 5.77m$

③ 25A, 160L/min

 L = 2m + 0.27m(직류티) = 2.27m

 $h_{L\,25A} = 2.27m \times \dfrac{150.42m}{100m} = 3.41m$

④ 25A, 80L/min

 L = 2m + 0.1m + 0.1m + 0.3m + 0.9m × 3(엘보) + 0.54m(레듀샤) = 5.74m

$$h_{L\,25A} = 5.74\text{m} \times \frac{39.82\text{m}}{100\text{m}} = 2.286 ≒ 2.29\text{m}$$

∴ 총 $h_L = 1.8\text{m} + 5.77\text{m} + 3.41\text{m} + 2.29\text{m} = 13.27\text{m}$

∴ $P_K = 0.1\text{MPa} + 0.1327\text{MPa} - 0.001\text{MPa} = 0.2317\text{MPa}$

38 그림과 같이 설치된 습식 스프링클러설비에서 스프링클러헤드가 모두 개방되었을 경우 주어진 조건을 참조하여 B점~E점에서의 방수압(수압)과 방수량(유량)을 구하시오.

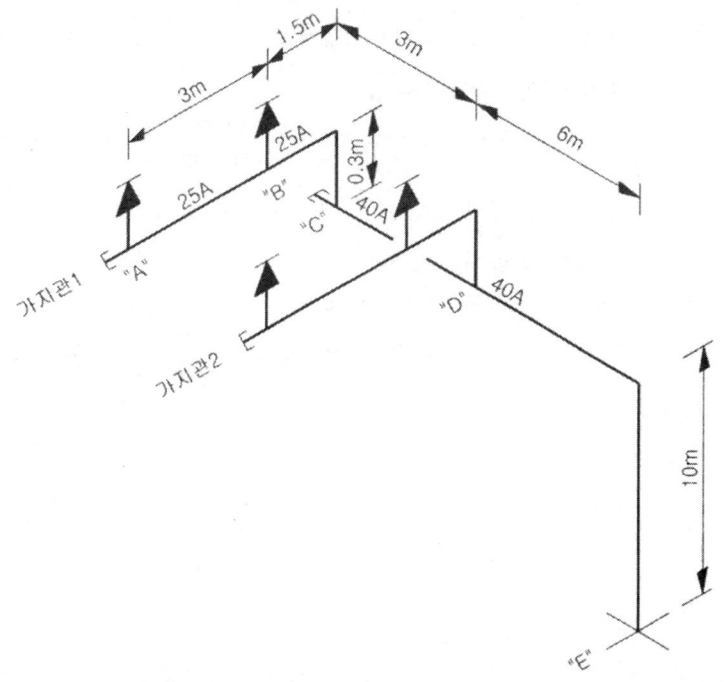

조건

1. 배관 내의 유수에 따른 마찰손실압력은 헤이젠-윌리엄스공식을 적용하되, 계산의 편의상 공식은 다음과 같다고 가정한다.

$$\Delta P = \frac{6 \times Q^2 \times 10^4}{120^2 \times d^5}$$

  단, ΔP=배관의 길이 1m당 마찰손실압력(MPa)
  Q=배관내의 유수량(L/min)
  d=배관의 내경(mm)

2. 직관이외의 마찰손실은 무시하며 헤드A의 방수압은 0.2MPa, 방출계수K=80이다
3. 계산결과 소수점발생시 3자리에서 반올림하여 2자리까지 구하시오.
4. 가지배관에서 헤드까지의 손실은 무시한다.

예상문제

풀이 및 정답

① B점에서의 방수량, 방수압

$$Q_A = 80\sqrt{10 \times 0.2} = 113.137 ≒ 113.14 \text{L/min}$$

$$\Delta P_{A \sim B} = 6 \times 10^4 \times \frac{113.14^2}{120^2 \times 25^5} \times 3 = 0.016 ≒ 0.02 \text{MPa}$$

$$\therefore P_B = P_A + \Delta P_{A \sim B} = 0.2 + 0.02 = 0.22 \text{MPa}$$

$$\therefore Q_B = 80\sqrt{10 \times 0.22} = 118.659 ≒ 118.66 \text{L/min}$$

② C점에서의 방수량, 방수압

C점유량 $= Q_A + Q_B = 113.14 + 118.66 = 231.8 \text{L/min}$

$$P_C = P_B + \Delta P_{B \sim C} + 낙차 = 0.22 + 6 \times 10^4 \times \frac{231.8^2}{120^2 \times 25^5} \times 1.8 + 0.003 = 0.264 ≒ 0.26 \text{MPa}$$

③ D점에서의 방수량, 방수압

$$P_D = P_C + \Delta P_{C \sim D} = 0.26 + 6 \times 10^4 \times \frac{231.8^2}{120^2 \times 40^5} \times 3 = 0.266 ≒ 0.27 \text{MPa}$$

$$Q_D = Q_C \times \sqrt{\frac{P_D}{P_C}} = 231.8 \times \sqrt{\frac{0.27}{0.26}} = 236.215 ≒ 236.22 \text{L/min}$$

④ E점에서의 방수량, 방수압

$$Q_E = 231.8 + 236.22 = 468.02 \text{L/min}$$

$$P_E = P_D + \Delta P_{D \sim E} + 낙차 = 0.27 + 6 \times 10^4 \times \frac{468.02^2}{120^2 \times 40^5} \times 16 + 0.1 = 0.512 ≒ 0.51 \text{MPa}$$

간이스프링클러

01 지하 1층, 지상 5층의 근린생활시설에 간이 헤드를 층 당 25개씩 설치하였을 때 다음 물음에 답하시오.

1) 수원의 저수량은 몇 m^3인가?
2) 가압송수장치의 최소 토출량(m^3/min)은?
3) 정방형 설치시 간이형헤드의 방호면적(m^2)과 헤드간의 거리(m)는?
4) 가압송수방식 중 펌프 이용방식 이외의 방식 4가지를 쓰시오.

▣ 풀이 및 정답
1) $Q(m^3) = 5 \times 1m^3 = 5m^3$
2) $Q(L/min) = 5 \times 50L/min = 250L/min = 0.25m^3/min$
3) $S = 2R\cos45° = 2 \times 2.3m \times \cos45° = 3.252 ≒ 3.25m$
   방호면적 $A = 3.25m \times 3.25m = 10.562 ≒ 10.56m^2$
4) 상수도직결방식, 펌프방식, 고가수조방식, 압력수조방식, 가압수조방식, 캐비넷방식

02 다음 조건을 보고 물음에 답하시오

> **조건**
> 1. 근린생활시설의 용도 건축물 지상1층~지상2층
> 2. 각 층별 바닥면적은 1,500m^2
> 3. 지상1층은 부설된 주차장 500m^2
> 4. 주차장부분은 동결우려로 준비작동식 설치, 표준형스프링클러헤드 설치

1) 방호구역의 수 및 유수검지장치의 설치수를 구하시오
2) 펌프방식의 경우 수원의 양을 구하시오
3) 펌프의 토출량을 선정하시오

▣ 풀이 및 정답
1) ① 방호구역의 수 : 1개의 방호구역은 1000m^2 이하이므로
   $$\frac{1500m^2}{1000m^2/개} = 1.5 \quad \therefore 2개$$
   $\therefore 2 \times 2 = 4개$
   ② 유수검지장치수 : 4개
2) $Q = 5 \times 80L/min \times 20min = 8,000L = 8m^3$
3) $Q(L/min) = 5 \times 80L/min = 400L/min$

예상문제

03 간이헤드 수별 급수관의 구경에 대한 다음 표를 완성하고 주의사항 4가지를 쓰시오.

구분 \ 급수관의 구경	25	32	40	50	65	80	100	125	150
가	2								161 이상
나	2								161 이상
다	〈 삭제 2011.11.24. 〉							

▶풀이 및 정답

구분 \ 급수관구경	25	32	40	50	65	80	100	125	150
가	2	3	5	10	30	60	100	160	161 이상
나	2	4	7	15	30	60	100	160	161 이상

주) 1. 폐쇄형간이헤드를 사용하는 설비의 경우로써 1개층에 하나의 급수배관(또는 밸브 등)이 담당하는 구역의 최대면적은 1,000m²를 초과하지 아니할 것
2. 폐쇄형간이헤드를 설치하는 경우에는 "가"란의 헤드수에 따를 것
3. 폐쇄형간이헤드를 설치하고 반자아래의 헤드와 반자속의 헤드를 동일 급수관의 가지관상에 병설하는 경우에는 "나"란의 헤드수에 따를 것
4. "캐비닛형" 및 "상수도직결형"을 사용하는 경우 주배관은 32mm, 수평주행배관은 32mm, 가지배관은 25mm 이상으로 할 것. 이 경우 최장배관은 캐비닛형간이스프링클러 성능인증 및 제품검사기술기준에 따라 인정받은 길이로 하며 하나의 가지배관에는 간이헤드를 3개 이내로 설치하여야 한다.

04 한층의 바닥면적이 1,500m²[가로 50m×세로 30m]인 지상 3층의 근린생활시설이 있다. 다음 조건을 보고 물음에 답하시오.

> **조건**
> 1. 실내 최대 주위 천장온도는 45℃이다
> 2. 각층의 층고는 4m이다.
> 3. 가압송수장치는 펌프를 이용하는 방식이다.
> 4. 헤드의 배치는 정방형배치이다.

1) 수원의 양[m³]을 구하시오
2) 가압송수장치의 토출량[L/min]을 구하시오
3) 설치하여야 하는 헤드의 공칭작동온도를 답하시오
4) 전층에 설치하는 유수검지장치의 수를 구하시오
5) 각층에 설치하여야 하는 최소헤드의 수를 구하시오
6) 각 방호구역의 헤드수를 같게 설치하는 경우 입상배관의 관경을 호칭경으로 결정하시오

풀이및정답
1) $Q(m^3) = 5 \times 1m^3 = 5m^3$ (5개 50L/min, 20min)
2) $Q(L/min) = 5 \times 50L/min = 250L/min$
3) 79℃~109℃ (0℃ 이상 38℃ 이하의 경우 : 57℃~77℃)
4) $1500m^2 \div 1000m^2 = 1.5$ ∴ 2개×3=6개
5) 헤드간격 $S = 2R\cos 45° = 2 \times 2.3m \times \cos 45° ≒ 3.25m$

　　가로열설치수 $= \dfrac{50m}{3.25m} = 15.38$ ∴ 16개

　　세로열설치수 $= \dfrac{30m}{3.25m} = 9.23$ ∴ 10개

　　∴ 160개
6) 100mm

예상문제

화재조기진압용스프링클러

01 특수가연물을 저장 취급하는 높이 13m, 면적 1,000m²(50m×20m)인 랙크식 창고에 화재조기진압용 스프링클러헤드를 정방형(정사각형)으로 설치할 경우 그 최소수량을 산출하시오

> **풀이및정답** 천장의 높이가 9.1m 이상 13.7m 이하인 경우 헤드간의 거리는 3.1m 이하로 할 것
> But, 3.1m 정방형일 경우 방호면적=$(3.1)^2 m^2 = 9.61 m^2$이므로
> 정방형 $s = \sqrt{9.3 m^2} = 3.049 = 3.05 m$ 적용
> ∴ ① 가로열 설치수 = $\frac{50m}{3.05m} = 16.39$ ∴ 17개
> ② 세로열 설치수 = $\frac{20m}{3.05m} = 6.56$ ∴ 7개
> ③ 총 설치수 = 17×7 = 119개
> cf) 9.1m 미만 : 2.4m~3.7m

02 특수가연물을 저장 취급하는 높이 13.7m, 면적 600m²인 랙크식 창고에 화재조기진압용 스프링클러헤드를 설치할 경우 설치할수 있는 스프링클러헤드의 최소수량 및 최대수량을 답하시오

> **풀이및정답** 헤드 하나의 방호면적은 6m² 이상 9.3m² 이하이므로
> ① 최소 수량 = $\frac{600 m^2}{9.3 m^2 / 1개} = 64.516$ ∴ 65개
> ② 최대 수량 = $\frac{600 m}{6 m^2 / 개} = 100$ ∴ 100개

03 천장높이 13.4m인 랙크식 창고에 11.3m의 높이로 특수가연물을 저장 하고 있고 이곳에 화재조기진압용 스프링클러설비를 설치하였을 때 다음 물음에 답하시오.

【 화재조기진압용 스프링클러헤드의 최소방사압력(MPa) 】

최대층고	최대저장높이	화재조기진압용 스프링클러헤드				
		K=360 하향식	K=320 하향식	K=240 하향식	K=240 상향식	K=200 하향식
13.7m	12.2m	0.28	0.28	–	–	–
13.7m	10.7m	0.28	0.28	–	–	–
12.2m	10.7m	0.17	0.28	0.36	0.36	0.52
10.7m	9.1m	0.14	0.24	0.36	0.36	0.52
9.1m	7.6m	0.10	0.17	0.24	0.24	0.34

1) 헤드 1개당의 방사량(L/min)은? (단, 헤드는 방출계수(k) 320인 헤드를 사용한다.)
2) 유효수량은 최소 몇(m³)인가?
3) 헤드를 설치시 방호면적 및 헤드간의 거리에 대한 기준을 쓰시오.

풀이및정답
1) $Q(L/min) = K\sqrt{10P} = 320\sqrt{10 \times 0.28} = 535.462 ≒ 535.46 L/min$
2) $Q = 12 \times 535.46 L/min \times 60 min = 385,531.2 L ≒ 385.53 m^3$
3) ① 방호면적 기준 : 최소 $6m^2$ 이상 최대 $9.3m^2$ 이하
   ② 헤드간의 거리 기준 : 천장높이 9.1m 미만의 경우 2.4m 이상 3.7m 이하로 할 것
                         천장높이 9.1m 이상 13.7m 이하의 경우 3.1m 이하로 할 것

04

화재조기진압용 스프링클러헤드를 설치하는 장소에 헤드의 살수 분포에 장애를 주는 장애물이 있는 경우 보 또는 기타 장애물 아래에 헤드가 설치된 경우의 반사판의 위치에 대한 다음 표를 완성 하시오.

장애물과 헤드사이의 수평거리	장애물의 하단과 헤드의 반사판 사이의 수직거리	장애물과 헤드사이의 수평거리	장애물의 하단과 헤드의 반사판 사이의 수직거리
0.3m 미만		1.1m 이상~1.2m 미만	
0.3m 이상~0.5m 미만		1.2m 이상~1.4m 미만	
0.5m 이상~0.7m 미만		1.4m 이상~1.5m 미만	
0.7m 이상~0.8m 미만		1.5m 이상~1.7m 미만	
0.8m 이상~0.9m미만		1.7m 이상~1.8m 미만	
1.0m 이상~1.1m 미만		1.8m 이상	

풀이및정답

장애물과 헤드 사이의 수평거리	장애물의 하단과 헤드의 반사판 사이의 수직거리	장애물과 헤드 사이의 수평거리	장애물의 하단과 헤드의 반사판 사이의 수직거리
0.3m 미만	0mm	1.1m 이상~1.2m 이상	300mm
0.3m 이상~0.5m 미만	40mm	1.2m 이상~1.4m 이상	380mm
0.5m 이상~0.7m 미만	75mm	1.4m 이상~1.5m 이상	460mm
0.7m 이상~0.8m 미만	140mm	1.5m 이상~1.7m 이상	560mm
0.8m 이상~0.9m 미만	200mm	1.7m 이상~1.8m 이상	660mm
1.0m 이상~1.1m 미만	250mm	1.8m 이상	790mm

예상문제

05 화재조기진압용 스프링클러헤드의 최소방사압력[MPa]에 대한 다음 표를 완성 하시오.

최대층고	최대 저장높이	화재조기진압용 스프링클러헤드				
		K=360 하향식	K=320 하향식	K=240 하향식	K=240 상향식	K=200 하향식
13.7 m	12.2 m			−	−	−
13.7 m	10.7 m			−	−	−
12.2 m	10.7 m					
10.7 m	9.1 m					
9.1 m	7.6 m					

▶풀이및정답

최대층고	최대 저장높이	화재조기진압용 스프링클러헤드				
		K=360 하향식	K=320 하향식	K=240 상향식	K=200 상향식	K=200 하향식
13.7m	12.2m	0.28	0.28	−	−	−
13.7m	10.7m	0.28	0.28	−	−	−
12.2m	10.7m	0.17	0.28	0.36	0.36	0.52
10.7m	9.1m	0.14	0.24	0.36	0.36	0.52
9.1m	7.6m	0.10	0.17	0.24	0.24	0.34

06 다음 조건을 보고 물음에 답하시오

> **조건**
> 1. 창고[반자]의 높이가 13m, 저장물품의 최대저장높이는 9m이다.
> 2. 창고의 바닥면적은 1,200m²이다[가로 40m×세로 30m].
> 3. 가압송수장치와 수조는 지면에 설치
>   [가압송수장치의 흡입구는 지면으로부터 0.5m높이에 설치]
> 4. 가압송수장치 토출측으로부터 먼 유수검지장치까지의 거리[직관길이]는 20m이다.
> 5. 유수검지장치로부터 헤드까지의 높이는 최소높이가 되도록 설치.
> 6. 반자아래 하향식헤드 설치, 헤드의 위치=반사판의 위치, 정방형배치
> 7. 가압송수장치로부터 유수검지장치까지의 마찰손실은 아래의 하젠윌리암스식을 따른다.
>   [C=120, D : 호칭경표에 따른다]
> $$\Delta P(m) = 6.05 \times 10^6 \times \frac{Q^2}{C^2 \times D^5} \times L$$
> 8. 가압송수장치로부터 유수검지장치까지의 마찰손실을 제외한 마찰손실은 실양정의 20%이다.

1) 헤드의 최소설치수를 구하시오.
2) 펌프 동력선정시 최소실양정[m]을 구하시오. [소수점 3자리까지 구하시오.]
3) 펌프 동력선정시 최소토출량[L/min]을 구하시오. [소수점 3자리까지 구하시오.]
4) 수원의 저수량[L]을 구하시오.
5) 펌프 동력선정시 최소전양정[m]을 구하시오. [소수점 3자리까지 구하시오.]
6) 펌프전동기의 동력[HP]을 구하시오. [효율 70%, 전달계수 1.1]

풀이및정답

1) 가로열 설치수 = $\dfrac{40m}{3.1m}$ = 12.9   ∴ 13개

   세로열 설치수 = $\dfrac{30m}{3.1m}$ = 9.67   ∴ 10개

   ∴ 13×10 = 130개

2) 실양정 = 흡입구~최고위헤드까지의 수직거리
   13m − 0.5m − 0.355m = 12.145m
   cf) 하향식헤드 반사판 위치 : 반자아래 125mm 이상 355mm 이하

3) $Q(L/min) = 12 \times K\sqrt{10P}$
   K = 320, P = 0.28MPa 선정
   ∴ $Q(L/min) = 12 \times 320\sqrt{10 \times 0.28}$ = 6425.249L/min

4) Q(L) = 6425.249L/min × 60min = 385,532.94L

5) $H = h_1 + h_2 + 28m$
   ※ 배관의 구경은 수리계산에 따라 설치할 것

   $D = \sqrt{\dfrac{4Q}{\pi U}} = \sqrt{\dfrac{4 \times \left(\dfrac{6.425}{60}\right)}{\pi \times 10}}$ = 0.117m ≒ 117mm

   ∴ 125mm 선정

   $\Delta P = 6.05 \times 10^6 \times \dfrac{6425.249^2}{120^2 \times 125^5} \times 20 = 11.3682$ ≒ 11.368m

   ∴ H = (12.145m × 0.2) + 11.368m + 12.145m + 28m = 53.942m

6) $P(HP) = \dfrac{\gamma \cdot Q \cdot H}{76 \cdot \eta} K = \dfrac{1000 \times \left(\dfrac{6.425}{60}\right) \times 53.942}{76 \times 0.7} \times 1.1$ = 119.4531 ≒ 119.453HP

예상문제

물분무소화설비

01 절연유봉입변압기에 물분무소화설비를 주위에 8개의 헤드를 설치하여 방호하려고 한다. 바닥부분을 제외한 변압기의 표면적을 100m²라 할 때 물분무 헤드의 방출계수 K를 구하시오. (단, 표준방사량은 표면적 1m²당 10L/min이며 물분무헤드의 방사압력은 4kgf/cm²로 한다.)

풀이 및 정답
가압송수장치의 토출량 Q(L/min) = A(m²) × 10L/m² · min = 100m² × 10L/m² · min
= 1000L/min
헤드 1개의 방수량 Q(L/min) = 1000L/min ÷ 8 = 125L/min
$Q = K\sqrt{P}$ (Q : 헤드방사량(L/min), K : 방출계수, P : 방수압(kgf/cm²))
$K = \dfrac{Q}{\sqrt{P}} = \dfrac{125}{\sqrt{4}} = 62.5$

02 바닥면적이 40m²인 차고에 모터펌프를 이용하여 물분무소화설비를 설치하고자 한다. 소화펌프의 최소토출량(l/min)과 필요한 최소수원의 양(m³)을 구하시오

풀이 및 정답
Q(L/min) = A(m²) × 20L/m² · min = 50m² × 20L/m² · min = 1000L/min
Q(L/min) = 1000L/min × 20min = 20,000L ≒ 20m³

03 벨트부분의 바닥면적이 30m²인 콘베이어벨트에 모터펌프를 이용하여 물분무소화설비를 설치하고자 한다. 소화펌프의 최소토출량(L/min)과 필요한 최소수원의 양(m³)을 구하시오

풀이 및 정답
Q(L/min) = A(m²) × 10L/m² · min = 30m² × 10L/m² · min = 300L/min
Q(L/min) = 300L/min × 20min = 6,000L ≒ 6m³

04 물분무소화설비에 대한 다음 각 물음에 답하시오. [11회 기출]

조건
아래 그림과 같이 바닥면이 자갈로 되어있는 절연유 봉입변압기에 물분무소화설비를 설치하고자 한다.

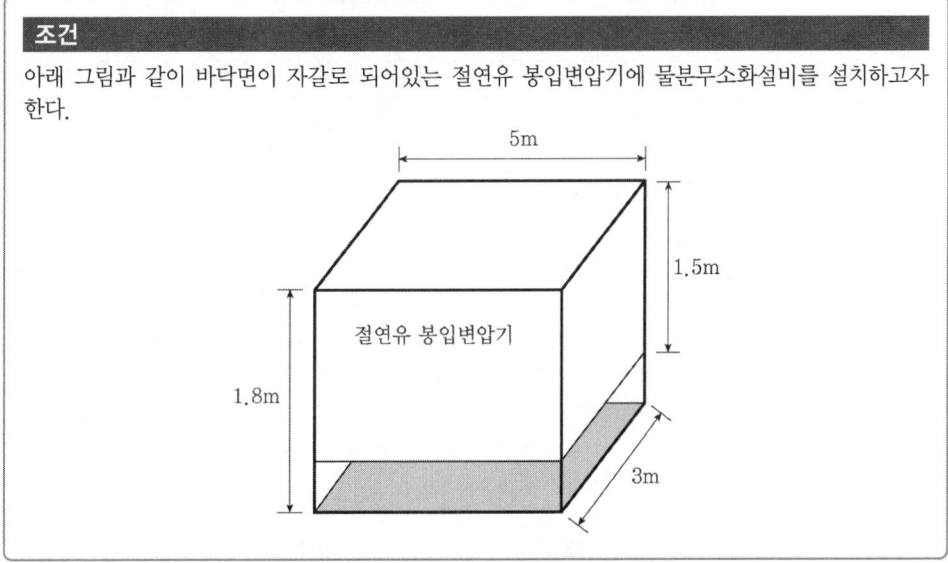

1) 소화펌프의 최소토출량(L/min)을 구하시오. (단, 계산과정을 쓰시오)
2) 필요한 최소수원의 양(m^3)을 구하시오.
3) 고압의 전기기기가 있는 경우 물분무헤드와 전기기기의 이격기준인 아래표를 완성하시오.

전압(kV)	거리(cm)	전압(KV)	거리(cm)

4) 차고 또는 주차장에 물분무소화설비를 설치하는 경우, 배수설비의 설치기준 4가지를 쓰시오.
5) 물분무소화설비의 장점을 설명하시오.
6) 물분무소화설비의 기동장치 설치기준을 쓰시오.
7) 물분무소화설비의 자동개방밸브 및 수동식개방밸브의 설치기준을 쓰시오.
8) 바닥면적이 500m^2인 주차장에 물분무소화설비를 설치하려고 한다. 다만, 최대방수구역의 바닥면적을 100m^2으로 할 경우 다음 물음에 답하시오.
   (1) 펌프의 최소토출량[L/min]은?
   (2) 수원의 최소저수량[m^3]은?
   (3) 일제개방밸브의 최소 설치수는?
   (4) 물분무헤드의 표준 방수량이 60L/min일 경우 헤드의 최소 설치수는?

예상문제

풀이및정답

1) A = (5m×3m) + (1.5m×3m×2) + (5m×1.5m×2) = 39m²
   ∴ Q(L/min) = 39m² × 10L/m² · min = 390L/min

2) Q(m³) = 39m² × 10L/m² · min × 20min = 7,800L ≒ 7.8m³

3)

전압(kV)	거리(cm)	전압(kV)	거리(cm)
66kV 이하	70cm 이상	154kV 초과 181kV 이하	180cm 이상
66kV 초과 77kV 이하	80cm 이상	181kV 초과 220kV 이하	210cm 이상
77kV 초과 110kV 이하	110cm 이상	220kV 초과 275kV 이하	260cm 이상
110kV 초과 154kV 이하	150cm 이상		

4) ① 차량이 주차하는 장소의 적당한 곳에 높이 10cm 이상의 경계턱으로 배수구를 설치할 것
   ② 배수구에는 새어나온 기름을 모아 소화할 수 있도록 길이 40m 이하마다 집수관, 소화피트 등 기름분리장치를 설치할 것
   ③ 차량이 주차하는 바닥은 배수구를 향하여 2/100 이상의 기울기를 유지할 것
   ④ 배수설비는 가압송수장치의 최대송수능력의 수량을 유효하게 배수할 수 있는 크기 및 기울기로 할 것

5) (1) 장점 ① 소화약제가 물이므로 독성이 없고 친환경적이다.
              ② 분무형태로 방사함으로써 수손의 피해가 적다.
              ③ 전기의 부도체이므로 전기화재에도 적응성이 있다.
              ④ 냉각효과가 뛰어나므로 폭발억제설비로도 가능하다.
              ⑤ 유류화재에도 적응성이 있다.
   (2) 단점 ① 열기류나 바람의 영향을 받아 물이 날리는 현상이 발생할 수 있다.
              ② 무상형태로써 소화수의 파괴력이나 침투력이 약하다.
              ③ 고양정의 가압송수장치가 필요하다.

6) ① 수동식기동장치 설치기준
      1. 직접조작 또는 원격조작에 따라 각각의 가압송수장치 및 수동식개방밸브 또는 가압송수장치 및 자동개방밸브를 개방할 수 있도록 설치할 것
      2. 기동장치의 가까운 곳의 보기 쉬운 곳에 "기동장치"라고 표시한 표지를 할 것
   ② 자동식 기동장치는 자동화재탐지설비의 감지기의 작동 또는 폐쇄형스프링클러헤드의 개방과 연동하여 경보를 발하고, 가압송수장치 및 자동개방밸브를 기동할 수 있는 것으로 할 것. 다만, 자동화재탐지설비의 수신기가 설치되어 있는 장소에 상시 사람이 근무하고 있고, 화재시 물분무소화설비를 즉시 작동시킬 수 있는 경우에는 그러하지 아니하다.

7) ① 자동개방밸브의 기동조작부 및 수동식개방밸브는 화재시 용이하게 접근할 수 있는 곳에 바닥으로부터 0.8m 이상 1.5m 이하의 위치에 설치할 것
   ② 자동개방밸브 및 수동식개방밸브의 2차측 배관부분에는 해당 방수구역 외에 밸브의 작동을 시험할 수 있는 장치를 설치할 것. 다만, 방수구역에서 직접 방사시험을 할 수 있는 경우에는 그러하지 아니하다.

8) (1) Q(L/min) = Am² × 20L/m²·min = 100m² × 20L/m²·min = 2,000L/min
   (2) Q = Am² × 20L/m²·min × 20min = 100m² × 20L/m²·min × 20min = 40,000L ≒ 40m³
   (3) $\dfrac{500m^2}{100m^2/개} = 5개$

(4) $\dfrac{2000\text{L/min}}{60\text{L/min}} = 33.33$ ∴ 34개

∴ 34개×5 = 170개

미분무소화설비

01 미분무소화설비의 폐쇄형 미분무헤드의 표시온도가 79℃일 때 그 설치장소의 평상시 최고 주위온도(℃)를 구하시오. [13회 기출]

▶풀이및정답 Ta = 0.9Tm − 27.3℃ [Ta : 최고주위온도(℃), Tm : 헤드의 표시온도(℃)]
Ta = 0.9×79 − 27.3 = 43.8℃

02 다음 조건을 참고하여 미분무소화설비의 수원 저장량(m^3)을 구하시오. [13회 기출]

조건
헤드개수 30개, 헤드당 설계유량 50L/min, 설계방수시간 1시간, 배관의 총체적 0.07m^3

▶풀이및정답 수원의 양 $Q = N \times D \times T \times S + V = 30 \times 0.05\text{m}^3/\text{min} \times 60\text{min} \times 1.2 + 0.07\text{m}^3 = 108.07\text{m}^3$

예상문제

포소화설비

01 포소화약제의 구비조건 4가지를 쓰시오

① 부착성이 있을 것
② 열에 대한 센막을 가지고 유동성이 좋을 것
③ 바람 등에 잘 견디고 응집성과 안정성이 좋을 것
④ 독성이 적을 것
⑤ 사용이 간편하고 가격이 저렴할 것

02 25% 환원시간의 측정방법과 형식승인 기준을 설명하시오

① 25% 환원시간 : 발포된 포의 25%에 해당되는 체적이 포수용액으로 되어 감소되는 데 걸리는 시간, 즉 발포된 포의 25%가 터지는 데 걸리는 시간
② 측정방법 : 콘테이너에 발포시킨 포시료의 정확한 무게를 측정한 후 측정된 포시료 무게의 1/4(25%)이 배액되는 시간을 측정하여 기준에 적합한지를 확인한다.

【 포소화약제에 따른 25% 환원시간(포헤드 검정 9) 】

포소화약제의 종류	25% 환원시간
합성계면활성제 포소화약제	3분
단백질포소화약제	1분
수성막포소화약제	1분

03 목탄을 저장하는 창고에 국소방출방식의 고발포용 고정포방출설비를 설치하였을 때 다음 조건을 참고하여 물음에 답하시오.

> **조건**
> 1. 목탄은 가로 5m, 세로 2m, 높이 1.5m로 쌓여있다.
> 2. 포약제는 2%형의 합성계면활성제이다.

1) 포수용액의 필요량은 몇 L인가?
2) 포약제의 필요량은 몇 L인가?
3) 수원의 필요량은 몇 L인가?
4) 가압송수장치의 토출량은 몇 lpm인가?

1) $Q(l) = A(\text{m}^2) \times \alpha \text{ L/m}^2 \cdot \min \times 10\min$
   A : 방호면적(높이의 3배를 주위로 연장한 바닥면적)

α : 방호면적 1m²당 방사량(특수가연물 : 3, 그 밖의 것 : 2)

방호면적 $A = 5m \times (1.5m \times 3) \times 2 + 2m \times (1.5m \times 3) \times 2 + \pi (1.5m \times 3)^2 + 5m \times 2m$
$= 136.617m^2 = 136.62m^2$

∴ $Q(l) = 136.62m^2 \times 3l/m^2 \cdot min \times 10min = 4098.6l$

2) $Q(l) = A(m^2) \times \alpha l/m^2 \cdot min \times 10min \times S$ S=농도
∴ $Q(l) = 136.62m^2 \times 3l/m^2 \cdot min \times 10min \times 0.02 = 81.97l$

3) $Q(l) = A(m^2) \times \alpha l/m^2 \cdot min \times 10min \times S$ S=농도
∴ $Q(l) = 136.62m^2 \times 3l/m^2 \cdot min \times 10min \times 0.98 = 4016.63l$

4) $Q(l/min) = A(m^2) \times \alpha l/m^2 \cdot min$
∴ $Q(l) = 136.62m^2 \times 3l/m^2 \cdot min = 409.86l/min$

04

지하 2층, 지상 5층의 차고, 주차장에 포소화설비를 설치하려고 한다. 다음 조건을 참고하여 다음 물음에 답하시오.

조건
1. 바닥의 구조는 가로 15m, 세로 10m이다.
2. 포헤드를 사용하며, 정방형으로 배치한다.
3. 포소화설비는 자동기동방식으로 폐쇄형헤드의 개방과 연동되는 방식이다.
4. 포약제는 3%형 단백포를 사용한다.
5. 층 마다 포소화전이 2개씩 설치되어 있다.
6. 포헤드의 표준방사량은 70L/min이라고 한다.

1) 포헤드의 층당 최소 설치갯수는 몇 개인가?
2) 감지용헤드의 층당 설치갯수는 몇 개인가?
3) 감지장치의 총 경계구역 수는 몇 개인가?
4) 감지용헤드의 표시온도와 설치높이는 각각 얼마인가?
5) 포약제의 최소저장량은 몇 L인가?
6) 수원의 최소저장량은 몇 L인가?
7) 가압송수장치의 최소 토출량(L/min)은 얼마인가?

풀이및정답 1) 다음의 헤드수 중 최대량 산정

① 포헤드 1개의 방호면적 9m²이므로 $\frac{15m \times 10m}{9m^2/개} = 16.66$ ∴ 17개

② 가로열 설치수 = $\frac{가로열길이}{헤드간격} = \frac{15m}{2 \times 2.1m \times \cos 45°} = 5.05$ 따라서 6개

세로열 설치수 = $\frac{세로열길이}{헤드간격} = \frac{10m}{2 \times 2.1m \times \cos 45°} = 3.37$ 따라서 4개

따라서 $6 \times 4 = 24$개

답 층당 24개 설치

2) $\frac{15m \times 10m}{20m^2/1개} = 7.5$ 따라서 8개

3) 하나의 감지장치 경제구역은 하나의 층이 되도록 하여야 하므로
감지장치 경계구역수 = 7

4) 표시온도 : 79℃ 미만인 것. 설치높이 : 바닥으로부터 5m 이하
5) 포약제 저장량＝포헤드 약제량 or 포소화전약제량 중 최대량 저장(차고/주차장)
   포헤드 : $Q(l) = N \times 70l/\min \times 10\min \times S = 24 \times 70l/\min \times 10\min \times 0.03 = 504l$
   포소화전 : $Q(l) = N \times 6,000l \times 0.75 \times 0.03 = 2 \times 6,000l \times 0.75 \times 0.03 = 270l$
   따라서 최대량인 504l 저장
6) $Q(l) = 24 \times 70l/\min \times 10\min \times 0.97 = 16,296l$
7) $Q(l/\min) = 24 \times 70l/\min = 1,680l/\min$

05 차고·주차장의 바닥면적이 180m²인 곳에 포소화전설비를 설치하였다. 다음 조건을 참고하여 다음 물음에 답하시오.

> **조건**
> 1. 포소화전 방수구의 수는 3개이다.
> 2. 단백포 소화약제를 사용하며, 사용농도는 3%로 한다.

1) 포수용액, 포약제, 수원의 양은 각각 몇 L인가?
2) 가압송수장치의 토출량은 몇 L/min인가?

◀풀이및정답
1) 포수용액 $Q(l) = 3 \times 6,000l \times 0.75 = 13,500l$
   포약제 $Q(l) = 3 \times 6,000l \times 0.75 \times 0.03 = 405l$
   수원 $Q(l) = 3 \times 6,000l \times 0.75 \times 0.97 = 13,095l$
2) $Q(l/\min) = 3 \times 230l/\min = 690l/\min$

06 3%형 단백포소화약제 3L를 취해서 포를 방출시켰더니 포의 체적이 1,000L이었다. 다음 각 물음에 답하시오.

1) 단백포의 팽창비는 얼마인가?
2) 포수용액 250L를 방출하면 이때 포의 체적은 몇 L인가?

◀풀이및정답
1) 포수용액의 체적＝$\frac{100}{3} \times 3l = 100l$, 팽창비＝$\frac{\text{팽창된 포의 체적}}{\text{포수용액의 체적}} = \frac{1,000l}{100l} = 10$
2) 포의 체적＝포수용액의 체적×10＝250l×10＝2,500l

07 포소화설비에서 팽창비 300, 포원액 100L인 설비가 있다. 포원액을 3%로 혼합했을 때 발포된 포의 체적은 몇 m³인가?

◀풀이및정답 포원액 3% 이므로 3%＝100l일 경우
   3% : 100%＝100l : $x\,l$ 포수용액 $x(l) = 3,333l$
   팽창비＝300이므로 발포된 포의 체적＝3,333l×300＝999,900l≒1,000m³

08 고정포방출구의 보조포소화전이 2개(쌍구형) 설치되어 있을 때 저장하여야 할 약제의 양(m³) 및 수원의 양(m³)을 계산하시오. (단, 3% 단백포를 사용한다.)

풀이및정답
1) 약제량 $Q(l) = N \times 8,000l \times 0.03 = 3 \times 8,000l \times 0.03 = 720l ≒ 0.072\text{m}^3$
2) 수원량 $Q(l) = N \times 8,000l \times 0.97 = 3 \times 8,000l \times 0.97 = 23,280l ≒ 23.28\text{m}^3$

09 경유를 저장하는 내부직경 40m인 플로팅루프탱크(Floating Roof Tank)에 포말소화설비 중 특형방출구를 설치하여 방호하려고 할 때 다음의 물음에 답하시오.

> **조건**
> 1. 소화약제는 3%형의 단백포를 사용하며 수용액의 분당방출량은 8L/m²이고 방사시간은 20min을 기준으로 한다.
> 2. 탱크 내면과 굽도리판의 간격은 2.5m로 한다.
> 3. 펌프의 효율은 55%, 전동기의 전달계수는 1.1로 한다.

1) 상기 탱크의 특형 고정포방출구에 의하여 소화하는 데 필요한 수용액의 양(m³), 수원의 양(m³), 포소화약제 원액의 양(m³)은 각각 얼마 이상이어야 하는가?
2) 가압송수장치의 분당토출량(L/min)은 얼마 이상이어야 하는가?
3) 펌프의 전양정을 65m라고 할 때 전동기의 출력(kW)은 얼마 이상이어야 하는가?

풀이및정답
1) 수용액 $Q(\text{m}^3) = A(\text{m}^2) \times Q_1\, l/\text{m}^2 \cdot \min \times 20\min$
$= \left[\dfrac{\pi}{4}(40\text{m})^2 - \dfrac{\pi}{4}(35\text{m})^2\right] \times 8l/\text{m}^2 \cdot \min \times 20\min = 47123.89l ≒ 47.12\text{m}^3$
수원(m³) = $47.12\text{m}^3 \times 0.97 = 45.7\text{m}^3$
포원액(m³) = $47.12\text{m}^3 \times 0.03 = 1.41\text{m}^3$

2) 수용액토출량 $Q(\text{m}^3) = A(\text{m}^2) \times Q_1\, l/\text{m}^2 \cdot \min$
$= \left[\dfrac{\pi}{4}(40\text{m})^2 - \dfrac{\pi}{4}(35\text{m})^2\right] \times 8l/\text{m}^2 \cdot \min = 2356.19l/\min$

3) $P(\text{kW}) = \dfrac{\gamma \times Q \times H}{102 \times \eta} \times K = \dfrac{1000 \times \left(\dfrac{2.36}{60}\right) \times 65}{102 \times 0.55} \times 1.1 = 50.13\text{kW}$

10 가로 35m, 세로 25m인 차고, 주차장에 포헤드를 설치하고자 한다. 다음 물음에 답하시오.
1) 차고, 주차장에 설치할 수 있는 포소화설비의 종류를 3가지만 쓰시오.
2) 포헤드를 설치 시 헤드의 최소 개수를 산출하시오. (단, 정방형으로 배치한다.)
3) 감지용 헤드는 무슨 헤드를 써야 하는가?
4) 감지용 헤드의 수는 몇 개인가?
5) 알람밸브의 개수는 몇 개인가?

풀이 및 정답

1) 포워터스프링클러설비, 포헤드설비, 고정포방출구설비, 압축공기포소화설비

2) 가로열 설치수 = $\dfrac{\text{가로열길이}}{\text{헤드간격}} = \dfrac{35\text{m}}{2R\cos 45°} = \dfrac{35\text{m}}{2 \times 2.1\text{m} \times \cos 45°} = 11.78 ≒ 12$개 설치

   세로열 설치수 = $\dfrac{\text{세로열길이}}{\text{헤드간격}} = \dfrac{25\text{m}}{2R\cos 45°} = \dfrac{25\text{m}}{2 \times 2.1\text{m} \times \cos 45°} = 8.41 ≒ 9$개 설치

   따라서 $12 \times 9 = 108$개 설치

3) 표시온도 79℃ 미만인 폐쇄형헤드

4) 감지용헤드의 경계면적은 20m^2이므로 감지용헤드수 = $\dfrac{35\text{m} \times 25\text{m}}{20\text{m}^2/\text{개}} = 43.75 ≒ 44$개

5) 일제개방밸브의 작동여부를 발신하는 발신부 대신 1개층에 1개의 유수검지장치를 설치할 수 있다.

---

11 경유를 저장하는 위험물 옥외탱크저장소에 다음 조건에 따라 포소화설비를 설치하려고 한다. 다음 물음에 답하시오.

조건

1. 탱크는 직경 10m, 높이 12m의 콘루프탱크이다.
2. 방출구는 Ⅱ형이며, 옥외 보조포소화전은 2개가 설치되어 있다.(단구형)
3. 배관의 낙차수두와 마찰손실수두의 합은 50m이다.
4. 폼챔버에서의 방사압력은 3kgf/cm²이다.
5. 펌프효율은 65%, 전달계수는 1.1이다.
6. 송액배관의 내용적은 제외한다.
7. 사용약제는 3%형 수성막포이다.
8. 고정포방출구의 방출량 및 방사시간은 다음 표에 따른다.

[고정포방출구의 종류별 방출률]

위험물의 구분	포방출구의 종류	Ⅰ형		Ⅱ형		특형		Ⅲ형		Ⅳ형	
		포수용액량 (L/m²)	방출률 (L/m²·min)	포수용액량 (L/m²)	방출률 (L/m²·min)	포수용액량 (L/m²)	방출률 (L/m²·min)	포수용액량 (L/m²)	방출률 (L/m²·min)	포수용액량 (L/m²)	방출률 (L/m²·min)
제4류 위험물 중 인화점이 21℃ 미만인 것		120	4	220	4	240	8	220	4	220	4
제4류 위험물 중 인화점이 21℃ 이상 70℃ 미만인 것		80	4	120	4	160	8	120	4	120	4
제4류 위험물 중 인화점이 70℃ 이상인 것		60	4	100	4	120	8	100	4	100	4

1) 고정포방출구에 필요한 포소화약제의 저장량을 산출하시오.
2) 보조포소화전에 필요한 포소화약제의 저장량을 산출하시오.

3) 펌프의 축동력(kW)을 산출하시오.

풀이 및 정답

1) $Q = A(m^2) \times Q_1(l/m^2) \times S$

   $\therefore Q = \dfrac{\pi \times 10^2}{4} m^2 \times 120 l/m^2 \times \dfrac{3}{100} = 282.743 ≒ 282.74 l$

2) $Q = N \times S \times 8,000 l$

   $\therefore Q = 2 \times \dfrac{3}{100} \times 8,000 l = 480 l$

3) $kW = \dfrac{\gamma \times Q \times H}{102 \times \eta}$

   $H = 50m + 30m = 80m$

   $Q = \left(\dfrac{\pi \times 10^2}{4} m^2 \times 4 l/m^2 \cdot min\right) + (2 \times 400 l/min) = 1,114.16 l/min ≒ 1.114 m^3/min$

   $\therefore kW = \dfrac{80m \times 1,000 kgf/m^3 \times \dfrac{1.114}{60}(m^3/s)}{0.65 \times 102} = 22.4 kW$

12 포소화설비의 설계시 다음의 조건을 참고하여 물음에 답하시오.

조건

① 고정지붕구조의 탱크에 Ⅱ형 방출구를 설치한다.
② 직경 35m, 높이 15m인 휘발유탱크이다.
③ 6%형 수성막포 사용
④ 보조포소화전은 5개가 설치되어 있다.
⑤ 설치된 송액관의 구경 및 길이는 다음과 같다.

구 경	150mm	125mm	80mm	65mm
길 이	100m	80m	70m	50m

⑥ 포 혼합장치는 프레져프로포셔너 방식을 사용한다.

1) 포소화약제 저장량(m^3)
2) 고정포방출구의 개수
3) 혼합장치 토출유량의 범위(m^3/min)

풀이 및 정답

1) 포소화약제 저장량(m^3)

   고정포방출구에서 필요량 + 보조포소화전에서 필요량 + 송액관의 내용적

   ① 고정포방출구에서 방출하기 위하여 필요한 양

   $Q = A(m^2) \times Q_2(L/m^2) \times S$

   Q : 포약제의 양(l), A : 탱크액표면적(m^2),
   Q_2 : 표면적 1m^2당의 방사량(l/m^2), S : 농도

   $Q = \dfrac{\pi \times 35^2}{4} \times 220 \times 0.06 = 12,699.888 ≒ 12,699.89 l$

예상문제

② 보조포소화전에서 방출하기 위하여 필요한 양
Q = N×8,000×S = 3개×8,000×0.06 = 1,440L
③ 가장 먼 탱크까지의 송액관에 충전하기 위하여 필요한 양
Q = A×L×1,000×S
$= \frac{\pi}{4} \times (0.15^2 \times 100m + 0.125^2 \times 80m + 0.08^2 \times 70m + 0.065^2 \times 50m) \times 1,000 \times 0.06$
= 196L
∴ 12,699.89L + 1,440L + 196L = 14,335.89L = 14.34m³ **답 14.34m³**

2) 위험물 탱크에 설치하는 고정포 방출구의 설치갯수는 탱크 직경에 비례하며 고정지붕구조의 탱크에 Ⅱ형 방출구를 설치할 때 탱크 직경 35m 이상 42m 미만인 탱크의 경우 3개 설치

3) 혼합장치의 토출유량(m³/min)
혼합장치의 혼합유량은 펌프 토출량의 50% 이상 200% 이하
펌프의 토출량 = 고정포방출구에서 토출량 + 보조포소화전에서 토출량
① 고정포방출구에서 토출량
$Q = A(m^2) \times Q_1(L/m^2 \cdot min) = \frac{\pi \times 35^2}{4} \times 4 = 3,848.45 L/min$
② 보조포소화전에서 토출량
Q = N×400 = 3×400 = 1,200L/min
∴ 펌프의 토출량(L/min) = 3,848.45L/min + 1,200L/min = 5,048.45L/min
혼합장치의 토출유량(L/min) = (5,048.45×0.5)L/min ~ (5,048.45×2)L/min
혼합장치의 토출유량(m³/min) = 2.52m³/min ~ 10.1m³/min

답 최소 2.52m³/min 이상, 최대 10.1m³/min 이하

13 콘루프형 위험물저장 옥외탱크(내경 15m×높이 10m)에 Ⅱ형포방출구 2개를 설치할 경우 다음 물음에 답하시오. [8회 기출]

조건
① 포수용액량 : 220L/m²   ② 포방출율 : 4L/m²·min
③ 소화약제(포)의 사용농도 : 3%   ④ 보조포소화전 4개 설치
⑤ 송액관 내경 100mm, 길이 500m

1) 고정포방출구에서 방출하기 위하여 필요한 소화약제 저장량.
2) 보조포소화전에서 방출하기 위하여 필요한 소화약제 저장량.
3) 탱크까지 송액관에 충전하기 위하여 필요한 소화약제 저장량.
4) 그 합을 구하라.

풀이및정답 1) $Q = A(m^2) \times Q_1(L/m^2) \times S$
∴ $Q = \frac{\pi \times 15^2}{4} m^2 \times 220 L/m^2 \times 0.03 = 1,166.316 ≒ 1,166.32L$

2) Q = N×S×8,000
∴ Q = 3×0.03×8,000L = 720L

3) $Q = A(m^2) \times L(m) \times 1,000(L/m^3) \times S$

$\therefore Q = \dfrac{\pi \times 0.1^2}{4} m^2 \times 500m \times 1,000 L/m^3 \times 0.03 = 117.809 ≒ 117.81L$

4) $1,166.32L + 720L + 117.81L = 2,004.13L$

14 다음과 같이 휘발유탱크 1기와 경유탱크 1기를 1개의 방유제에 설치하는 옥외탱크저장소에 대하여 각 물음에 답하시오.

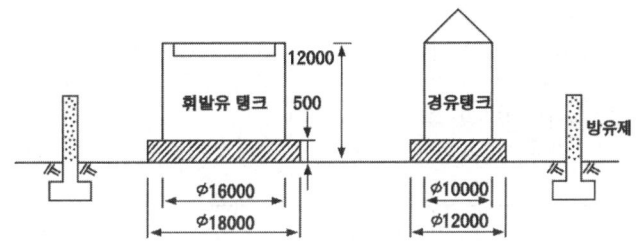

조건

1. 탱크용량 및 형태
   - 휘발유탱크 : 용량 $2,000m^3$(지정수량의 10,000배), 플루팅루프탱크의 탱크 내측과 굽도리판(Foam Dam) 사이의 거리는 0.6m 이다.
   - 경유탱크 : 용량 $830m^3$(지정수량의 830배)의 콘루프탱크 이다.
2. 고정포 방출구
   - 경유탱크 : II형, 휘발유탱크 : 설계자가 선정하도록 한다.
3. 포소화약제의 종류 : 수성막포 3%
4. 보조 포소화전 : 쌍구형으로 설치, 설계자가 최소 설치수를 선정함.
5. 포소화약제 저장탱크의 종류 : 700L, 750L, 800L, 900L, 1000L, 1200L (단, 포소화약제의 저장탱크 용량은 포소화약제의 저장량을 말한다.)
6. 참고법규
   i) 옥외탱크 저장소의 보유공지

저장 또는 취급하는 위험물의 최대 저장량	공지의 너비
지정수량의 500배 이하	3미터 이상
지정수량의 500배 초과 1,000배 이하	5미터 이상
지정수량의 1,000배 초과 2,000배 이하	9미터 이상
지정수량의 2,000배 초과 3,000배 이하	12미터 이상
지정수량의 3,000배 초과 4,000 이하	15미터 이상
지정수량의 4,000배 초과	당해 탱크의 최대지름과 탱크의 높이 또는 길이 중 큰 것과 같은 거리이상 이어야 한다. 다만, 30미터 초과의 경우 에는 30미터로 할 수 있고, 15미터 미만의 경우에는 15미터로 하여야 한다.

예상문제

ii) 고정포방출구의 방출량 및 방사시간

포방출구의 종류 위험물의 구분	I 형		II 형		특형	
	포수용액량 (L/m²)	방출률 (L/m²·min)	포수용액량 (L/m²)	방출률 (L/m²·min)	포수용액량 (L/m²)	방출률 (L/m²·min)
제4류 위험물 중 인화점이 21℃ 미만인 것	120	4	220	4	240	8
제4류 위험물 중 인화점이 21℃ 이상 70℃ 미만인 것	80	4	120	4	160	8
제4류 위험물 중 인화점이 70℃ 이상인 것	60	4	100	4	120	8

1) 다음 물음에 답하시오.

다음 A, B, C 및 D의 법적으로 최소 가능한 거리를 정하시오. (단, 탱크 측판의 두께 및 보온 두께는 무시한다.)

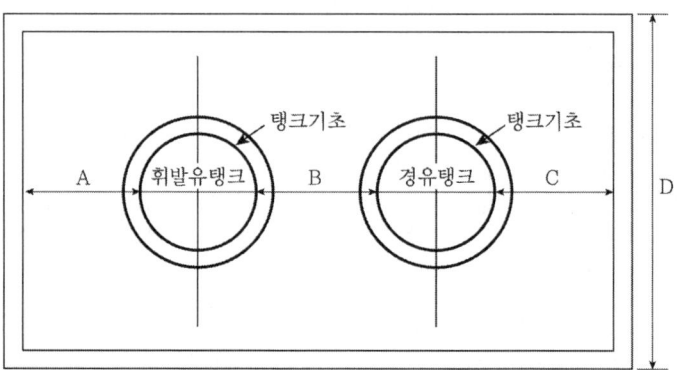

① A(휘발유탱크 측판과 방유제 내측거리, m)
② B(휘발유탱크 측판과 경유탱크 측판사이 거리, m)
③ C(경유탱크 측판과 방유제 내측거리, m)
④ D(방유제의 최소폭, m)

2) 다음에서 요구하는 각 장비의 용량을 구하시오.
① 포 저장탱크의 용량(L) (단, 국가화재안전기준을 적용하며 배관은 구경 50A인 배관 140m와 100A인 배관 50m가 있다.)
② 가압송수장치(펌프)의 유량(lpm)
③ 소화설비의 수원(저수량 : m³)

④ 포소화약제의 혼합장치로 프레져 프로포셔너방식을 사용할 경우에 최소유량 최대유량의 범위를 정하시오.
㉮ 최소유량 (lpm)
㉯ 최대유량 (lpm)

풀이및정답

1) ① $A = 12m \times \dfrac{1}{2} = 6m$ ② $B = 16m$ ③ $C = 12m \times \dfrac{1}{3} = 4m$
   ④ $D = 6m + 16m + 6m = 28m$

2) ① 포저장탱크의 용량(l) 선정
   포약제의 양 = 고정포방출구에서 필요한 양(최대량) + 보조포소화전에서 필요한 양
   　　　　　　＋ 가장 먼 탱크까지의 송액관의 내용적
   ㉠ 고정포방출구에서 필요한 양 : $Q = A(m^2) \times Q_1(L/m^2) \times S$
   　㉮ 휘발유탱크에서 필요한 양
   　　$Q = \dfrac{\pi}{4}(16^2 - 14.8^2)m^2 \times 240L/m^2 \times 0.03 = 209.003 ≒ 209L$
   　㉯ 경유탱크에서 필요한 양
   　　$Q = \dfrac{\pi \times 10^2}{4}m^2 \times 120L/m^2 \times 0.03 = 282.743 ≒ 282.74L$
   ㉡ 보조포소화전에서 필요한 포약제의 양 : $Q = N \times S \times 8,000L$
   　설치수 $N = \dfrac{52m \times 2 + 28m \times 2}{75m} = 2.13$ ∴ 3개
   　∴ $Q = 3개 \times 0.03 \times 8,000L = 720L$
   ㉢ 송액관에 유입되는 포원액의 양
   　$Q = 50m \times \left(\dfrac{\pi \times 0.1^2}{4}\right)m^2 \times 1,000L/m^3 \times 0.03 = 11.78L$
   　※ 따라서 총 포약제의 필요량(Q) = ㉠ + ㉡ + ㉢
   　　　　　　　　　　　　　　　＝ 282.74L + 720L + 11.78L = 1,014.52L
   따라서 1,200L의 포약제탱크 선정함

   ② 가압송수장치의 유량
   가압송수장치의 유량(L/min) = 고정포방출구에서 필요유량 + 보조포소화전에서 필요유량
   ㉠ 고정포방출구에서 필요한 토출유량(최대유량=경유탱크)
   　$Q = \dfrac{\pi \times 10^2}{4}m^2 \times 4L/m^2 \cdot min = 314.159 ≒ 314.16L/min$
   ㉡ 보조포소화전에서 필요한 토출유량
   　$Q = N \times 400L/min = 3 \times 400L/min = 1,200L/min$
   ∴ 가압송수장치의 유량 = ㉠ + ㉡ = 314.16L/min + 1,200L/min = 1,514.16L/min

   ③ 수원의 양
   　$1014.52L : 3\% = xL : 97\%$
   ∴ $xL = 32,802.813L ≒ 32.8m^3$

   ④ 포 혼합장치의 유량 = 정격유량×0.5 이상, 정격유량×2 이하
   ∴ 1,514.16L/min×0.5 이상, 1,514.16L/min×2 이하

예상문제

15 팽창비에 따른 포방출구의 종류를 설명하시오

▶풀이및정답 팽창비율에 따른 포방출구의 종류

팽창비율에 따른 포의 종류	포방출구의 종류
팽창비가 20 이하인 것(저발포)	포헤드, 압축공기포헤드
팽창비가 80 이상 1,000 미만인 것(고발포)	고발포용 고정포방출구

제1종 기계포 : 팽창비 80 이상 250 미만
제2종 기계포 : 팽창비 250 이상 500 미만
제3종 기계포 : 팽창비 500 이상 1,000 미만

16 포소화설비의 설계시 다음의 조건을 참고하여 물음에 답하시오. [5회 기출]

조건
① 고정지붕구조의 탱크에 Ⅱ형 방출구를 설치한다.
② 직경 35m, 높이 15m인 휘발유탱크이다.
③ 6%형 수성막포 사용
④ 보조포소화전은 5개가 설치되어 있다.
⑤ 설치된 송액관의 구경 및 길이는 다음과 같다.

구 경	150mm	125mm	80mm	65mm
길 이	100m	80m	70m	50m

⑥ 포 혼합장치는 프레져프로포셔너 방식을 사용한다.

1) 포소화약제 저장량 (m³)
2) 고정포방출구의 개수
3) 혼합장치 토출유량의 범위(m³/min)

▶풀이및정답 12번과 동일

17 다음 옥외탱크저장소에 포소화설비를 설치하였다. 조건을 보고 물음에 답하시오

조건
1. 방유제내에 휘발유탱크1기를 설치하였다.
2. 휘발유탱크에 특형방출구를 설치하였다.
3. 탱크의 직경은 20m이며 탱크내측과 굽도리판사이의 거리는 1.5m이다.
4. 탱크의 높이는 13m이다.
5. 방유제주변에는 보조포소화전을 쌍구형으로 설치.
6. 고정포방출구에서의 방수압력은 0.2MPa이다.

7. 가압송수장치에서 고정포방출구까지의 마찰손실압력은 0.1MPa, 보조포소화전까지의 마찰손실압력은 0.09MPa이다. 호스에서의 마찰손실수두는 8m이다.
8. 가압송수장치와 보조포소화전과의 실양정은 0m이다.
9. 수성막포 3%형을 사용. 프레져푸로포셔너방식이용.
10. 송액관의 보정량은 무시한다.
11. 탱크의 기초체적은 무시한다.
12. 고정포방출구의 방출률

포방출구의 종류 / 위험물의 구분	I형		II형		특형		III형		IV형	
	포 수용액량 (L/m²)	방출률 (L/m²·min)	포 수용액량 (L/m²)	방출률 (L/m²·min)	포 수용액량 (L/m²)	방출률 (L/m²·min)	포 수용액량 (L/m²)	방출률 (L/m²·min)	포 수용액량 (L/m²)	방출률 (L/m²·min)
제4류 위험물 중 인화점이 21℃ 미만인 것	120	4	220	4	240	8	220	4	220	4
제4류 위험물 중 인화점이 21℃ 이상 70℃ 미만인 것	80	4	120	4	160	8	120	4	120	4
제4류 위험물 중 인화점이 70℃ 이상인 것	60	4	100	4	120	8	100	4	100	4

1) 고정포방출구에 필요한 수용액의 양[L]을 구하시오.
2) 방유제주변의 둘레를 구하시오.
3) 보조포소화전의 설치수를 구하시오.
4) 보조포소화전에 필요한 수용액의 양[L]을 구하시오.
5) 가압송수장치의 토출량[L/min]과 전양정[m]을 구하시오.
6) 방유제의 용량을 선정하시오[m³].
7) 방유제의 높이를 구하시오[m].

풀이 및 정답

1) $Q(L) = Am^2 \times QL/m^2 = \left[\dfrac{\pi}{4}(20m)^2 - \dfrac{\pi}{4}(17m)^2\right] \times 240L/m^2$

$= 20,923.007 ≒ 20,923.01L$

2) 탱크직경 = 20m

15m 이상이므로 탱크높이의 $\dfrac{1}{2}$ 이상 방유제와 이격 설치

∴ 탱크외측~방유제 거리 = $13m \times \dfrac{1}{2} = 6.5m$

∴ 방유제 한변의 길이 = $20m + 6.5m \times 2 = 33m$

∴ 둘레 = $33m \times 4 = 132m$

3) $\dfrac{132m}{75m} = 1.76$ ∴ 2개

4) $Q(L) = N \times 8,000L = 3 \times 8,000L = 24,000L$

예상문제

5) ① 토출량 $Q(L/min) = (Am^2 \times QL/m^2 \cdot min) + (N \times 400L/min)$
$= \left[\dfrac{\pi}{4}(20m)^2 - \dfrac{\pi}{4}(17m)^2\right] \times 8L/m^2 \cdot min + 3 \times 400L/min$
$= 1,897.433 ≒ 1,897.43L/min$

② 전양정
㉠ 고정포방출구 $H = h_1 + h_2 + h_3$
$H = 10m + 13m + 20m = 43m$
㉡ 보조포소화전 $H = h_1 + h_2 + h_3 + 35m$
$H = 9m + 8m + 0m + 35m = 52m$
∴ 전양정 = 52m

6) 방유제의 용량은 탱크용량의 110% 이상
∴ $\dfrac{\pi}{4}(20m)^2 \times 13m \times 1.1 = 4,492.48m^3$

7) $4,492.49m^3 = 33m \times 33m \times Hm$
∴ $Hm = 4.13m$　　　　　　　　　　　　　　　**답** 3m

cf) 방유제 높이 = 0.5m 이상 3m 이하

18 국소방출방식의 고발포용고정포방출구 설비를 설치하고자 한다. 다음 조건을 보고 물음에 답하시오.

> **조건**
> 1. 방호대상물은 높이 1.5m, 직경 2m의 특수가연물저장탱크이다.
> 2. 합성계면활성제포 6%형을 사용

1) 방호면적(m^2)을 구하시오
2) 포소화약제의 양[L]을 구하시오

◀풀이및정답 1) $D = 2m + 1.5m \times 3 \times 2 = 11m$
$A = \dfrac{\pi}{4}D^2 = \dfrac{\pi}{4} \times (11m)^2 = 95.033 ≒ 95.03m^2$

2) $Q(L) = Am^2 \times 3L/m^2 \cdot min \times 10min \times S$
$= 95.03m^2 \times 3L/m^2 \cdot min \times 10min \times 0.06 = 171.054 ≒ 171.05L$

19 바닥면적이 1,500m², 높이가 10m인 항공기 격납고에 설치하는 포소화설비에 대한 다음 물음에 답하시오

조건
1. 전역방출방식의 고발포용고정포방출구설비 설치.
2. 항공기격납위치가 한정되어 있어 주변 4군데에 호스릴포소화설비를 설치하였다.
3. 항공기의 높이는 6m이다.
4. 팽창비 200인 수성막포를 설치하였다.
5. 관포체적 1m³당 1분당방출량

소방대상물	포의 팽창비	1m³에 대한 포수용액 방출량
항공기 격납고	팽창비 80 이상 250 미만	2.00L
	팽창비 250 이상 500 미만	0.50L
	팽창비 500 이상 1,000 미만	0.29L
차고 또는 주차장	팽창비 80 이상 250 미만	1.11L
	팽창비 250 이상 500 미만	0.28L
	팽창비 500 이상 1,000 미만	0.16L
특수가연물을 저장, 취급하는 소방대상물	팽창비 80 이상 250 미만	1.25L
	팽창비 250 이상 500 미만	0.31L
	팽창비 500 이상 1,000 미만	0.18L

1) 고정포방출구 최소설치수를 구하시오.
2) 고정포방출구 1개당 최소 방수량[L/min]을 구하시오.
3) 전체 포소화설비에 필요한 포수용액량[L]을 구하시오.

풀이및정답

1) $\dfrac{1,500\text{m}^2}{500\text{m}^2} = 3$

2) $Q(\text{L/min}) = V\text{m}^3 \times 2\text{L/m}^3 \cdot \text{min} \div N$
   $V(\text{m}^3) = 1,500\text{m}^2 \times 6.5\text{m} = 9,750\text{m}^3$
   ∴ $Q(\text{L/min}) = 9,750\text{m}^3 \times 2\text{L/m}^3 \cdot \text{min} \div 3 = 6,500\text{L/min}$

3) $Q(\text{L}) = 3 \times 6,500\text{L/min} \times 10\text{min} + 4 \times 6,000\text{L} = 219,000\text{L}$

예상문제

이산화탄소소화설비

01 체적이 400m³인 전기실에 이산화탄소 80kg을 방사하였다. 실내의 온도가 22℃, 실내의 압력이 1.2atm인 경우 이산화탄소의 농도%와 산소의 농도%를 구하시오. [무유출적용]

풀이및정답

① $CO_2\% = \dfrac{\text{방사된 } CO_2 \text{ 체적}}{\text{방호구역의 체적} + \text{방사된 } CO_2 \text{ 체적}} \times 100$

$PV = \dfrac{W}{M}RT$ 에서 $V = \dfrac{WRT}{PM}$

$V = \dfrac{80\text{kg} \times 0.082\text{atm} \cdot \text{m}^3/\text{kmol} \cdot \text{K} \times (273+22)\text{K}}{1.2\text{atm} \times 44\text{kg}/\text{kmol}} = 36.651 \fallingdotseq 36.65\text{m}^3$

$\therefore CO_2\% = \dfrac{36.65\text{m}^3}{400\text{m}^3 + 36.65\text{m}^3} \times 100 = 8.393 \fallingdotseq 8.39\%$ **답** 8.39%

② $CO_2\% = \dfrac{21 - O_2}{21} \times 100$ $\therefore O_2 = 21 - \dfrac{8.39 \times 21}{100} = 19.23\%$

---

02 체적 675m³인 통신기기실에 전역방출방식의 이산화탄소를 방사하여 산소농도가 12%로 되었을 때 다음 물음에 답하시오. [무유출적용] (단, 방사시 통신기기실의 압력은 1.1kgf/cm², 온도는 30℃이다.)

1) 방사된 이산화탄소는 몇 kg인가?
2) 이 때 이산화탄소의 농도는 몇 %인가?

풀이및정답

1) $PV = \dfrac{W}{M}RT$ 에서 $W = \dfrac{PVM}{RT}$

$CO_2(\text{m}^3) = \dfrac{21 - O_2}{O_2} \times V(\text{m}^3)$

$CO_2(\text{m}^3) = \dfrac{21 - 12}{12} \times 675\text{m}^3 = 506.25\text{m}^3$

$P = 1.1\text{kgf}/\text{cm}^2 \times \dfrac{1\text{atm}}{1.0332\text{kgf}/\text{cm}^2} = 1.064 \fallingdotseq 1.06\text{atm}$

$\therefore W = \dfrac{1.06\text{atm} \times 506.25\text{m}^3 \times 44\text{kg}/\text{kmol}}{0.082\text{atm} \cdot \text{m}^3/\text{kmol} \cdot \text{K} \times (273+30)\text{K}} = 950.313 \fallingdotseq 950.31\text{kg}$ **답** 950.31kg

2) $CO_2(\%) = \dfrac{21 - O_2}{21} \times 100 = \dfrac{21 - 12}{21} \times 100 = 42.857 \fallingdotseq 42.86\%$ **답** 42.86%

03 어떤 사무실 건물의 지하층에 있는 발전기실 및 축전지실에 전역방출방식의 고압식 이산화탄소 소화설비를 설치하려고 한다. 소방관련법령 및 다음 주어진 조건을 이용하여 다음 각 물음에 답하시오.

조건
1. 발전기실의 크기 : 가로 7m×세로 10m ×높이 4m
2. 발전기실의 개구부 크기 : 1.8m×3m (자동폐쇄장치가 있는 2개설치됨)
3. 축전지실의 크기 : 가로 5m×세로 6m×높이 4m
4. 축전지실의 개구부 크기 : 0.9m×2m (자동폐쇄장치가 없는 1개설치됨)
5. 가스용기 1병당의 충전량은 50kg이며, 저장용기는 공용으로 한다.
6. 가스량은 다음 표를 이용하여 산출한다.

방호구역의 체적	방호구역의 체적 1m³에 대한 소화약제의 양	소화약제 저장량의 최저한도의 양
45m³ 미만	1.00kg	45kg
45m³ 이상 150m³ 미만	0.90kg	45kg
150m³ 이상 1,450m³ 미만	0.80kg	135kg
1,450m³ 이상	0.75kg	1,125 kg

※ 개구부의 가산량은 5kg/m²로 한다.

1) 각 방호구역별로 필요한 가스용기의 병수는 몇 병인가?
2) 집합장치에 필요한 가스용기의 병수는 몇 병인가?
3) 각 방호구역별 선택밸브 직후의 유량은 몇 kg/sec인가?
4) 저장용기의 내압시험압력은 몇 MPa인가?
5) 집합관에 설치되는 안전장치의 작동압력은 몇 MPa인가?
6) 분사헤드의 방출압력은 21℃에서 몇 MPa 이상이어야 하는가?
7) 음향경보장치는 약제방사 개시 후 몇 분 동안 경보를 발할 수 있어야 하는가?
8) 각 방호구역에 필요한 음향경보장치는 각각 몇 개씩인가?
9) 사용해야 하는 배관의 종류를 쓰시오.
10) 가스용기의 개방밸브 작동방식 3가지를 쓰시오.

풀이및정답 1) ① 발전기실 $W = V \times \alpha$
$W(kg) = (7 \times 10 \times 4)m^3 \times 0.8kg/m^3 = 224kg$
용기수 $= \dfrac{224kg}{50kg/병} = 4.48병$ ∴ 5병

② 축전지실 $W = V \times \alpha + A \times \beta$
$W(kg) = (5 \times 6 \times 4)m^3 \times 0.9kg/m^3 + 1.8m^2 \times 5kg/m^2 = 117kg$
용기수 $= \dfrac{117kg}{50kg/병} = 2.34병$ ∴ 3병

답 ① 발전기실 5병 ② 축전지실 3병

예상문제

2) 5병

3) ① 발전기실 : $\dfrac{5 \times 50\text{kg}}{60\sec} = 4.166 ≒ 4.17\text{kg/s}$

   ② 축전지실 : $\dfrac{3 \times 50\text{kg}}{60\sec} = 2.5\text{kg/s}$

   답 ① 발전기실 : 4.17kg/s ② 축전지실 : 2.5kg/s

4) 25MPa

5) 20MPa

6) 2.1MPa 이상

7) 1분 이상

8) 1개씩

9) 강관 - 압력배관용탄소강관(KS D 3562) 중 Sch 80 이상 또는 이와 동등 이상의 강도를 가진 것으로 아연도금 등으로 방식 처리된 것

   동관 - 이음이 없는 동 및 동합금관(KS D 5301)으로서 16.5MPa 이상 압력에 견딜 수 있는 것

10) ① 기계식
    ② 전기식
    ③ 가스압력식

04 교차회로방식의 감지기 작동으로 인한 화재시 약제방출순서를 설명하시오. (가스압력식) (개구부자동폐쇄장치로는 모터댐퍼릴리져를 사용하며 사이렌동작시 동시작동됨)[7회 기출]

▶ **풀이 및 정답** 화재발생 → 감지기 A 작동 → 제어반 확인 → 경보발령 및 개구부 자동폐쇄(모터댐퍼릴리져) → 감지기 B 작동 → 제어반 확인 → 타이머 작동 → 전자개방밸브작동 → 기동용기개방 → 선택밸브개방 → 저장용기개방 → 약제방출 → 압력스위치작동 → 제어반 밸브개방 확인 → 방출표시등점등 및 소화

05 A구역(용기 3병), B구역(용기 5병, 실의 체적 242m³), C구역(용기 3병)에 전역방출방식의 고압식 CO_2소화설비를 설치하고자 한다. 이 경우 저장용기는 68L/45kg, 압력스위치는 선택변 상단 배관상에 설치, CO_2 제어반은 저장용기실에 설치, 저장용기개방은 가스압력식이다. 각 물음에 답하시오. [3회 기출]

1) CO_2 저장용기실의 계통도를 작도하시오.
2) B구역에 약제방출 후 CO_2 농도(%)를 계산하시오. (방사온도 : 20℃, 압력 : 1.2atm) (반올림하여 소수점 2자리까지 구한다.) [무유출적용]

풀이및정답 1)

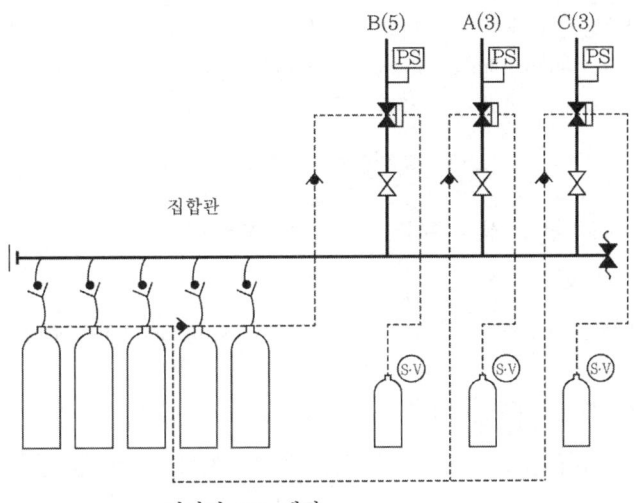

2) $CO_2\% = \dfrac{\text{방사된 } CO_2 \text{ 체적}}{\text{방호구역체적} + \text{방사된 } CO_2 \text{ 체적}} \times 100$

$PV = \dfrac{W}{M}RT$ 에서 $V = \dfrac{WRT}{PM}$

$V = \dfrac{(5 \times 45)\text{kg} \times 0.082\text{atm} \cdot \text{m}^3/\text{kmol} \cdot \text{K} \times (273+20)\text{K}}{1.2\text{atm} \times 44\text{kg/kmol}} = 102.383 ≒ 102.38\text{m}^3$

∴ $CO_2\% = \dfrac{102.38\text{m}^3}{242\text{m}^3 + 102.38\text{m}^3} \times 100 = 29.728 ≒ 29.73\%$

06 다음은 국소방출방식의 고압식 이산화탄소 소화설비를 설치한 그림이다. 방호대상물 주변에 방출헤드 4개를 설치하였을 때 다음 각 물음에 답하시오.

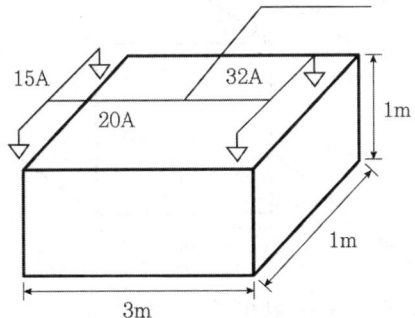

1) 방호공간의 체적은 몇 m³인가?
2) 방호공간 1m³당 방사하여야 할 약제량은 몇 kg인가?
3) 저장하여야 할 최소량은 몇 kg인가?
4) 용기실에 저장하여야 할 용기수는 몇 병인가? (병당 충전량은 45kg이다.)

예상문제

5) 헤드 1개당 방출량은 몇 kg/sec인가?

풀이 및 정답

1) 방호공간의 체적 = 방호대상물 각 부분으로부터 0.6m 거리에 의해 둘러쌓인 공간

   $\therefore V = (3m + 1.2m) \times (1m + 1.2m) \times (1m + 0.6m) = 14.784 ≒ 14.78m^3$ **답 14.78m³**

2) $Q = X - Y \cdot \dfrac{a}{A}$

   X : 8, Y : 6, A : 방호공간의 벽면적
   $= (4.2m \times 1.6m \times 2) + (2.2m \times 1.6m \times 2) = 20.48m^2$
   a : 방호대상물 주위에 설치된 벽면적 = 0m²

   $\therefore Q(kg/m^3) = 8 - 6 \times \dfrac{0}{20.48} = 8 kg/m^3$ **답 8kg/m³**

3) $W(kg) = V(m^3) \times Q(kg/m^3) \times 1.4 = 14.78m^3 \times 8kg/m^3 \times 1.4 = 165.536 ≒ 165.54 kg$

   답 165.54kg

4) 용기수 $= \dfrac{165.54kg}{45kg/병} = 3.67 \quad \therefore 4병$ **답 4병**

5) 헤드 1개 방출량(kg/s) $= \dfrac{헤드\ 1개\ 방사량(kg)}{방사시간(sec)} = \dfrac{45kg \times 4병 \div 4개}{30sec} = 1.5kg/sec$

   답 1.5kg/s

07 다음과 같이 국소방출방식의 고압식 이산화탄소 소화설비를 설치한 경우 다음 각 물음에 답하시오.

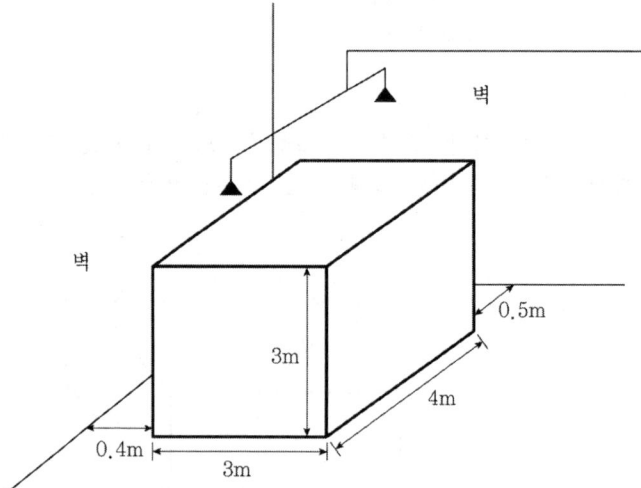

1) 방호공간의 체적은 몇 m³인가?
2) 방호공간 1m³당 방사하여야 할 약제량은 몇 kg인가?
3) 저장하여야 할 최소량은 몇 kg인가?
4) 용기실에 저장하여야 할 용기수는 몇 병인가? (병당 충전량은 45kg이다.)
5) 헤드 1개당 방출량은 몇 kg/sec인가?

풀이 및 정답

1) 방호공간의 체적
   $V = (3m + 0.6m + 0.4m) \times (4m + 0.6m + 0.5m) \times (3m + 0.6m) = 73.44 m^3$

2) 방호공간 $1m^3$당 방사하여야 하는 약제량(kg/m^3)
   $Q = 8 - 6 \dfrac{a}{A}$
   $A = (4m \times 3.6m \times 2) + (5.1m \times 3.6m \times 2) = 65.52 m^2$
   $a = (4m \times 3.6m \times 1) + (5.1m \times 3.6m \times 1) = 32.76 m^2$
   $\therefore Q = 8 - 6 \cdot \dfrac{32.76}{65.52} = 5 kg/m^3$

3) 약제량 $W(kg) = V \times Q \times 1.4 = 73.44 m^3 \times 5 kg/m^3 \times 1.4 = 514.08 kg$

4) 용기수 $= \dfrac{514.08 kg}{45 kg/병} = 11.42$ $\therefore$ 12병

5) 헤드 1개 방출량$(kg/s) = \dfrac{헤드\ 1개\ 방사량(kg)}{방사시간(sec)} = \dfrac{45kg \times 12병 \div 2개}{30 sec} = 9 kg/s$

08

보일러실, 변전실, 발전실 및 축전지실에 아래와 같은 조건으로 전역방출 방식의 고압식 이산화탄소(CO_2) 소화설비를 설치하였을 경우 아래 물음에 답하시오.

조건

1. 방호구역의 조건

방호구역	크기 (m)		개구부의 면적(m^2)	개구부의 상태	헤드의 설치 수
	면적	높이			
보일러실	17×18	5	6.3	자동폐쇄 불가	45
변전실	10×18	6	4.2	자동폐쇄 가능	35
발전실	5×8	4	4.2	자동폐쇄 불가	7
축전지실	5×3	4	2.1	자동폐쇄 가능	2

2. 소화약제 산정 기준

방호구역의 체적	방호구역 $1m^3$에 대한 소화약제의 양	소화약제의 최저한도의 양
$45m^3$ 미만	1kg	45kg
$45m^3$ 이상 $150m^3$ 미만	0.9kg	45kg
$150m^3$ 이상 $1450m^3$ 미만	0.8kg	135kg
$1450m^3$ 이상	0.75kg	1,125kg

3. 개구부의 상태에 따라 개구부 면적 $1m^2$당 가산하는 소화약제의 양은 5kg으로 한다.
4. 각 실에 설치된 분사헤드의 방사율은 $1.16[kg/mm^2 \cdot 분]$으로 하며 CO_2 방출시간은 1분을 기준으로 한다.
5. CO_2 저장용기는 내용적 68L, 충전량 45kg의 것을 사용한다.

예상문제

1) 각 방호구역에 필요한 소화약제의 양(kg)을 산출하시오.
2) 각 실에 필요한 소화약제의 용기수는 얼마인가?
3) 용기 저장소에 저장하여야 할 소화약제의 용기수는 얼마인가?
4) 분사헤드에서의 방사압력은 몇 MPa 이상이어야 하는가?
5) 각 실별로 설치된 분사헤드의 분출구 면적은 얼마이어야 하는가? (단, 보일러실, 변전실, 발전실 및 축전지실은 표면화재 방호대상물로 본다.)
6) 저장용기의 내압시험압력은 몇 MPa인가?
7) 음향경보장치는 약제 방사개시 후 몇 분 동안 경보를 발하여야 하는가?
8) 각 방호구역에 필요한 음향경보장치는 각각 몇 개씩인가?
9) 선택밸브와 기동용기는 몇 개 필요한가?

◀풀이 및 정답

1) ① 보일러실 $W = V \times \alpha + A \times \beta$
   $W = (17 \times 18 \times 5)m^3 \times 0.75 kg/m^3 + 6.3m^2 \times 5 kg/m^2 = 1179 kg$
   ② 변전실 $W = V \times \alpha$
   $W = (10 \times 18 \times 6)m^3 \times 0.8 kg/m^3 = 864 kg$
   ③ 발전실 $W = V \times \alpha + A \times \beta$
   $V \times \alpha = (5 \times 8 \times 4)m^3 \times 0.8 kg/m^3 = 128 kg$ ∴ 최소 135kg 선정
   ∴ $W = 135 kg + 4.2 m^2 \times 5 kg/m^2 = 156 kg$
   ④ 축전지실 $W = V \times \alpha$
   $W = (5 \times 3 \times 4)m^3 \times 0.9 kg/m^3 = 54 kg$

2) ① 보일러실
   $$병수 = \frac{1179 kg}{45 kg/병} = 26.2 \quad ∴ 27병$$
   ② 변전실
   $$병수 = \frac{864 kg}{45 kg/병} = 19.2 \quad ∴ 20병$$
   ③ 발전실
   $$병수 = \frac{156 kg}{45 kg/병} = 3.47 \quad ∴ 4병$$
   ④ 축전지실
   $$병수 = \frac{54 kg}{45 kg/병} = 1.2 \quad ∴ 2병$$

3) 27병
4) 2.1MPa
5) ① 보일러실
   $$분구면적 = \frac{헤드\ 1개\ 방사량}{방출율 \times 방사시간} = \frac{27병 \times 45 kg/병 \div 45개}{1.16 kg/mm^2 \cdot 분 \times 1분} = 23.275 ≒ 23.28 mm^2$$
   ② 변전실
   $$분구면적 = \frac{20병 \times 45 kg/병 \div 35개}{1.16 kg/mm^2 \cdot 분 \times 1분} = 22.167 ≒ 22.17 mm^2$$

③ 발전실

$$분구면적 = \frac{4병 \times 45\text{kg/병} \div 7개}{1.16\text{kg/mm}^2 \cdot 분 \times 1분} = 22.167 ≒ 22.17\text{mm}^2$$

④ 축전지실

$$분구면적 = \frac{2병 \times 45\text{kg/병} \div 2개}{1.16\text{kg/mm}^2 \cdot 분 \times 1분} = 38.793 ≒ 38.79\text{mm}^2$$

6) 25MPa
7) 1분 이상
8) 1개씩
9) 선택밸브 4개, 기동용기 4개

09 다음과 같은 통신실에 이산화탄소 소화설비를 설치하였을 때 각 물음에 답하시오.

[조건]
1. 통신실은 바닥면적 300m², 높이 3.2m이다.
2. 전기실과의 사이에 4m²의 유리창으로 된 창문이 있다.
3. CO_2의 방사는 20℃를 기준으로 한다.
4. CO_2의 비체적 (0℃, 1기압)은 0.509m³/kg이다.
5. 이산화탄소용기의 내용적은 68리터, 충전비는 1.5이다.

1) 필요한 CO_2 용기의 수는 몇 병인가?
2) 통신실에 방사하여야 하는 체적유량(m³/sec)은 얼마인가?

[풀이및정답]

1) $W = V \times \alpha + A \times \beta = (300 \times 3.2)\text{m}^3 \times 1.3\text{kg/m}^3 + 4\text{m}^2 \times 10\text{kg/m}^2 = 1288\text{kg}$

$G = \dfrac{V}{C} = \dfrac{68}{1.5} = 45.33\text{kg/병}$

$용기수 = \dfrac{약제량}{1병당 저장량} = \dfrac{1288\text{kg}}{45.33\text{kg/병}} = 28.41$

∴ 29병

2) $PV = \dfrac{W}{M}RT$ 에서 $V = \dfrac{WRT}{PM}$

$V = \dfrac{(29 \times 45.33\text{kg}) \times 0.082\text{atm} \cdot \text{m}^3/\text{kmol} \cdot K \times (273+20)K}{1\text{atm} \times 44\text{kg/kmol}} = 717.814 ≒ 717.81\text{m}^3$

$Q(\text{m}^3/s) = \dfrac{717.81\text{m}^3}{7 \times 60\text{sec}} = 1.709 ≒ 1.71\text{m}^3/s$

예상문제

10 다음과 같은 건축물에 그림과 같이 소화설비가 설치되어 있다. 다음 조건을 참조하여 다음 물음에 답하시오.

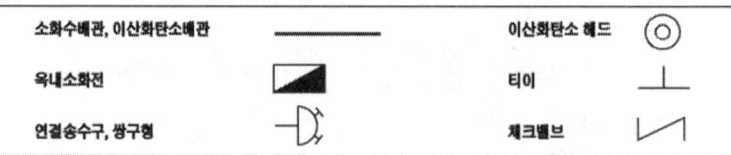

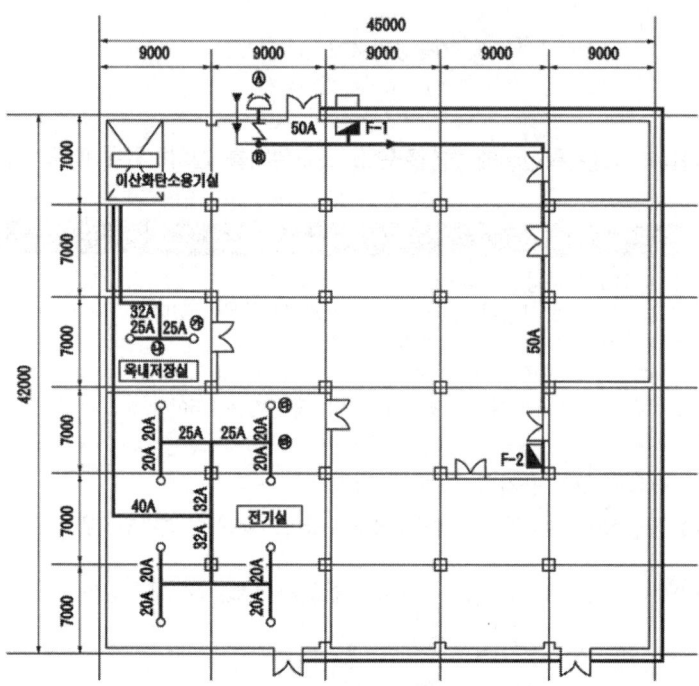

조건

1. 옥내(탱크)저장실-(표면화재)의 크기(내부) : 9m×14m×4m=504m³
2. 전기실(심부화재)의 크기(내부) : 18m×21m×4m=1,512m³
3. 옥내탱크저장소에 저장하는 위험물의 종류는 에탄(Ethane)이며, 에탄의 설계농도는 40%이고 이 때 34% 설계농도에 비해 곱하여야 할 보정계수는 1.2이다.

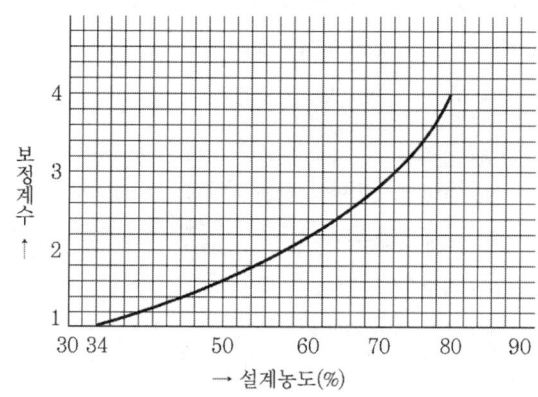

4. 전기실의 화재는 심부화재이며 방호구역내 CO_2의 농도가 2분내에 30%에 도달되어야 한다. (단, 방호구역내 CO_2 농도가 30%가 되기 위해서는 방호구역 체적단위 m^3당 0.7kg의 CO_2 소화약제가 필요하다.)

1) 옥내 탱크저장소와 전기실에 전역방출방식의 이산화탄소 소화설비를 설치할 때 필요한 CO_2 소화약제량과 CO_2 저장용기의 개수를 구하시오. (단, 저장용기의 크기는 68L이며, 충전비는 1.6이고, 개구부는 자동폐쇄장치가 설치되어 있다.)

설 치 위 치	소화약제량(설계치)	CO_2의 병수
옥내탱크저장소	(①) kg	(③) 병
전기실	(②) kg	(④) 병

2) CO_2 저장용기 내의 CO_2 충전비를 조정하여 CO_2 저장용기의 숫자를 최소로 하려면 이때의 충전비와 최저 CO_2 저장용기 병수는 얼마인가?

3) 도면의 ㉰~㉱ 구간 사이의 배관에서 CO_2 약제가 방출될 때의 유량(kg/sec)을 2분과 7분 기준(최초설계기준)으로 구하시오.

◀풀이및정답 1) ① 옥내탱크저장소 약제량(kg)

$W = V \times \alpha \times N = 504 m^3 \times 0.8 kg/m^3 \times 1.2 = 483.84 kg$

② 전기실 약제량(kg)

$W = V \times \alpha = 1512 m^3 \times 1.3 kg/m^3 = 1965.6 kg$

③ 옥내탱크저장소 용기수

$G = \dfrac{V}{C} = \dfrac{68}{1.6} = 42.5 kg/병$

용기수 $= \dfrac{483.84 kg}{42.5 kg/병} = 11.38$ ∴ 12병

④ 전기실 용기수

용기수 $= \dfrac{1965.6 kg}{42.5 kg/병} = 46.24$ ∴ 47병

예상문제

2) 최소용기수 = 최대 약제량일 때의 수 = 최저 충전비일 때의 수

$$G = \frac{V}{C} = \frac{68}{1.5} = 45.333 ≒ 45.33\text{kg}$$

$$최소용기수 = \frac{1965.6\text{kg}}{45.33\text{kg/병}} = 43.36 \quad ∴ \ 44병$$

3) ① 2분 기준

2분 이내 방사되어야 하는 약제량 $= 1512\text{m}^3 \times 0.7\text{kg/m}^3 = 1058.4\text{kg}$

$$헤드 1개 방출유량 = \frac{헤드\ 1개\ 방사량}{방사시간} = \frac{1058.4\text{kg} \div 8개}{2 \times 60\text{sec}} = 1.102 ≒ 1.1\text{kg/s}$$

② 7분 기준

$$헤드 1개 방출유량 = \frac{47 \times 42.5 \ \text{kg} \div 8개}{7 \times 60\text{sec}} = 0.594 ≒ 0.59\text{kg/s}$$

11 그림은 CO_2 소화설비의 소화약제 저장용기 주위의 배관 계통도이다. 방호구역은 A, B 두 부분으로 나누어지고, 각 구역의 소요 약제량은 A구역은 2병, B구역은 5병이라 할 때 그림을 보고 다음 물음에 답하시오.

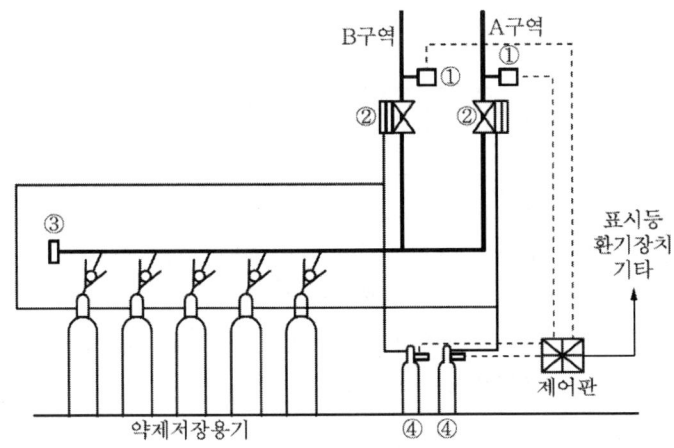

1) 각 방호구역에 소요 약제량을 방출할 수 있게 조작관에 설치할 체크밸브의 위치를 표시하시오.
2) ①, ②, ③, ④ 기구의 명칭은 무엇인가?

풀이 및 정답 1) 수업내용 참조
2) ① 압력스위치 ② 선택밸브 ③ 안전밸브 ④ 기동용기

12

사무소 건물의 지하 2층(표면화재 방호대상물)에 이산화탄소소화설비를 전역방출방식으로 설치하였을 경우 다음 물음에 답하시오.

조건
1. 소화설비는 고압식으로 한다.
2. 실 크기는 가로 10m, 세로 20m, 높이 5m이다.
3. 방호체적 $1m^3$당 필요한 이산화탄소 소화약제의 양은 0.8kg으로 한다.
4. 개구부는 가로 2.4m, 높이 1.8m와 가로 1.2m, 세로 0.8m인 것이 설치되어 있으나 가로 1.2m와 세로 0.8m에는 자동폐쇄장치가 설치되어 있다.
5. 개구부에 대한 소화약제의 가산량은 $5kg/m^2$이다.
6. 저장용기의 충전비는 1.5로서 저장용기 1병당 저장량은 45kg이다.
7. 분사헤드의 방사율은 1개당 $1.05kg/mm^2 \cdot$ 분으로 하며 방출시간은 1분을 기준으로 한다.
8. 20℃에서 이산화탄소의 비체적은 $0.51m^3/kg$이다.

1) 저장에 필요한 소화약제의 양은 몇 kg 이상으로 하여야 하는가?
2) 저장에 필요한 저장용기의 수는?
3) 소화약제의 유량은 몇 kg/s인가?
4) 필요한 분사헤드의 수는 몇 개인가? (단, 분사구 면적은 $0.51cm^2$이다.)
5) 지하에 300kg의 이산화탄소소화약제가 방출되도록 설계하였다면 설계농도(Vol%)는 얼마가 되겠는가? (단, 설계기준온도는 20℃이다.)

1) $W = V \times \alpha + A \times \beta = (10 \times 20 \times 5)m^3 \times 0.8kg/m^3 + (2.4 \times 1.8)m^2 \times 5kg/m^2 = 821.6kg$

2) 용기수 $= \dfrac{821.6kg}{45kg/병} = 18.26$ ∴ 19병

3) 유량 $= \dfrac{45\ kg \times 19}{60sec} = 14.25kg/sec$

4) 분구면적 $= \dfrac{\text{헤드 1개 방사량}}{\text{방출률} \times \text{방출시간}}$

   $51mm^2 = \dfrac{\text{헤드 1개 방사량}}{1.05kg/mm^2 \cdot 분 \times 1분}$

   ∴ 헤드 1개 방사량 = 53.55kg

   헤드수 $= \dfrac{19 \times 45kg}{53.55kg/개} = 15.97$ ∴ 16개

5) $CO_2\% = \dfrac{\text{방사된 } CO_2 \text{ 체적}}{\text{방호구역체적} + \text{방사된 } CO_2 \text{ 체적}} \times 100$

   방사된 CO_2 체적$(m^3) = 300kg \times 0.51m^3/kg = 153m^3$

   ∴ $CO_2\% = \dfrac{153m^3}{1000m^3 + 153m^3} \times 100 = 13.269 ≒ 13.27\%$

예상문제

13 다음은 CO_2 소화설비의 평면도이다. 다음 물음에 답하시오. [5회 기출]

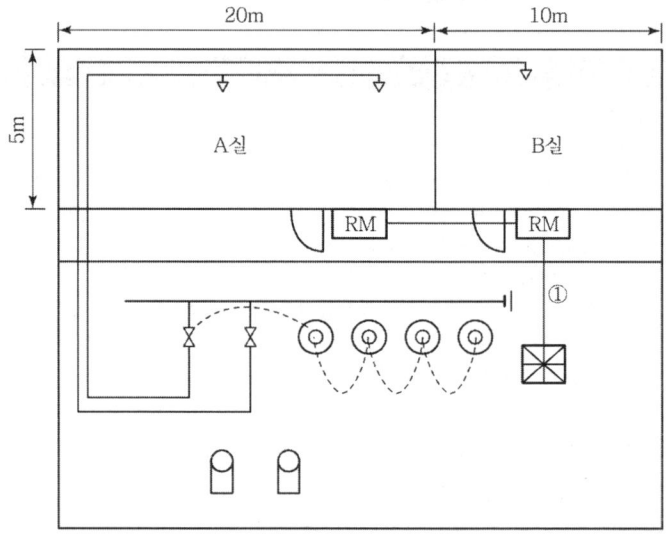

조건
① 차동식스포트형 2종 감지기를 사용한다.
② 방호구역은 내화구조이며 각 층의 층고는 4m이다.
③ 방호구역의 체적당 가스량은 $0.4kg/m^3$로 계산한다.
④ 병당 약제 충전량은 45kg이다.
⑤ 감지기는 다음 표에 의한 바닥면적마다 1개 이상을 설치한다.

부착높이 및 소방대상물의 구조		차동식	
		1종	2종
4m 미만	주요구조부를 내화구조	90	70
	기타구조의 소방대상물	50	40
4m 이상, 8m 미만	주요구조부를 내화구조	45	35
	기타구조의 소방대상물	30	25

1) 필요약제 용기수는 몇 병인가?
2) 미완성된 도면을 완성하고 전선가닥수를 최소로 할 때 ①번 부분의 전선수를 용도별로 쓰시오.(오방출 정지 스위치는 없는 것으로 간주한다.)
3) 감지기의 작동부터 약제 방출까지의 작동순서를 쓰시오.

풀이및정답 1) ① A실
$$W = V \times \alpha = (20 \times 5 \times 4)m^3 \times 0.4kg/m^3 = 160kg$$
용기수 $= \dfrac{160kg}{45kg/병} = 3.56$ ∴ 4병

② B실
   $W = V \times \alpha = (10 \times 5 \times 4)m^3 \times 0.4kg/m^3 = 80kg$

   용기수 $= \dfrac{80kg}{45kg/병} = 1.78$ ∴ 2병

   ∴ 저장용기수 : 4병
2) 도면 : 수업내용 참조
   가닥수 : 전원+, 전원−, A감지기×2, B감지기×2, 기동×2, 방출표시등×2, 사이렌×2
3) 4번 문제 참조

14 다음의 그림을 보고 물음에 답하시오. [5회 기출]

조건
① 전기실과 발전실은 표면화재로 본다.
② 층고는 4.5m이다.
③ 전기실과 서고에는 자동폐쇄장치가 설치되어 있지 않다.
   전기실에는 1.8m×2m, 서고에는 0.9m×2m 크기의 개구부가 설치되어 있다.
④ 저장용기의 내용적은 68ℓ, 충전비는 1.7이다.

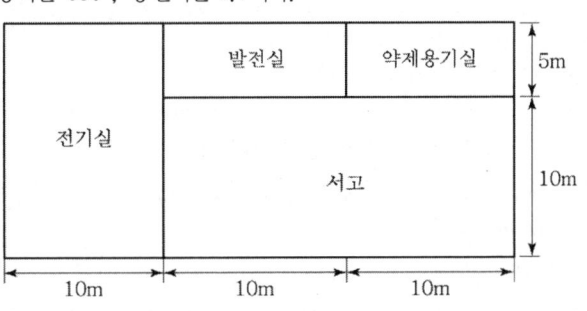

1) 전기실과 서고의 약제량을 계산하시오.
2) 전기실과 서고의 선택밸브 이후의 유량은 몇 kg/sec인가?
3) 약제 용기실에 저장할 용기의 최소 병수는?
4) 설치되어야 할 체크밸브의 개수는 몇 개인가?

▣풀이및정답 1 ① 전기실 $W = V \times \alpha + A \times \beta$
   $W = (10 \times 15 \times 4.5)m^3 \times 0.8kg/m^3 + (1.8 \times 2)m^2 \times 5kg/m^2 = 558kg$
② 서고 $W = V \times \alpha + A \times \beta$
   $W = (20 \times 10 \times 4.5)m^3 \times 2.0kg/m^3 + (0.9 \times 2)m^2 \times 10kg/m^2 = 1818kg$
2) ① 전기실 유량(kg/s) $= \dfrac{저장량(\ kg)}{방사시간(sec)}$

   $G = \dfrac{V}{C} = \dfrac{68}{1.7} = 40kg/병$

   용기수 $= \dfrac{558kg}{40kg/병} = 13.95$ ∴ 14병

예상문제

$$\text{유량} = \frac{14 \times 40\text{kg}}{60\text{sec}} = 9.333 ≒ 9.3\text{kg/s}$$

② 서고 유량(kg/s) = $\dfrac{\text{저장량(kg)}}{\text{방사시간(sec)}}$

$$\text{용기수} = \frac{1818\text{kg}}{40\text{kg/병}} = 45.45 \quad \therefore \ 46\text{병}$$

$$\text{유량} = \frac{46 \times 40\text{kg}}{7 \times 60\text{sec}} = 4.38\text{kg/s}$$

3) 46병
4) 체크밸브수 = 46 + 3 + 2 = 51개

15 모피창고, 서고 및 에탄올 저장창고에 전역방출방식의 이산화탄소소화설비를 고압식으로 설치하려고 한다. 다음 각 물음에 답하시오. [13회 기출]

> **조건**
> - 모피창고 : 8m×6m×3m, 개구부 2m² (자동폐쇄장치 설치)
> - 서고 : 5m×6m×3m, 개구부 1m² (자동폐쇄장치 미설치)
> - 에탄올창고(보정계수 1.2) : 5m×4m×2m, 개구부 1.5m² (자동폐쇄장치 설치)
> - 충전비 : 1.511, 용기내용적 : 68L
> - 하나의 집합관에 3개의 선택밸브 설치

1) 모피창고, 서고의 소화약제의 산출 저장량(kg)
2) 에탄올 저장창고의 소화약제의 산출 저장량(kg)
3) 1병당 저장량(kg)
4) 각 실별 저장용기수, 저장용기실의 최소 저장용기수
5) 모피창고 및 에탄올 저장창고의 산소농도가 10%일 때 CO_2%와 모피창고 및 에탄올 저장창고의 CO_2 방출체적(m³)을 각각 구하시오. [이산화탄소 방사시 무유출적용]

풀이및정답

1) ① 모피창고
   $$W = V \times \alpha = (8 \times 6 \times 3)\text{m}^3 \times 2.7\text{kg/m}^3 = 388.8\text{kg}$$
   ② 서고
   $$W = V \times \alpha + A \times \beta = (5 \times 6 \times 3)\text{m}^3 \times 2\text{kg/m}^3 + 1\text{m}^2 \times 10\text{kg/m}^2 = 190\text{kg}$$

2) 에탄올 창고
   $$W = V \times \alpha = (5 \times 4 \times 2)\text{m}^3 \times 1\text{kg/m}^3 = 40\text{kg} \quad \therefore \ 45\text{kg, 보정계수 1.2 적용}$$
   $$\therefore \ W = 45\text{kg} \times 1.2 = 54\text{kg}$$

3) 1병당 저장량(kg)
   $$G = \frac{V}{C} = \frac{68}{1.511} = 45.003 ≒ 45\text{kg}$$

4) ① 모피창고 : 388.8kg ÷ 45kg/병 = 8.64 ∴ 9병
   ② 서고 : 190kg ÷ 45kg/병 = 4.22 ∴ 5병
   ③ 에탄올 저장창고 : 54kg ÷ 45kg/병 = 1.2 ∴ 2병

④ 저장용기실 용기수 = 9병

5) ① 모피창고 및 에탄올 창고의 $CO_2\%$

$$CO_2\% = \frac{21-O_2}{21} \times 100 = \frac{21-10}{21} \times 100 = 52.38\%$$

② 모피창고 CO_2 방출체적(m^3)

$$CO_2(m^3) = \frac{21-O_2}{O_2} \times V(m^3) = \frac{21-10}{10} \times 144 m^3 = 158.4 m^3$$

③ 에탄올창고 CO_2 방출체적(m^3)

$$CO_2(m^3) = \frac{21-O_2}{O_2} \times V(m^3) = \frac{21-10}{10} \times 40 m^3 = 44 m^3$$

16 바닥면적 $100m^2$, 높이 2.5m인 통신기기실에 이산화탄소소화설비를 전역방출방식으로 설치하려고 한다. 다음과 같은 조건에서 각 물음에 답하시오

조건
1. 개구부는 약제방출전 자동폐쇄된다.
2. 약제는 내용적 68L용기에 충전비 1.6으로 저장한다.
3. 비체적 계산은 1기압, 20℃ 를 기준으로 한다.
4. 약제는 자유유출상태로 외부로 유출된다.

1) 약제의 저장용기수를 구하시오
2) 약제방출후 통신기기실의 이산화탄소 농도를 계산하시오

▲풀이및정답
1) $W = V \times \alpha = (100 \times 2.5)m^3 \times 1.3 kg/m^3 = 325 kg$

$G = \dfrac{V}{C} = \dfrac{68}{1.6} = 42.5 kg/병$

용기수 $= \dfrac{325 kg}{42.5 kg/병} = 7.647$ ∴ 8병

2) $W(kg) = V(m^3) \times 2.303 \times \log\left(\dfrac{100}{100-C}\right) \times \dfrac{1}{S}$

$S = \dfrac{RT}{PM} = \dfrac{0.082 atm \cdot m^3/kmol \cdot K \times (273+20)K}{1 atm \times 44 kg/kmol} = 0.546 ≒ 0.55 m^3/kg$

∴ $8 \times 42.5 kg = (100 \times 2.5)m^3 \times 2.303 \times \log\left(\dfrac{100}{100-C}\right) \times \dfrac{1}{0.55 m^3/kg}$

$\dfrac{8 \times 42.5 \times 0.55}{100 \times 2.5 \times 2.303} = \log\left(\dfrac{100}{100-C}\right)$

$0.325 = \log\left(\dfrac{100}{100-C}\right)$

$10^{0.325} = \dfrac{100}{100-C}$

$2.113 = \dfrac{100}{100-C}$

$C = 100 - \dfrac{100}{2.113} = 52.673 ≒ 52.67\%$

예상문제

17 실내에 이산화탄소소화설비를 방사할 경우 다음 물음에 답하시오

> **조건**
> 무유출

1) CO_2 농도가 34%일 경우 실내의 최소이론산소농도는 몇 %인가?
2) 위 경우 CO_2는 실내 부피의 몇%가 되도록 방사되어야 하는가?

▶풀이및정답

1) $CO_2\% = \dfrac{21-O_2}{21} \times 100$

   $34 = \dfrac{21-O_2}{21} \times 100$

   $\therefore O_2 = 21 - \dfrac{34 \times 21}{100} = 13.86\%$

2) $CO_2(m^3) = \dfrac{21-O_2}{O_2} \times V = \dfrac{21-13.86}{13.86} \times V = 0.515V ≒ 0.52V$

   $\therefore 52\%$

18 바닥면적 400m², 높이 3.5m되는 통신실에 이산화탄소소화설비를 설치하려고 한다. 다음 조건을 이용하여 물음에 답하시오

> **조건**
> 1. 5m²의 유리창으로 된 창문이 있다.
> 2. CO_2 방사는 20℃를 기준으로 한다.
> 3. CO_2의 비체적은 0.55m³/kg을 이용한다. [1기압, 20℃ 기준]

1) 필요한 이산화탄소의 용기수를 구하시오. [68L, 45kg용]
2) 상온에서 방사시간이 7분이라면 방호구역 선택밸브 1차측의 최소 체적흐름률(m³/min)은 얼마인가? [단, 2분이내 30%농도는 적용하지 아니한다]

▶풀이및정답

1) $W = V \times \alpha + A \times \beta = (400 \times 3.5)m^3 \times 1.3kg/m^3 + 5m^2 \times 10kg/m^2 = 1870kg$

   $\therefore \dfrac{1870kg}{45kg/병} = 41.55 \quad \therefore 42병$

2) $Q(m^3) = (42 \times 45kg) \times 0.55m^3/kg = 1039.5m^3$

   $\therefore \dfrac{1039.5m^3}{7min} = 148.5m^3/min$

   cf) $W(kg) = \dfrac{1}{S} \times 2.303 \times \log\left(\dfrac{100}{100-30}\right) \times V(m^3)$

19 표면화재대상에 전역방출방식으로 이산화탄소소화설비를 설치하려고 한다. 다음 조건을 보고 물음에 답하시오

> **조건**
> 1. 가로 5m, 세로 8m, 높이 4m이다
> 2. 용기체적은 68L, 1병당 충전량은 45kg이다.

1) 최소 용기수를 구하시오
2) 용기밸브 개방후 선택밸브를 통과하는 약제의 최소흐름률(kg/sec)을 구하시오
3) 헤드 최소방사압력[MPa]을 답하시오

◂풀이및정답
1) $W = V \times \alpha = (5 \times 8 \times 4)m^3 \times 0.8kg/m^3 = 128kg$
∴ $W = 135kg$
∴ $\frac{135kg}{45kg} = 3$병

2) $\frac{135kg}{60sec} = 2.25kg/s$

3) 2.1MPa

20 지하에 설치된 발전기실 및 축전지실에 전역방출방식으로 이산화탄소소화설비를 설치하였다. 다음의 조건을 이용하여 물음에 답하시오

> **조건**
> 1. 발전기실 : 가로 6m, 세로 5m, 높이 4m , 개구부 $4m^2 \times 2$개소
> 2. 축전지실 : 가로 5m, 세로 3m, 높이 3.5m , 개구부 $2m^2 \times 1$개소
> 3. 발전기실 및 축전지실의 경우 표면화재대상임.
> 4. 용기체적은 68L, 1병당 충전량은 45kg

1) 방호구역별로 필요한 최소약제량(kg)은?
2) 용기실에 설치하여야 하는 최소용기수는 몇병인가?
3) 이산화탄소소화설비의 방출방식, 기동방식, 저장방식에 따른 종류를 쓰시오

◂풀이및정답
1) ① 발전기실
$W = V \times \alpha + A \times \beta = (6 \times 5 \times 4)m^3 \times 0.9kg/m^3 + 8m^2 \times 5kg/m^2 = 148kg$
② 축전지실
$W = V \times \alpha + A \times \beta = (5 \times 3 \times 3.5)m^3 \times 0.9kg/m^3 + 2m^2 \times 5kg/m^2 = 57.25kg$

2) ① 발전기실
$\frac{148kg}{45kg} = 3.18$ ∴ 4병

예상문제

② 축전지실

$$\frac{57.25\text{kg}}{45\text{kg}} = 1.27 \quad \therefore\ 2병$$

③ 용기실 저장수 = 4병
3) ① 방출방식에 따른 분류
  ㉠ 전역방출방식
  ㉡ 국소방출방식
  ㉢ 호스릴방출방식
② 기동방식에 따른 분류
  ㉠ 기계식
  ㉡ 전기식
  ㉢ 가스압력식
③ 저장방식에 따른 분류
  ㉠ 고압식
  ㉡ 저압식

21 체적이 242m³인 전기실에 전역방출방식의 이산화탄소소화설비를 설치하고자 한다. 이 구역에 필요한 저장용기의 수를 구하고 약제방출후 실내의 CO_2 농도를 계산하시오

> **조건**
> 1. 용기는 68L, 45kg용이다.
> 2. 반올림하여 소수점 둘째자리까지 구하고, 자유유출상태를 적용한다.
> 3. 1기압, 20℃에서 방사한다는 조건으로 계산.

풀이및정답 $W = V \times \alpha = 242\text{m}^3 \times 1.3\text{kg/m}^3 = 314.6\text{kg}$

$$\therefore \frac{314.6\text{kg}}{45\text{kg/병}} = 6.88 \quad \therefore\ 7병$$

$$W = \frac{1}{S} \times 2.303 \times \log\left(\frac{100}{100-C}\right) \times V(\text{m}^3)$$

$$S = \frac{RT}{PM} = \frac{0.082 \times (273+20)}{1 \times 44} = 0.546\text{m}^3/\text{kg} = 0.55\text{m}^3/\text{kg}$$

$V = 242\text{m}^3,\ \ W = 7 \times 45\text{kg} = 315\text{kg} \quad \therefore\ 315 = \frac{1}{0.55} \times 2.303 \times \log\left(\frac{100}{100-C}\right) \times 242$

$$\log\left(\frac{100}{100-C}\right) = \frac{315 \times 0.55}{2.303 \times 242}$$

$$\log\left(\frac{100}{100-C}\right) = 0.31$$

$$\frac{100}{100-C} = 10^{0.31}$$

$$100 - C = \frac{100}{10^{0.31}}$$

$$\therefore\ C = 100 - \frac{100}{10^{0.31}} = 51.02\%$$

22

경량구조의 전자제품창고에 전역방출방식의 이산화탄소소화설비를 설치할 경우 필요한 과압배출구의 면적[mm²]을 구하시오

조건
1. 바닥면적 160m², 높이 5m, 개구부 없음
2. 용기1병당 충전량은 45kg, 용기체적은 68L임
3. 해당방호구역내에 설계농도가 2분 이내에 30%에 도달되기 위해서는 방호구역 1m³당 0.673kg의 약제가 2분 이내에 방사되어야 한다.
4. 방호구역의 허용강도는 1.2kPa이다.

【 과압배출구(Pressure Venting) 】

CO_2 설비		Inergen(IG-541) 설비	
$A = \dfrac{23.9Q}{\sqrt{P[\text{kg/cm}^2]}} = \dfrac{239Q}{\sqrt{P[\text{KPa}]}}$ A : Vent 면적[mm²] Q : CO_2 유량[kg/min] P : 실구조의 허용인장 강도[kPa]		$A = \dfrac{43Q}{\sqrt{P[\text{kg/m}^2]}}$ A : Vent 면적[cm²] Q : Inergen 방출량[m³/min] P : 실구조의 허용인장 강도[kg/m²]	
경량 구조물	1.2[kPa]	경량 구조물	10[kg/m²]
일반 구조물	2.4[kPa]	일반 구조물	50[kg/m²]
둥근 구조물	4.8[kPa]	둥근 구조물	100[kg/m²]

풀이 및 정답

과압배출구면적 $A = \dfrac{239Q}{\sqrt{P}}$

$Q(\text{kg/min}) = \dfrac{(160 \times 5)\text{m}^3 \times 0.673\text{kg/m}^3}{2\text{min}} = 269.2\text{kg/min}$

$A = \dfrac{239 \times 269.2}{\sqrt{1.2}} = 58733.02\text{mm}^2$

cf) 7분 기준 : $W = V \times \alpha = (160 \times 5)\text{m}^3 \times 2.0\text{kg/m}^3 = 1600\text{kg}$

∴ $\dfrac{1600\text{kg}}{45\text{kg/병}} = 35.55$ ∴ 36병

∴ $\dfrac{36 \times 45\text{kg}}{7\text{min}} = 231.43\text{kg/min}$ 적용

예상문제

23 전역방출방식 이산화탄소소화설비에서 실의 체적이 500m³인 전기실에 2분내에 방사되어야 하는 이산화탄소약제의 양(kg)을 구하시오.

> **조건**
> 1. 설계농도 30% 도달하는 양을 구할것
> 2. 약제가 방사되는 화재실의 온도는 30℃ 기준 설계
> 3. 이산화탄소는 질식소화약제로서 출입문틈새등으로 유출가능성이 있어 자유유출 공식을 이용함.
> 4. 화재실의 기압은 1기압기준.
> 5. K = ℃+273으로 계산
> 6. 소수점 셋째자리에서 반올림하여 비체적계산.
> 7. 모든 풀이과정 소수점 셋째자리에서 반올림하여 계산

풀이및정답

$$W(kg) = \frac{1}{S} \times 2.303 \times \log\left(\frac{100}{100-C}\right) \times V(m^3)$$

$$C = 30, \quad S = \frac{RT}{PM} = \frac{0.082 \times (273+30)}{1 \times 44} = 0.564 ≒ 0.56 m^3/kg$$

$$V = 500 m^3$$

$$W(kg) = \frac{1}{0.56} \times 2.303 \times \log\left(\frac{100}{100-30}\right) \times 500 = 318.517 ≒ 318.52 kg$$

24 휘발유를 저장하는 창고에 이산화탄소소화설비를 전역방출방식으로 설치하였을 경우 다음 물음에 답하시오.

> **조건**
> 1. 소화설비는 고압식으로 한다.
> 2. 실 크기는 가로 10m, 세로 20m, 높이 5m이다.
> 3. 가연성액체류 저장.
> 4. 개구부는 가로 2.4m, 높이 1.8m와 가로 1.2m, 세로 0.8m인 것이 설치되어 있으나 가로 1.2m와 세로 0.8m에는 자동폐쇄장치가 설치되어 있다.
> 5. 저장용기의 충전비는 1.5로서 저장용기 1병당 저장량은 45kg이다.
> 6. 분사헤드의 방사율은 1개당 1.05kg/mm²·분이다
> 7. 20℃에서 이산화탄소의 비체적은 0.51m³/kg이다.

1) 저장에 필요한 소화약제의 양은 몇 kg 이상으로 하여야 하는가?
2) 저장에 필요한 저장용기의 수는?
3) 선택밸브 직후 소화약제의 유량은 몇 kg/s인가?
4) 필요한 분사헤드의 수는 몇 개인가? (단, 분출구 면적은 0.51cm²이다.)
5) 저장량이 모두 방출될 경우 설계농도(%)는 얼마가 되겠는가? (단, 설계기준온도는 20℃이다. 무유출이론적용)

풀이및정답 1) $W = V \times \alpha + A \times \beta = (10 \times 20 \times 5)m^3 \times 0.8kg/m^3 + (2.4 \times 1.8)m^2 \times 5kg/m^2 = 821.6kg$

2) $\dfrac{821.6kg}{45kg/병} = 18.26$ $\therefore$ 19병

3) 유량(kg/s) $= \dfrac{19 \times 45 \ kg}{60sec} = 14.25kg/s$

4) 헤드수 $= \dfrac{총방사량}{헤드1개\ 방사량}$

   분출구면적 $= \dfrac{헤드1개\ 방사량}{방출률 \times 방사시간}$

   $51mm^2 = \dfrac{x}{1.05kg/mm^2 \cdot 분 \times 1분}$ $\therefore x = 53.55kg$

   $\therefore$ 헤드수 $= \dfrac{19 \times 45kg}{53.55kg/개} = 15.966 ≒ 16개$

5) $(19 \times 45kg) \times 0.51m^3/kg = 436.05m^3$

   $\therefore CO_2(\%) = \dfrac{436.05m^3}{1000m^3 + 436.05m^3} \times 100 = 30.364 ≒ 30.36\%$

cf) 자유유출적용

   $19 \times 45kg = \dfrac{1}{0.51} \times 2.303 \times \log\left(\dfrac{100}{100-C}\right) \times 1000$

   $\log\left(\dfrac{100}{100-C}\right) = \dfrac{19 \times 45 \times 0.51}{2.303 \times 1000}$

   $\log\left(\dfrac{100}{100-C}\right) = 0.1893$

   $C = 100 - \dfrac{100}{10^{0.1893}} = 35.33\%$

예상문제

25 다음 조건을 참조하여 이산화탄소소화설비에 대한 물음에 알맞게 답하시오.

> **조건**
> ① 전기실의 바닥면적은 $150m^2$, 서고의 바닥면적은 $250m^2$이다.
> ② 소방대상물은 내화구조이며, 층고는 4m, 천장에서 반자까지는 0.5m이다.
> ③ 각 실에는 광전식스포트형 2종 감지기를 설치한다.
> ④ 각 방호구역 내 설계농도가 2분 이내 30%로 되기 위해서는 $0.7kg/m^3$의 소화약제가 필요하다.
> ⑤ 각 실에는 개구부 자동폐쇄장치가 설치되어 있다.

1) 전기실과 서고의 이산화탄소 소화약제량을 계산하시오.
2) 전기실과 서고의 선택밸브 이후의 최초 2분 이내의 평균 유량[kg/s]을 계산하시오.
3) 전기실과 서고에 설치되어야 할 감지기 개수를 계산하시오.

풀이및정답

1) ① 전기실 $W = V \times \alpha = (150m^2 \times 3.5m) \times 1.3 kg/m^3 = 682.5 kg$
   ② 서고 $W = V \times \alpha = (250 \times 3.5)m^3 \times 2.0 kg/m^3 = 1750 kg$

2) ① 전기실
   $$유량(kg/s) = \frac{(150 \times 3.5)m^3 \times 0.7 kg/m^3}{120 sec} = 3.062 ≒ 3.06 kg/s$$
   ② 서고
   $$유량(kg/s) = \frac{(250 \times 3.5)m^3 \times 0.7 kg/m^3}{120 sec} = 5.104 ≒ 5.1 kg/s$$

3) ① 전기실 : $\frac{150m^2}{150m^2/개} = 1개$
   교차회로방식이므로 $1 \times 2 = 2개$ 설치
   ② 서고 : $\frac{250m^2}{150m^2/개} = 1.67$ ∴ 2개
   교차회로방식이므로 $2 \times 2 = 4개$ 설치

할론소화설비

01 가로 20m, 세로 15m, 높이 4m인 전기실에 고압식의 할론1301소화설비를 전역방출방식으로 설계하려한다. 할론 용기의 내용적은 68L, 충전비 1.4이며, 약제저장용기의 밸브 개방방식은 기체압력식(뉴메틱식)일 때 다음 각 물음에 답하시오.(단 출입문은 2개이며 출입문은 자동폐쇄장치가 되어있다.)

1) 방호구역 1m³당 할론 1301의 약제량은 몇 kg인가?
2) 할론 1301의 최소 소요약제량은 몇 kg인가?
3) 할론 1301의 용기수는 몇 병인가?
4) 위 문제 (2)의 산출기준량에 따라 산출된 약제량을 방사할 때 실내의 할론 농도가 5%가 된다고 하면 위 (3)의 모든 용기로부터 방사된 약제는 실내에 몇 %의 농도를 보여줄 것인가 ?
5) 방출표시등은 몇 개가 필요한가 ?
6) 압력스위치는 최소 몇 개가 필요한가?

[풀이및정답]
1) 0.32kg/m³ 이상 0.64kg/m³ 이하
2) W = V × α
   W = (20 × 15 × 4)m³ × 0.32kg/m³ = 384kg
3) $G = \dfrac{V}{C} = \dfrac{68}{1.4} = 48.571 ≒ 48.57$kg/병

   용기수 $= \dfrac{384\text{kg}}{48.57\text{kg/병}} = 7.906$ ∴ 8병
4) 384kg : 5% = (48.57kg × 8) : x%
   x = 5.059 ≒ 5.06%
5) 2개
6) 1개

02 실의 체적이 150m³인 전산실에 할론 1301설비를 설치하여 할론 설계농도를 7.5%로 하기 위한 방사량은 몇 kg인가? (단, 탄소의 원자량은 12, 불소의 원자량은 19, 염소의 원자량은 35.5, 취소의 원자량은 80, 옥소의 원자량은 127이며, 설계시 실의 온도는 25℃이다.)

[풀이및정답] 하론% $= \dfrac{\text{방사된 하론의 체적}}{\text{방호구역의 체적 + 방사된 하론의 체적}} \times 100$

$7.5\% = \dfrac{x\text{m}^3}{150\text{m}^3 + x\text{m}^3} \times 100$

$7.5(150 + x) = 100x$

$1125 + 7.5x = 100x$

$92.5x = 1125$

예상문제

$x = 12.162 ≒ 12.16\text{m}^3$

$PV = \dfrac{W}{M}RT$ 에서

$W = \dfrac{PVM}{RT} = \dfrac{1\text{atm} \times 12.16\text{m}^3 \times 149\text{kg/kmol}}{0.082\text{atm}\cdot\text{m}^3/\text{kmol}\cdot\text{K} \times (273+25)\text{K}} = 74.146 ≒ 74.15\text{kg}$

03 어떤 소방대상물에 할론 1301 소화설비를 설치하였다. [조건]을 참조하여 각 물음에 답하시오.

> **조건**
> 1. 약제소요량은 500kg이다.
> 2. 전역방출방식이다.
> 3. 약제의 헤드 방출률은 $3\text{kg/cm}^2\cdot\text{sec}$ 이다.
> 4. 설치된 헤드 수는 14개이다.

1) 헤드 1개의 방출유량(kg/sec)을 구하시오.
2) 헤드의 등가분구면적(cm^2)은 얼마인가?
3) 헤드의 직경(cm)을 구하시오.

▶풀이및정답

1) 헤드1개 방출유량(kg/s) = $\dfrac{\text{헤드 1개 방사량(kg)}}{\text{방사시간(sec)}} = \dfrac{500\text{kg} \div 14\text{개}}{10\text{sec}} = 3.571 ≒ 3.57\text{kg/s}$

2) 분구면적 = $\dfrac{\text{헤드1개 방사량}}{\text{방출율} \times \text{방사시간}} = \dfrac{500\text{kg} \div 14\text{개}}{3\text{kg/cm}^2 \cdot \text{sec} \times 10\text{sec}} = 1.190 ≒ 1.19\text{cm}^2$

3) $A = \dfrac{\pi}{4}D^2$ ∴ $D = \sqrt{\dfrac{4A}{\pi}}$

$D = \sqrt{\dfrac{4 \times 1.19}{\pi}} = 1.230 ≒ 1.23\text{cm}$

04 아래 그림과 같은 방호구역에 할론 1301 소화설비를 설치하려고 한다. 주어진 조건을 참고하여 각 물음에 답하시오.

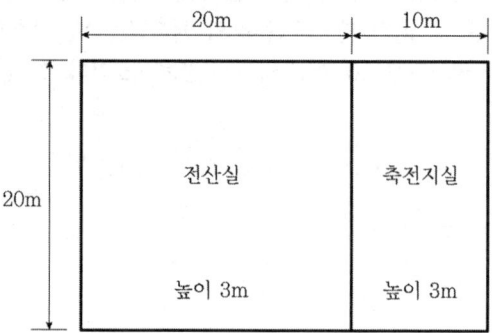

조건

1. 개구부의 면적은 전산실 6.5m², 축전지실은 4m²이다.
2. 개구부에는 자동폐쇄장치가 설치되어 있다.
3. 설치된 헤드 1개당 방사량은 1.2kg/sec 이다.
4. 저장용기는 내용적 68리터이며, 충전비는 최소치를 적용한다.
5. 저장용기실의 온도는 20℃, 방호구역의 온도는 30℃이다.
6. 기화된 할론 1301의 비체적은 20℃일 때 0.16m³/kg, 30℃일 때 0.17m³/kg이다.

1) 각 방호구역에 필요한 약제량은 몇 kg 인가?
2) 각 방호구역에 필요한 용기수는 최소 몇 병인가?
3) 각 방호구역에 설치하여야 할 분사헤드의 개수는 최소 몇 개인가?
4) 소화설비가 동작되었을 때 각 방호구역의 가스농도는 몇 %인가? (단, 최소 기준을 적용하도록 한다.)

풀이 및 정답

1) ① 전산실
　　㉠ 최소량 $W = V \times \alpha = (20 \times 20 \times 3)m^3 \times 0.32 kg/m^3 = 384 kg$
　　㉡ 최대량 $W = V \times \alpha = (20 \times 20 \times 3)m^3 \times 0.64 kg/m^3 = 768 kg$
　② 축전지실
　　㉠ 최소량 $W = V \times \alpha = (20 \times 10 \times 3)m^3 \times 0.32 kg/m^3 = 192 kg$
　　㉡ 최대량 $W = V \times \alpha = (20 \times 10 \times 3)m^3 \times 0.64 kg/m^3 = 384 kg$

2) 충전비 C=0.9

$$G = \frac{V}{C} = \frac{68}{0.9} = 75.555 \risingdotseq 75.56 kg/병$$

　① 전산실
$$용기수 = \frac{384 kg}{75.56 kg/병} = 5.08 \quad \therefore 6병$$

　② 축전지실
$$용기수 = \frac{192 kg}{75.56 kg/병} = 2.54 \quad \therefore 3병$$

3) ① 전산실
$$헤드수 = \frac{6 \times 75.56 kg \div 10s}{1.2 kg/s} = 37.78 \quad \therefore 38개$$

　② 축전지실
$$헤드수 = \frac{3 \times 75.56 kg \div 10s}{1.2 kg/s} = 18.89 \quad \therefore 19개$$

4) 방사된 하론의 농도% = $\dfrac{방사된\ 하론\ 체적}{방호구역의\ 체적 + 방사된\ 하론체적} \times 100$

　① 전산실
　　방사된 하론체적 = 6병 × 75.56kg/병 × 0.17m³/kg = 77.071 ≒ 77.07m³

$$\therefore 하론의\ 농도\% = \frac{77.07 m^3}{1200 m^3 + 77.07 m^3} \times 100 = 6.034 \risingdotseq 6.03\%$$

예상문제

② 축전지실

방사된 하론체적 = 3병 × 75.56kg/병 × 0.17m³/kg = 38.535 ≒ 38.54m³

∴ 하론의 농도% = $\dfrac{38.54\text{m}^3}{600\text{m}^3 + 38.54\text{m}^3} \times 100 = 6.035 ≒ 6.04\%$

05 할론1301의 최소 소요약제량 산정문제

아래 도면은 어느 소방대상물인 전기실(A실), 발전기실(B실), 방재실(C실), 배터리실(D)을 방호하기 위한 할론 1301의 배관평면도이다. 도면을 참조하여 할론 1301 소화약제의 최소용기 개수를 각 실별로 산출하시오. (단, 각 실의 높이는 5m이며, 할론용기는 68L용 50kg이 충전되어 있다.)

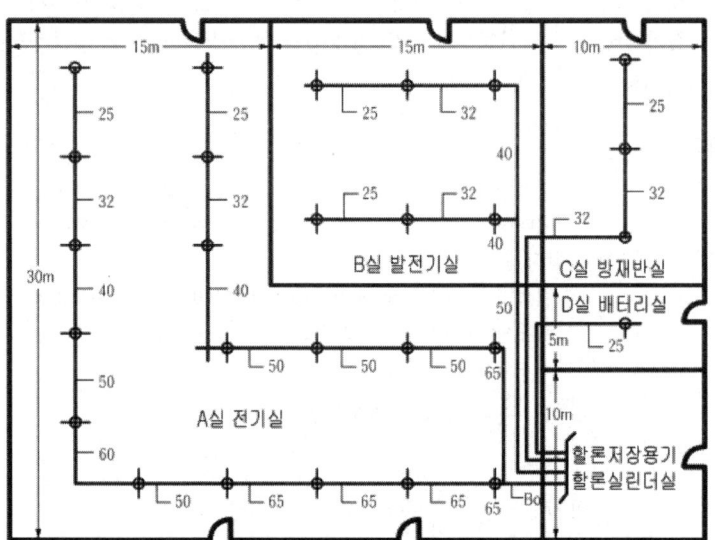

조건

1. 약제용기는 고압식이다.
2. 용기의 내용적은 68L, 약제충전량은 50kg 이다.
3. 용기실내의 수직배관을 포함한 각실에 대한 배관 내용적은 다음과 같다.
   가. A실(전기실) 198L 나. B실(발전기실) 78L
   다. C실(방재반실) 28L 라. D실(밧데리실) 10L
4. A실에 대한 할론 집합관의 내용적은 88L이다.
5. 할론 용기밸브와 집합관간의 연결관에 대한 내용적은 무시한다.
6. 설계기준온도는 20℃이다
7. 20℃에서의 액화할론 1301의 비중은 1.6이다
8. 각실의 개구부는 없다고 가정한다.
9. 소요약제량 산출시 각실 내부의 기둥과 내용물의 체적은 무시한다.

1) A실(전기실)의 할론 소화약제의 최소용기개수를 구하시오.
2) B실(발전기실)의 할론 소화약제의 최소용기개수를 구하시오.
3) C실(방재반실)의 할론 소화약제의 최소용기개수를 구하시오.
4) D실(밧데리실)의 할론 소화약제의 최소용기개수를 구하시오.
5) 별도독립방식으로 설치하여야 하는 실을 답하시오. [각 실의 결정과정을 답하시오.]
6) 집합관에 설치하여야 하는 총 병수와 저장용기실에 설치하는 총 병수를 답하시오.

▣풀이및정답 1) 전기실 $W = V \times \alpha = (675 \times 5) m^3 \times 0.32 kg/m^3 = 1080 kg$

$$용기수 = \frac{1080 kg}{50 kg/병} = 21.6 \quad \therefore \ 22병$$

2) 발전기실 $W = V \times \alpha = (225 \times 5) m^3 \times 0.32 kg/m^3 = 360 kg$

$$용기수 = \frac{360 kg}{50 kg/병} = 7.2 \quad \therefore \ 8병$$

3) 방재실 $W = V \times \alpha = (150 \times 5) m^3 \times 0.32 kg/m^3 = 240 kg$

$$용기수 = \frac{240 kg}{50 kg/병} = 4.8 \quad \therefore \ 5병$$

4) 배터리실 $W = V \times \alpha = (50 \times 5) m^3 \times 0.32 kg/m^3 = 80 kg$

$$용기수 = \frac{80 kg}{50 kg/병} = 1.6 \quad \therefore \ 2병$$

5) ① 전기실

　　㉠ 약제체적 $= 22병 \times 50 kg/병 \times \frac{1L}{1.6 kg} = 687.5L$

　　㉡ 배관체적 $= 88L + 198L = 286L$

② 발전기실

　　㉠ 약제체적 $= 8병 \times 50 kg/병 \times \frac{1L}{1.6 kg} = 250L$

　　㉡ 배관체적 $= 88L + 78L = 166L$

③ 방재실

　　㉠ 약제체적 $= 5병 \times 50 kg/병 \times \frac{1L}{1.6 kg} = 156.25L$

　　㉡ 배관체적 $= 88L + 28L = 116L$

④ 배터리실

　　㉠ 약제체적 $= 2병 \times 50 kg/병 \times \frac{1L}{1.6 kg} = 62.5L$

　　㉡ 배관체적 $= 88L + 10L = 98L$

　　㉢ 배관체적이 약제체적의 1.5배 이상(1.57배)이므로 별도 독립방식 사용

6) 집합관설치병수 = 22병, 저장용기실 설치수 = 24병

06　바닥면적이 1,000m², 실의 높이가 3m인 컴퓨터실에 할론 1301 소화설비를 전역방출방식으로 하려고 한다. 다음 물음에 답하시오. (내화구조이며, 3m×2m의 자동폐쇄 되지 않는 개구부 1개소가 있다.) [6회 기출]

1) 할론 1301의 최소 약제량(kg)을 산출하시오.

예상문제

2) 할론 1301 소화약제 저장용기수를 쓰시오. (저장용기는 50kg의 약제를 저장한다.)
3) 방호구역에 차동식스포트형 1종 감지기를 설치할 경우 감지기 수를 산출하시오.
4) 감지회로의 최소 회로수는 몇 개인가?
5) Soaking Time에 대하여 쓰시오.
6) 배관으로 강관을 사용할 경우 배관기준을 쓰시오.
7) 약제 방출률이 $2kg/sec \cdot cm^2$이고, 방사 헤드수가 25개, 노즐 1개의 방사압이 $20kgf/cm^2$일 경우 노즐의 최소 오리피스 분구면적(mm^2)을 구하시오.

◆ 풀이 및 정답

1) 약제량 $W = V \times \alpha + A \times \beta$
   $W = (1000 \times 3)m^3 \times 0.32kg/m^3 + (3 \times 2)m^2 \times 2.4kg/m^2 = 974.4kg$

2) 용기수 = $\dfrac{974.4kg}{50kg/병} = 19.49$ ∴ 20병

3) 내화구조, 부착높이 4m 미만 차동식스포트형 1종 설치시 $90m^2$마다 1개 설치
   ∴ 감지기수 = $\dfrac{1000m^2}{90m^2/개} = 11.11$ ∴ 12개
   교차회로방식이므로 감지기수 = $12 \times 2 = 24$개

4) 교차회로방식이므로 2개 회로

5) 가스계 소화약제가 방사되어 재발화가 일어나지 않고 완전소화를 달성하기 위해서는 설정시간 동안 고농도로 유지되어야 하는데 이때 필요한 시간을 soaking time이라 한다.

6) 강관을 사용하는 경우 배관은 압력배관용탄소강관(KS D 3562) 중 스케줄 40 이상의 것 또는 이와 동등이상의 강도를 가진 것으로써 아연도금 등에 따라 방식처리된 것을 사용할 것

7) 분구면적 = $\dfrac{헤드1개\ 방사량}{방출율 \times 방사시간} = \dfrac{20 \times 50kg \div 25}{2kg/cm^2 \cdot sec \times 10sec} ≒ 2cm^2 ≒ 200mm^2$

07 그림과 같이 주어진 HALON 설비 부대 전기설계도면의 배관배선을 완성하고 그 배선 가닥수를 표시하시오. (단, 배선 가닥수는 최소 가닥수로 표시한다.)

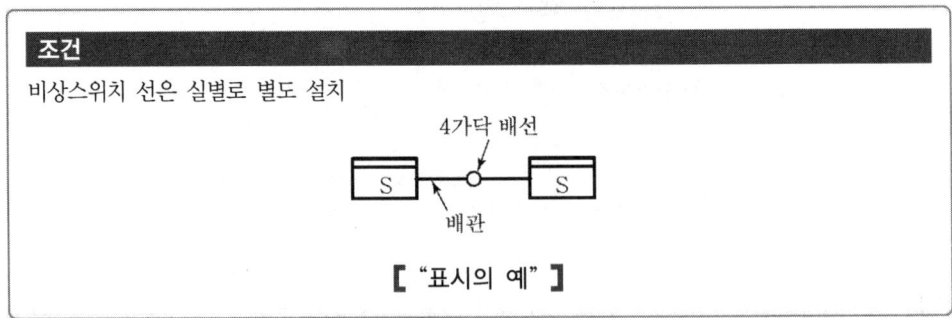

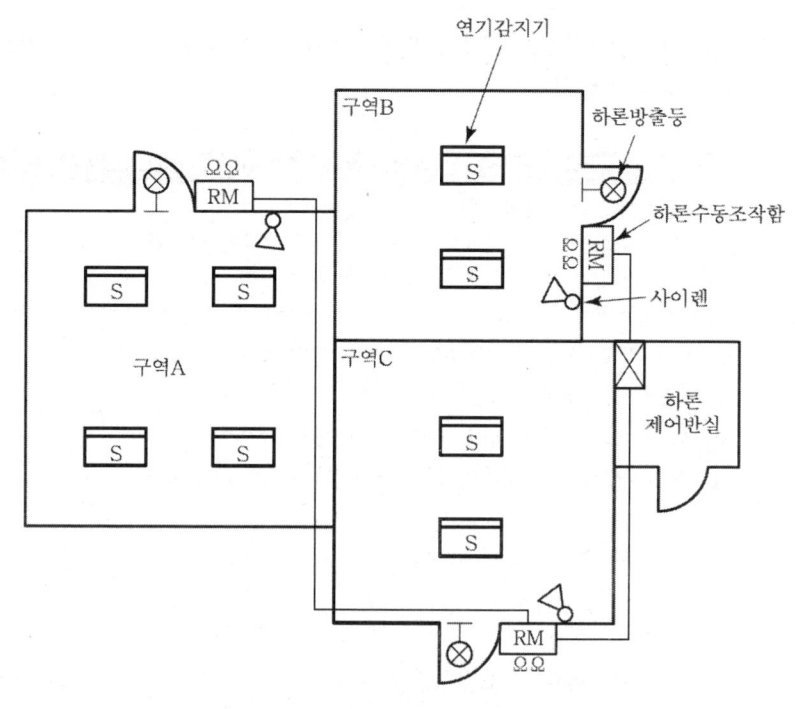

▪ 풀이 및 정답

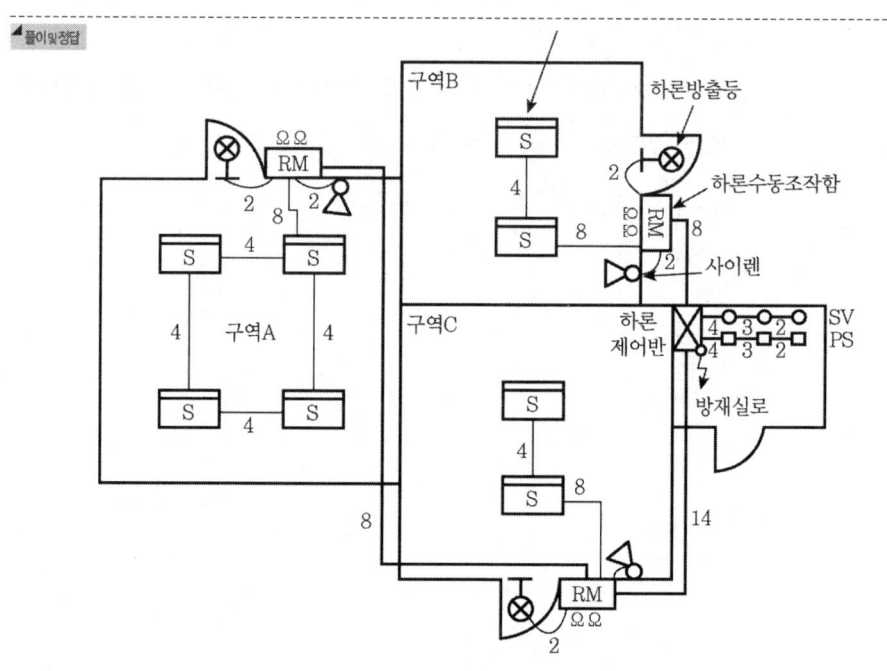

예상문제

08 전기실에 할로겐화합물소화설비(할론 1301)을 설치 하려고 한다. 다음 조건을 참조하여 물음에 알맞게 답하시오.

> **조건**
> ① 방호구역 내 필요한 약제량은 500kg이다.
> ② 분사헤드는 12개를 설치하며, 헤드 당 방사압력은 0.9MPa, 헤드 방사율은 1.3kg/s·cm²이다.
> ③ 헤드의 분구면적합은 오리피스면적과 동일하다.

1) 헤드 1개당 약제 방사량[kg/s]을 계산 하시오.
2) 헤드의 분구면적[mm²]을 계산 하시오.
3) 헤드의 오리피스 구경[mm]을 계산 하시오.
4) 헤드를 접속하는 배관의 최소 호칭경[mm]을 계산 하시오.

◢ 풀이 및 정답

1) $\dfrac{500\text{kg}}{12} = 41.666 ≒ 41.67\text{kg}$

   ∴ $\dfrac{41.67\ \text{kg}}{10\text{sec}} = 4.167 ≒ 4.17\text{kg/s}$

2) 분구면적 = $\dfrac{\text{헤드1개 방사량}}{\text{방출률} \times \text{방사시간}} = \dfrac{41.67\text{kg}}{1.3\text{kg/sec}\cdot\text{cm}^2 \times 10\text{sec}} = 3.2054\text{cm}^2 = 320.54\text{mm}^2$

3) $D = \sqrt{\dfrac{4 \times A}{\pi}} = \sqrt{\dfrac{4 \times 320.54}{\pi}} = 20.2\text{mm}$

4) 분사헤드의 오리피스면적은 헤드가 연결되는 배관구경면적의 70%를 초과하지 아니할 것

   ∴ 배관구경면적 = $\dfrac{320.54\text{mm}^2}{0.7} = 457.91\text{mm}^2$

   ∴ $D = \sqrt{\dfrac{4 \times A}{\pi}} = \sqrt{\dfrac{4 \times 457.91}{\pi}} ≒ 24.15\text{mm}$

   ∴ 25mm 선정

09 방호구역에 할론 1301 소화설비를 고압식의 전역방출방식으로 설치할 경우 출발압력을 다음 조건을 참조하여 계산 하시오.

> **조건**
> ① 저장용기의 내용적 : 68*l*, 할론 1301 소화약제의 내용적 : 43*l*, 배관의 내용적 : 50*l*
> ② 저장용기의 저장압력 : 42kgf/cm², 할론 1301 소화약제의 증기압 : 14kgf/cm²
> ③ 할론 1301 소화약제 저장용기 수 : 2병

▲**풀이및정답**

출발압력 = 저장압력 − $\dfrac{(저장압력 - 증기압) \times 배관내용적}{저장용기의\ 기체부용적 + 배관내용적}$

$= 42 - \dfrac{(42-14) \times 50}{(68-43) \times 2 + 50} = 28\text{kgf/cm}^2$

cf) 문제 조건에서 소화약제 내용적 43L 없이 액화 1301의 비중이 1.5이고 용기 1병 충전량이 50kg이라고 주어지는 경우

$50\text{kg} \times \dfrac{1}{1.5\text{kg/L}} = 33.33\text{L}$

∴ 이 경우 기체부용적 = 68L − 33.33L = 34.67L

10 어느 특정소방대상물에 전기실, 발전기실, 종합방재실을 방호하기 위한 하론 1301설비를 설치하고자 한다. 다음 주어진 조건을 이용하여 각 물음에 답하시오

> **조건**
> 1. 각실의 바닥으로부터 천장까지의 높이, 바닥면적, 배관내용적은 다음 표와 같다.
>
> | 구분 | 전기실 | 발전기실 | 종합방재실 |
> |---|---|---|---|
> | 바닥면적(m²) | 875 | 225 | 50 |
> | 천장높이(m) | 5 | 5 | 3 |
> | 집합관내용적(L) | 100 | 100 | 100 |
> | 집합관제외배관내용적(L) | 200 | 80 | 10 |
>
> 2. 용기밸브와 집합관사이의 연결배관에 대한 내용적은 무시한다.
> 3. 축압식저장용기의 압력은 온도 20℃에서 4.2MPa이 되도록 질소가스로 축압되어 있다.
> 4. 하나의 저장용기에 저장되는 소화약제는 50kg이며, 용기의 내용적은 68L이다.
> 5. 각 실에서의 개구부는 없다고 가정한다.
> 6. 소요약제량 산출시 각실 내부의 기둥과 내용물의 체적은 무시한다.
> 7. 20℃에서의 하론1301의 액체밀도는 1.6kg/L이다.
> 8. 별도독립방식인 경우 전기식 개방방식을 체택하며 선택밸브 미설치.

예상문제

1) 각 방호구역별 필요한 최소저장용기의 수를 구하시오.
2) 별도독립방식으로 설치하여야 하는 실을 답하시오. [각 실별 풀이과정 설명 할 것]
3) 공용 집합관에 연결되는 저장용기 최소 설치수를 구하시오.
4) 저장용기실에 설치하여야 할 기동용기 및 선택밸브의 수를 구하시오.

풀이및정답

1) ① 전기실 $W = V \times \alpha = (875 \times 5)m^3 \times 0.32 kg/m^3 = 1400 kg$

$$\therefore \frac{1400 kg}{50 kg/병} = 28병$$

② 발전기실 $W = V \times \alpha = (225 \times 5)m^3 \times 0.32 kg/m^3 = 360 kg$

$$\therefore \frac{360 kg}{50 kg/병} = 7.2 \quad \therefore 8병$$

③ 종합방재실 $W = V \times \alpha = (50 \times 3)m^3 \times 0.32 kg/m^3 = 48 kg$

$$\therefore \frac{48 kg}{50 kg/병} = 0.96 \quad \therefore 1병$$

2) 배관체적이 약제체적의 1.5배 이상인 경우 별도 독립방식

① 전기실

$$\frac{배관체적}{약제체적} = \frac{100L + 200L}{(28 \times 50 kg \div 1.6 kg/L)} = 0.34배$$

② 발전기실

$$\frac{배관체적}{약제체적} = \frac{100L + 80L}{(8 \times 50 kg \div 1.6 kg/L)} = 0.72배$$

③ 종합방재실

$$\frac{배관체적}{약제체적} = \frac{100L + 10L}{(1 \times 50 kg \div 1.6 kg/L)} = 3.52배$$

종합방재실 별도 독립방식 설치(전기식)

3) 28병

4) 전기실 및 발전기실 2구역 $\therefore$ 2개씩 설치
   종합방재실의 경우 전기식 사용, 선택밸브 및 기동용기 미설치

할로겐화합물 및 불활성기체소화설비

01 n-heptane을 저장하는 5m×4m×4m인 저장창고에 전역방출방식의 FC-3-1-10 할로겐화합물 소화설비를 설치할 경우 소요약제량을 계산하시오. [9회 기출]

> **조건**
> ① 설계 기준온도는 20℃이다.
> ② 최소 소화농도는 8.5%이다.
> ③ 소화약제의 비체적 상수는 $K_1=0.2413$, $K_2=0.00088$이다.

풀이및정답 약제량 $W(kg) = \dfrac{V}{S} \times \left[\dfrac{C}{100-C}\right]$

$V = 5 \times 4 \times 4 = 80 m^3$

$S = k_1 + k_2 \times t = 0.2413 + 0.00088 \times 20 = 0.2589 m^3/kg$

$C = 8.5\% \times 1.3 = 11.05\%$

$\therefore W = \dfrac{80}{0.2589} \times \left(\dfrac{11.05}{100-11.05}\right) = 38.386 ≒ 38.39 kg$

02 소화약제의 특성을 나타내는 용어 중 ODP와 GWP에 대하여 쓰고, 현재 국내에서 시판되고 있는 할로겐화합물 및 불활성기체소화약제의 상품명, 작동시간, 주된 소화원리에 대하여 쓰시오. [4회 기출]

풀이및정답 1) ODP와 GWP의 정의
　　① ODP : 오존파괴지수

　　$ODP = \dfrac{\text{측정물질 1kg이 파괴하는 오존의 양}}{\text{CFC-11 1kg이 파괴하는 오존의 양}}$

　　② GWP : 지구온난화지수

　　$GWP = \dfrac{\text{측정물질 1kg에 의한 지구온난화 정도}}{CO_2 \text{ 1kg에 의한 지구온난화 정도}}$

2) 국내시판 약제

상품명	FM-200 (HFC-227ea)	IG-541 (Inergen)	NAFS-Ⅲ (HCFC-BLEND-A)	FE-13 (HFC-23)
작동시간	10초	60초	10초	10초
작동원리	부촉매소화	질식소화	부촉매소화	부촉매소화

cf) NOVEC-1230(FK-5-1-12)

예상문제

03 100m³의 방호구역에 할로겐화합물소화설비를 설치하고자 한다. 소화약제로는 HCFC-124를 사용한다고 할 때 할로겐화합물소화약제의 무게(kg)는? (단, 방호구역의 온도는 20℃이다.)

［ K_1과 K_2의 값 ］

소화약제	K_1	K_2
FK-5-1-12	0.0664	0.0002741
FC-3-1-10	0.094104	0.00034455
HCFC BLEND A	0.2413	0.00088
HCFC-124	0.1575	0.0006
HFC-125	0.1825	0.0007
HFC-227ea	0.1269	0.0005
HFC-23	0.3164	0.0012
HFC-236fa	0.1413	0.0006
FIC-1311	0.1138	0.0005

［ 최대허용 설계농도 ］

소화약제	최대허용설계농도(%)
FC-3-1-10	40
HFC-23	30
HFC-125	11.5
HFC-227ea	10.5
HCFC-124	1
HCFC BLEND A	10
IG-541	43

◀풀이 및 정답

$W = \dfrac{V}{S} \times \dfrac{C}{100-C}$

$S = k_1 + k_2 \times t = 0.1575 + 0.0006 \times 20 = 0.1695 \, m^3/kg$

$C = 1\%$

$\therefore W = \dfrac{100 m^3}{0.1695 m^3/kg} \times \left(\dfrac{1}{100-1}\right) = 5.959 ≒ 5.96 kg$

04
전기실의 크기가 가로 35m, 세로 30m, 높이 7m인 방호공간에 설치해야 할 IG-541의 최소 약제용기수는 몇 병인가?

> **조건**
> IG-541 용기는 80L용 12m³/병, 설계농도는 37%, 실내온도 20℃ 기준

풀이 및 정답

$Q(m^3) = V(m^3) \times 2.303 \times \dfrac{V_S}{S} \times \log\left(\dfrac{100}{100-C}\right)$

20℃ 기준이므로 $V_S = S$, C=37%이므로

$Q(m^3) = (35 \times 30 \times 7)m^3 \times 2.303 \times 1 \times \log\left(\dfrac{100}{100-37}\right) = 3396.572 ≒ 3396.57m^3$

병수 $= \dfrac{3396.57m^3}{12m^3/병} = 283.05$ ∴ 284병

05
다음 조건을 이용하여 할로겐화합물소화설비의 10초 동안 방사된 약제량(kg)을 구하시오.

> **조건**
> 1. 10초 동안 약제가 방사될때 설계농도의 95%에 해당하는 약제가 방출된다.
> 2. 실의 구조는 가로 4m, 세로 5m, 높이 4m이다.
> 3. K_1=0.2413, K_2=0.00088, 온도는 20℃이다
> 4. A, C급 화재발생 가능 장소로서 소화농도는 8.5%이다.

풀이 및 정답

$W(kg) = \dfrac{V}{S} \times \left(\dfrac{C \times 0.95}{100 - C \times 0.95}\right)$

$S = k_1 + k_2 \times t = 0.2413 + 0.00088 \times 20 = 0.2589 m^3/kg$

∴ $W(kg) = \dfrac{(4 \times 5 \times 4)m^3}{0.2589m^3/kg} \times \left(\dfrac{8.5 \times 1.2 \times 0.95}{100 - 8.5 \times 1.2 \times 0.95}\right) = 33.154 ≒ 33.15kg$

예상문제

06 지하7층 전기실의 크기가 가로 30m, 세로 20m, 높이 7m인 방호공간에 할로겐화합물소화설비를 다음과 같이 설치할 경우 물음에 답하시오.

> **조건**
> 1. HFC-227ea의 소화농도는 5.83%
> 2. HFC-227ea의 용기는 68L, 45kg용
> 3. HFC-227ea의 $K_1 = 0.1269$, $K_2 = 0.0005$
> 4. 방호구역예상온도 20℃
> 5. 소수점발생시 셋째자리에서 반올림
> 6. 내화구조이며 그밖의 조건은 무시한다.

1) HFC-227ea의 최소산출량(kg)
2) 최소약제저장용기병수
3) 배관구경산정시 기준이 되는 약제량 방사시 최소유량(kg/s)
4) 열연기복합형(차동식스포트형 2종과 광전식 연기감지기스포트형 2종) 설치시 최소감지기 수와 최소설치 회로수

◀풀이및정답

1) $W = \dfrac{V}{S} \times \left(\dfrac{C}{100-C}\right)$

   ① $S = k_1 + k_2 \times t = 0.1269 + 0.0005 \times 20 = 0.136 ≒ 0.14 \text{m}^3/\text{kg}$

   ② $C = 5.83\% \times 1.2 = 6.996 ≒ 7\%$

   ③ $W = \dfrac{(30 \times 20 \times 7)\text{m}^3}{0.14\text{m}^3/\text{kg}} \times \left(\dfrac{7}{100-7}\right) = 2258.064 ≒ 2258.06\text{kg}$

2) 용기수 $= \dfrac{2258.06\text{kg}}{45\text{kg/병}} = 50.179$ ∴ 51병

3) 유량(kg/s) $= \dfrac{V}{S} \times \left(\dfrac{C \times 0.95}{100 - C \times 0.95}\right) \div 10\sec = \dfrac{4200\text{m}^3}{0.14\text{m}^3/\text{kg}} \times \left(\dfrac{7 \times 0.95}{100 - 7 \times 0.95}\right) \div 10\sec$

   $= 213.711 ≒ 213.71\text{kg/s}$

4) 열・연기복합형감지기의 경우 열감지기 면적기준 적용
   내화구조, 감지기부착높이 4m 이상 8m 미만, 차동식스포트형 2종 설치시 35m² 마다 1개 설치

   ∴ 감지기수 $= \dfrac{30\text{m} \times 20\text{m}}{35\text{m}^2/\text{개}} = 17.18$ ∴ 18개

   ∴ 설치회로수 = 1개

   참고) 복합형감지기 설치기 교차회로방식으로 하지 않을 수 있다.

07
최대허용압력이 3MPa이고 배관의 외경이 114.3mm이며 배관재료의 최대허용응력이 210MPa, 나사이음으로 나사의 높이가 1mm일때 배관의 두께는?

풀이및정답

$$t(mm) = \frac{PD}{2SE} + A = \frac{3 \times 114.3}{2 \times 210} + 1 = 1.816 ≒ 1.82mm$$

cf) $t(mm) = \frac{PD}{2SE} + A$

SE : 허용응력[인장강도의 $\frac{1}{4}$ 값과 항복점의 $\frac{2}{3}$ 값 중 작은 값×배관이음효율×1.2]

P : 최대사용압력

D : 배관바깥지름(mm)

A : 나사이음, 홈이음 등의 허용값(mm)

나사이음 : 나사이음의 높이, 절단홈이음 : 홈의 길이, 용접이음 : 0

08
가로 15m 세로 14m 높이 3.5m인 전산실에 소화약제 중 HFC-23과 IG-541을 사용할 시 아래 조건에 맞게 설계하시오

조건

1. HFC-23의 소화농도는 A, C급 화재는 38%, B급 화재는 35%
2. HFC-23의 저장용기는 68L이며 충전밀도는 720.8 kg/m³
3. IG-541의 소화농도는 33%
4. IG-541의 저장용기는 80L용을 적용하며, 충전압력은 19.996Mpa 이다.
5. 소화약제량 산정 시 선형 상수를 이용하도록 하며 방사 시 기준온도는 30℃

소화약제	K_1	K_2
HFC-23	0.3164	0.0012
IG-541	0.65799	0.00239

1) HFC-23의 약제량은 최소 몇 [kg]인가?
2) HFC-23의 저장용기 수는 최소 몇[병]인가?
3) 배관 구경 산정 조건에 따라 HFC-23의 약제량 방사시 방사 유량[주배관]은 몇 [kg/s] 이상이어야 하는가?
4) IG-541의 약제량은 [m³]인가?
5) IG-541의 저장용기 수는 최소 몇 [병]인가?
6) 배관 구경 산정 조건에 따라 IG-541의 약제량 방사시 유량[주배관]은 몇 [kg/s]인가?

풀이및정답

1) $W = \frac{V}{S} \times \frac{C}{100-C}$

$V = 15 \times 14 \times 3.5 = 735m^3$

$S = k_1 + k_2 \times t = 0.3164 + 0.0012 \times 30 = 0.3524 m^3/kg$

예상문제

$C = 38 \times 1.2 = 45.6\%$

$\therefore W = \dfrac{735}{0.3524} \times \left(\dfrac{45.6}{100-45.6}\right) = 1748.305 ≒ 1748.31\text{kg}$

2) 용기수 $= \dfrac{\text{약제량}}{\text{1병당 저장량}}$

1병당 저장량(kg) $= 68\text{L} \times 0.7208\text{kg/L} = 49.014 ≒ 49.01\text{kg/병}$

용기수 $= \dfrac{1748.31}{49.01} = 35.67$ $\therefore$ 36병

3) 유량(kg/s) $= \dfrac{V}{S} \times \left(\dfrac{C \times 0.95}{100 - C \times 0.95}\right) \div 10\text{sec}$

$= \dfrac{735\text{m}^3}{0.3524\text{m}^3/\text{kg}} \times \left(\dfrac{45.6 \times 0.95}{100 - 45.6 \times 0.95}\right) \div 10\text{sec}$

$= 159.407 ≒ 159.41\text{kg/s}$

4) $Q(\text{m}^3) = V(\text{m}^3) \times 2.303 \times \dfrac{V_S}{S} \times \log\left(\dfrac{100}{100-C}\right)$

$V = 735\text{m}^3$

$V_S = k_1 + k_2 \times 20 = 0.65799 + 0.00239 \times 20 = 0.70579 ≒ 0.7058\text{m}^3/\text{kg}$

$S = k_1 + k_2 \times 30 = 0.65799 + 0.00239 \times 30 = 0.72969 ≒ 0.7297\text{m}^3/\text{kg}$

$C = 33\% \times 1.2 = 39.6\%$

$Q(\text{m}^3) = 735\text{m}^3 \times 2.303 \times \dfrac{0.7058}{0.7297} \times \log\left(\dfrac{100}{100-39.6}\right) = 358.5\text{m}^3$

5) 용기수 $= \dfrac{\text{약제량}}{\text{1병당 체적}}$

$P_1V_1 = P_2V_2$ 에서

$V_2 = V_1 \times \dfrac{P_1}{P_2} = 0.08\text{m}^3 \times \dfrac{(19.996 + 0.101325)\text{MPa}}{0.101325\text{MPa}} = 15.867 ≒ 15.87\text{m}^3/\text{병}$

용기수 $= \dfrac{358.5\text{m}^3}{15.87\text{m}^3/\text{병}} = 22.58$ $\therefore$ 23병

6) $Q(\text{m}^3) = V(\text{m}^3) \times 2.303 \times \dfrac{V_S}{S} \times \log\left(\dfrac{100}{100-C \times 0.95}\right)$

$Q(\text{m}^3) = 735\text{m}^3 \times 2.303 \times \dfrac{0.7058}{0.7297} \times \log\left(\dfrac{100}{100-39.6 \times 0.95}\right) = 335.564 ≒ 335.56\text{m}^3$

유량(kg/s) $= \dfrac{335.56\text{m}^3 \times \dfrac{1}{0.7297\text{m}^3/\text{kg}}}{120\text{sec}} = 3.832 ≒ 3.83\text{kg/s}$

09 할로겐 화합물 소화설비에서 Soaking time이란?

◢ 풀이및정답   할론 6. 3) 참조

10 할로겐화합물 및 불활성기체 소화약제 저장량 계산을 위한 다음 식을 유도하시오.

1) 할로겐화합물 청정소화약제
$$W = \frac{V}{S} \times \left(\frac{C}{100-C}\right) [\text{kg}]$$

2) 불활성가스 청정소화약제
$$Q = \frac{Vs}{S} \times 2.303 \times \log\left(\frac{100}{100-C}\right) \times V[\text{m}^3]$$

◀풀이및정답 1) 무유출이론
$$C(\%) = \frac{v}{V+v} \times 100$$
방사된 체적 $v = V$(실의 체적) $\times \alpha(\text{kg/m}^3) \times S$(비체적 m^3/kg)
$$\therefore C(\%) = \frac{V \times \alpha \times S}{V + V \times \alpha \times S} \times 100$$
$V \times \alpha$를 약제량 W(kg)라고 할 경우
$$C(\%) = \frac{W \cdot S}{V + W \cdot S} \times 100$$
$C \cdot (V + W \cdot S) = W \cdot S \cdot 100$
$C \cdot V + C \cdot W \cdot S = W \cdot S \cdot 100$
$C \cdot V = W \cdot S \cdot 100 - C \cdot W \cdot S$
$C \cdot V = W(S \cdot 100 - C \cdot S)$
$$\therefore W = \frac{C \cdot V}{S \cdot (100-C)} = \frac{V}{S} \times \frac{C}{100-C}$$

2) 자유유출이론
방호구역 1m^3당 약제량 m^3을 $x(\text{m}^3/\text{m}^3)$라고 할 경우
$$e^x = \frac{100}{100-C}$$
$$x = \log_e \frac{100}{100-C} = 2.303\log\left(\frac{100}{100-C}\right)$$
방호구역의 온도를 반영
∴ 20℃에서의 비체적을 곱한 후 비체적의 일반식 $S(\text{m}^3/\text{kg})$로 나누어준다.
$$\therefore x = \frac{V_S}{S} \times 2.303 \times \log\left(\frac{100}{100-C}\right)$$
필요약제체적 $Q(\text{m}^3)$
$$Q(\text{m}^3) = V(\text{m}^3) \times x(\text{m}^3/\text{m}^3) = V(\text{m}^3) \times 2.303 \times \frac{V_S}{S} \times \log\left(\frac{100}{100-C}\right)$$
$V(\text{m}^3)$: 실의 체적

예상문제

11 지하 7층 전기실의 크기가 가로 30m, 세로 20m, 높이 7m인 방호공간에 할로겐화합물소화설비를 다음과 같이 설치할 경우 물음에 답하시오.

조건
1. HFC-227ea의 소화농도는 5.83%
2. HFC-227ea의 용기는 68L, 45kg용
3. HFC-227ea의 $K_1=0.1269$, $K_2=0.0005$
4. 방호구역예상온도 20℃
5. 소수점발생시 셋째자리에서 반올림
6. 내화구조이며 그밖의 조건은 무시한다.

1) HFC-227ea의 최소산출량(kg)
2) 최소약제저장용기병수를 구하시오.
3) 배관구경산정시 기준이 되는 약제량 방사시 최소유량(kg/s)을 구하시오.
4) 열연기복합형(차동식 스포트형 2종과 광전식 연기감지기 스포트형 2종) 설치시 최소 감지기수와 최소설치회로수를 구하시오.

풀이 및 정답

1) $W = \dfrac{V}{S} \times \left(\dfrac{C}{100-C}\right)$

   $V = 30 \times 20 \times 7 = 4200 m^3$

   $S = k_1 + k_2 \times t = 0.1269 + 0.0005 \times 20 = 0.1369 ≒ 0.14 m^3/kg$

   $C = 5.83\% \times 1.2 = 6.996 ≒ 7\%$

   ∴ $W = \dfrac{4200}{0.14} \times \left(\dfrac{7}{100-7}\right) = 2258.064 ≒ 2258.06 kg$

2) $\dfrac{2258.06 kg}{45 kg/병} = 50.179$ ∴ 51병

3) 유량 $= \dfrac{설계농도\ 95\%\ 해당하는\ 약제량(kg)}{10 sec}$

   $= \dfrac{V}{S} \times \left(\dfrac{C \times 0.95}{100 - C \times 0.95}\right) \div 10 sec$

   $= \dfrac{4200}{0.14} \times \left(\dfrac{7 \times 0.95}{100 - 7 \times 0.95}\right) \div 10 sec = 213.711 ≒ 213.71 kg/s$

4) $N = \dfrac{30m \times 20m}{35 m^2/개} = 17.14$ ∴ 18개

   복합형감지기이므로 설치회로수 1개

12 불활성기체소화설비(IG-541)에 대한 다음 각 물음에 답하시오.

조건
1. 실면적 : 300m², 층고 : 3.5m, 소화농도 : 35.84%
2. 전기실로서 예상온도는 10~20℃이다.
3. 1병당 80L, 충전압력 : 19,965kPa[게이지압], 저장용기실 온도 : 20℃
4. 대기압은 101kPa이다
5. K_1, K_2의 값은 소수점 5자리에서 반올림하여 구할 것

1) 소화약제량[m³] 산출식을 쓰고, 각 기호를 설명하시오.
2) IG-541의 선형상수 K_1과 K_2를 구하시오.
3) IG-541의 소화약제량(m³)을 구하시오.
4) IG-541의 최소 저장 용기수를 구하시오
5) 선택밸브 통과시 최소유량(m³/s)을 구하시오.

풀이 및 정답

1) $Q(m^3) = V(m^3) \times 2.303 \times \dfrac{V_S}{S} \times \log\left(\dfrac{100}{100-C}\right)$

   $Q(m^3)$: 약제체적(m³)
   $V(m^3)$: 실의 체적(m³)
   $V_S(m^3/kg)$: 1기압 20℃에서의 약제 비체적(m³/kg)
   $S(m^3/kg)$: 선형상수, $(k_1 + k_2 \times t)$
   $C(\%)$: 설계농도(%)
   $t(℃)$: 방호구역의 최소예상온도(℃)

2) $k_1 = \dfrac{22.4}{M}$

   $M = 28 \times 0.52 + 40 \times 0.4 + 44 \times 0.08 = 34.08 kg/kmol$

   ∴ $k_1 = \dfrac{22.4}{34.08} = 0.65727 ≒ 0.6573 m^3/kg$

   $k_2 = \dfrac{k_1}{273} = 0.00240 ≒ 0.0024 m^3/kg$

3) $Q(m^3) = V(m^3) \times 2.303 \times \dfrac{V_S}{S} \times \log\left(\dfrac{100}{100-C}\right)$

   $V = 300 \times 3.5 = 1050 m^3$
   $V_S = k_1 + k_2 \times 20 = 0.6573 + 0.0024 \times 20 = 0.7053 m^3/kg$
   $S = k_1 + k_2 \times 10 = 0.6573 + 0.0024 \times 10 = 0.6813 m^3/kg$
   $C = 35.84\% \times 1.2 = 43.008 ≒ 43.01\%$

   ∴ $Q(m^3) = 1050 \times 2.303 \times \dfrac{0.7053}{0.6813} \times \log\left(\dfrac{100}{100-43.01}\right)$
   $= 611.317 ≒ 611.32 m^3$

예상문제

4) $\dfrac{P_1V_1}{T_1} = \dfrac{P_2V_2}{T_2}$

$V_2 = V_1 \times \dfrac{T_2}{T_1} \times \dfrac{P_1}{P_2} = 0.08\text{m}^3 \times \dfrac{283}{293} \times \dfrac{(19965+101)}{101} = 15.35\text{m}^3$

$\therefore \dfrac{611.32\text{m}^3}{15.35\text{m}^3/\text{병}} = 39.82 \qquad \therefore 40\text{병}$

5) 2분 이내에 설계농도 95% 해당하는 약제량(A·C급화재는 2분, B급화재는 1분)

유량$(\text{m}^3/\text{s}) = \left[1050 \times 2.303 \times \dfrac{0.7053}{0.6813} \times \log\left(\dfrac{100}{100-43.01\times 0.95}\right)\right] \div 120\text{sec}$

$= 4.758 ≒ 4.76\text{m}^3/\text{s}$

---

13 다음은 압력배관용 탄소 강관인 KS D 3562의 규격을 나타낸 것이다. 다음 표를 참조하여 물음에 알맞게 답하시오.

호칭경	외경	내경	인장강도	항복점	배관이음효율	용접이음 허용값
65mm	76.4mm	66.0mm	412N/mm²	245N/mm²	0.85	0

1) 배관의 두께[mm]를 계산하시오.
2) 최대허용응력[kPa]을 계산하시오.
3) 최대허용압력[kPa]을 계산하시오.

풀이및정답

1) 두께 t = (외경 − 내경) ÷ 2 = (76.4 − 66) ÷ 2 = 5.2mm

2) $\left[\text{인장강도의 }\dfrac{1}{4}\text{ 값과 항복점의 }\dfrac{2}{3}\text{ 값 중 적은 값}\right] \times \text{배관이음효율} \times 1.2$

① 인장강도의 $\dfrac{1}{4} = 412\text{N/mm}^2 \times \dfrac{1}{4} = 103\text{N/mm}^2$

② 항복점의 $\dfrac{2}{3} = 245\text{N/mm}^2 \times \dfrac{2}{3} = 163.32\text{N/mm}^2$

③ $103\text{N/mm}^2 \times 0.85 \times 1.2 = 105.06\text{N/mm}^2$

$\therefore \dfrac{105.06\text{N}}{\text{mm}^2} \times \dfrac{(1000\text{mm})^2}{1\text{m}^2} \times \dfrac{1\text{kN/m}^2}{1000\text{N/m}^2} = 105060\text{kN/m}^2 = 105060\text{kPa}$

3) $t = \dfrac{PD}{2SE} + A$

$P = \dfrac{(t-A) \cdot 2SE}{D} = \dfrac{(5.2-0) \times 2 \times 105060}{76.4} = 14301.36\text{kPa}$

14 아래의 [표]를 참조하여 화재안전기준에 따라 할로겐화합물 및 불활성기체소화설비를 설치하려고 할 때 다음을 구하시오

【 압력배관용 탄소강관 (Sch40)의 규격 】

호칭지름	25A	32A	40A	50A	65A	100A
바깥지름(mm)	34.0	42.7	48.6	60.5	76.3	114.3
관 두께(mm)	3.4	3.6	3.7	3.9	5.2	6.0

1) 호칭지름이 32A인 압력배관용탄소강관(Sch40)에 분사헤드가 접속되어 있다. 이때 분사헤드 오리피스의 최대구경[mm]을 구하시오.

2) 호칭구경이 65A인 압력배관용탄소강관을 사용하여 용접이음으로 배관을 접합할 경우 배관에 적용할 수 있는 최대 허용압력[MPa]을 구하시오. [단, 인장강도는 380MPa, 항복점은 220MPa이며, 이 배관에 전기저항 용접배관을 함에 따라 배관이음효율은 0.85이다.]

3) 할로겐화합물 및 불활성기체 소화약제의 구비조건을 5가지 쓰시오.

◀ 풀이및정답

1) 오리피스면적 $= \dfrac{\pi}{4}(42.7-3.6\times 2)^2 \times 0.7 = 692.858 ≒ 692.86\text{mm}^2$

   $692.86\text{mm}^2 = \dfrac{\pi}{4}(\text{Dmm})^2$

   ∴ D = 29.701 ≒ 29.7mm

2) $t(\text{mm}) = \dfrac{PD}{2SE} + A$

   $SE = 380\text{MPa} \times \dfrac{1}{4} \times 0.85 \times 1.2 = 96.9\text{MPa}$

   t(mm) = 5.2mm
   A(mm) = 0mm
   D(mm) = 76.3mm

   ∴ $P = \dfrac{t \times 2SE}{D} = \dfrac{5.2 \times 2 \times 96.9}{76.3} = 13.207 ≒ 13.21\text{MPa}$

3) ① ODP 지수가 낮을 것
   ② GWP 지수가 낮을 것
   ③ 소화능력이 우수할 것
   ④ 독성이 낮을 것
   ⑤ 경제적일 것

예상문제

분말소화설비

01 분말소화설비의 소화효과를 설명하시오

▶풀이및정답 ① 질식효과 ② 냉각효과 ③ 연쇄반응억제 ④ 방진효과 ⑤ 복사열차단효과

02 분말소화약제의 구비조건을 설명하시오

▶풀이및정답
① 미세도(20~25μm)
② 내습성
③ 유동성
④ 겉보기비중(0.82g/ml 이상)
⑤ 비고화성
⑥ 무독성
⑦ 내부식성
⑧ 물 200cc 수면 위에 약제 2g을 살포한 후 1시간 이내에는 침강이 없을 것

03 분말소화약제의 종류와 분자식, 착색, 열분해반응식을 쓰시오

▶풀이및정답

종류	열분해반응식	착색	적응성
1종분말 $2NaHCO_3$	→ $Na_2CO_3 + CO_2 + H_2O - Qkcal$	백색	B,C
2종분말 $2KHCO_3$	→ $K_2CO_3 + CO_2 + H_2O - Qkcal$	담자색	B,C
3종분말 $NH_4H_2PO_4$	→ $NH_3 + HPO_3 + H_2O - Qkcal$	담홍색	A,B,C
4종분말 $2KHCO_3 + (NH_2)_2CO$	→ $K_2CO_3 + 2NH_3 + 2CO_2 - Qkcal$	회색	B,C

cf) 1종 분말 270℃ : $2NaHCO_3 \rightarrow Na_2CO_3 + CO_2 + H_2O$
　　　　　　850℃ : $2NaHCO_3 \rightarrow Na_2O + 2CO_2 + H_2O$
　　2종 분말 190℃ : $2KHCO_3 \rightarrow K_2CO_3 + CO_2 + H_2O$
　　　　　　590℃ : $2KHCO_3 \rightarrow K_2O + 2CO_2 + H_2O$
　　3종 분말 190℃ : $2NH_4H_2PO_4 \rightarrow 2H_3PO_4 + 2NH_3$
　　　　　　215℃ : $2H_3PO_4 \rightarrow H_4P_2O_7 + H_2O$
　　　　　　300℃ : $H_4P_2O_7 \rightarrow 2HPO_3 + H_2O$
　　4종 분말 190℃ : $2KHCO_3 + (NH_2)_2CO \rightarrow K_2CO_3 + 2NH_3 + 2CO_2$

04 방호구역의 체적이 1500m³인 실에 전역방출방식의 분말소화설비를 설치하려고 할 때 다음 물음에 답하시오.

> **조건**
> 1. 분말약제는 인산암모늄염을 사용한다.
> 2. 개구부의 면적은 3.25m²이며, 자동폐쇄장치가 없다.
> 3. 설비방식은 가압식이며, 추진가스로는 질소를 사용한다.
> 4. 질소용기의 내용적은 68L이다.
> 5. 질소용기의 내부압력은 최대 150kgf/cm²이다. (대기압은 1.0332kgf/cm²)
> 6. 저장용기실의 온도는 20℃이다.

1) 분말소화약제의 저장량은 몇 kg인가?
2) 분말소화약제 저장용기의 내용적은 최소 몇 L인가?
3) 질소용기의 필요병수는 최소 몇 병인가?
4) 개폐밸브 직후의 유량(kg/sec)은?

▲풀이및정답
1) $W(kg) = V \times \alpha + A \times \beta = 1500m^3 \times 0.36kg/m^3 + 3.25m^2 \times 2.7kg/m^2$
   $= 548.775 ≒ 548.78kg$

2) 3종 분말의 경우 약제 1kg당 용기체적 1L 필요
   ∴ 548.78L

3) 가압식, 질소이용   ∴ $548.78kg \times 40L/kg = 21951.2L$

   $\dfrac{P_1V_1}{T_1} = \dfrac{P_2V_2}{T_2}$ 에서 $V_2 = V_1 \times \dfrac{T_2}{T_1} \times \dfrac{P_1}{P_2}$

   ∴ $V_2 = 21951.2L \times \dfrac{293K}{308K} \times \dfrac{1.0332kgf/cm^2}{(150+1.0332)kgf/cm^2} = 142.852 ≒ 142.85L$

   병수 = $\dfrac{142.85L}{68L/병} = 2.1$ ∴ 3병

4) 유량(kg/s) = $\dfrac{548.78 \ kg}{30sec} = 18.292 ≒ 18.29kg/s$

05 위험물을 저장하는 옥내저장소에 전역방출방식의 제3종 분말소화설비를 설치하고자 한다. 방호대상이 되는 옥내저장소의 용적은 3,000m³이며, 60분+ 또는 60분 방화문이 설치되지 않은 개구부의 면적은 20m²고 방호구역 내에 설치되어 있는 불연성 물체의 용적은 500m³이다. 분말약제소요량을 구하시오.

▲풀이및정답 $W = V \times \alpha + A \times \beta$
$= 2500m^3 \times 0.36kg/m^3 + 20m^2 \times 2.7kg/m^2 = 954kg$

예상문제

06 분말소화설비를 국소방출방식으로 다음 조건과 같이 설치할 때 다음 물음에 답하시오.

> **조건**
> 1. 방호대상물의 크기는 가로 1.5m, 세로 1m, 높이 0.5m이다.
> 2. 분말약제는 3종분말을 사용한다.

1) 방호대상물 주변에 벽이 없다면 필요약제량은 최소 몇 kg인가?
2) 세로 1m, 높이 0.5m의 한 쪽이 벽에 접촉되어 있다면 필요약제량은 최소 몇 kg인가?

풀이 및 정답

1) $W = V \times Q \times \beta$
   V : 방호공간의 체적 $= (1.5m + 1.2m) \times (1m + 1.2m) \times (0.5m + 0.6m) = 6.534 ≒ 6.53m^3$
   $Q = X - Y \cdot \frac{a}{A}$, $X = 3.2$, $Y = 2.4$, $a = 0$이므로
   $Q = 3.2 kg/m^3$
   $\beta : 1.1$
   ∴ $W = 6.53m^3 \times 3.2kg/m^3 \times 1.1 = 22.985 ≒ 22.99kg$

2) $W = V \times Q \times \beta$
   V : 방호공간의 체적 $= (1.5m + 0.6m) \times (1m + 1.2m) \times (0.5m + 0.6m) = 5.082 ≒ 5.08m^3$
   $Q = X - Y \cdot \frac{a}{A}$, $X = 3.2$, $Y = 2.4$
   $A = \{(1.5m + 0.6m) \times (0.5m + 0.6m) \times 2\} + \{(1m + 1.2m) \times (0.5m + 0.6m) \times 2\} = 9.46m^2$
   $a = (1m + 1.2m) \times (0.5m + 0.6m) = 2.42m^2$
   ∴ $Q = 3.2 - 2.4 \times \frac{2.42}{9.46} = 2.586 ≒ 2.59kg/m^3$
   ∴ $W = 5.08m^3 \times 2.59kg/m^3 \times 1.1 = 14.472 ≒ 14.47kg$

07 실의 체적이 11m(가로)×9m(세로)×4.5m(높이)인 장소에 전역방출방식의 (제1종)분말 소화설비를 설치하였다. 다음 물음에 답하시오

> **조건**
> 1. 개구부 : $0.7m^2$ 1개소, $0.96m^2$ 1개소(개구부에 자동폐쇄장치는 설치되어 있지 않다.)
> 2. 방호대상물에 기둥이 가로 1m, 세로 1m, 높이 4.5m로 1개가 설치되어 있고, 보는 너비 0.6m, 높이 0.4m로 가로열에 2개의 수평보가 설치되어있다. (보와 기둥의 겹치는 부분은 없다고 가정)
> 3. 기둥과 보는 내열성이며 방호구역에서 제외한다.
> 4. 용기 1병당 내용적은 50L이다.
> 5. 헤드1개의 분당 방출률은 $1.5kg/mm^2 \cdot 분 \cdot 개$이다.
> 6. 헤드는 총 10개가 설치되어 있다.

1) 소요약제량(kg)
2) 약제의 소요병수

3) 헤드1개의 방출량(kg/s)
4) 헤드의 등가분구면적(mm^2)
5) 저장되어 있는 모든 약제 방사시 화학식과 생성되는 이산화탄소의 질량, 체적을 구하시오.
   (방사시 압력은 1.3기압, 온도는 40℃이다)

풀이및정답

1) $W = V \times \alpha + A \times \beta$
   $= (11 \times 9 \times 4.5 - 1 \times 1 \times 4.5 - 0.6 \times 0.4 \times 11 \times 2)m^3 \times 0.6kg/m^3 + (0.7 + 0.96)m^2 \times 4.5kg/m^2$
   $= 268.902 ≒ 268.9kg$

2) $C = \dfrac{V}{G}$ ∴ $G = \dfrac{V}{C} = \dfrac{50}{0.8} = 62.5kg/병$

   병수 $= \dfrac{268.9kg}{62.5kg/병} = 4.3$ ∴ 5병

3) 방출량(kg/s) $= \dfrac{헤드1개\ 방출량}{방출시간} = \dfrac{5 \times 62.5kg \div 10개}{30sec} = 1.041 ≒ 1.04kg/s$

4) 등가분구면적 $= \dfrac{헤드1개\ 방출량}{방출률 \times 방사시간} = \dfrac{5 \times 62.5kg \div 10개}{1.5kg/mm^2 \cdot 분 \times 0.5분} = 41.666 ≒ 41.67mm^2$

5) $2NaHCO_3 \rightarrow Na_2CO_3 + CO_2 + H_2O - Qkcal$
   방사량(kg) $= 62.5kg \times 5 = 312.5kg$
   $NaHCO_3$ 1kmol $= 84kg$이므로
   $n = \dfrac{312.5kg}{84kg/kmol} = 3.720 ≒ 3.72kmol$
   $NaHCO_3$ 3.72kmol 열분해시 1.86kmol의 CO_2 생성
   ∴ 생성되는 CO_2 질량(kg)
   $W = 1.86kmol \times 44kg/kmol = 81.84kg$
   $PV = \dfrac{W}{M}RT$에서
   $V = \dfrac{WRT}{PM} = \dfrac{81.84kg \times 0.082atm \cdot m^3/kmol \cdot K \times 313K}{1.3atm \times 44kg/kmol} = 36.722 ≒ 36.72m^3$

08 정압작동장치의 설치목적과 그 종류를 설명하시오.

풀이및정답

① 설치목적 : 소화효과를 극대화하기 위하여 저장용기 내의 압력이 설정된 압력이 되었을 때 주밸브를 개방시키는 장치
② 종류
  ㉠ 봉판식 : 설정압력에 도달하면 봉판이 파괴되어 주밸브가 개방되는 방식
  ㉡ 스프링식 : 설정압력에 도달하면 스프링이 상부로 밀려 주밸브가 개방되는 방식
  ㉢ 압력스위치식 : 설정압력에 도달하면 압력스위치가 작동되어 솔레노이드가 동작되어 주밸브를 개방시키는 방식

예상문제

09 분말소화설비의 Knock-down 효과와 분말소화약제의 비누화현상에 대해 간단히 설명하시오.

▶풀이및정답
① 넉다운효과 : 연소하는 불꽃의 규모보다 방출률을 크게 하여 불꽃 전체를 포위하여 일시에 부촉매작용 등을 이용하여 불꽃이 사그러지게 하는 효과
② 비누화현상 : 지방질유나 식용유 화재시 분말을 사용하면 Na^+, K^+ 등이 기름의 지방산과 결합하여 비누거품을 형성하게 된다. 이 비누거품이 가연물을 덮어 질식효과를 갖는 현상

10 물분무등 소화설비 중 분말소화설비의 5가지 장점을 기술하시오. [1회 기출]

▶풀이및정답
① 약제의 변질이나 성능저하가 없어 반영구적이다.
② 인체에 무해하다.
③ 소화능력이 우수하며 소화시간이 짧다.
④ 절연성이므로 전기화재에 적응성이 있다.
⑤ 설비비가 저렴하다.

11 제3종 분말을 사용하여 전역방출방식을 사용하는 분말소화설비에 있어서 방호구역의 체적이 $1,000m^3$일 때 다음을 구하시오. (단, $2.5m^2$의 면적을 가진 개구부가 3개 있으며 모두 자동폐쇄장치가 설치되어있다. 또한 방호구역에 설치된 분사헤드의 1분당 방사량은 27kg이다.)

1) 필요약제 저장량[kg]을 구하시오
2) 필요분사헤드수를 구하시오
3) 가압용가스로 질소가스를 사용할 경우 필요한 질소가스의 소요량(35℃, 1기압)은 몇 L인지 구하시오 [단, 약제용기와 가압가스용기는 각각 분리되어 설치되어 있다.]

▶풀이및정답
1) $W = V \times \alpha = 1000m^3 \times 0.36kg/m^3 = 360kg$
2) $\dfrac{360kg \div 30sec}{27kg \div 60sec} = 26.67$ ∴ 27개
3) $360kg \times 40L/kg = 14400L$

12 전기실에 제1종 분말소화약제를 사용한 분말소화설비를 전역방출방식의 가압식으로 방호구역의 체적이 500m³인 곳에 설치하였다. 다음 각 물음에 알맞게 답하시오.

1) 제1종 분말소화약제의 저장량[kg]을 계산하시오. (단, 방호구역의 개구부 면적은 10m² 이다.)
2) 가압용가스로 질소를 사용할 경우 필요한 질소의 양[l]을 계산 하시오.
3) 가압용 가스용기의 수량을 계산 하시오.(단, 가압용 가스용기는 내용적 68l, 충전압력은 게이지압 150atm, 충전 시 온도 20℃이다.)
4) 저장 용기에 설치하는 안전밸브의 작동압력기준을 답하시오
5) 방호구역에 설치 하여야 하는 분사헤드 수량을 계산하시오. (단, 분사헤드 1개당 표준방사량은 11.5kg/min이다.)

풀이및정답

1) $W = V \times \alpha + A \times \beta = 500m^3 \times 0.6kg/m^3 + 10m^2 \times 4.5kg/m^2 = 345kg$

2) $345kg \times 40L/kg = 13800L$

3) $\dfrac{P_1 V_1}{T_1} = \dfrac{P_2 V_2}{T_2}$

   $V_2 = V_1 \times \dfrac{T_2}{T_1} \times \dfrac{P_1}{P_2} = 13800L \times \dfrac{273+20}{273+35} \times \dfrac{1}{150+1} = 86.939 ≒ 86.94L$

   ∴ $\dfrac{86.94L}{68L/병} = 1.28$ ∴ 2병

4) 최고사용압력의 1.8배 이하
   cf) 축압식의 경우 내압시험압력의 0.8배 이하

5) 헤드수 $= \dfrac{\text{총 방사유량(kg/s)}}{\text{헤드1개 방사량(kg/s)}} = \dfrac{345kg \div 30sec}{11.5kg \div 60sec} = 60$개

예상문제

13 분말소화설비의 저장용기 및 배관에 설치하는 청소장치에 대한 다음 물음에 답하시오.

1) 청소장치(클리닝장치) 설치목적
2) 다음 그림을 참조하여 클리닝시 밸브의 개폐상태 및 클리닝 방법을 설명하시오. (단, Ⓐ : 가스도입 및 클리닝 전환밸브, Ⓑ : 방출밸브, Ⓒ : 배기밸브 Ⓓ : 선택밸브이다.)

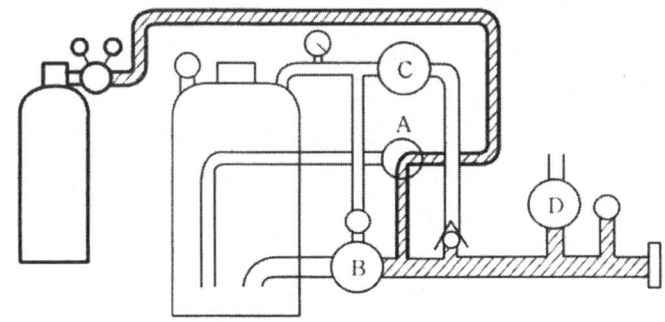

▣ 풀이및정답
1) 설치목적 : 분말가루가 배관 내에 잔류시 습기 등으로 인한 고화현상이 발생하여 배관내 부식 및 배관막힘현상이 발생할 수 있으므로 잔류분말을 제거하는 것이 목적이다.
2) ① 선택밸브(D) 개방
  ② 가스도입밸브(A)를 클리닝으로 전환
  ③ 방출밸브(B) 폐쇄
  ④ 배기밸브(C) 개방, 저장용기내 잔류가스 제거후 폐쇄
  ⑤ 청소용기 연결 및 개방
  ⑥ 청소용기내의 가스가 배관내 잔류 분말가루를 방호구역으로 청소

옥외소화전설비

01 어떤 소방대상물에 옥외소화전 5개를 화재안전기준과 다음 [조건]에 따라 설치하려고 한다. 다음 각 물음에 답하시오.

> **조건**
> 1. 옥외소화전은 지상용 A형을 사용한다.
> 2. 펌프에서 첫 번째 옥외소화전까지의 직관길이는 200m, 관의 내경은 100mm이다.
> 3. 펌프의 양정 H=50m, 효율 η=65%이다.
> 4. 모든 규격치는 최소량을 적용한다.

1) 수원의 최소 유효저수량은 몇 m^3인가?
2) 펌프의 최소 토출유량(m^3/min)은 얼마인가?
3) 직관부분에서의 마찰손실수두는 얼마인가? (Darcy Weisbach식을 사용하고 마찰계수는 0.02이다.)
4) 펌프의 최소 동력은 몇 kW인가(K=1.1)?

▲풀이 및 정답

1) $Q = N \times 7m^2 = 2 \times 7m^3 = 14m^3$

2) $Q = N \times 350L/min = 2 \times 350L/min = 700L/min = 0.7m^3/min$

3) $h_L = f \cdot \dfrac{L}{D} \cdot \dfrac{U^2}{2g}$

$U = \dfrac{Q}{A} = \dfrac{\left(\dfrac{0.7}{60}\right)m^3/s}{\dfrac{\pi}{4}(0.1m)^2} = 1.485 ≒ 1.49m/s$

∴ $h_L = 0.02 \times \dfrac{200}{0.1} \times \dfrac{(1.49)^2}{2 \times 9.8} = 4.530 ≒ 4.53m$

4) $P(kW) = \dfrac{\gamma QH}{102\eta} K = \dfrac{1000 \times \left(\dfrac{0.7}{60}\right) \times 50}{102 \times 0.65} \times 1.1 = 9.678 ≒ 9.68kW$

02 옥외소화전설비 노즐의 방수압이 0.3MPa이었다면 이때의 방수량은 몇 L/min인가? [노즐계수 C=0.95 이용]

▲풀이 및 정답

$Q(L/min) = 0.6597 \cdot C \cdot D^2 \cdot \sqrt{10P}$
$= 0.6597 \times 0.95 \times 19^2 \times \sqrt{10 \times 0.3}$
$= 391.866 ≒ 391.87L/min$

예상문제

03 옥외소화전설비에 대한 다음 물음에 답하시오.

> **조건**
> 1. 3층 건축물[층별 가로 50m, 세로 100m임], 일반창고시설
> 2. 옥내소화전 및 옥외소화전설치
> 3. 정압흡입방식
> 4. 기동용수압개폐장치 사용
> 5. 수원 및 가압송수장치 겸용
> 6. 옥내소화전 사용시 배관 및 관부속물 마찰손실수두는 20m, 옥내소화전 실양정은 15m이다.
> 7. 옥외소화전 사용시 배관 및 관부속물 마찰손실수두는 16m, 옥외소화전 실양정은 5m이다.
> 8. 옥내소화전 호스는 고무내장호스 15m, 옥외소화전 호스는 마호스 20m 로 한본씩 설치되어 있다.

【 호스의 마찰손실수두(100m당) 】

유량 (L/min)	호스의 호칭경					
	40mm		50mm		65mm	
	마호스	고무내장호스	마호스	고무내장호스	마호스	고무내장호스
130	26m	12m	7m	3m	—	—
350	—	—	—	—	10m	4m

1) 펌프의 흡입측과 토출측의 주위 배관을 도시하고 밸브 및 기구 등의 이름을 쓰시오.
2) 소화전의 동파방지를 위하여 시공시 유의해야 할 사항 2가지를 쓰시오.
3) 옥외소화전의 최소 설치수를 구하시오.
4) 옥내소화전의 최소 설치수를 구하시오.
5) 저수조에 저장하여야 하는 수원의 양과 옥상수조에 저장하여야 하는 수원의 양을 구하시오.
6) 가압송수장치의 최소토출량를 구하시오.
7) 가압송수장치의 최소양정을 구하시오.

풀이 및 정답
1) 수업내용 참조[옥내소화전 이론 참조]
2) ① 옥외매설배관은 동결심도 밑으로 매설하여 설치할 것
   ② 배관분기 부분을 적게 할 것(보온재 피복 용이하게 하기 위하여)
3) $\dfrac{50m+100m+50m+100m}{80m} = 3.75$ ∴ 4개
4) 가로열 설치수 = $\dfrac{50m}{2 \times 25m \times \cos 45°} = 1.41$ ∴ 2개

   세로열 설치수 = $\dfrac{100m}{2 \times 25m \times \cos 45°} = 2.82$ ∴ 3개

   ∴ 층별 6개
   ∴ 총 설치수 = 6×3 = 18개
5) ① 저수조 수원량
   $Q = N \times 2.6m^3 + N \times 7m^3 = 5 \times 2.6m^3 + 2 \times 7m^3 = 27m^3$

② 옥상수조 수원량

$$Q = N \times 2.6m^3 \times \frac{1}{3} = 5 \times 2.6m^3 \times \frac{1}{3} = 4.33m^3$$

6) $Q = N \times 130L/min + N \times 350L/min = 5 \times 130L/min + 2 \times 350L/min = 1350L/min$

7) ① 옥내소화전

$$H = h_1 + h_2 + h_3 + 17m = 20m + \left(15m \times \frac{12m}{100m}\right) + 15m + 17m = 53.8m$$

② 옥외소화전

$$H = h_1 + h_2 + h_3 + 25m = 16m + \left(20m \times \frac{10m}{100m}\right) + 5m + 25m = 48m$$

∴ 최소양정＝53.8m 선정

04 다음 조건을 보고 물음에 답하시오.

> **조건**
> 1. 각층별 바닥면적은 5,000m²이다.[가로 100m, 세로 50m]
> 2. 지하 1층, 지상 3층 건축물이다.
> 3. 옥외소화전 설치시 외벽으로부터 옥외소화전까지의 이격거리는 5m이다.
> 4. 펌프실은 지하1층에 설치되어 있으며 펌프실에서 말단 옥외소화전 방수구까지의 수직거리는 6m, 마찰손실수두는 10m이다.
> 5. 호스에서의 마찰손실수두는 4m이다.

1) 호스접결구의 수평거리기준에 대해 기술하시오.
2) 옥외소화전 하나당 외벽부분의 방호거리(m)를 구하시오.
3) 옥외소화전의 설치수를 구하시오.
4) 옥외소화전 펌프에 필요한 최소양정(m)을 구하시오.
5) 옥외소화전 펌프의 최소토출량(L/min) 및 수원의 양(m³)을 구하시오.
6) 펌프의 동력(kW)을 구하시오. [효율 70%, 전달계수＝1.1]

풀이및정답

1) 소방대상물의 각 부분으로부터 하나의 호스접결구까지의 수평거리가 40m 이하일 것

2) 외벽방호거리(m)＝$2 \times \sqrt{40^2 - 5^2} = 79.37m$

3) $\frac{300m}{79.37m} = 3.78$ ∴ 4개

4) $H = h_1 + h_2 + h_3 + 25m = 10m + 4m + 6m + 25m = 45m$

5) ① 토출량 $Q = N \times 350L/min = 2 \times 350L/min = 700L/min$
   ② 수원의 양 $Q = N \times 7m^3 = 2 \times 7m^3 = 14m^3$

6) $P(kW) = \frac{\gamma \cdot Q \cdot H}{102 \cdot \eta} K = \frac{1000 \times \left(\frac{0.7}{60}\right) \times 45}{102 \times 0.7} \times 1.1 = 8.088 ≒ 8.09kW$

예상문제

05 다음 물음에 답하시오.

아래 그림은 어느 소방대상물에 설치된 옥외소화전의 배관도이며, 가~마는 옥외소화전 방수구를 나타내고 있다. 빈 칸을 채우고 경수선도를 완성하시오.

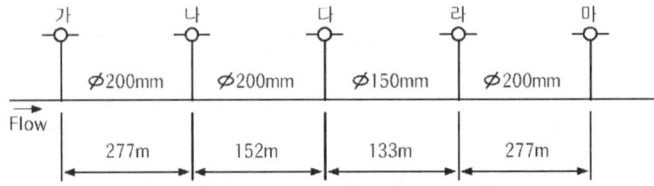

1) 주어진 조건을 이용하여 다음 표의 빈 칸을 채우시오.

항목 소화전	구경 (m)	실관장 (m)	측정압력 (kgf/cm²)		펌프~노즐까지의 마찰손실압력 (kgf/cm²)	소화전 간의 배관마찰손실 (kgf/cm²)	Gauge Elevation (kgf/cm²)	경사선의 Elevation (kgf/cm²)
			정압	방사압력				
가	–	–	5.57	4.9	①	–	0.29	5.19
나	200	277	5.17	3.79	②	⑤	0.69	⑩
다	200	152	5.72	2.96	③	1.38	⑧	3.1
라	150	133	5.86	1.72	4.14	⑥	0	⑪
마	200	277	5.52	0.96	④	⑦	⑨	⑫

(단, 기준 Elevation에서의 정압은 5.86kgf/cm²이다.)

2) 완성된 표를 근거로 하여 아래 그림을 완성하시오.

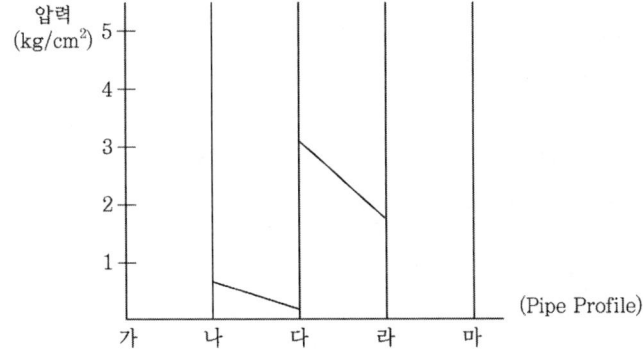

풀이및정답

1)

항목\소화전	구경 (m)	실관장 (m)	측정압력 (kgf/cm²) 정압	측정압력 (kgf/cm²) 방사압력	펌프~노즐까지의 마찰손실압력 (kgf/cm²)	소화전 간의 배관마찰손실 (kgf/cm²)	Gauge Elevation (kgf/cm²)	경사선의 Elevation (kgf/cm²)
가	–	–	5.57	4.9	5.57−4.9=0.67	–	0.29	5.19
나	200	277	5.17	3.79	5.17−3.79=1.38	1.38−0.67=0.71	0.69	3.79+0.69=4.48
다	200	152	5.72	2.96	5.72−2.96=2.76	1.38	5.86−5.72=0.14	3.1
라	150	133	5.86	1.72	4.14	4.14−2.76=1.38	0	1.72+0=1.72
마	200	277	5.52	0.96	5.52−0.96=4.56	4.56−4.14=0.42	5.86−5.52=0.34	0.96+0.34=1.3

① 0.67 ② 1.38 ③ 2.76 ④ 4.56 ⑤ 0.71 ⑥ 1.38
⑦ 0.42 ⑧ 0.14 ⑨ 0.34 ⑩ 4.48 ⑪ 1.72 ⑫ 1.3

2)

구분\소화전	가	나	다	라	마
정압	5.57	5.17	5.72	5.86	5.52
방사압력	4.9	3.79	2.96	1.72	0.96

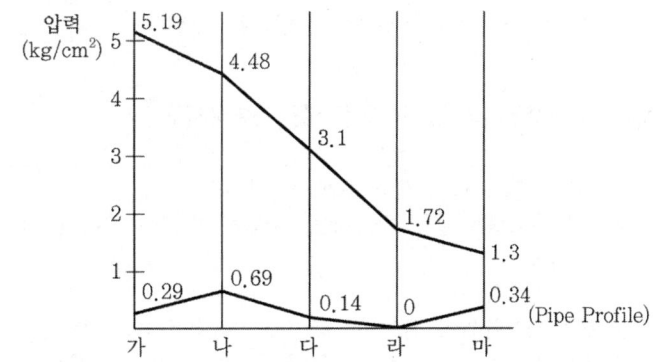

예상문제

고체에어로졸소화설비

01 고체에어로졸소화설비에 대한 다음 각 용어의 정의를 기술하시오.
① "고체에어로졸소화설비"
② "고체에어로졸화합물"
③ "고체에어로졸"
④ "고체에어로졸발생기"

풀이및정답
① "고체에어로졸소화설비"란 설계밀도 이상의 고체에어로졸을 방호구역 전체에 균일하게 방출하는 설비로서 분산(Dispersed)방식이 아닌 압축(Condensed)방식을 말한다.
② "고체에어로졸화합물"이란 과산화물질, 가연성물질 등의 혼합물로서 화재를 소화하는 비전도성의 미세입자인 에어로졸을 만드는 고체화합물을 말한다.
③ "고체에어로졸"이란 고체에어로졸화합물의 연소과정에 의해 생성된 직경 10 μm 이하의 고체 입자와 기체 상태의 물질로 구성된 혼합물을 말한다.
④ "고체에어로졸발생기"란 고체에어로졸화합물, 냉각장치, 작동장치, 방출구, 저장용기로 구성되어 에어로졸을 발생시키는 장치를 말한다.

02 고체에어로졸소화설비의 설치제외장소를 기술하시오.

풀이및정답
① 니트로셀룰로오스, 화약 등의 산화성 물질
② 리튬, 나트륨, 칼륨, 마그네슘, 티타늄, 지르코늄, 우라늄 및 플루토늄과 같은 자기반응성 금속
③ 금속 수소화물
④ 유기 과산화수소, 히드라진 등 자동 열분해를 하는 화학물질
⑤ 가연성 증기 또는 분진 등 폭발성 물질이 대기에 존재할 가능성이 있는 장소

03 방호체적이 200m³인 장소에 150g/m³의 소화밀도로 소화하는 경우 필요한 고체에어로졸의 약제량(kg)을 구하시오.

풀이및정답
$m = d \times V$
m = 필수소화약제량(g)
d : 설계밀도(g/m³) = 소화밀도(g/m³) × 1.3(안전계수)
소화밀도 : 형식승인받은 제조사의 설계매뉴얼에 제시된 소화밀도
V = 방호체적(m³)
$m = 150g/m^3 \times 1.3 \times 200m^3 = 39,000g = 39kg$
∴ 39kg

04 방호체적이 200m³인 장소에 150g/m³의 소화밀도로 소화하는 경우 필요한 고체에어로졸 최소 방출량(kg/min)을 구하시오.

▣ 풀이및정답 1분 이내에 설계밀도의 95% 이상에 해당하는 약제가 방사

따라서 질량유량$(kg/\min) = \dfrac{150g/m^3 \times 1.3 \times 200m^3 \times 0.95}{1\min} = 37.05 kg/\min$

∴ 37.05kg/min

예상문제

비상경보설비 및 단독경보형감지기

01 비상경보설비의 종류 2가지를 답하시오.

▶풀이및정답 ① 비상벨 설비   ② 자동식사이렌설비

02 발신기의 설치기준을 답하시오.

▶풀이및정답 ① 조작이 쉬운 장소에 설치하고 조작스위치는 바닥으로부터 0.8m 이상 1.5m 이하의 높이에 설치할 것
② 소방대상물의 층마다 설치하되, 당해 소방대상물의 각 부분으로부터 하나의 발신기까지의 수평거리가 25m 이하가 되도록 할 것. 다만, 복도 또는 별도로 구획된 실로서 보행거리가 40m 이상일 경우에는 추가로 설치하여야 한다.
③ 발신기의 위치표시등을 한 상부에 설치하되 그 불빛은 부착면으로부터 15° 이상의 범위 안에서 부착지점으로부터 10m 이내의 어느 곳에서도 쉽게 식별할 수 있는 적색등으로 할 것

03 단독경보형감지기의 정의와 그 설치기준을 설명하시오.

▶풀이및정답 ① 정의 : 화재발생상황을 단독으로 감지하여 자체에 내장된 음향장치로 경보하는 감지기
② 설치기준
   ㉠ 각 실마다 설치하되 바닥면적이 150m^2를 초과하는 경우에는 150m^2마다 1개 이상 설치할 것(이웃하는 실내의 바닥면적이 각각 30m^2 미만이고 벽체상부의 전부 또는 일부가 개방되어 이웃하는 실내와 공기가 상호유통하는 경우에는 이를 1개의 실로 본다)
   ㉡ 최상층 계단실의 천장(외기가 통하는 계단실은 제외)에 설치할 것
   ㉢ 건전지를 주전원으로 사용하는 단독경보형감지기는 정상적인 작동상태를 유지할 수 있도록 건전지를 교환할 것
   ㉣ 상용전원을 주전원으로 사용하는 2차전지는 성능시험에 합격한 것일 것

04
아래 표와 같이 구획된 3개의 실에 단독 경보형 감지기를 설치하고자 한다. 각실에 필요한 최소설치수량과 그 근거를 쓰시오. [11회 기출]

실	A실	B실	C실
바닥면적 m²	28	150	350

[풀이및정답]
① 각 실별 최소 설치 수량

A실 : $\dfrac{28m^2}{150m^2/개} = 0.186$ ∴ 1개

B실 : $\dfrac{150m^2}{150m^2/개} = 1$ ∴ 1개

C실 : $\dfrac{350m^2}{150m^2/개} = 2.33$ ∴ 3개

② 적용근거 : 각 실마다 설치하되 바닥면적이 150m²를 초과하는 경우에는 150m²마다 1개 이상 설치할 것

05
비상경보설비 면제기준을 답하시오.

[풀이및정답]
① 비상경보설비를 설치하여야 하는 특정소방대상물에 자동화재탐지설비를 화재안전기준에 적합하게 설치한 경우 그 설비의 유효범위 부분
② 비상경보설비를 설치하여야 하는 특정소방대상물에 단독경보형감지기를 2개 이상의 단독경보형감지기와 연동하여 설치하는 경우 그 설비의 유효범위 부분

06
비상경보설비의 음향장치 설치기준을 쓰시오.

[풀이및정답]
① 지구음향장치는 소방대상물의 층마다 설치하되, 당해 소방대상물의 각 부분으로부터 하나의 음향장치까지의 수평거리가 25m 이하가 되도록 하고, 당해 층의 각 부분에 유효하게 경보를 발할 수 있도록 설치할 것
② 정격전압의 80% 전압에서 음향을 발할 수 있도록 할 것
③ 음량은 부착된 음향장치의 중심으로부터 1m 떨어진 위치에서 90dB 이상이 되는 것으로 할 것

예상문제

비상방송설비

01 지상 30층, 지하 5층 건물의 1층에서 발화하는 경우 방송이 송출되는 층은?

▶풀이및정답 1층에서 발화한 경우 발화층, 그 직상4개층, 지하층에 우선 경보
따라서 1층, 2층, 3층, 4층, 5층, 지하1층~지하5층

02 확성기의 음성입력 기준과 그 수평거리를 답하시오.

▶풀이및정답 ① 확성기의 음성입력은 실외 3W(실내의 경우 1W) 이상일 것
② 확성기는 각 층마다 설치하되, 각 부분으로부터의 하나의 확성기까지의 수평거리는 25m 이하일 것

03 음량조정기 3선식배선

▶풀이및정답

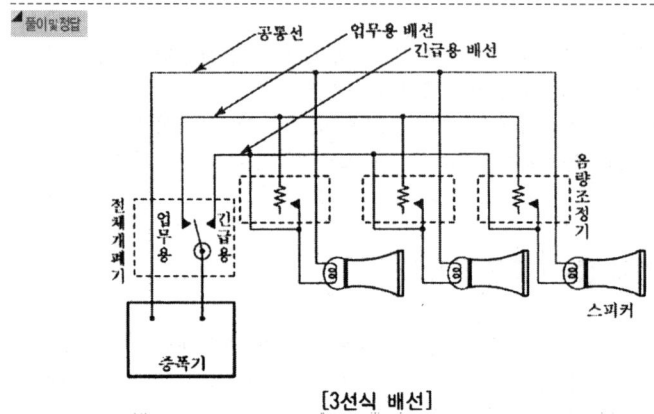

[3선식 배선]

04 조작부에 대한 다음 물음에 답하시오.

1) 조작부의 설치높이
2) 하나의 특정소방대상물에 2이상의 조작부가 설치되어있는 경우 설치기준
3) 증폭기 및 조작부 설치장소
4) 방송이 자동으로 개시될때까지의 소요시간

풀이 및 정답
1) 조작부의 조작스위치는 바닥으로부터 0.8m 이상 1.5m 이하의 높이에 설치할 것
2) 하나의 특정소방대상물에 2 이상의 조작부가 설치되어 있는 때에는 각각의 조작부가 있는 장소 상호간에 동시통화가 가능한 설비를 설치하고, 어느 조작부에서도 당해 소방대상물의 전구역에 방송을 할 수 있도록 할 것
3) 증폭기 및 조작부는 수위실 등 상시 사람이 근무하는 장소로서 점검이 편리하고 방화상 유효한 곳에 설치할 것
4) 10초 이하

05 비상방송설비의 축전지 성능기준

풀이 및 정답 비상방송설비에는 그 설비에 대한 감시상태를 60분간 지속한 후 유효하게 10분 이상(층수가 30층 이상은 30분 이상) 경보할 수 있는 축전지설비를 설치하여야 한다.

예상문제

자동화재탐지설비

01 비화재보와 오보의 의미를 설명하시오.

▶ 풀이및정답
① 비화재보[일과성 비화재보(Nuisance Alarm)] : 일시적으로 열, 연기가 발생하는 등 실제 화재와 유사한 환경이나 상황이 갖춰져 경보설비가 이것을 화재로 인식함으로써 발하는 경보
② 오보(False Alarm) : 설비 자체에 결함이 발생하거나 관리자의 오조작으로 인해 발하는 경보

02 비화재보 방지대책에 대해 설명하시오.

▶ 풀이및정답
① 설치장소별 환경에 적응하는 감지기 설치
② 비축적형감지기의 경우 축적형수신기 설치
③ 축적기능이 없는 수신기의 경우 축적기능있는 감지기 설치
④ 교차회로 구성
⑤ 연기감지기 사용의 억제
⑥ 감지기수를 최소한으로 설치
⑦ 경년변화에 따른 유지보수

03 지하 4층, 지상 6층인 소방대상물에 연기감지기(2종)를 설치할 경우 다음 물음에 답하시오.
1) 각 층의 바닥면적이 310m²일 때 설치되는 감지기의 최소 설치개수는?
2) 복도의 보행거리가 53m일 때 설치개수는 몇 개 이상이어야 하는가?
3) 계단에 연기감지기(2종)를 설치할 경우 설치개수는 몇 개인가? 단면도를 그리고 설명하시오. (단, 층고는 3m이다.)

▶ 풀이및정답
1) 1개층 감지기 설치개수 = $\dfrac{바닥면적}{기준면적} = \dfrac{310\text{m}^2}{150\text{m}^2} = 2.06 ≒ 3$개 이상

∴ 3개/층 × 10층 = 30개

2) 감지기 설치개수 = $\dfrac{복도의 길이}{기준 보행거리} = \dfrac{53\text{m}}{30\text{m}} = 1.76 ≒ 2$개

∴ 2개/층 × 10층 = 20개

3) ① 감지기수 산정
㉠ 지상계단의 감지기 설치개수
설치개수 = $\dfrac{3\text{m} \times 6}{15\text{m}} = 1.2 ≒ 2$개

ⓒ 지하계단의 감지기 설치개수

설치개수 = $\frac{3m \times 4}{15m}$ = 0.8 ≒ 1개

∴ 전체 2+1=3개

② 단면도

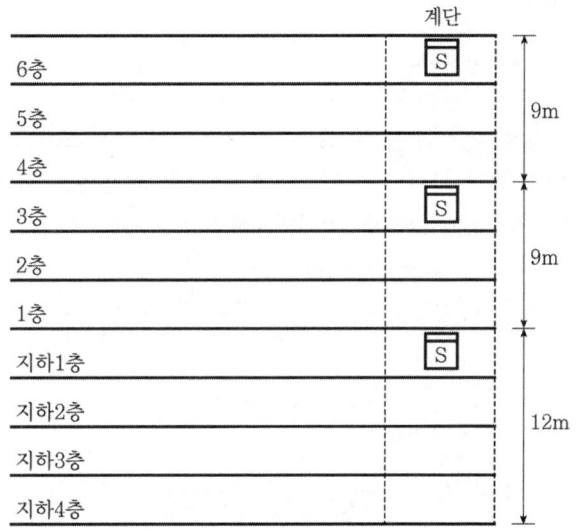

04 공기관식 차동식 분포형 감지기에 관한 다음 물음에 답하시오.

1) 내화구조일 경우의 공기관 상호 간의 거리와 감지구역의 각 변과의 거리는 몇 m 이하가 되도록 하여야 하는가?
2) 공기관의 노출부분의 길이는 몇 m 이상이 되어야 하는가?
3) 검출부의 설치높이를 쓰시오.
4) 검출부분에 접속하는 공기관의 길이는 몇 m 이하로 하여야 하는가?
5) 공기관의 재질을 쓰시오.
6) 공기관의 시공길이를 최대와 최소 길이로 제한하는 이유와 목적을 쓰시오.

풀이및정답
1) 상호간의 거리 : 9m 이하, 각 변과의 거리 : 1.5m 이하
2) 20m 이상
3) 바닥으로부터 0.8m 이상 1.5m 이하
4) 100m 이하
5) 구리(동관 또는 중공동관)
6)

길이제한	최소 길이(20m)	최대 길이(100m)
이유	접점 형성에 필요한 최소 공기량의 확보	온도 상승에 따른 공기팽창량의 과대로 감도 과민 방지
목적	실보의 방지	비화재보의 방지

예상문제

05 P형 1급 수신기와 감지기의 배선회로에 관한 각 물음에 답하시오. [11회 기출]

조건

상시감시전류 : 2mA, 배선회로저항 : 100Ω
릴레이저항 : 800Ω, 회로의 전압 : DC24V
기타 조건은 무시한다.

1) 감지기의 종단저항은 몇 Ω인지 계산과정과 답을 쓰시오.
2) 감지기 동작시 회로에 흐르는 전류는 몇 mA인가? (계산과정을 쓰고 소수점 셋째자리에서 반올림하여 둘째자리까지 구하시오.)

풀이및정답

① 감시전류 $I = \dfrac{회로전압}{릴레이저항 + 배선저항 + 종단저항}$ A

$2 \times 10^{-3} = \dfrac{24}{800 + 100 + R(종단저항)}$

∴ $R = 11,100\, \Omega$

② 동작전류 $I = \dfrac{회로전압}{릴레이저항 + 배선저항}$ A

$I = \dfrac{24}{800 + 100}$

$I = 0.02666$ A

∴ $I = 26.67$ mA

06 다음과 같은 내화구조의 건축물에 자동화재탐지설비를 설치하고자 한다. 조건에 따라 다음 각 물음에 답하시오. [4회 기출]

조건

1. 각 층의 층고는 지상 1층, 지하 1층, 지하 2층은 4.5m이며, 지상 2층부터 6층까지는 3.5m이다.
2. 지하 2층에서 지상 6층까지의 직통계단은 1개소이다.
3. 각 층은 차동식 스포트형(1종) 감지기를 설치한다.
4. 각 층의 반자는 고려하지 않는다.
5. 각 층에 복도는 없다. 화장실을 제외한 부분은 모두 거실로 간주한다.
6. 각 층별 면적의 경우, 6층은 150m², 나머지 모든 층의 면적은 각각 750m²이다.
7. 각 층에는 화장실이 50m²의 면적을 갖는다.(단, 6층에는 화장실이 없다.)

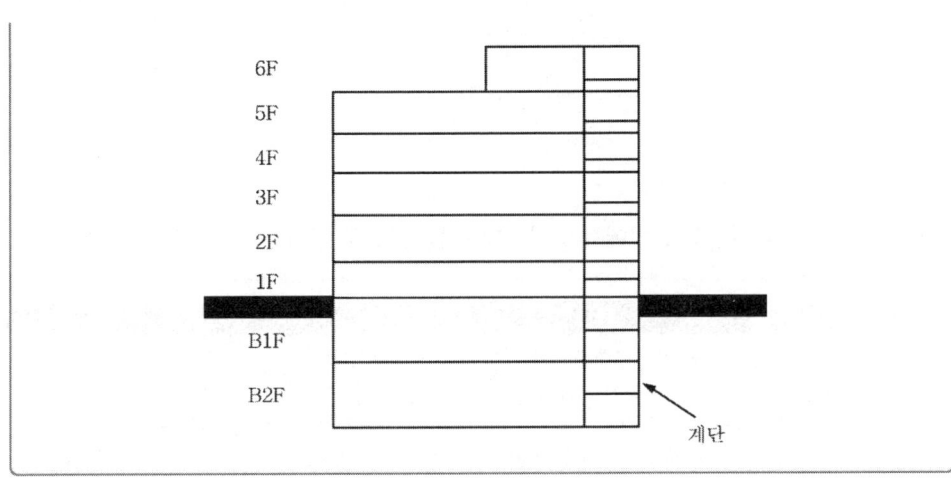

1) 전체 경계구역의 수
2) 차동식 감지기의 전체 개수
3) 연기감지기의 개수를 설치장소와 함께 표현하시오.

풀이및정답 1) 전체 경계구역의 수

① 6층 : 경계구역수 $=\dfrac{150\text{m}^2}{600\text{m}^2} ≒ 1$개

② 5층 이하의 층 : 층별 경계구역수 : $\dfrac{750\text{m}^2}{600\text{m}^2} ≒ 2$개

∴ 2×7개층=14개

③ 계단 : 지상과 지하는 각각 하나의 경계구역이므로 2개
전체 경계구역수=1+14+2=17개

2) 차동식감지기의 전체 개수

① 지상 6층 : 설치수 $=\dfrac{150\text{m}^2}{90\text{m}^2} ≒ 2$개

② 지상 5층~지상 2층 : 층별 설치수 $=\dfrac{700\text{m}^2}{90\text{m}^2}=7.77 ≒ 8$개

층별 화장실 $\dfrac{50\text{m}^2}{90\text{m}^2}=0.55 ≒ 1$개

따라서 층별 9개 설치 ∴ 9×4개층=36개

③ 지상 1층~지하 2층 : 층별 설치수 $=\dfrac{700\text{m}^2}{45\text{m}^2}=15.55 ≒ 16$개

층별 화장실 $=\dfrac{50\text{m}^2}{45\text{m}^2}=1.11 ≒ 2$개

따라서 층별 18개 설치 ∴ 18×3개층=54개

총 설치수=2+36+54=92개

3) ① 지상층 : 설치수 $=\dfrac{(3.5×5+4.5)\text{m}}{15\text{m}} ≒ 2$개

예상문제

② 지하층 : 설치수 = $\frac{(4.5 \times 2)\text{m}}{15\text{m}} ≒ 1$개

∴ 총 설치수 = 2 + 1 = 3개

③ 설치장소 : 6층, 3층, 지하 1층

07 다음의 내화구조 건물에서 경계구역수 및 건물에 설치하는 감지기를 종류별로 계산하시오.

조건
1. 지하 2층에서 지상 6층까지의 직통 계단은 1개소이다.
2. 감지기 설치시 차동식 스포트형은 1종, 연기감지기는 2종을 설치한다.
3. 5층 이하는 바닥면적이 630m²이며, 화장실 면적(샤워시설 있음)은 층별로 40m²이다.
4. 복도는 없는 구조이며, 6층의 면적은 120m²이고 화장실은 없는 것으로 간주한다.

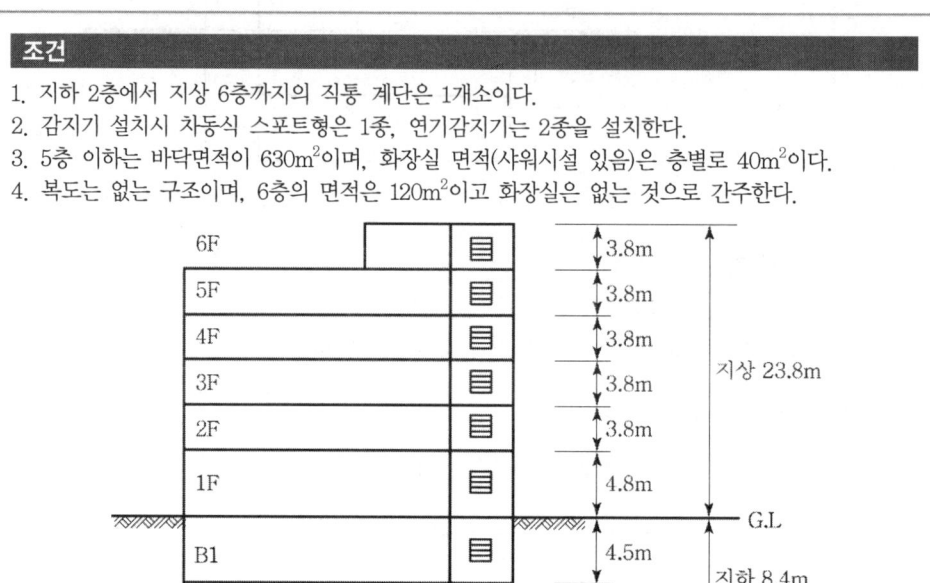

1) 경계구역수 :
2) 종류별 감지기수 :

풀이및정답 1) 경계구역 수
   ① 수평적 경계구역
      ㉠ 지하 2층~지상 5층 층별 630m² ÷ 600m² = 1.05   ∴ 2구역
         2구역/층 × 7개층 = 14구역
      ㉡ 6층 120m² ÷ 600m² = 0.2   ∴ 1구역
   ② 수직적 경계구역
      지상 및 지하계단 2구역
   ③ 총 경계구역 수
      14 + 1 + 2 = 17구역
2) 감지기 종류별 수량
   ① 차동식스포트형 감지기 1종
      ㉠ 6층[내화구조, 4m 미만이므로 90m² 적용]
         120m² ÷ 90m² = 1.3   ∴ 2개

ⓒ 5층, 4층, 3층, 2층, 지하 2층[내화구조, 4m 미만이므로 90m² 적용]
$(630m^2 - 40m^2) \div 90m^2/개 = 6.6$ ∴ 7개
7개×5개층=35개

ⓒ 1층, 지하 1층[내화구조, 4m 이상 8m 미만이므로 45m² 적용]
$(630m^2 - 40m^2) \div 45m^2/개 = 13.2$ ∴ 14개
14개×2개층=28개

∴ 차동식 스포트형 감지기 1종 설치 개수
2+35+28=65개

② 연기감지기 2종
㉠ 지상층 계단 23.8m÷15m/개=1.6 ∴ 2개
ⓒ 지하층 계단 8.4m÷15m/개=0.56 ∴ 1개
∴ 연기 감지기 2종 설치개수=2+1=3개

08
수신기가 설치되어 있는 경비실에서 450m 거리에 공장 1개 동이 위치할 때, 다음 조건을 보고 물음에 답하시오.

조건
- 건물의 규모 : 지상 5층, 지하 2층으로서 각 층별 바닥면적이 1,000m²이다.
- 회로 구성 : 각 층별 2회로씩 구성
- 사용전선 : HFIX(90) 2.5mm²
- 부하전류 : 경종 50mA/개, 표시등 30mA/개
- 기타 부하전류는 무시한다.(일제경보방식)

1) 표시등 및 경종의 부하전류는 몇 A인가?
2) 전압강하를 구하시오.
3) 경종의 작동상태를 설명하시오.
4) 3)의 문제점을 해결할 대책을 3가지 쓰시오.

풀이및정답 1) 표시등의 부하전류 : 전층의 표시등은 상시 점등상태에 있으므로
I=0.03A/개×2개/층×7개층=0.42A
경종의 부하전류 : I=0.05A/개×2개/층×7개층=0.7A

2) 전압강하
$e = \dfrac{35.6LI}{1,000A} = \dfrac{35.6 \times 450 \times (0.42 + 0.7)}{1,000 \times 2.5} = 7.176 ≒ 7.18V$

3) 전압강하가 4.8V를 넘으므로 정상작동이 안 된다.(정격음량에 미달상태)

4) 대책
① 사용전선을 상위규격인 4mm²로 교체
② 전원반을 공장동에 설치
③ 중계기를 공장동에 설치

예상문제

09 칸막이가 없이 개방되어 있는 지상10층/지하2층 건축물에 자동화재탐지설비와 비상방송 설비를 시공하고자 할 경우 각 번호에 알맞은 답을 적으시오. [9회 기출]

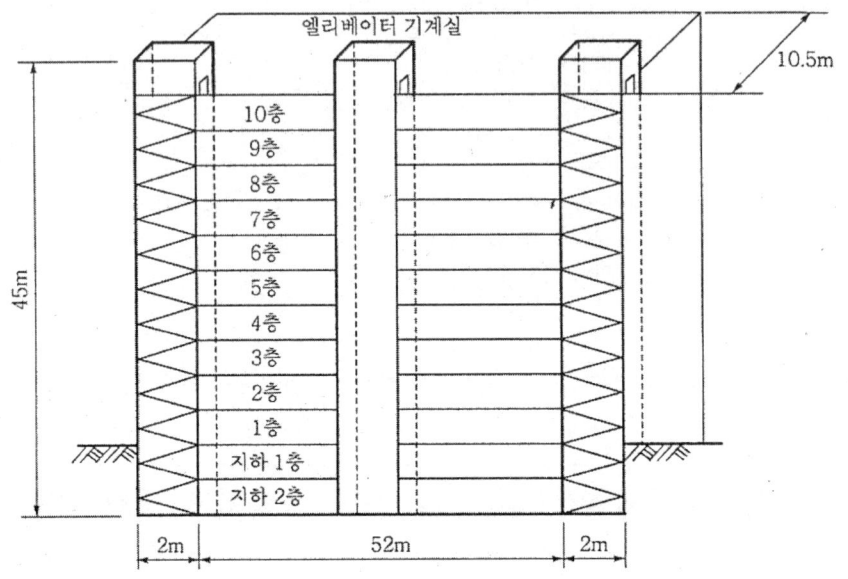

1) 각 층 바닥면적이 동일한 위 건물에 필요한 자동화재탐지설비의 최소 경계구역수를 구하시오.
2) 1층의 감지기가 동작할 경우 연동되어 비상방송이 송출되는 층을 모두 적으시오.
3) 다음 ( )안을 채우시오.
   자동화재탐지설비에는 그 설비에 대한 감시상태를 (①)분간 지속한 후 유효하게 (②)분 이상 경보할 수 있는 (③)를 설치하여야 한다. 다만 (④)이 (⑤)인 경우에는 그러하지 아니하다.

풀이및정답 1) 최소 경계구역 수
　㉠ 수평적 경계구역
　　ⓐ 1개층 바닥면적이 590㎡로 600㎡ 이하이지만 한 변의 길이가 56m로 50m를 초과하므로 층당 2구역으로 나뉜다.
　　ⓑ 층당 2구역×12개층=24구역
　㉡ 수직적 경계구역
　　ⓐ 좌계단 : 지상층 1구역, 지하층 1구역
　　ⓑ 우계단 : 지상층 1구역, 지하층 1구역
　　ⓒ 엘리베이터 승강로(기계실을 포함) : 1구역
　　∴ 총 경계구역=24+5=29구역
　cf) P형 수신기 종류 : P형 1급 30회로용 수신기

2) 전층(지하 2층~지상 10층)
3) ① 60 ② 10(30층 이상의 경우 30) ③ 축전지설비 또는 전기저장장치
   ④ 상용전원 ⑤ 축전지 또는 전기저장장치

10 자동화재탐지설비에 대하여 다음 물음에 답하시오. [2회 기출]
그림의 계통도에서 간선 (A~F)의 최소 전선수를 명기하시오.(단, 감지기와 경종·표시등의 공통선은 별개로 하며, 일제경보방식임)

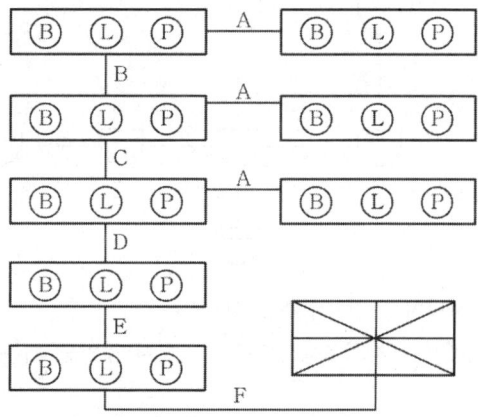

▸풀이및정답 그림의 계통도에서 간선(A~F)의 최소 전선수

	A	B	C	D	E	F
지구선	1	2	4	6	7	8
응답선	1	1	1	1	1	1
공통선	1	1	1	1	1	2
경종선	1	1	1	1	1	1
표시등선	1	1	1	1	1	1
경종·표시등 공통선	1	1	1	1	1	1
합계	6	7	7	11	12	14

예상문제

11 다음 물음에 답하시오. [5회 기출]

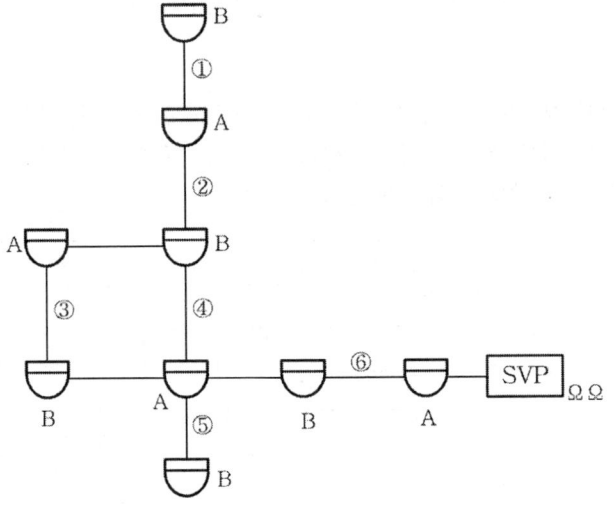

1) 각 번호에 해당하는 전선수를 쓰시오.
2) 준비작동식에서 교차회로방식으로 설치하지 않아도 되는 감지기의 종류 5가지를 쓰시오.

풀이및정답 1)

구간	①	②	③	④	⑤	⑥
전선수	4	8	4	4	4	8

2) ① 아날로그식 감지기 ② 광전식 분리형 감지기 ③ 불꽃감지기
   ④ 다신호식 감지기 ⑤ 복합형 감지기

12 감지기 외부 표시사항 10가지를 쓰시오.

풀이및정답
① 종별 및 형식
② 형식승인번호
③ 제조년월 및 제조번호
④ 제조업체명 또는 상호
⑤ 공칭축적시간
⑥ 극성이 있는 단자는 극성을 표시하는 기호
⑦ 차동식분포형 공기관식의 경우 최대 공기관의 길이, 공기관의 안지름 및 바깥지름
⑧ 방수형인 것은 방수형 표시
⑨ 방폭형인 것은 방폭형 표시
⑩ 설치방법, 취급상 주의사항

13 정온식감지선형감지기 외피의 온도별 색상구분을 설명하시오.

풀이및정답
① 공칭작동온도가 80℃ 이하인 것은 백색
② 공칭작동온도가 80℃ 이상 120℃ 이하인 것은 청색
③ 공칭작동온도가 120℃ 이상인 것은 적색

14 연기감지기에는 비축적형과 축적형이 있다. 이 두가지의 특성을 주어진 항목으로 비교설명 하시오. (정의, 동작방식, 목적, 사용장소)

풀이및정답
1) 정의
　① 비축적형 감지기 : 일정농도 이상의 연기를 전기적으로 검출하여 축적시간없이 작동하는 감지기
　② 축적형 감지기 : 일정농도 이상의 연기가 일정시간(공칭축적시간) 연속하는 것을 전기적으로 검출함으로써 작동하는 감지기
2) 동작 방식 및 원리
　① 비축적형 감자기 : 30초 이내에 감지하여 화재신호 발신
　② 축적형 감지기 : 30초 이내에 감지한 후 5~60초의 축적시간 후에 화재신호 발생(공칭축적시간은 10초 이상 60초 이내의 범위에서 10초 간격으로 설정)
3) 목적
　① 비축적형 감지기 : 화재확대 방지, 신속한 화재감지
　② 축적형 감지기 : 비화재보 방지
4) 사용장소
　① 비축적형 감지기
　　㉠ 교차회로에 사용되는 감지기
　　㉡ 축적기능이 있는 수신기에 연결하여 사용하는 감지기
　　㉢ 급속한 연소확대 우려가 있는 장소
　② 축적형 감지기 : 다음의 장소로서 일시적인 열, 연기, 먼지 등에 의해 오동작할 우려가 있는 장소
　　㉠ 지하층, 무창층 등으로서 환기가 잘 되지 않는 장소
　　㉡ 실내 면적이 40m² 미만인 장소
　　㉢ 감지기 부착면과 실내바닥 높이가 2.3m 이하인 장소

15 공기관식 차동식 분포형 감지기의 공기관 길이가 270m 일때 검출부의 최소 설치개수는?

풀이및정답
∴ $\dfrac{270m}{100m/개} = 2.7$
∴ 3개

예상문제

16 건축물 실내 천장면에 설치된 불꽃감지기의 부착 높이가 20m, 불꽃감지기의 공칭감시거리 30m, 공칭시야각은 90°이다. 불꽃감지기가 바닥면까지 원뿔형의 형태로 감지할 경우 다음 각 물음에 답하시오.

1) 감지기 1개가 감지하는 바닥면의 원 면적
2) 설계적용시 불꽃감지기의 1개당 실제 감지면적을 바닥면의 원에 내접한 정사각형으로 적용할 경우 정사각형의 면적

▲풀이및정답 1) 감지기 1개가 감지하는 바닥면의 원 면적(m^2)
　　　감지하는 바닥면의 원의 반지름 $R = 20\tan45° = 20m$
　　　감지하는 바닥면의 원 면적 $A = \pi R^2 = \pi \times (20m)^2 = 1256.64m^2$
　　2) 원에 내접하는 사각형의 면적 $A = \frac{1}{2} \times D(m)^2 = \frac{1}{2} \times (40m)^2 = 800m^2$

17 주어진 조건과 도면을 이용하여 자동화재탐지설비의 수동발신기간 연결 간선수를 구하고 선로의 용도를 표시하시오.

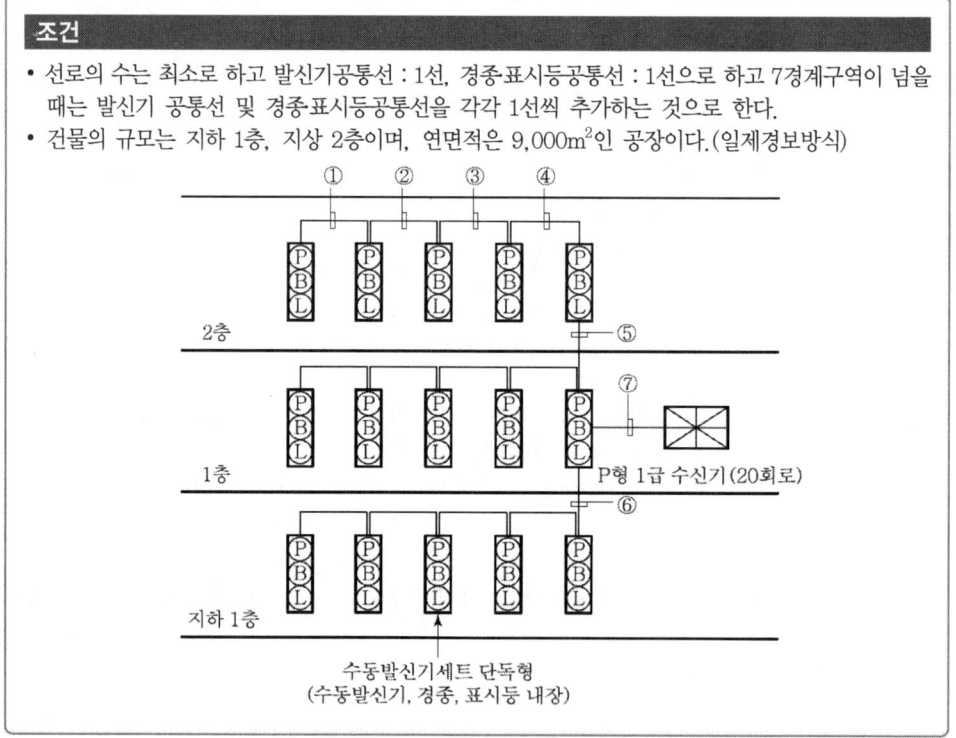

①	간선수	6가닥	용도	지구, 발신기공통, 응답, 표시등, 경종·표시등공통, 경종
②	간선수	7가닥	용도	지구2, 발신기공통, 응답, 표시등, 경종·표시등공통, 경종
③	간선수	8가닥	용도	지구3, 발신기공통, 응답, 표시등, 경종·표시등공통, 경종
④	간선수	9가닥	용도	지구4, 발신기공통, 응답, 표시등, 경종·표시등공통, 경종
⑤	간선수	10가닥	용도	지구5, 발신기공통, 응답, 표시등, 경종·표시등공통, 경종
⑥	간선수	10가닥	용도	지구5, 발신기공통, 응답, 표시등, 경종·표시등공통, 경종
⑦	간선수	24가닥	용도	지구15, 발신기공통3, 응답, 표시등, 경종·표시등공통3, 경종

18 다음과 같은 자동화재탐지설비의 평면도에서 "㉮"~"㉯"의 전선가닥수를 구하시오.

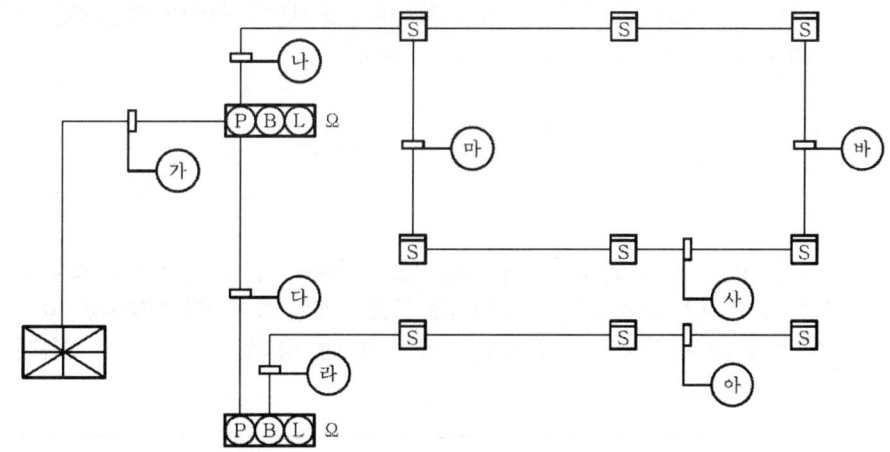

기호	전선수	전선용도
㉮	7	지구2, 공통, 응답, 경종, 표시등, 경종 및 표시등공통
㉯	4	감지기지구2, 감지기공통2
㉰	6	지구, 공통, 응답, 경종, 표시등, 경종 및 표시등공통
㉱	4	감지기지구2, 감지기공통2
㉲	2	감지기지구, 감지기공통
㉳	2	감지기지구, 감지기공통
㉴	2	감지기지구, 감지기공통
㉵	4	감지기지구2, 감지기공통2

예상문제

19 자동화재탐지설비용 예비전원의 충전방식과 용량기준을 설명하시오.

▶풀이및정답
1) 예비전원의 충전방식
　　부동충전방식 : 전지의 자기방전을 보충함과 동시에 상용부하에 대한 전력공급은 충전기가 부담하도록 하고, 충전기가 부담하기 어려운 일시적인 대전류 부하는 축전지로 하여금 부담하게 하는 방식
2) 용량기준 : 자동화재탐지설비에는 그 설비에 대한 감시상태를 60분간 지속한 후 유효하게 10분 이상(30층 이상의 경우 30분 이상) 경보할 수 있는 축전지설비를 설치하여야 한다.

20 방재실에서 200m 떨어진 경종5개를 동시에 명동시킬때 선로의 전압강하(V)는? (단, 경종1개의 작동전류 50mA, 선로의 전선굵기 2.5mm²)

▶풀이및정답
$$e = \frac{35.6LI}{1,000A} = \frac{35.6 \times 200 \times (50 \times 5 \times 10^{-3})}{1,000 \times 2.5} ≒ 0.712V$$

21 사무실(1동)과 공장(2동)으로 구분되어 있는 건물에 P형 1급 발신기 세트를 설치하고, 수신기는 경비실에 설치하였다. 경보방식은 동별 구분 경보방식을 적용하였으며, 옥내소화전의 가압송수장치는 기동용 수압 개폐장치를 사용하는 방식인 경우에 다음 물음에 답하시오.
(전화선 설치로 가정)

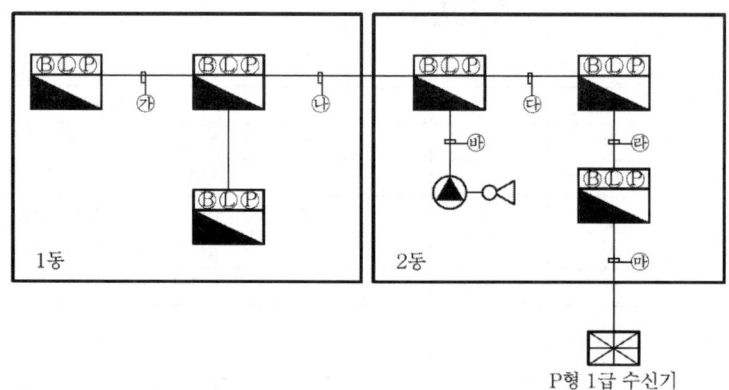

1) ㉯, ㉰, ㉱, ㉲ 전선가닥수 및 전선의 용도를 쓰시오.(단, 스프링클러설비와 자동화재탐지설비의 공통선은 각각 별도로 사용하며, 전선은 최소 가닥수를 적용한다.)
2) 공장 등에 설치한 패쇄형 헤드를 사용하는 습식 스프링클러의 유수검지장치용 음향장치는 어떤 경우에 울리게 되는가?
3) 습식 스프링클러 유수검지장치용 음향장치는 담당구역의 각 부분으로부터 하나의 음향장치까지 수평거리는 몇 [m] 이하로 하여야 하는가?

▶ 풀이 및 정답 1)

항목	가닥수	자동화재탐지설비								스프링클러설비			
		용도1	용도2	용도3	용도4	용도5	용도6	용도7	용도8	용도1	용도2	용도3	용도4
㉮	9	응답	지구	전화	지구공통	경종	표시등	경종표시등공통	소화전기동확인2				
㉯	11	응답	지구3	전화	지구공통	경종	표시등	경종표시등공통	소화전기동확인2				
㉰	17	응답	지구4	전화	지구공통	경종2	표시등	경종표시등공통	소화전기동확인2	압력스위치	템퍼스위치	사이렌	공통
㉱	18	응답	지구5	전화	지구공통	경종2	표시등	경종표시등공통	소화전기동확인2	압력스위치	템퍼스위치	사이렌	공통
㉲	19	응답	지구6	전화	지구공통	경종2	표시등	경종표시등공통	소화전기동확인2	압력스위치	템퍼스위치	사이렌	공통
㉳	4									압력스위치	템퍼스위치	사이렌	공통

2) 화재로 폐쇄형 습식 스프링클러설비의 밸브(클래퍼)가 개방되어 일정량 이상의 유수의 흐름이 발생하는 경우 유수검지스위치(또는 압력스위치)가 작동됨과 동시에 경보(알람)가 울린다.

3) 25m 이하

22
방재실에서 200m 떨어진 경종5개를 동시에 명동시킬 때 선로의 전압강하와 단자전압은? (단, 수신기의 출력전압 DC24V, 경종1개의 작동전류 50mA, 배선의 전기저항 0.875Ω/km)

▶ 풀이 및 정답 전선의 굵기가 주어지지 않은 경우 전압강하

$e = V_s - V_r = 2IR$
$= 2 \times (50 \times 10^{-3} \times 5개) \times (0.2km \times 0.875 Ω/km) = 0.0875V ≒ 0.09V$

단자전압 $V_r = V_s - e = 24V - 0.09V = 23.91V$

23
자동화재탐지설비의 다중전송방식의 특징을 기술하시오. [1회 기출]

▶ 풀이 및 정답 다중전송방식, 즉 멀티플렉싱이란 통신용어로 1통신 회선으로 동시에 많은 회선이 가능하게 하는 방법이다. 다중전성방식의 최대 장점은 통신 전선의 가닥수를 최소화할 수 있다는 점이다. 대형 소방대상물의 경보설비는 매 경계구역마다 배선이 필요한 P형보다는 동시에 수십 또는 수백회로를 한 쌍의 전선으로 통신이 가능한 R형 수신기를 이용하는 추세이다.
① 선로수가 적게 들어 경제적이다.

예상문제

② 선로길이를 길게 만들 수 있다.
③ 증설 또는 이설이 비교적 용이하다.

24 감지기의 용어정의를 기술하시오

1. "차동식스포트형"   2. "차동식분포형"   3. "정온식감지선형"
4. "정온식스포트형"   5. "보상식스포트형"   6. "이온화식스포트형"
7. "광전식스포트형"   8. "광전식분리형"   9. "공기흡입식"
10. "열연복합식"   11. "열복합식"   12. "연복합식"
13. "단독경보형"   14. "불꽃 자외선식"   15. "불꽃 적외선식"
16. "불꽃 자외선·적외선겸용식"
17. "불꽃 복합식"

풀이 및 정답

1. "차동식스포트형"이란 주위온도가 일정 상승율 이상이 되는 경우에 작동하는 것으로서 일국소에서의 열 효과에 의하여 작동되는 것을 말한다.
2. "차동식분포형"이란 주위온도가 일정 상승률 이상이 되는 경우에 작동하는 것으로서 넓은 범위 내에서의 열 효과의 누적에 의하여 작동되는 것을 말한다.
3. "정온식감지선형"이란 일국소의 주위온도가 일정한 온도 이상이 되는 경우에 작동하는 것으로서 외관이 전선으로 되어 있는 것을 말한다.
4. "정온식스포트형"이란 일국소의 주위온도가 일정한 온도 이상이 되는 경우에 작동하는 것으로서 외관이 전선으로 되어 있지 아니한 것을 말한다.
5. "보상식스포트형"이란 제1호와 제4호의 성능을 겸한 것으로서 제1호의 성능 또는 제4호의 성능 중 어느 한 기능이 작동되면 작동신호를 발하는 것을 말한다.
6. "이온화식스포트형"이란 주위의 공기가 일정한 농도의 연기를 포함하게 되는 경우에 작동하는 것으로서 일국소의 연기에 의하여 이온전류가 변화하여 작동하는 것을 말한다.
7. "광전식스포트형"이란 주위의 공기가 일정한 농도의 연기를 포함하게 되는 경우에 작동하는 것으로서 일국소의 연기에 의하여 광전소자에 접하는 광량의 변화로 작동하는 것을 말한다.
8. "광전식분리형"이란 발광부와 수광부로 구성된 구조로 발광부와 수광부 사이의 공간에 일정한 농도의 연기를 포함하게 되는 경우에 작동하는 것을 말한다.
9. "공기흡입식"이란 감지기 내부에 장착된 공기흡입장치로 감지하고자 하는 위치의 공기를 흡입하고 흡입된 공기에 일정한 농도의 연기가 포함된 경우 작동하는 것을 말한다.
10. "열연복합식"이란 제1호와 제6호, 제7호, 제4호와 제6호 또는 제4호와 제7호의 성능이 있는 것으로서 두 가지 성능의 감지기능이 함께 작동될 때 화재신호를 발신하거나 또는 두 개의 화재신호를 각각 발신하는 것을 말한다.
11. "열복합식"이란 제1호와 제4호의 성능이 있는 것으로서 두 가지 성능의 감지기능이 함께 작동될 때 화재신호를 발신하거나 또는 두 개의 화재신호를 각각 발신하는 것을 말한다.
12. "연복합식"이란 제6호와 제7호의 성능이 있는 것으로서 두 가지 성능의 감지기능이 함께 작동될 때 화재신호를 발신하거나 또는 두 개의 화재신호를 각각 발신하는 것을 말한다.

13. "단독경보형"이란 감지기에 음향장치가 내장되어 일체로 되어 있는 것을 말한다.
14. "불꽃 자외선식"이란 불꽃에서 방사되는 자외선의 변화가 일정량 이상 되었을 때 작동하는 것으로서 일국소의 자외선에 의하여 수광소자의 수광량 변화에 의해 작동하는 것을 말한다.
15. "불꽃 적외선식"이란 불꽃에서 방사되는 적외선의 변화가 일정량 이상 되었을 때 작동하는 것으로서 일국소의 적외선에 의하여 수광소자의 수광량 변화에 의해 작동하는 것을 말한다.
16. "불꽃 자외선·적외선 겸용식"이란 불꽃에서 방사되는 불꽃의 변화가 일정량 이상 되었을 때 작동하는 것으로서 자외선 또는 적외선에 의한 수광소자의 수광량 변화에 의하여 1개의 화재신호를 발신하는 것을 말한다.
17. "불꽃 복합식"이란 제14호의 성능 및 제15호의 성능을 둘 다 가진 것으로서 두 가지 성능의 감지기능이 함께 작동될 때 화재신호를 발신하거나 또는 두 개의 화재신호를 각각 발신하는 것을 말한다.

25 다음 조건을 참조하여 건축물에 자동화재탐지설비 설계 시 최소 경계구역수를 구하시오. (단, 모든 감지기는 광전식 스포트형 연기감지기 또는 차동식스포트형 감지기로서 표준 감시거리 및 감지면적을 가진 감지기로 설치하고 자동식 소화설비 경계구역은 무시한다.)

조건

① 바닥면적 : 28m×42m=1,176m^2
② 연면적 : 1,176m^2×8개층+300m^2(옥탑 층)=9,708m^2
③ 층수 : 지하 2층, 지상 6층, 옥탑 층
④ 층고 : 4m
⑤ 건물 높이 : 4m×9개층(지하 2층~옥탑 층)=36m
⑥ 주용도 : 판매시설
⑦ 층별 부속용도
  ㉠ 지하 2층 : 주차장
  ㉡ 지하 1층 : 주차장 및 근린생활시설
  ㉢ 지상 1층~지상 6층 : 판매시설
  ㉣ 옥탑 층 : 계단실, 엘리베이터 권상기실, 기계실, 물탱크실
⑧ 직통계단 : 지하 2층~지상 6층 1개, 지하 2층~옥탑 층 : 1개, 총 2개
⑨ 엘리베이터 : 1개소

풀이및정답 ① 수평경계구역

1. 옥탑층 : $\dfrac{300m^2}{600m^2}=0.5$ ∴ 1개

2. 지상 6층~지하 2층 : $\dfrac{1176m^2}{600m^2}=1.96$ ∴ 2개

∴ 2개×8=16개

② 수직경계구역
  1. 계단 : 지상 계단 2개, 지하 계단 2개

예상문제

2. 엘리베이터 1개
∴ 총 경계구역수 = 1+16+5 = 22개

26 건축물 실내 천장면에 설치된 불꽃감지기의 부착높이가 8.66m, 불꽃감지기의 공칭감시거리 10m, 공칭시야각은 60°이다. 불꽃감지기가 설치된 면에서부터 바닥면까지 원뿔형의 형태로 감지할 경우 다음 각 물음에 답하시오.

1) 감지기 1개가 감지하는 바닥면의 원 면적[m²]은?
2) 설계적용 시 불꽃감지기의 1개당 실제 감지면적을 바닥면의 원에 내접한 정사각형으로 적용할 경우 정사각형의 면적[m²]은?

풀이및정답 1) 바닥면 원의 직경 = (8.66m×tan30°)×2 = 9.99m ≒ 10m

∴ $A = \frac{\pi}{4}D^2 = \frac{\pi}{4} \times (10m)^2 ≒ 78.54m^2$

2) 정사각형 한 변의 길이 = 10m×cos45°

∴ 정사각형 면적 $A = [10m \times cos45°]^2 = 50\ m^2$

27 특정소방대상물(내화구조)에 공기관식 차동식분포형감지기를 설치하였다. 다음 각 물음에 알맞게 답하시오.

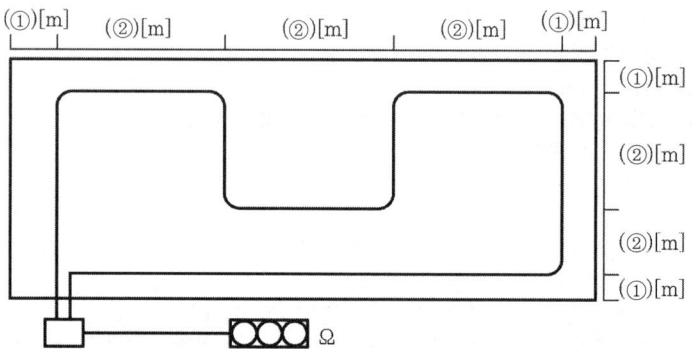

1) ( )안에 알맞은 숫자를 써넣으시오.
2) 공기관의 노출 부분은 감지구역마다 몇 m 이상이 되도록 하여야 하는가?
3) 발신기함 내에 종단저항을 설치한 경우 검출부와 발신기 사이의 배선수는?
4) 하나의 검출부에 접속하는 공기관의 길이는 몇 m 이하가 되도록 하여야 하는가?
5) 검출부는 몇 도 이상 경사되지 아니하도록 설치하여야 하는가?

풀이및정답 1) ① 1.5m ② 9m
2) 20m   3) 4가닥   4) 100m   5) 5°

28
다음 도면은 내화구조인 지하 1층, 지상 5층인 건물의 1층 평면도이다. 조건을 참조하여 다음 각 물음에 알맞게 답하시오.

조건
① 각 층의 구조는 평면도와 동일한 구조이다.
② 각 층의 층고는 4.3m, 천장과 반자 사이의 높이는 0.5m이다.
③ 각 실에는 차동식스포트형 2종을 설치하고, 연기감지기를 설치하여야 할 장소에는 연기감지기 2종을 설치한다.
④ 기타 다른 조건은 무시한다.

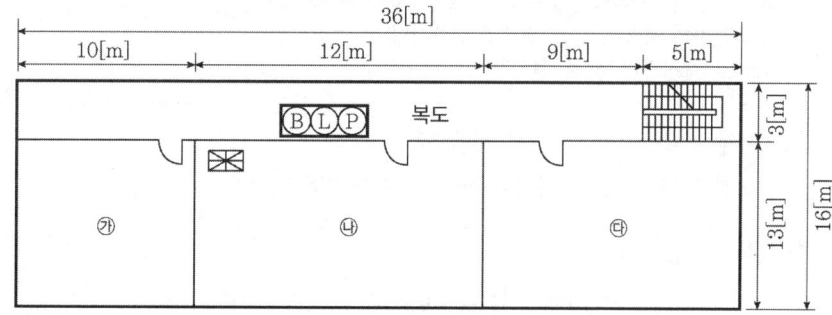

1) 차동식스포트형 감지기 전체 설치개수를 계산하시오.
2) 연기감지기 전체 설치개수를 계산하시오.
3) 전체 경계구역 수를 계산하시오.
4) 1층에서 화재가 발생한 경우 경보를 발하여야 하는 층을 쓰시오.

풀이 및 정답

1) ① $\dfrac{10m \times 13m}{70m^2} = 1.86$ ∴ 2개

② $\dfrac{12m \times 13m}{70m^2} = 2.23$ ∴ 3개

③ $\dfrac{14m \times 13m}{70m^2} = 2.6$ ∴ 3개

∴ 8개 × 6개층 = 48개

2) 복도 : $\dfrac{10m + 12m + 9m}{30m} ≒ 1.03$ ∴ 2개

∴ 2개 × 6개층 = 12개

계단 : $\dfrac{4.3m \times 6}{15m} = 1.72$ ∴ 2개

∴ 12개 + 2개 = 14개

3) ① 수평경계구역 : $\dfrac{(36m \times 16m) - (3m \times 5m)}{600m^2} = 0.94$ ∴ 1개

∴ 1개 × 6개층 = 6개

② 수직경계구역 : 1개   ∴ 총 7개

4) 전층(지하 1층~지상 5층)

예상문제

29 내화구조의 지하 2층, 지상 6층의 건물에 자동화재탐지설비를 설치하고자 한다. 다음 조건을 참조하여 물음에 답하시오.

[조건]

1. 직통계단은 좌측 계단 1개, 우측 계단 1개이며 비상용 승강기 1대가 설치되어 있다.
2. 각층의 높이는 다음과 같다
   ㉠ 지하2층, 지하1층, 지상1층 : 4.5[m]
   ㉡ 지상2층 ~ 지상6층 : 3.5[m]
3. 5층 이하 각 층별 바닥면적은 620[m²]이며, 층별로 화장실이 35[m²] 설치되어 있다.
4. 6층 바닥면적은 140[m²](화장실 미설치)이며, 좌측 계단 1개가 설치되어 있다.
5. 각 층의 거실에는 차동식스포트형감지기 1종을 설치한다.
6. 각 층의 복도는 없는 것으로 간주한다.
7. 연기감지기는 1종을 설치한다.

---

1) 전체 경계구역의 수는 몇 개인가?
2) 설치하여야 하는 감지기의 종류별 개수는 몇 개인가?

◀풀이및정답

1) ① 수평경계구역

㉠ 지상 6층 : $\dfrac{140\text{m}^2}{600\text{m}^2} = 0.23$ ∴ 1개

㉡ 지상 5층~지하 2층 : $\dfrac{620\text{m}^2}{600\text{m}^2} = 1.03$ ∴ 2개

∴ 2개×7개층=14개

㉢ 수평경계구역수=15개

② 수직경계구역 : 지하 계단 2개+지상 계단 2개+승강로 1개
∴ 수직경계구역수=5개

③ 총 경계구역수=15+5=20개

2) ① 차동식스포트형 1종

㉠ 6층 : $\dfrac{140\text{m}^2}{90\text{m}^2} = 1.56$ ∴ 2개

㉡ 5층~2층 : $\dfrac{(620-35)\text{m}^2}{90\text{m}^2} = 6.5$ ∴ 7개

$\dfrac{35\text{m}^2}{90\text{m}^2} = 0.39$ ∴ 1개

∴ 8개×4개층=32개

㉢ 1층~지하 2층 : $\dfrac{(620-35)\text{m}^2}{45\text{m}^2} = 13$개

$\dfrac{35\text{m}^2}{45\text{m}^2} = 0.78$ ∴ 1개

∴ 14개×3개층=42개

㉣ 총 설치수=32+42+2=76개

② 연기감지기 1종
  ㉠ 승강로 : 1개
  ㉡ 좌측계단 : 지하 1개
    지상 : $\dfrac{4.5\text{m}+3.5\text{m}\times 5}{15\text{m}}=1.47$ ∴ 2개
  ㉢ 우측계단 : 지하 1개
    지상 : $\dfrac{4.5\text{m}+3.5\text{m}\times 4}{15\text{m}}=1.23$ ∴ 2개
  ㉣ 총 설치수=7개

30 기동용수압개폐장치를 사용하는 옥내소화전설비와 습식스프링클러설비가 설치된 지상 6층인 복합건축물의 계통도이다. [일제경보방식]

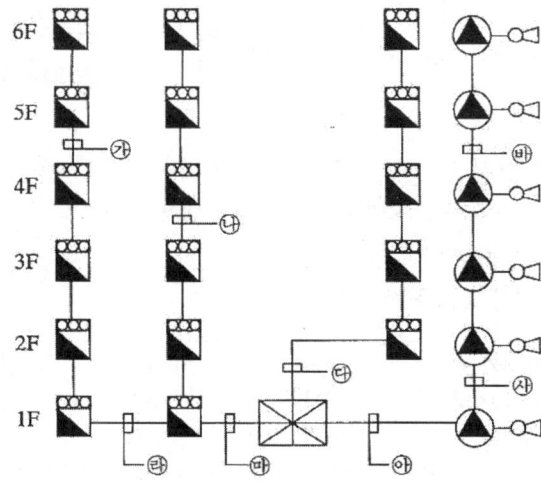

㉮~㉶까지의 최소 가닥수 및 전선의 용도를 쓰시오.

	지구 공통	경·표 공통	경종선	표시등선	응답선	신호선	소화전 기동확인	총 가닥수
㉮	1	1	1	1	1	2	2	9
㉯	1	1	1	1	1	3	2	10
㉰	1	1	1	1	1	5	2	12
㉱	1	1	1	1	1	6	2	13
㉲	2	1	1	1	1	12	2	20

㉳ 공통선 1, 압력스위치 2, 탬퍼스위치 2, 싸이렌 1 ∴ 6선
㉴ 공통선 1, 압력스위치 5, 탬퍼스위치 5, 싸이렌 1 ∴ 12선
㉵ 공통선 1, 압력스위치 6, 탬퍼스위치 6, 싸이렌 2 ∴ 14선

예상문제

31 다음은 자동화재탐지설비와 준비작동식스프링클러설비의 계통도이다. 다음 물음에 알맞게 답하시오.

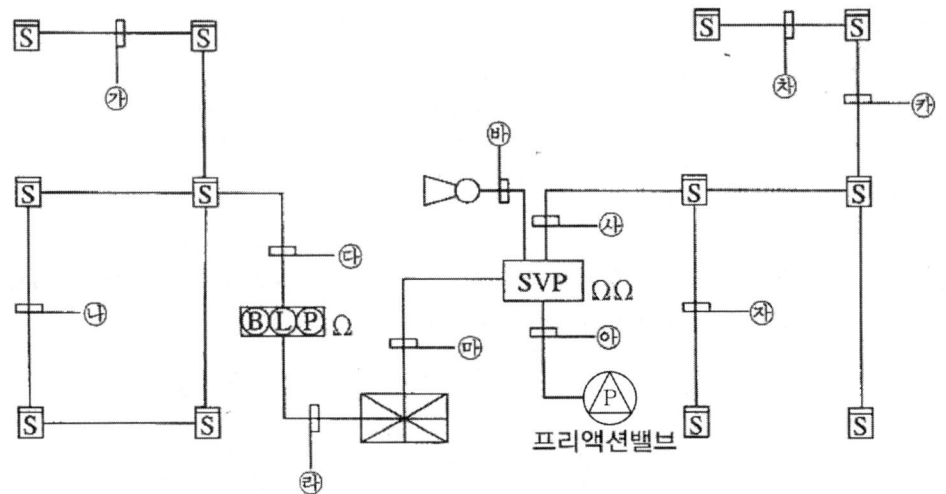

1) ㉮~㉯까지 전선의 가닥수를 쓰시오.(단, 프리액션밸브용 감지기 공통선과 전원 공통선은 분리해서 사용하고, SVP와 압력스위치, 탬퍼스위치 및 솔레노이드 밸브 사이의 공통선은 1가닥을 사용한다.)
2) ㉲의 간선의 용도를 쓰시오.

 1) ㉮ 4가닥 ㉯ 2가닥 ㉰ 4가닥 ㉱ 6가닥
㉲ 10가닥 ㉳ 2가닥 ㉴ 8가닥 ㉵ 4가닥
㉶ 4가닥 ㉷ 4가닥 ㉸ 8가닥

2) 전원 +, 전원 -, 싸이렌, 밸브주의(TS), 밸브기동(sol)
밸브개방확인(PS), 감지기 A, 감지기 B, 감지기공통, 전화

32

다음은 청정소화약제 소화설비의 간선 계통도이다. 다음 각 물음에 알맞게 답하시오. (단, 감지기 공통선과 전원 공통선은 별도로 사용하고 비상스위치는 1선을 사용한다.)

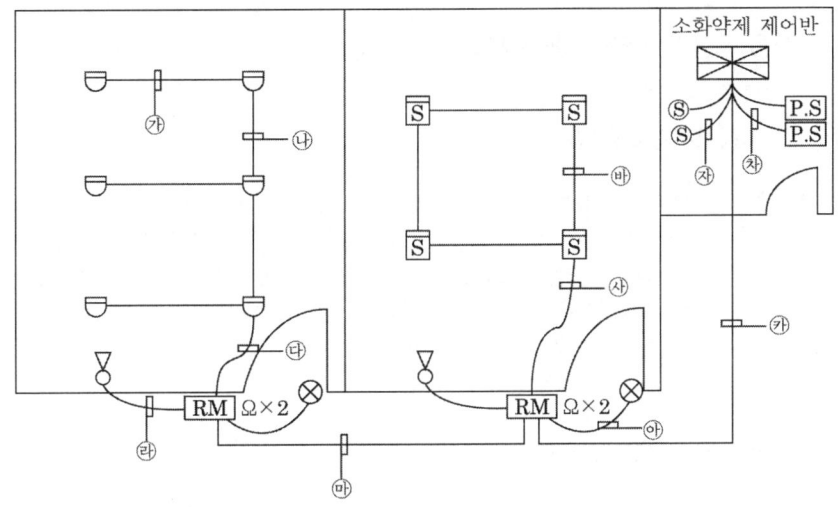

1) ㉮~㉯까지 전선의 가닥수를 쓰시오.
2) ㉲의 간선의 용도를 쓰시오.

풀이및정답
1) ㉮ 4가닥   ㉯ 8가닥   ㉰ 8가닥   ㉱ 2가닥
   ㉲ 9가닥   ㉳ 4가닥   ㉴ 8가닥   ㉵ 2가닥
   ㉶ 2가닥   ㉷ 2가닥   ㉸ 14가닥
2) 전원 +, 전원 -, 감지기 A, 감지기 B, 감지기공통 싸이렌, 방출표시등, 기동스위치, 비상스위치

예상문제

자동화재속보설비

01 다음 용어의 정의를 설명하시오.
  1) 화재속보설비
  2) 자동화재속보설비의 속보기

▶풀이및정답
  1) "화재속보설비"란 자동 또는 수동으로 화재의 발생을 소방관서에 통보하는 설비를 말한다.
  2) "자동화재속보설비의 속보기(이하 이 기준에서 "속보기"라 한다"란 수동작동 및 자동화재 탐지설비 수신기의 화재신호와 연동으로 작동하여 관계인에게 화재발생을 경보함과 동시에 소방관서에 자동적으로 통신망을 통한 당해 화재발생 및 당해 소방대상물의 위치 등을 음성으로 통보하여 주는 것을 말한다.

02 속보기 표시사항 5가지를 쓰시오.

▶풀이및정답
  1. 품명 및 성능인증번호
  2. 제조년도 및 제조번호
  3. 제조자 상호·주소·전화번호
  4. 주전원의 정격전압
  5. 예비전원의 종류·정격전류용량·정격전압

03 자동화재속보기의 기능 5가지를 쓰시오.

▶풀이및정답 속보기는 다음에 적합한 기능을 가져야 한다.
  1) 작동신호를 수신하거나 수동으로 동작시키는 경우 20초 이내에 소방관서에 자동적으로 신호를 발하여 통보하되, 3회 이상 속보할 수 있어야 한다.
  2) 주전원이 정지한 경우에는 자동적으로 예비전원으로 전환되고, 주전원이 정상상태로 복귀한 경우에는 자동적으로 예비전원에서 주전원으로 전환되어야 한다.
  3) 예비전원은 자동적으로 충전되어야 하며 자동과충전방지장치가 있어야 한다.
  4) 화재신호를 수신하고나 속보기를 수동으로 동작시키는 경우 자동적으로 적색 화재표시등이 점등되고 음향장치로 화재를 경보하여야 하며 화재표시 및 경보는 수동으로 복귀 및 정지시키지 않는한 지속되어야 한다.
  5) 연동 또는 수동으로 소방관서에 화재발생 음성정보를 속보중인 경우에도 송수화장치를 이용한 통화가 우선적으로 가능하여야 한다.
  6) 예비전원을 병렬로 접속하는 경우에는 역충전 방지 등의 조치를 하여야 한다.
  7) 예비전원은 감시상태를 60분간 지속한 후 10분 이상 동작(화재속보 후 화재표시 및 경보를 10분간 유지하는 것을 말한다)이 지속될 수 있는 용량이어야 한다.
  8) 속보기는 연동 또는 수동 작동에 의한 다이얼링 후 소방관서와 전화접속이 이루어지지 않는 경우에는 최초 다이얼링을 포함하여 10회 이상 반복적으로 접속을 위한 디이얼링이

이루어져야 한다. 이 경우 매회 다이얼링 완료 후 호출은 30초 이상 지속되어야 한다.
9) 속보기의 송수화장치가 정상위치가 아닌 경우에도 연동 또는 수동으로 속보가 가능하여야 한다.
10) 삭제 〈2010.7.26〉
11) 음성으로 통보되는 속보내용을 통하여 당해 소방대상물의 위치, 화재발생 및 속보기에 의한 신고임을 확인할 수 있어야 한다.

04 자동화재속보설비의 설치기준을 쓰시오.

▶풀이및정답
① 자동화재탐지설비와 연동으로 작동하여 자동적으로 화재발생 상황을 소방관서에 전달되는 것으로 할 것. 이 경우 부가적으로 특정소방대상물의 관계인에게 화재발생상황이 전달되도록 할 수 있다.
② 스위치는 바닥으로부터 0.8m 이상 1.5m 이하의 높이에 설치할 것
③ 속보기는 소방관서에 통신망으로 통보하도록 하며, 데이터 또는 코드전송방식을 부가적으로 설치할 수 있을 것. 다만, 소방청장이 정하여 고시하는 「속보기의 성능인증 및 제품검사 기술기준」에 따르는 것으로 할 것
④ 문화재에 설치하는 자동화재속보설비는 속보기에 감지기를 직접 연결하는 방식(자동화재탐지설비 1개의 경계구역에 한함)으로 할 수 있을 것
⑤ 속보기는 소방청장이 정하여 고시하는 「속보기의 성능인증 및 제품검사 기술기준」에 적합한 것으로 설치할 것

예상문제

누전경보기

01 다음 용어의 정의를 설명하시오.
1) 누전경보기
2) 수신부
3) 변류기

▲풀이 및 정답
1) "누전경보기"란 사용전압 600V 이하인 경계전로의 누설전류를 검출하여 당해 소방대상물의 관계자에게 경보를 발하는 설비로서 변류기와 수신부로 구성된 것을 말한다.
2) "누전경보기의 수신부"(이하 "수신부"라 한다)란 변류기로부터 검출된 신호를 수신하여 누전의 발생을 당해 소방대상물의 관계자에게 경보하여 주는 것(차단기구를 갖는 것은 이를 포함한다)을 말한다.
3) "누전경보기의 변류기"(이하 "변류기"라 한다)란 경계전로의 누설전류를 자동적으로 검출하여 이를 누전경보기의 수신부에 송신하는 것을 말한다.

02 누전경보기의 설치방법을 설명하시오.

▲풀이 및 정답
① 경계전로의 정격전류가 60A를 초과하는 전로에 있어서는 1급 누전경보기를, 60A 이하의 전로에 있어서는 1급 또는 2급 누전경보기를 설치할 것. 다만, 정격전류가 60A를 초과하는 경계전로가 분기되어 각 분기회로의 정격전류가 60A 이하로 되는 경우 당해 분기회로마다 2급 누전경보기를 설치한 때에는 당해 경계전로에 1급 누전경보기를 설치한 것으로 본다.
② 변류기는 소방대상물의 형태, 인입선의 시설방법 등에 따라 옥외 인입선의 제1 지점의 부하측 또는 제2종 접지선측의 점검이 쉬운 위치에 설치할 것. 다만, 인입선의 형태 또는 소방대상물의 구조상 부득이한 경우에 있어서는 인입구에 근접한 옥내에 설치할 수 있다.
③ 변류기를 옥외의 전로에 설치하는 경우에는 옥외형의 것을 설치할 것

03 누전경보기의 수신부 설치제외장소를 설명하시오.

▲풀이 및 정답
① 가연성의 증기·먼지·가스 등이나 부식성의 증기·가스 등이 다량으로 체류하는 경우
② 화약류를 제조하거나 저장 또는 취급하는 장소
③ 습도가 높은 장소
④ 온도의 변화가 급격한 장소
⑤ 대전류 회로·고주파 발생회로 등에 따른 영향을 받을 우려가 있는 장소

04 누전경보기의 전원 설치기준을 설명하시오.

풀이 및 정답
① 전원은 분전반으로부터 전용회로로 하고, 각 극에 개폐기 및 15A 이하의 과전류 차단기(배선용 차단기에 있어서는 20A 이하의 것으로 각 극을 개폐할 수 있는 것)를 설치할 것
② 전원을 분기할 때에는 다른 차단기에 따라 전원이 차단되지 아니하도록 할 것
③ 전원의 개폐기에는 "누전경보기용"임을 표시한 표지를 할 것

05 누전경보기의 공칭작동전류치는 얼마 이하여야 하는가?

풀이 및 정답 200mA

06 감도조정장치를 갖는 누전경보기에 있어서 감도조정장치의 조정범위는 최대치가 몇 A이어야 하는가?

풀이 및 정답 1A

07 변류기는 DC500V의 절연저항계로 시험한 결과 5MΩ 이상이어야 한다. 절연저항을 측정하여야 하는 장소 3가지는?

풀이 및 정답 변류기는 DC 500V의 절연저항계로 다음 각호에 의한 시험을 하는 경우 5MΩ 이상
① 절연된 1차권선과 2차권선간의 절연저항
② 절연된 1차권선과 외부금속부간의 절연저항
③ 절연된 2차권선과 외부금속부간의 절연저항

예상문제

08 누전경보기 표시사항 10가지를 쓰시오.

▸풀이및정답
1. 종별 및 형식
2. 형식승인번호
3. 제조연월 및 제조번호
4. 제조업체명 또는 상호
5. 극성이 있는 단자에는 극성을 표시하는 기호
6. 정격전압 및 정격전류
7. 방수형인 것은 "방수형"이라는 문자 별도 표시
8. 집합형 누전경보기의 수신부에 있어서는 경계전로의 수
9. 변류기 접속용의 단자판에는 그 용도를 나타내는 기호, 전원용 단자판에는 사용전압의 기호 및 사용전압 그 밖의 단자판에는 그 용도를 나타내는 기호, 사용전압의 기호, 사용전압 및 전류
10. 수신부에는 접속가능한 변류기의 형식승인번호
11. 변류기에는 접속가능한 수신부의 형식승인번호
12. 설치방법 및 취급상의 주의사항
13. 〈삭제〉
14. 품질보증에 관한 사항(보증기간, 보증내용, A/S방법, 자체검사필증 등)
15. 방폭형인 것은 "방폭형"이라는 문자 별도 표시 및 방폭등급

가스누설경보기

01 다음 용어의 정의를 기술하시오
1) 가연성가스경보기
2) 일산화탄소경보기

▶풀이및정답
1) "가연성가스 경보기"란 보일러 등 가스연소기에서 액화석유가스(LPG), 액화천연가스(LNG) 등의 가연성가스가 새는 것을 탐지하여 관계자나 이용자에게 경보하여 주는 것을 말한다. 다만, 탐지소자 외의 방법에 의하여 가스가 새는 것을 탐지하는 것, 점검용으로 만들어진 휴대용탐지기 또는 연동기기에 의하여 경보를 발하는 것은 제외한다.
2) "일산화탄소 경보기"란 일산화탄소가 새는 것을 탐지하여 관계자나 이용자에게 경보하여 주는 것을 말한다. 다만, 탐지소자 외의 방법에 의하여 가스가 새는 것을 탐지하는 것, 점검용으로 만들어진 휴대용탐지기 또는 연동기기에 의하여 경보를 발하는 것은 제외한다.

02 가연성가스경보기의 분리형 경보기의 수신부 기준을 기술하시오

▶풀이및정답
① 가스연소기 주위의 경보기의 상태 확인 및 유지 관리에 용이한 위치에 설치할 것
② 가스누설 음향의 음량과 음색이 다른 기기의 소음 등과 명확히 구별될 것
③ 가스누설 음향은 수신부로부터 1m 떨어진 위치에서 음압이 70dB 이상일 것
④ 수신부의 조작 스위치는 바닥으로부터의 높이가 0.8m 이상 1.5m 이하인 장소에 설치할 것
⑤ 수신부가 설치된 장소에는 관계자 등에게 신속히 연락할 수 있도록 비상연락 번호를 기재한 표를 비치할 것

03 가연성가스경보기의 탐지부기준을 기술하시오

▶풀이및정답
① 탐지부는 가스연소기의 중심으로부터 직선거리 8m(공기보다 무거운 가스를 사용하는 경우에는 4m) 이내에 1개 이상 설치해야 한다.
② 탐지부는 천정으로부터 탐지부 하단까지의 거리가 0.3m 이하가 되도록 설치한다. 다만, 공기보다 무거운 가스를 사용하는 경우에는 바닥면으로부터 탐지부 상단까지의 거리는 0.3m 이하로 한다

예상문제

04 단독형경보기 설치기준을 기술하시오

▲풀이및정답
① 가스연소기 주위의 경보기의 상태 확인 및 유지 관리에 용이한 위치에 설치할 것
② 가스누설 음향의 음량과 음색이 다른 기기의 소음 등과 명확히 구별될 것
③ 가스누설 음향장치는 수신부로부터 1m 떨어진 위치에서 음압이 70dB 이상일 것
④ 단독형 경보기는 가스연소기의 중심으로부터 직선거리 8m(공기보다 무거운 가스를 사용하는 경우에는 4m) 이내에 1개 이상 설치해야 한다.
⑤ 단독형 경보기는 천장으로부터 경보기 하단까지의 거리가 0.3m 이하가 되도록 설치한다. 다만, 공기보다 무거운 가스를 사용하는 경우에는 바닥면으로부터 단독형 경보기 상단까지의 거리는 0.3m 이하로 한다.
⑥ 경보기가 설치된 장소에는 관계자 등에게 신속히 연락할 수 있도록 비상연락 번호를 기재한 표를 비치할 것

05 분리형경보기의 탐지부 및 단독형경보기의 설치제외장소를 기술하시오

▲풀이및정답
① 출입구 부근 등으로서 외부의 기류가 통하는 곳
② 환기구 등 공기가 들어오는 곳으로부터 1.5m 이내인 곳
③ 연소기의 폐가스에 접촉하기 쉬운 곳
④ 가구·보·설비 등에 가려져 누설가스의 유통이 원활하지 못한 곳
⑤ 수증기, 기름 섞인 연기 등이 직접 접촉될 우려가 있는 곳

피난기구

01 의료시설의 경우 3층에 설치할수 있는 적응성있는 피난기구의 종류 6가지를 쓰시오.

▶풀이및정답   ① 미끄럼대   ② 구조대   ③ 피난교   ④ 피난용 트랩
　　　　　　 ⑤ 다수인피난장비   ⑥ 승강식피난기

02 피난기구 설치개수 선정기준의 다음 ( )안을 채우시오.

> 1. 층마다 설치하되, 숙박시설·노유자시설 및 의료시설로 사용되는 층에 있어서는 그 층의 바닥면적 (m²)마다, 위락시설·문화집회 및 운동시설·판매시설로 사용되는 층 또는 복합용도의 층(하나의 층이 영 별표 2 제1호부터 제26호 중 제7호, 제9호, 제13호 및 제17호를 제외한 것 중 2 이상의 용도로 사용되는 층을 말한다)에 있어서는 그 층의 바닥면적 (m²)마다, 영 별표 2 제1호 가목의 아파트 등에 있어서는 ( )마다, 그 밖의 용도의 층에 있어서는 그 층의 바닥면적 1,000m²마다 1개 이상 설치할 것
> 2. 제1호에 따라 설치한 피난기구 외에 숙박시설(휴양콘도미니엄을 제외한다)의 경우에는 추가로 ( )마다 ( )를 설치할 것
> 3. 제1호에 따라 설치한 피난기구 외에 공동주택(「공동주택관리법」 제2조 제11항 제2호 가목부터 라목까지 중 어느 하나에 해당하는 공동주택에 한한다)의 경우에는 하나의 관리주체가 관리하는 아파트 구역마다 공기안전매트 1개 이상을 추가로 설치할 것. 다만, 옥상으로 피난이 가능하거나 인접세대로 피난할 수 있는 구조인 경우에는 추가로 설치하지 아니할 수 있다.

▶풀이및정답   500, 800, 각세대, 객실, 완강기 또는 2 이상의 간이완강기

03 완강기 설치시 유의사항 5가지를 기술하시오.

▶풀이및정답   ① 완강기는 강하 시 로프가 소방대상물과 접촉하여 손상되지 아니하도록 할 것
② 완강기 로프의 길이는 부착위치에서 지면 기타 피난상 유효한 착지 면까지의 길이로 할 것
③ 지지대는 소방대상물의 기둥·비닥·보 기타 구조상 견고한 부분에 볼트조임·매입·용접 기타의 방법으로 견고하게 부착할 것
④ 완강기를 설치하는 개구부는 서로 동일직선상이 아닌 위치에 있을 것
⑤ 피난기구는 계단·피난구 기타 피난시설로부터 적당한 거리에 있는 안전한 구조로 된 피난 또는 소화활동상 유효한 개구부(가로 0.5m 이상 세로 1m 이상인 것을 말한다. 이 경우 개구부 하단이 바닥에서 1.2m 이상이면 발판 등을 설치하여야 하고, 밀폐된 창문은 쉽게 파괴할 수 있는 파괴장치를 비치하여야 한다)에 고정하여 설치하거나 필요한 때에 신속하고 유효하게 설치할 수 있는 상태에 둘 것

예상문제

04 다수인 피난장비 설치기준을 5가지 기술하시오.

[풀이 및 정답]
① 피난에 용이하고 안전하게 하강할 수 있는 장소에 적재 하중을 충분히 견딜 수 있도록 견고하게 설치할 것
② 다수인피난장비 보관실(이하 "보관실"이라 한다)은 건물 외측보다 돌출되지 아니하고 빗물·먼지 등으로부터 장비를 보호할 수 있는 구조일 것
③ 사용 시에 보관실 외측 문이 먼저 열리고 탑승기가 외측으로 자동으로 전개될 것
④ 하강 시에 탑승기가 건물 외벽이나 돌출물에 충돌하지 않도록 설치할 것
⑤ 상·하층에 설치할 경우에는 탑승기의 하강경로가 중첩되지 않도록 할 것
⑥ 하강 시에는 안전하고 일정한 속도를 유지하도록 하고 전복, 흔들림, 경로이탈 방지를 위한 안전조치를 할 것
⑦ 보관실의 문에는 오작동 방지조치를 하고, 문 개방 시에는 당해 소방대상물에 설치된 경보설비와 연동하여 유효한 경보음을 발하도록 할 것
⑧ 피난층에는 해당 층에 설치된 피난기구가 착지에 지장이 없도록 충분한 공간을 확보할 것
⑨ 한국소방산업기술원 또는 성능시험기관으로 지정받은 기관에서 그 성능을 검증받은 것일 것

05 승강식 피난기 및 하향식 피난구용 내림식사다리설치기준에 대한 다음 물음에 답하시오.
1) 대피실의 면적기준 및 하강구(개구부)규격기준
2) 대피실의 출입문 기준
3) 착지점과 하강구 상호수평거리
4) 대피실내에 설치 및 부착하여야 할 사항

[풀이 및 정답]
1) 대피실의 면적은 $2m^2$(2세대 이상일 경우에는 $3m^2$) 이상으로 하고, 하강구(개구부) 규격은 직경 60cm 이상일 것
2) 대피실의 출입문은 60분+ 또는 60분 방화문으로 설치하고, 피난방향에서 식별할 수 있는 위치에 "대피실" 표지판을 부착할 것
3) 착지점과 하강구는 상호 수평거리 15cm 이상의 간격을 둘 것
4) ① 대피실 내에는 비상조명등을 설치할 것
   ② 대피실에는 층의 위치표시와 피난기구 사용설명서 및 주의사항 표지판을 부착할 것

06 피난기구를 설치한 장소에 설치하는 표지의 성능기준을 설명하시오.

[풀이 및 정답]
① 방사성물질을 사용하는 위치표지는 쉽게 파괴되지 아니하는 재질로 처리할 것
② 위치표지는 주위 조도 0lx에서 60분간 발광 후 직선거리 10m 떨어진 위치에서 보통시력으로 표시면의 문자 또는 화살표 등을 쉽게 식별할 수 있는 것으로 할 것
③ 위치표지의 표시면은 쉽게 변형·변질 또는 변색되지 아니할 것
④ 위치표지의 표지면의 휘도는 주위 조도 0lx에서 60분간 발광 후 $7mcd/m^2$로 할 것

07 피난기구를 제외할 수 있는 층에 대해 설명하시오.

▶풀이및정답 다음의 기준에 적합한 층
① 주요구조부가 내화구조로 되어 있어야 할 것
② 실내의 면하는 부분의 마감이 불연재료·준불연재료 또는 난연재료로 되어 있고 방화구획이 되어야 할 것
③ 거실의 각 부분으로부터 직접 복도로 쉽게 통할 수 있어야 할 것
④ 복도에 2 이상의 특별피난계단 또는 피난계단이 적합하게 설치되어 있어야 할 것
⑤ 복도의 어느 부분에서도 2 이상의 방향으로 각각 다른 계단에 도달할 수 있어야 할 것

08 피난기구를 제외할 수 있는 옥상의 직하층 또는 최상층의 구조를 설명하시오.

▶풀이및정답 ① 주요구조부가 내화구조로 되어 있어야 할 것
② 옥상의 면적이 1,500m² 이상이어야 할 것
③ 옥상으로 쉽게 통할 수 있는 창 또는 출입구가 설치되어 있어야 할 것
④ 옥상이 소방사다리차가 쉽게 통행할 수 있는 도로 또는 공지에 면하여 설치되어 있거나 옥상으로부터 피난층 또는 지상으로 통하는 2 이상의 피난계단 또는 특별피난계단이 설치되어 있는 경우

09 기타 피난기구를 제외할 수 있는 장소 및 대상을 기술하시오.

▶풀이및정답 ① 주요구조부가 내화구조이고 지하층을 제외한 층수가 4층 이하이며 소방사다리차가 쉽게 통행할 수 있는 도로 또는 공지에 면하는 부분에 다음 기준을 모두 만족하는 개구부가 2 이상 설치되어 있는 층
㉠ 개구부의 크기가 지름 50cm 이상의 원이 내접할 수 있을 것
㉡ 그 층의 바닥으로부터 개구부 밑부분까지의 높이가 1.2m 이내일 것
㉢ 도로 또는 차량의 진입이 가능한 공지에 면할 것
㉣ 화재시 쉽게 피난할 수 있도록 창살 그 밖의 장애물이 설치되지 아니할 것
㉤ 내부 또는 외부에서 쉽게 파괴 또는 개방이 가능할 것
② 갓복도식 아파트 또는 「건축법시행령」 제46조 제5항에 해당하는 구조 또는 시설을 설치하여 인접(수평 또는 수직)세대로 피난할 수 있는 아파트
③ 주요구조부가 내화구조로서 거실의 각 부분으로 직접 복도로 피난할 수 있는 학교
④ 무인공장 또는 자동창고로서 사람의 출입이 금지된 장소
⑤ 건축물의 옥상부분으로서 거실에 해당하지 아니하고 「건축법시행령」 제19조 제9호에 해당하여 층수로 산정된 층으로 사람이 근무하거나 거주하지 아니하는 장소

예상문제

10 내화구조 건축물에서 건널복도가 설치된 경우 건널복도의 수의 2배의 수를 뺀 수로 피난기구를 설치할 수 있다. 이때 건널복도의 구조에 대해 설명하시오.

▶풀이 및 정답
① 내화구조 또는 철골조로 되어 있을 것
② 건널복도 양단의 출입구에 자동폐쇄장치를 한 60분+또는 60분 방화문이 설치되어 있을 것
③ 피난·통행 또는 운반의 전용 용도일 것

11 다음의 표를 완성하시오.

설치장소별 구분	1층	2층	3층	4층 이상 10층 이하
1. 노유자시설	①	②	③	④
2. 의료시설·근린생활시설중 입원실이 있는 의원·접골원·조산원			⑤	⑥
3. 「다중이용업소의 안전관리에 관한 특별법 시행령」제2조에 따른 다중이용업소로서 영업장의 위치가 4층 이하인 다중이용업소		⑦	⑧	⑨
4. 그 밖의 것			⑩	⑪

▶풀이 및 정답
① 미끄럼대·구조대·피난교·다수인피난장비·승강식피난기
② 미끄럼대·구조대·피난교·다수인피난장비·승강식피난기
③ 미끄럼대·구조대·피난교·다수인피난장비·승강식피난기
④ 구조대·피난교·다수인피난장비·승강식피난기
⑤ 미끄럼대·구조대·피난교·피난용트랩·다수인피난장비·승강식피난기
⑥ 구조대·피난교·피난용트랩·다수인피난장비·승강식피난기
⑦ 미끄럼대·피난사다리·구조대·완강기·다수인피난장비·승강식피난기
⑧ 미끄럼대·피난사다리·구조대·완강기·다수인피난장비·승강식피난기
⑨ 미끄럼대·피난사다리·구조대·완강기·다수인피난장비·승강식피난기
⑩ 미끄럼대·피난사다리·구조대·완강기·피난교·피난용트랩·간이완강기·공기안전매트·다수인피난장비·승강식피난기
⑪ 피난사다리·구조대·완강기·피난교·간이완강기·공기안전매트·다수인피난장비·승강식피난기

12 다음 용어의 정의를 쓰시오.

1) 다수인피난장비
2) 승강식피난기
3) 하향식 피난구용 내림식사다리

▶풀이및정답
1) 다수인피난장비 : 화재시 2인 이상의 피난자가 동시에 해당층에서 지상 또는 피난층으로 하강하는 피난기구를 말한다.
2) 승강식피난기 : 사용자의 몸무게에 의하여 자동으로 하강하고, 내려서면 스스로 상승하여 연속적으로 사용할 수 있는 무동력승강식피난기를 말한다.
3) 하향식 피난구용 내림식사다리 : 하향식 피난구 해치에 격납하여 보관하고 사용시에는 사다리 등이 소방대상물과 접촉되지 아니하는 내림식 사다리를 말한다.

13 노유자시설의 용도로 사용되는 각 층별 바닥면적이 1,800m²인 5층규모의 건물 지상부분에 설치할수 있는 피난기구의 종류, 그리고 설치하여야 하는 층과 설치 수량을 산출하시오.

▶풀이및정답
1) 피난기구의 종류
 ① 1~3층 : 구조대, 다수인피난장비, 승강식피난기, 피난교, 미끄럼대
 ② 4, 5층 : 구조대, 다수인피난장비, 승강식피난기, 피난교
2) 설치 층 : 1층~5층
3) 설치 수 : $N = \dfrac{1800m^3}{500m^3} = 3.6$ ∴ 4개
   ∴ 4개×5개층=20개

14 근린생활시설의 3층 건물에 설치할 수 있는 피난기구의 종류와 설치수량을 산출하시오. (단, 각 층의 바닥면적은 400m²이고, 계단은 1개가 설치되어 있다.)

▶풀이및정답
1) 피난기구의 종류 : 11번 문제 ⑤ 참조
2) 설치수 : $N = \dfrac{400m^2}{1000m^2} = 0.4$
   ∴ 1개

예상문제

15 전층을 사무실용도로 사용하고 있는 지상15층 건축물에 피난기구로 완강기를 설치하고자 한다. 각 층의 바닥면적이 $4,000m^2$ 라고 할 때 건물에 설치될 완강기의 총 소요대수를 구하시오.

> **조건**
> 1. 주요구조부는 내화구조이고, 특별피난계단이 2이상 설치되어 있다.
> 2. 각 사무실은 별도의 칸막이로 구획된 내부실이 있는 구조이다.

▲풀이및정답

① $N = \dfrac{4000m^2}{1000m^2} = 4$

② $4개 \times \dfrac{1}{2} = 2개$

③ 2개×8개층=16개(3층~10층)   ∴ 16개

인명구조기구

01 다음 용어의 정의를 쓰시오.

1) 방열복
2) 공기호흡기
3) 인공소생기

▶풀이 및 정답

1) "방열복"이라 함은 고온의 복사열에 가까이 접근하여 소방활동을 수행할 수 있는 내열피복을 말한다.
2) "공기호흡기"라 함은 소화활동 시에 화재로 인하여 발생하는 각종 유독가스 중에서 일정 시간 사용할 수 있도록 제조된 압축공기식 개인호흡장비를 말한다.
3) "인공소생기"라 함은 호흡 부전 상태인 사람에게 인공호흡을 시켜 환자를 보호하거나 구급하는 기구를 말한다.

02 인명구조기구의 설치대상 및 설치하여야 하는 인명구조기구의 종류/ 설치수를 설명하시오.

▶풀이 및 정답

1) 방열복 또는 방화복, 인공소생기 및 공기호흡기를 각 2개 이상 설치하여야 하는 특정소방대상물 : 지하층을 포함하는 층수가 7층 이상인 관광호텔
2) 방열복 또는 방화복 및 공기호흡기를 각 2개 이상 설치하여야 하는 특정소방대상물 : 지하층을 포함하는 층수가 5층 이상인 병원
3) 보조마스크가 장착된 인명구조용 공기호흡기(충전기는 제외한다)는 다음의 기준에 따라 갖추어 두어야 한다.
   ① 수용인원 100명 이상의 문화 및 집회시설 중 영화상영관
   ② 판매시설 중 대규모점포
   ③ 운수시설 중 지하역사
   ④ 지하가 중 지하상가에는 층마다 두 대 이상 갖추어 두어야 한다. 다만, 각 층마다 갖추어야 할 공기호흡기 중 일부를 직원이 상주하는 인근사무실에 갖추어 둘 수 있다.
   ⑤ 물분무등소화설비를 설치하여야 하는 특정소방대상물 중 이산화탄소소화설비를 설치한 경우 해당 특정소방대상물의 출입구 외부 인근에 한 대 이상 갖추어 두어야 한다.

03 인명구조기구의 설치기준을 쓰시오.

▶풀이 및 정답

① 화재시 쉽게 반출 사용할 수 있는 장소에 비치할 것
② 인명구조기구가 설치된 가까운 장소의 보기 쉬운 곳에 "인명구조기구"라는 표지판 등을 설치할 것

예상문제

유도등 및 유도표지, 피난유도선

01 피난유도선의 정의를 쓰시오.

> 풀이및정답 "피난유도선"이라 함은 햇빛이나 전등불에 따라 축광(축광방식)하거나 전류에 따라 빛을 발하는(광원 점등방식) 유도체로서 어두운 상태에서 피난을 유도할 수 있도록 띠형태로 설치되는 피난유도시설을 말한다.

02 다음 표의 빈칸을 채우시오.

설치장소	유도등 및 유도표지의 종류
1. 공연장·집회장(종교집회장 포함)·관람장·운동시설	가
2. 유흥주점영업시설(「식품위생법 시행령」 제21호제8호라목의 유흥주점영업중 손님이 춤을 출 수 있는 무대가 설치된 카바레, 나이트클럽 또는 그 밖에 이와 비슷한 영업시설만 해당한다.)	
3. 위락시설·판매시설·운수시설·「관광진흥법」 제3조제1항 제2호에 따른 관광숙박업·의료시설·장례식장·방송통신시설·전시장·지하상가·지하철역사	나
4. 숙박시설(제3호의 관광숙박업 외의 것을 말한다)·오피스텔	다
5. 제1호부터 제3호까지 외의 건축물로서 지하층·무창층 또는 층수가 11층 이상인 특정소방대상물	
6. 제1호부터 제5호까지 외의 건축물로서 근린생활시설·노유자시설·업무시설·발전시설·종교시설(집회장 용도로 사용하는 부분 제외)·교육연구시설·수련시설·공장·창고시설·교정 및 군사시설(국방·군사시설 제외)·기숙사·자동차정비공장·운전학원 및 정비학원·다중이용업소·복합건축물·아파트	라
7. 그 밖의 것	마

> 풀이및정답
> 가. 대형피난구유도등, 통로유도등, 객석유도등
> 나. 대형피난구유도등, 통로유도등
> 다. 중형피난구유도등, 통로유도등
> 라. 소형피난구유도등, 통로유도등
> 마. 피난구유도표지, 통로유도표지

03 피난구유도등의 설치장소를 쓰시오.

▲풀이및정답　① 옥내로부터 직접 지상으로 통하는 출입구 및 그 부속실의 출입구
② 직통계단·직통계단의 계단실 및 그 부속실의 출입구
③ 위 ① 및 ②의 규정에 따른 출입구에 이르는 복도 또는 통로로 통하는 출입구
④ 안전구획된 거실로 통하는 출입구

04 다음의 경우 설치위치(높이)를 쓰시오.

① 피난구유도등 :
② 거실통로유도등 :
③ 복도통로유도등 :
④ 계단통로유도등 :
⑤ 객석유도등 :
⑥ 피난구유도표지 :
⑦ 통로유도표지

▲풀이및정답　① 피난구유도등 : 1.5m 이상
② 거실통로유도등 : 1.5m 이상(기둥에 설치 시 1.5m 이하)
③ 복도통로유도등 : 1m 이하
④ 계단통로유도등 : 1m 이하
⑤ 객석유도등 : 객석의 통로, 바닥 또는 벽
⑥ 피난구유도표지 : 출입구 상단
⑦ 통로유도표지 : 1m 이하

05 유도등의 전원이 3선식 배선에 따라 상시 충전되는 구조인 장소 3가지를 쓰시오.

▲풀이및정답　① 외부광(光)에 따라 피난구 또는 피난방향을 쉽게 식별할 수 있는 장소
② 공연장, 암실(暗室) 등으로서 어두워야 할 필요가 있는 장소
③ 소방대상물의 관계인 또는 종사원이 주로 사용하는 장소

예상문제

06 유도등의 전원이 3선식 배선에 따라 충전되는 유도등의 점멸기를 설치하는 경우 반드시 점등되어야 하는 경우 5가지를 쓰시오.

▲풀이및정답
① 자동화재탐지설비의 감지기 또는 발신기가 작동되는 때
② 비상경보설비의 발신기가 작동되는 때
③ 상용전원이 정전되거나 전원선이 단선되는 때
④ 방재업무를 통제하는 곳 또는 전기실의 배전반에서 수동으로 점등하는 때
⑤ 자동소화설비가 작동되는 때

07 화재안전기준에 따른 광원점등방식의 피난유도선의 설치기준 5가지를 쓰시오.

▲풀이및정답
① 구획된 각 실로부터 주출입구 또는 비상구까지 설치할 것
② 피난유도 표시부는 바닥으로부터 높이 1m 이하의 위치 또는 바닥 면에 설치할 것
③ 피난유도 표시부는 50cm 이내의 간격으로 연속되도록 설치하되 실내장식물 등으로 설치가 곤란할 경우 1m 이내로 설치할 것
④ 수신기로부터의 화재신호 및 수동조작에 의하여 광원이 점등되도록 설치할 것
⑤ 비상전원이 상시 충전상태를 유지하도록 설치할 것
⑥ 바닥에 설치되는 피난유도 표시부는 매립하는 방식을 사용할 것
⑦ 피난유도 제어부는 조작 및 관리가 용이하도록 바닥으로부터 0.8m 이상 1.5m 이하의 높이에 설치할 것

08 화재안전기준에 따른 축광방식의 피난유도선의 설치기준 5가지를 쓰시오.

▲풀이및정답
① 구획된 각 실로부터 주출입구 또는 비상구가지 설치할 것
② 바닥으로부터 높이 50cm 이하의 위치 또는 바닥에 설치할 것
③ 피난유도 표시부는 50cm 이내의 간격으로 연속되도록 설치할 것
④ 부착대에 의하여 견고하게 설치할 것
⑤ 외광 또는 조명장치에 의하여 상시 조명이 제공되거나 비상조명등에 의한 조명이 제공되도록 설치할 것

09 유도등 표시사항 10가지를 쓰시오.

풀이 및 정답
① 종별 및 형식
② 형식승인번호
③ 제조연월, 제조번호
④ 제조업체명 또는 상호
⑤ 유효점등시간
⑥ 비상전원으로 사용하는 축전지의 종류, 정격용량, 정격전압
⑦ 그 밖의 주의사항
⑧ 퓨즈 및 퓨즈홀더 부근에는 정격전류
⑨ 품질보증에 관한 사항
⑩ 소비전력

10 유도등의 부속품의 종류를 쓰시오.

풀이 및 정답 ① 예비전구(백열전구용에 한한다) ② 예비퓨즈

11 유도등에 대한 다음 물음에 답하시오.

1) 유도등의 종류를 크게 3가지로 분류하여 쓰시오.
2) 통로유도등의 조도기준에 대한 것이다. 다음 표를 완성하시오.

종류	측정위치	조도(lx)
바닥에 매설하지 않는경우		
바닥에 매설하는 경우		

풀이 및 정답 1) 피난구유도등, 통로유도등, 객석유도등
2)

종류	측정위치	조도(lx)
바닥에 매설하지 않는 경우	바로 밑의 바닥으로부터 수평으로 0.5m 떨어진 지점	1lx 이상
바닥에 매설하는 경우	통로유도등의 직상부 1m의 높이	1lx 이상

예상문제

12 통로 직선부분의 길이가 100m 일때 다음 물음에 답하시오.
1) 통로부분에 소형 소화기의 최소배치개수와 산출식
2) 통로부분에 복도통로유도등의 최소설치개수와 산출식
3) 객석의 통로일 경우 객석유도등의 최소 설치개수와 산출식
4) 통로부분에 연기감지기 2종의 최소 설치개수와 산출식

▲풀이및정답
1) $\dfrac{100m}{40m} = 2.5$개 = 3개(소방대상물의 각 부분으로부터 20m 이하)
2) $\dfrac{100m}{20m} - 1 = 4$개
3) $\dfrac{100m}{4m} - 1 = 24$개
4) $\dfrac{100m}{30m} = 3.3 = 4$개

13 피난구유도등의 설치제외 장소를 쓰시오.

▲풀이및정답
① 바닥면적이 1,000m² 미만인 층으로서 옥내로부터 직접 지상으로 통하는 출입구
② 대각선길이가 15m 이내인 구획된 실의 출입구
③ 거실 각 부분으로부터 하나의 출입구에 이르는 보행거리가 20m 이하이고 비상조명등과 유도표지가 설치된 거실의 출입구
④ 출입구가 3 이상 있는 거실로서 그 거실 각 부분으로부터 하나의 출입구에 이르는 보행거리가 30m 이하인 경우에는 주된 출입구 2개소 외의 출입구(유도표지가 부착된 출입구)

14 통로유도등의 설치제외 장소를 쓰시오.

▲풀이및정답
① 구부러지지 아니한 복도 또는 통로로서 길이가 30m 미만인 복도 또는 통로
② ①에 해당하지 아니하는 복도 또는 통로로서 보행거리가 20m 미만이고 그 복도 또는 통로와 연결된 출입구 또는 그 부속실의 출입구에 피난구유도등이 설치된 복도 또는 통로

15 비상전원은 (①)로 하여야 하고 그 용량은 유도등을 (②)분 이상 유효하게 작동시킬 수 있는 용량이어야 한다. 다만 다음 각 소방대상물의 경우에는 그 부분에서 피난층에 이르는 부분의 유도등을 60분 이상 유효하게 작동시킬 수 있는 용량으로 하여야 한다.

[ⓐ   ]
[ⓑ   ]

▶풀이및정답

① 축전지
② 20분
　ⓐ 지하층을 제외한 층수가 11층 이상의 층
　ⓑ 지하층 또는 무창층으로서 용도가 도매시장·소매시장·여객자동차터미널·지하 역사 또는 지하상가

16 유도등의 푸르키니에효과를 간단히 설명하시오.

▶풀이및정답

푸르키니에 효과 : 빛이 약할 때(화재, 정전시) 장파장의 빛(황록색)보다 단파장의 빛(청록색)이 밝게 보이는 현상으로서 밝은 곳에서 어두운 곳으로서의 순응의 변화에 의해 시감도 곡선이 이동하는 현상
cf) 밝은 곳에서는 황록색을 가장 밝게 느끼고, 어두운 곳에서는 청록색을 가장 밝게 느낌.
∴ 유도등 표시색=청록색

17 폭 15m, 길이 20m인 사무실의 조도를 400lx로 유지하려고 한다. 광속 4,900lm의 형광등 [40W/2등용]을 시설할 경우 형광등(40W)의 수, 그리고 비상발전기에 연결되는 부하는 몇 VA이며 이 사무실의 회로는 몇 회로로 하여야 하는가? 또한 바닥으로부터 작업면(책상면) 까지의 높이가 0.85m, 바닥으로부터 천장까지의 높이가 3.8m인 사무실에서 조명기구를 천장에 설치하고자 한다. 이 사무실의 실 지수는 얼마인가? [단, 사용전압은 220V이고, 40W 형광등 1등당 전류는 0.15A, 조명률은 50%, 감광보상율은 1.3으로 한다.]

▶풀이및정답

① 형광등(40W)의 수
$$N = \frac{D \cdot A \cdot E}{F \cdot U} = \frac{1.3 \times (15 \times 20) \times 400}{4900 \times 0.5} = 63.67개$$
∴ 64개
형광등의 수=64×2=128등

② 부하용량(VA)
I=0.15A/개×128=19.2A
P=V·I=220×19.2=4224VA

③ 분기회로수=$\frac{4224VA}{220V \times 15A}$ =1.28　∴ 2회로

④ 실지수=$\frac{X \times Y}{H(X+Y)} = \frac{15 \times 20}{(3.8-0.85)(15+20)} = 2.905 ≒ 2.91$

예상문제

18 다음 그림과 같은 공연장의 중앙 및 좌우 통로에 객석유도등을 설치하려고 한다. 다음 각 물음에 알맞게 답하시오.

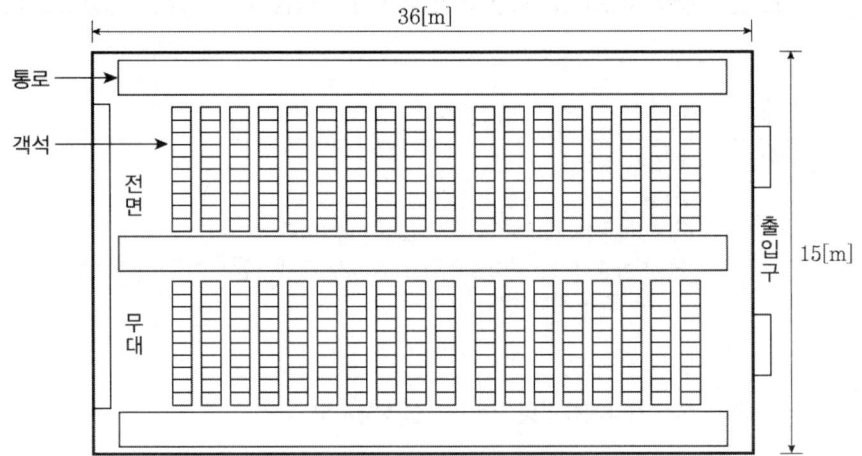

1) 객석유도등의 설치수량을 계산하시오.
2) 산출된 객석유도등을 도면상에 알맞게 표기하시오. (단, 설치 표시는 ○을 사용할 것)

풀이 및 정답

1) $N = \dfrac{\text{객석 통로의 길이}}{4} - 1 = \dfrac{36}{4} - 1 = 8$

    8개 × 3 = 24개

2)
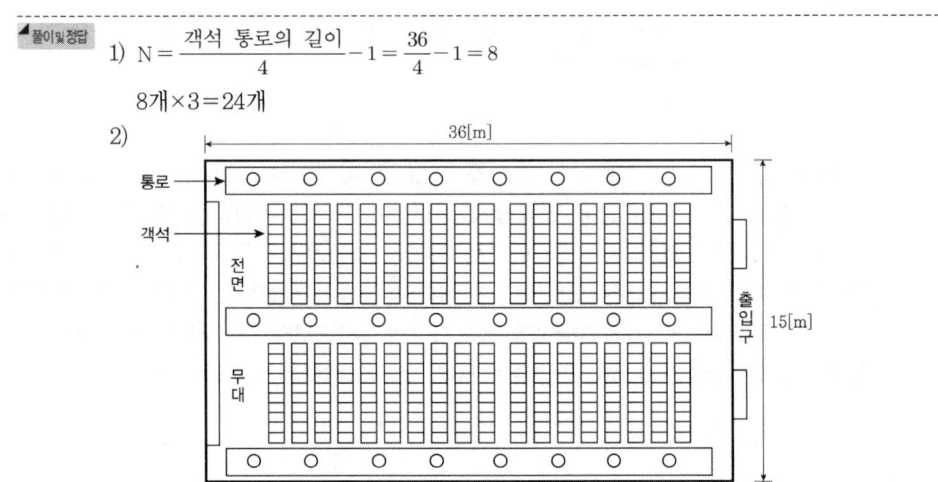

19 유도등의 전원에 대한 다음 물음에 알맞게 답하시오.

1) 유도등의 평상 시 점등상태를 쓰시오.
2) 예비전원감시등이 점등 되었다. 예상 가능한 원인을 쓰시오.
3) 3선식 유도등이 점등되어야 하는 경우의 원인을 쓰시오.

▲풀이및정답
1) 평상시 점등상태 : 유도등은 전기회로에 점멸기를 설치하지 아니하고 항상 점등상태를 유지할 것. 다만, 특정소방대상물 또는 그 부분에 사람이 없거나 다음 각목의 어느 하나에 해당하는 장소로서 3선식 배선에 따라 상시 충전되는 구조인 경우에는 그러하지 아니하다.
   ① 외부광에 따라 피난구 또는 피난방향을 쉽게 식별할 수 있는 장소
   ② 공연장, 암실 등으로서 어두워야 할 필요가 있는 장소
   ③ 특정소방대상물의 관계인 또는 종사원이 주로 사용하는 장소
2) 예비전원 감시등이 점등되었을 경우 원인
   ① 예비전원의 충전 상태가 불량인 경우
   ② 예비전원의 배터리가 불량인 경우
   ③ 예비전원의 전원선이 단선된 경우
3) 유도등을 3선식 배선으로 설치한 경우 점등되어야 할 경우
   ① 자동화재탐지설비의 감지기 또는 발신기 작동시
   ② 비상경보설비의 발신기 작동시
   ③ 상용전원 정전 또는 전원선 단선시
   ④ 방재실 또는 수신기에서 수동으로 점등시
   ⑤ 자동소화설비 작동시

예상문제

비상조명등 및 휴대용비상조명등

01 비상조명등의 설치기준을 쓰시오.

① 소방대상물의 각 거실과 그로부터 지상에 이르는 복도·계단 및 그 밖의 통로에 설치할 것
② 조도는 비상조명등이 설치된 장소의 각 부분의 바닥에서 1lx 이상이 되도록 할 것
③ 예비전원을 내장하는 비상조명등에는 평상시 점등 여부를 확인할 수 있는 점검스위치를 설치하고 당해 조명등을 유효하게 작동시킬 수 있는 용량의 축전지와 예비전원 충전장치를 내장할 것
④ 예비전원을 내장하지 아니하는 비상조명등의 비상전원은 자가발전설비 또는 축전지 설비를 다음 각 기준에 따라 설치할 것
　㉠ 점검에 편리하고 화재 및 침수 등의 재해로 인한 피해를 받을 우려가 없는 곳에 설치할 것
　㉡ 상용전원으로부터 전력의 공급이 중단된 때에는 자동으로 비상전원으로부터 전력을 공급받을 수 있도록 할 것
　㉢ 비상전원의 설치장소는 다른 장소와 방화구획할 것. 이 경우 그 장소에는 비상전원의 공급에 필요한 기구나 설비 외의 것(열병합발전설비에 필요한 기구나 설비는 제외)을 두어서는 아니된다.
　㉣ 비상전원을 실내에 설치하는 때에는 그 실내에 비상조명등을 설치할 것

02 휴대용비상조명등의 설치기준을 쓰시오.

① 숙박시설 또는 다중이용업소에는 객실 또는 영업장 안의 구획된 실마다 잘 보이는 곳(외부에 설치 시 출입문 손잡이로부터 1m 이내 부분)에 1개 이상 설치할 것
② 백화점·대형점·쇼핑센터 및 영화상영관에는 보행거리 50m 이내마다 3개 이상 설치
③ 지하상가 및 지하역사에는 보행거리 25m 이내마다 3개 이상 설치할 것
④ 설치높이는 바닥으로부터 0.8m 이상 1.5m 이하의 높이에 3개 이상 설치할 것
⑤ 어둠 속에서 위치를 확인할 수 있도록 할 것
⑥ 사용 시 자동으로 점등되는 구조일 것
⑦ 외함은 난연성능이 있을 것
⑧ 건전지를 사용하는 경우에는 방전방지조치를 하여야 하고, 충전식 배터리의 경우에는 상시 충전되도록 할 것
⑨ 건전지 및 충전식 배터리의 용량은 20분 이상 유효하게 사용할 수 있는 것으로 할 것

03 비상조명등의 설치제외장소와 휴대용비상조명등의 설치제외 장소를 쓰시오.

① 비상조명등의 설치제외
  ㉠ 거실의 각 부분으로부터 하나의 출입구에 이르는 보행거리가 15m 이내인 부분
  ㉡ 의원·경기장·공동주택·의료시설·학교의 거실
② 휴대용 비상조명등의 설치제외
  지상 1층 또는 피난층으로서 복도·통로 또는 창문 등의 개구부를 통하여 피난이 용이한 경우에는 휴대용 비상조명등을 설치하지 아니한다.

예상문제

상수도소화용수설비

01 설치대상을 쓰시오.

▸풀이 및 정답
① 연면적 5,000m² 이상인 것. 다만, 가스시설·지하구 또는 지하가 중 터널의 경우에는 그러하지 아니하다.
② 가스시설로서 지상에 노출된 탱크의 저장용량의 합계가 100ton 이상인 것

02 상수도소화용수설비의 설치기준을 쓰시오.

▸풀이 및 정답
① 호칭지름 75mm 이상의 수도배관에 호칭지름 100mm 이상의 소화전을 접속할 것
② 소화전은 소방자동차 등의 진입이 쉬운 도로변 또는 공지에 설치할 것
③ 소화전은 소방대상물의 수평투영면의 각 부분으로부터 140m 이하가 되도록 설치할 것

소화수조설비

01 소화수조로 설치하여야 하는 경우를 설명하시오.

▶풀이및정답 상수도소화용수설비를 설치하여야 하는 특정소방대상물의 대지 경계선으로부터 180m 이내에 구경 75mm 이상인 상수도용 배수관이 설치되지 아니한 지역에 있어서는 소화수조 또는 저수조를 설치하여야 한다.

02 상수도 및 소화수조 설치제외되는 경우를 설명하시오.

▶풀이및정답 상수도소화용수설비를 설치하여야 하는 특정소방대상물의 각 부분으로부터 수평거리 140m 이내에 공공의 소방을 위한 소화전이 화재안전기준에 따라 설치된 경우에는 설치하지 않을 수 있다.

03 소화수조 및 저수조의 화재안전기술기준(NFTC 402)에 대하여 조건에 따라 다음 물음에 답하시오. [12회 기출]

> **조건**
> 1. 건축물의 연면적 : 38,500m²
> 2. 층별 바닥면적 : 지하 1층(2000m²), 지상 1층(13500m²), 지상 2층(13500m²), 지상 3층(9500m²)
>
> 특정 소방대상물로부터 180m 이내에 75mm 이상의 상수도관이 설치되지 않아 전용의 소화수조를 설치한다.

1) 지하수조를 설치할 경우의 저수조에 확보 하여야 할 저수량(m³)을 구하시오.
2) 저수조에 설치하여야 할 흡수관 투입구, 채수구 설치수량을 구하시오.

▶풀이및정답 1) 1, 2층 바닥면적의 합이 27,000m²이므로

$$\frac{연면적}{7,500m^2} = \frac{38,500m^2}{7,500m^2} = 5.13 \quad \therefore \ 6$$

∴ 소화수조의 용량 = $6 \times 20m^3 = 120m^3$

2) ① 흡수관투입구는 저수조의 소요수량이 80m³ 이상이므로 2개를 설치하여야 한다.
② 채수구의 설치수량은 저수조의 소요수량이 100m³ 이상이므로 3개를 설치하여야 한다.

예상문제

04 소화수조설비에 가압송수장치를 설치하여야 하는 경우를 설명하시오.

▶풀이및정답 소화수조 또는 저수조가 지표면으로부터 깊이(수조 내부바닥까지의 길이)가 4.5m 이상인 지하에 있는 경우

05 가압송수장치의 토출량 선정기준을 설명하시오.

▶풀이및정답 펌프의 분당토출량

소요수량	20m³ 이상 40m³ 미만	40m³ 이상 100m³ 미만	100m³ 이상
가압송수장치의 1분당 양수량	1,100L 이상	2,200L 이상	3,300L 이상

06 소화수조가 옥탑부분에 설치된 경우 채수구에서의 방수압력은?

▶풀이및정답 0.15MPa 이상

제연설비

01 제연설비에서 요구되는 이론적 풍량이 600m³/min이고 이때의 풍압이 2.5mmHg로 하려면 전동기의 용량은 몇 kW의 것으로 설치하여야 하는가? (단, 누연량은 0.5m³/sec이며, 누설손실압력은 0.02mmHg이고 전동기의 효율은 60%, 전달계수는 1.1이다.)

◀풀이및정답

$P(kW) = \dfrac{P \cdot Q}{102\eta} \cdot K$

$P = 2.5\text{mmHg} + 0.02\text{mmHg} = 2.52\text{mmHg}$

$\therefore 2.52\text{mmHg} \times \dfrac{10332\text{kgf/m}^2}{760\text{mmHg}} = 34.258 \fallingdotseq 34.26\text{kgf/m}^2$

$Q = \dfrac{600}{60}\text{m}^3/\text{s} + 0.5\text{m}^3/\text{s} = 10.5\text{m}^3/\text{s}$

$\therefore P(kW) = \dfrac{34.26 \times 10.5}{102 \times 0.6} \times 1.1 = 6.465 \fallingdotseq 6.47\text{kW}$

02 바닥면적이 380m²인 경유거실의 제연설비에 대해 다음 물음에 답하시오.

1) 소요 배출량(CMH)을 산출하시오.
2) 흡입측 풍도(DUCT)의 높이를 600mm로 할 때 풍도의 최소 폭은 얼마(mm)인가?
   (단, 풍도내 풍속은 화재안전기준을 근거로 한다)
3) 송풍기의 전압이 50mmAq이고 효율이 55%인 다익송풍기 사용시 축동력(kW)을 구하시오. (단, 회전수는 1200rpm, 여유율은 20%)
4) 제연설비의 회전차 크기를 변경하지 않고 배출량을 20% 증가시키고자 할 때 회전수(rpm)를 구하시오.
5) 4)항의 회전수(rpm)로 운전할 경우 전압(mmAq)을 구하시오.
6) 3)항에서의 계산결과를 근거로 10kW 전동기를 설치 후 풍량의 20%를 증가시켰을 경우 전동기 사용 가능여부를 설명하시오.(계산과정을 나타낼 것)
7) 배연용 송풍기와 전동기의 연결방법에 대하여 설명하시오.
8) 제연설비에서 일반적으로 사용하는 송풍기의 명칭과 주요특징을 설명하시오.

◀풀이및정답

1) $Q = A(m^2) \times 1\text{m}^3/\text{m}^2 \cdot \text{min} \times 60\text{min/hr}$
   $= 380\text{m}^2 \times 1\text{m}^3/\text{m}^2 \cdot \text{min} \times 60\text{min/hr}$
   $= 22,800\text{m}^3/\text{hr}$

2) 폭 $= \dfrac{\text{단면적}}{\text{높이}}$

   단면적 $A = \dfrac{Q}{U} = \dfrac{\left(\dfrac{22800}{3600}\right)\text{m}^3/\text{s}}{15\text{m/s}} = 0.422 \fallingdotseq 0.42\text{m}^2$

예상문제

$$폭 = \frac{0.42\text{m}^2}{0.6\text{m}} = 0.7\text{m} ≒ 700\text{mm}$$

3) $P(\text{kW}) = \dfrac{P \cdot Q}{102\eta} = \dfrac{50 \times \left(\dfrac{22800}{3600}\right)}{102 \times 0.55} = 5.644 ≒ 5.64\text{kW}$

4) $N_2 = \dfrac{Q_2}{Q_1} \times N_1$

   $\therefore N_2 = \dfrac{22800 \times 1.2}{22800} \times 1200\text{rpm} = 1440\text{rpm}$

5) $P_2 = \left(\dfrac{N_2}{N_1}\right)^2 \times P_1 = (1.2)^2 \times 50 = 72\text{mmAg}$

6) 풍량 20% 증가시 동력(kW)

   $P(\text{kW}) = \dfrac{P \cdot Q}{102 \cdot \eta} \cdot K = \dfrac{72 \times \left(\dfrac{22800 \times 1.2}{3600}\right)}{102 \times 0.55} \times 1.2 = 11.704 ≒ 11.7\text{kW}$

   10kW는 11.7kW보다 적으므로 사용할 수 없다.
   cf) $5.64\text{kW} \times (1.2)^3 = 9.745 ≒ 9.75\text{kW}$

7) 배출기의 전동기 부분과 배풍기 부분은 분리하여 설치하여야 하며 배풍기 부분에는 유효한 내열처리를 할 것

8) ① 원심다익형팬(siroccofan)
   ② 특징
      ㉠ 날개의 구조가 전곡형(앞보기형)이다.
      ㉡ 날개폭이 좁고 날개수가 많다.
      ㉢ 저압으로 대용량의 공기를 이송할 때 사용된다.
      ㉣ 가격이 저렴하고 설치공간이 작다.
      ㉤ 풍량증가시 동력은 급격히 증가한다.

03 어떤 지하상가 제연설비를 화재안전기준과 아래 조건에 따라 설치하려고 한다. 다음 각 물음에 답하시오.

> **조건**
> 1. 주덕트의 높이 제한은 600mm이다.
> 2. 배출기는 원심다익형이다.
> 3. 각 종 효율은 무시한다.
> 4. 예상 제연구역의 설계 배출량은 45,000[m³/hr]이다.

1) 배출기 흡입측 주덕트의 최소 폭[m]을 계산하시오.
2) 배출기 배출측 주덕트의 최소 폭[m]을 계산하시오.
3) 준공 후 풍량시험을 한 결과 풍량은 36,000[m³/hr] 회전수는 600[rpm], 축동력은 7.5[kW]로 측정되었다. 배출량 45,000[m³/hr]를 만족시키기 위한 배출기의 회전수[rpm]를 계산하시오.

4) 회전수를 높여서 배출량을 만족시킬 경우의 예상 축동력[kW]을 계산하시오.

풀이및정답

1) 흡입측 덕트내의 풍속은 15m/s이다.

$$A = \frac{Q}{U} = \frac{\left(\frac{45000}{3600}\right)m^3/s}{15m/s} = 0.833 ≒ 0.83m^2$$

$$폭 = \frac{면적}{높이} = \frac{0.83m^2}{0.6m} = 1.383 ≒ 1.38m$$

2) 배출측 덕트내 풍속은 20m/s이다.

$$A = \frac{Q}{U} = \frac{\left(\frac{45000}{3600}\right)m^3/s}{20m/s} = 0.625 ≒ 0.63m^2$$

$$폭 = \frac{면적}{높이} = \frac{0.63m^2}{0.6m} = 1.05m$$

3) $N_2 = \frac{Q_2}{Q_1} \times N_1 = \frac{45000}{36000} \times 600 = 750rpm$

4) $L_2 = \left(\frac{N_2}{N_1}\right)^3 \times L_1 = \left(\frac{750}{600}\right)^3 \times 7.5kW = 14.648 ≒ 14.65kW$

04 제연구역의 바닥면적이 350m²일 때 제3종 기계제연방식으로 배연하기 위하여 필요한 배출기용 전동기의 용량(HP)을 조건을 참조하여 계산하시오.

조건
1. 배출기효율은 70%이고 전압은 500pa이다.
2. 거실은 피난을 위한 경유거실이다.
3. 동력전달 효율은 95%, 여유율은 10%로 한다.

풀이및정답

$$P(HP) = \frac{P \cdot Q}{76 \cdot \eta} \cdot K$$

$$Q = 350m^2 \times 1m^3/m^2 \cdot min \times 60min/hr = 21000m^3/hr$$

$$P = 500Pa \times \frac{10332kgf/m^2}{101325Pa} = 50.984 ≒ 50.98kgf/m^2$$

$$P(HP) = \frac{50.98 \times \left(\frac{21000}{3600}\right)}{76 \times 0.7} \times \frac{1}{0.95} \times 1.1 = 6.472 ≒ 6.47HP$$

예상문제

05 아래 그림은 어느 거실에 대한 급기 및 배출풍도와 급기 및 배출 FAN을 나타내고 있는 평면도이다. 동일실 제연과 인접구역 상호제연 시 댐퍼의 개방 및 폐쇄여부를 기입하시오.

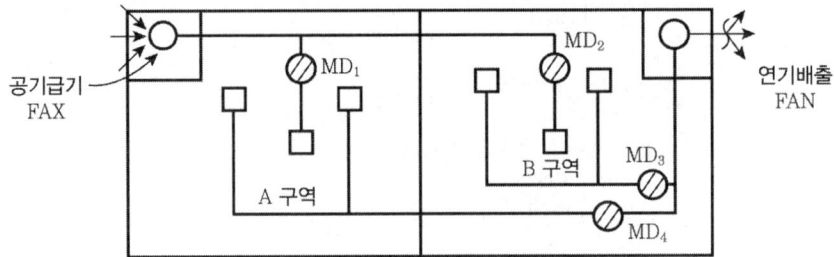

1) 동일실 제연

화재구역	급기댐퍼	배기댐퍼
A 구역	MD₁ ( )	MD₃ ( )
	MD₂ ( )	MD₄ ( )
B 구역	MD₁ ( )	MD₃ ( )
	MD₂ ( )	MD₄ ( )

2) 인접구역 상호제연

화재구역	급기댐퍼	배기댐퍼
A 구역	MD₁ ( )	MD₃ ( )
	MD₂ ( )	MD₄ ( )
B 구역	MD₁ ( )	MD₃ ( )
	MD₂ ( )	MD₄ ( )

> **풀이및정답**
> 1) A구역 : MD₁(open), MD₂(close), MD₃(close), MD₄(open)
>   B구역 : MD₁(close), MD₂(open), MD₃(open), MD₄(close)
> 2) A구역 : MD₁(close), MD₂(open), MD₃(close), MD₄(open)
>   B구역 : MD₁(open), MD₂(close), MD₃(open), MD₄(close)

06 아래 그림은 어느 예상제연구역의 무창층에 대한 제연설비 중 연기배출풍도와 배출 FAN을 나타내고 있는 평면도이다. 주어진 조건을 참조하여 다음 물음에 답하시오.

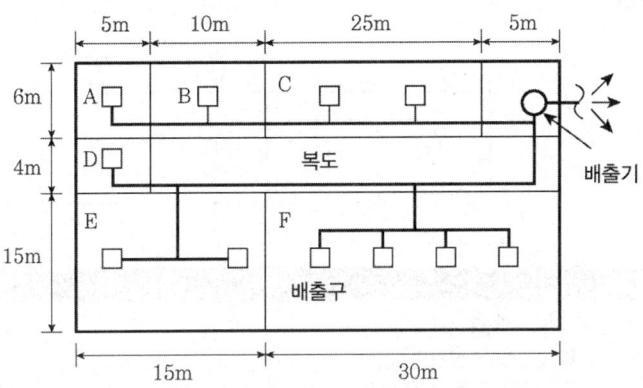

조건
1. 건물의 주요구조부는 모두 내화구조이며 각 실은 불연 구조물로 구획되어 있다.
2. 복도의 내부면은 모두 불연재이고 가연물을 두는 일은 없다.
3. 각 실에 대한 연기배출방식에서 공동배출방식은 없다.

1) 답안지의 그림에 제어댐퍼의 위치를 표시하시오. (단, 댐퍼의 표기의 모양으로 할 것)
2) 각 실 (A, B, C, D, E, F)의 최소 소요배출량은 얼마인가 ?
3) 배출 FAN의 최소 배출용량은 얼마인가?
4) C실에 화재가 발생했을 때 제어댐퍼의 개폐상태를 설명하시오.

풀이 및 정답
1) 수업내용 참조
2) ① A실 : $Q = (6 \times 5)m^2 \times 1m^3/m^2 \cdot min \times 60min/hr = 1800m^3/hr$
∴ 최소 $5000m^3/hr$
② B실 : $Q = (6 \times 10)m^2 \times 1m^3/m^2 \cdot min \times 60min/hr = 3600m^3/hr$
∴ 최소 $5000m^3/hr$
③ C실 : $Q = (6 \times 25)m^2 \times 1m^3/m^2 \cdot min \times 60min/hr = 9000m^3/hr$
∴ $9000m^3/hr$
④ D실 : $Q = (4 \times 5)m^2 \times 1m^3/m^2 \cdot min \times 60min/hr = 1200m^3/hr$
∴ 최소 $5000m^3/hr$
⑤ E실 : $Q = (15 \times 15)m^2 \times 1m^3/m^2 \cdot min \times 60min/hr = 13500m^3/hr$
∴ $135000m^3/hr$
⑥ F실 : $400m^2$ 이상, 40m 원내이므로 최소 $40000m^3/hr$
∴ $40000m^3/hr$
3) $40,000m^3/hr$
4) C실의 댐퍼 2개를 개방하고 나머지 댐퍼는 폐쇄

예상문제

07 다음 그림과 같은 제연구역의 소요 배출량을 계산하여 보니 A(5000CMH), B(7000CMH), C(5000CMH), D(10000CMH), E(15000CMH)이었다. 아래 조건을 참고하여 다음 각 물음에 답하시오.

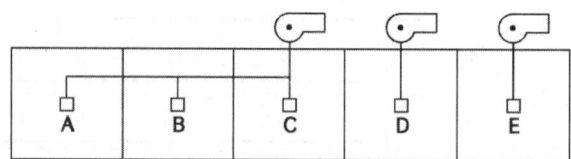

조건
1. 배출방식은 다음과 같다.
   ㉮ A,B,C는 공동 제연방식
   ㉯ D,E는 각각 독립 제연방식
2. 각 제연구역 중 A,B제연구역은 제연경계로 구획되었으며 두 구역의 바닥면적합은 $1000m^2$ 이하이고 직경 40m 원안에 들어온다. 그 밖의 나머지 구역은 벽으로 구획되어 있다.
3. 공동제연구역을 담당하는 배출기의소요전압이 30mmHg, 효율은 60%이고, 누연량은 3CMM이다.

1) 각 배출기의 배출풍량을 구하시오.
2) ABC 공동제연구역에 대한 다음 물음에 답하시오.
   ① 배출기 흡입측 풍도의 단면적은 몇 m^2인가?
   ② 배출기의 동력은 몇 kw인가?
3) D실에 급기해야 할 풍량은 몇 m^3/sec인가?
4) 위 제연설비의 방식은 무엇인가?

풀이및정답
1) $Q_1 = 7000CMH + 5000CMH = 12000CMH$
   ※ A, B실의 경우 바닥면적 합이 $1000m^2$ 이하이고, 직경 40m 원내에 내접하므로 A, B실 중 최대풍량 선정, C실은 벽구획이므로 합한 풍량 선정
   $Q_2 = 10,000CMH$
   $Q_3 = 15,000CMH$

2) ① $A = \dfrac{Q}{U} = \dfrac{\left(\dfrac{12000}{3600}\right)m^3/s}{15m/s} = 0.222 ≒ 0.22m^2$

   ② $P(kW) = \dfrac{P \cdot Q}{102 \cdot \eta}$

   $P = 30mmHg \times \dfrac{10332kgf/m^2}{760mmHg} = 407.842 ≒ 407.84 kgf/m^2$

   $Q = \left(\dfrac{12000}{3600}\right)m^3/s + \left(\dfrac{3}{60}\right)m^3/s = 3.383 ≒ 3.38 m^3/s$

   $P(kW) = \dfrac{407.84 \times 3.38}{102 \times 0.6} = 22.524 ≒ 22.52 kW$

3) $\dfrac{10000\text{m}^3}{3600\text{sec}} = 2.777 ≒ 2.78\text{m}^3/\text{s}$

4) 3종 기계제연방식

08 실의 크기가 20m(가로)×15m(세로)×5m(높이)인 공간에서 큰 화염의 화재가 발생하여 t초 지난 후의 청결층 높이 y(m)의 값이 1.8m가 되었다면, 다음의 식을 이용하여 물음에 답하시오.

> **조건**
> 1. $Q = \dfrac{A(H-y)}{t}$
>   [Q=연기의 발생량(m³/sec), A=바닥면적(m²), H=층 높이(m), t=시간(sec)]
> 2. 위 식에서 시간 t(초)는 다음의 Hinkley 식을 만족한다.
>   공식 : $t = \dfrac{20A}{Pf \times \sqrt{g}} \times \left(\dfrac{1}{\sqrt{y}} - \dfrac{1}{\sqrt{H}}\right)$
>   단, g는 중력가속도는 9.81m/s²이고 Pf는 화재경계의 길이(m)로서 큰 화염의 경우 12m, 중간화염의 경우 6m, 작은 화염의 경우 4m를 적용한다.
> 3. 연기 생성률(M, kg/s)에 관련한 식은 다음과 같다.
> $M = 0.188 \times Pf \times y^{\frac{3}{2}}$

1) 상부의 배연구로부터 몇 m³/min의 연기를 배출해야 이 청결층의 높이가 유지되는지 구하시오.
2) 연기의 생성률(kg/s)을 구하시오

풀이 및 정답

1) $Q = \dfrac{A(H-y)}{t}$

$t = \dfrac{20A}{P_f \times \sqrt{g}} \times \left(\dfrac{1}{\sqrt{y}} - \dfrac{1}{\sqrt{H}}\right) = \dfrac{20 \times 300}{12 \times \sqrt{9.81}} \times \left(\dfrac{1}{\sqrt{1.8}} - \dfrac{1}{\sqrt{5}}\right) = 47.594 ≒ 47.59\text{sec}$

∴ $Q = \dfrac{300\text{m}^2 \times (5\text{m} - 1.8\text{m})}{47.59\text{sec}} = 20.172\text{m}^3/\text{s} ≒ 20.17\text{m}^3/\text{s}$

∴ $20.17\text{m}^3/\text{s} \times 60\text{sec/min} = 1210.2\text{m}^3/\text{min}$

2) $M = 0.188 \times P_f \times y^{\frac{3}{2}} = 0.188 \times 12 \times 1.8^{\frac{3}{2}} = 5.448 ≒ 5.45\text{kg/s}$

예상문제

09 A실(40m×25m), B실(20m×25m) 두 실이 있다. 다음 조건에 따른 물음에 답하시오.

> **조건**
> 1. 거실의 천장높이는 3m이며 제연경계의 폭은 0.6m이다.
> 2. 급기용 송풍기와 배출용 송풍기는 각각 1대씩이 있다.(독립배출방식)
> 3. 이 실 내부에는 기둥이 없고 실내상부는 반자로 고르게 마감되어 있다.
> 4. 계산결과 소수점 셋째짜리에서 반올림할 것.

1) 배출기의 최소 배출량 (CMH)
2) A실과 B실의 배출구의 최소개수
3) A실과 B실의 공기유입구의 크기(cm^2)

◀풀이 및 정답

1) A실 : A = 40 × 25 = 1000m^2
   대각선 길이 = $\sqrt{40^2 + 25^2}$ = 47.169 ≒ 47.17m
   제연경계구역, 수직거리 = 3m − 0.6m = 2.4m
   ∴ 50,000m^3/hr 선정

   B실 : A = 20 × 25 = 500m^2
   대각선 길이 = $\sqrt{20^2 + 25^2}$ = 32.015 ≒ 32.02m
   제연경계구역, 수직거리 = 3m − 0.6m = 2.4m
   ∴ 45,000m^3/hr 선정

2) 배출구 수평거리 = 10m 이하

   ① A실 ㉠ 가로열설치수 = $\dfrac{40m}{2 \times 10m \times \cos 45°}$ = 2.82   ∴ 3개

   ㉡ 세로열설치수 = $\dfrac{25m}{2 \times 10m \times \cos 45°}$ = 1.76   ∴ 2개

   ㉢ 설치수 = 3 × 2 = 6개

   ② B실 ㉠ 가로열설치수 = $\dfrac{20m}{2 \times 10m \times \cos 45°}$ = 1.41   ∴ 2개

   ㉡ 세로열설치수 = $\dfrac{25m}{2 \times 10m \times \cos 45°}$ = 1.76   ∴ 2개

   ㉢ 설치수 = 2 × 2 = 4개

3) 배출량 1m^3/min당 35cm^2 이상 필요

   ① A실 : $\left(\dfrac{50000m^3}{60min}\right) \times 35cm^2/(1m^3/min)$ = 29166.666 ≒ 29166.67cm^2

   ② B실 : $\left(\dfrac{45000m^3}{60min}\right) \times 35cm^2/(1m^3/min)$ = 26250cm^2

10

호텔거실(4m×6m×2.5m)에 화재가 발생하였다. 화원의 크기가 0.5m×0.5m(바닥면적)이고, 침대 높이가 0.7m인 경우 침대까지 연기가 도달한 시간을 계산하시오. (단, Hinkley 공식 적용)

풀이및정답

$t = \dfrac{20A}{P_f\sqrt{g}}\left(\dfrac{1}{\sqrt{y}} - \dfrac{1}{\sqrt{H}}\right)$

$P_f = 0.5\text{m} \times 4 = 2\text{m}$
$A = 4\text{m} \times 6\text{m} = 24\text{m}^2$
$g = 9.8\text{m/s}^2$
$y = 0.7\text{m}$
$H = 2.5\text{m}$

$\therefore t = \dfrac{20 \times 24}{2 \times \sqrt{9.8}} \times \left(\dfrac{1}{\sqrt{0.7}} - \dfrac{1}{\sqrt{2.5}}\right) = 43.145 ≒ 43.15\text{sec}$

11

다음 물음에 각각 답하시오. [9회 기출]

1) 바닥면적 350m², 높이 5m, 전압 75mmAq, 효율 65%, 전달계수 1.1인 Fan의 동력을 마력(HP)으로 산정하시오.
2) 길이가 3,000m인 터널이 있다. 설치할 수 있는 소방시설의 종류를 모두 쓰시오.
3) 전실 제연설비의 제어반 기능 5가지를 쓰시오.

풀이및정답

1) $P(\text{HP}) = \dfrac{P \cdot Q}{76 \cdot \eta} K$

$Q = 350\text{m}^2 \times 1\text{m}^3/\text{m}^2 \cdot \text{min} = 350\text{m}^3/\text{min}$

$\therefore P(\text{HP}) = \dfrac{75 \times \left(\dfrac{350}{60}\right)}{76 \times 0.65} \times 1.1 = 9.741 ≒ 9.74\text{HP}$

2) cf) 모든 터널 : 소화기
　　　500m 이상 : 비상경보설비, 비상조명등, 비상콘센트, 무선통신보조설비
　　　1,000m 이상 : 옥내소화전, 자동화재탐지설비, 연결송수관설비
　　　위험등급이상 : 물분무소화설비, 제연설비

3) 29. 특별피난계단, 제연설비 설치기준 12번 문제 참조

예상문제

12 다음 조건을 보고 각 물음에 답하시오. [13회 기출]

> **조건**
> 1. 예상제연구역인 거실의 바닥면적 : $A=40m \times 22.5m = 900m^2$
> 2. 제연경계하단까지의 수직거리 3.2m
> 3. 거실 대각선거리 : 45.9m
> 4. 휀의 효율 : 50%
> 5. 전압 : 65mmAq
> 6. 배출기 흡입측의 풍도높이 : 600mm

1) 배출량(m^3/min)을 구하시오.
2) 전동기용량(kW)을 구하시오. 다만, 전달계수는 1.2이다.
3) 흡입측 풍도의 최소폭(mm)을 구하시오.
4) 흡입측 풍도 강판두께(mm)를 구하시오.

◀ 풀이및정답
1) 바닥면적 $400m^2$ 이상, 직경 40m 이상 60m 이하 원내
   수직거리 3m 초과
   ∴ $65000m^3$/hr 선정
   $Q = 65000m^3/hr \times 1hr/60min = 1083.333 ≒ 1083.33 m^3/min$

2) $P(kW) = \dfrac{P \cdot Q}{102\eta} \cdot K = \dfrac{65 \times \left(\dfrac{1083.33}{60}\right)}{102 \times 0.5} \times 1.2 = 27.614 ≒ 27.61 kW$

3) 폭 = $\dfrac{면적}{높이}$

   $A = \dfrac{Q}{U} = \dfrac{\left(\dfrac{65000}{3600}\right)m^3/s}{15m/s} = 1.203 ≒ 1.2m^2$

   폭 = $\dfrac{1.2m^2}{0.6m} = 2m ≒ 2000mm$

4) 풍도단면 중 긴변의 길이가 2000mm이므로 두께 1mm 선정

긴변 or 직경	450mm 이하	450~750	750~1500	1500~2250	2250mm 초과
두께	0.5mm	0.6mm	0.8mm	1.0mm	1.2mm

13 바닥면적이 1000m²인 거실 A[40m×25m]와 바닥면적이 500m²인 거실 B[20m×25m]가 제연경계로 구획되어 있다. 다음 조건을 참조하여 물음에 답하시오.

> **조건**
> 1. 거실의 천장높이는 3m이며, 제연경계의 폭은 0.6m이다.
> 2. 급기용송풍기1대와 배출용송풍기 1대가 설치되어 있다.
> 3. 이 실들의 내부에는 기둥이 없고 실내 상부에는 반자로 고르게 마감되어 있다.
> 4. 계산결과 소수점발생시 셋째자리에서 반올림한다.
> 5. 독립배출방식을 적용한다.

1) 배출기의 최소배출량[m³/h]를 구하시오.
2) A실과 B실의 반자부분에 배출구를 설치시 각 실의 최소 설치수를 구하시오[정방형].
3) A실과 B실의 공기유입구의 최소크기[m²]를 구하시오.

◀풀이및정답

1) ① A실 : 대각선(직경)의 길이 = $\sqrt{40^2 + 25^2} = 47.17\text{m}$
   40m 초과 60m 이하
   수직거리 2.4m이므로 50,000m³/h
   ② B실 : 대각선(직경)의 길이 = $\sqrt{20^2 + 25^2} = 32.02\text{m}$
   40m 이하
   수직거리 2.4m이므로 45,000m³/h
   ∴ 50,000m³/h 선정

2) 배출구 수평거리=10m
   배출구 간격 S = 2R cos45° = 2×10m×cos45° ≒ 14.14m
   ① A실
   가로열 설치수 = $\dfrac{\text{가로열 길이}}{\text{간격}} = \dfrac{40\text{m}}{14.14\text{m}} ≒ 2.83$ ∴ 3개
   세로열 설치수 = $\dfrac{\text{세로열 길이}}{\text{간격}} = \dfrac{25\text{m}}{14.14\text{m}} ≒ 1.77$ ∴ 2개
   총 설치수 = 3×2 = 6개
   ② B실
   가로열 설치수 = $\dfrac{\text{가로열 길이}}{\text{간격}} = \dfrac{20\text{m}}{14.14\text{m}} ≒ 1.41$ ∴ 2개
   세로열 설치수 = $\dfrac{\text{세로열 길이}}{\text{간격}} = \dfrac{25\text{m}}{14.14\text{m}} ≒ 1.77$ ∴ 2개
   총 설치수 = 2×2 = 4개

3) ① A실
   $\dfrac{50000\text{m}^3}{60\text{min}} \times \dfrac{0.0035\text{m}^2}{1\text{m}^3/\text{min}} = 2.92\text{m}^2$
   ② B실
   $\dfrac{45000\text{m}^3}{60\text{min}} \times \dfrac{0.0035\text{m}^2}{1\text{m}^3/\text{min}} = 2.63\text{m}^2$

예상문제

14 1기압 20°C 상태에서 동압이 10mmAq일 때의 풍속[m/sec]를 구하시오.

풀이 및 정답

$U(m/s) = \sqrt{2gh}$

$\rho_{공기} = \dfrac{PM}{RT} = \dfrac{1 \times 29}{0.082 \times (273+20)} = 1.207 ≒ 1.21 kg/m^3$

$h = \dfrac{P}{r}$, $P = 0.01 mH_2O \times \dfrac{10332 kgf/m^2}{10.332 mH_2O} = 10 kgf/m^2$

∴ $h = \dfrac{10 kgf/m^2}{1.21 kgf/m^3} = 8.26 m$

∴ $U = \sqrt{2 \times 9.8 \times 8.26} = 12.723 ≒ 12.72 m/s$

15 정압이 150mmH₂O이고 풍량이 50m³/min인 송풍기를 운전하기 위해서 필요한 축동력(kW)와 모터의 동력(PS)을 구하시오.

조건

1. 덕트내의 풍속은 20m/sec, 공기밀도는 1.2kg/m³, 송풍기 효율은 60%, 모터전달효율=95%, 전달계수=1.2
2. 풍압=정압+동압
3. 계산과정 및 정답시 소수점 셋째자리에서 반올림하여 둘째자리까지 구할 것

풀이 및 정답

풍압=정압+동압

① 정압=150mmH₂O=150kgf/m²

② 동압

$20 m/sec = \sqrt{2 \times g \times h}$

$h ≒ 20.41 m$ 공기

$h = \dfrac{P}{r}$

∴ $P = r \cdot h = 1.2 kgf/m^3 \times 20.41 m ≒ 24.49 kgf/m^2$

∴ 풍압=150+24.49=174.49kgf/m²

1) 축동력(kW) $= \dfrac{P \cdot Q}{102\eta} = \dfrac{174.49 \times \left(\dfrac{50}{60}\right)}{102 \times 0.6} = 2.375 ≒ 2.38 kW$

2) 모터동력(PS) $= \dfrac{P \cdot Q}{75\eta} K = \dfrac{174.49 \times \left(\dfrac{50}{60}\right)}{75 \times 0.6} \times 1.2 \times \dfrac{1}{0.95} = 4.081 ≒ 4.08 PS$

16 다음과 같은 평면도에 거실 제연설비를 설치하고자 한다. 다음 각 물음에 답하시오.

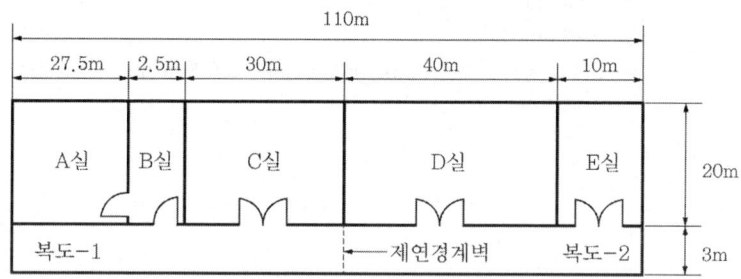

조건
1. 독립배출방식을 적용하며, 급기용송풍기와 배출용송풍기는 전체 1대씩 설치되어 있다.
2. 복도는 주요구조부가 내화구조이며 마감이 불연재료 또는 난연재료로 되어 있고 가연물이 없으나 화재발생시 연기유입이 우려되는 구조로서 복도도 예상제연구역화함
3. 복도의 천장높이는 3m이며, 제연경계의 폭은 0.6m이다.
4. A실~E실은 거실들이다.

1) B실에 대한 최소배출량[m³/hour]을 구하시오.
2) D실, E실의 제연구역에 따른 다음 표의 빈칸을 채우시오.

제연구역	D실	E실	D실+E실
제연구역의 면적	①	②	③
제연구역의 직경	④	해당없음	⑤
D실과 E실을 하나의 제연구역화할 경우 배출량	⑥	⑦	⑧
D실과 E실을 별도의 제연구역화할 경우 배출량	⑨	⑩	해당없음

풀이및정답 1) Q(m³/hr) = (2.5m × 20m) × 1m³/m² · min × 60min/hr = 3,000m³/hr
∴ 5,000m³/hr
∴ 5,000m³/hr × 1.5 = 7,500m³/hr

2) ① 800m²
② 200m²
③ 1000m²
④ $\sqrt{40^2 + 20^2} = 45m$
⑤ $\sqrt{50^2 + 20^2} = 54m$
⑥ $45000m^3/h \times \dfrac{800m^2}{1000m^2} = 36,000m^3/hr$

예상문제

⑦ $45000\text{m}^3/\text{h} \times \dfrac{200\text{m}^2}{1000\text{m}^2} = 9,000\text{m}^3/\text{hr}$

⑧ $45000\text{m}^3/\text{hr}$

⑨ $45000\text{m}^3/\text{hr}$

⑩ $200\text{m}^3 \times 1 \text{ m}^3/\text{m}^2 \cdot \text{min} \times 60\text{min}/\text{hr} = 12000\text{m}^3/\text{hr}$

특별피난계단, 부속실, 비상용승강장제연

01 제연구역인 부속실과 옥내와의 사이의 차압을 50Pa로 유지할 경우 부속실의 최소누설량 (m³/s)은?

> **조건**
> 1. 여유율 25%, 소수점 셋째자리에서 반올림
> 2. 옥내에서 부속실로 향하는 출입문은 외여닫이문으로서 크기는 1m×2.1m
> 3. 부속실에서 계단실로 향하는 출입문은 외여닫이문으로서 크기는 1m×2.1m

풀이및정답

누설량 $Q = 0.827A \cdot P^{\frac{1}{n}} \times 1.25$

틈새면적 A

① 옥내~부속실 : 틈새길이 = 1m×2 + 2.1m×2 = 6.2m

$$틈새면적 = \frac{6.2m}{5.6m} \times 0.01m^2 = 0.011 ≒ 0.01m^2$$

② 부속실~계단실 : 틈새길이 = 1m×2 + 2.1m×2 = 6.2m

$$틈새면적 = \frac{6.2m}{5.6m} \times 0.02m^2 = 0.021 ≒ 0.02m^2$$

③ 틈새면적 = 0.03m²

$$\therefore Q = 0.827 \times 0.03 \times 50^{\frac{1}{2}} \times 1.25 = 0.219 ≒ 0.22 m^3/s$$

02 그림은 서로 직렬연결된 2개의 실 Ⅰ·Ⅱ의 평면도로서 A_1, A_2는 출입문이며, 각 실은 출입문 이외의 틈새가 없다고 한다. 출입문이 닫혀진 상태에서 실Ⅰ을 급기·가압하여 실Ⅰ과 외부 간의 50파스칼의 기압차를 얻기 위하여 실Ⅰ에 급기시켜야 할 풍량은 몇 m³/sec인가? (단, 닫힌 문 A_1, A_2에 의해 공기가 유통될 수 있는 면적은 각각 0.02m²이며, 임의의 어느 실에 대한 급기량 Q[m³/sec]와 얻고자 하는 기압차 P(파스칼)의 관계식은 $Q = 0.827 \times A \times \sqrt{P}$ 이다.)

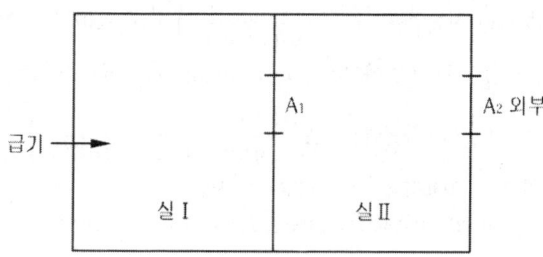

예상문제

풀이 및 정답 $Q = 0.827A\sqrt{P}$

$$A = \left(\frac{1}{A_1^2} + \frac{1}{A_2^2}\right)^{-\frac{1}{2}} = \left(\frac{1}{0.02^2} + \frac{1}{0.02^2}\right)^{-\frac{1}{2}} = 0.0141 ≒ 0.014\text{m}^2$$

$$Q = 0.827 \times 0.014 \times \sqrt{50} = 0.0818 ≒ 0.082\text{m}^3/\text{s}$$

03 다음 그림은 어느 예상제연구역을 나타낸 평면도이다. 이 실들 중 A실을 급기·가압하고자 할 때 주어진 [조건]을 참조하여 A실에 유입시켜야 할 풍량은 몇 m³/sec인지를 산출하시오. (반올림하여 소수점 5자리까지 구하시오.)

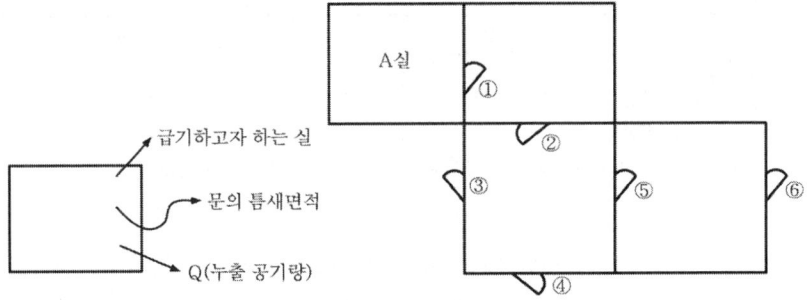

조건
1. 실외부의 대기압력은 절대압력으로 101,300Pa로서 일정하다.
2. A실에 유지하고자 하는 압력은 절대압력으로 101,400Pa이다.
3. 각 실의 문(Door)들의 틈새면적은 0.01m²이다.
4. 어느 실을 급기가압할 때 그 실의 문 틈새를 통하여 누출되는 공기의 양은 다음의 식을 따른다.
   $Q = 0.827A\sqrt{P}$
   Q : 누출되는 공기의 양(m³/sec), A : 문의 틈새면적(m²), P : 실내외의 기압차(Pa)

풀이 및 정답 $Q = 0.827A\sqrt{P}$

틈새면적 A

⑤~⑥ 직렬연결 : $A = \left(\frac{1}{0.01^2} + \frac{1}{0.01^2}\right)^{-\frac{1}{2}} = 0.007071 ≒ 0.00707\text{m}^2$

③, ④, ⑤ 병렬연결 : $A = 0.01 + 0.01 + 0.00707 = 0.02707\text{m}^2$

①, ②, ③ 직렬연결 : $A = \left(\frac{1}{0.01^2} + \frac{1}{0.01^2} + \frac{1}{0.02707^2}\right)^{-\frac{1}{2}} = 0.006841 ≒ 0.00684\text{m}^2$

차압 $P = 101400\text{Pa} - 101300\text{Pa} = 100\text{Pa}$

∴ $Q = 0.827 \times 0.00684 \times \sqrt{100} = 0.056566 ≒ 0.05657\text{m}^3/\text{s}$

04 다음 그림은 어느 한 층의 평면도이며 이 실 중 A실을 급가·가압하고자 할 때 주어진 [조건]을 참조하여 문의 총 틈새면적(m²)을 계산하시오.

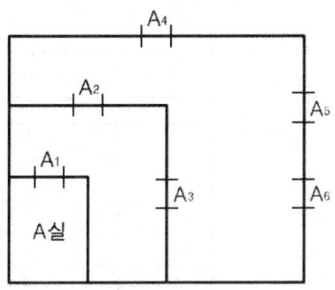

조건
1. $A_1 \sim A_3$까지의 문 틈새 면적은 $0.02m^2$이다.
2. $A_4 \sim A_6$까지의 문 틈새 면적은 $0.01m^2$이다.

풀이및정답 A_4, A_5, A_6 병렬연결 : $A' = 0.01 + 0.01 + 0.01 = 0.03m^2$

A_2, A_3 병렬연결 : $A'' = 0.02 + 0.02 = 0.04m^2$

A_1, A', A'' 직렬연결 : $A = \left(\dfrac{1}{0.02^2} + \dfrac{1}{0.04^2} + \dfrac{1}{0.03^2}\right)^{-\frac{1}{2}} = 0.015 \fallingdotseq 0.02m^2$

05 출입문을 밀어서 개방할 경우 필요한 힘은 110N이다. 도어체크 및 힌지 등의 마찰 손실이 30N이고, 문손잡이에서 문 끝까지 거리가 0.1m인 경우 실내외의 압력차(Pa)는? (문의 크기는 폭 1m×높이 2m이다.) [10회 기출]

풀이및정답 문을 여는데 필요한 힘

$F = F_{dc} + K \cdot \dfrac{W \cdot A \cdot \Delta P}{2(W-d)}$ [W : 문의 폭(m), d : 0.1m]

$110N = 30N + 1 \times \dfrac{1 \times 2 \times \Delta P}{2(1-0.1)}$

$\Delta P = 72Pa$

예상문제

06 그림과 같은 건물의 특별피난계단 부속실에 제연설비를 설치하는 경우 다음 물음에 답하시오.

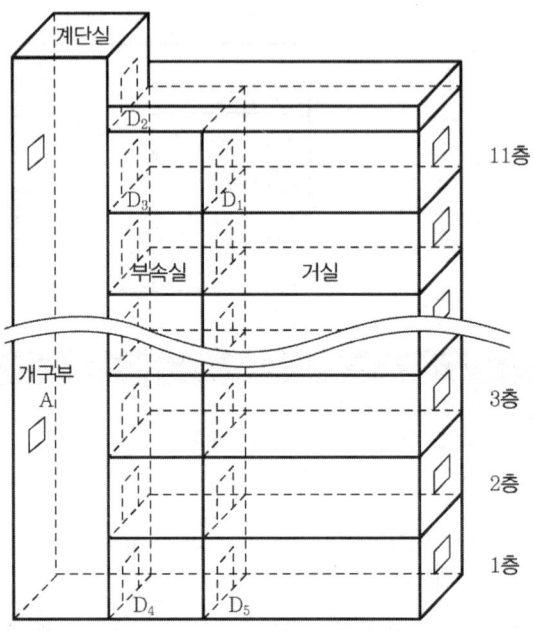

조건
1. 계단실과 옥상 사이 출입문 틈새면적 : $0.02m^2$
2. 부속실과 계단실 사이 출입문 틈새면적 : $0.02m^2$(2층 ~11층)
3. 부속실과 거실 사이 출입문 틈새면적 : $0.01m^2$(2층 ~11층)
4. 계단실과 1층 부속실 사이 출입문 틈새면적 : $0.01m^2$
5. 1층 부속실과 거실사이 출입문 틈새면적 : $0.02m^2$
6. 옥상제외 11층 건물
7. 부속실 단독제연 사용(1층~11층)
8. 계단실개구부 $0.5m^2 \times 2$ 개소
9. 부속실과 거실사이 출입문 크기 $2m \times 0.8m$
10. 전층 스프링클러설비설치
11. 누설틈새여유율 : 1.25(누설량여유율)
12. 소수점 셋째자리에서 반올림하면서 풀이

1) 부속실의 총 누설면적(m^2)을 구하시오.
2) 제연구역에 대한 급기량(m^3/sec)를 구하시오.

▶풀이및정답
1) ① 계단실에서 외부로 누설되는 틈새면적
 $= 0.5m^2 \times 2 + 0.02m^2 = 1.02m^2$
② 부속실에서 계단실로 누설되는 틈새면적
 $= 0.02m^2 \times 10 + 0.01m^2 = 0.21m^2$

③ 부속실에서 계단실을 거쳐 외부로 누설되는 틈새면적
$$= \left(\frac{1}{1.02^2} + \frac{1}{0.21^2}\right)^{-\frac{1}{2}} = 0.205 ≒ 0.21\text{m}^2$$
④ 부속실에서 거실로 누설되는 틈새면적
$$= 0.01\text{m}^2 \times 10 + 0.02\text{m}^2 = 0.12\text{m}^2$$
⑤ 부속실에서 외기로 누설되는 총 틈새면적
$$= ③ + ④ = 0.21\text{m}^2 + 0.12\text{m}^2 = 0.33\text{m}^2$$
2) 급기량=누설량+보충량
① 누설량 $= 0.827 \cdot A \cdot \sqrt{P} \times 1.25$
$= 0.827 \times 0.33 \times \sqrt{12.5} \times 1.25 = 1.206 ≒ 1.21\text{m}^3/\text{s}$
② 보충량 $= 2\text{m} \times 0.8\text{m} \times 0.7\text{m/s} = 1.12\text{m}^3/\text{s}$
∴ 급기량 $= 1.21\text{m}^3/\text{s} + 1.12\text{m}^3/\text{s} = 2.33\text{m}^3/\text{s}$

07 어느 특별피난계단 부속실의 제연설비에서 소요되는 급기량이 3,000CMH일 때 다음 물음에 답하시오.

조건
① 차압=50Pa ② 댐퍼하중=2kgf/m² ③ 추의 무게=3kgf

1) 플랩댐퍼의 최소 날개면적(m²)과 높이 H(m)를 구하시오. [폭은 0.8m이다]
2) 균형추의 위치 h(m)를 구하시오.

▲풀이및정답

1) ① $A = \dfrac{q}{5.85} = \dfrac{\left(\dfrac{3000}{3600}\right)}{5.85} = 0.142 ≒ 0.14\text{m}^2$

② 높이 $= \dfrac{0.14\text{m}^2}{0.8\text{m}} = 0.175 ≒ 0.18\text{m}$

2) 차압에 의한 힘성분의 토크=댐퍼자체하중의 토크+추하중에 의한 토크
① 차압에 의한 힘성분의 토크(kgf·m)
$$50\text{N/m}^2 \times \frac{1\text{kgf}}{9.8\text{N}} \times 0.14(\text{m}^2) \times 0.18(\text{m}) \times \frac{1}{2} = 0.064 ≒ 0.06\text{kgf·m}$$
② 댐퍼자체하중의 토크
$$2\text{kgf/m}^2 \times 0.14\text{m}^2 \times 0.18\text{m} \times \frac{1}{2} = 0.025 ≒ 0.03\text{kgf·m}$$
③ 추하중에 의한 토크
$3\text{kgf} \times h(\text{m})$
④ h(m)
$0.06 = 0.03 + 3 \times h$
∴ h = 0.01m

예상문제

08 각 출입문, 창문의 틈새면적 등에 대한 것이다. 다음 표의 빈칸을 채우시오. [다만, 계산과정을 쓰고 소수점 발생 시 여섯째자리에서 반올림하여 다섯째자리까지 구할 것]

1) 출입문의 틈새길이(m)와 틈새면적(m^2)

열린 방향	문 종류	문의 크기 [가로×세로]	틈새길이(m)	틈새면적(m^2)
실내 → 제연구역	외여닫이	1m×2.2m	①	⑤
제연구역 → 계단실	외여닫이	1m×2.2m	②	⑥
실내 → 제연구역	쌍여닫이	2m×2.4m	③	⑦
승강기문	쌍여닫이	1m×2.1m	④	⑧

2) 창문의 틈새길이(m)와 틈새면적(m^2)

창문의 종류	방수팩킹 유무	창문의 크기 [가로×세로]	틈새길이(m)	틈새면적(m^2)
여닫이식	없음	0.5m×1m	①	④
여닫이식	있음	0.5m×1m	②	⑤
미닫이식	/	0.6m×1m	③	⑥

풀이 및 정답

1) ① $L = 1m \times 2 + 2.2m \times 2 = 6.4m$

② $L = 1m \times 2 + 2.2m \times 2 = 6.4m$

③ $L = 2m \times 2 + 2.4m \times 3 = 11.2m$

④ $L = 1m \times 2 + 2.1m \times 3 = 8.3m$

⑤ $A = \dfrac{6.4m}{5.6m} \times 0.01m^2 = 0.011429 \fallingdotseq 0.01143m^2$

⑥ $A = \dfrac{6.4m}{5.6m} \times 0.02m^2 = 0.022857 \fallingdotseq 0.02286m^2$

⑦ $A = \dfrac{11.2m}{9.2m} \times 0.03m^2 = 0.036522 \fallingdotseq 0.03652m^2$

⑧ $A = \dfrac{8.3m}{8.0m} \times 0.06m^2 = 0.06225m^2$

2) ① $L = 0.5m \times 2 + 1m \times 2 = 3m$

② $L = 0.5m \times 2 + 1m \times 2 = 3m$

③ $L = 0.6m \times 2 + 1m \times 3 = 4.2m$

④ $A = 2.55 \times 10^{-4} \times 틈새길이 = 2.55 \times 10^{-4} \times 3 = 7.65 \times 10^{-4} m^2$

⑤ $A = 3.61 \times 10^{-5} \times 틈새길이 = 3.61 \times 10^{-5} \times 3 = 1.083 \times 10^{-4} m^2$

⑥ $A = 1 \times 10^{-4} \times 틈새길이 = 1 \times 10^{-4} \times 4.2 = 4.2 \times 10^{-4} m^2$

09 특별피난계단의 계단실 및 부속실 제연설비의 화재안전기준에서 유입공기의 배출이 필요한 이유와 유입공기의 배출방식 3가지를 쓰고 간단히 설명하시오.

풀이및정답
1) 유입공기의 배출이 필요한 이유
   제연구역으로부터 옥내로의 유입하는 공기량이 많아지는 경우 제연구역과 옥내 사이의 차압유지가 어려워지므로 배출시킬 필요가 있다.
2) 유입공기의 배출방식 3가지
   ① 수직풍도에 따른 배출 : 옥상으로 직통하는 전용의 배출용 수직풍도를 설치하여 배출하는 것
      ㉠ 자연배출식 : 굴뚝효과에 따라 배출하는 방식
      ㉡ 기계배출식 : 수직풍도의 상부에 전용의 배출용 송풍기를 설치하여 강제로 배출하는 것
   ② 배출구에 따른 배출 : 건물의 옥내와 면하는 외벽마다 옥외와 통하는 배출구를 설치하여 배출하는 것
   ③ 제연설비에 따른 배출 : 거실제연설비가 설치되어 있고 유입공간의 양을 거실제연설비의 배출량에 합하여 배출하는 것

10 지하5층, 지상25층의 업무시설에서 특별피난계단의 계단실 및 부속실 제연설비의 화재안전기준과 아래 조건에 따라 특별피난계단용 부속실에 급기 가압용 제연설비를 할 경우 다음 물음에 답하시오.

조건
1. 부속실에서 거실쪽, 계단쪽, 옥상쪽 등 모든 출입문의 크기는 높이 2.1m×폭 1.8m의 쌍여닫이문으로 부속실만을 단독으로 제연하는 것이다.
2. 방연풍속은 0.5m/sec로 적용한다.
3. 수직풍도의 길이는 120m이다.
4. 배출용송풍기의 풍량은 보충량에서 10%의 여유를 둔다.
5. 보충량을 구하는 식은 다음과 같다.
   보충량 $q(\mathrm{m^3/sec}) = K \times S \times V$
   K : 부속실수가 20 이하인 경우 1, 21 이상인 경우 2
   S : 출입문의 면적[$\mathrm{m^2}$]
   V : 방연풍속[m/sec]

1) 부속실의 보충량($\mathrm{m^3/sec}$)을 구하시오.
2) 기계식 배출에 따라 배출하는 경우 배출용송풍기의 풍량($\mathrm{m^3/sec}$)을 구하시오.
3) 유입공기의 배출을 위한 자연배출식에서 수직풍도의 내부단면적($\mathrm{m^2}$)을 구하시오.
4) 유입공기의 배출을 위한 기계배출식에서 수직풍도의 내부단면적($\mathrm{m^2}$)을 구하시오.
5) 유입공기의 배출을 위한 배출구에 따른 배출에서 개폐기의 개구면적($\mathrm{m^2}$)을 구하시오.

예상문제

풀이및정답

1) $q(m^3/s) = 2 \times (2.1m \times 0.9m) \times 0.5m/s = 1.89m^3/s$
2) $1.89m^3/s \times 1.1 = 2.079 ≒ 2.08m^3/s$
3) $A = \dfrac{Q_N}{2} \times 1.2 = \dfrac{0.945}{2} \times 1.2 = 0.567m^2 ≒ 0.57m^2$
4) $A = \dfrac{Q}{15} = \dfrac{2.08}{15} = 0.138 ≒ 0.14m^2$
5) $A = \dfrac{Q_N}{2.5} = \dfrac{0.945}{2.5} = 0.378 ≒ 0.38m^2$

11 특별피난계단 부속실 제연설비에 대한 다음 물음에 답하시오.

> **조건**
> 1. 부속실 단독제연 방식 사용, 특별피난계단 1개소 설치상태임.
> 2. 2층~11층 계단실과 부속실 사이 출입문 틈새면적 : $0.02m^2$
> 3. 2층~11층 부속실과 옥내 거실사이 출입문 틈새면적 : $0.01m^2$
> 4. 부속실과 거실사이 출입문 크기 $2m \times 0.8m$
> 5. 부속실과 접해있는 옥내부분은 거실이다.
> 6. 1층은 부속실 및 거실 미설치상태이며 계단실에서 지상으로 나갈 수 있는 출입문이 설치된 상태이다.
> 7. 계단실부분과 외부사이 틈새면적은 $0.5m^2$이다.
> 8. 옥상부분은 미설치 됨.(11층 건물)
> 9. 누설량 선정시 누설틈새면적 여유율 : 1.25 적용.
> 10. 급기풍도에서의 누설을 실측, 조정하지 않은 상태이다.
> 11. 소수점 셋째자리에서 반올림하면서 풀이
> 12. 전층 스프링클러설비설치
> 13. 전달계수 K=1.1 적용, 효율=80% 적용, 필요한 풍압=80mmAq
> 14. 보충량 선정공식은 다음의 공식을 사용하며 거실로 유입되는 공기량 $Q_0 = 1m^3/sec$
>
> 보충량 $q = K \times \dfrac{S \times V}{0.6} - Q_0$
>
> K : 부속실수가 20 이하인 경우 1, 21 이상인 경우 2
> S : 출입문의 면적[m^2]
> V : 방연풍속[m/sec]
> Q_0 : 거실로 유입되는 공기량[m^3/sec]

1) 부속실의 총 누설면적(m^2)을 다음 과정을 통하여 구하시오.
   ① 부속실과 거실사이 틈새면적
   ② 부속실과 계단실사이 틈새면적
   ③ 부속실과 계단실외부사이 틈새면적
   ④ 총 누설틈새면적

2) 제연구역에 대한 급기량 (m^3/sec)를 다음 과정을 통하여 구하시오.
   ① 누설량

② 보충량

③ 급기량

3) 제연구역에 대한 급기송풍기의 송풍능력(m^3/sec)를 구하시오.

4) 휀 전동기의 동력(kW)을 구하시오.

풀이및정답 1) ① 부속실과 거실 사이 틈새면적
    $A = 0.01m^2 \times 10 = 0.1m^2$
  ② 부속실과 계단실 사이 틈새면적
    $A = 0.02m^2 \times 10 = 0.2m^2$
  ③ 부속실과 계단실 외부 사이 틈새면적
    $A = \left(\dfrac{1}{0.5^2} + \dfrac{1}{0.2^2}\right)^{-\frac{1}{2}} = 0.185 ≒ 0.19m^2$
  ④ 총 누설틈새면적
    $A = 0.1 + 0.19 = 0.29m^2$

2) ① 누설량(옥내 SP 설치)(여유율 1.25 고려)
    $q = 0.827 A \sqrt{P} \times 1.25 = 0.827 \times 0.29 \times \sqrt{12.5} \times 1.25 = 1.059 ≒ 1.06 m^3/s$
  ② 보충량(옥내부분 거실이므로 방연풍속 V=0.7m/s 적용)
    $q = K \times \dfrac{S \times V}{0.6} - Q_o$
    부속실수가 20 이하이므로 K=1 적용
    V=0.7m/s 적용
    S=1.6m^2
    Q_o=1m^3/sec
    ∴ $Q = 1 \times \dfrac{1.6 \times 0.7}{0.6} - 1 = 0.866 ≒ 0.87 m^3/s$
  ③ 급기량=누설량+보충량=1.06+0.87=1.93m^3/s

3) 급기송풍기의 송풍능력(m^3/s)=1.93m^3/s×1.15=2.219≒2.22m^3/s

4) $P(kW) = \dfrac{P \cdot Q}{102\eta} K = \dfrac{80 \times 2.22}{102 \times 0.8} \times 1.1 = 2.394 ≒ 2.39 kW$

예상문제

연결송수관설비

01 연결송수관 설비 설치대상을 쓰시오.

▲풀이및정답

소방대상물	적용기준
① 5층 이상의 특정소방대상물	연면적 6,000m² 이상인 것
② ①에 해당되지 아니하는 특정소방대상물	지하층을 포함하는 층수가 7층 이상인 것
③ ①에 해당되지 아니하고 지하3층 이상	지하층의 바닥면적 합계가 1,000m² 이상인 것
④ 지하가 중 터널	길이가 1,000m 이상인 것

02 습식과 건식의 경우 송수구, 자동배수밸브, 체크밸브 설치기준을 쓰시오.

▲풀이및정답 ㉮ 습식의 경우에는 송수구・자동배수밸브・체크밸브의 순으로 설치할 것
㉯ 건식의 경우에는 송수구・자동배수밸브・체크밸브・자동배수밸브의 순으로 설치할 것

03 다음 괄호안을 채우시오.
1) 방수구는 그 대상물의 층마다 설치할 것
2) 방수구는 아파트 또는 바닥면적이 1000m² 미만인 층에 있어서는 계단으로부터 (　)m 이내에 　바닥면적이 1000m² 이상인 층에 있어서는 각 계단으로부터 (　)m 이내에 설치할 것
3) 각 부분으로부터 방수구까지의 수평거리
① 지하가 또는 지하층의 바닥면적의 합계가 3000m² 이상인것 : (　　)m 이하
② 그밖의 특정소방대상물의 경우 : (　　)m 이하

▲풀이및정답 2) 5m, 5m
3) 25m, 50m

04 연결송수관 설비에 대한 다음 물음에 답하시오.

1) 습식으로 설치하여야 하는 경우에 대해 설명하시오.
2) 11층 이상의 경우에는 쌍구형 방수구를 설치하여야 하지만 단구형으로 설치할 수 있는 경우를 설명하시오.
3) 연결송수관 방수구를 설치하지 않을 수 있는 경우를 설명하시오.

▲풀이및정답
1) 지면으로부터 높이가 31m 이상인 소방대상물 또는 지상 11층 이상인 소방대상물
2) ① 아파트의 용도로 사용되는 층
   ② 스프링클러설비가 유효하게 설치되어 있고 방수구가 2개소 이상 설치된 층
3) ① 아파트의 1층 및 2층
   ② 소방차의 접근이 가능하고 소방대원이 소방차로부터 각 부분에 쉽게 도달할 수 있는 피난층
   ③ 송수구가 부설된 옥내소화전을 설치한 소방대상물로서 다음에 해당하는 층
      ㉠ 지하층을 제외한 층수가 4층 이하이고 연면적이 6,000m² 미만인 소방대상물의 지상층
      ㉡ 지하층의 층수가 2 이하인 소방대상물의 지하층

05 가압송수장치를 설치하여야 하는 경우를 쓰시오.

▲풀이및정답 지표면으로부터 최상층 방수구의 높이가 70m 이상의 소방대상물

06 가압송수장치 설치시 토출량과 방수압 기준을 설명하시오.

▲풀이및정답
① 펌프의 토출량

층당 방수구 수	1~3개	4개	5개 이상
일반 대상물	2,400L/min 이상	3,200L/min 이상	4,000L/min 이상
계단식 APT	1,200L/min 이상	1,600L/min 이상	2,000L/min 이상

② 펌프의 양정은 최상층에 설치된 노즐선단의 압력이 0.35MPa 이상의 압력이 되도록 할 것

예상문제

07 다음 조건을 보고 물음에 답하시오.

> **조건**
> 1. 지표면(송수구)에서 최상층 방수구 까지의 높이는 100m이다
> 2. 층별로 연결송수관설비 방수구가 4개씩 설치되었다.
> 3. 각 부분에 유효하게 물이 뿌려질수 있는 호스의 연결개수는 2개이다.
> 4. 호스는 65mm 마호스를 사용한다.
> 5. 가압송수장치의 흡입구는 송수구 설치높이와 동일하다.
> 6. 송수구에서 최고위 말단 방수구 까지의 배관 및 관 부속물 마찰손실수두는 실양정의 20%이다.
> 7. 호스 마찰손실은 유량의 제곱에 비례하여 상승한다.
> 8. 아파트가 아닌 일반대상물이다.
> 9. 호스마찰손실은 호스길이 100m 당 10m의 손실수두가 발생한다.
> (350L/min, 65mm 사용시)

1) 가압송수장치의 최소 토출량(L/min)을 구하시오.
2) 가압송수장치의 최소 전양정(m)을 구하시오.
3) 송수구 부근에 설치하는 수동스위치의 설치기준 3가지를 기술하시오.

풀이및정답

1) 3,200L/min

2) $H = h_1 + h_2 + h_3 + 35m - 70m$

   h_1 (실양정) $= 100m$

   h_2 (배관·부속물 마찰손실수두) $= 100m \times 0.2 = 20m$

   h_3 (호스마찰손실수두) $= 30m \times \dfrac{10m}{100m} \times \dfrac{800^2}{350^2} = 15.673 ≒ 15.67m$

   ∴ $H = 100m + 20m + 15.67m + 35m - 70m = 100.67m$

3) 가압송수장치의 수동스위치는 2개 이상을 설치하되, 그 중 한개는 다음 기준에 따라 송수구 부근에 설치할 것
   ① 송수구로부터 5m 이내의 보기 쉬운 장소에 바닥으로부터 0.8m 이상 1.5m 이하로 설치할 것
   ② 1.5mm 이상의 강판함에 수납하여 설치할 것
   ③ 접지하고 빗물이 들어가지 아니하는 구조로 할 것

08 다음은 연결송수관설비(습식)의 계통도이다. 계통도에서 틀린 부분을 올바르게 수정하시오..

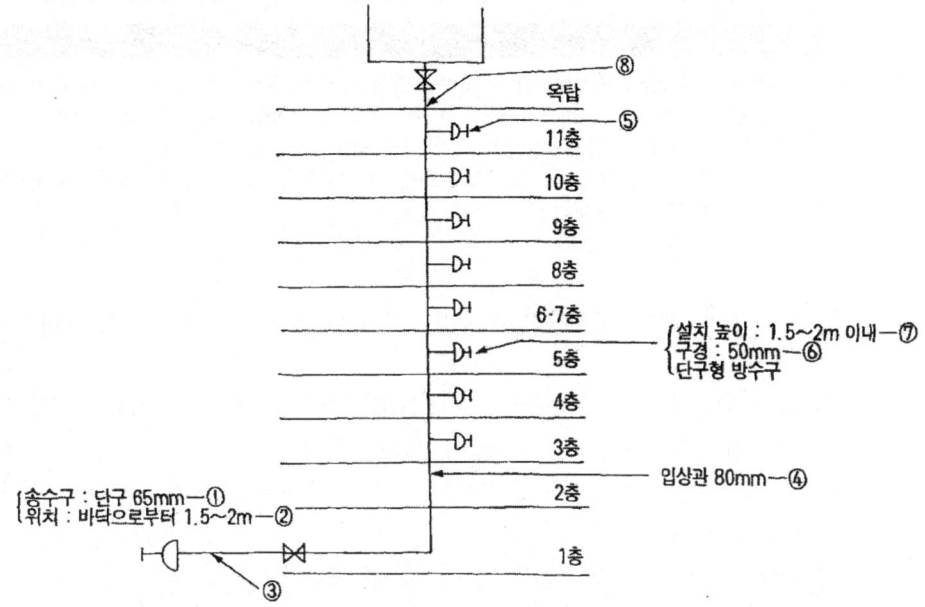

번호	틀린부분	변경사항
①		
②		
③		
④		
⑤		
⑥		
⑦		
⑧		

풀이및정답

번호	틀린 부분	변경사항
①	단구형 설치	쌍구형으로 설치
②	설치높이 1.5~2m	설치높이 0.5m 이상 1m 이하
③	자동배수밸브, 체크밸브 미설치	자동배수밸브 및 체크밸브 설치
④	주배관 관경 80mm	주배관 관경 100mm 설치
⑤	단구형 설치	쌍구형 설치
⑥	구경 50mm	방수구 구경 65mm 설치
⑦	설치높이 1.5~2m	설치높이 0.5m 이상 1m 이하
⑧	체크밸브 미설치	체크밸브 설치

예상문제

09 다음 조건을 보고 물음에 답하시오.

> **조건**
> 1. 지하2층~지하1층 : 주차장, 각 층별 바닥면적 2,000m²씩이다.[가로 50m, 세로 40m]
> 2. 지상1층~지상20층 : 아파트 1개동, 각 층별 4세대, 각층별 바닥면적 700m²씩이다.
> 3. 연결송수관설비의 가압용송수장치는 지하2층 펌프실에 설치되어있다.
> 4. 지하 1, 2층에는 준비작동식 스프링클러설비, 1층~20층에는 습식스프링클러설비가 설치되어 있다.
> 5. 각 층의 층고는 4m이다.
> 6. 송수구가 부설된 옥내소화전을 설치한 특정소방대상물이다.

1) 위 조건의 경우 연결송수관설비 설치 시 습식 또는 건식 중 어떠한 방식으로 설치하여야 하는가?
2) 위 조건의 경우 송수구부근의 자동배수밸브, 체크밸브의 설치순서를 설명하시오.
3) 위 조건의 경우 방수구를 제외할 수 있는 층을 설명하시오.
4) 위 조건에서 지하3층까지 설치되었다고 가정 시 지하층에 설치되는 방수구의 최소 설치수를 구하시오.
5) 지상층에 설치되는 방수구의 최소 설치수를 구하시오.
6) 방수구를 단구형으로 설치할 수 있는 경우에 대해 설명하시오.
7) 4)번 문제 조건 시 연결송수관설비용 가압송수장치의 정격토출량을 답하시오.
8) 지상에 설치되는 방수용기구함의 설치수를 구하시오.
9) 4)번 문제 조건 시 지하층에 설치되는 방수용기구함의 설치수를 구하시오.

풀이및정답 1) 습식
  cf) 지면으로부터 높이가 31m 이상 or 지상 11층 이상인 특정소방대상물의 경우 습식설비로 할 것
2) 습식의 경우 송수구, 자동배수밸브, 체크밸브의 순으로 설치할 것
3) 1층, 2층, 지하1층, 지하2층
  cf) 방수구 설치 제외
    ① 아파트의 1층 및 2층
    ② 소방차 접근이 가능하고 소방대원이 소방차로부터 각 부분에 쉽게 도달할 수 있는 피난층
    ③ 송수구가 부설된 옥내소화전을 설치한 특정소방대상물로서 다음의 어느 하나에 해당하는 층(집회장, 관람장, 백화점, 도·소매시장, 판매시설, 공장·창고시설 또는 지하가 제외)
      ㉠ 지상층을 제외한 층수가 4층 이하이고 연면적 6,000m² 미만인 특정소방대상물의 지상층
      ㉡ 지하층의 층수가 2 이하인 특정소방대상물의 지하층
4) ① 가로열 설치수 = $\dfrac{50m}{2 \times 25m \times \cos 45°}$ = 1.414   ∴ 2개

② 세로열 설치수=$\dfrac{40\text{m}}{2\times25\text{m}\times\cos45°}=1.13$ ∴ 2개

지하층 설치수=2×2×3=12개

5) 지상 1, 2층 제외 층별 1개씩 설치 ∴ 18개
6) ① 아파트 용도로 사용되는 층
   ② 스프링클러설비가 유효하게 설치되어 있고 방수구가 2개소 이상 설치된 층
7) 층별 방수구수 4개, 아파트인 경우 1,600L/min 이상
8) $\dfrac{18}{3}=6$개 (3F, 6F, 9F, 12F, 15F, 18F)
9) 4개(B1F에 4개 설치)

10 지하3층, 지상20층의 건축물에 연결송수관설비의 송수구를 설치할 경우 그 가까운 곳의 보기 쉬운 곳에 송수압력범위를 표시한 표지를 하고자 한다. 이때 다음 조건을 참고하여 송수압력 범위(MPa)를 구하시오.

조건

1. 전층 각 층고 4m
2. 연결송수관 송수구의 설치높이 : 지면으로부터 1m 높이
3. 방수구 설치높이 : 바닥으로부터 1m 높이
4. 배관, 소방용호스, 노즐의 마찰손실은 고려하지 않는다.
5. 연결송수관설비용 가압송수장치는 지하3층에 설치되어 있다.
6. 0.1MPa=10mAq로 선정한다.

풀이 및 정답
① 최소 송수압력(MPa) : 지하3층 방수구
  = −자연낙차수두+배관·호스마찰손실수두+방수압환산수두
  = −(4m×3+1m−1m)+0m+35m
  = 23m ≒ 0.23MPa
② 최대 송수압력(MPa) : 지상 15층 방수구
  = +자연낙차수두+배관·호스마찰손실수두+방수압환산수두
  = +(4m×19+1m−1m)+0m+35m
  = 111m ≒ 1.11MPa

최소 0.23MPa, 최대 1.11MPa

예상문제

연결살수설비

01 다음 괄호 안을 채우시오.

1) 폐쇄형헤드를 사용하는 경우 (   ) (   ) (   ) 의 순으로 설치할 것
2) 개방형헤드를 사용하는 경우 (   ) (   )의 순으로 설치할 것
3) 연결살수설비 전용헤드를 사용하는 경우

하나의 배관에 부착하는 살수헤드의수	1개	2개	3개	4개 또는 5개	6개 이상 10개 이하
배관의 구경(mm)					

풀이및정답
1) 송수구, 자동배수밸브, 체크밸브
2) 송수구, 자동배수밸브
3)

하나의 배관에 부착하는 살수헤드의 수	1개	2개	3개	4개 또는 5개	6개 이상 10개 이하
배관의 구경(mm)	32	40	50	65	80

02 연결살수설비 헤드의 설치기준을 쓰시오.

풀이및정답
① 헤드는 연결살수설비 전용헤드 또는 스프링클러헤드로 설치할 것
② 연결살수설비 헤드의 설치기준
  ㉠ 천장 또는 반자의 실내에 면하는 부분에 설치할 것
  ㉡ 천장 또는 반자의 각 부분으로부터 하나의 살수헤드까지의 수평거리가 연결살수설비 전용헤드의 경우는 3.7m 이하, 스프링클러헤드의 경우는 2.3m 이하로 할 것. 다만, 살수헤드의 부착면과 바닥과의 높이가 2.1m 이하인 부분에 있어서는 살수헤드의 살수분포에 따른 거리로 할 수 있다.

03 수평주행배관의 배수를 위한 기울기를 쓰시오.

풀이및정답 개방형 헤드를 사용하는 경우 수평주행배관은 헤드를 향하여 상향으로 100분의 1 이상의 기울기로 설치하고 주배관 중 낮은 부분에는 자동배수밸브를 설치할 것

04 연결살수설비에 폐쇄형 스프링클러헤드를 설치시 유의사항(설치기준)을 5가지만 기술하시오.

▲풀이및정답
① 살수가 방해되지 아니하도록 스프링클러헤드로부터 반경 60cm 이상의 공간을 보유할 것. 다만, 벽과 스프링클러헤드 간의 공간은 10cm 이상으로 한다.
② 스프링클러헤드와 그 부착면(상향식 헤드의 경우에는 그 헤드의 직상부의 천장·반자 또는 이와 비슷한 것을 말한다. 이하 같다)과의 거리는 30cm 이하로 할 것
③ 스프링클러헤드의 반사판은 그 부착면과 평행하게 설치할 것
④ 설치장소의 평상시 최고 주위온도에 따라 다음 표에 따른 표시온도의 것으로 설치할 것

설치장소의 최고 주위온도	표시온도
39℃ 미만	79℃ 미만
39℃ 이상 64℃ 미만	79℃ 이상 121℃ 미만
64℃ 이상 106 미만	121℃ 이상 162℃ 미만
106℃ 이상	162℃ 이상

⑤ 천장의 기울기가 10분의 1을 초과하는 경우에는 가지관을 천장을 마루와 평행하게 설치하고, 스프링클러헤드는 다음의 기준에 적합하게 설치할 것
  ㉠ 천장의 최상부에 스프링클러헤드를 설치하는 경우에는 최상부에 설치하는 스프링클러헤드의 반사판을 수평으로 설치할 것
  ㉡ 천장의 최상부를 중심으로 가지관을 서로 마주보게 설치하는 경우에는 최상부의 가지관 상호 간의 거리가 가지관상의 스프링클러헤드 상호 간의 거리의 1/2 이하(최소 1m 이상이 되어야 한다)가 되게 스프링클러헤드를 설치하고, 가지관의 최상부에 설치하는 스프링클러헤드는 천장의 최상부로부터의 수직거리가 90cm 이하가 되도록 할 것

05 습식연결살수설비 외에는 상향식스프링클러헤드를 설치하여야 한다. 그러하지 아니한 경우 3가지를 기술하시오.

▲풀이및정답
㉠ 드라이펜던트 스프링클러헤드를 사용하는 경우
㉡ 스프링클러헤드의 설치장소가 동파의 우려가 없는 곳인 경우
㉢ 개방형 스프링클러헤드를 사용하는 경우

06 가연성가스의 저장, 취급시설에 설치하는 연결살수설비의 헤드 설치기준 3가지를 기술하시오.

▲풀이및정답
㉮ 연결살수설비 전용의 개방형 헤드를 설치할 것
㉯ 가스저장탱크·가스홀더 및 가스발생기의 주위에 설치하되, 헤드상호 간의 거리는 3.7m 이하로 할 것
㉰ 헤드의 살수범위는 가스저장탱크·가스홀더 및 가스발생기의 몸체의 중간 윗부분의 모든 부분이 포함되도록 하여야 하고 살수된 물이 흘러내리면서 살수범위에 포함되지 아니한 부분에도 모두 적셔질 수 있도록 할 것

예상문제

07 아파트의 지하1층 주민공동시설[가로 40m, 세로 20m]에 연결살수설비를 설치하였다. 동결 우려가 있어 개방형헤드(연결살수전용헤드)로 설치시 다음 물음에 답하시오.

1) 연결살수헤드의 설치수를 구하시오. [정방형 설치]
2) 송수구역마다 송수구 설치시 송수구의 수를 구하시오.
3) 송수구의 가까운 부분에 설치하는 자동배수밸브와 체크밸브의 순서를 설명하시오.

▶ 풀이 및 정답

1) ① 가로열 설치수 = $\dfrac{\text{가로열 길이}}{\text{설치 간격}} = \dfrac{40m}{2 \times 3.7m \times \cos 45°} = 7.64$
   ∴ 8개
   ② 세로열 설치수 = $\dfrac{\text{세로열 길이}}{\text{설치 간격}} = \dfrac{20m}{2 \times 3.7m \times \cos 45°} = 3.82$
   ∴ 4개
   ③ 설치수 = 8 × 4 = 32개

2) $\dfrac{32}{10} = 3.2$ ∴ 4개

3) 송수구, 자동배수밸브 순서로 설치함.

비상콘센트설비

01 비상콘센트 설비 설치대상을 설명하시오.

특정소방대상물	적용기준
① 층수가 11층 이상인 특정소방대상물의 경우에는 11층 이상의 층	11층 이상인 층에 설치
② 지하층의 층수가 3개층 이상이고 지하층의 바닥면적의 합계가 1,000m^2 이상인 것은 지하층의 전층	지하 전층에 설치
③ 지하가 중 터널로서 길이가 500m 이상인 것	터널 길이가 500m 이상인 경우에 설치

02 다음 용어의 정의를 설명하시오.

1) 저압
2) 고압
3) 특고압

① "저압"이란 직류는 1.5kV, 교류는 1kV 이하인 것을 말한다.
② "고압"이란 직류는 1.5kV를, 교류는 1kV를 초과하고 7kV 이하인 것을 말한다.
③ "특고압"이란 7kV를 초과하는 것을 말한다.

03 비상콘센트 설비 전원의 수전방법에 대해 설명하시오.

저압수전인 경우에는 인입개폐기의 직후에서, 특고압수전 또는 고압수전인 경우에는 전력용 변압기 2차측의 주차단기 1차측 또는 2차측에서 분기하여 전용배선으로 할 것

04 비상전원의 종류 4가지를 쓰시오.

자가발전설비 또는 비상전원수전설비, 전기저장장치, 축전지설비

05 비상전원 설치대상을 쓰시오.

① 지하층을 제외한 층수가 7층 이상으로서 연면적이 2,000m^2 이상
② 지하층의 바닥면적의 합계가 3,000m^2 이상

예상문제

06 비상전원 설치하지 않을수 있는 경우를 설명하시오.

> **풀이 및 정답**
> ① 2 이상의 변전소에서 전력을 동시에 공급받을 수 있는 경우
> ② 하나의 변전소로부터 전력의 공급이 중단되는 때에는 자동으로 다른 변전소로부터 전력을 공급받을 수 있도록 상용전원을 설치한 경우

07 다음 괄호 안을 채우시오.

① 비상콘센트설비의 전원회로는 (㉠) [V]인 것으로서, 그 공급용량은 (㉡) [kVA] 이상인 것으로 할 것
② 전원회로는 각 층에 있어서 (㉢) 이상이 되도록 설치할 것 다만, 설치하여야 할 층의 비상콘센트가 1개인 때에는 하나의 회로로 할 수 있다.
③ 전원회로는 주배전반에서 전용회로로 할 것 다만, 다른 설비 회로의 사고에 따른 영향을 받지 아니하도록 되어 있는 것에 있어서는 그러하지 아니하다.
④ 전원으로부터 각 층의 비상콘센트에 분기되는 경우에는 (㉣)를 보호함 안에 설치할 것
⑤ 콘센트마다 (㉤)를 설치하여야 하며, 충전부가 노출되지 아니하도록 할 것
⑥ 개폐기에는 "비상콘센트"라고 표시한 표지를 할 것
⑦ 비상콘센트용 풀박스 등은 방청도장을 한 것으로서, 두께 (㉥)[mm] 이상의 철판으로 할 것
⑧ 하나의 전용회로에 설치하는 비상콘센트는 (㉦)개 이하로 할 것 이 경우 전선의 용량은 각 비상콘센트(비상콘센트가 (㉧)개 이상인 경우에는 (㉨)개)의 공급용량을 합한 용량 이상의 것으로 하여야 한다.

> **풀이 및 정답**
> ㉠ 단상교류 220 ㉡ 1.5 ㉢ 2 ㉣ 분기배선용차단기 ㉤ 배선용차단기
> ㉥ 1.6 ㉦ 10 ㉧ 3 ㉨ 3

08 플러그접속기 접지극 접지공사의 종류를 쓰시오.

> **풀이 및 정답** 제3종 접지공사

09 다음 빈칸을 채우시오.

구분	전압	공급용량	전선용량계산시 비상콘센트수	비상콘센트3개의 전류용량	플럭접속기의 종류
단상					

풀이 및 정답

구분	전압	공급용량	비상콘센트수	비상콘센트 3개의 전류용량	플럭접속기의 종류
단상	220V	1.5kVA	3개	$Pa = VI$ $I = \dfrac{Pa}{V} = \dfrac{1.5\text{kVA} \times 3개}{220\text{V}} = 20.5\text{A}$	접지형 2극

10 절연저항 및 절연내력의 적합기준을 설명하시오.

풀이 및 정답
① 절연저항 : 전원부와 외함 사이를 500V 절연저항계로 측정할 때 20MΩ 이상일 것
② 절연내력 : 전원부와 외함 사이에 다음과 같이 실효전압을 가하는 시험에서 1분 이상 견디는 것일 것
  ㉠ 정격전압이 150V 이하인 경우 : 1,000V의 실효전압을 인가
  ㉡ 정격전압이 150V 초과인 경우 : (정격전압×2)+1,000V의 실효전압을 인가

11 비상콘센트 도시기호를 그리시오.

풀이 및 정답

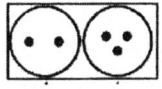

12 비상콘센트의 설치기준을 기술하시오.

풀이 및 정답
① 11층 이상의 각 층마다 설치할 것
② 바닥으로부터 높이 0.8m 이상 1.5m 이하의 위치에 설치할 것
③ 비상콘센트의 위치는 아파트 또는 바닥면적이 1,000m² 미만인 층에 있어서는 계단의 출입구로부터 5m 이내에, 바닥면적 1,000m² 이상인 층(아파트는 제외)에 있어서는 각 계단의 출입구 또는 계단부속실의 출입구로부터 5m 이내에 설치하되, 그 비상콘센트로부터 그 층의 각 부분까지의 거리가 다음의 기준을 초과하는 경우에는 그 기준 이하가 되도록 비상콘센트를 추가하여 설치할 것
  ㉠ 지하상가 또는 지하층의 바닥면적의 합계가 1,000m² 이상인 것은 수평거리 25m
  ㉡ 그 밖의 것은 수평거리 50m
  ㉢ 터널은 주행방향의 측벽길이 50m

13 비상콘센트 보호함의 설치기준을 기술하시오.

▲풀이 및 정답
① 보호함에는 쉽게 개폐할 수 있는 문을 설치할 것
② 보호함 표면에 "비상콘센트"라고 표시한 표지를 할 것
③ 보호함 상부에 적색의 표시등을 설치할 것

14 비상콘센트가 설치된 건물에서 사용전압이 단상교류 220V인 간선에 걸리는 최대전류(A)를 구하시오. [단, 지하층을 무시한 20층건물, 역률은 90%, 접지선은 고려하지 않는다.]

▲풀이 및 정답
$$I = \frac{P}{V} = \frac{1.5\text{kVA} \times 3}{220\text{V}} = \frac{1500\text{VA} \times 3}{220\text{V}} = 20.454\text{A}$$
∴ 20.45A

15 단상교류 220V인 비상콘센트의 플러그접속기의 칼받이의 접지극에 대한 접지공사의 종류, 접지저항, 접지선의 규격, 접지공사를 하는 이유를 설명하시오.

▲풀이 및 정답
① 접지공사의 종류 : 제3종 접지공사
② 접지저항 : 100Ω 이하
③ 접지선 규격 : 2.5mm^2
④ 접지공사 이유 : 화재진압시 소화전 방수등으로 인한 물 고임시 감전 방지(전력계통의 사고, 낙뢰 등 원인에 의해 발생되는 고장전류 및 서지를 효과적으로 대지에 방류함으로써 기기의 절연 파괴를 방지하여 기기를 보호하고 접지전위의 상승을 억제하여 감전 위험에서 안전을 확보함)

무선통신보조설비

01 다음 용어의 정의를 쓰시오.
1) 누설동축케이블
2) 증폭기
3) 분파기
4) 분배기
5) 증폭기
6) 무선중계기
7) 옥외안테나

▶풀이및정답
① "누설동축케이블"이란 동축케이블의 외부도체에 가느다란 홈을 만들어서 전파가 외부로 새어나갈 수 있도록 한 케이블을 말한다.
② "증폭기"란 신호 전송 시 신호가 약해져 수신이 불가능해지는 것을 방지하기 위해서 증폭하는 장치를 말한다.
③ "분파기"란 서로 다른 주파수의 합성된 신호를 분리하기 위해서 사용하는 장치를 말한다.
④ "분배기"란 신호의 전송로가 분기되는 장소에 설치하는 것으로 임피던스 매칭과 신호 균등분배를 위해 사용하는 장치를 말한다.
⑤ "증폭기"란 신호 전송 시 신호가 약해져 수신이 불가능해지는 것을 방지하기 위해서 증폭하는 장치를 말한다.
⑥ "무선중계기"란 안테나를 통하여 수신된 무전기 신호를 증폭한 후 음영지역에 재방사하여 무전기 상호 간 송수신이 가능하도록 하는 장치를 말한다. 〈신설 2021. 3. 25.〉
⑦ "옥외안테나"란 감시제어반 등에 설치된 무선중계기의 입력과 출력포트에 연결되어 송수신 신호를 원활하게 방사·수신하기 위해 옥외에 설치하는 장치를 말한다. 〈신설 2021. 3. 25.〉

02 설치대상 및 설치제외대상을 설명하시오.

▶풀이및정답
① 설치대상
㉠ 지하가(터널은 제외한다)로서 연면적 1천m^2 이상인 것
㉡ 지하층의 바닥면적의 합계가 3천m^2 이상인 것 또는 지하층의 층수가 3층 이상이고 지하층의 바닥면적의 합계가 1천m^2 이상인 것은 지하층의 모든 층
㉢ 지하가 중 터널로서 길이가 5백m 이상인 것
㉣ 공동구
㉤ 층수가 30층 이상인 것으로서 16층 이상 부분의 모든 층
② 설치제외대상
지하층으로서 소방대상물의 바닥부분 2면 이상이 지표면과 동일하거나 지표면으로부터의 깊이가 1m 이하인 경우에는 해당 층

예상문제

03 다음 괄호 안을 채우시오.

[누설동축케이블 등]

㉮ 소방전용주파수대에서 전파의 전송 또는 복사에 적합한 것으로서 소방전용의 것으로 할 것. 다만, 소방대 상호 간의 무선연락에 지장이 없는 경우에는 다른 용도와 겸용할 수 있다.

㉯ (   )과 이에 접속하는 안테나 또는 (   )과 이에 접속하는 안테나에 따른 것으로 할 것

㉰ 누설동축케이블 및 동축케이블은 (   ) 또는 (   )성의 것으로서 습기에 따라 전기의 특성이 변질되지 아니하는 것으로 하고, 노출하여 설치한 경우에는 피난 및 통행에 장애가 없도록 할 것

㉱ 누설동축케이블 및 동축케이블은 화재에 따라 당해 케이블의 피복이 소실된 경우에 케이블 본체가 떨어지지 아니하도록 (   )[m] 이내마다 금속제 또는 자기제 등의 지지금구로 벽·천장·기둥 등에 견고하게 고정시킬 것. 다만, 불연재료로 구획된 반자 안에 설치하는 경우에는 그러하지 아니하다.

㉲ 누설동축케이블 및 안테나는 금속판 등에 따라 전파의 복사 또는 특성이 현저하게 저하되지 아니하는 위치에 설치할 것

㉳ 누설동축케이블 및 안테나는 고압의 전로로부터 (   )[m] 이상 떨어진 위치에 설치할 것 (정전기 차폐장치를 설치한 경우는 제외)

㉴ 누설동축케이블의 끝부분에는 (   )을 견고하게 설치할 것

풀이 및 정답
㉯ 누설동축케이블, 동축케이블
㉰ 불연, 난연
㉱ 4
㉳ 1.5
㉴ 무반사종단저항

04 누설동출케이블 또는 동축케이블의 임피던스는 몇 [Ω]으로 하여야 하는가?

풀이 및 정답 50Ω

05 옥외안테나의 설치기준을 기술하시오.

풀이및정답
① 건축물, 지하가, 터널 또는 공동구의 출입구(「건축법 시행령」제39조에 따른 출구 또는 이와 유사한 출입구를 말한다) 및 출입구 인근에서 통신이 가능한 장소에 설치할 것
② 다른 용도로 사용되는 안테나로 인한 통신장애가 발생하지 않도록 설치할 것
③ 옥외안테나는 견고하게 설치하며 파손의 우려가 없는 곳에 설치하고 그 가까운 곳의 보기 쉬운 곳에 "무선통신보조설비 안테나"라는 표시와 함께 통신 가능거리를 표시한 표지를 설치할 것
④ 수신기가 설치된 장소 등 사람이 상시 근무하는 장소에는 옥외 안테나의 위치가 모두 표시된 옥외안테나 위치표시도를 비치할 것

06 분배기, 분파기, 혼합기 등의 설치기준을 쓰시오.

풀이및정답
① 먼지·습기 및 부식 등에 따라 기능에 이상을 가져오지 아니하도록 할 것
② 임피던스는 50Ω의 것으로 할 것
③ 점검에 편리하고 화재 등의 재해로 인한 피해의 우려가 없는 장소에 설치할 것

07 증폭기 및 무선이동중계기의 설치기준을 쓰시오.

풀이및정답
① 전원은 전기가 정상적으로 공급되는 축전지, 전기저장장치 또는 교류전압 옥내간선으로 하고 전원까지의 배선은 전용으로 할 것
② 증폭기의 전면에는 주회로의 전원이 정상인지의 여부를 표시할 수 있는 표시등 및 전압계를 설치할 것
③ 증폭기에는 비상전원이 부착된 것으로 하고 당해 비상전원 용량은 무선통신보조설비를 유효하게 30분 이상 작동시킬 수 있는 것으로 할 것
④ 증폭기 및 무선중계기를 설치하는 경우에는 「전파법」제58조의2에 따른 적합성평가를 받은 제품으로 설치하고 임의로 변경하지 않도록 할 것
⑤ 디지털방식의 무전기를 사용하는데 지장이 없도록 설치할 것

예상문제

비상전원수전설비

01 비상전원에 대한 다음 각 물음에 답하시오.
  1) 옥내소화전, 가스계소화설비, 제연설비, 연결송수관설비 및 비상조명등설비에 공통적으로 사용되는 비상전원의 종류를 쓰시오.
  2) 축전지설비와 전기저장장치를 비상전원으로 인정하여 사용하는 설비는?
  3) 축전지설비를 비상전원으로 사용하지 않는 유일한 소방설비는?

> **풀이및정답** 1) 자가발전설비, 축전지설비 및 전기저장장치
> 2) 비상경보설비, 비상방송설비, 자동화재탐지설비, 자동화재속보설비, 유도등, 무선통신보조설비
> 3) 비상콘센트설비

02 비상전원전용수전설비에 대한 다음 각 물음에 답하시오.
  1) 저압수전방식 및 고압(특고압)수전방식의 종류를 각각 쓰시오.
  2) 저압수전방식의 계통도를 그리고 설명하시오. [2회 기출]
  3) 다음 고압수전방식(전용의 전력용변압기에서 소방부하에 전원을 공급하는 방식) 계통도를 보고 수전방식을 설명하시오.

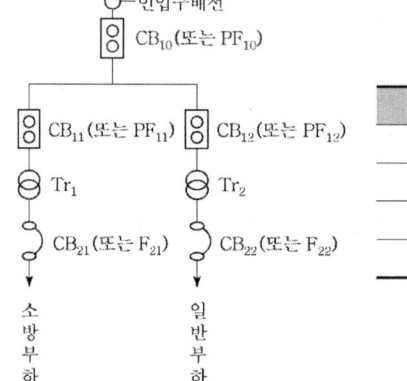

약호	명칭
CB	전력차단기
PF	전력퓨즈(고압 또는 특별고압용)
F	퓨즈(저압용)
Tr	전력용변압기

  4) 비상전원수전설비를 비상전원으로 사용하는 설비는?

> **풀이및정답** 1) 수전방식의 종류
> ① 특별고압 또는 고압의 수전방식
>   ㉠ 큐비클형
>   ㉡ 방화구획형
>   ㉢ 옥외개방형

② 저압 수전방식
  ㉠ 전용배전반방식
  ㉡ 전용분전반방식
  ㉢ 공용분전반방식
2) 저압수전방식의 계통도
  ① 일반회로의 과부하 또는 단락사고시 S_M이 S_N, S_{N1} 및 S_{N2} 보다 먼저 차단되어서는 안된다.
  ② S_F는 S_N과 동등 이상의 차단 용량일 것

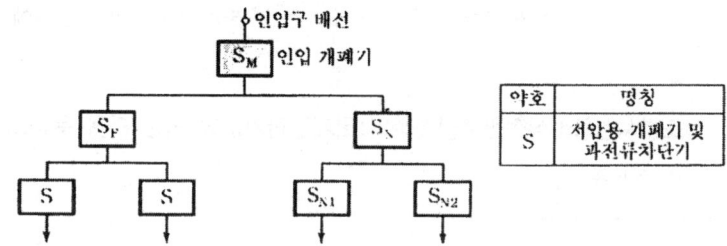

3) ① 일반회로의 과부하 또는 단락사고 시에 CB10(또는 PF10)이 CB12(또는 PF12) 및 CB22(또는 F22) 보다 먼저 차단되어서는 아니된다.
   ② CB11(또는 PF11)은 CB12(또는 PF12)와 동등 이상의 차단용량일 것
4) ① 간이스프링클러설비
   ② 차고주차장으로서 스프링클러설비가 설치된 부분의 바닥면적 합계가 $1,000m^2$ 미만인 소방대상물
   ③ 차고·주차장으로서 포소화설비가 설치된 부분의 바닥면적 합계가 $1,000m^2$ 미만인 소방대상물
   ④ 호스릴포소화설비, 포소화전만을 설치한 차고주차장
   ⑤ 비상콘센트설비

03 일반전기사업자로부터 특별고압 또는 고압으로 수전하는 비상전원수전설비의 종류 3가지를 기술하시오.

풀이및정답 ① 큐비클형 ② 방화구획형 ③ 옥외개방형

04 큐비클형 비상전원수전설비에 설치되는 환기장치 설치기준 4가지를 기술하시오.

풀이및정답 ① 내부의 온도가 상승하지 않도록 환기장치를 할 것
② 자연환기구의 개부구 면적의 합계는 외함의 한 면에 대하여 해당 면적의 1/3 이하로 할 것
③ 자연환기구에 따라 충분히 환기할 수 없는 경우에는 환기설비를 설치할 것
④ 환기구에는 금속망, 방화댐퍼 등으로 방화조치를 하고, 옥외에 설치하는 것은 빗물 등이 들어가지 않도록 할 것

예상문제

05 큐비클형 비상전원수전설비에 외함에 노출하여 설치할 수 있는 장치 6가지를 기술하시오.

▲풀이및정답
① 표시등(불연성 또는 난연성재료로 덮개를 설치한 것에 한한다)
② 전선의 인입구 및 인출구
③ 환기장치
④ 전압계(퓨즈 등으로 보호한 것에 한한다)
⑤ 전류계(변류기의 2차측에 접속된 것에 한한다)
⑥ 계기용 전환스위치(불연성 또는 난연성 재료로 제작된 것에 한한다)

06 소방시설용비상전원수전설비의 화재안전기준에 의한 다음 용어의 정의를 알맞게 쓰시오.
1) 전용큐비클식
2) 공용큐비클식
3) 전용배전반
4) 공용배전반
5) 전용분전반
6) 공용분전반

▲풀이및정답

전용큐비클식	소방회로용의 것으로 수전설비, 변전설비 그 밖의 기기 및 배선을 금속제 외함에 수납한 것을 말한다.
공용큐비클식	소방회로 및 일반회로 겸용의 것으로서 수전설비, 변전설비 그 밖의 기기 및 배선을 금속제 외함에 수납한 것을 말한다.
전용배전반	소방회로 전용의 것으로서 개폐기, 과전류차단기, 계기 그 밖의 배선용기기 및 배선을 금속제 외함에 수납한 것을 말한다.
공용배전반	소방회로 및 일반회로 겸용의 것으로서 개폐기, 과전류차단기, 계기 그 밖의 배선용기기 및 배선을 금속제 외함에 수납한 것을 말한다.
전용분전반	소방회로 전용의 것으로서 분기 개폐기, 분기과전류차단기 그 밖의 배선용기기 및 배선을 금속제 외함에 수납한 것을 말한다.
공용분전반	소방회로 및 일반회로 겸용의 것으로서 분기개폐기, 분기과전류차단기 그 밖의 배선용기기 및 배선을 금속제 외함에 수납한 것을 말한다.

07 저압으로 수전하는 비상전원설비의 제1종 배전반·제1종 분전반 설치기준을 쓰시오.

◀풀이및정답
1. 외함은 두께 1.6mm(전면판 및 문은 2.3mm) 이상의 강판과 이와 동등 이상의 강도와 내화성능이 있는 것으로 제작할 것
2. 외함의 내부는 외부의 열에 의해 영향을 받지 않도록 내열성 및 단열성이 있는 재료를 사용하여 단열할 것. 이 경우 단열부분은 열 또는 진동에 따라 쉽게 변형되지 아니하여야 한다.
3. 다음 각 목에 해당하는 것은 외함에 노출하여 설치할 수 있다.
   가. 표시등(불연성 또는 난연성재료로 덮개를 설치한 것에 한한다)
   나. 전선의 인입구 및 입출구
4. 외함은 금속관 또는 금속재 가요전선관을 쉽게 접속할 수 있도록 하고, 당해 접속부분에는 단열조치를 할 것
5. 공용배전판 및 공용분전판의 경우 소방회로와 일반회로에 사용하는 배선 및 배선용 기기는 불연재료로 구획되어야 할 것

08 저압으로 수전하는 비상전원설비의 제2종 배전반·제2종 분전반 설치기준을 쓰시오.

◀풀이및정답
1. 외함은 두께 1mm(함전면의 면적이 1,000cm^{2}를 초과하고 2,000cm^2 이하인 경우에는 1.2mm, 2000cm^{2}를 초과하는 경우에는 1.6mm) 이상의 강판과 이와 동등 이상의 강도와 내화성능이 있는 것으로 제작할 것
2. 제1항 제3호 각목에 정한 것과 120℃의 온도를 가했을 때 이상이 없는 전압계 및 전류계는 외함에 노출하여 설치할 것
3. 단열을 위해 배선용 불연전용실내에 설치할 것
4. 그 밖의 제2종 배전반 및 제2종 분전반의 설치에 관하여는 제1항 제4호 및 제5호의 규정에 적합할 것

예상문제

도로터널의 소방시설

01 도로터널의 경우 터널길이에 따른 설치 소방시설의 종류를 설명하시오.

▶풀이및정답
① 모든 터널 : 소화기
② 500m 이상 : 비상경보설비, 비상조명등설비, 비상콘센트설비, 무선통신보조설비
③ 1,000m 이상 : 옥내소화전설비, 자동화재탐지설비, 연결송수관설비
④ 지하가 중 예상 교통량, 경사도 등 터널의 특성을 고려하여 안전행정부령으로 하는 위험등급 이상에 해당하는 터널 : 물분무소화설비, 제연설비

02 소화기의 설치기준

▶풀이및정답
① 소화기의 능력단위는 A급 화재는 3단위 이상, B급 화재는 5단위 이상 및 C급 화재에 적응성이 있는 것으로 할 것
② 소화기의 총중량은 사용 및 운반이 편리성을 고려하여 7kg 이하로 할 것
③ 소화기는 주행차로의 우측 측벽에 50m 이내의 간격으로 2개 이상을 설치하며, 편도2차선 이상의 양방향 터널과 4차로 이상의 일방향 터널의 경우에는 양쪽 측벽에 각각 50m 이내의 간격으로 엇갈리게 2개 이상을 설치할 것
④ 바닥면으로부터 1.5m 이하의 높이에 설치할 것
⑤ 소화기구함의 상부에 "소화기"라고 조명식 또는 반사식의 표지판을 부착하여 사용자가 쉽게 인지할 수 있도록 할 것

03 옥내소화전설비의 설치기준

▶풀이및정답
① 소화전함과 방수구는 주행차로 우측 측벽을 따라 50m 이내의 간격으로 설치하며, 편도 2차선 이상의 양방향 터널이나 4차로 이상의 일방향 터널의 경우에는 양쪽 측벽에 각각 50m 이내의 간격으로 엇갈리게 설치할 것
② 수원은 그 저수량이 옥내소화전의 설치개수 2개(4차로 이상의 터널의 경우 3개)를 동시에 40분 이상 사용할 수 있는 충분한 양 이상을 확보할 것
③ 가압송수장치는 옥내소화전 2개(4차로 이상의 터널인 경우 3개)를 동시에 사용할 경우 각 옥내소화전의 노즐선단에서의 방수압력은 0.35MPa 이상이고 방수량은 190L/min 이상이 되는 성능의 것으로 할 것. 다만, 하나의 옥내소화전을 사용하는 노즐선단에서의 방수압력이 0.7MPa을 초과할 경우에는 호스접결구의 인입측에 감압장치를 설치하여야 한다.
④ 압력수조나 고가수조가 아닌 전동기 및 내연기관에 의한 펌프를 이용하는 가압송수장치는 주펌프와 동등 이상인 별도의 예비펌프를 설치할 것
⑤ 방수구는 40mm 구경의 단구형을 옥내소화전이 설치된 벽면의 바닥면으로부터 1.5m 이하의 높이에 설치할 것

⑥ 소화전함에는 옥내소화전 방수구 1개, 15m 이상의 소방호스 3본 이상 및 방수노즐을 비치할 것
⑦ 옥내소화전설비의 비상전원은 40분 이상 작동할 수 있을 것

04 물분무소화설비의 설치기준

① 물분무 헤드는 도로면에 $1m^2$당 6L/min 이상의 수량을 균일하게 방수할 수 있도록 할 것
② 물분무설비의 하나의 방수구역은 25m 이상으로 하며, 3개 방수구역을 동시에 40분 이상 방수할 수 있는 수량을 확보할 것
③ 물분무설비의 비상전원은 40분 이상 기능을 유지할 수 있도록 할 것

05 비상경보설비의 설치기준

① 발신기는 주행차로 한쪽 측벽에 50m 이내의 간격으로 설치하며, 편도 2차선 이상의 양방향 터널이나 4차로 이상의 일방향 터널의 경우에는 양쪽의 측벽에 각각 50m 이내의 간격으로 엇갈리게 설치할 것
② 발신기는 바닥면으로부터 0.8m 이상 1.5m 이하의 높이에 설치할 것
③ 음향장치는 발신기 설치위치와 동일하게 설치할 것. 다만, 비상방송설비를 비상경보설비와 연동하여 작동하도록 설치한 경우에는 비상경보설비의 지구음향장치를 설치하지 아니할 수 있다.
④ 음량장치의 음량은 부착된 음향장치의 중심으로부터 1m 떨어진 위치에서 90dB 이상이 되도록 할 것
⑤ 음향장치는 터널내부 전체에 동시에 경보를 발하도록 설치할 것
⑥ 시각경보기는 주행차로 한쪽 측벽에 50m 이내의 간격으로 비상경보설비 상부 직근에 설치하고, 전체 시각경보기는 동기방식에 의해 작동될 수 있도록 할 것

06 자동화재탐지설비의 설치기준

① 터널에 설치할 수 있는 감지기의 종류는 다음 각 호의 어느 하나와 같다.
  1. 차동식분포형감지기
  2. 정온식감지선형감지기(아날로그식에 한한다. 이하 같다.)
  3. 중앙기술심의위원회의 심의를 거쳐 터널화재에 적응성이 있다고 인정된 감지기
② 하나의 경계구역의 길이는 100m 이하로 하여야 한다.
③ ①에 의한 감지기의 설치기준은 다음 각 호와 같다. 다만 중앙기술심의위원회의 심의를 거쳐 제조사 시방서에 따른 설치방법이 터널화재에 적합하다고 인정되는 경우에는 다음 각 호의 기준에 의하지 아니하고 심의결과에 의한 제조사 시방서에 따라 설치할 수 있다.
  1. 감지기의 감열부(열을 감지하는 기능을 갖는 부분을 말한다. 이하 같다.)와 감열부 사이의 이격거리는 10m 이하로, 감지기와 터널 좌·우측 벽면과의 이격거리는 6.5m

예상문제

이하로 설치할 것
2. 위 1호에도 불구하고 터널 천장의 구조가 아치형의 터널에 감지기를 터널 진행방향으로 설치하고자 하는 경우에는 감열부와 감열부 사이의 이격거리를 10m 이하로 하여 아치형 천장의 중앙 최상부에 1열로 감지기를 설치하여야 하며, 감지기를 2열 이상으로 설치하고자 하는 경우에는 감열부와 감열부 사이의 이격거리는 10m 이하로 감지기 간의 이격거리는 6.5m 이하로 설치할 것
3. 감지기를 천장면에 설치하는 경우에는 감지기가 천장면에 밀착되지 않도록 고정금구 등을 사용하여 설치할 것
4. 형식승인 내용에 설치방법이 규정된 경우에는 형식승인 내용에 따라 설치할 것. 다만, 감지기와 천장면과의 이격거리에 대해 제조사의 시방서에 규정되어 있는 경우에는 시방서의 규정에 따라 설치할 수 있다.
④ ②에도 불구하고 감지기의 작동에 의하여 다른 소방시설 등이 연동되는 경우로서 해당 소방시설 등의 작동을 위한 정확한 발화위치를 확인할 필요가 있는 경우에는 경계구역의 길이가 해당 설비의 방호구역 등에 포함되도록 설치하여야 한다.
⑤ 발신기 및 지구음향장치는 비상경보설비설치기준을 준용하여 설치하여야 한다.

07 비상조명등설비의 설치기준

▶풀이 및 정답 ① 상시 조명이 소등된 상태에서 비상조명등이 점등되는 경우 터널안의 차도 및 보도의 바닥면의 조도는 10lx 이상, 그 외 모든 지점의 조도는 1lx 이상이 될 수 있도록 설치할 것
② 비상조명등은 상용전원이 차단되는 경우 자동으로 비상전원으로 60분 이상 점등되도록 설치할 것
③ 비상조명등에 내장된 예비전원이나 축전지설비는 상용전원의 공급에 의하여 상시 충전상태를 유지할 수 있도록 설치할 것

08 제연설비의 설치기준 중 다음 물음에 답하시오.

1) 기준 설계화재강도 :
2) 기준 연기발생률 :
3) 제연설비가 기동되어야 하는 경우 3가지 :

▶풀이 및 정답 1) 20MW
2) 80m³/s
3) ① 화재감지기가 동작되는 경우
② 발신기의 스위치 조작 또는 자동소화설비의 기동장치를 동작시키는 경우
③ 화재수신기 또는 감시제어반의 수동조작스위치를 동작시키는 경우
cf) 제연설비 설치기준
1. 종류환기방식의 경우 제트팬의 소손을 고려하여 예비용 제트팬을 설치하도록 할 것
2. 횡류환기방식(또는 반횡류환기방식) 및 대배기구 방식의 배연용 팬은 덕트의 길이에 따라서 노출온도가 달라질 수 있으므로 수치해석 등을 통해서 내열온도 등을 검토한 후에 적용하도록 할 것

3. 대배기구의 개폐용 전동모터는 정전 및 전원이 차단되는 경우에도 조작상태를 유지할 수 있도록 할 것
4. 화재에 노출이 우려되는 제연설비와 전원공급선 및 제트팬 사이의 전원공급장치 등은 250℃의 온도에서 60분 이상 운전상태를 유지할 수 있도록 할 것

cf) 비상전원 용량 : 60분 이상

09 연결송수관설비의 설치기준

▲풀이및정답
① 방수압력은 0.35MPa 이상, 방수량은 400L/min 이상을 유지할 수 있도록 할 것
② 방수구는 50m 이내의 간격으로 옥내소화전함에 병설하거나 독립적으로 터널출입구 부근과 피난연결 통로에 설치할 것
③ 방수기구함은 50m 이내의 간격으로 옥내소화전함 안에 설치하거나 독립적으로 설치하고, 하나의 방수기구함에는 65mm 방수노즐 1개와 15m 이상의 호스 3본을 설치하도록 할 것

10 무선통신보조설비의 설치기준

▲풀이및정답
① 무선통신보조설비의 무전기접속단자는 방재실과 터널의 입구 및 출구, 피난연결통로에 설치하여야 한다.
② 라디오 재방송설비가 설치되는 터널의 경우에는 무선통신보조설비와 겸용으로 설치할 수 있다.

11 비상콘센트설비의 설치기준

▲풀이및정답
① 비상콘센트설비의 전원회로는 단상교류 220V인 것으로서, 그 공급용량은 1.5kVA 이상인 것으로 할 것
② 전원회로는 주배전반에서 전용회로로 할 것. 다만, 다른 설비의 회로의 사고에 따른 영향을 받지 아니하도록 되어 있는 것은 그러하지 아니하다.
③ 콘센트마다 배선용 차단기(KS C 8312)를 설치하여야 하며, 충전부가 노출되지 아니하도록 할 것
④ 주행차로의 우측 측벽에 50m 이내의 간격으로 바닥으로부터 0.8m 이상 1.5m 이하의 높이에 설치할 것

예상문제

12 조건에 따라 도로터널 화재안전기술기준(NFTC 603)에 대하여 물음에 답하시오. [12회 기출]

> **조건**
> 1. 편도 일방향 4차선 도로터널이다.
> 2. 터널의 길이는 2,500m이다.

1) 터널에 설치하는 옥내소화전 설비에서 방수구 최소 설치 수량 및 수원량(m^3)을 구하시오.
2) 터널에 설치하는 옥내소화전 설비, 연결 송수관설비의 노즐 선단 방수압력(MPa), 방수량을(lpm) 쓰시오.
3) 터널내의 최소 경계구역의 수와 적용 가능한 화재감지기 3가지를 쓰시오. (단, 경계구역은 다른 설비와의 연동은 없다.)
4) 터널내 비상콘센트 최소 설치수량을 산정하고 설치기준을 쓰시오.

풀이 및 정답

1) ① 방수구수 : 4차로 이상 일방향 터널의 경우 양쪽 측벽에 50m 간격으로 엇갈리게 설치
   한쪽 측벽 = 터널입구 50m 이후 설치, 터널출구 50m 전 설치 ∴ 49개
   한쪽 측벽 = 터널입구 25m 이후 설치, 터널출구 25m 전 설치 ∴ 50개

   ② 수원량
   $Q = 3 \times 190L/min \times 40min = 22,800L = 22.8m^3$

   답 ① **방수구수 = 99개**, ② **수원량 = 22.8m^3**

2) 옥내소화전 설비 방수압력 = 0.35MPa 이상 0.7MPa 이하
   옥내소화전 설비 방수량 = 190L/min 이상
   연결송수관 설비 방수압력 = 0.35MPa 이상
   연결송수관 설비 방수량 = 400L/min 이상

3) ① 경계구역수

   터널의 경계구역은 100m마다 설정하므로 경계구역수 = $\dfrac{2500m}{100m} = 25$개

   ② 적용가능한 화재감지기
   ㉠ 차동식분포형감지기
   ㉡ 정온식감지선형감지기(아날로그식에 한한다)
   ㉢ 중앙기술심의위원회의 심의를 거쳐 터널화재에 적응성이 있다고 인정된 감지기

4) ① 설치수량

   주행차로 우측측벽에 50m 간격으로 설치하므로 비상콘센트수 = $\dfrac{2500m}{50m} - 1 = 49$개

   ② 설치기준
   ㉮ 비상콘센트설비의 전원회로는 단상교류 220V인 것으로서, 그 공급용량은 1.5kVA 이상인 것으로 할 것
   ㉯ 전원회로는 주배전반에서 전용회로로 할 것. 다만, 다른 설비의 회로의 사고에 따른 영향을 받지 아니하도록 되어 있는 것은 그러하지 아니하다.
   ㉰ 콘센트마다 배선용 차단기(KS C 8321)를 설치하여야 하며, 충전부가 노출되지 아니하도록 할 것
   ㉱ 주행차로의 우측 측벽에 50m 이내의 간격으로 바닥으로부터 0.8m 이상 1.5m 이하의 높이에 설치할 것

13 도로터널의 화재안전기준에서 정한 다음 용어의 정의를 쓰시오.
1) 종류환기방식
2) 횡류환기방식
3) 반횡류환기방식

▶풀이및정답 1) 종류환기방식 : 터널안의 배기가스와 연기 등을 배출하는 환기설비로서 기류를 종방향(출입구 방향)으로 흐르게 하여 환기하는 방식을 말한다.
2) 횡류환기방식 : 터널안의 배기가스와 연기 등을 배출하는 환기설비로서 기류를 횡방향(바닥에서 천장)으로 흐르게 하여 환기하는 방식을 말한다.
3) 반횡류환기방식 : 터널안의 배기가스와 연기 등을 배출하는 환기설비로서 터널에 수직배기구를 설치해서 횡방향과 종방향으로 기류를 흐르게 하여 환기하는 방식을 말한다.

14 터널 길이가 100m, 폭이 6m인 터널에 물분무소화설비를 설치할 경우 수원의 양[m³]은 얼마 이상으로 하여야 하는가?

▶풀이및정답 $Q(L) = (25m \times 6m) \times 6L/m^2 \cdot min \times 3 \times 40min = 108,000L \fallingdotseq 108m^3$

예상문제

고층건축물의 소방시설

01 고층건축물의 정의를 쓰시오. [13회 기출]

▶풀이및정답 층수가 30층 이상이거나 높이가 120m 이상인 건축물

02 옥내소화전설비 설치시 수원량의 1/3이상을 옥상에 설치하여야 하는데 그러하지 아니할 수 있는 경우 2가지를 기술하시오.

▶풀이및정답 ① 고가수조를 가압송수장치로 설치한 경우
② 수원이 건축물의 옥상보다 높은 위치에 설치된 경우

03 50층 이상인 건축물의 경우 옥내소화전 배관기준을 기술하시오.

▶풀이및정답 옥내소화전 주배관 중 수직배관은 2개 이상(주배관 성능을 갖는 동일호칭배관)으로 설치하여야 하며, 하나의 수직배관의 파손 등 작동 불능 시에도 다른 수직배관으로부터 소화용수가 공급되도록 구성하여야 한다.

04 옥내소화전 설비의 비상전원 설치기준을 쓰시오.

▶풀이및정답 비상전원은 자가발전설비 또는 축전지설비(내연기관에 따른 펌프를 사용하는 경우에는 내연기관의 기동 및 제어용 축전지를 말한다)로서 옥내소화전설비를 40분 이상 작동할 수 있을 것. 다만, 50층 이상인 건축물의 경우에는 60분 이상 작동할 수 있어야 한다.

05 50층 이상인 건축물에 설치되는 스프링클러설비의 수원, 배관, 헤드, 음향장치, 비상전원의 설치기준을 기술하시오.

▶풀이및정답 ① 수원 설치기준
㉮ 수원은 스프링클러설비 설치장소별 스프링클러헤드의 기준개수에 $3.2m^3$를 곱한 양 이상이 되도록 하여야 한다. 다만, 50층 이상인 건축물의 경우에는 $4.8m^3$를 곱한 양 이상이 되도록 하여야 한다.
㉯ 산출된 유효수량 외에 유효수량의 3분의 1 이상을 옥상에 설치하여야 한다. 다만, 고가수조방식, 수원이 옥상보다 높이 설치된 경우에는 그러하지 아니하다.
② 배관 설치기준
㉮ 전용으로 설치할 것
㉯ 50층 이상인 건축물의 스프링클러설비 주배관 중 수직배관은 2개 이상으로 설치하고

하나의 수직배관이 파손 등 작동 불능 시에도 다른 수직배관으로부터 소화용수가 공급되도록 구성하여야 하며, 각각의 수직배관에 유수검지장치를 설치하여야 한다.
③ 헤드 설치기준
50층 이상인 건축물의 스프링클러헤드에는 2개 이상의 가지배관 양방향에서 소화용수가 공급되도록 하고, 수리계산에 의한 설계를 하여야 한다.
④ 음향장치(우선경보) 기준
1. 2층 이상의 층에서 발화한 때에는 발화층 및 그 직상 4개층에 경보를 발할 것
2. 1층에서 발화한 때에는 발화층·그 직상 4개층 및 지하층에 경보를 발할 것
3. 지하층에서 발화한 때에는 발화층·그 직상층 및 기타의 지하층에 경보를 발할 것
⑤ 비상전원을 설치할 경우 자가발전설비 또는 축전지설비로서 스프링클러설비를 40분 이상 작동할 수 있을 것. 다만, 50층 이상인 건축물의 경우에는 60분 이상 작동할 수 있어야 한다.

06 비상방송설비의 설치기준을 쓰시오.

▲풀이및정답 ① 비상방송설비의 음향장치는 다음 각 호의 기준에 따라 경보를 발할 수 있도록 하여야 한다.
1. 2층 이상의 층에서 발화한 때에는 발화층 및 그 직상 4개층에 경보를 발할 것
2. 1층에서 발화한 때에는 발화층·그 직상 4개층 및 지하층에 경보를 발할 것
3. 지하층에서 발화한 때에는 발화층·그 직상층 및 기타의 지하층에 경보를 발할 것
② 비상방송설비에는 그 설비에 대한 감시상태를 60분간 지속한 후 유효하게 30분 이상 경보할 수 있는 축전지설비(수신기에 내장하는 경우를 포함한다)를 설치할 것

07 고층건축물에 설치되는 자동화재탐지설비의 감지기 설치기준을 쓰시오.

▲풀이및정답 감지기는 아날로그방식의 감지기로서 감지기의 작동 및 설치지점을 수신기에서 확인할 수 있는 것으로 설치하여야 한다. 다만, 공동주택의 경우에는 감지기별로 작동 및 설치지점을 수신기에서 확인할 수 있는 아날로그방식 외의 감지기로 설치할 수 있다.

08 50층 이상 건축물에 배선을 2중배선 설치하여야 하는 배선의 종류 3가지를 기술하시오.

▲풀이및정답 ① 수신기와 수신기 사이의 통신배선
② 수신기와 중계기 사이의 신호배선
③ 수신기와 감지기 사이의 신호배선

예상문제

09 고층건축물에 설치되는 비상전원의 설치기준을 쓰시오.

▶풀이및정답
1) 옥내소화전 비상전원
   비상전원은 자가발전설비 또는 축전지설비로서 옥내소화전설비를 40분 이상 작동할 수 있을 것. 다만, 50층 이상인 건축물의 경우에는 60분 이상 작동할 수 있어야 한다.
2) 스프링클러 비상전원
   비상전원은 자가발전설비 또는 축전지설비로서 옥내소화전설비를 40분 이상 작동할 수 있을 것. 다만, 50층 이상인 건축물의 경우에는 60분 이상 작동할 수 있어야 한다.
3) 비상방송 비상전원
   그 설비에 대한 감시상태를 60분간 지속한 후 유효하게 30분 이상 경보할 수 있는 축전지설비(수신기에 내장하는 경우를 포함한다)를 설치할 것
4) 자동화재탐지설비 비상전원
   그 설비에 대한 감시상태를 60분간 지속한 후 유효하게 30분 이상 경보할 수 있는 축전지설비(수신기에 내장하는 경우를 포함한다)를 설치할 것
5) 특별피난계단 계단실, 부속실 제연설비 비상전원
   비상전원은 자가발전설비 등으로 하고 제연설비를 유효하게 40분 이상 작동할 수 있도록 할 것. 다만, 50층 이상인 건축물의 경우에는 60분 이상 작동할 수 있어야 한다.

10 피난안전구역에 설치되어야 하는 소방시설의 종류를 모두 쓰시오.

▶풀이및정답
① 소화설비 중 소화기구(소화기 및 간이소화용구), 옥내소화전설비 및 스프링클러설비
② 경보설비 중 자동화재탐지설비
③ 피난설비 중 방열복, 공기호흡기(보조마스크를 포함한다), 인공소생기, 피난유도선, 피난안전구역으로 피난을 유도하기 위한 유도등·유도표지, 비상조명등 및 휴대용비상조명등
④ 소화활동설비 중 제연설비, 무선통신보조설비

11 다음 빈칸을 채우시오.

【 피난안전구역에 설치하는 소방시설 설치기준 】

구 분	설치기준
1. 제연설비	피난안전구역과 비 제연구역간의 차압은 [ ]pa(옥내에 스프링클러설비가 설치된 경우에는 [ ]Pa) 이상으로 하여야 한다. 다만 피난안전구역의 한쪽 면 이상이 외기에 개방된 구조의 경우에는 설치하지 아니할 수 있다.
2. 피난유도선	피난유도선은 다음 각호의 기준에 따라 설치하여야 한다. 가. 나. 다. 라.
3. 비상조명등	피난안전구역의 비상조명등은 상시 조명이 소등된 상태에서 그 비상조명등이 점등되는 경우 각 부분의 바닥에서 조도는 [ ]lx 이상이 될 수 있도록 설치할 것
4. 휴대용 비상조명등	가. 피난안전구역에는 휴대용비상조명등을 다음 각호의 기준에 따라 설치하여야 한다. 　1) 초고층 건축물에 설치된 피난안전구역 : 피난안전구역 위층의 재실자수(「건축물의 피난·방화구조 등의 기준에 관한 규칙」 별표 1의2에 따라 산정된 재실자 수를 말한다)의 [ ] 분의 [ ] 이상 　2) 지하연계 복합건축물에 설치된 피난안전구역 : 피난안전구역이 설치된 층의 수용인원(영 별표 2에 따라 산정된 수용인원을 말한다)의 [ ]분의 [ ] 이상 나. 건전지 및 충전식 건전지의 용량은 [ ]분 이상 유효하게 사용할 수 있는 것으로 한다. 다만, 피난안전구역이 50층 이상에 설치되어 있을 경우의 용량은 [ ]분 이상으로 할 것
5. 인명구조기구	가. [　, 　]를 각 [ ]개 이상 비치할 것 나. [ ]분 이상 사용할 수 있는 성능의 공기호흡기(보조마스크를 포함한다)를 [ ]개 이상 비치하여야 한다. 다만, 피난안전구역이 50층 이상에 설치되어 있을 경우에는 동일한 성능의 예비용기를 [ ]개 이상 비치할 것 다. 화재시 쉽게 반출할 수 있는 곳에 비치할 것 라. 인명구조기구가 설치된 장소의 보기 쉬운 곳에 "인명구조기구"라는 표지판 등을 설치할 것

예상문제

풀이및정답 피난안전구역에 설치하는 소방시설의 설치기준

구분	설치기준
1. 제연설비	피난안전구역과 비 제연구역간의 차압은 50Pa(옥내에 스프링클러설비가 설치된 경우에는 12.5Pa) 이상으로 하여야 한다. 다만, 피난안전구역의 한쪽 면 이상이 외기에 개방된 구조의 경우에는 설치하지 아니할 수 있다.
2. 피난유도선	피난유도선은 다음 각호의 기준에 따라 설치하여야 한다. 가. 피난안전구역이 설치된 층의 계단실 출입구에서 피난안전구역 주 출입구 또는 비상구까지 설치할 것 나. 계단실에 설치하는 경우 계단 및 계단참에 설치할 것 다. 피난유도 표시부의 너비는 최소 25mm 이상으로 설치할 것 라. 광원점등방식(전류에 의하여 빛을 내는 방식)으로 설치하되, 60분 이상 유효하게 작동할 것
3. 비상조명등	피난안전구역의 비상조명등은 상시 조명이 소등된 상태에서 그 비상조명등이 점등되는 경우 각 부분의 바닥에서 조도는 10lx 이상이 될 수 있도록 설치할 것
4. 휴대용 비상조명등	가. 피난안전구역에는 휴대용비상조명등을 다음 각 호의 기준에 따라 설치하여야 한다. 　1) 초고층 건축물에 설치된 피난안전구역 : 피난안전구역 위층의 재실자 수(「건축물의 피난·방화구조 등의 기준에 관한 규칙」 별표 1의 2에 따라 산정된 재실자 수를 말한다)의 10분의 1 이상 　2) 지하연계 복합건축물에 설치된 피난안전구역 : 피난안전구역이 설치된 층의 수용인원(영 별표 2에 따라 산정된 수용인원을 말한다)의 10분의 1 이상 나. 건전지 및 충전식 건전지의 용량은 40분 이상 유효하게 사용할 수 있는 것으로 한다. 다만, 피난안전구역이 50층 이상에 설치되어 있을 경우의 용량은 60분 이상으로 할 것
5. 인명구조 기구	가. 방열복, 인공소생기를 각 2개 이상 비치할 것 나. 45분 이상 사용할 수 있는 성능의 공기호흡기(보조마스크를 포함한다)를 2개 이상 비치하여야 한다. 다만, 피난안전구역이 50층 이상에 설치되어 있을 경우에는 동일한 성능의 예비용기를 10개 이상 비치할 것 다. 화재시 쉽게 반출할 수 있는 곳에 비치할 것 라. 인명구조기구가 설치된 장소의 보기 쉬운 곳에 "인명구조기구"라는 표시판 등을 설치할 것

12 층수가 50층 각 층당 2세대인 계단식 아파트에 화재안전기준을 적용하여 소방시설을 설치하려고 한다. 조건을 참조하여 각 물음에 답하시오.

조건
① 계단식 아파트 50층 100세대(층별2세대)
② 층간 높이 3m, 바닥 기준면에서 반자까지 높이 2.5m
③ 각 소화펌프에서 1층 바닥까지 높이 2m, 펌프실은 지하1층 이다.
④ 층 당 옥내소화전 설치 수 : 2개
⑤ 옥내소화전 방수구 높이 1m
⑥ 한 세대 당 설치된 스프링클러헤드 수 : 8개
⑦ 배관압력손실
  ㉠ 최상층 옥내소화전까지 마찰손실수두 : 8m
  ㉡ 최상층 스프링클러헤드까지의 배관마찰손실수두 : 10m
  ㉢ 옥내소화전 호스 및 노즐의 마찰손실수두 : 2m
⑧ 소화설비가 설치된 부분은 방화벽과 방화문으로 구획되어 있고 화재는 각 세대에서 동시에 발생하지 않는다고 가정한다.

1) 옥내소화전 및 스프링클러 소화펌프의 양정[m] 및 토출량[m³/min]을 계산하시오.
2) 옥내소화전 및 스프링클러 소화용 보유수량[m³]을 계산하시오.
3) 연결송수관설비 방수기구함 수 및 가압송수장치의 토출량을 구하시오.
4) 비상콘센트 수를 계산하시오.
5) 자동화재탐지설비시 사용되는 감지기의 종류에 대해 설명하시오.
6) 옥내소화전 및 스프링클러설비의 수직배관기준을 설명하시오.
7) 이 건물에 설치하는 통신, 신호배선은 (①)배선을 설치하도록 하고, (②)시에 (③)표시가 되며 정상작동할수 있는 성능을 갖도록 설비를 하여야 한다. 그리고 위 배선방식을 사용하여야 하는 배선은 아래와 같다.
  (④   )
  (⑤   )
  (⑥   )
8) 다음의 층에서 화재발생시 경보하여야 하는 층을 답하시오.
  ① 25층 화재시
  ② 1층 화재시
  ③ 지하1층 화재시

예상문제

▲풀이및정답

1) ① 옥내소화전
   ㉠ 양정 $H = h_1 + h_2 + h_3 + 17\text{m} = 8\text{m} + 2\text{m} + (2\text{m} + 3\text{m} \times 49 + 1\text{m}) + 17\text{m} = 177\text{m}$
   ㉡ 토출량 $Q = N \times 130 l/\text{min} = 2 \times 130 l/\text{min} = 260 l/\text{min}$
   ② 스프링클러
   ㉠ 양정 $H = h_1 + h_2 + 10\text{m} = 10\text{m} + (2\text{m} + 3\text{m} \times 49 + 2.5\text{m}) + 10\text{m} = 171.5\text{m}$
   ㉡ 토출량 $Q = N \times 80 l/\text{min} = 8 \times 80 l/\text{min} = 640 l/\text{min}$

2) ① 옥내소화전
   $Q(\text{m}^3) = N \times 7.8\text{m}^3 = 2 \times 7.8\text{m}^3 = 15.6\text{m}^3$
   ② 스프링클러
   $Q(\text{m}^3) = N \times 4.8\text{m}^3 = 8 \times 4.8\text{m}^3 = 38.4\text{m}^3$

3) ① 방수기구함수 : 16개×2=32개
   ② 토출량 : 층별 방수구 2개 ∴ $1200 l/\text{min}$

4) 지하층포함 11층 이상의 층에 설치
   ∴ 11층~50층 2라인 설치
   ∴ 40×2=80개

5) 아날로그방식의 감지기로서 감지기의 작동 및 설치지점을 수신기에서 확인할 수 있는 것으로 설치할 것

6) ① 옥내소화전 : 50층 이상인 건축물의 옥내소화전 주배관 중 수직배관은 2개 이상(주배관 성능을 갖는 동일호칭 배관)으로 설치하여야 하며 하나의 수직배관의 파손 등 작동불능시에도 다른 수직배관으로부터 소화용수가 공급되도록 구성하여야 한다.
   ② 스프링클러 : 50층 이상의 건축물의 스프링클러설비 주배관중 수직배관은 2개 이상(주배관 성능을 갖는 동일 호칭배관)으로 설치하고 하나의 수직배관이 파손 등 작동불능시에도 다른 수직배관으로부터 소화용수가 공급되도록 구성하여야 하며, 각각의 수직배관에 유수검지장치를 설치하여야 한다.

7) ① 이중 ② 단선 ③ 고장
   ④ 수신기와 수신기 사이의 통신배선
   ⑤ 수신기와 중계기 사이의 신호배선
   ⑥ 수신기와 감지기 사이의 신호배선

8) ① 25층, 26층, 27층, 28층, 29층
   ② 1층, 2층, 3층, 4층, 5층, 지하1층
   ③ 지하1층, 1층

지하구소방시설

01 지하구 화재안전기준 중 통합감시시설의 설치기준 3가지를 쓰시오.

풀이및정답
① 소방관서와 지하구의 통제실 간에 화재 등 소방활동과 관련된 정보를 상시 교환할 수 있는 정보통신망을 구축할 것
② 정보통신망(무선통신망을 포함한다)은 광케이블 또는 이와 유사한 성능을 가진 선로일 것
③ 수신기는 지하구의 통제실에 설치하되 화재신호, 경보, 발화지점 등 수신기에 표시되는 정보가 [별표1]에 적합한 방식으로 119상황실이 있는 관할 소방관서의 정보통신장치에 표시되도록 할 것

02 지하구에 설치하는 소화기구의 설치기준을 기술하시오.

풀이및정답
① 소화기의 능력단위(「소화기구 및 자동소화장치의 화재안전기술기준(NFTC 101)」 1.7, 1.6에 따른 수치를 말한다. 이하 같다)는 A급 화재는 개당 3단위 이상, B급 화재는 개당 5단위 이상 및 C급 화재에 적응성이 있는 것으로 할 것
② 소화기 한대의 총중량은 사용 및 운반의 편리성을 고려하여 7[kg] 이하로 할 것
③ 소화기는 사람이 출입할 수 있는 출입구(환기구, 작업구를 포함한다) 부근에 5개 이상 설치할 것
④ 소화기는 바닥면으로부터 1.5[m] 이하의 높이에 설치할 것
⑤ 소화기의 상부에 "소화기"라고 표시한 조명식 또는 반사식의 표지판을 부착하여 사용자가 쉽게 인지할 수 있도록 할 것

03 지하구에 설치하는 연소방지설비 방지헤드의 설치기준을 기술하시오.

풀이및정답
① 천장 또는 벽면에 설치할 것
② 헤드간의 수평거리는 연소방지설비 전용헤드의 경우에는 2[m] 이하, 스프링클러헤드의 경우에는 1.5[m] 이하로 할 것
③ 소방대원의 출입이 가능한 환기구·작업구마다 지하구의 양쪽방향으로 살수헤드를 설정하되, 한쪽 방향의 살수구역의 길이는 3[m] 이상으로 할 것. 다만, 환기구 사이의 간격이 700[m]를 초과할 경우에는 700[m] 이내마다 살수구역을 설정하되, 지하구의 구조를 고려하여 방화벽을 설치한 경우에는 그러하지 아니하다.
④ 연소방지설비 전용헤드를 설치할 경우에는 「소화설비용헤드의 성능인증 및 제품검사 기술기준」에 적합한 '살수헤드'를 설치할 것

예상문제

04 지하구에 설치하는 방화벽설비의 설치기준을 기술하시오.

▶풀이 및 정답
① 내화구조로서 홀로 설 수 있는 구조일 것
② 방화벽의 출입문은 60분+ 또는 60분 방화문으로 설치할 것
③ 방화벽을 관통하는 케이블·전선 등에는 국토교통부 고시(내화구조의 인정 및 관리기준)에 따라 내화충전 구조로 마감할 것
④ 방화벽은 분기구 및 국사·변전소 등의 건축물과 지하구가 연결되는 부위(건축물로부터 20[m] 이내)에 설치할 것
⑤ 자동폐쇄장치를 사용하는 경우에는 「자동폐쇄장치의 성능인증 및 제품검사의 기술기준」에 적합한 것으로 설치할 것

05 지하구에 연소방지재가 설치되어야 하는 부분을 기술하시오.

▶풀이 및 정답
① 분기구
② 지하구의 인입부 또는 인출부
③ 절연유 순환펌프 등이 설치된 부분
④ 기타 화재발생 위험이 우려되는 부분

건설현장소방시설

01 임시소방시설을 설치하여야 하는 공사의 종류와 규모를 답하시오

가. 소화기 : 법 제6조제1항에 따라 소방본부장 또는 소방서장의 동의를 받아야 하는 특정소방대상물의 신축·증축·개축·재축·이전·용도변경 또는 대수선 등을 위한 공사 중 법 제15조제1항에 따른 화재위험작업의 현장(이하 이 표에서 "화재위험작업현장"이라 한다)에 설치한다.
나. 간이소화장치 : 다음의 어느 하나에 해당하는 공사의 화재위험작업현장에 설치한다.
  1) 연면적 3천㎡ 이상
  2) 지하층, 무창층 또는 4층 이상의 층. 이 경우 해당 층의 바닥면적이 600㎡ 이상인 경우만 해당한다.
다. 비상경보장치 : 다음의 어느 하나에 해당하는 공사의 화재위험작업현장에 설치한다.
  1) 연면적 400㎡ 이상
  2) 지하층 또는 무창층. 이 경우 해당 층의 바닥면적이 150㎡ 이상인 경우만 해당한다.
라. 가스누설경보기 : 바닥면적이 150㎡ 이상인 지하층 또는 무창층의 화재위험작업현장에 설치한다.
마. 간이피난유도선 : 바닥면적이 150㎡ 이상인 지하층 또는 무창층의 화재위험작업현장에 설치한다.
바. 비상조명등 : 바닥면적이 150㎡ 이상인 지하층 또는 무창층의 화재위험작업현장에 설치한다.
사. 방화포 : 용접·용단 작업이 진행되는 화재위험작업현장에 설치한다.

02 임시소방시설 중 소화기의 설치기준(NFTC)에 대해 기술하시오

① 소화기의 소화약제는 「소화기구 및 자동소화장치의 화재안전기술기준(NFTC 101)」에 따른 적응성이 있는 것을 설치할 것
② 각 층 계단실마다 계단실 출입구 부근에 능력단위 3단위 이상인 소화기 2개 이상을 설치하고, 영 제18조제1항에 해당하는 작업을 하는 경우 작업종료 시까지 작업지점으로부터 5 m 이내의 쉽게 보이는 장소에 능력단위 3단위 이상인 소화기 2개 이상과 대형소화기 1개 이상을 추가 배치할 것
③ "소화기"라고 표시한 축광식 표지를 소화기 설치장소 보기 쉬운 곳에 부착하여야 한다..

예상문제

> **! Reference**
>
> 화재안전성능기준 제5조(소화기의 성능 및 설치기준) 소화기의 성능 및 설치기준은 다음 각 호와 같다.
> 1. 소화기의 소화약제는 「소화기구 및 자동소화장치의 화재안전성능기준(NFPC101)」 제4조제1호에 따른 적응성이 있는 것을 설치해야 한다.
> 2. 각 층 계단실마다 계단실 출입구 부근에 능력단위 3단위 이상인 소화기 2개 이상을 설치하고, 영 제18조제1항에 해당하는 작업을 하는 경우 작업종료 시까지 작업지점으로부터 5 미터 이내의 쉽게 보이는 장소에 능력단위 3단위 이상인 소화기 2개 이상과 대형소화기 1개 이상을 추가 배치해야 한다.
> 3. "소화기"라고 표시한 축광식 표지를 소화기 설치장소 보기 쉬운 곳에 부착하여야 한다.

03 임시소방시설중 간이소화장치의 설치기준(NFTC)에 대해 기술하시오

◢ 풀이및정답 영 제18조제1항에 해당하는 작업을 하는 경우 작업종료 시까지 작업지점으로부터 25 m 이내에 배치하여 즉시 사용이 가능하도록 할 것

> **! Reference**
>
> 화재안전성능기준 제6조(간이소화장치의 성능 및 설치기준) 간이소화장치의 성능 및 설치기준은 다음 각 호와 같다.
> 1. 20분 이상의 소화수를 공급할 수 있는 수원을 확보해야 한다.
> 2. 소화수의 방수압력은 0.1 메가파스칼 이상, 방수량은 분당 65 리터 이상이어야 한다.
> 3. 영 제18조제1항에 해당하는 작업을 하는 경우 작업종료 시까지 작업지점으로부터 25 미터 이내에 배치하여 즉시 사용이 가능하도록 해야 한다.
> 4. 간이소화장치는 소방청장이 정하여 고시한 「간이소화장치의 성능인증 및 제품검사의 기술기준」에 적합한 것으로 해야 한다.
> 5. 영 제18조제2항 별표 8 제3호가목에 따라 당해 특정소방대상물에 설치되는 다음 각 목의 소방시설을 사용승인 전이라도 「소방시설공사업법」 제14조에 따른 완공검사(이하 "완공검사"라 한다)를 받아 사용할 수 있게 된 경우 간이소화장치를 배치하지 않을 수 있다.
>   가. 옥내소화전설비
>   나. 연결송수관설비와 연결송수관설비의 방수구 인근에 대형소화기를 6개 이상 배치한 경우

04 임시소방시설중 비상경보장치의 설치기준(NFTC)에 대해 기술하시오

풀이및정답

① 피난층 또는 지상으로 통하는 각 층 직통계단의 출입구마다 설치할 것
② 발신기를 누를 경우 해당 발신기와 결합된 경종이 작동할 것. 이 경우 다른 장소에 설치된 경종도 함께 연동하여 작동되도록 설치할 수 있다.
③ 발신기의 위치표시등은 함의 상부에 설치하되, 그 불빛은 부착 면으로부터 15도 이상의 범위 안에서 부착지점으로부터 10 m 이내의 어느 곳에서도 쉽게 식별할 수 있는 적색등으로 할 것
④ 시각경보장치는 발신기함 상부에 위치하도록 설치하되 바닥으로부터 2 m 이상 2.5 m 이하의 높이에 설치하여 건설현장의 각 부분에 유효하게 경보할 수 있도록 할 것
⑤ "비상경보장치"라고 표시한 표지를 비상경보장치 상단에 부착할 것

> **Reference**
>
> 화재안전성능기준 제7조(비상경보장치의 성능 및 설치기준) 비상경보장치의 성능 및 설치기준은 다음 각 호와 같다.
> 1. 피난층 또는 지상으로 통하는 각 층 직통계단의 출입구마다 설치해야 한다.
> 2. 발신기를 누를 경우 해당 발신기와 결합된 경종이 작동해야 한다. 이 경우 다른 장소에 설치된 경종도 함께 연동하여 작동되도록 설치할 수 있다.
> 3. 경종의 음량은 부착된 음향장치의 중심으로부터 1 미터 떨어진 위치에서 100 데시벨 이상이 되는 것으로 설치해야 한다.
> 4. 발신기의 위치표시등은 함의 상부에 설치하되, 그 불빛은 부착 면으로부터 15도 이상의 범위 안에서 부착지점으로부터 10 미터 이내의 어느 곳에서도 쉽게 식별할 수 있는 적색등으로 할 것
> 5. 시각경보장치는 발신기함 상부에 위치하도록 설치하되 바닥으로부터 2 미터 이상 2.5 미터 이하의 높이에 설치하여 건설현장의 각 부분에 유효하게 경보할 수 있도록 할 것
> 6. 발신기와 경종은 각각 「발신기의 형식승인 및 제품검사의 기술기준」과 「경종의 형식승인 및 제품검사의 기술기준」에 적합한 것으로, 표시등은 「표시등의 성능인증 및 제품검사의 기술기준」에 적합한 것으로 설치해야 한다.
> 7. "비상경보장치"라고 표시한 표지를 비상경보장치 상단에 부착해야 한다.
> 8. 비상경보장치를 20분 이상 유효하게 작동시킬 수 있는 비상전원을 확보해야 한다.
> 9. 영 제18조제2항 별표 8 제3호나목에 따라 당해 특정소방대상물에 설치되는 자동화재탐지설비 또는 비상방송설비를 사용승인 전이라도 완공검사를 받아 사용할 수 있게 된 경우 비상경보장치를 설치하지 않을 수 있다.

예상문제

05 임시소방시설 중 가스누설경보기의 설치기준(NFTC)을 기술하시오

▶풀이및정답   영 제18조제1항제1호에 따른 가연성가스를 발생시키는 작업을 하는 지하층 또는 무창층 내부(내부에 구획된 실이 있는 경우에는 구획실마다)에 가연성가스를 발생시키는 작업을 하는 부분으로부터 수평거리 10 m 이내에 바닥으로부터 탐지부 상단까지의 거리가 0.3 m 이하인 위치에 설치할 것

> ⚠ Reference
>
> 화재안전성능기준 제8조(가스누설경보기의 성능 및 설치기준) 가스누설경보기의 성능 및 설치기준은 다음 각 호와 같다.
> 1. 영 제18조제1항제1호에 따른 가연성가스를 발생시키는 작업을 하는 지하층 또는 무창층 내부(내부에 구획된 실이 있는 경우에는 구획실마다)에 가연성가스를 발생시키는 작업을 하는 부분으로부터 수평거리 10 미터 이내에 바닥으로부터 탐지부 상단까지의 거리가 0.3 미터 이하인 위치에 설치해야 한다.
> 2. 가스누설경보기는 소방청장이 정하여 고시한「가스누설경보기의 형식승인 및 제품검사의 기술기준」에 적합한 것으로 설치해야 한다.

06 임시소방시설중 간이피난유도선의 설치기준에 대해 기술하시오

▶풀이및정답
① 영 제18조제2항 별표 8 제2호마목에 따른 지하층이나 무창층에는 간이피난유도선을 녹색 계열의 광원점등방식으로 해당 층의 직통계단마다 계단의 출입구로부터 건물 내부로 10 m 이상의 길이로 설치할 것
② 바닥으로부터 1 m 이하의 높이에 설치하고, 피난유도선이 점멸하거나 화살표로 표시하는 등의 방법으로 작업장의 어느 위치에서도 피난유도선을 통해 출입구로의 피난방향을 알 수 있도록 할 것
③ 층 내부에 구획된 실이 있는 경우에는 구획된 각 실로부터 가장 가까운 직통계단의 출입구까지 연속하여 설치할 것

> ⚠ Reference
>
> 화재안전성능기준 제9조(간이피난유도선의 성능 및 설치기준) 간이피난유도선의 성능 및 설치기준은 다음 각 호와 같다.
> 1. 영 제18조제2항 별표 8 제2호마목에 따른 지하층이나 무창층에는 간이피난유도선을 녹색 계열의 광원점등방식으로 해당 층의 직통계단마다 계단의 출입구로부터 건물 내부로 10 미터 이상의 길이로 설치해야 한다.
> 2. 바닥으로부터 1 미터 이하의 높이에 설치하고, 피난유도선이 점멸하거나 화살표로 표시하는 등의 방법으로 작업장의 어느 위치에서도 피난유도선을 통해 출입구로의 피난방향을 알 수 있도록 해야 한다.

3. 층 내부에 구획된 실이 있는 경우에는 구획된 각 실로부터 가장 가까운 직통계단의 출입구까지 연속하여 설치해야 한다.
4. 공사 중에는 상시 점등되도록 하고, 간이피난유도선을 20분 이상 유효하게 작동시킬 수 있는 비상전원을 확보해야 한다.
5. 영 제18조제2항 별표 8 제3호다목에 따라 당해 특정소방대상물에 설치되는 피난유도선, 피난구유도등, 통로유도등 또는 비상조명등을 사용승인 전이라도 완공검사를 받아 사용할 수 있게 된 경우 간이피난유도선을 설치하지 않을 수 있다.

07 임시소방시설중 비상조명등의 설치기준(NFTC)을 기술하시오

▶풀이및정답

① 영 제18조제2항 별표 8 제2호바목에 따른 지하층이나 무창층에서 피난층 또는 지상으로 통하는 직통계단의 계단실 내부에 각 층마다 설치할 것
② 비상조명등이 설치된 장소의 조도는 각 부분의 바닥에서 1 ℓx 이상이 되도록 할 것
③ 비상경보장치가 작동할 경우 연동하여 점등되는 구조로 설치할 것

! Reference

화재안전성능기준 제10조(비상조명등의 성능 및 설치기준) 비상조명등의 성능 및 설치기준은 다음 각 호와 같다.
1. 영 제18조제2항 별표 8 제2호바목에 따른 지하층이나 무창층에서 피난층 또는 지상으로 통하는 직통계단의 계단실 내부에 각 층마다 설치해야 한다.
2. 비상조명등이 설치된 장소의 조도는 각 부분의 바닥에서 1 럭스 이상이 되도록 해야 한다.
3. 비상조명등을 20분(지하층과 지상 11층 이상의 층은 60분) 이상 유효하게 작동시킬 수 있는 비상전원을 확보해야 한다.
4. 비상경보장치가 작동할 경우 연동하여 점등되는 구조로 설치해야 한다.
5. 비상조명등은 소방청장이 정하여 고시한 「비상조명등의 형식승인 및 제품검사의 기술기준」에 적합한 것으로 해야 한다.

예상문제

08 임시소방시설중 방화포의 설치기준(NFTC)을 기술하시오

▶풀이및정답 용접·용단 작업 시 11 m 이내에 가연물이 있는 경우 해당 가연물을 방화포로 보호할 것

> **! Reference**
>
> 화재안전성능기준 제11조(방화포의 성능 및 설치기준) 방화포의 성능 및 설치기준은 다음 각 호와 같다.
> 1. 용접·용단 작업 시 11 미터 이내에 가연물이 있는 경우 해당 가연물을 방화포로 보호하여야 한다. 다만, 「산업안전보건기준에 관한 규칙」 제241조제2항제4호에 따른 비산방지조치를 한 경우에는 방화포를 설치하지 않을 수 있다.
> 2. 소방청장이 정하여 고시한 「방화포의 성능인증 및 제품검사의 기술기준」에 적합한 것으로 설치해야 한다.

09 건설현장 화재안전성능기준상 소방안전관리자의 업무사항 4가지를 답하시오

▶풀이및정답
① 방수·도장·우레탄폼 성형 등 가연성가스 발생 작업과 용접·용단 및 불꽃이 발생하는 작업이 동시에 이루어지지 않도록 수시로 확인해야 한다.
② 가연성가스가 발생되는 작업을 할 경우에는 사전에 가스누설경보기의 정상작동 여부를 확인하고, 작업 중 또는 작업 후 가연성가스가 체류되지 않도록 충분한 환기조치를 실시해야 한다.
③ 용접·용단 작업을 할 경우에는 성능인증 받은 방화포가 설치기준에 따라 적정하게 도포되어 있는지 확인해야 한다.
④ 위험물 등이 있는 장소에서 화기 등을 취급하는 작업이 이루어지지 않도록 확인해야 한다.

전기저장시설

01 전기저장시설의 화재안전기술기준(NFTC 607)에 따른 다음 각 물음에 답하시오.

(1) 전기저장장치의 설치장소를 쓰시오.

▶풀이및정답 전기저장장치는 관할 소방대의 원활한 소방활동을 위해 지면으로부터 지상 22미터 이내, 지하 9미터 이내로 설치해야 한다.

(2) 배출설비의 설치기준 4가지를 쓰시오.

▶풀이및정답
1. 배풍기·배출덕트·후드 등을 이용하여 강제적으로 배출할 것
2. 바닥면적 1제곱미터에 시간당 18세제곱미터 이상의 용량을 배출할 것
3. 화재감지기의 감지에 따라 작동할 것
4. 옥외와 면하는 벽체에 설치할 것

(3) 전지저장시설에 설치하는 스프링클러설비의 설치기준이다. [ ]에 들어갈 내용을 쓰시오.

> 2.2 스프링클러설비
> 2.2.1 스프링클러설비는 다음의 기준에 따라 설치해야 한다. 다만, 배터리실 외의 장소에는 스프링클러헤드를 설치하지 않을 수 있다.
>   2.2.1.1 스프링클러설비는 [㉠] 또는 [㉡](신속한 작동을 위해 '[㉢]' 방식은 제외한다)로 설치할 것
>   2.2.1.2 전기저장장치가 설치된 실의 바닥면적(바닥면적이 [㉣] m² 이상인 경우에는 [㉣] m²) 1 m²에 분당 [㉤] L/min 이상의 수량을 균일하게 30분 이상 방수할 수 있도록 할 것
>   2.2.1.3 스프링클러헤드의 방수로 인해 인접 헤드에 미치는 영향을 최소화하기 위하여 스프링클러헤드 사이의 간격을 [㉥] m 이상 유지할 것. 이 경우 헤드 사이의 최대 간격은 스프링클러설비의 소화성능에 영향을 미치지 않는 간격 이내로 해야 한다.
>   2.2.1.4 준비작동식스프링클러설비를 설치할 경우 2.4.2에 따른 감지기를 설치할 것
>   2.2.1.5 스프링클러설비를 [㉦] 이상 작동할 수 있는 비상전원을 갖출 것
>   2.2.1.6 준비작동식스프링클러설비의 경우 [㉧]
>   2.2.1.7 소방자동차로부터 전기저장장치 설비에 송수할 수 있는 송수구를 「스프링클러설비의 화재안전기술기준(NFTC 103)」 2.8(송수구)에 따라 설치할 것

▶풀이및정답 ㉠ : 습식스프링클러설비   ㉡ : 준비작동식스프링클러설비   ㉢ : 더블인터락
㉣ : 230   ㉤ : 12.2   ㉥ : 1.8
㉦ : 30분
㉧ : 전기저장장치의 출입구 부근에 수동식 기동장치를 설치할 것

예상문제

(4) 배터리용 소화장치를 설치할 수 있는 경우 2가지를 쓰시오.

▶풀이및정답 다음 각 호의 어느 하나에 해당하는 경우에는 제6조에도 불구하고 중앙소방기술심의위원회의 심의를 거쳐 소방청장이 인정하는 시험방법으로 제13조제2항에 따른 시험기관에서 전기저장 장치에 대한 소화성능을 인정받은 배터리용 소화장치를 설치할 수 있다.
1. 옥외형 전기저장장치 설비가 컨테이너 내부에 설치된 경우
2. 옥외형 전기저장장치 설비가 다른 건축물, 주차장, 공용도로, 적재된 가연물, 위험물 등으로부터 30미터 이상 떨어진 지역에 설치된 경우

02 바닥면적이 300m²인 전기저장시설의 배터리실에 스프링클러설비 설치 시 요구되는 최소한의 수원의 양(m³)을 구하시오.

▶풀이및정답 $Q = 230\text{m}^2 \times 12.2\text{L/min·m}^2 \times 30\text{min} = 84,180\text{L} = 84.18\text{m}^3$
∴ 84.18m³

03 전기저장시설 화재안전기준에 따른 다음 용어의 정의를 답하시오.

(1) "전기저장장치"

▶풀이및정답 "전기저장장치"란 생산된 전기를 전력 계통에 저장했다가 전기가 가장 필요한 시기에 공급해 에너지 효율을 높이는 것으로 배터리(이차전지에 한정한다. 이하 같다), 배터리 관리 시스템, 전력 변환 장치 및 에너지 관리 시스템 등으로 구성되어 발전·송배전·일반 건축물에서 목적에 따라 단계별 저장이 가능한 장치를 말한다.

(2) "더블인터락"

▶풀이및정답 "더블인터락(Double-Interlock) 방식"이란 준비작동식스프링클러설비의 작동방식 중 화재감지기와 스프링클러헤드가 모두 작동되는 경우 준비작동식유수검지장치가 개방되는 방식을 말한다.